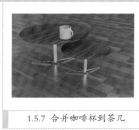

1.5.7 合并咖啡杯到茶几

2.4.2 调整花瓶摆放顺序

2.5.2 调整轿车行驶方向

2.6.4 使茶具成组

2.7.2 装配家具零件

2.7.5 装配欧式建筑构件

2.9.2 创建链条模型

2.9.4 完善座椅摆放场景图

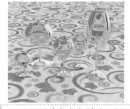

2.9.6 创建各式各样的酒杯

2.10.1 完善陈列品的摆放

2.10.2 镜像及阵列木桌

3.2.3 创建简约餐桌

3.2.4 创建时尚书柜

3.2.8 创建沙发椅

3.2.13

3.2.14 创建中式吊灯

3.3.2 创建钻戒

3.3.9 创建可弯曲的吸管

3.3.16 创建电视柜

4.1.2 创建时尚吊灯

4.1.3 创建翻开的杂志

4.1.8 创建文本模型

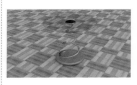

4.1.16 创建螺旋茶几

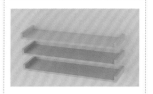

4.2.5 创建书隔板

4.3.5 创建鸟笼模型

5.2.4 创建齿轮模型

5.2.7 创建烟灰缸模型

5.3.5 创建香蕉模型

5.4 创建螺丝刀模型

5.6 创建象棋模型

5.7 创建哑铃模型

5.9 创建骰子模型

5.10 创建餐椅模型

6.1.5 创建洗手台模型

6.1.6 创建抱枕模型

6.2.4 创建床模型

6.3.6 创建千纸鹤模型

6.4.6 创建汤勺模型

6.3.7 创建牙膏模型

6.5 创建床头灯模型

7.2.2 创建餐具模型

7.2.3 创建马克笔模型

7.2.5 创建铅笔模型

7.2.7 创建冰雕文字模型

7.2.9 创建纸扇模型

7.2.12 创建休闲椅模型

7.2.14 创建石桌石凳模型

7.2.15 创建台灯模型

7.2.19 创建山形模型　　7.2.21 创建仙人球模型　　7.3.4 创建装饰摆件模型　　7.4 创建水壶模型

7.2.17 创建花瓶模型　　8.3.2 创建展画贴图　　8.4 创建丝绸材质　　8.5 创建陶瓷材质

8.6 创建金属材质　　8.7 创建玻璃材质　　8.8 创建苹果材质　　9.1.5 创建玉材质

9.2.2 创建雪山材质　　9.2.5 创建纸杯材质　　9.2.8 创建显示器材质　　9.4 创建鸡蛋壳材质

9.6 创建牙膏盒材质　　9.7 创建枯木材质　　9.8 创建料理机材质　　11.3.3 渲染景深效果

13.1.7 创建香烟烟雾效果　　14.3.6 创建螺旋桨推进器效果　　15.3.6 创建涟漪动画　　16.2.2 创建光闪耀眼的钻石效果

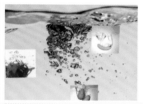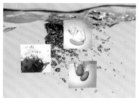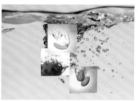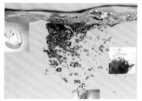

12.1.3 创建纷飞的图片动画

12.2.2 创建卷轴动画

12.2.4 创建弹簧球动画

12.2.7 创建摇摆的台灯动画

12.3 创建跳动的烛光动画

12.4 创建口香糖广告动画

16.2.4 创建星球的光晕效果

第 17 章 工业产品造型设计

第 18 章 家具造型设计

第 19 章 游戏动画设计

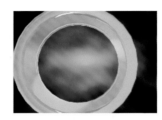
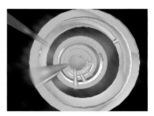
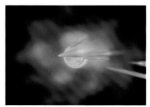

第 20 章 影视广告片头设计

第 21 章 室内装饰设计

第 22 章 建筑设计

1 本书视频教学
2 本书实例的素材文件、结果文件
3 赠送资源1：3ds Max 2016软件安装教学录像
4 赠送资源2：3ds Max 2016快捷键查询手册
5 赠送资源3：50套精选3ds Max设计源文件
6 赠送资源4：AutoCAD+3ds Max+Photoshop建筑设计案例电子书
7 赠送资源5：660张效果图场景
8 赠送资源6：750张单体模型
9 赠送资源7：120个高动态HDRI贴图
10 赠送资源8：2160张经典位图贴图
11 本书正文第22章书稿

本书光盘内容

1.5.7 合并咖啡杯到茶几.avi	1.5.9 导入CAD图纸.avi	1.5.11 使用"资源浏览器".avi	1.1.7 使用滚轮控制视口.avi	2.1.11 撤消和保存使用视口导航控制项所做...
2.1.12 最大化活动视口.avi	2.1.19 加载视口背景图像.avi	2.1.21 设置自己的个性配置视口.avi	2.2.2 对音箱进行简单编辑.avi	2.2.3 选择对象的5种方法.avi
2.2.6 按名称选择对象.avi	2.4.2 调整轿车行驶方向.avi	2.5.2 调整花瓶摆放顺序.avi	2.6.4 使茶具成组.avi	2.7.2 装配家具零件.avi
2.7.5 装配欧式建筑构件.avi				
2.9.2 创建链条模型.avi	2.9.4 完善座椅摆放场景图.avi	2.9.6 创建各式各样的酒杯.avi	2.10.1 完善陈列品的摆放.avi	2.10.2 镜像及阵列木桌.avi
2.2.3 创建简约餐桌.avi	3.2.4 创建时尚书柜.avi	3.2.8 创建沙发椅.avi	3.2.13 创建咖啡杯.avi	3.2.14 创建中式吊灯.avi
3.3.2 创建钻戒.avi	3.3.9 创建可弯曲的吸管.avi	3.3.12 创建茶几.avi	3.3.16 创建电视柜.avi	4.1.2 创建时尚吊灯.avi
4.1.3 创建翻开的杂志.avi				
4.1.8 创建文本模型.avi	4.1.10 查看心脏内部.avi	4.1.16 创建螺旋茶几.avi	4.2.5 创建书隔板.avi	4.3.5 创建鸟笼模型.avi
5.2.4 创建齿轮模型.avi	5.2.7 创建烟灰缸模型.avi	5.3.5 创建香蕉模型.avi	5.4 创建螺丝刀模型.avi	5.6 创建象棋模型.avi
5.7 创建哑铃模型.avi	5.9 创建毽子模型.avi	5.10 创建餐椅模型.avi	6.1.5 创建洗手台模型.avi	6.1.6 创建抱枕模型.avi
6.2.4 创建床模型.avi				
6.3.6 创建千纸鹤模型.avi	6.3.7 创建牙膏模型.avi	6.4.6 创建汤勺模型.avi	6.5 创建床头灯模型.avi	7.2.2 创建餐具模型.avi
7.2.3 创建标记笔模型.avi	7.2.5 创建铅笔模型.avi	7.2.7 创建特效文字模型.avi	7.2.9 创建纸窗模型.avi	7.2.12 创建休闲椅模型.avi
7.2.14 创建石桌石凳模型.avi	7.2.15 创建台灯模型.avi	7.2.17 创建花瓶模型.avi	7.2.19 创建山形模型.avi	7.2.21 创建仙人球模型.avi
7.3.4 创建装饰摆件模型.avi				
7.4 创建水壶模型.avi	8.3.2 创建展墨贴图.avi	8.4 创建丝绸材质.avi	8.5 创建陶瓷材质.avi	8.6 创建金属材质.avi
8.7 创建玻璃材质.avi	8.8 创建苹果材质.avi	9.1.5 创建玉材质.avi	9.2.2 创建雪山材质.avi	9.2.5 创建纸张材质.avi
9.2.8 创建显示器材质.avi	9.4 创建鸡蛋壳材质.avi	9.6 创建牙膏盒材质.avi	9.7 创建枯木材质.avi	10.4.4 使用穿行助手.avi
10.7 创建阳光下的石柱光效果.avi				
10.8 创建室内布光效果.avi	11.3.3 渲染LED灯光效果.avi	11.3.4 渲染景深效果.avi	11.3.5 渲染室内场景效果.avi	12.1.3 创建铅笔动画片头动画.avi
12.2.2 创建卷帘动画.avi	12.2.4 创建弹簧球动画.avi	12.2.7 创建摇摆的台灯动画.avi	12.3 创建跳动的炫光动画.avi	12.4 创建口香糖广告动画.avi
13.1.4 创建飘动的云朵效果.avi	13.1.7 创建香烟的烟雾效果.avi	13.1.9 创建海底效果.avi	13.3 创建灯光特效片头动画.avi	14.2.3 创建逼真的雨中特效.avi
14.2.5 创建雷暴动画效果.avi				

17 小时案例同步教学视频

18.max	042.max	066.max	Ipod播放器.max	Ipod播放器1.max	Ipod播放器2.max
110_Vray.max	112.max	113.max	成组茶壶.max	创建成组模型.max	创建枕头模型.max
409.max	703.max	704.max	创建玻璃材质.max	创建餐具模型.max	创建餐椅模型.max
705.max	armchair_007.max	armchair_028.max	创建齿轮模型.max	创建床模型.max	创建床头灯模型.max
chair_007.max	chair_028.max	model088_vray.max	创建翻开的杂志.max	创建花瓶模型.max	创建陶瓷碗材质.max
table_015.max	table_016.max	按名称选择.max	创建金属材质.max	创建咖啡杯.max	创建可弯曲的吸管.max
玻璃.max	餐桌椅.max	餐桌椅构件.max	创建链条模型.max	创建料理机材质.max	创建螺丝刀模型.max
茶壶.max	茶几.max	齿轮.max	创建马克杯模型.max	创建鸟笼模型.max	创建千纸鹤模型.max
海底.max	花瓶.max	鸡蛋.max	创建山形模型.max	创建室内布光效果.max	创建石桌石凳模型.max
轿车.max	金属.max	酒杯.max	创建时尚书柜.max	创建台灯模型.max	创建书隔板.max
咖啡杯.max	卡通蛇.max	可弯曲的吸管.max	创建丝绸材质.max	创建文本模型.max	创建汤勺模型.max
枯木.max	枯木01.max	螺旋桨.max	创建毽子模型.max	创建象棋模型.max	创建休闲椅模型.max
莲蓬.max	料理机.max	摆旋浆.max	创建香蕉模型.max	创建牙膏模型.max	创建毽铃模型.max
欧式柱.max	苹果.max	设置广告片头动画.max	创建牙膏盒材质.max	创建玉材质.max	创建餐杯材质.max
台灯.max	手机.max	丝绸.max	创建阳光下的石柱光效果.max	创建装饰摆件模型.max	创建装饰柜模型.max
汤勺曲线.max	台球.max	台灯9.max	弹簧球.max	导入CAD图纸.max	灯光特效片头.max
文字.max	鹦鹉.max	陶瓷.max	法式椅子造型.max	纷飞的图片.max	复制螺旋椅.max
心脏.max	香烟.max	小户型.max	广告片头动画.max	广告片头动画特效.max	海底.max
	星空素材.max	星球.max	加载视口背景图像.max	建筑设计.max	镜像装饰柜.max
			口香糖广告动画.max	莲蓬动画.max	螺旋浆推进器.max

本书实例的素材文件、结果文件

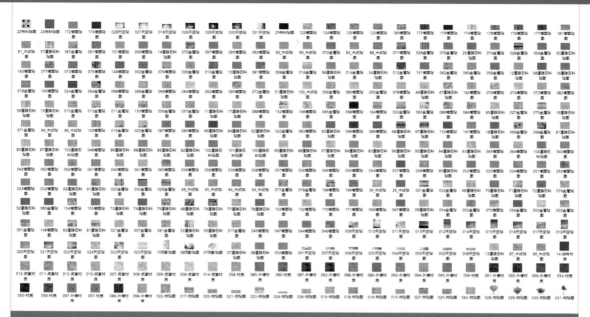

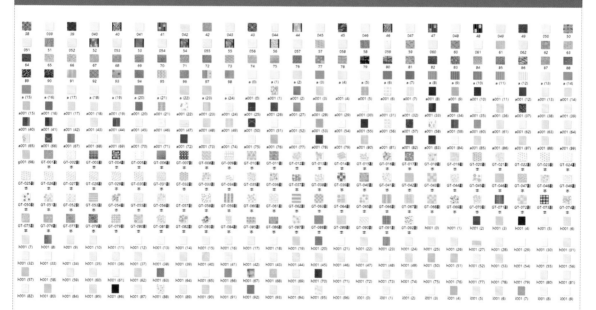

3ds Max 2016

中文版
完全自学手册

龙马高新教育 策划

李洪发 主编

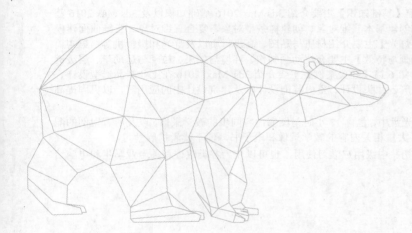

人民邮电出版社

北京

图书在版编目（CIP）数据

3ds Max 2016中文版完全自学手册 / 李洪发主编
. -- 北京 ：人民邮电出版社，2017.5（2020.3重印）
ISBN 978-7-115-45085-2

Ⅰ. ①3… Ⅱ. ①李… Ⅲ. ①三维动画软件-手册
Ⅳ. ①TP391.414-62

中国版本图书馆CIP数据核字(2017)第041371号

内 容 提 要

本书以零基础讲解为宗旨，用实例引导读者学习，深入浅出地介绍了 3ds Max 2016 的相关知识、操作技巧和应用实例。

全书分为 6 篇，共 22 章。第 1 篇【基础知识】主要介绍 3ds Max 2016 基础知识以及 3ds Max 2016 基本操作等；第 2 篇【建模】主要介绍创建基本三维对象、创建样条型对象、复合三维对象、三维曲面建模以及编辑修改器等；第 3 篇【材质与灯光】主要介绍材质与贴图、高级材质以及灯光和摄影机等；第 4 篇【渲染】主要介绍渲染；第 5 篇【动画与特效】主要介绍动画制作、环境与效果、粒子与运动学、层级链接与空间扭曲以及视频后期处理等；第 6 篇【经典案例】主要介绍 3ds Max 2016 在工业产品造型设计、家具造型设计、游戏动画设计、影视广告片头设计、室内装饰设计以及建筑设计中的应用等，以巩固提高读者应用能力。

在本书附赠的 DVD 多媒体教学光盘中，包含 17 小时与图书内容同步的教学录像，以及所有案例的配套素材和结果文件。此外，还赠送了大量相关内容的教学录像和电子书，便于读者扩展学习。

本书不仅适合 3ds Max 2016 的初、中级用户学习使用，也可以作为各类院校相关专业学生和电脑培训班学员的教材或辅导用书。

◆ 策　　划　龙马高新教育

　 主　　编　李洪发

　 责任编辑　马雪伶

　 责任印制　彭志环

◆ 人民邮电出版社出版发行　　北京市丰台区成寿寺路 11 号
　 邮编　100164　电子邮件　315@ptpress.com.cn
　 网址　http://www.ptpress.com.cn
　 三河市中晟雅豪印务有限公司印刷

◆ 开本：787×1092　1/16
　 印张：51.75　　　　　　　彩插：4
　 字数：1 360 千字　　　　　2017 年 5 月第 1 版
　 印数：8 101– 8 900 册　　 2020 年 3 月河北第 9 次印刷

定价：99.00 元（附光盘）
读者服务热线：(010)81055410　印装质量热线：(010)81055316
反盗版热线：(010)81055315
广告经营许可证：京东工商广登字 20170147 号

3ds Max是Autodesk公司推出的一款著名的三维动画制作和渲染软件，具有强大的建模、材质表现及渲染功能，被广泛地应用于游戏开发、影视特效制作、工业产品设计和建筑效果图制作等领域，受到了广大设计人员和建筑师的欢迎。本书以软件功能为主线，从实用的角度出发，结合大量实际应用案例，介绍了3ds Max 2016的几乎全部功能、使用方法与技巧，旨在帮助读者全面、系统地掌握3ds Max在建模、材质、灯光、渲染、动画、粒子以及动力学等方面的技术。

◉ 本书特色

❱❱ 从零开始，完全自学

本书内容编排由浅入深，无论读者是否从事动画创作相关行业，是否使用过3ds Max 2016，都能从本书中找到最佳的起点。本书入门级的讲解，可以帮助读者快速掌握3ds Max 2016的应用。

❱❱ 实例为主，深入透彻

在介绍过程中，每一个知识点均配有实例辅助讲解，每一个操作步骤均配有对应的插图加深认识。这种图文并茂的方法，能够使读者在学习过程中直观、清晰地看到操作过程和效果，便于深刻理解和掌握。

❱❱ 高手指导，扩展学习

在每章的最后以"实战技巧"的形式为读者提炼了各种高级操作技巧，总结了大量系统实用的操作方法，以便读者学习到更多的内容。

❱❱ 双栏排版，超大容量

本书采用双栏排版的格式，大大扩充了信息容量，在800多页的篇幅中容纳了传统图书1200多页的内容。这样，就能在有限的篇幅中为读者呈现更多的知识和实战案例。

❱❱ 书盘结合，互动教学

本书配套的多媒体教学光盘内容与书中知识紧密结合并互相补充。在多媒体光盘中，我们模拟工作、学习中的真实场景，帮助读者体验实际应用环境，并借此掌握日常所需的知识和技能以及处理各种问题的方法，达到学以致用的目的，从而大大增强了本书的实用性。

◉ 光盘特点

本书附带一张DVD电脑教学光盘，包含如下内容。

❱❱ 17小时全程同步视频教学录像

教学录像涵盖本书所有知识点，详细讲解每个实例及实战案例的操作过程和关键点。读者可轻松地掌握书中所介绍的方法和技巧，而且扩展的讲解部分可使读者获得更多的知识。

❱❱ 超多、超值资源大放送

随书奉送3ds Max 2016软件安装教学录像、3ds Max 2016快捷键查询手册、50套精选3ds Max设计源文件、AutoCAD+3ds Max+Photoshop建筑设计案例电子书、660张效果图场景、750张单体模型、120个高动态HDRI贴图、2160张经典位图贴图。

网站支持

更多学习资料，请访问www.51pcbook.cn。

创作团队

本书由龙马高新教育策划，李洪发任主编，孔长征、李震、赵源源任副主编。参与本书编写、资料整理、多媒体开发及程序调试的人员有孔万里、乔娜、周奎奎、祖兵新、董晶晶、吕扬扬、陈小杰、彭超、李东颖、左琨、邓艳丽、任芳、王杰鹏、崔姝怡、左花苹、刘锦源、普宁、王常吉、师鸣若、钟宏伟、陈川、刘子威、徐永俊、朱涛、张允、杨雪青、孙娟和王菲等。

在编写过程中，我们竭尽所能地将最好的讲解呈现给读者，但也难免有疏漏和不妥之处，敬请广大读者不吝指教。若您在学习过程中产生疑问，或有任何建议，可发送电子邮件至maxueling@ptpress.com.cn。

龙马高新教育

第1篇　基础知识

第1章　认识3ds Max 2016 2

⊙ 本章教学录像时间：6分钟

1.1　3ds Max的应用领域 ················· 2

1.2　使用3ds Max创作的一般流程 ············· 4

1.3　安装3ds Max 2016 ················· 5

　　1.3.1　3ds Max 2016软硬件配置需求 ····· 5

　　1.3.2　安装3ds Max 2016 ··········· 6

　　1.3.3　启动与退出 ················ 7

1.4　3ds Max 2016的工作界面 ············· 8

　　1.4.1　标题栏 ·················· 8

　　1.4.2　菜单栏 ·················· 9

　　1.4.3　命令面板 ················· 10

　　1.4.4　视图布局 ·················11

　　1.4.5　视图导航控制 ··············· 12

　　1.4.6　时间滑块和轨迹条 ············· 13

　　1.4.7　状态栏 ·················· 14

　　1.4.8　主工具栏 ················· 15

1.5　3ds Max图形文件管理 ············· 15

　　1.5.1　打开Max 场景文件 ············ 15

　　1.5.2　重置Max 场景文件 ············ 16

　　1.5.3　新建Max 场景文件 ············ 17

　　1.5.4　保存Max 场景文件 ············ 17

　　1.5.5　另存为Max 场景文件 ··········· 17

　　1.5.6　合并Max 场景文件 ············ 18

　　▶1.5.7　实例：合并咖啡杯到茶几 ········· 19

　　1.5.8　导入Max场景文件 ············ 20

　　▶1.5.9　实例：导入CAD图纸 ·········· 20

　　1.5.10　管理3ds Max资源 ············ 21

　　▶1.5.11　实例：使用"资源浏览器" ········ 21

1.6　如何学好3ds Max ··············· 23

1.7　使用帮助 ··················· 23

1.8　实战技巧 ··················· 24

　　技巧　字体安装方法 ··············· 24

第2章　3ds Max 2016基本操作 ············· 25

⊙ 本章教学录像时间：47分钟

2.1　查看和导航 ·················· 25

　　2.1.1　三向投影和透视 ············· 26

　　2.1.2　三向投影视图和透视视图 ········· 26

　　2.1.3　视口显示 ················ 27

　　2.1.4　缩放视图 ················ 28

　　2.1.5　平移视图 ················ 28

　　2.1.6　旋转视图 ················ 29

　　▶2.1.7　实例：使用滚轮控制视口 ········ 30

　　2.1.8　控制摄影机和聚光灯视图 ········· 31

　　2.1.9　查看栅格 ················ 31

　　2.1.10　禁用和刷新视口 ············· 31

　　▶2.1.11　实例：撤销和保存使用视口导航控制

　　　　　项所做的更改 ·············· 31

　　▶2.1.12　实例：最大化活动视口 ········· 32

　　2.1.13　配置视口 ················ 33

　　2.1.14　设置视觉样式外观 ············ 34

　　2.1.15　改变视口布局 ············· 37

　　2.1.16　使用【安全框】选项卡 ········· 37

　　2.1.17　设置显示性能 ············· 38

　　2.1.18　定义区域 ················ 38

　　▶2.1.19　实例：加载视口背景图像 ········ 39

　　2.1.20　加载视口背景动画 ············ 40

　　▶2.1.21　实例：设置自己的个性配置视口 ····· 41

2.2　选择 ···················· 43

　　2.2.1　基本选择对象 ·············· 43

　　▶2.2.2　实例：对音箱进行简单编辑 ······· 44

　　▶2.2.3　实例：选择对象的5种方法 ······· 45

　　2.2.4　区域选择 ················ 46

　　2.2.5　按名称选择 ··············· 47

　　▶2.2.6　实例：按名称选择对象 ········· 48

2.2.7 过滤选择集 ·············· 49

2.3 使用捕捉 ·················· 50

2.4 移动 ····················· 51

2.4.1 移动对象 ··············· 51

▶2.4.2 实例：调整花瓶摆放顺序 ··· 51

2.5 旋转 ····················· 53

2.5.1 旋转对象 ··············· 53

▶2.5.2 实例：调整轿车行驶方向 ··· 53

2.6 缩放 ····················· 54

2.6.1 选择并均匀缩放对象 ······ 54

2.6.2 选择并非均匀缩放对象 ····· 54

2.6.3 选择并挤压缩对象 ········ 55

▶2.6.4 实例：使茶具成组 ········ 55

2.7 对齐 ····················· 57

2.7.1 对齐对象 ··············· 57

▶2.7.2 实例：装配家具零件 ······ 58

2.7.3 快速对齐 ··············· 59

2.7.4 法线对齐 ··············· 59

▶2.7.5 实例：装配欧式建筑构件 ··· 59

2.7.6 放置高光和对齐摄像机 ····· 60

2.7.7 对齐到视图 ············· 61

2.8 阵列 ····················· 61

2.9 克隆 ····················· 62

2.9.1 移动复制 ··············· 62

▶2.9.2 实例：创建链条模型 ······ 63

2.9.3 旋转复制 ··············· 66

▶2.9.4 实例：完善座椅摆放场景图 · 66

2.9.5 缩放复制 ··············· 67

▶2.9.6 实例：创建各式各样的酒杯 · 67

2.10 镜像 ···················· 68

▶2.10.1 实例：完善陈列品的摆放 ·· 69

▶2.10.2 实例：镜像及陈列木桌 ···· 69

2.11 实战技巧 ················· 72

技巧1 ViewCube导航工具 ······· 72

技巧2 SteeringWheels追踪菜单 ··· 75

第2篇　建模

第3章 创建基本三维对象 ·············· 78

🖱 本章教学录像时间：44分钟

3.1 建模思路与方法 ·············· 78

3.2 创建标准基本体 ·············· 79

3.2.1 创建面板 ··············· 80

3.2.2 创建长方体 ············· 81

▶3.2.3 实例：创建简约餐桌 ······ 82

▶3.2.4 实例：创建时尚书柜 ······ 84

3.2.5 创建圆锥体 ············· 87

3.2.6 创建球体 ··············· 88

3.2.7 创建圆柱体 ············· 90

▶3.2.8 实例：创建沙发椅 ········ 91

3.2.9 创建圆环 ··············· 94

3.2.10 创建茶壶 ·············· 96

3.2.11 创建几何球体 ··········· 97

3.2.12 创建管状体 ············ 98

▶3.2.13 实例：创建咖啡杯 ······· 99

▶3.2.14 实例：创建中式吊灯 ····· 101

3.2.15 创建四棱锥 ··········· 104

3.2.16 创建平面 ············· 105

3.3 创建扩展基本体 ············· 106

3.3.1 创建异面体 ············ 106

▶3.3.2 实例：创建钻戒 ········· 108

3.3.3 创建切角长方体 ········· 109

3.3.4 创建油罐 ·············· 111

3.3.5 创建纺锤体 ············ 112

3.3.6 创建球棱柱 ············ 113

3.3.7 创建环形波 ············ 114

3.3.8 创建软管 ·············· 116

▶3.3.9　实例：创建可弯曲的吸管 118

3.3.10　创建环形结 119

3.3.11　创建切角圆柱体 120

▶3.3.12　实例：创建茶几 121

3.3.13　创建胶囊 123

3.3.14　创建L形延伸物 124

3.3.15　创建C形延伸物 125

▶3.3.16　实例：创建电视柜 126

3.3.17　创建棱柱 128

3.4　创建AEC对象 129

3.4.1　创建植物 129

3.4.2　创建栏杆 131

3.4.3　创建墙 132

3.4.4　创建门 133

3.4.5　创建窗 134

3.4.6　创建楼梯 136

3.5　实战技巧 137

技巧　快速调整对象尺寸 137

第4章　创建样条型对象 139

本章教学录像时间：32分钟

4.1　创建样条线 139

4.1.1　创建线 139

▶4.1.2　实例：创建时尚吊灯 141

▶4.1.3　实例：创建翻开的杂志 143

4.1.4　创建圆 144

4.1.5　创建弧 145

4.1.6　创建多边形 146

4.1.7　创建文本 146

▶4.1.8　实例：创建文本模型 147

4.1.9　创建截面 149

▶4.1.10　实例：查看心脏内部 149

4.1.11　创建矩形 150

4.1.12　创建椭圆 151

4.1.13　创建圆环 151

4.1.14　创建星形 152

4.1.15　创建螺旋线 153

▶4.1.16　实例：创建螺旋茶几 154

4.2　创建扩展样条线 156

4.2.1　创建墙矩形 156

4.2.2　创建角度 157

4.2.3　创建宽法兰 158

4.2.4　创建通道 159

▶4.2.5　实例：创建书隔板 160

4.2.6　创建T形 161

4.3　样条线编辑修改器 162

4.3.1　编辑曲线的父级物体 162

4.3.2　编辑曲线的次级物体顶点 163

4.3.3　编辑曲线次级物体分段 164

4.3.4　编辑曲线次级物体样条线 165

▶4.3.5　实例：创建鸟笼模型 167

4.4　实战技巧 169

技巧　鼠标右键四元菜单详解 169

第5章　复合三维对象 171

本章教学录像时间：1小时7分钟

5.1　复合对象类型 171

5.2　布尔复合对象 173

5.2.1　并集操作 174

5.2.2　交集操作 175

5.2.3　差集操作 176

▶5.2.4　实例：创建齿轮模型 177

5.2.5　切割操作 179

5.2.6　使用布尔的注意事项 179

▶5.2.7　实例：创建烟灰缸模型 180

5.3　放样复合对象 183

5.3.1　使用【获取路径】和【获取图形】
　　　　按钮 183

5.3.2　控制曲面参数 183

5.3.3　改变路径参数 184

5.3.4　设置蒙皮参数 184

▶5.3.5　实例：创建香蕉模型 185

5.3.6 变形放样对象 187
5.3.7 应用变形 187
5.3.8 修改放样次对象 190

5.4 实例：创建螺丝刀模型 191
5.4.1 创建螺丝刀手柄模型 191
5.4.2 创建螺丝刀刀杆模型 193

5.5 散布复合对象 195

5.6 图形合并复合对象 198
实例：创建象棋模型 199

5.7 连接复合对象 203
实例：创建哑铃模型 204

5.8 水滴网格复合对象 206

5.9 ProBoolean复合对象 208
实例：创建骰子模型 209

5.10 实例：创建餐椅模型 212
5.10.1 创建椅子的框架 212
5.10.2 创建椅子的框架实体 213
5.10.3 创建椅子坐垫 214
5.10.4 创建椅子扶手造型 217
5.10.5 创建椅子固定件 218

5.11 实战技巧 219
技巧 坐标系的显示与隐藏 220

第6章 三维曲面建模 221

本章教学录像时间：1小时11分钟

6.1 网格建模 221
6.1.1 公用属性卷展栏 222
6.1.2 顶点编辑 223
6.1.3 边编辑 225
6.1.4 面编辑 226
6.1.5 实例：创建洗手台模型 228
6.1.6 实例：创建抱枕模型 232

6.2 面片建模 234
6.2.1 面片的相关概念 235

6.2.2 使用【编辑面片】修改器 236
6.2.3 面片对象的次对象模式 237
6.2.4 实例：创建床模型 239

6.3 多边形建模 241
6.3.1 公用属性卷展栏 241
6.3.2 顶点编辑 242
6.3.3 边编辑 244
6.3.4 边界编辑 244
6.3.5 多边形和元素编辑 245
6.3.6 实例：创建千纸鹤模型 246
6.3.7 实例：创建牙膏模型 249

6.4 NURBS建模 253
6.4.1 NURBS建模简介 253
6.4.2 NURBS曲面和NURBS曲线 254
6.4.3 NURBS对象工具面板 255
6.4.4 创建和编辑曲线 256
6.4.5 创建和编辑曲面 257
6.4.6 实例：创建汤勺模型 258

6.5 实例：创建床头灯模型 260

6.6 实战技巧 265
技巧 如何快速选择多边形的面 266

第7章 编辑修改器 267

本章教学录像时间：1小时12分钟

7.1 认识编辑修改器 267
7.1.1 编辑修改器面板 268
7.1.2 编辑修改器的公用属性 271
7.1.3 对象空间修改器 272
7.1.4 世界空间修改器 272

7.2 典型编辑修改器的应用 272
7.2.1 车削编辑修改器 273
7.2.2 实例：创建餐具模型 273
7.2.3 实例：创建马克笔模型 276
7.2.4 挤出编辑修改器 279
7.2.5 实例：创建铅笔模型 279
7.2.6 倒角剖面编辑修改器 282

7.2.7 实例：创建特效冰雕文字模型 …… 282

7.2.8 弯曲编辑修改器 …… 284

7.2.9 实例：创建纸扇模型 …… 284

7.2.10 倒角编辑修改器 …… 287

7.2.11 FDD编辑修改器 …… 288

7.2.12 实例：创建休闲椅模型 …… 288

7.2.13 锥化编辑修改器 …… 292

7.2.14 实例：创建石桌石凳模型 …… 292

7.2.15 实例：创建台灯模型 …… 293

7.2.16 扭曲编辑修改器 …… 295

7.2.17 实例：创建花瓶模型 …… 296

7.2.18 噪波编辑修改器 …… 298

7.2.19 实例：创建山形模型 …… 298

7.2.20 Hair和Fur修改器 …… 300

7.2.21 实例：创建仙人球模型 …… 302

7.3 其他编辑修改器的应用 …… 307

7.3.1 波浪编辑修改器 …… 307

7.3.2 融化编辑修改器 …… 308

7.3.3 晶格编辑修改器 …… 308

7.3.4 实例：创建装饰摆件模型 …… 309

7.4 实例：创建水壶模型 …… 310

7.5 实战技巧 …… 314

技巧 建模实用技巧 …… 314

第3篇 材质与灯光

第8章 材质与贴图 …… 316

本章教学录像时间：24分钟

8.1 材质编辑器 …… 316

8.1.1 菜单条与工具栏 …… 317

8.1.2 材质编辑器的基本参数 …… 320

8.1.3 设置其他参数 …… 323

8.2 认识材质类型 …… 325

8.3 贴图类型 …… 327

8.3.1 贴图坐标 …… 328

8.3.2 实例：创建展画贴图 …… 329

8.3.3 二维贴图 …… 333

8.3.4 三维贴图 …… 336

8.3.5 合成器贴图 …… 338

8.3.6 颜色修改器贴图 …… 339

8.3.7 反射和折射贴图 …… 339

8.4 实例：创建丝绸材质 …… 341

8.5 实例：创建陶瓷材质 …… 342

8.6 实例：创建金属材质 …… 344

8.7 实例：创建玻璃材质 …… 346

8.8 实例：创建苹果材质 …… 348

8.9 实例：创建半透明塑料材质 …… 351

8.10 实战技巧 …… 353

技巧 如何快速输入 …… 353

第9章 高级材质 …… 355

本章教学录像时间：32分钟

9.1 光线跟踪材质 …… 355

9.1.1 光线跟踪基本参数 …… 356

9.1.2 扩展参数 …… 357

9.1.3 光线跟踪器控制 …… 357

9.1.4 其他参数 …… 358

9.1.5 实例：创建玉材质 …… 358

9.2 复合材质 …… 361

9.2.1 混合材质 …… 361

9.2.2 实例：创建雪山材质 …… 362

9.2.3 合成材质 …… 367

9.2.4 双面材质 …… 368

9.2.5 实例：创建纸杯材质 …… 368

9.2.6 虫漆材质 …… 370

9.2.7 多维/子对象材质 …… 370

▶9.2.8 实例：创建显示器材质 ……… 371

9.2.9 变形器材质 ……… 374

9.2.10 顶/底材质 ……… 374

9.3 其他材质 ……… 375

▶9.4 实例：创建鸡蛋壳材质 ……… 376

9.5 V-Ray材质 ……… 378

9.5.1 V-Ray反射参数 ……… 379

9.5.2 V-Ray折射参数 ……… 383

9.5.3 V-Ray金属材质表现 ……… 384

9.5.4 V-Ray窗帘材质表现 ……… 385

9.5.5 V-Ray 皮革材质表现 ……… 387

9.5.6 V-Ray HDRI光照照明 ……… 388

▶9.6 实例：创建牙膏盒材质 ……… 389

▶9.7 实例：创建枯木材质 ……… 393

9.8 实例：使用V-Ray创建料理机的材质… 397

9.9 实战技巧 ……… 401

技巧1 材质球用完的解决方法 ……… 401

技巧2 V-Ray常用材质参数 ……… 401

技巧3 影响V-Ray渲染速度的因素 ……… 402

第10章 灯光和摄影机 ……… 403

◉ 本章教学录像时间：27分钟

10.1 认识灯光 ……… 403

10.1.1 灯光属性 ……… 403

10.1.2 灯光照明原则 ……… 405

10.1.3 灯光类型 ……… 407

10.1.4 灯光参数设置 ……… 410

10.2 使用阴影 ……… 414

10.2.1 阴影类型 ……… 414

10.2.2 阴影参数设置 ……… 415

10.3 认识摄影机 ……… 419

10.3.1 3ds Max中的摄影机 ……… 419

10.3.2 摄影机特性 ……… 419

10.3.3 摄影机参数设置 ……… 420

10.4 摄影机应用 ……… 422

10.4.1 创建自由摄影机 ……… 422

10.4.2 创建目标摄影机 ……… 423

10.4.3 设置摄影机动画 ……… 424

▶10.4.4 实例：使用穿行助手 ……… 425

10.5 摄影机渲染效果 ……… 429

10.5.1 运动模糊效果 ……… 429

10.5.2 景深效果 ……… 430

10.6 VRay 灯光 ……… 431

▶10.7 实例：创建阳光下的石柱效果 ……… 434

10.7.1 创建石柱模型 ……… 434

10.7.2 设置材质贴图 ……… 436

10.7.3 设置灯光和摄像机 ……… 438

▶10.8 实例：创建室内布光效果 ……… 441

10.9 实战技巧 ……… 443

技巧1 3ds Max 布光原则及注意点 ……… 443

技巧2 了解3ds Max的IES灯光和IES光域网 ……… 444

第4篇 渲染

第11章 渲染 ……… 446

◉ 本章教学录像时间：21分钟

11.1 默认渲染器 ……… 446

11.1.1 渲染器类型 ……… 446

11.1.2 渲染设置 ……… 447

11.1.3 渲染帧窗口 ……… 450

11.1.4 渲染输出的方式 ……… 451

11.1.5 高级光照和输出 ……… 452

11.2 mental ray渲染器 ……… 461

11.2.1 mental ray灯光和阴影 ……… 462

11.2.2 控制间接照明 ……… 463

11.2.3 mental ray材质明暗器 464
11.2.4 渲染控制 464
11.2.5 输出全景图 465
11.2.6 高级mental ray 465

11.3 V-Ray渲染 465
11.3.1 V-Ray渲染参数 466
11.3.2 实例：渲染LED灯效果 470
▶11.3.3 实例：渲染景深效果 472
▶11.3.4 实例：渲染室内场景效果 474

▶11.3.5 实例：渲染手机效果 475
11.4 iray渲染 477
11.5 实战技巧 479
技巧1 找不到VR材质 479
技巧2 背景严重曝光问题 480
技巧3 画面锯齿严重的问题 480
技巧4 画面有黑斑的问题 480

第5篇 动画与特效

第12章 动画制作 482

🔘 本章教学录像时间：59分钟

12.1 动画制作基本理论 482
12.1.1 动画基本知识 482
12.1.2 制作动画的一般过程 483
▶12.1.3 实例：创建纷飞的图片动画 484

12.2 3ds Max 2016动画利器 489
12.2.1 动画控制面板 489
▶12.2.2 实例：创建卷轴动画 492
12.2.3 轨迹视图 494
▶12.2.4 实例：创建弹簧球动画 499
12.2.5 运动面板 502
12.2.6 动画约束 505
▶12.2.7 实例：创建摇摆的台灯动画 509
12.2.8 运动控制器 512

▶12.3 实例：创建跳动的烛光动画 514
12.3.1 制作跳动的烛光 514
12.3.2 渲染跳动的烛光 517

▶12.4 实例：创建口香糖广告动画 518
12.4.1 指定环境背景贴图 518
12.4.2 绘制运动路径 519
12.4.3 设置沿路径运动动画 521
12.4.4 设置沿路径粒子动画 523

12.4.5 设置粒子运动模糊 528

12.5 实战技巧 529
技巧1 动画时间掌握的基本单位 529
技巧2 动画制作常见问题解决 530

第13章 环境与效果 531

🔘 本章教学录像时间：28分钟

13.1 环境 531
13.1.1 大气装置 532
13.1.2 添加环境 533
13.1.3 火焰环境 534
▶13.1.4 实例：创建飘动的云朵动画 537
13.1.5 雾环境 541
13.1.6 体积雾环境 543
▶13.1.7 实例：创建香烟的烟雾效果 546
13.1.8 体积光环境 547
▶13.1.9 实例：创建海底效果 550

13.2 效果 552
13.2.1 Hair 和 Fur 效果 553
13.2.2 镜头效果 554
13.2.3 模糊效果 569
13.2.4 亮度和对比度效果 572
13.2.5 色彩平衡效果 572
13.2.6 文件输出效果 573

13.2.7 胶片颗粒效果 574

13.2.8 运动模糊效果 574

13.2.9 景深效果 575

13.3 实例：创建灯光特效片头动画 576

13.4 实战技巧 581

技巧1 文件备份技巧 581

技巧2 处理文件打开时间长 582

第14章 粒子与运动学 583

本章教学录像时间：27分钟

14.1 粒子流 583

14.1.1 粒子寿命 583

14.1.2 粒子视图 585

14.1.3 粒子流源 586

14.1.4 操作符 586

14.2 粒子系统 587

14.2.1 粒子系统面板 587

14.2.2 喷射粒子系统 588

14.2.3 实例：创建逼真的雨中特效 ... 590

14.2.4 雪粒子系统 594

14.2.5 实例：创建雪景动画效果 595

14.2.6 超级喷射粒子系统 599

14.2.7 实例：创建烟雾效果 603

14.2.8 暴风雪粒子系统 606

14.2.9 粒子阵列粒子系统 607

14.2.10 实例：创建星球爆炸效果 608

14.2.11 粒子云粒子系统 613

14.3 运动学 614

14.3.1 正向运动学 614

14.3.2 使用正向运动学设置动画 616

14.3.3 反向运动学 620

14.3.4 IK 解算器 621

14.3.5 关节控件 625

14.3.6 实例：创建螺旋桨推进器效果 ... 628

14.3.7 实例：创建硬币散落效果 630

14.3.8 实例：创建桌布效果 632

14.4 实战技巧 633

技巧1 如何实现粒子运动模糊 633

技巧2 对粒子阵列使用材质 633

技巧3 正向运动学与反向运动学的差异 ... 634

第15章 层级链接与空间扭曲 635

本章教学录像时间：18分钟

15.1 层级链接 635

15.2 层级链接与运动学 636

15.2.1 链接策略 636

15.2.2 链接和取消链接对象 639

15.2.3 调整轴 639

15.2.4 查看和选择层次 641

15.3 空间扭曲对象 643

15.3.1 空间扭曲工具 643

15.3.2 力工具 644

15.3.3 导向器工具 650

15.3.4 几何/可变形工具 652

15.3.5 基于修改器工具 655

15.3.6 实例：创建涟漪动画 656

15.3.7 实例：创建飘扬的旗子动画 ... 657

15.3.8 实例：创建文字被风吹散动画 ... 662

15.4 实战技巧 666

技巧1 空间扭曲支持哪些对象 666

技巧2 空间扭曲的基本用法 666

技巧3 粒子泄漏和导向器空间扭曲问题 ... 666

第16章 视频后期处理 667

本章教学录像时间：10分钟

16.1 视频后期处理简介及工具界面 667

16.1.1 视频后期处理简介 667

16.1.2 视频后期处理界面介绍 668

16.2 视频后期处理滤镜效果 ·········· 669

16.2.1 【镜头效果高光】滤镜 ·········· 669

▶16.2.2 实例：创建光闪耀眼的钻石效果········ 672

16.2.3 【镜头效果光晕】滤镜 ········· 674

▶16.2.4 实例：创建星球的光晕效果 ······· 677

16.2.5 【镜头效果光斑】滤镜 ········· 680

16.3 实例：创建星空效果 ·········· 685

16.4 实战技巧 ············· 687

技巧1 视频后期处理对象仅是消失，而非淡出
问题 ················· 687

技巧2 对象在渲染期间而不是在动画中产生光晕 ··· 688

第6篇　经典案例

▶第17章 工业产品造型设计 ········· 690

　🔘 本章教学录像时间：35分钟

17.1 创建Ipod播放器模型 ·········· 690

17.1.1 创建轮廓样条线 ··········· 690

17.1.2 创建NURBS主体曲面 ········· 692

17.1.3 创建显示屏曲面 ··········· 696

17.1.4 创建按钮模型 ············ 699

17.2 设置材质和渲染效果 ·········· 700

17.2.1 创建渲染场景环境 ·········· 700

17.2.2 设置场景灯光效果 ·········· 702

17.2.3 创建模型材质效果 ·········· 703

17.2.4 创建产品级渲染效果 ········· 712

▶第18章 法式家具造型设计 ········· 713

　🔘 本章教学录像时间：2小时18分钟

18.1 创建法式沙发椅模型 ·········· 713

18.1.1 创建座椅框架模型 ·········· 713

18.1.2 创建椅腿模型 ············ 717

18.1.3 创建扶手模型 ············ 724

18.1.4 创建靠背模型 ············ 727

18.1.5 创建坐垫模型 ············ 731

18.2 设置沙发椅材质和渲染 ········· 733

18.2.1 设置渲染环境 ············ 733

18.2.2 设置场景灯光效果 ·········· 734

18.2.3 设置沙发椅材质效果 ········· 735

18.2.4 创建产品级渲染效果 ········· 741

▶第19章 游戏动画设计 ··········· 743

　🔘 本章教学录像时间：21分钟

19.1 设置场景动画效果 ··········· 743

19.1.1 制作螺旋桨动画 ··········· 743

19.1.2 使用路径约束制作飞行动画 ······ 746

19.1.3 使用位置约束制作摄影机动画 ····· 750

19.2 添加声音和渲染动画 ·········· 755

19.2.1 使用轨迹视图添加声音 ········ 755

19.2.2 渲染动画效果 ············ 757

▶第20章 影视广告片头设计 ········· 759

　🔘 本章教学录像时间：43分钟

20.1 创建广告片头动画场景 ········· 759

20.1.1 创建暴风雪粒子系统 ········· 759

20.1.2 设置暴风雪发射粒子 ········· 760

20.1.3 设置粒子材质及效果 ········· 762

20.1.4 创建文字及材质 ··········· 765

20.1.5 创建圆环及材质 ··········· 767

20.1.6 创建摄影机和灯光 ·········· 769

20.2 设置广告片头动画 ··········· 772

20.2.1 设置摄像机动画 ··········· 772

20.2.2 设置文字和背景动画 ········· 775

20.3 为广告片头动画添加特效 ········ 776

20.3.1 制作文字特效动画 776

20.3.2 制作背景特效动画 781

▶第21章 室内装饰设计 783

🔘 本章教学录像时间：1小时10分钟

21.1 室内高精度建模 783

21.1.1 设置单位和导入CAD文件 783

21.1.2 创建卧室框架模型 786

21.1.3 创建卧室墙面造型 789

21.1.4 创建卧室天花造型 795

21.1.5 合并家具模型 798

21.2 设置室内模型材质 799

21.2.1 设置乳胶漆材质 799

21.2.2 设置地板材质 800

21.2.3 设置木纹材质 802

21.2.4 设置黑色镜子材质 803

21.2.5 设置不锈钢金属材质 804

21.2.6 设置床单织物材质 804

21.2.7 设置软包织物材质 806

21.2.8 设置黑色烤漆材质 807

21.3 设置灯光和渲染 808

21.3.1 设置测试渲染参数 808

21.3.2 设置灯光参数 809

21.3.3 设置正式渲染参数 812

21.4 卧室效果图的后期处理 ············· 813

▶第22章 建筑设计 815

🔘 本章教学录像时间：1小时31分钟

本章具体内容请参见附带光盘

22.1 室外建筑建模 ···················· 815

22.1.1 设置单位 ····················· 815

22.1.2 建筑框架建模 ·················· 816

22.1.3 建筑玻璃墙体建模 ·············· 821

22.1.4 内部分割墙体建模 ·············· 825

22.2 设置建筑模型材质 ················ 828

22.2.1 设置摄像机 ···················· 828

22.2.2 设置玻璃材质 ·················· 829

22.2.3 设置白色外墙漆材质 ············· 829

22.2.4 设置不锈钢金属材质 ············· 830

22.2.5 设置黑色钢材材质 ·············· 831

22.3 设置灯光和渲染 ·················· 832

22.3.1 设置测试渲染参数 ·············· 832

22.3.2 设置灯光参数 ·················· 833

22.3.3 设置正式渲染参数 ·············· 836

22.4 卧室效果图的后期处理 ············· 837

第1篇

基础知识

导读

↘ 第1章　认识3ds Max 2016
↘ 第2章　3ds Max 2016基本操作

基础知识篇主要讲解3ds Max 2016的快速入门基础。通过对3ds Max 2016的安装、视口的基本操作以及创建简单的三维对象等的介绍，让读者很快了解3ds Max的功能，从而为进一步学习3ds Max打下扎实的基础。

认识3ds Max 2016

看到影视节目中精彩的特效，你是否有自己也要做出这样的效果的渴望？置身于逼真的电脑游戏中，你是否有动手创作游戏中三维角色的想法？在3ds Max 2016中，这一切都很容易做到。

本章就带领你步入3ds Max 2016的世界，为你详细讲解3ds Max 2016的基本概念、新增功能、安装方法、用户界面及基本操作等相关知识。

❯ 掌握3ds Max 2016的基本概念
❯ 掌握3ds Max 2016的安装方法
❯ 掌握3ds Max 2016的用户界面及基本操作

1.1 3ds Max的应用领域

无论是刚刚接触3ds Max 2016动画技术的新手，还是能制作色彩斑斓的复杂视觉效果图的高手，在面对最具挑战性的创作要求时，3ds Max 2016都能提供强大的技术支持。利用3ds Max 2016可以轻而易举地设计出专业级的美术作品，同时还可以利用软件完成各具特色的建模、纹理制作、动画制作和渲染解决方案等。3ds Max 2016的应用领域是非常广泛的。

1. 影视特效制作领域

3ds Max 2016具有比其他专业三维软件系统更多的建模、纹理制作、动画制作和渲染解决方案，并提供一套高度创新而又灵活的工具，可以帮助产品设计师和技术指导去制作电影的特技效果。具备高度生产力的三维解决方案及分布式工作流程的3ds Max 2016完美地集成了现有的影视特效工作流程，提供了脚本语言和SDK的深度开发能力，从而实现了对用户定制

的制作工具的创建和无缝化集成。

2. 游戏开发领域

3ds Max 2016软件是全球最具生产力的动画制作系统，它广泛地应用于游戏的开发、创建和编辑。它的易用性和用户界面的可配置性，为实现快速工作方式提供了很大的灵活性，能帮助设计师根据不同引擎和目标平台的要求进行个性化设置，加快工作的流程。

3. 视觉效果图设计行业

3ds Max 2016提供高级的动画和渲染能力，能切实满足当今视觉设计专家们的严格要求。作为Autodesk VIZ有效的技术补充，3ds Max 2016将最强的视觉特效引擎与完美的动画工具（包括子对象动画制作、粒子系统、高级渲染和角色动画等）合二为一，能够满足诸如机械装配动画、壮观辉煌的建筑效果图等多种任务

的最高要求。

4.设计教育领域

3ds Max 2016提供大量的有力工具，可以为那些有着极度求知欲望的学生和满怀期望的设计师提供快速学习三维动画深层内涵的机会。3ds Max 2016已经成为艺术院校和职业化教育中学习三维动画制作的"标准系统"，而且在中学教育中也比以往更容易应用和讲授。

三维动画行业的分工越来越细，目前已形成了几个比较重要的制作行业，3ds Max 2016软件也被广泛地应用于以下行业中。

① 室内装潢设计。

② 室外建筑设计。

③ 影视片头、片花设计。

④ 产品广告设计。

⑤ 电影电视特技。

⑥ 工业产品造型设计。

⑦ 三维卡通动画设计。

⑧ 游戏开发设计。

1.2 使用3ds Max创作的一般流程

本节将主要介绍使用3ds Max创作的一般工作流程，包括三维建模、材质、灯光、动画和渲染等方面。对于初学者来说，一方面需要学习3ds Max的基本工作方式，另一方面，更要理解其中所包含的诸多概念和原理，这些知识对于初学者有重要意义。

1. 建立对象模型

用户可以在视口中建立对象的模型并设置对象动画，视口的布局是可配置的。用户可以从不同的 3D 几何基本体开始，也可以使用 2D 图形作为放样或挤出对象的基础，也可以将对象转变成多种可编辑的曲面类型，然后通过拉伸顶点和使用其他工具进一步建模。

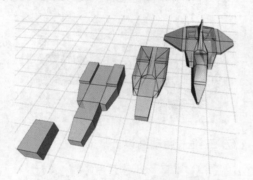

另一个建模工具是将修改器应用于对象。修改器可以更改对象几何体。【弯曲】和【扭曲】是修改器的两种类型。

2. 材质设计

用户可以使用【材质编辑器】设计材质，编辑器在其自身的窗口中显示。使用【材质编辑器】定义曲面特性的层次可以创建有真实感的材质。曲面特性可以表示静态材质，也可以表示动画材质。

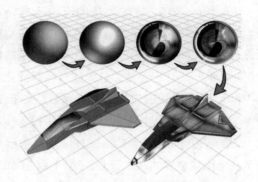

3. 灯光和摄影机

用户可以创建带有各种属性的灯光来为场景提供照明。灯光可以投射阴影、投影图像以及为大气照明创建体积效果。基于自然的灯光可以在场景中使用真实的照明数据，光能传递可在渲染中提供无比精确的灯光模拟。

Tips

创建的摄影机可以如在真实世界中一样控制镜头长度、视野和实现运动控制（例如，平移、推拉和摇移镜头）。

4. 动画

任何时候只要打开【自动关键点】按钮，就可以设置场景动画。关闭该按钮可以返回到建模状态。用户也可以对场景中对象的参数进行动画设置以实现动画建模效果。

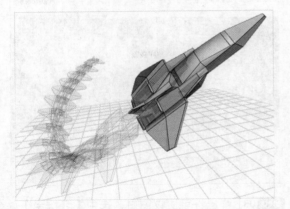

【自动关键点】按钮处于启用状态时，3ds Max会自动记录所做的移动、旋转和缩放比例更改，但不是记录为对静态场景所做的更改，而是记录为表示时间的特定帧上的关键点。此外，还可以设置许多参数的动画，使灯光和摄像机随时间变化，并在 3ds Max视口中直接预览动画。

使用轨迹视图来控制动画。【轨迹视图】是浮动窗口，可以在其中为动画效果编辑动画关键点、设置动画控制器或编辑运动曲线。

5. 渲染

渲染会在场景中添加颜色和着色。3ds Max 中的渲染器包含选择性光线跟踪、分析性抗锯齿、运动模糊、体积照明和环境效果等功能。

当使用默认的扫描线渲染器时，光能传递解决方案能在渲染中提供精确的灯光模拟，包括由于反射灯光所带来的环境照明。当您使用 mental ray渲染器时，全局照明会提供类似的效果。

如果所工作的工作站是网络的一部分，网络渲染可以将渲染任务分配给多个工作站。使用 Video Post，还可以将场景与已存储在磁盘上的动画合成。

1.3 安装3ds Max 2016

3ds Max 2016是一款专门为建筑师、设计师以及可视化专业人士量身定制的3D应用软件，旨在满足高级设计可视化的要求。

1.3.1 3ds Max 2016软硬件配置需求

3ds Max 2016分为32位版本和64位版本。本书以3ds Max 2016（64位）作为平台进行讲解，其安装时对软硬件要求如下。

（1）操作系统要求

Microsoft Windows 7 (SP1)或Windows 8 或者Windows 8.1专业版操作系统或更新版本（3ds Max 2016的64位版本需要64位的操作系统）。

（2）CPU要求

CPU与渲染输出速度有关，最低要求64位Intel或AMD多核处理器，主频越高渲染输出就越快。

（3）内存要求

渲染输出速度也与内存有关，最低要求4GB内存（推荐使用8GB）。

（4）硬盘要求

至少6GB剩余硬盘空间。

（5）显卡要求

显卡和实时操作的流畅度有关，最低要求512MB显存，显存越高，操作的流畅性越好，实时预览时可显示的效果就越多。

（6）光驱要求

DVD-ROM。

（7）浏览器要求

Apple Safari、Google Chrome、Microsoft Internet Explorer或Mozilla Firefox。

（8）其他

需安装DirectX 10.0c补充软件。

Tips

3ds Max 2016硬件渲染需要借助额外的GPU资源来确保良好的效果，用户的显卡内存最小不应低于512 MB。对于复杂的场景、着色器和照明模式，建议用户至少使用1 GB的显存。

1.3.2 安装3ds Max 2016

本节讲述的步骤是在Windows 10操作系统下使用3ds Max 2016版本完成的，若使用其他操作系统、程序版本，安装的过程和程序则会有微小的差异，但是整个安装过程大致相同。具体的安装步骤如下。

Step 01 将安装光盘插入光驱中，双击setup.exe进行安装，安装进入初始化界面。

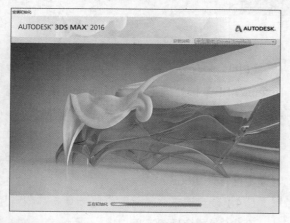

Step 02 随后进入3ds Max 2016安装向导，在安装向导中选择【安装】选项。

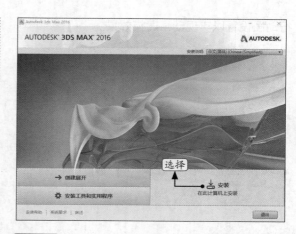

Step 03 弹出许可协议窗口，选中【我接受】单选钮，并单击【下一步】按钮。

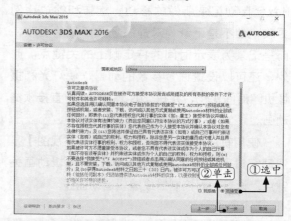

Step 04 在【产品信息】界面的文本框中输入序列号和产品密钥，并单击【下一步】按钮。

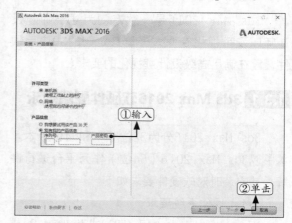

Step 05 在【配置安装】界面中按照当前默认的配置进行安装，或单击【浏览】按钮重新设置安装路径。设置完成后单击【安装】按钮。

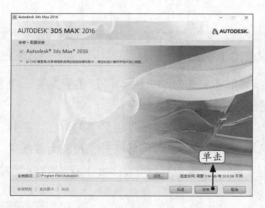

Step 06 确认安装的配置后，系统即开始进行组件的安装。

Step 07 安装完成后，单击【完成】按钮即可退出程序的安装。

1.3.3 启动与退出

将3ds Max 2016安装完成后，就可以启动和退出3ds Max 2016程序，可以认识到全新的3ds Max 2016用户界面，具体的操作步骤如下。

Step 01 双击桌面上的快捷方式图标，即可进入3ds Max 2016的用户界面。

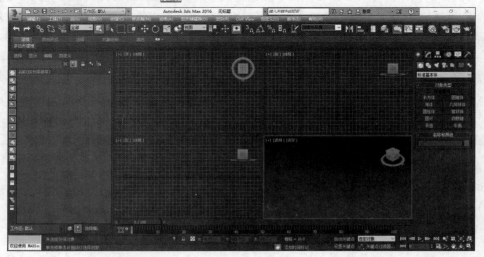

Step 02 单击3ds Max 2016用户界面右上角的【关闭】按钮 ☒ ，即可退出3ds Max 2016。

1.4 3ds Max 2016的工作界面

3ds Max 2016的用户界面比较复杂，用户第一次接触时需要先对3ds Max 2016的界面有一个整体的认识，并对界面进行划分。对界面有一个比较清楚的认识后就可以建模了。

下图为3ds Max 2016的用户界面，和大多数的软件一样，它的用户界面包含了菜单栏、工具栏和工作区域等几大部分。3ds Max 2016的工作区域就是用户界面上的最大区域部分，被称为视图区。视图区不但提供一个观察3D场景的环境，而且在视图区的各个视图中可以完成3ds Max 2016各种基本的创建和修改操作。

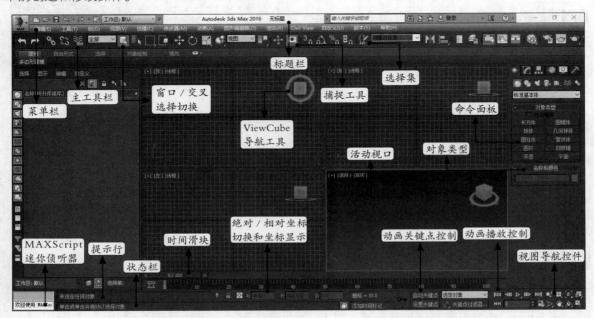

3ds Max 2016的用户界面的最大特点就是具有多功能性，用户可以使用视图区完成3ds Max 2016的各种具体的操作，在界面的右侧和下侧还提供了大量的辅助工具，例如右侧的命令面板和下侧的动画播放控制都是非常重要的工具。在菜单栏中也提供了相应的工具，大部分3ds Max 2016的操作都是通过这些工具来完成的。下面具体地介绍3ds Max 2016用户界面的各个部分。

1.4.1 标题栏

3ds Max 窗口的标题栏包含常用控件，用于管理文件和查找信息。

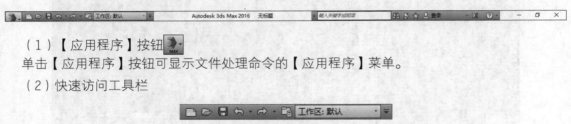

（1）【应用程序】按钮
单击【应用程序】按钮可显示文件处理命令的【应用程序】菜单。
（2）快速访问工具栏

快速访问工具栏提供用于管理场景文件的常用命令按钮。

（3）信息中心

通过信息中心可访问有关3ds Max和其他Autodesk产品的信息。

（4）【窗口】控件

与所有 Windows 应用程序一样，标题栏的右侧有3个用于控制窗口的按钮。

① ─ 最小化窗口。

② □ 最大化/还原窗口，或将其还原为以前的尺寸。

③ × 关闭应用程序。

1.4.2 菜单栏

菜单栏包括以下选项。

| 编辑(E) | 工具(T) | 组(G) | 视图(V) | 创建(C) | 修改器(M) | 动画(A) | 图形编辑器(D) | 渲染(R) | Civil View | 自定义(U) | 脚本(S) | 帮助(H) |

（1）【编辑】菜单：用于选择对象，可以对选择的对象进行复制和删除等操作。

（2）【工具】菜单：提供三维造型中常用的操作命令，如镜像、阵列以及对齐等。它的许多命令在主工具栏中有相应的按钮，以便更加快捷地进行操作。

（3）【组】菜单：该菜单中的【成组】命令用来将场景中的对象组合为一个组集，这样不仅便于记忆，而且便于对组进行移动和旋转等几何变换。当使用【解组】命令对组体分离时，又可以恢复为原来分离的对象。

（4）【视图】菜单：用于执行与视图操作有关的命令，例如保存活动顶视图、视图背景、设置活动视口和重画所有视图等。

（5）【创建】菜单：包含3ds Max 2016所有可以创建的对象命令。这些对象包括标准基本体和扩展基本体、灯光、摄像机、粒子和复合等。

（6）【修改器】菜单：包含所有3ds Max 2016用于修改对象的编辑修改器，例如选择、面片/样条线编辑、网格编辑、动画和UV坐标等。

（7）【动画】菜单：包含所有动画和约束场景对象的工具，例如"IK解算器"，对曲面、路径、位置和连接的约束功能，变换控制器，位置控制器，旋转控制器等。

（8）【图形编辑器】菜单：主要提供用于管理场景层次和动态的各种图解窗口。

（9）【渲染】菜单：包含用于进入渲染和环境设置、材质编辑器、材质/贴图浏览器、Video Post设置和"RAM播放器"等多个功能项。

（10）【Civil View】菜单：启动Civil View。

（11）【自定义】菜单：提供允许自己定制用户界面的各项功能。通过该菜单用户完全可以依据个人的喜好，定制出一个包含个性化的菜单栏、工具条和快捷菜单等的用户界面。

（12）【脚本】菜单：提供在3ds Max 2016中运用脚本语言实现Max操作的功能。MAXScript由一个用于创建和编辑脚本的编辑器组成，里面还包含一个以命令行方式运行的侦听器，用于记录输入命令、返回结果和错误。使用该脚本语言可以通过编写脚本实现对Max的控制，既可以在命令面板中设置按钮和文本框，也可以设置浮动对话框，同时还能把Max与外部的文本文件、Excel电子表格等链接起来。

（13）【帮助】菜单：为读者和设计人员提供3ds Max 2016的帮助功能。

单击【编辑】菜单时，菜单名下面列出了很多命令，如图所示。也可以使用鼠标，每一个菜单名都包含一个字符。按下 Alt 键的同时按该字符键可以打开菜单，除非特定关键点组合指定给键盘快捷键。【打开】菜单上的一些命令和副标题通常也拥有一个带有下划线的字符。当菜单打开时，按该字符键可调用命令。当使用键盘导航菜单时，还可以使用箭头键移动高亮显示的内容，并按Enter键激活命令或打开子菜单。

参数解密

（1）命令名称后面的省略号（···）表示调用该命令将会打开一个对话框。

（2）命令名称后面的右向三角形表明将出现一个子菜单。

（3）如果命令有键盘快捷键，则将其显示在命令名称的右侧。

（4）如果菜单命令为启用/禁用切换，则复选标记表示其状态：如果复选标记存在，则该命令处于活动状态。

1.4.3 命令面板

命令面板、对象类型和命令面板卷展栏等都属于命令面板的范畴。根据不同的情况，命令面板对应着【创建】面板、【修改】面板、【层次】面板、【运动】面板、【显示】面板和【使用程序】面板6种形态。在这些面板中可以得到3ds Max 2016中绝大多数的建模功能、动画特性、显示特性和一些重要的辅助工具。一般命令面板位于整个界面的右侧，而且一次只能有一个命令面板可见。和工具条类似，通过分别单击命令面板最上部的6个按钮，可以实现各个命令面板之间的相互切换。3ds Max 2016的大部分功能及特性都可以通过控制这几个面板来实现，各个命令面板的功能如下。

【创建】面板：在该面板中可以创建3ds Max 2016中所有对象类型，例如几何体、灯光、摄像机、辅助对象以及空间扭曲等。

【修改】面板：在该面板中不仅可以查看和修改对象的创建几何参数，而且可以选择各种编辑修改器作用于场景中的对象来实现更加复杂的建模操作。

【层次】面板：用来控制在链接层级中的链接，以及调节关节运动和反向动力方面的运动。

　　【运动】面板 ：该面板提供用来调节动画中被选择对象的各项工具，例如对关键帧的参数设置、对动画控制器及其运动轨迹的控制。

　　【显示】面板 ：主要用来提供显示或者隐藏场景中的各种对象的功能。

　　【使用程序】面板 ：该面板为3ds Max 2016提供了各种非常有用的使用程序，例如"资源浏览器""塌陷"和"运动捕捉"等。

　　在以上各个面板中，【创建】和【修改】面板主要用于3ds Max 2016建模阶段，设计工作的第一步往往在这两个面板中完成。【层次】和【运动】面板用于动画阶段，它们是在已经完成创建场景的前提下，即将进入动画制作的时候重点使用的两个面板。【显示】面板充分地体现了使用3ds Max 2016制作动画的优越性。当觉得场景过于复杂时，可以通过隐藏部分当前不重要的对象来使场景变得更简洁。它与界面上的视图导航按钮一起使用，可以方便地观察场景中任何一个对象以及它的细节。【使用程序】面板则为3ds Max 2016的使用提供了许多功能强大的高级工具，例如人物等外挂插件。虽然关于【使用程序】面板大部分教材都很少介绍，但是对于3ds Max 2016的高级用户来说，它所能提供的功能却是异常强大的。

1.4.4 视图布局

　　视图是进行三维创作的图形显示窗口。3ds Max 2016的视图就是占据了主界面大部分区域的4个大小尺寸相同的窗口。位于右下方的是透视视图，在该视图中可以运用视图导航工具观看一个三维对象的任何一个方向。3ds Max 2016经常用到的另外3个视图分别是顶视图、前视图和左视图，分别是从上方、前方和左侧来观察对象的显示图形。

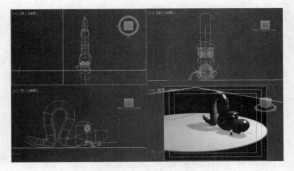

　　（1）顶视图：显示物体从上往下看到的形态。

　　（2）前视图：显示物体从前向后看到的形态。

　　（3）左视图：显示物体从左向右看到的形态。

　　（4）透视视图：一般用于观察物体的形态。

　　在每个视图的左下角都有一个以红、绿、蓝标记的x、y、z三轴坐标，这一坐标系指的是视图场景的世界坐标系，而不是对象自身的参考坐标系。视图中还有一些网格线，它们被称为主网格（Home Grid），是创建对象的基准平台。如果某个视图的边框显示为黄色，则表明该视图正处于激活状态，此时即可在视图中创建和操作对象。一般情况下，可以通过单击来激活某一个视图。

　　既然有了视图，就应该有视图的布局方式。和许多制图软件一样，3ds Max 2016的视图布局也是可以变化的，也就是说，用户可以使用任意可能的视图来显示对象。

　　在3ds Max 2016中有以下两种改变视图和视图布局的方式。

　　（1）第一种方式是在任何一个视图中左上角的视图标签（"顶"或"前"等）上单击鼠标右键，在弹出的快捷菜单中显示了3ds Max 2016的所有视图类型，用户可以选择其中的任何一种来更换当前的视图类型。

　　（2）第二种方式是选择【视图】→【视口配置】菜单命令，在弹出的【视口配置】对话框中选择【布局】选项卡。该选项卡提供了可供选择的多种视图布局类型，用户可以选择喜欢的一种作为3ds Max 2016的视图操作界面。但是，一般情况下都采用默认的视图布局方式,该方式不仅提供了最多的视图显示,而且其4个视图的大小相等,对应透视图在其周围放置前视图、顶视图和左视图,这符合三视图的正常习惯。

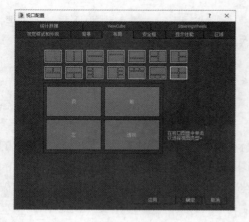

1.4.5 视图导航控制

下图为3ds Max 2016的视图导航控制按钮,它通常位于整个界面的右下角。这些按钮可以用来控制和显示导航视图窗口,各个按钮的具体功能如下。

Tips

单击图标右下侧的小三角图标,后不释放鼠标,可以选择弹出的隐藏视图导航控制按钮。

(1)【缩放】按钮:在激活视图中,以视图的中心为基准对视图进行放大或缩小。

(2)【缩放所有视图】按钮:对所有的视图同时进行放大或缩小,按住Ctrl键可以阻止对透视视图进行缩放。

(3)【最大化显示】按钮:缩放激活的视图以显示视图中所有可见对象。

(4)【最大化显示选定对象】按钮:缩放激活的视图以显示视图中所有被选择的对象。

(5)【所有视图最大化显示】按钮:缩放所有视图(摄像机视图除外),以显示各个视图中所有可见对象。

(6)【所有视图最大化显示选定对象】按钮:缩放所有视图(摄像机视图除外),以显示视图中所有被选择的对象。

(7)【缩放区域】按钮:拖动鼠标形成一个矩形区域,把想要观察的对象细节包括在该区域中,3ds Max 2016将自动地对该区域进行放大。

(8)【视野】按钮:调整视图中可见的场景数量和透视张角量。

(9)【平移视图】按钮:对当前激活的视图平面进行平行移动,按住Shift键将限制在单个轴上移动。

(10)【2D 平移缩放视图】按钮:在2D 平移缩放模式下,可以平移或缩放视图,无需更改渲染帧。

Tips

在 2D 平移缩放模式下,您可以平移或缩放视图,而无需更改渲染帧。

(11)【穿行】按钮:对当前激活的视图平面以穿行方式移动。

(12)【环绕】按钮:以视图中心作为旋转中心。

(13)【选定的环绕】按钮:以当前选择对象的中心作为旋转中心。

(14)【环绕子对象】按钮:以当前选择的子对象的中心作为旋转中心。

(15)【最大化视口切换】按钮:在默认的情况下,单击该按钮将使激活的视图单独显示并充满整个视图区域。再次单击该按钮激活视图则可恢复到原来的大小。

在对场景添加了摄像机后,该视图导航控制按钮就会自动地转变为相机视图导航按钮。虽然视图导航的视图对象变了,但是其基本的原理是相同的。

1.4.6 时间滑块和轨迹条

下图为3ds Max 2016的时间滑块和轨迹条，这两个滑块主要在动画制作中使用。

时间滑块显示当前帧并可以通过它移动到活动时间段中的任何帧上。用鼠标右键单击滑块栏，打开【创建关键点】对话框，在该对话框中可以创建位置、旋转或缩放关键点，而无需使用【自动关键点】按钮。

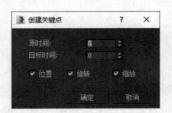

Tips

必须在选中模型状态，用鼠标右键单击时间滑块才能打开【创建关键点】对话框。

在自动关键点模式下，可以用鼠标右键单击并拖动时间滑块来创建关键点，该关键点从初始时间滑块位置开始，在随后的时间滑块位置结束。

在设置关键点模式下，按住鼠标右键并拖动时间滑块可以在时间上移动姿势，而姿势不会在视口中丢失。

要前移或后移一帧，请分别单击时间滑块左侧或右侧的箭头。或者只将光标放到时间线上的任意位置，单击使时间滑块移动到光标位置。在关键点模式下，单击箭头时，会跳到相邻的关键点。

【轨迹视图关键点】窗口也显示时间滑块。这两个时间滑块的移动是同步的。在移动【轨迹视图】窗口中的时间滑块的同时还会移动视口下面的时间滑块，反之亦然。

（1）要移动到动画中特定的帧，请执行下列操作之一：

① 向左或向右拖动（移动）时间滑块，直到在时间滑块上显示帧编号。

② 在时间控件的当前帧字段中键入帧编号，然后按 Enter 键。

（2）要一次向前或向后移动一帧或一个关键点，请执行下列操作之一：

默认情况下，关键点模式处于禁用状态，这些控件一次移动一帧。要按关键点移动，请单击【关键点模式切换】按钮。此时，将会启用"关键点模式"。启用"关键点模式"时，该按钮的外观为 。

① 单击时间滑块任一端的 〈 或 〉 按钮。

② 按键盘上的 〈 或 〉 键。

③ 禁用"关键点模式"时，单击时间控件中的【下一帧】或【上一帧】按钮。

④ 启用"关键点模式"时，单击时间控件中的【下一个关键点】或【上一个关键点】按钮。

（3）要一次向前或向后移动多个帧，请执行以下操作：

在时间滑块任意一侧的空白轨迹处单击。时间滑块将移动到光标所在位置。这是一种比拖动时间滑块更快移动的方法。

（4）要移动到活动时间段的第一帧或最后一帧，请执行以下操作：

使用时间控制按钮 ▷▷ （转至开头）或 ◁◁ （转至结尾）。

（5）要在时间滑块上显示 SMPTE 时间码，请执行以下操作：

在时间控件中，单击 🔲 （时间配置），然后在 "时间显示" 下选择 "SMPTE"。

（6）要在时间滑块上显示子帧，请执行以下操作：

在时间控件中，单击 🔲 （时间配置），然后在 "时间显示" 下选择 "帧:TICK" 或 "分:秒:TICK"。 每一帧都包含子帧。

（7）要使用时间滑块调整动画，请执行下列操作之一：

① 要将某个姿势从一帧复制到另一帧，在 "自动关键点" 启用或禁用，且 "设置关键点" 禁用的情况下，用鼠标右键单击时间滑块，然后将其拖至新的位置。

这时会显示【创建关键点】对话框，其中 "源时间" 设置为右键单击时所在的帧，而 "目标时间" 设置为时间滑动移至的帧。根据需要切换 "位置" "旋转" 和 "缩放"，然后单击【确定】，为源帧处的姿势在目标帧处创建关键点。

② 在【设置关键点】模式下，如果在错误的帧上设置了角色姿势，可以用鼠标右键单击并拖动时间滑块。姿势会在时间上移动到时间滑块所在的新位置。单击【设置关键点】按钮来设置关键点。

（8）要使用鼠标移动动画但不拖动，请执行以下操作：

① 转到【自定义】→【自定义用户界面】。在【键盘】面板的【操作】列表中单击，然后按 T 跳到 T 形横截面。向下滚动找到 "时间滑块捕捉切换"，然后对其进行单击。

② 单击【热键】字段，然后按指定作为键盘快捷键的键盘键组合，例如，【Ctrl+T】。单击【指定】按钮。

③ 关闭【自定义用户界面】对话框，然后按【时间滑块捕捉切换】的热键。

④ 在不按任何按钮的情况下左右移动鼠标。

⑤ 使用鼠标前后移动时间滑块。

⑥ 要退出此模式，请重新按热键或单击任何一个鼠标按钮。

1.4.7 状态栏

下图为3ds Max 2016的状态栏，位于主界面的底部，可以为3ds Max 2016的操作提供重要的参考消息。

（1）状态信息提示栏：显示选择的类型和数目。

（2）状态行：可以依据当前光标所处的位置提供功能解释，当不知道下一步应该做什么的时候可以看一看这里。

（3）选择锁定切换：将选择的对象锁定，这样就只能对该对象操作，而对其他对象没有影响。该按钮的设置可以大大地减小误操作的可能性。

（4）绝对模式变换输入：通过该变换类型可以实现对移动、旋转和缩放的精确控制。当该按钮被打开时，其右侧的【X】、【Y】、【Z】文本框输入的是相对变换数值；当该按钮被关闭时，文本框中的数值表示世界空间的绝对坐标值。

（5）栅格设置显示：显示视图中一个栅格的大小。随着对视图的缩放，该值会不断地变化。

（6）时间标记：3ds Max 2016允许在动态过程中对任何点赋值一个文本标签，在动画制作的过程中可以通过命名的标识很容易地找到需要的点。

1.4.8 主工具栏

下图为3ds Max 2016默认情况下的主工具栏，该工具栏中包含3ds Max 2016大部分常用功能的快捷使用按钮。

3ds Max中的很多命令均可由工具栏上的按钮来实现。默认情况下，仅主工具栏是打开的，停靠在界面的顶部。

默认情况下是隐藏多个附加工具栏的，其中包括轴约束、层、附加、渲染快捷键、笔刷预设和捕捉。要切换工具栏，请用鼠标右键单击主工具栏的空白区域，然后从列表中选择工具栏的名称。

1.5 3ds Max图形文件管理

为了更有效地使用3ds Max，就需要深入理解文件组织和对象创建的基本概念，本节学习如何使用图形文件工作。

1.5.1 打开Max 场景文件

在3ds Max中，一次只能打开一个场景。打开和保存文件是所有Windows应用程序的基本命令。这两个命令在菜单栏的【文件】菜单中。

使用【打开】命令可以从【打开文件】对话框中加载场景文件(MAX文件)、角色文件(CHR文件)或VIZ渲染文件(DRF文件)到场景中。

Step 01 双击桌面上的快捷方式图标，即可进入3ds Max 2016的用户界面。

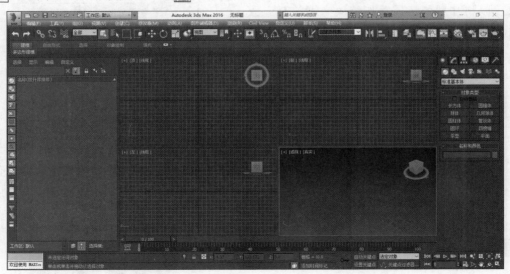

Step 02 按【Ctrl+O】组合键，弹出【打开文件】对话框。从中寻找正确的路径和文件，双击该文件即可将它打开。

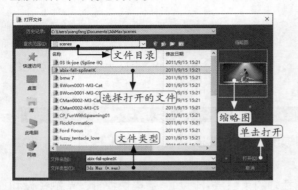

Step 03 单击3ds Max 2016快捷工具栏中的【打开文件】按钮。

Step 04 如果在【自定义】→【单位设置】→【系统单位设置】对话框中勾选了【考虑文件中的系统单位】，在打开文件时，如果加载的文件具有不同的场景单位比例，将显示【文件加载:单位不匹配】对话框，如图所示。使用此对话框可以将加载的场景重新缩放为当前3ds Max 2016场景的单位比例，或更改当前场景的单位比例来匹配加载文件中的单位比例。

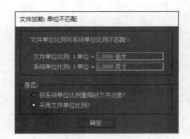

参数解密

【文件加载:单位不匹配】对话框中两个选项说明如下。

（1）【按系统单位比例重缩放文件对象?】：选择该选项时，打开文件的单位会自动转换为当前的系统单位。

（2）【采用文件单位比例?】：选择该选项，转换当前的系统单位为打开文件的单位。

1.5.2 重置Max 场景文件

新建重置文件是指清除视图中的全部数据，恢复到系统初始状态(包括【视图划分设置】、【捕捉设置】、【材质编辑器】和【背景图像设置】等)。

Step 01 单击【应用程序】按钮，在弹出的下拉菜单中选择【重置】命令，系统弹出重置文件提示信息，如图所示。

Step 02 如果对3ds Max 2016场景进行了修改，单击【保存】按钮，系统弹出【文件另存为】对话框，允许用户对场景进行保存。

Step 03 在【文件另存为】对话框为场景命名，单击【保存】按钮保存场景，系统又弹出提示信息，询问是否确实要重置场景，如图所示。单击【是】按钮，清除视图中的全部数据，恢复到系统初始状态。

Tips

一个新建的场景文件重置时，会直接弹出提示信息对话框。【重置】命令的效果与退出3ds Max 2016再重新进入是一样的。

1.5.3 新建Max 场景文件

单击快捷工具栏中的【新建场景】按钮，可以新建一个场景文件。

1.5.4 保存Max 场景文件

使用【保存】命令可以通过覆盖上次保存的场景版本更新场景文件。如果先前没有保存场景，则此命令的工作方式与【另存为】命令相同。

Step 01 单击3ds Max 2016快捷工具栏中的【保存文件】按钮，将弹出【文件另存为】对话框。

Step 02 单击【应用程序】按钮，在弹出的下拉菜单中选择【保存】命令。

1.5.5 另存为Max 场景文件

单击【应用程序】按钮，在弹出的下拉菜单中还有一个命令是【另存为】，它可以以一个新的文件名保存场景文件。

Step 01 【另存为】命令将以一个新的文件名称来保存当前3ds Max 2016场景，以便不改动旧的场景文件，单击【应用程序】按钮，在弹出的下拉菜单中选择【另存为】命令或按下【Ctrl+Shift+S】组合键。

Step 02 系统打开【文件另存为】对话框。选择好相应的保存目录，填写文件名称，选择保存类型，单击【保存】按钮。

Tips

这个对话框有一个独特的功能。单击【保存(S)】按钮左边的"+"号按钮，文件自动使用一个新的名字保存。如果原来的文件名末尾是数字，那么该数字自动增加1。如果原来的文件名末尾不是数字，那么新文件名在原来文件名后面增加数字"01"，再次单击【+】号按钮后，文件名后面的数字自动变成"02"，然后是"03"等。这使用户在工作中保存不同版本的文件变得非常方便。

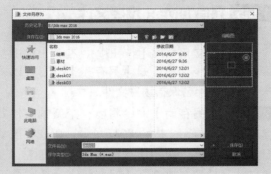

Step 03 保存为副本。保存为副本用来以不同的文件名保存当前场景的副本。该选项不会更改正在使用的文件的名称。单击【应用程序】按钮，在弹出的3ds Max 2016下拉菜单中选择【另存为】→【保存副本为】命令。

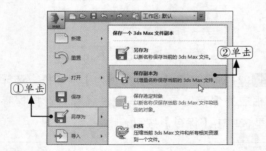

Step 04 系统打开【将文件另存为副本】对话框，如图所示。浏览或输入要创建或更新的文件的名称，单击【保存】按钮即可。

Step 05 自动备份。在实际操作过程中，偶尔会遇到突然断电的情况，这时就需要自动备份功能。单击3ds Max 2016菜单栏中的【自定义】→【首选项】命令，在弹出的【首选项设置】对话框中选择【文件】选项，在【自动备份】选项组中可以设置备份的时间间隔、名称及数量，如图所示。

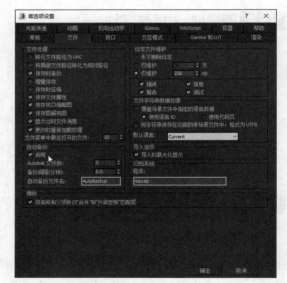

1.5.6 合并Max 场景文件

从场景或其他程序中合并几何体来重新使用原有工作成果会大大提高用户的工作效率。3ds Max的【导入】【合并】和【替换】命令支持这项技术。合并文件允许用户从另外一个场景文件中选择一个或者多个对象，然后将选择的对象放置到当前的场景中。例如，用户可能正在使用一个室内场景工作，而另外一个没有打开的文件中有许多制作好的家具。如果希望将家具放置到当前的室内场景中，那么可以使用【合并】命令将家具合并到室内场景中。该命令只能合并max格式的文件。

要合并项目，请执行以下操作，这是通用步骤。详细的步骤请参见后面的实例。

（1）单击【应用程序】按钮→【导入】→【合并】菜单命令。

（2）选择合并项目的来源文件。

（3）选择要合并的一组或一个项目。

1.5.7 实例：合并咖啡杯到茶几

下面通过一个实例来说明如何使用【合并】命令合并文件，具体的步骤如下。

Step 01 启动3ds Max 2016。按【Ctrl+O】组合键，将弹出【打开文件】对话框。选择本书配套光盘中的"素材\ch01\茶几.max"文件。

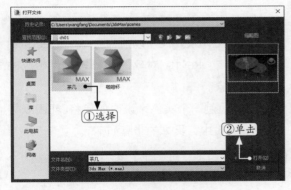

Step 02 单击【打开】按钮打开该文件。

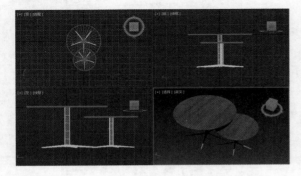

Step 03 单击【应用程序】按钮，在弹出的3ds Max 2016下拉菜单中选择【导入】→【合并】命令。

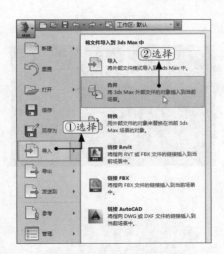

Step 04 系统弹出【合并文件】对话框。从配套光盘中选取"素材\ch01\咖啡杯.max"文件，单击【打开】按钮。

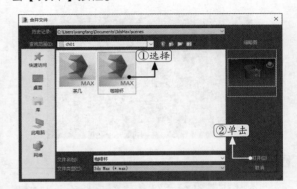

Step 05 系统弹出【合并-咖啡杯.max】对话框，这个对话框中显示了可以合并对象的列表，单击对象列表下面的【全部】按钮，然后再单击【确定】按钮。

Step 06 咖啡杯即被合并到茶几的场景中，如图

所示。

Tips

　　合并进来的对象保持它们原来的大小以及在世界坐标系中的位置不变。有时必须移动或者缩放合并进来的文件，以便适应当前场景的比例。

1.5.8 导入Max场景文件

　　单击【应用程序】按钮 → 【导入】，将其他程序的对象导入到场景中。在【选择要导入的文件】对话框中的"文件类型"列表列出了可以导入的文件类型。

　　要导入文件，请执行以下操作。详细的步骤请参见后面的实例。

　　（1）单击【应用程序】按钮 → 【导入】菜单命令。

　　（2）从文件选择器对话框的"文件类型"

列表中选择导入文件类型。要一次查看多个文件类型，请选择"所有格式"文件类型。

　　（3）选择要导入的文件。

　　（4）对于某些文件类型，将显示第二个对话框，其中带有特定于该文件类型的选项。

1.5.9 实例：导入CAD图纸

　　导入绘图文件时，3ds Max将AutoCAD、AutoCAD Architecture（以前称为 Architectural Desktop）或 Revit 对象的子集转换为相应的3ds Max对象。

　　下面通过一个实例来说明如何将CAD图纸导入到Max场景中，具体的步骤如下。

Step 01 单击【应用程序】按钮 ，在弹出的下拉菜单中选择【导入】→【导入】命令。

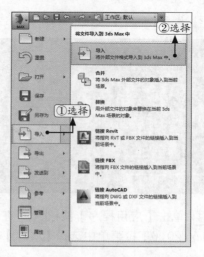

Step 02 在弹出的【选择要导入的文件】对话框

中选择"素材\ch01\chair.DWG"文件。

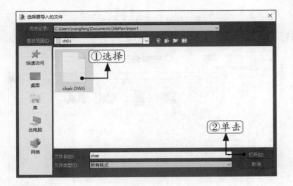

Step 03 单击【打开】按钮,在弹出的【AutoCAD DWG/DXF导入选项】对话框中勾选【重缩放】,在【传入的文件单位】下拉选项中选择【毫米】,单击【确定】按钮。

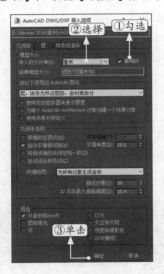

Step 04 为了便于后面的操作,一般将导入场景中的图形组群,并将其冻结,以免复杂的场景中多选或少选。将AutoCAD图纸导入3ds Max 2016场景中,如图所示。

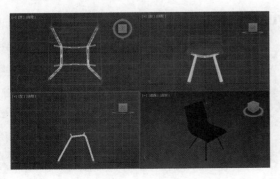

1.5.10 管理3ds Max资源

使用"资源浏览器"也可以打开、合并外部参考文件。资源浏览器的优点是它可以显示图像、max文件和MAXScript文件的缩略图。

用户还可以使用Asset Browser与因特网相连。这意味着用户可以从Web上浏览max的资源,可以浏览 Internet 来查找纹理示例和产品模型。可以包括位图纹理(BMP、JPG、GIF、TIF和TGA),或者几何体文件(MAX、DWG等)。并可以将这些示例和模型拖动到max场景中来即时显现和演示。可以使用 Ctrl 键将几何体拖动到预定义的位置。

用户也可以使用"资源浏览器"在硬盘或共享网络驱动器上浏览位图纹理和几何体文件的缩略图显示。然后可以查看它们或将其拖动到场景中,或者拖动到有效贴图按钮或示例窗中。

Tips

几何体文件的缩略图显示是几何体视图的位图表示形式。因为缩略图显示不是基于向量的表示形式,所以用户不能将其旋转或缩放。

如果用户需要将位图拖动到"材质编辑器"的贴图示例窗中,请执行以下操作,这是通用步骤。

(1)打开"材质编辑器" ⬚ 并单击【贴图】卷展栏。

(2)打开"资源浏览器",然后用鼠标选择位图的缩略图。

(3)将缩略图拖动到"材质编辑器贴图"卷展栏中选择的贴图按钮上。

(4)这样就将位图指定为"材质编辑器"中使用的贴图类型。

1.5.11 实例:使用"资源浏览器" ▶

下面通过一个实例来说明如何使用"资源

浏览器"从本地或共享磁盘上拖动场景文件，具体的步骤如下。

Step 01 启动3ds Max 2016。按下【Ctrl+O】组合键，将弹出【打开文件】对话框。打开本书配套光盘中的"素材\ch01\茶几.max"文件。

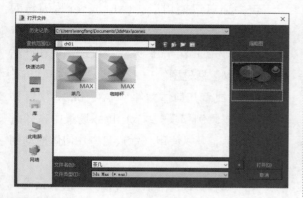

Step 02 单击【打开】按钮即可打开该文件。

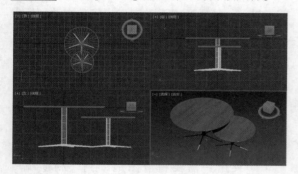

Step 03 单击命令面板上的【实用程序】按钮，进入【实用程序】工具面板。

Step 04 在【实用程序】卷展栏中单击【资源浏览器】按钮，系统弹出【资源浏览器】对话

框，在【资源浏览器】对话框中打开本书配套光盘的"素材\ch01\"文件夹，文件夹中的所有文件都会显示在【资源浏览器】中。

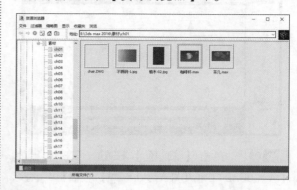

Step 05 在缩略图区域，单击"咖啡杯.max"文件，然后将它拖曳到摄像机视口中，此时将出现一个快捷菜单，如图所示。

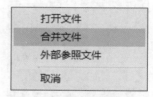

Step 06 从出现的快捷菜单中选择【合并文件】命令，咖啡杯被合并到场景中，但是它仍然与鼠标连在一起，随鼠标一起移动，如图所示。

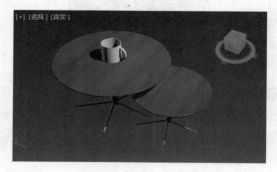

Tips

前面合并进来的对象与场景匹配得都非常好，这是因为在建模过程中仔细考虑了比例问题。如果在建模的时候不考虑比例问题，可能会发现从其他场景中合并进来的文件与当前工作的场景不匹配。在这种情况下，就必须变换合并进来的对象，以便匹配场景的比例和方位。

1.6 如何学好3ds Max

先从了解3ds Max开始。3ds Max是个庞大的软件，广泛应用于影视动画、建筑设计、广告、游戏和科研等领域。初学者自学的时候往往不知到从哪里入手，眉毛胡子一把抓，不但学不到具体的东西，也增加了学习的难度，打击自己的信心。所以，学3ds Max之前，必须要有个明确的方向，比如学3ds Max想应用于哪些方面，这样才可以有针对性地去学习，把有效的时间和精力花在点子上。

对于国人，甚至连ABC都不懂几个的朋友，是否可以学好英文版的3ds Max呢？

答案是肯定，根据众多的学习和教学经验，主要从以下几方面进行说明。

（1）对于功能如此庞大的软件，开始接触的时候应该进行针对性的学习，从选择自己感兴趣的行业方面应用开始。一旦有了针对性，我们所接触到的命令就不是很多了。

（2）一些命令、术语，在学习应用的过程中频繁出现，使用得多了，不记得单词也记得它的模样了，它的意思更不用说了。

（3）Max的使用是有一定规律性的，而且也非常形象，就是不太清楚命令的确切意思，通过操作看到实际变化，也知道它的大概意思。

只要有一定的学习方法，多练习，英文版一点也不可怕。

自学的一些途径和方法如下。

（1）首先要有一本好书。所谓的好书并不是里面贴出来的图片好看、场景大就好了，也不是越厚越好。现在市面上的书多如牛毛，有些也很差。对于初学者来说，应该选择一些介绍简单实例制作的书。在实例制作中消化和掌握命令，不但可以加深记忆，也可以提高我们的兴趣。但这样的书必须每个步骤的操作都要很详细，不能跳步，否则增加了初学者的学习难度，甚至有些命令在哪里都找不到。初学者我不建议看一些字典式的书，有了一定基础后这样的书才适合。

（2）多媒体教学光盘也是一个好的辅助学习工具，它相对于书本比较生动有趣，也很直接。一般基础的应用都差不多，到了实际的应用，也需要有针对性地选择，并不是所有3ds Max的教学光盘都看一遍，除非你有很多剩余的精力。还有，教学光盘不要只是一味地看了一次又一次，这样的作用不大。应该一边看一边跟着练，直到几乎可以跟着做出同样的效果。这样才是有效的学习。

（3）加强交流，相互学习。多向同行朋友请教。这是一个很重要的环节。当然，我们应该具备了一定基础后，交流和请教才有成效。连命令都找不到的朋友，我建议还是找本书好好练练，有了一点基础再向别人请教，否则就变成了别人在培训你了，我想没有几个人可以做到的，也没几个人有这样的工夫。要问就要问些实际应用问题，不要问这个命令是干什么用的？是怎么用的？这个东西是怎么画出来的？这样的问题让人难以用几句话跟你表达，而且说了你也未必清楚怎么回事。所以，有点基础是交流请教的必需的条件。

现在是电脑网络时代，网站、论坛、邮件和QQ等交流工具，也提供了更多和更宽广的交流空间，特别是一些有针对性的论坛，是我们很好的学习平台，应该好好利用。

选择一个好的培训机构参加培训，这是个非常直接，也是见效最快的方法。有人直接教授，比自己摸索、看书要来得快，也轻松多了。

1.7 使用帮助

3ds Max帮助文档可以为用户提供 3ds Max的各方面的信息，单击键盘上的F1功能键就能打开帮助文档。每一个主题均包含一段概述。通常概述之前有路径注释，告诉用户如何访问 3ds Max中的功能，概述之后是【步骤】部分，显示使用命令或功能的步骤，然后是【界面】部分，详述用户界面的控件和参数。

（1）路径注释：给出一个或多个步骤序列，指出如何访问用户界面中的功能。

（2）主题概述：告诉您功能、命令、用户界面控件或概念的名称，并做出说明。

（3）步骤：包含任务的步骤，以演示功能的典型用法。

（4）界面：描述在用户界面中出现的该功能的控件，并说明它们的作用方式和设置。

在该帮助文档中，新功能由本段落开头显示的【新功能】图标 ⬤ 指示。当用户使用该参考资料时，很容易就能看到3ds Max新特性。用户也可以使用【索引】找到包含3ds Max新功能信息的主题。【新功能】项会显示描述新程序功能的主题列表。【更改功能】项会显示在本版本中已发生更改的现有功能列表。

1.8 实战技巧

如果要在3ds Max 2016中使用文字或者创建文字模型，就会使用到各类字体，这时系统自带的字体就不能满足需要了。下面通过实例来讲解字体的安装方法。

技巧 字体安装方法

安装字体的具体操作步骤如下。

直接把解压后的字体文件拖到"C:\WINDOWS\Fonts"目录即可。

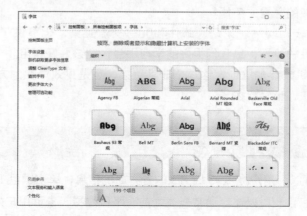

第 2 章

3ds Max 2016基本操作

■■ **本章引言**

3ds Max 2016的界面与其他应用软件界面最大的不同就是操作区域，但最吸引用户注意力的区域是视口。4个主要的视口构成了界面的主要部分，视口是使对象可见的地方。了解如何控制和使用视口对使用3ds Max 2016有很大帮助。

本章还讲述了3ds Max 2016的一些基本的操作，例如对象选择功能、捕捉功能、移动和旋转等，还讲述了变换功能、对齐功能、镜像和阵列功能等。这些基本功能使用起来简单方便，在3ds Max 2016的建模等操作过程中都是必不可少的。

■■ **学习要点**

◈ 掌握视口操作方法
◈ 掌握对象选择方法
◈ 掌握对象的基本编辑方法

2.1 查看和导航

三维空间是自然存在的，人们就生活和运动在三维空间中。例如，带有4个抽屉的文件柜，可以在每个抽屉的前、后或侧面填满纸张，还可以在抽屉上面或下面填满纸张，这些位置就代表了3种不同的方位。

当我问我的朋友手表在什么地方时，她回答说："在上面抽屉的左侧靠后的位置。"这样，根据她回答的位置，我就能够迅速找到手表。这种三维概念是读者所熟悉的。

现在来考虑计算机屏幕，它是二维的。如果打开了许多窗口，包括手表的扫描图像，然后问朋友扫描图像在什么位置，她会回答"在你写书的某个大窗口后面的某处"，我需要进行搜索才能看到图像。在二维空间中，有上、下、左、右的概念，但几乎没有层次的概念。

三维计算机艺术家现在面临着这样的难题：怎样在二维空间中表示三维对象。

3ds Max 2016提供的答案是给出场景的几个视图。显示一个视图的小窗口就是一个视口，它从一个角度显示了场景，这些视口是3ds Max的三维世界的窗口。并且，每个视口都有各种设置和查看选项。之所以将这些显示视图的小窗口称为视口而不是窗口（Window），是因为在计算机词汇中Window有另外的含义，并且该词汇是有版权的。

2.1.1 三向投影和透视

在三维世界中观察对象时，每个视口可以设置为显示三向投影视图或透视视图中的任意一种。

三向投影视图显示了没有透视的场景，顶视口、前视口、左视口和正交视口均为三向投影视图。在三向投影视图中，模型中的所有线条均相互平行。

3ds Max 2016中的透视视图显示线条水平汇聚的场景，透视、摄像机和灯光视口就是透视视图的示例。

在下图中，分别显示的是三向投影视图和透视视图。

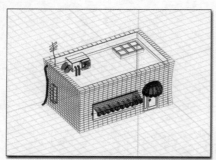

2.1.2 三向投影视图和透视视图

透视视图与人们的视觉最为相似，视图中的对象看上去向远方后退，可以产生深度和空间感。而三向投影视图则提供了一个没有扭曲的场景视图，以便精确地缩放和放置视图。一般的工作流程是先使用三向投影视图来创建场景，然后使用透视视图来渲染最终输出。

1. 三向投影视图

在视口中有两种类型的三向投影视图可供使用：正交视图和旋转视图。

正交视图通常是场景的正面视图，例如顶视口、前视口和左视口中显示的视图。可以在视口名称上单击鼠标右键，在弹出的快捷菜单中选择，也可以按快捷键或者在ViewCube中将视口设置为特定的正交视图。例如，要将活动视口设置成左视图，则按快捷键L键。

旋转正交视图可以保持平行投影，同时也能以一定的角度查看场景。但是，当从某一角度查看场景时，使用透视视图的效果更好。

2. 透视视图

透视视口是3ds Max中的一种启动视口。按快捷键P键，可以将任何活动视口更改为这种类似视觉观察点的视图模式。

在场景中创建摄影机对象之后，按C键将活动视口更改为摄影机视图，然后从场景的摄影机列表中进行选择。也可以在透视视口名称上单击鼠标右键，在弹出的快捷菜单中选择视口类型，还可以选择【创建】→【从视图创建摄影机】命令，直接创建摄影机视图。

摄影机视口会通过选定的摄影机镜头来跟踪视图。在其他视口中移动摄影机（或目标）时，场景也会随着移动。这就是摄影机视图较之透视视图的优势，因为透视视图无法随时间设置动画。

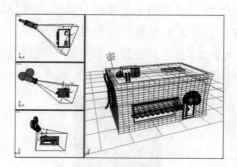

灯光视图的工作方式很像目标摄影机视图。首先创建一个聚光灯或平行光，然后为灯光设置活动视口。最方便的办法是使用快捷键

【Ctrl+L】组合键。

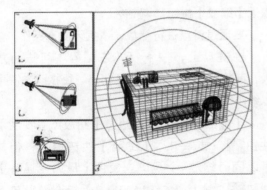

2.1.3 视口显示

3ds Max 2016中可用的正交视口有前、后、顶、底、左和右等视口。3ds Max 2016启动时可见的是顶、前和左正交视口，并在视口的左上角显示视口名，第4个默认视口是透视视口。下图在视口中显示了一个面包车的视口模型，可以在每个视口中从不同方向查看这个模型。

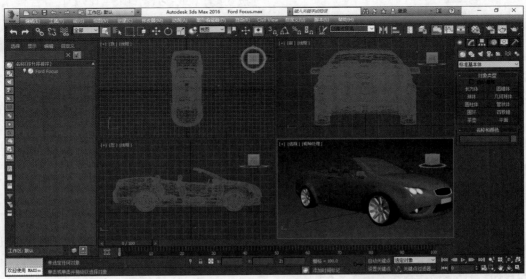

如果要测量轿车的长度，可以使用顶视口或左视口得到精确的测量结果。同样，使用前视口或左视口可以精确测量其高度。使用不同的视口，就能够精确地控制对象的各维大小。另外，旋转任何正交视图即可创建一个用户视口。

Tips

3ds Max 2016中包括几个迅速切换活动视口中视图的键盘快捷键，其中包括T（顶视图）、B（底视图）、F（前视图）、L（左视图）、C（摄像机视图）、P（透视图）和U（正交视图）等快捷键。

标准视口显示了当前项目的几个不同视图，但默认视图可能不是用户真正需要的。这时候可以使用视口导航控制项按钮来改变默认视图。

利用视口导航控制项按钮可以缩放、平移以及旋转活动视图。下面列出了位于窗口的右下角的控制项的8个按钮，每个按钮的键盘快捷键显示在名称后的圆括号内。

每个按钮的功能请查看1.4.5小节的介绍。

Tips

活动视图总是用黄色边界标识。选中了某个视图导航按钮后，该按钮会高亮显示为黄色。这些按钮高亮显示时，用户不能选定、创建或变换对象。在活动视口内单击鼠标右键可以转换到选定对象模式。

2.1.4 缩放视图

在场景中可以通过不同的途径进行视图的缩小和放大。先单击【缩放】按钮 (或按【Alt+Z】组合键)进入缩放模式,然后通过拖动鼠标缩放视口。这种方式可以在能够进行拖动的任何视口中使用。

要缩放视图,请执行以下操作。

(1)激活【透视】或【正交】视口。

(2)单击 (缩放)。

(3)该按钮处于启用状态时将高亮显示。在视口中进行拖动以更改放大值。

• 向上拖动可增加放大值。

• 向下拖动可减少放大值。

(4)要退出【缩放】模式,请按下 Esc 或在视口中单击鼠标右键。

缩放视图前后的对比效果如下图所示。

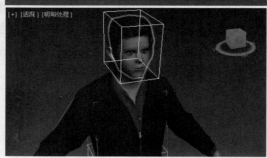

要提高缩放速度,请执行以下操作。

当在视口中拖动时,按下 Ctrl 键。

要减慢缩放速度,请执行以下操作。

当在视口中拖动时,按下 Alt 键。

要启用自动缩放模式,请执行以下操作。

在键盘上,按下【Ctrl+Alt】组合键,然后

按下鼠标中键/滚轮并在视口中拖动。这将无法激活【缩放】按钮。

要通过键盘进行缩放,请执行以下操作。

在键盘上,按下 [(左括号)可进行放大,而按下](右括号)可缩小,每按一次键可以缩小或放大一级。

【缩放】按钮 右边是【缩放所有视图】按钮 ,其作用与【缩放】按钮相同,但其可以同时缩放4个视口。使用【最大化显示】按钮 (或按【Ctrl+Alt+Z】组合键)可以缩放活动视口,使得所有对象在视口中可见。如果使用【最大化显示选定对象】按钮 ,则会使所有选定对象在视口中可见。另外,还有【所有视图最大化显示】按钮 (或按【Ctrl+Shift+Z】组合键),该按钮用于使4个视口中所有的对象可见。

还有一个【缩放区域】按钮 (或按【Ctrl+W】组合键),可以拖动覆盖要放大或缩小的区域。

如果选定的是非正交视图(如透视图),则【缩放区域】按钮 还有一个弹出按钮,称为【视野】按钮 ,使用这个按钮可以控制视图的宽窄,这很像是在摄影机中使用广角镜头或长镜头。这个特性与缩放不同,因为随着视野的增大,透视图发生了变形。

2.1.5 平移视图

视口导航控制项还提供了以下两种在视口中进行平移的方法。

(1)单击【平移】按钮 (或按【Ctrl+P】组合键),在视口中拖动即可平移该视图。

(2)在移动鼠标的同时按住I键,这种方法称为交互式平移。

(3)要禁用该按钮,请按Esc键或单击鼠标右键。

平移并不是移动对象而是移动了视图,下

图为平移视图前后的对比效果。

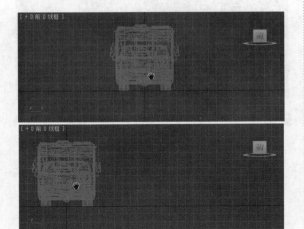

另外，在【平移】按钮下还有一个【穿行】按钮，选中该按钮之后，可以以穿行方式移动被激活的视口。

2.1.6 旋转视图

旋转视图对于视图效果的改变是最明显的。当选定了【环绕】按钮 时，活动视口中出现一个旋转指示，如下图所示。

要使用"环绕"，请执行以下操作。

（1）激活【透视】或【正交】视口。

（2）单击 （环绕）或相同弹出按钮中的其中一个替代选项。

（3）视图旋转"轨迹球"将显示为黄色圆圈，其控制柄位于象限点上。

（4）在轨迹球上拖动鼠标可产生不同类型的视图旋转。光标更改以指示有效的旋转类型。

• 要在视口中自由旋转视图，请拖动轨迹球的内侧。即使光标在轨迹球外部呈十字形，拖动时也可以继续进行自由旋转。

• 要将旋转限制到水平轴或垂直轴上，请拖动轨迹球控制柄。在侧控制柄上方水平拖动或在控制柄的顶部或底部垂直拖动。

• 要围绕垂直于屏幕的深度轴旋转视图，请拖动轨迹球外侧。在拖动时，如果光标在轨迹球内部呈十字形，也可以进行自由旋转。当光标又在轨迹球外部呈十字形时，自旋转将再次起作用。

（5）要退出环绕功能，请按 Esc 键或在视口中单击鼠标右键。

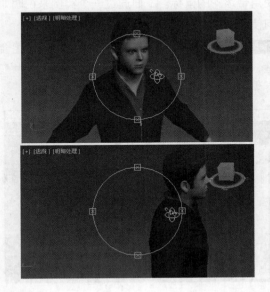

Tips

如果旋转正交视图，该视图会自动变成正交视图。

要将旋转约束到单个轴，请执行以下操作。

旋转时按下Shift键。将旋转约束到使用的第一个轴。

要使用键盘和鼠标进行旋转，请执行以下操作。

旋转时按下Shift键。将旋转约束到使用的第一个轴。

旋转指示是一个圆，每个象限分别有一个方块。单击并拖动左右方块即可左右旋转视图，单击并拖动上下方块即可上下翻转视图。在圆内单击并拖动即可在单个平面内旋转，在圆外单击并拖动即可按圆心顺时针或逆时针旋转视图。如果感到有些混淆，可以查看光标的形状，随着旋转类型的改变，光标也会随着发生相应的变化。

2.1.7 实例：使用滚轮控制视口

控制视口最容易的方式不是单击按钮，而是使用鼠标。为了充分利用鼠标的优势，用户需要使用带滚轮的鼠标。下面通过一个实例来说明如何使用滚轮控制视口，具体的步骤如下。

Step 01 启动3ds Max 2016。按【Ctrl+O】组合键，将弹出【打开文件】对话框。打开本书配套光盘中的"素材\ch02\卡通蛇.max"文件。

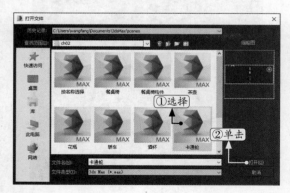

Step 02 单击【打开】按钮即可打开该文件。

Step 03 在任意一个活动视口中转动滚轮（本例在透视图中操作），向上滚动滚轮可以逐步放大视口，向下滚动滚轮可以用缩小视口（就像使用方括号键）。

Step 04 拖动滚轮的同时按住Ctrl或Alt键可以粗略或精确地进行缩放。单击并拖动滚轮按钮即可平移活动视口。

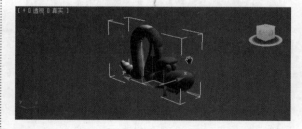

Step 05 按住Alt键的同时，单击并拖动滚轮即可旋转活动视口。

2.1.8 控制摄影机和聚光灯视图

如果场景中存在摄影机或聚光灯，则可以把视口设置成摄影机视图（按C键）或聚光灯视图（按$键）。当这些视图是活动视图时，视口导航控制项按钮会发生变化。在摄影机视图中可以控制摄影机的平推、摇摆、转向、扫视和沿轨道移动，并且视野会成为活动的。在灯光视图中则可以控制衰减和热区。下图所示为在视口名上单击鼠标右键，在弹出的快捷菜单中显示的摄影机和聚光灯视图选项。

2.1.9 查看栅格

通过栅格，可以方便地确立三维空间中的方位。对于活动视口，按G键即可显示或隐藏栅格。另外，选择【工具】→【栅格和捕捉】命令中的子命令可以进行栅格选项的设置，子命令中包含的栅格选项如下图所示。

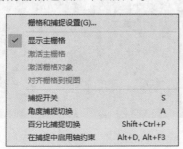

2.1.10 禁用和刷新视口

如果场景过于复杂，用户就能够体验到对每个视口都进行更新时速度上的迟缓变化。可以通过设置以下几个选项使这种情况得以改善。

首先应该尝试使用的是禁用视口。在视口名的+号上单击鼠标右键，从弹出的快捷菜单中选择【禁用视口】命令，或按键盘快捷键D禁用该视口。当禁用的视口是活动视口时，它可以照常更新；当该视口不是活动视口时，直到其变成活动视口时才会进行更新。

提高视口更新速度的另一种技巧是禁用【视图】→【微调器拖动期间更新】菜单命令。更改参数微调器会造成速度下降，因为每个视口需要随着微调器的变化进行更新。如果微调器迅速变化，即使在性能很高的系统中速度也会很慢。禁用这个选项以后系统会一直等到微调器停止更改后再更新视口。

有的时候，当发生改变之后，视口不能完全刷新。当其他程序的对话框移到视口前面时，就会发生这种情况。如果发生这样情况，可以强制3ds Max用【视图】→【重画所有视图】菜单命令刷新所有视口。

2.1.11 实例：撤销和保存使用视口导航控制项所做的更改

如果视口操作出现错误可以进行撤销，下面通过一个实例来说明如何撤销和保存使用视口导航控制项所做的更改，具体的步骤如下。

Step 01 接着2.1.7小节的实例进行操作。

Step 02 如果对视图的操作有错误，可以使用【视图】→【撤销视图更改】菜单命令（或按【Shift+Z】组合键）和【视图】→【重做视图更改】菜单命令（或按【Shift+Y】组合键）撤销和重做对视口的更改。

Tips

这些命令与【编辑】→【撤销】和【重做】菜单命令不同，后两个命令可以撤销或重做几何体更改。

Step 03 使用【视图】→【保存活动透视视图】菜单命令可以保存对视口所做的更改，这个命令可以保存视口导航设置以便于日后恢复。

Step 04 为了恢复这些设置，可以使用【视图】→【还原活动透视视图】菜单命令。而【保存/还原活动透视视图】菜单命令并不会保存任何视口配置设置，只是保存导航视图。保存活动视图要使用缓冲区，因此只能为每个视口记录一个视图。

2.1.12 实例：最大化活动视口

当感觉视口有些小的时候，可以采用以下几种不同的方法来增大视口，具体的步骤如下。

Step 01 接着2.1.7小节的实例进行操作。

Step 02 第一种方法是通过单击并拖动视口任一边界来改变视口大小。拖动视口交叉点即可重定所有视口的大小。下图显示的是动态重定大小之后的视口。

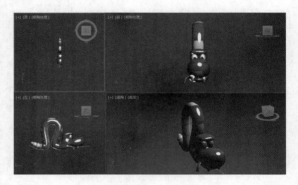

Tips

在任何视口边界上单击鼠标右键，并从弹出的菜单中选择【重置布局】命令就可以返回到原始布局。

Step 03 要尝试的第二种方法是使用【最大化视口切换】按钮 （或按【Alt+W】组合键）扩展活动视口，使其填充为所有4个视口保留的空间，如下图所示。再次单击【最大化视口切换】按钮 （或按【Alt+W】组合键）即可返回定义的布局。

Step 04 除此之外还有一种方法：选择【视图】→【专家模式】菜单命令（或按【Ctrl+X】组合

键）进入专家模式。进入该模式后可以通过去
掉工具栏、命令面板和大多数底部界面栏将视
口可用空间最大化。下图显示的是专家模式中
的界面。

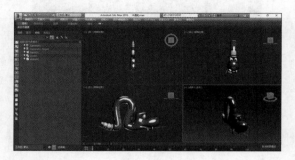

Step 05 去掉了大多数界面元素，就需要依靠
菜单、键盘快捷键和方形菜单来执行命令了。
为了重新启用默认界面，可以单击3ds Max窗
口右下角的【取消专家模式】按钮（或再次按
【Ctrl+X】组合键）。

2.1.13 配置视口

视口导航控制项可以辅助定义显示的内
容，而【视口配置】对话框则可以辅助定义如
何查看视口中的对象。选择【视图】→【视口
配置】菜单命令，或在每个视口左上角的视口
名中【+】号上单击鼠标右键，并从弹出的快捷
菜单中选择【配置视口】命令，即可打开【视
口配置】对话框，如图所示。

使用该对话框可以配置每个视口。另外，
用鼠标右键单击右下角的任何一个视口导航按
钮也可以为活动视口打开该对话框。

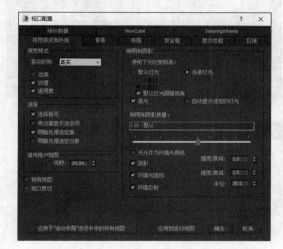

【视口配置】对话框包含【视觉样式外
观】、【背景】、【布局】、【安全框】、
【显示性能】、【区域】、【统计数据】、
【ViewCube】和【SteeringWheels】9个选项卡。
另外，也可以通过选择【自定义】→【首选
项】菜单命令打开【首选项设置】对话框，可
以对其中包含的许多控制视口外观和行为的选
项进行设置。

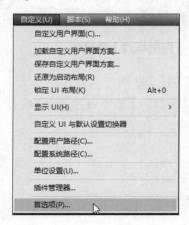

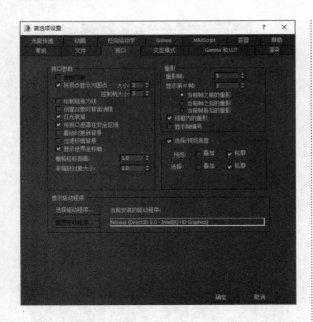

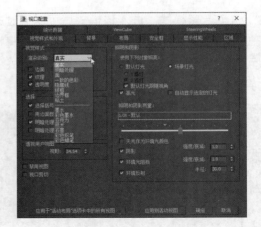

2.1.14 设置视觉样式外观

虽然视口的渲染器已经进行了高度优化，运行速度非常快，但是如果将每个视口都设置为显示最高质量的视图，那么即使在很快的机器上更新每个视图，也会慢得像蜗牛爬一样。因此，显示和渲染复杂的场景需要很长的时间。通过设置下图所示的【视口配置】对话框的【视觉样式和外观】选项卡下的内容，可以对视觉样式、照明和阴影等进行设置。

Tips

> 如果等待3ds Max完成任务所用的时间长（例如等待视口重画时），期间任何时候都可以按Esc键立即退出并返回界面。

1.【视觉样式】选项组

（1）渲染级别

【渲染级别】选项包含下列选项。

① 【真实】（默认设置）：使用高质量明暗处理和照明为几何体增加逼真纹理。

② 【明暗处理】：使用 Phong 明暗处理对几何体进行平滑明暗处理。

③ 【一致的色彩】：使用"原始"颜色对几何体进行明暗处理，而忽略照明，出现阴影效果。

④ 【隐藏线】：隐藏法线指向远离视口的面和顶点，以及被邻近对象遮挡的对象的任意部分，出现阴影效果。

⑤ 【线框】：显示多边形线框。

⑥ 【边界框】：仅显示每个对象边界框的边，这是最快的渲染方式。

下图显示了逐个应用于简单球体的各种视口渲染方法。

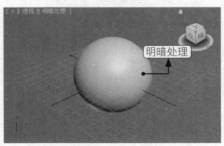

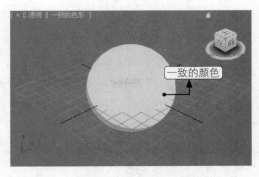

一致的颜色

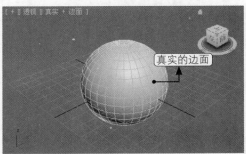

真实的边面

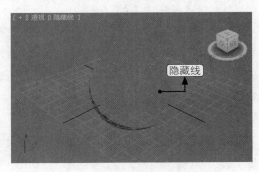

隐藏线

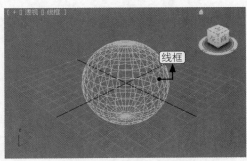

线框

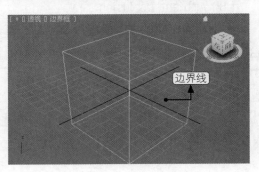

边界线

【线框】是最常用的渲染设置。【面】渲染把每个面显示为一个平面，但把对象显示为实心模型，这样非常适合检查对象是否存在交叠。

Tips

> 有几种效果（如凹凸贴图、透明贴图和阴影）在视口中是看不到的，只能在最后的渲染中显示出来。

（2）边面

启用时，视口将显示边面，默认设置为禁用。

（3）纹理

启用时，视口将显示纹理贴图，默认设置为启用。

（4）透明度

启用时，具有透明材质的对象显示为透明，默认设置为启用。

（5）使用环境背景色

启用该选项之后，需要使用环境背景色显示视口。默认设置为禁用状态，此选项不支持背景环境贴图。

2.【选择】选项组

（1）选择括号

启用时，在明暗处理视口中选定的对象将在其边界框的一角显示边框，默认设置为启用，键盘快捷键为J键。

（2）用边面显示选定对象

启用时，在明暗处理视口中选定的对象将显示边面，默认设置为禁用。

（3）明暗处理选定面

启用时，在明暗处理视口中选定的面将明暗处理为半透明的红色，这样将更容易看到"面"子对象选择。默认设置为启用，键盘快捷键为F2键。

（4）明暗处理选定对象

启用时，在明暗处理视口中选定的对象将

明暗处理为半透明的红色。默认设置为禁用。

3.【透视用户视图】选项组

此控件只适用于透视视口。

（1）视野

设置【透视】视口的视野角度，最大的【视野】值是180，默认值为45.0。若要创建鱼眼视图，可以把【视野】设置为10或更小。也可以使用视口导航控制按钮改变视野，使用【视口配置】对话框可以输入更精确的值。

（2）禁用视图

禁用活动视口。处于活动状态时，禁用视口的行为与其他视口一样。然而，当更改另一个视口中的场景时，禁用视口在下一次激活之前不会更改其中的视图。默认设置为禁用。使用此选项可以在处理复杂几何体时加快屏幕重画速度。

（3）视口剪切

启用该选项之后，交互设置视口显示的近距离范围和远距离范围。位于视口边缘的两个箭头用于决定剪切发生的位置。标记与视口的范围相对应，下标记设置近距离剪切平面，而上标记设置远距离剪切平面。该选项仅影响视口显示，不会影响渲染。默认设置为禁用。

（4）硬件明暗器缓存文件夹

管理计算机上硬件明暗器的位置。

（5）应用到所有视图

单击可将当前的视觉样式设置应用到所有视口。

（6）应用到活动视图

单击可将当前的视觉样式设置仅应用到活动视图。

4.【照明和阴影】选项组

控制灯光在视口中（而不是线框视图中）

的显示方式，这些控件的默认设置和可用性取决于用户选择的视觉样式。

（1）默认灯光（默认设置）

使用默认灯光照亮视口，如果场景中没有灯光，则将自动使用默认照明，即使选择【场景灯光】也是如此。

① 1盏灯：在自然照明损失很小的情况下提供重画速度，提高 20% 的过肩视角光源。

② 2盏灯（默认设置）：提供更自然的照明，但是会降低视口性能。

（2）场景灯光

使用场景中的灯光对象照亮视口。

（3）高光

启用时，视口包含来自照明的高光。默认设置为启用。

（4）自动显示选定的灯光

启用此选项之后，选定的灯光将自动在着色视口中显示，默认设置为禁用状态。这些控件的可用性和某些默认设置取决于用户选择的视觉样式。

（5）照明和阴影质量

设置用于生成阴影的照明样式以及生成的阴影类型。范围：从点灯光/强阴影到16.0X-非常高质量。如果设置高于点灯光/弱边阴影，将考虑区域灯光。默认值为点灯光/强阴影。

（6）阴影

启用时，将使用阴影渲染场景。

（7）强度/衰减

控制阴影的强度值越大，阴影越暗，默认设置为 1.0。

（8）Ambient Occlusion

当启用 Ambient Occlusion（AO）时，AO通过将对象的接近度计算在内，提高阴影质量。当 AO 启用时，它的控件变为可用。

（9）强度/衰减

控制 AO 效果的强度，值越大，阴影越暗，默认设置为1.0。

（10）半径

半径以3ds Max单位定义半径，Nitrous 驱动程序在该半径中查找阻挡对象。值越大，覆盖的区域越大。默认设置为10.0。

2.1.15 改变视口布局

实际应用中可能需要改变显示的视口数量和大小。【视口配置】对话框中的【布局】选项卡提供了几种布局，可用来替换默认布局。

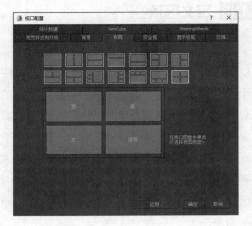

从面板顶部的选项中选择一种布局后，用鼠标右键单击视口名并从弹出的快捷菜单中选择一种视图模式，即可给每个单独视口分配不同的视图模式，视图选项如下图所示。

2.1.16 使用【安全框】选项卡

完成动画并将其转换成某种广播媒体之

后，如果看到屏幕上整个动画的左边都被切去了，一定会让人感到很沮丧。如果依靠活动视口的大小来显示最终输出至边缘，距离偏差可能会比较大。使用"安全框"特性可以在视图中显示一些辅助线，用它们来标识这些剪切边缘的位置。

使用【视口配置】对话框的【安全框】选项卡可以定义几种不同的安全框选项，包括如下几种。

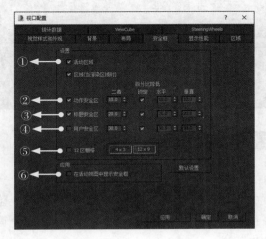

参数解密

① 活动区域。

渲染整个屏幕，以黄色线条表示，如果在视口中添加了背景图像并选定了【匹配渲染输出】选项，则背景图像将正好全部显示在活动区域内。

② 动作安全区。

在最后的渲染文件中，这个区域肯定是可见的，以淡蓝色线条表示，超出这个区域的对象将显示在屏幕边缘，可能会有些变形。

③ 标题安全区。

该区域的标题可以安全地显示出来，不会变形，以橘红色线条表示。

④ 用户安全区。

用户定义的输出区域，以紫红色线条表示。

⑤ 12区栅格。

在视口中显示栅格，以粉红色栅格表示。

对于每种类型的安全框，通过在【水平】、【垂直】或【二者】文本框中输入数值，可以设置缩减百分比。

【12区栅格】选项提供了4×3和12×9的外观显示比例。

⑥ 使用【在活动视图中显示安全框】复选框就可以在活动视口中显示边界。

用鼠标右键单击视口名,在弹出的快捷菜单中选择【显示安全框】命令可以启用或禁用安全框,也可以使用【Shift+F】组合键完成这一操作。

下图为启用所有安全框指示线的透视图。

2.1.17 设置显示性能

在视口中预览一个复杂的动画序列时,缓慢的更新速度会影响动画的即时性,这样要验证所做的工作就很困难,需要做其他一些全面渲染的任务。3ds Max中为解决这个问题提供了显示性能设置选项。

在【视口配置】对话框中可以使用【显示性能】选项卡,如下图所示。

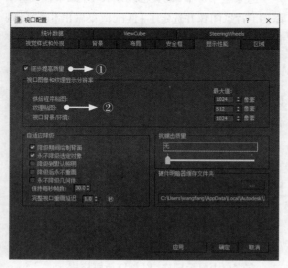

 参数解密

（1）逐步提高质量

启用时,会逐渐提高视口质量。默认设置为启用。

（2）程序贴图显示分辨率

程序贴图在视口中显示为【烘焙】位图,此设置用于显示程序贴图的分辨率（以像素为单位）。如对话框中的注释所示,默认情况下普通的 2D 位图在视口中以最大分辨率进行显示；如果要通过降低分辨率来改进性能,可以使用资源跟踪器的位图代理设置。

2.1.18 定义区域

【视口配置】对话框的【区域】选项卡可以用来定义区域,并可以把渲染能力集中在一个更小的范围内。为了进行渲染,复杂的场景会消耗相当长的时间和相当多的机器运算能力。有些时候,只需要测试视口一部分的渲染情况就可以检查材质的分配、纹理贴图的放置或照明的情况。在【视口配置】对话框中的【区域】选项卡中可以定义各种区域的大小,如下图所示。

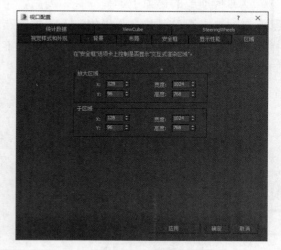

当指定了【放大区域】或【子区域】后,通过从主工具栏最右【渲染类型】下拉列表中选择【Region】或【Blowup】,然后单击【渲染产品】按钮,就可以选择使用这些区域进行

渲染。单击【渲染帧窗口】按钮之后,指定的区域在视口中显示为轮廓,并在视口的右下角出现一个【确定】按钮。移动这个轮廓可以将其重新定位,拖动其边或角句柄即可重定区域的大小,新位置和尺寸值在【区域】面板中更新,以备下次使用。单击【确定】按钮即可开始渲染过程。

2.1.19 实例:加载视口背景图像

使用视口背景可以把背景图像加载到视口中,有助于创建和放置对象。下面通过一个实例来说明如何加载视口背景图像,具体的步骤如下。

Step 01 启动3ds Max 2016。按下键盘中的【Ctrl+O】组合键,将弹出【打开文件】对话框。打开本书配套光盘中的"素材\ch02\视口背景图像.max"文件。

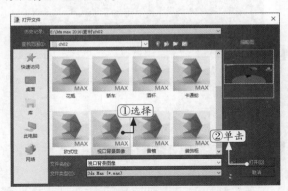

Step 02 单击【打开】按钮即可打开该文件。

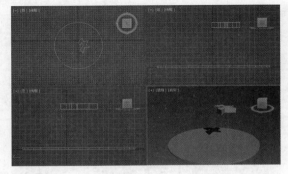

Step 03 选择【视图】→【视口背景】→【配

置视口背景】菜单命令(或按【A1t+B】组合键)。

Step 04 系统将弹出【视口配置】对话框。在该对话框中可以设置出现在视口之后的图像或动画。

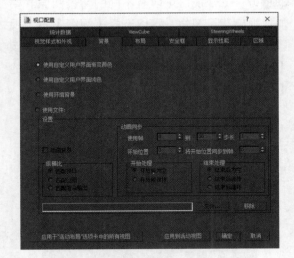

Step 05 显示的背景图像有助于对齐场景中的对象,但是它只用于显示目的,不会被渲染。为了创建将被渲染的背景图像,需要在【环境和效果】窗口中指定背景,使用【渲染】→【环境】菜单命令(或使用键盘快捷键8键)可以打开该窗口。

Step 06 如果背景图像发生了变化，可以使用【视图】→【重画所有视图】菜单命令更新视口。

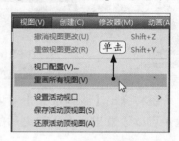

Step 07 每个视口可以有不同的背景图像。要加载视口背景图像，可以选择【视图】→【视口背景】→【配置视口背景】菜单命令（或按【A1t+B】组合键），这样会打开如下图所示的【视口配置】对话框。

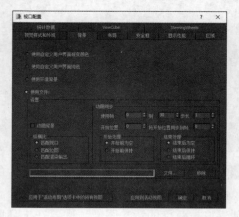

Step 08 单击【文件】按钮可以打开【选择背景图像】对话框，从中可以选择本书配套光盘中的"素材\ch02\背景.jpg"图像文件。

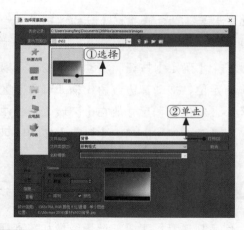

Step 09 单击【打开】按钮，即可更改视口的背景，如下图所示。

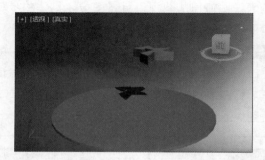

Tips

背景图像是不能渲染的，除非把它做成一幅环境贴图。

2.1.20 加载视口背景动画

在【视口配置】对话框的【动画同步】选项组中可以设置显示背景动画序列的帧。【使用帧】和【到】值决定使用已加载动画的帧。【步长】值通过选择每个第N帧，使采用的帧更齐整，例如，【步长】值为4则使用每个第4帧。

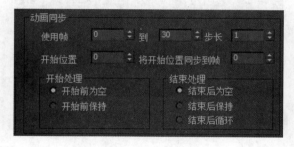

Tips

当开始执行复杂动作的动画时，加载一个动画序列作为视口背景会非常有帮助，通过步进执行动画的各帧，可以使模型与背景图像保持一致，实现真实的动画。

参数解密

【开始位置】值是当前场景中的帧，背景动画首先从这里开始。【将开始位置同步到帧】值是应该首先出现的背景动画帧。【开始处理】和【结束处理】选项决定了在开始帧和结束帧之前出现什么，可选项包括显示空白、保持当前帧和循环。

如果选择一个动画作为背景，就要确保选定了【动画背景】选项。还要注意，如果没有选定【显示背景】选项，则视口背景不可见。

【纵横比】选项组提供了设置背景图像大小的选项，可以选择【匹配视口】、【匹配位图】或【匹配渲染输出】。

如果选定了【匹配位图】或【匹配渲染输出】选项，则【锁定缩放/平移】复选项被激活。这个选项会把背景图像锁定到几何体，这样当场景中的对象被缩放或平移时，背景图像也会随之变化。

如果背景图像超出了边界，则可用【视图】→【视口背景】→【重置背景变换】命令重置。

可以设置【应用源并显示于】选项，以便在【所有视图】或【仅活动视图】中显示背景。

2.1.21 实例：设置自己的个性配置视口 ▶

视口的功能十分强大，并且具有各种设置，利用这些设置可以提供成千上万种查看场景的方法。下面介绍设置自己的个性视口的方法。

Step 01 启动3ds Max 2016中文版软件。如果已经启动了3ds Max 2016，则可单击【自定义】→【首选项】菜单命令，打开【首选项设置】对话框。

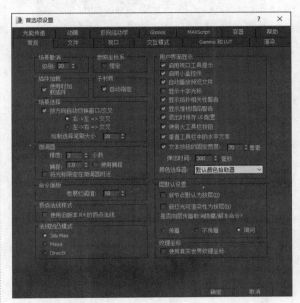

Step 02 选择【视口】选项卡，进入【视口】设置界面，在其中可以对视口参数、重影、选择/预览亮显、显示驱动程序等进行设置，最后单击【确定】按钮即可。

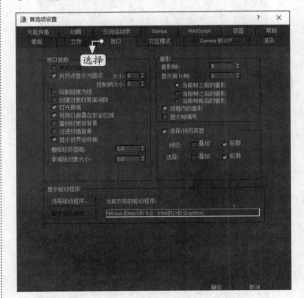

Step 03 在3ds Max 2016主界面中选择【视图】→【视口配置】菜单命令，打开【视口配置】对话框。在【视觉样式外观】选项卡下可以设置视口的视觉样式、渲染级别、照明和阴影等参数。

Step 04 在【视口配置】对话框中选择【布局】选项卡，在其中可以设置视口的布局方式，这里选择如下图所示的视图类型。

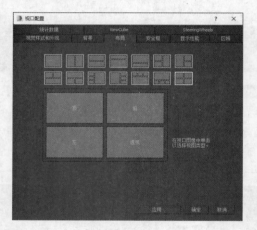

Step 05 选择【安全框】选项卡，在打开的设置界面中可以设置视口的活动区域、动作安全区、标题安全区、用户安全区以及是否在活动视图中显示安全框等。

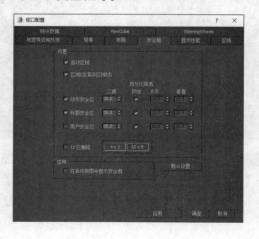

Step 06 选择【显示性能】选项卡，在打开的设置界面中勾选【逐步提高质量】复选框并设置程序贴图显示分辨率。

Step 07 选择【区域】选项卡，在打开的设置界面中设置视口的放大区域范围以及子区域范围。

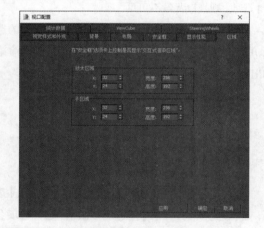

Step 08 选择【统计数据】选项卡，在打开的界面中设置有关统计的数据信息。

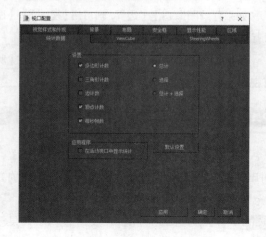

Step 09 选择【ViewCube】（导航工具）选项卡，在打开的设置界面中可以设置显示选项、在ViewCube上拖动时、在ViewCube上单击时和指南针等参数。

Step 10 选择【SteeringWheels】选项卡，在打开的界面中设置显示选项、查看工具、行走工具和缩放工具等参数。最后单击【应用】按钮，即可应用自己的个性配置窗口。

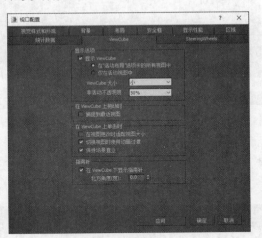
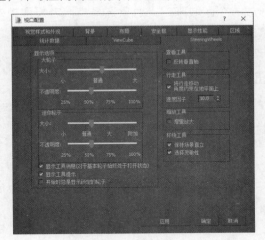

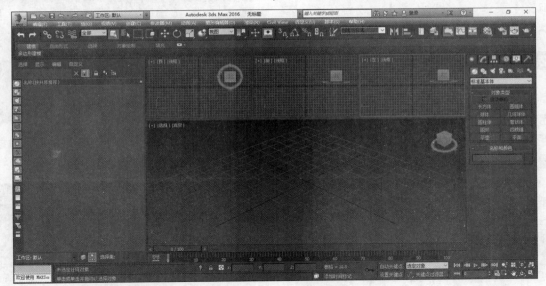

2.2 选择

对象的选择非常重要，所以在3ds Max 2016的主界面上提供了许多选择对象的工具。以下是选择对象的几种常见方法。

2.2.1 基本选择对象

最基本的选择方法就是直接使用鼠标选择对象。在3ds Max 2016的操作中，屏幕上光标的形态体现了正在执行的操作的含义。例如，移动时光标就显示为移动的形态，旋转时光标就显示为旋转的形态，同样，选择对象时光标也对应一定的形态。

一般情况下，在没有选择对象或光标处于界面的非视图区域时，光标都以箭头的形式存在，这称为系统光标。当想要选择视图中的对象时，可以直接单击主工具栏中的【选择对象】按钮，此时视图中的光标变为可用来选择对象的十字光标。通过十字光标可以单击选择对象，也可以配合其他选择方式拖动光标形成一个区域来定义对象选择集。若想取消对象的选择，只需要在没有对象的视图空白处单击就可以了。

Tips

通过按住Ctrl键在视图中单击，可以连续选择多个对象。

要取消选择对象，请执行下列操作之一。

按住 Alt 键，然后单击对象或在此对象周围拖出区域以取消选择。

要取消选择场景中的所有对象，请选择【编辑】菜单→【全部不选】，或者在当前选择以外的视口任意空白区域单击。

2.2.2 实例：对音箱进行简单编辑

下面通过对音箱进行简单编辑来介绍如何使用鼠标进行基本的选择操作，具体操作步骤如下。

Step 01 启动3ds Max 2016。按【Ctrl+O】组合键，将会弹出【打开文件】对话框。打开本书配套光盘中的"素材\ch02\音箱.max"文件。

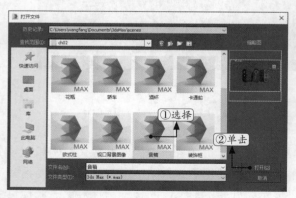

Step 02 单击【打开】按钮即可打开该文件。

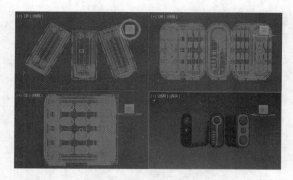

Step 03 单击选择3ds Max 2016主工具栏上的【选择对象】按钮，在前视图窗口中将光标移到要选择的对象上，当光标位于可选择对象上时，光标变成小十字图标，单击选择该对象，选定的线框对象变成白色。

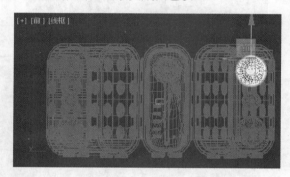

Step 04 在透视图中可以看到选定的着色对象在其边界框的角处显示白色的边框。

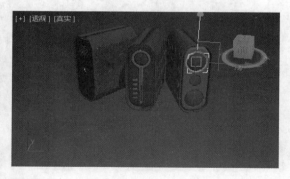

Step 05 按住Ctrl键的同时分别单击视图中对象，可以同时选择多个对象。按住Ctrl键的同时，在视图中用按住鼠标左键拖动出矩形框，也可以同时选择多个对象。

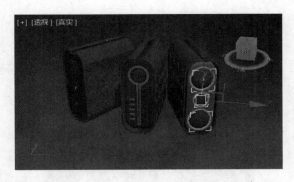

Step 06 在右侧工具面板上可查看已选择对象的个数。

Step 07 按住Alt键的同时单击视图中已选择的对象，可以减去一个选择的对象。按住Alt键的同时，在视图中按住鼠标左键拖动出矩形框，可以同时减去多个对象。

3ds Max 2016选择对象时，如果多个物体成组，则会将多个物体同时选中，如果只想选择成组物体中的一个物体，则需要取消成组，否则将选择所有成组物体。解组的两种方法如下。

方法1：单击3ds Max 2016菜单栏中的【组】→【解组】命令即可。这种解组方式是将当前组的最上一级打散，取消组的设置。和它有类似功能的是【炸开】命令，【炸开】更为彻底，它将组的全部级一同打散，得到的将是全部分散的物体，不包含任何的组。

方法2：单击菜3ds Max 2016单栏中的【组】→【打开】命令，这时群组的外框会变成粉红色，选择群组内的物体，单独进行修改操作。(这种解组方式使组内物体暂时独立，以便单独进行编辑操作。而且，这种"打开"方式只能一次打开一级的群组，如有嵌套的群组，要打开次一级的物体，应该根据级数，多次执行打开命令)。修改完成后，再单击菜单栏中【组】→【关闭】命令，可以回到初始状态。

Tips

3ds Max 2016群组可以无限制嵌套，即可将群组作为一个普通物体再次进行成组操作，不过不要嵌套太多，这样会带来操作的不便。

2.2.3 实例：选择对象的5种方法

下面来讲解选择对象的5种方法，具体操作步骤如下。

（1）要选择所有对象，请执行以下操作之一。

• 选择【编辑】菜单 →【全选】。这将选择场景中的所有对象。

• 按下【Ctrl+A】键。

（2）要反转当前选择，请执行以下操作之一。

• 选择【编辑】菜单 →【反选】。这将反转当前选择模式。例如，假定开始时在场景中有5

个对象，已选定其中2个。选择【反转】后，这2个对象会取消选择，而其余对象被选定。

· 按下【Ctrl+I】键。

（3）要扩展选择，请执行以下操作：按住Ctrl键的同时单击以进行选择。这会将单击的对象添加到当前选择中。例如，如果已选定两个对象，然后按Ctrl键并单击以选择第3个对象，则第3个对象将被添加到选择中。

Tips

在3ds Max 2011之前的版本中，按住Ctrl键的同时切换对象的选择状态。这与下面的情况不再相同。要将对象添加到选择，请使用Ctrl键。要从选择中移除对象，请使用Alt键。

（4）要减少选择，请执行以下操作：单击对象时按住Alt键。这会将单击的对象从当前选择中移除。例如，如果您选中3个对象并在按下Alt键的同时单击其中一个对象，则从选择中移除第3个对象。

（5）要锁定选择，请执行以下操作。

· 选择对象。

· 单击状态栏上的【选择锁定切换】按钮🔒可以启用锁定的选择模式。锁定选择时，可以在屏幕上任意拖动鼠标，而不会丢失该选择。光标显示当前选择的图标。如果要取消选择或改变选择，请再次单击【锁定】按钮禁用锁定选择模式。用于锁定选择模式的键盘切换是空格键。

2.2.4 区域选择

在上面的基本方法中提到了使用区域来选择对象形成选择集的方式，在3ds Max 2016中根据区域的形状提供了多种区域选择的方式，这些方式可以通过单击主工具栏中的【矩形选择区域】按钮□来逐一选择。

（1）【矩形选择区域】按钮□：选择该工具后单击并拖动光标可以定义一个矩形选择区域，在该矩形区域中的对象都将被选中。

（2）【圆形选择区域】按钮◯：选择该工具后单击并拖动光标将定义一个圆形选择区域，该区域中的对象都将被选中。一般是在圆心处单击，拖动光标至半径距离处释放鼠标。

（3）【围栏选择区域】按钮：选择该工具后单击并拖动光标将定义围栏式区域边界的第一段，然后继续拖动和单击鼠标可以定义更多的边界段，双击或者在起点处单击可以封闭该区域完成选择。该方式适合具有不规则区域边界的对象的选择。

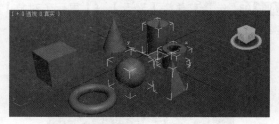

（4）【套索式选择区域】按钮：这是对围栏式选择方式的进一步完善，通过单击和拖动光标可以选择出任意复杂和不规则的区域。这种区域选择方式提高了一次选中所有需要对象的成功率，它使得区域选择的功能更加强大。

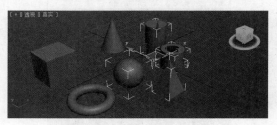

（5）【绘制选择区域】按钮：选择该工具，按住鼠标左键不放，鼠标自动成圆形区域，然后靠近要选择的3ds Max 2016对象即可。如果在指定区域时按住Ctrl键，则影响的对象将被添加到当前选择中。反之，如果在指定区域时按住Alt键，则影响的对象将从当前选择中移除。

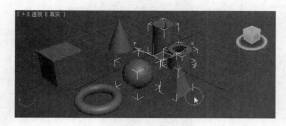

2.2.5 按名称选择

当场景中的对象非常多而且相互交错在一起时，通过单击选择对象或区域选择对象的方法就显得力不从心了。3ds Max 2016提供的通过属性选择对象的方法恰好弥补了这一不足。例如，可以通过对象的名称来选择它，或者通过对象的颜色、材质来选择具有该属性的所有对象。【从场景选择】对话框和【显示浮动框】对话框提供了通过属性来选择对象的方式。

单击主工具栏中的【按名称选择】按钮可以打开【从场景选择】对话框。

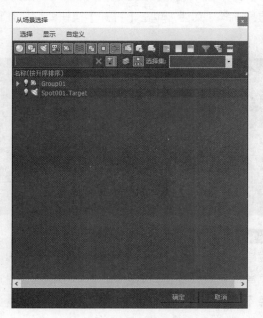

在【工具】菜单下选择【显示浮动框】命令可以打开【显示浮动框】对话框。

2.2.6 实例：按名称选择对象

下面通过一个实例来介绍按名称选择对象的方法，具体操作步骤如下。

Step 01 启动3ds Max 2016。按下键盘中的【Ctrl+O】组合键，将会弹出【打开文件】对话框。打开本书配套光盘中的"素材\ch02\按名称选择.max"文件，单击【打开】按钮即可打开该文件。

Step 03 选择菜单栏【显示】→【显示子对象】菜单命令。

Step 04 可以显示3ds Max 2016场景链接父子关系。

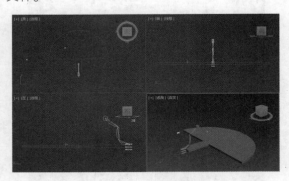

Step 02 在主工具栏上单击 📇 （按名称选择）。或者选择【编辑】→【选择方式】→【名称】菜单命令（快捷键为H键）。在弹出【从场景选择】对话框中显示了场景中所有对象名称及类型；名称选择框提供了灵活多样的选择控制方法，包括选择类型过滤、组的选择等，还可以显示出层级连接物体的父子关系。

Step 05 如果只想显示3ds Max 2016场景中的几何体，可以单击其他亮的对象类型，只保留几何体○选择。

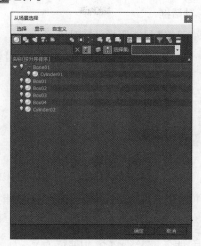

Step 06 在对话框中单击【全选】按钮，将选中3ds Max 2016全部的对象，如果只想选择某一个对象，可直接单击要选择的对象。

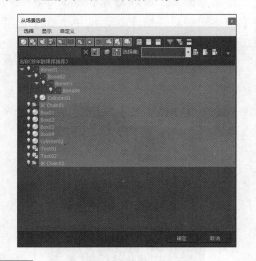

Step 07 单击【确定】按钮，此时3ds Max 2016视图窗口中将选中全部的几何体。

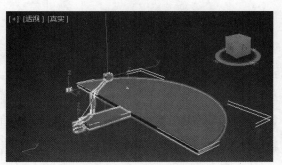

Step 08 也可以同时选中显示多种类型对象。如显示3ds Max 2016灯光和摄影机。

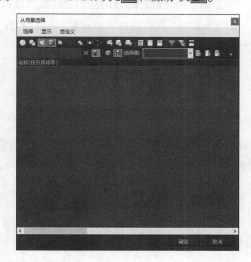

2.2.7 过滤选择集

过滤选择集可以在复杂的场景中只选择某一类的对象，例如只选择所有的几何体、样条型、灯光或摄像机等。在3ds Max 2016中设置过滤选择集功能是为了在对某一类对象进行操作时避免对另一类对象产生误操作。

【选择过滤器】下拉列表用于选择过滤的对象类型，【过滤器组合】对话框用来定义用户自己的过滤对象类型，在【选择过滤器】下拉列表中选择【组合】选项，即可打开【过滤器组合】对话框。

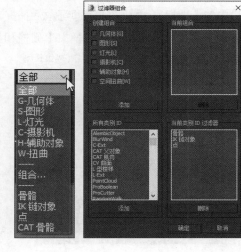

参数解密

① "全部"可以选择所有类别。这是默认设置。

② "几何体"只能选择几何对象。包括网格、面片以及该列表未明确包括的其他类型对象。

③ "图形"只能选择图形。

④ "灯光"只能选择灯光（及其目标）。

⑤ "摄影机"只能选择摄影机（及其目标）。

⑥ "辅助对象"只能选择辅助对象。

⑦ "扭曲"只能选择空间扭曲。

⑧ "组合"显示用于创建自定义过滤器的"过滤器组合"对话框。

⑨ "骨骼"只能选择骨骼对象。

⑩ "IK 链对象"只能选择 IK 链中的对象。

⑪ "点"只能选择点对象。

2.3 使用捕捉

熟悉AutoCAD的人都知道，在绘图的过程中它提供一种捕捉端点、中点和交点等多种平面类型点的捕捉功能。同样，3ds Max 2016也提供了这样的捕捉功能，用于在建模等过程中精确地选择位置或旋转对象。捕捉应根据设置而定，比如设置捕捉类型为线段中点，当光标移动接近某一线段的中点至一定的距离范围内时，该线段的中点就会自动地以特殊的记号显示出来，这时通过鼠标单击捕捉该点就会准确地选中该点。3ds Max 2016主要包括以下几种捕捉方式。

1. 空间捕捉

空间捕捉是最常用的捕捉方式，通常用来捕捉视图中的各种类型或者子对象，如捕捉栅格点、垂直点、中点、节点、边界和面等。单击主工具栏中的【捕捉开关】按钮即可激活捕捉功能。在该按钮上单击鼠标右键将弹出【栅格和捕捉设置】对话框，从中即可设置捕捉的类型。

空间捕捉包括3D捕捉、2D捕捉和2.5D捕捉3种方式。2D捕捉和2.5D捕捉只能捕捉到直接位于绘图平面上的节点和边，要想实现三维空间上的捕捉就必须选择3D捕捉方式。

2. 角度捕捉

角度捕捉对于旋转对象和视图非常有用。在【栅格和捕捉设置】对话框中选择【选项】选项卡，然后在【角度】文本框中输入一个数值，即可为旋转变换指定一个旋转角度增量，通常其默认值为5°。当使用旋转功能时，预先单击【角度捕捉切换】按钮，对象就将以5°、10°、15°……90°的方式旋转。

3. 百分比捕捉

选择【栅格和捕捉设置】对话框中的【选项】选项卡，在其【百分比】文本框中输入一个数值，即可指定交互缩放操作的百分比增量，通常其默认值为10%。通过单击【百分比捕捉切换】按钮打开百分比捕捉的功能，然后执行缩放变换时，系统就将依据设置的百分比增量来进行缩放。

4. 微调器捕捉

在主工具栏中单击【微调器捕捉切换】按钮即可打开或关闭微调器捕捉方式。单击微调器上下箭头时文本框中的数值就会改变，使用它可以控制所有的微调器数值域的数值增量。用鼠标右键单击【微调器捕捉切换】按钮，将弹出【首选项设置】对话框，选择【常规】选项卡，从中即可设置微调器捕捉的选项。

2.4 移动

使用【编辑】或四元菜单上的【选择并移动】按钮或【移动】命令来选择并移动对象。

要移动单个对象，则无须先选择【选择并移动】按钮。当该按钮处于活动状态时，单击对象进行选择，并拖动鼠标以移动该对象。

2.4.1 移动对象

要移动单个对象，则须先选择【选择并移动】按钮，实现移动功能，它的作用是通过在x、y、z等3个方向上移动来改变选择对象的空间位置。下图即为移动线框时的形状。

当需要在x、y或z方向上做直线移动时，移动光标到对应的方向箭头附近，如x红色箭头，此时红色箭头的轴会以高亮的黄色显示，然后按住鼠标左键并拖曳光标将只会在x方向上执行移

动操作。当需要做平面移动时，移动光标接近线框中心的平面，待某一个平面以黄色高亮度显示时，拖动光标即可实现平面的移动。通过以上方法可以大大地减少对轴向限制器的使用。

2.4.2 实例：调整花瓶摆放顺序

下面通过一个调整花瓶摆放顺序的实例来介绍移动对象的方法，具体操作步骤如下。

Step 01 启动3ds Max 2016。按下键盘中的【Ctrl+O】组合键，将弹出【打开文件】对话框。打开本书配套光盘中的"素材\ch02\花瓶.max"文件，单击【打开】按钮即可打开该文件。

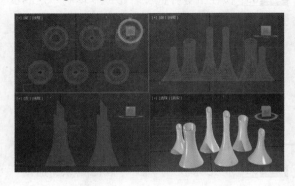

Step 02 单击3ds Max 2016主工具栏上的【选择并移动】按钮 （快捷键【W】）。

Step 03 选择右下侧的花瓶并进行移动操作，移动时根据定义的坐标系和坐标轴向来进行。3ds Max 2016"操纵轴"为移动物体提供了极大的便利，如果放在中央的轴平面上，轴平面也会变成黄色，拖动可自由多方向移动物体。

Step 04 单击3ds Max 2016主工具栏中的【选择并移动】按钮，在视图中单击选择对象，此时被选中对象上会出现操纵轴，将光标移到x轴上，光标变成(移动)形态。

Step 05 按住鼠标并拖曳，移动物体到一定的位置。

Step 06 将光标移到y轴上，按住鼠标并拖曳，移动物体到一定的位置。

Step 07 当选择【选择并移动】按钮时，在其按钮上按下鼠标右键，可以弹出【移动变换输入】对话框，可以通过数值输入来改变物体的位置。

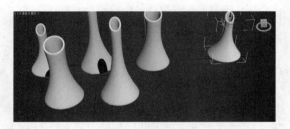

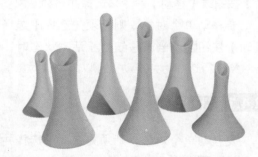

参数解密

① "绝对"世界中显示为物体当前所在的x、y、z轴位置。

② "可在偏移"世界中输入要移动的目标位置。

2.5 旋转

使用【编辑】或四元菜单上的【选择并旋转】按钮 ↻ 或【旋转】命令来选择并旋转对象。

要旋转单个对象，则无须先选择该按钮。当该按钮处于活动状态时，单击对象进行选择，并拖动鼠标以旋转该对象。

围绕一个轴旋转对象时（通常情况如此），不要旋转鼠标以期望对象按照鼠标运动来旋转。只要直上直下地移动鼠标即可。朝上旋转对象与朝下旋转对象方式相反。

2.5.1 旋转对象

单击主工具栏中的【选择并旋转】按钮 ↻ 可以实现旋转功能，它的作用是通过旋转来改变对象在视图空间中的方向。下图为旋转线框时的形状。

图中围绕物体的各个圆环分别表示绕不同的方向旋转，移动光标接近任何一个圆环，该圆环将以高亮的黄色显示以表示被选中，此时按住鼠标左键并拖曳执行旋转操作就可以实现单方向的旋转。

2.5.2 实例：调整轿车行驶方向 ▶

下面通过一个调整轿车行驶方向的实例来介绍旋转对象的方法，具体操作步骤如下。

Step 01 启动3ds Max 2016。按下键盘中的【Ctrl+O】组合键，将会弹出【打开文件】对话框。打开本书配套光盘中的"素材\ch02\轿车.max"文件，单击【打开】按钮即可打开该文件。

Step 02 单击3ds Max 2016主工具栏上的【选择并旋转】按钮 ↻，选择物体并进行旋转操作，旋转时根据定义的坐标系和坐标轴向来进行。

Step 03 单击3ds Max 2016主工具栏【选择并旋转】按钮 ↻，在视图中选择轿车对象，此时在对象上出现操纵轴，可以沿某一轴向进行旋转。

Tips

①拖动单个轴向，进行单方向上的旋转，红（黄）、绿、蓝3种颜色分别对应x、y、z3个轴向，当前操纵的轴向会显示为黄色。

②内圈的灰色圆弧可以进行空间上的旋转，将物体在3个轴向上同时进行旋转，这是非常自由的旋转方式；也可以在圈内的空白处拖动进行旋转，效果一样(不要选到3个轴向)。

③外圈的灰色圆弧可以在当前3ds Max 2016视图角度的平面上进行旋转。

Step 04 按住鼠标左键旋转对象时，会显示出扇形的角度，正向轴还可以看到切线和角度数据标识。

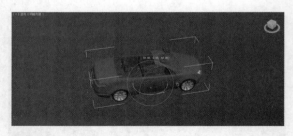

Step 05 当选择3ds Max 2016【选择并旋转】时，在其按钮上按下鼠标右键，可以调出【旋转变换输入】对话框，可以通过数值输入来改变物体的位置。

Step 06 将鼠标放在3ds Max 2016操纵轴内圈内，按住鼠标左键可自由旋转。

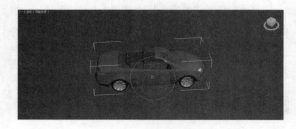

2.6 缩放

主工具栏上的【选择并缩放】按钮提供了对更改对象大小的三种工具的访问。此外，【缩放】命令在四元（右键单击）菜单的【编辑】菜单和【变换】区域中可用；这将激活当前在弹出按钮中选择的任何一个缩放工具。

3ds Max 2016包括3种缩放类型，分别为【选择并均匀缩放】、【选择并非均匀缩放】和【选择并挤压】。

用鼠标右键单击【选择并均匀缩放】按钮将弹出可用于精确均匀缩放的【缩放变换输入】对话框。

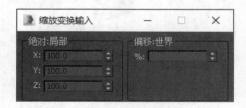

2.6.1 选择并均匀缩放对象

【选择并均匀缩放】可通过在某一个方向上进行缩放来同时影响其他两个轴向上缩放的比例，在3个坐标上的缩放比例是相同的，如图所示。

2.6.2 选择并非均匀缩放对象

【选择并非均匀缩放】就是可以控制在3个轴上的缩放比例，如图所示。

用鼠标右键单击【选择并非均匀缩放】按

钮 将会弹出用于精确非均匀缩放的【缩放变换输入】对话框。

2.6.3 选择并挤压缩对象

【选择并挤压缩】是一个很有趣的缩放功能，因为挤压缩放要维持缩放后的对象的体积与原始的对象体积相等，所以在一个方向上的放大必将引起在其他两个方向上的变化，显然它与非均匀缩放是有区别的。

此外，挤压缩放也提供类似的精确缩放的对话框。

下图为缩放线框的形状。

当想要只在一个轴向上缩放时（尤其对于非均匀缩放功能），可以移动光标接近该坐标轴，

当该坐标轴以高亮的黄色显示时，按住鼠标左键并拖动光标，就可以使缩放只在这个方向上进行。当想实现整体缩放时，移动光标接近中心，中心的三角形将以高亮的黄色显示，此时按住鼠标左键并拖动光标就可以实现整体缩放。

2.6.4 实例：使茶具成组

组可以被认为是把场景中的多个对象半永久性地连接成单个对象的对象集合。所谓的"半永久性"就是可以创建单个的组对象，也可以对这个组对象进行拆分，然后再恢复成原来的各个分对象。创建组后，组本身就是一个对象，对它可以使用几何变换，可以运用编辑修改器，还可以用它来制作动画。

组的作用是很大的，因为现实中的很多物件都是由多个部分组成的，这些部分在3ds Max 2016中对应为各个对象。例如，制作一把椅子，就需要有椅背、椅座和椅腿等多个对象，把这些对象制作完成并拼在一起就能形成一把完整的椅子。但是当把椅子放入一个场景时，就需要不断地对椅子这个整体对象进行调整，此时如果把整个椅子设置为一个组对象就方便多了。合并为组后，组对象的中心就处在所有组成对象的中心位置，组对象的边界就是各个分对象所能到达的最大边界。

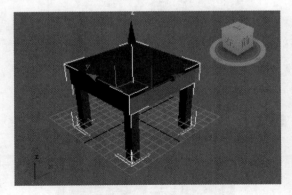

下面通过将创建的一组茶具个体成组的实例来介绍使用组的方法，具体操作步骤如下。

Step 01 启动3ds Max 2016。按下键盘中的【Ctrl+O】组合键，将会弹出【打开文件】对话框。打开本书配套光盘中的"素材\ch02\茶壶.max"文件，单击【打开】按钮即可打开该文件。

Step 02 选择多个对象，可以看到每个物体都是单独的模型，如图所示。

Step 03 选择【组】→【组】菜单命令，如图所示。

Step 04 在弹出的【组】对话框中输入该组的名字，如图所示。

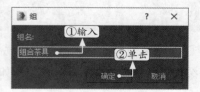

Tips

使用【附加】命令可对已有组添加对象。先选择一个或多个对象，然后选择【组】→【附加】菜单命令，最后单击已有组中的任何一个对象，就完成了添加的过程。

Step 05 单击【确定】按钮就完成了一个组的定义，如图所示。

Step 06 创建组后，如果还需要对组中的对象单独进行编辑修改，就需要拆分组。拆分组可以使用【组】菜单中的【解组】、【打开】和【炸开】3个命令实现。

当需要从一个组中分离出一个或多个对象时，可以使用【打开】命令。具体的操作步骤为：打开包含需要分离对象的组并选中要分离的对象，然后选择【分离】命令。

使用【解组】和【炸开】命令可以快速地撤销整

个组，并分离出组中的对象，拆分后该组的名字将从选择列表中消失。使用【解组】命令将使组中的成员对象处于各自独立的状态，组中的嵌套组则转换为独立的组。而使用【炸开】命令将使所有的组对象和嵌套组对象都变成相互独立的对象，即嵌套组在使用【炸开】命令后也不复存在。

2.7 对齐

对齐可以将当前选择对象与目标选择对象进行对齐。选择要对齐的对象后，单击【对齐】（在【对齐】弹出按钮上），然后选择要与第一个对象对齐的其他对象。这样可以打开标题栏上有目标对象名称的【对齐】对话框。执行子对象对齐时，【对齐】对话框的标题栏会显示为"对齐子对象当前选择"。

单击主工具栏中的【对齐】按钮，可以看到3ds Max 2016中包括【对齐】、【快速对齐】、【法线对齐】、【放置高光】、【对齐摄影机】和【对齐到视图】6种对齐方式。在这些对齐方式中，【对齐】功能是最常使用的。

2.7.1 对齐对象

对齐操作实际上就是通过移动对象，使它与其他对象具有相同的x、y或z方向的坐标。同时还包括对局部坐标轴进行旋转对齐或与被对齐对象匹配大小等功能。

若进行对齐操作，首先应选择一个源对象，然后单击【对齐】按钮，再单击视图中的另一个目标对象，这时将弹出用于对齐这两个选择对象的【对齐当前选择】对话框，在其中通过设置相应的选项就可以进行对齐操作。

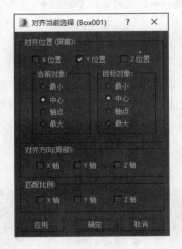

① 【对齐位置】组："X/Y/Z 位置"指定要在其上执行对齐的一个或多个轴。启用所有3个选项可以将该对象移动到目标对象位置。

② 【当前对象】/【目标对象】组：指定对象边界框上用于对齐的点。可以为当前对象和目标对象选择不同的点。例如，可以将当前对象的轴点与目标对象的中心对齐。【最小】将具有最小 X、Y 和 Z 值的对象边界框上的点与其他对象上选定的点对齐。【中心】将对象边界框的中心与其他对象上的选定点对齐。【轴点】将对象的轴点与其他对象上的选定点对齐。【最大】将具有最大 X、Y 和 Z 值的对象边界框上的点与其他对象上选定的点对齐。

③ 【对齐方向（局部）】组：这些设置用于在轴的任意组合上匹配两个对象之间的局部坐标系的方向。该选项与位置对齐设置无关。可以不管"位置"设置，使用

【方向】复选框，旋转当前对象以便与目标对象的方向匹配。位置对齐使用世界坐标，而方向对齐使用局部坐标。

④ 【匹配比例】组：使用【X轴】、【Y轴】和【Z轴】选项，可匹配两个选定对象之间的缩放轴值。该操作仅对变换输入中显示的缩放值进行匹配。这不一定会使两个对象的大小相同。如果两个对象先前都未进行缩放，则其大小不会更改。

2.7.2 实例：装配家具零件

下面通过装配一组餐桌家具零件的实例来介绍使用对齐的方法，具体操作步骤如下。

Step 01 启动3ds Max 2016。按下键盘中的【Ctrl+O】组合键，将会弹出【打开文件】对话框。打开本书配套光盘中的"素材\ch02\餐桌椅构件.max"文件，单击【打开】按钮即可打开该文件。

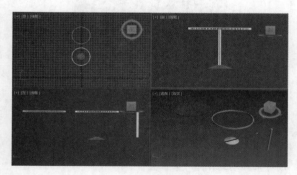

Step 02 选中透视图中餐桌桌面圆柱体，单击3ds Max 2016主工具栏中的【对齐】按钮，如图所示。

Step 03 将光标定位到【管状体】的餐桌包边构件上并单击，如图所示。

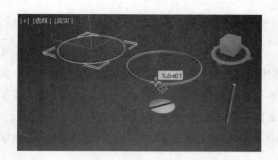

Step 04 系统弹出【对齐当前选择】对话框。对齐位置选择"Y位置"，【当前对象】选择"中心"，【目标对象】选择"中心"，如图所示。

Step 05 即可使桌面与包边进行中心方式的对齐，单击【确定】按钮后效果如图所示。

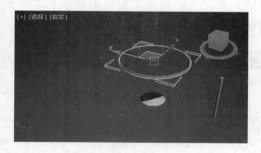

Step 06 选中透视图中餐桌支腿圆柱体，单击主工具栏中的【对齐】按钮，将光标定位到餐桌底座【圆锥体】构件上并单击，如图所示。

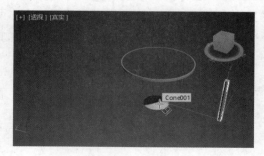

Step 07 系统弹出【对齐当前选择】对话框。对齐位置选择"Y位置",【当前对象】选择"中心",【目标对象】选择"中心",如图所示。

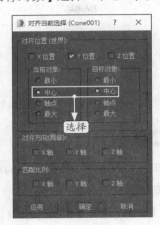

Step 08 即可使支腿与底座进行中心方式的对齐,单击【确定】按钮后效果如图所示。

2.7.3 快速对齐

若进行快速对齐操作,首先应选择一个源对象,然后单击【快速对齐】按钮,再单击视图中的另一个目标对象,这样两个对象就将以相同的x、y或z方向对齐。

2.7.4 法线对齐

使用法线对齐功能可以实现两个对象的表面法线方向相互对齐。例如,想要使立方体的底面和球的任一部分表面相切,就需要使用该功能。

2.7.5 实例:装配欧式建筑构件

下面通过装配欧式建筑构件的实例来介绍使用法线对齐的方法,具体操作步骤如下。

Step 01 启动3ds Max 2016。按下键盘中的【Ctrl+O】组合键,将会弹出【打开文件】对话框。打开本书配套光盘中的"素材\ch02\欧式柱.max"文件,单击【打开】按钮即可打开该文件。

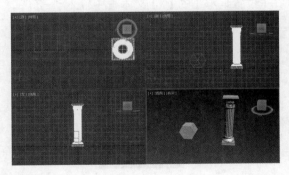

Step 02 选择欧式柱对象,单击【法线对齐】按钮,然后调整视图,用光标在欧式柱对象的底座面上拖动,直到蓝色向量从底面的下方指向外;接着在多边体的对象上拖动,直到绿色向量从侧边的前方指向外,如图所示。

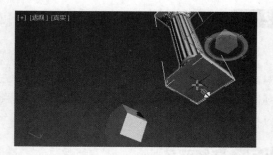

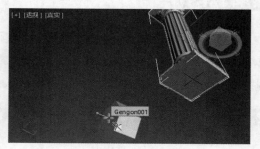

Tips

在操作的过程中，为了便于观察模型，可以单击【缩放】按钮 Q⁺ 调整模型的视图大小，还可以单击【环绕】按钮 🖱 调整模型的视图位置。

Step 03 释放鼠标，将弹出【法线对齐】对话框，在【位置偏移】的【X】文本框中输入"−20"，【Y】文本框中输入"−40"，如图所示。

Step 04 单击【确定】按钮即可完成法线对齐的操作，效果如下图所示。

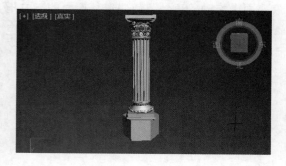

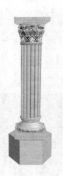

参数解密

【法线对齐】对话框用于调整当前的对齐结果，它包括以下选项。

① 【位置偏移】选项组中的【X】、【Y】、【Z】文本框：用来设置3个方向上被选择对齐面的空间偏移量。

② 【旋转偏移】选项组中的【角度】微调框：用来确定被选择对齐面的旋转偏移角。

③ 【翻转法线】复选框：用来使选择的法线方向反向，这样被选择的两个法线方向将同向。该复选框默认情况下是不选的。

2.7.6 放置高光和对齐摄像机

最初引入放置高光对齐功能是为了帮助放置光源，以便于在对象表面的特定点上产生特殊高光，后来发现使用这个方法定位对象可以非常方便地使对象表面的某一个精确位置反射灯光。使用该功能时，首先要在激活的视图中选择一个灯光体（泛光灯、聚光灯或者其他灯光），单击【放置高光】按钮 🔘，然后利用图标在视图中选择对象表面需要被照射的区域。当放置的是泛光灯、自由聚光灯或者平行光灯时，高光将照射在图标指定的法向表面上；当放置的是目标聚光灯时，高光将放置在灯光的目标点和光锥面上。

摄像机对齐功能与法线对齐功能相似，只不过它的作用对象是摄像机。使用时首先选择用来对齐的摄像机，然后单击【对齐摄影机】按钮 📷，在视图中选择使用摄像机的对象表面就可以实现对齐功能。对于目标摄像机，它把目标点放置在需要与摄像机对齐的表面上；对于自由摄像机，它把视图平面的中心放置在需要与摄像机对齐的面的法线上。

下图所示为使用放置高光对齐和对齐摄像机功能来实现对齐，使一个摄像机和一个聚光灯对齐在目标对象的同一个表面位置上。对于这两种对齐功能，可以在学习了后面有关灯光和摄像机的章节后再练习使用。

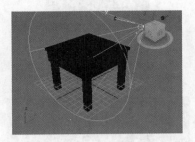

2.7.7 对齐到视图

对齐到视图功能用于把对象与当前的视窗平面对齐。单击主工具栏中的【对齐到视图】按钮将出现【对齐到视图】对话框，在该对话框中可以设置对象局部坐标系中x、y、z坐标轴中的哪一个与视窗平面对齐。选中【翻转】复选框可以使坐标轴的反向与视图平面对齐。

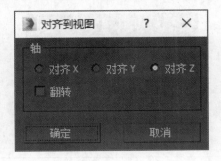

2.8 阵列

阵列是一种常见的复制对象的方式，使用阵列功能可以快速地创建出一个规则的复杂对象。选择【工具】→【阵列】菜单命令即可打开【阵列】对话框。该对话框包括【阵列变换】、【对象类型】和【阵列维度】3个选项组。通过该对话框可以实现线性的三维阵列，也可以实现环形或螺旋形的阵列。

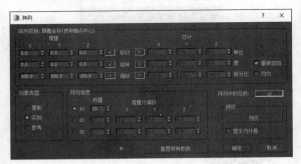

参数解密

① 【阵列变换】选项组用于决定原始对象的每一个复制品之间的移动、旋转和缩放量。例如，在【增量】选项组【移动】的【X】文本框中输入"20"，那么

生成的阵列对象将在x方向上以间隔20个单位的距离排列。

② 在【增量】选项组【旋转】的【X】文本框中输入"20"，将使每一个阵列生成的对象相对前一个对象绕x轴旋转20°。

③ 【阵列变换】中【总计】选项组的使用与【增量】的原理相同，只是它所规定的移动、旋转和缩放量是所有阵列对象的移动、旋转和缩放量的总和，它对阵列后的位置和方向执行总体管理。

④ 【阵列维度】选项组决定3个坐标轴的每个轴向上各有多少个阵列对象。

• 【1D】用于创建线性阵列，即创建后的阵列对象是在一条直线上。【数量】用来设置要阵列出的对象的个数。

• 【2D】用于二维平面上的阵列，该选项将同时在两个方向上阵列出成平方的阵列对象的个数。例如，【数量】文本框中的值为10，将在平面的两个方向上同时阵列出总数为100的对象。

• 【3D】用于三维空间的阵列，原理与前两种类似，通过该项可以创建三维的体阵列。

在阵列之前设置好阵列所需的坐标系和旋转中心非常重要。一般情况下，如果不对旋转中心的位置做出设置，旋转阵列出的效果与需要的结果一定相差甚远。使用阵列功能时要先改变旋转中心的位置，在3ds Max 2016中该中心被称为基准点。基准点也是一个对象，也可以对它使用移动、对齐等变换功能。

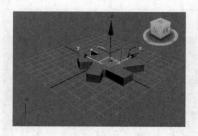

Tips

基准点是对象旋转和缩放时所参照的中心，也是大多数编辑修改器应用的中心。

（1）单击命令面板上的【层次】按钮进

入【层次】面板。

（2）在弹出的【调整轴】卷展栏中单击【仅影响轴】按钮，在视图中将显示出所选择对象的基准点（即红、绿、蓝的箭头）。

（3）使用移动或者旋转功能改变基准点的位置，然后关闭【仅影响轴】按钮，此时再对选择的对象进行阵列就会发现效果好多了。

2.9　克隆

复制对象的通用术语为克隆。为场景创建几何体被称为建模。一个重要且非常有用的建模技术就是克隆对象。克隆的对象可以被用作精确的复制品，也可以作为进一步建模的基础。例如，如果场景中需要很多灯泡，就可以创建其中的一个，然后复制出其他的。如果场景需要很多灯泡，但是这些灯泡还有一些细微的差别，那么可以先复制原始对象，然后再对复制品做些修改。

2.9.1　移动复制

克隆对象的方法有两个。第一种方法是按住Shift键执行变换操作（移动、旋转和比例缩放）；第二种方法是从菜单栏中选取【编辑】→【克隆】菜单命令，无论使用哪种方法都可

以进行变换，都会出现【克隆选项】对话框，如图所示。

参数解密

在【克隆选项】对话框中，可以指定克隆对象的数目和克隆的类型等。克隆有3种类型，如下。

① 【复制】单选钮可以克隆一个与原始对象完全无关的复制品。

②【实例】单选钮也可以克隆一个对象,该对象与原始对象还有某种关系。例如,如果使用【实例】选项克隆一个球,那么如果改变其中一个球的半径,另外一个球也跟着改变。使用【实例】选项复制的对象之间是通过参数和编辑修改器相关联的,各自的变换无关,是相互独立的。这就意味着如果给其中一个对象应用了编辑修改器,使用【实例】选项克隆的另外一些对象也将自动应用相同的编辑修改器。但是,如果变换一个对象,使用【实例】选项克隆的其他对象并不一起变换。此外,使用【实例】选项克隆的对象可以有不同的材质和动画。使用【实例】选项克隆的对象比使用【复制】选项克隆的对象需要更少的内存和磁盘空间,使文件装载和渲染的速度快一些。

③【参考】单选钮是特别的【实例】复制,在某种情况下,它与克隆对象的关系是单向的。例如,如果场景中有两个对象,一个是原始对象,另外一个是使用【参考】选项克隆的对象。这样,如果给原始对象增加一个编辑修改器,克隆的对象也被增加了同样的编辑修改器。但是,如果给使用【参考】选项克隆的对象增加一个编辑修改器,那么它将不影响原始的对象。实际上,使用【参考】选项复制的对象常用于如面片一类的建模过程。

2.9.2 实例:创建链条模型

下面通过创建链条模型实例来介绍使用移动复制的方法,具体操作步骤如下。

思路解析:

首先需要创建圆环体,这里需要设置为半圆环体,然后用圆柱体创建单个链条的中间连接部分从而创建单个链条,接着复制创建的单个链条部分并进行旋转创建一组两个相扣的链条,最后通过复制即可创建一根长链条模型。

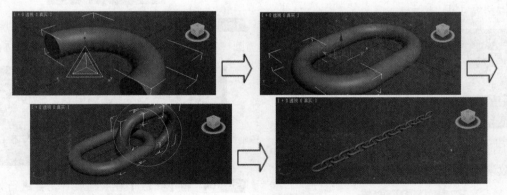

关键点1:创建半圆环体

Step 01 启动3ds Max 2016,可单击【应用程序】按钮,从弹出的菜单中选择【重置】命令重置场景。

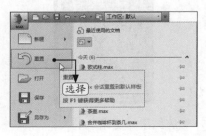

Step 02 在【创建】面板中单击【圆环】按钮,如图所示。

Step 03 在【创建方法】卷展栏中选择【中心】

单选钮，如图所示。

Step 04 在透视图中的任意位置处按住鼠标左键，以确定圆环底面的中心点，如图所示。

Step 05 拖动鼠标并松开鼠标左键，以确定圆环【半径1】的大小，如图所示。

Step 06 拖动鼠标并单击鼠标左键，以确定【半径2】的大小，如图所示。

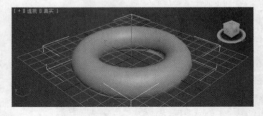

Step 07 将【参数】卷展栏展开，并进行如图所示的参数设置。

Step 08 创建的圆环如图所示。

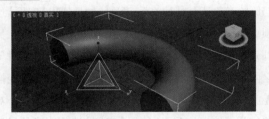

关键点2：创建单个链条

Step 01 在【创建】面板中单击【圆柱体】按钮，如图所示。

Step 02 在【创建方法】卷展栏中选择【中心】单选钮，如图所示。

Step 03 在左视图中的圆环截面位置处创建一个圆柱体，并使用移动工具调整位置，如图所示。

Step 04 将【参数】卷展栏展开，并进行如图所示的参数设置。

Step 05 最终结果如图所示。

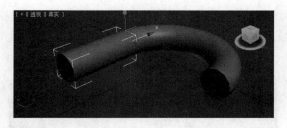

Step 06 单击3ds Max 2016工具栏中的【选择并移动】工具按钮█，在透视图中单击选择圆柱体对象，此时在被选中对象上出现操纵轴，将光标移到*y*轴上，光标变成(移动)形态，按住Shift键执行移动复制圆柱体，系统将弹出【克隆选项】对话框，设置如图所示。

Step 07 单击【确定】按钮，效果如图所示。

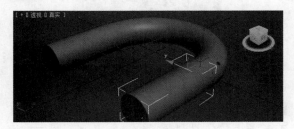

Step 08 选择圆环体，在*x*轴方向上复制圆环体，效果如图所示。

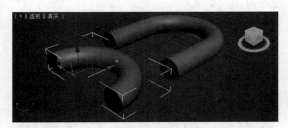

Step 09 单击主工具栏上的【选择并旋转】按钮█，将复制的圆环体在*z*轴方向上旋转180°，并使用【选择并移动】工具调整位置，如图所示。

关键点3：创建两个相扣的链条

Step 01 此时创建了链条的一个环形体，选择环形体，按住Shift键在*x*轴方向上执行移动复制，如图所示。

Step 02 单击主工具栏上的【选择并旋转】按钮█，将复制的圆环体在*x*轴方向上旋转180°，并使用【选择并移动】工具调整位置，如图所示。

关键点4：创建一根完整的链条

Step 01 选择创建的两个环形体，按住Shift键在*x*轴方向上执行移动复制，系统将弹出【克隆选项】对话框，设置如图所示。

Step 02 单击【确定】按钮后效果如图所示。

Step 03 复制链条后进行渲染，效果如图所示。

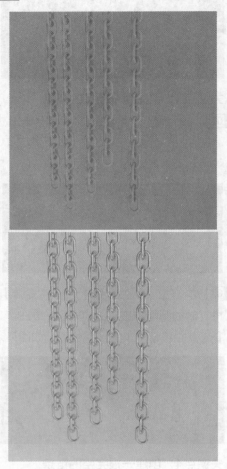

2.9.3 旋转复制

当用户按住Shift键执行旋转变换操作时可以进行旋转复制。有时候这种旋转复制需要围绕一个公共的圆心进行，这就需要调整被旋转复制模型的轴心，可以参考2.8小节内容。

2.9.4 实例：完善座椅摆放场景图

下面通过完善座椅摆放场景图的实例来介绍使用旋转复制的方法，具体操作步骤如下。

Step 01 启动3ds Max 2016。按下键盘中的【Ctrl+O】组合键，将会弹出【打开文件】对话框。打开本书配套光盘中的"素材\ch02\餐桌椅.max"文件，单击【打开】按钮即可打开该文件。

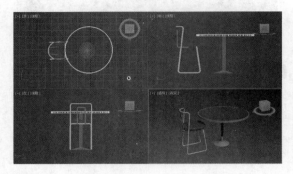

Step 02 选择餐椅模型，调整其旋转中心。单击命令面板上的【层次】按钮 进入【层次】面板。在弹出的【调整轴】卷展栏中单击【仅影响轴】按钮，在视图中将显示出所选择对象的基准点（即红、绿、蓝的箭头）。

Step 03 在顶视图中使用移动或者旋转功能改变基准点的位置到餐桌的中心点上，然后关闭【仅影响轴】按钮，此时对餐椅进行旋转复制就可以围绕餐桌中心进行。

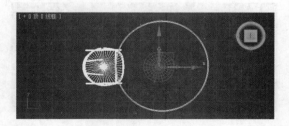

Step 04 选择餐椅模型，在顶视图中，按住Shift键在z轴方向上执行旋转复制，系统将弹出【克隆选项】对话框，设置如图所示。

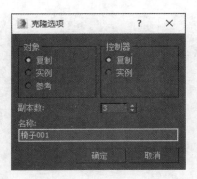

Step 05 单击【确定】按钮，效果如图所示。

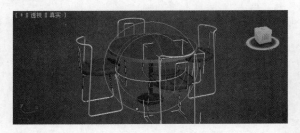

Step 06 渲染之后的效果如图所示。

2.9.5 缩放复制

当用户按住Shift键执行缩放变换操作时可以进行缩放复制，使用缩放复制可以创建和原始模型相似的但大小不一样的模型。

2.9.6 实例：创建各式各样的酒杯

下面通过创建各式各样的酒杯的实例来介绍使用缩放复制的方法，具体操作步骤如下。

Step 01 启动3ds Max 2016。按下键盘中的【Ctrl+O】组合键，将会弹出【打开文件】对话框。打开本书配套光盘中的"素材\ch02\酒杯.max"文件，单击【打开】按钮即可打开该文件。

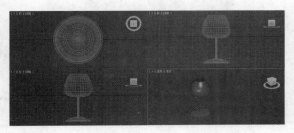

Step 02 选择酒杯模型，在前视图中，按住Shift键在y轴方向上执行缩放复制，系统将会弹出【克隆选项】对话框，设置如图所示。

Step 03 单击【确定】按钮后使用移动工具调整位置，效果如图所示。

Step 04 重复2~3步骤，缩放复制更多各式各样的酒杯模型，效果如图所示。

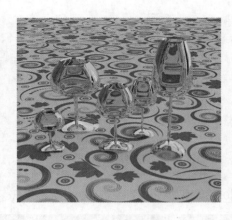

Step 05 渲染之后的效果如图所示。

2.10 镜像

几乎所有的制图软件（如AutoCAD）都提供镜像工具。镜像类似于照镜子或水中的倒影，在对象的另一侧复制出一个模样与它完全一样，只是位置正好相反的对象。镜像功能有助于快速建模，比如制作好了人脸的一半，可以通过镜像快速地生成另一半。

选择对象后单击主工具栏中的【镜像】按钮，弹出【镜像】对话框。可以看出【镜像】对话框主要包括【镜像轴】、【克隆当前选择】和【镜像IK限制】3个部分。

参数解密

① 【镜像轴】选项组包括3个坐标轴选项和3个坐标平面选项，选择其中的任何一个都将定义出镜像轴。镜像轴通过对象的变换中心，其方向由当前坐标系的方向决定。

Tips

如果发现镜像后生成的对象与原来的对象重叠在一起了，则可通过设置【偏移】的数值来使镜像后的对象精确偏移。在不需要精确偏移的情况下，可以直接通过移动功能移动镜像后的对象。

② 【克隆当前选择】选项组包括【不克隆】、【复制】、【实例】和【参考】4种类型，这些方法提供了从原始对象创建镜像对象复制品的不同方式。选中【不克隆】单选钮将在不制作副本的情况下直接镜像对象，镜像后的对象仍属于原始对象的一部分，不能对它进行单独的变换和修改。选中【复制】单选钮将生成一个完全独立的复制品，无论对它进行任何改动都不会对原对象产生影响。选中【实例】单选钮则复制实例，使用这种方法产生的镜像对象与原对象可以实现互动影响，即改变其中的一个，另一个也会做同样的变化。选中【参考】单选钮将生成一个参考镜像对象，修改原对象会改变参考对象，但修改参考镜像对象不会影响到原对象。【复制】是最常用的复制对象的方法。

③ 【镜像IK限制】复选框：如果所要镜像的对象中存在分级链接，则需要选择【镜像IK限制】复选框。

2.10.1 实例：完善陈列品的摆放

下面通过完善陈列品的摆放的实例来介绍使用镜像复制的方法，具体操作步骤如下。

Step 01 启动3ds Max 2016。按下键盘中的【Ctrl+O】组合键，将会弹出【打开文件】对话框。打开本书配套光盘中的"素材\ch02\装饰柜.max"文件，单击【打开】按钮即可打开该文件。

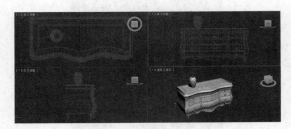

Step 02 选择花瓶模型，在前视图中，单击主工具栏中的【镜像】按钮，系统将弹出【镜像】对话框，设置如图所示。

Step 03 单击【确定】按钮，效果如图所示。

Step 04 渲染之后的效果如图所示。

2.10.2 实例：镜像及陈列木桌

下面通过一个实例介绍使用3ds Max 2016中的镜像和阵列功能的方法。

Step 01 启动3ds Max 2016。如果已经启动了软件，则可单击 图标，在弹出的下拉菜单中选择【重置】命令重置场景。

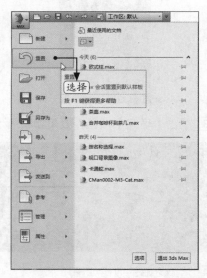

Step 02 进入【创建】→【标准基本体】面板，单击【管状体】按钮，在顶视图中创建一个管状体作为木桌的桌面。进入【修改】面板设置其参数。

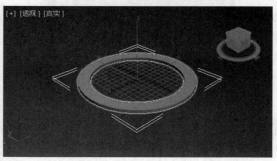

Step 03 单击【长方体】按钮，在顶视图中创建一个长方体作为桌面内部造型，进入【修改】面板设置其参数。

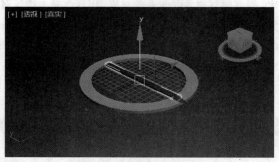

Step 04 选择创建的长方体，单击主工具栏上的【对齐】按钮 ，在透视图中单击管状体，在弹出的【对齐当前选择（Tube001）】对话框中进行如下图所示的设置，使两者中心对齐，单击【确定】按钮。

Step 05 选择创建的长方体，选择【工具】→【阵列】菜单命令，在弹出的【阵列】对话框中设置其参数，单击【确定】按钮。

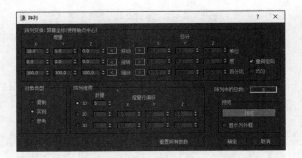

Step 06 由于阵列的长方体都是等长的，因此选择阵列出的长方体内部造型，单击主工具栏上的【选择并均匀缩放】按钮对长方体进行缩放，下图显示的是缩放前和缩放后的效果图。

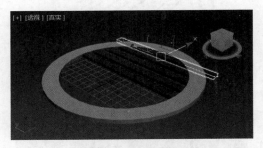

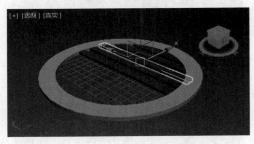

Step 07 选择缩放后的5个阵列长方体，单击工具栏上的【镜像】按钮，在弹出的【镜像】对话框中进行设置，单击【确定】按钮，效果如下图所示。

Step 08 单击【长方体】按钮，在前视图中创建一个长方体作为木桌的桌腿。

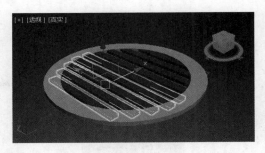

Step 09 用鼠标右键单击主工具栏上的【选择并旋转】按钮，在弹出的【旋转变换输入】对话框中进行如下图所示的设置，对桌腿进行旋转。单击主工具栏上的【镜像】按钮对桌腿进行镜像设置，得到的效果如下图所示。

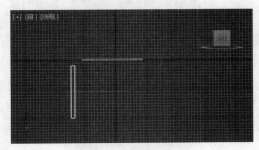

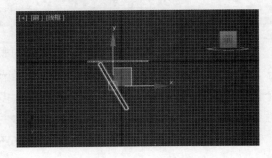

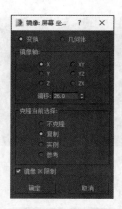

Step 11 　渲染之后的效果如下图所示。

Step 10 　选择创建的桌腿，再次单击工具栏上的【镜像】按钮M，在弹出的【镜像】对话框中进行镜像设置，镜像出另外两个桌腿，最终效果如下图所示。

2.11　实战技巧

在3ds Max 2016，对象是一个很重要的概念，因为3ds Max 2016的特性之一就在于它是一个面向对象的程序，而且它所包含的对象大多数都是参数化的对象，正是这一特性大大方便了3ds Max 2016的编辑操作。在3ds Max 2016还有一些特殊的操作工具，下面进行详细介绍。

技巧1 ViewCube导航工具

3ds Max 2016中使用ViewCube可以在各种视

图之间进行切换。ViewCube菜单可提供各种选项以定义ViewCube的方向、在正交和透视投影之间切换、定义模型的主栅格视图和前视图以及控制ViewCube的外观。

　　ViewCube显示时，默认情况下会显示在活动视口的右上角；如果处于非活动状态，则会叠加在场景之上。它不会显示在摄影机、灯光、图形视口或者其他类型的视图（如ActiveShade或Schematic）中。当ViewCube处于非活动状态时，其主要功能是根据模型的北向显示场景方向。

　　当鼠标光标放置于ViewCube上方时，它将变成活动状态。使用鼠标左键可以切换到一种可用的预设视图中、旋转当前视图或者更换到模型的主栅格视图中。单击鼠标右键可以打开具有其他选项的上下文菜单。

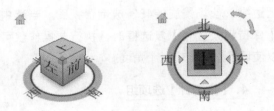

　　ViewCube显示的状态可以是非活动状态和活动状态。当ViewCube处于非活动状态时，默认情况下它在视口上方显示为透明，这样不会完全遮住模型视图。当ViewCube处于活动状态时，它是不透明的，并且可能遮住场景中对象的视图。

　　当ViewCube为非活动状态时，用户可以控制其不透明度级别以及大小、显示它的视口和指南针显示。这些设置可以通过【视口配置】对话框的【ViewCube】选项卡进行，如下图所示。

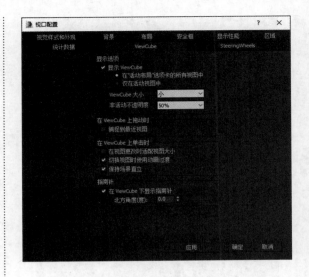

1.【显示选项】选项组

　　在默认的情况下，【显示ViewCube】复选框是选中状态。当选择【在"活动布局"选项卡的所有视图中】单选项时，即每次打开3ds Max 2016时，所有的可视视口中总会显示ViewCube。选择【仅在活动视图中】单选项时，那么当打开3ds Max 2016时，被激活的视口中总会显示ViewCube。

　　【ViewCube】大小后的下拉列表中包括有【大】、【普通】、【小】和【细小】4个选项。通过选择该下拉列表中的选项可以更改ViewCube的显示大小，选择【细小】时，ViewCube立方体中不包含标签。下图所示的是不同选项在透视图中的效果。

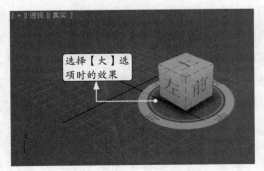

选择【大】选项时的效果

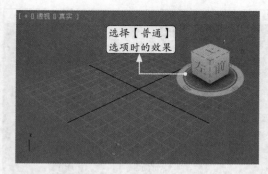

选择【普通】选项时的效果

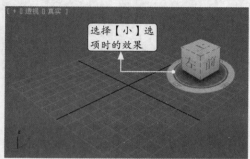

选择【小】选项时的效果

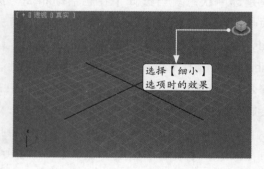

选择【细小】选项时的效果

在未使用ViewCube时，可以设置ViewCube的不透明度。从【非活动不透明度】右侧的下拉列表中选择一个不透明度，可选项为0%、25%、50%、75%和100%。

选择0%，则ViewCube仅在鼠标光标位于其位置上方时可见。选择100%，则在任何时候ViewCube都是实体。选择较低的不透明度，ViewCube会隐藏视口的内容，从而显示更少的内容。

2.【在ViewCube上拖动时】选项组

选中【捕捉到最近视图】复选框后拖动ViewCube旋转视图时，视口将会在其角度接近其中一个固定视图的角度时捕捉该视图。

3.【在ViewCube上单击时】选项组

该选项组的设置用于单击ViewCube，而不是拖动ViewCube。

选中【在视图更改时适配视图大小】复选框后单击立方体（面、脚点或边），会自动缩放视图以符合当前的选择；禁用该选项之后，单击立方体时则不会执行缩放。

选中【切换视图时使用动画过渡】复选框后单击立方体更改视图时，新的视图会旋转到位；禁用该选项之后，新方向会立即捕捉进入视图。建议有经验的用户禁用该选项，这样速度更快，但是新用户应使此选项处于选中状态，从而在场景内保持更好的导向。

选中【保持场景直立】复选框可以防止场景显示为部分翻转或完全翻转。例如，禁用该选项之后，转至顶视图，然后单击ViewCube的上边缘，使场景旋转45°成倒置视图。当选中【保持场景直立】复选框时，执行此操作仅可以使场景向下旋转一个角度。

4.【指南针】选项组

选中【在ViewCube下显示指南针】复选框后，会在ViewCube下显示指南针以确定地理背景中视图的方向。【北方角度】用于指定指南针的方向。例如，要将指南针顺时针旋转1/4，则可将【北方角度】设置为90°。下图所示的是显示指南针和未显示指南针的透视视图。

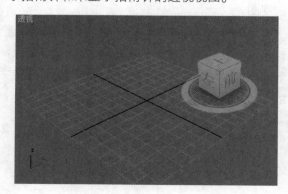

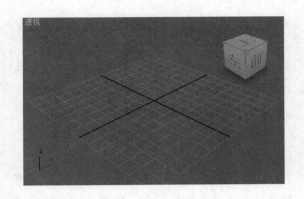

技巧2 SteeringWheels追踪菜单

SteeringWheels追踪菜单可以分成不同的称作楔形体的部分，轮子上的每个楔形体都代表一种导航工具。可以使用不同的方式平移、缩放或操纵场景的当前视图。

SteeringWheels也称作轮子，它可以通过将许多公用导航工具组合到单一界面中来节省用户的时间。轮子特定于正在其中查看场景的上下文。

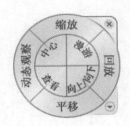

默认情况下，轮子在启动时会平移至透视视口的左下角。它不会跟随光标移动，并且当鼠标光标置于轮子上方时，Steering Wheels的首次接触气球会打开。首次接触气球用来介绍轮子的用途以及使用它们的方法。通过SteeringWheels可以从单一的工具访问不同的2D和3D导航工具。

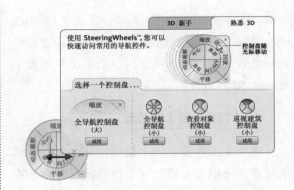

通过【视口配置】对话框中的【Steering Wheels】选项卡可以对其进行详细的设置。

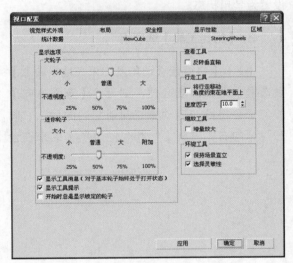

1.【显示选项】选项组

（1）【大轮子】选项组：在该选项组中可以通过滑块来设置标准尺寸轮子的大小和不透明度。设置完成后，单击【确定】按钮即可。

（2）【迷你轮子】选项组：在该选项组中可以通过滑块来设置小轮子的大小和不透明度。设置完成后，单击【确定】按钮即可。

（3）【显示工具消息（对于基本轮子始终处于打开状态）】复选框：选中此复选框，会显示切换工具信息。

（4）【显示工具提示】复选框：选中此复选框后，将鼠标光标放置在Steering Wheels上时会显示工具提示。

（5）【开始时总是显示锁定的轮子】复

选框：选中此复选框后，当用户第一次启动3ds Max 2016时，SteeringWheels会自动显示在鼠标光标位置。禁用该选项之后，则必须手动激活SteeringWheels。

2.【查看工具】选项组

选中【反转垂直轴】复选框后，向上拖动鼠标则会使视点上移，向下拖动鼠标则会使视点下移。禁用该选项，向上拖动鼠标则会使视点下移，向下拖动鼠标则会使视点上移。默认设置为禁用状态。

3.【行走工具】选项组

（1）【将行走移动角度约束在地平面上】复选框：选中该复选框，则无论【查看方向】如何都会将行走运动（"向前""向后""向左""向右""向上"和"向下"）约束在世界xy平面上。禁用该选项，行走运动会垂直显示在视图面板上。默认设置为启用。

（2）【速度因子】：可以设置行走运动的相对速率。设置范围为0.1~10.0，默认设置为10.0。

4.【缩放工具】选项组

选中【增量放大】复选框后，如果在完整导航轮子上使用缩放工具，则单击该选项可以将因子放大25%。禁用该选项之后，则必须在完整导航轮子上拖动缩放工具进行缩放。

5.【环绕工具】选项组

（1）【保持场景直立】：用来防止场景旋转，因此在使用环绕工具时，显示为倒置。

（2）【选择灵敏性】：选中此复选框后，将使用环绕工具围绕当前选择内容，而不是预定义的中心旋转视图。

第2篇

建模

↘ 第3章　创建基本三维对象
↘ 第4章　创建样条型对象
↘ 第5章　复合三维对象
↘ 第6章　三维曲面建模
↘ 第7章　编辑修改器

导读

建模篇主要介绍3ds Max 2016的建模功能。通过对基本对象、样条型对象、复合三维对象、三维曲面建模以及编辑修改器等的讲解，让读者快速学会3ds Max的基础建模。

创建基本三维对象

建模是3ds Max最基本的功能，也是最重要的功能之一。使用3ds Max创作时，一般都是按照建模、材质、灯光、渲染这几个流程来进行的，"建模"是基础。本章将介绍在3ds Max中创建三维对象的基本方法，包括基本几何体、扩展基本体以及AEC对象的创建，其中基本几何体最为常用，很多复杂模型都是在基本几何体的基础上创建出来的，当然扩展基本体和AEC对象用的也比较多，在3ds Max建模中同样不可替代。

■ **学习要点**

- ➤ 掌握标准基本体的创建方法
- ➤ 掌握扩展基本体的创建方法
- ➤ 掌握AEC对象的创建方法

3.1 建模思路与方法

在用3ds Max建模之前首先要掌握建模思路，简单地说，3ds Max中的建模就是一种拼凑行为，可以把一个非常复杂的三维模型拆分成若干个简单的小模型分别进行创建，然后再把若干个相关的小模型拼凑在一起，从而生成我们所需要的复杂的模型。下面以一个地球仪模型为例讲解建模的思路。左图为地球仪效果图，右图为地球仪线框图。

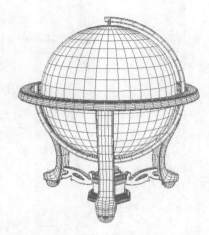

在创建地球仪的过程中，可以先把地球仪分解成8个独立的小模型分别进行创建，如图所示。

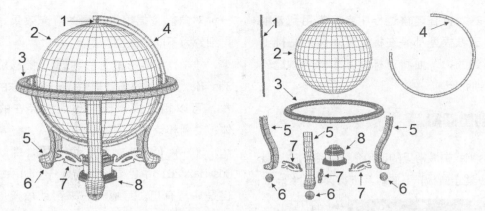

在上图中，第1、2、6部分创建非常容易，用标准基本体即可完成，第3、4、5、7、8部分可以用修改标准基本体以及使用复合对象的方式来创建，当然这个过程中会用到非常普遍的多边形编辑建模方式。

下面以第3部分的制作为例，对3ds Max中的建模思路进行详细介绍。第3部分整体为圆形状态，其横截面类似于一个带有圆角的多边形。因此，可以采用2个步骤来完成这个模型的创建，如图所示。

第一步：创建截面及路径。

第二步：生成第3部分模型。

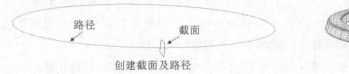
创建截面及路径

生成模型

3.2 创建标准基本体

标准基本体作为3ds Max绘图的基本元素，用以创建规则的常见几何体，如图所示的10种标准三维模型，便是本节所要介绍的重点内容。

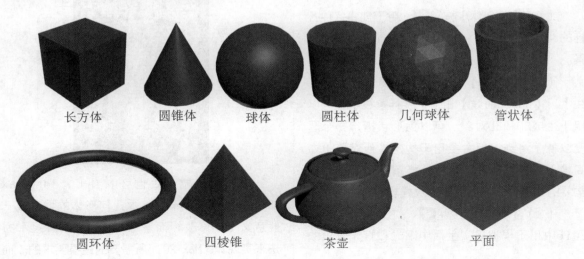

长方体　　圆锥体　　球体　　圆柱体　　几何球体　　管状体

圆环体　　四棱锥　　茶壶　　平面

标准基本体在建模过程中会经常用到，很多复杂的三维模型都是在标准基本体的基础上编辑而得到的，下面将对标准基本体的创建分别进行详细介绍。

3.2.1 创建面板

在3ds Max中最常见的调用创建命令的方法就是利用【创建】面板，下面对其进行详细介绍。

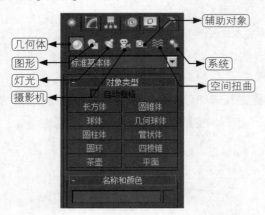

【创建】面板包括3ds Max 2016中所有的可以创建的对象类型。3ds Max 2016创建的对象主要分为7种类型，每一个类别内包含几个不同的对象子类别。使用下拉列表可以选择对象子类别，每一类对象都有自己的按钮，单击该按钮即可开始创建。下面先简要地介绍这7大基础类型。

（1）【几何体】按钮：用于创建各种各样的3D对象，是3ds Max 2016中重要的建模工具。

（2）【图形】按钮：主要包括【样条线】、【NURBS曲线】和【扩展样条线】，可以用于生成2D和3D对象。可以为形状指定一个厚度以便于渲染，但主要用于构建其他对象（如阁楼）或运动轨迹。当然，样条线还有一个很重要的功能，即后面提到的放样功能。

（3）【灯光】按钮：灯光是3ds Max 2016中用于模拟现实生活中阳光和灯光效果的一种对象。依据模拟不同的灯光效果，灯光可再细分为不同的类型。

（4）【摄影机】按钮：摄影机对象为3ds Max 2016的场景提供了一个特殊的观察视角，可以用来模拟现实生活中存在的静止物体、动画和录像机的效果。

（5）【辅助对象】按钮：辅助对象在3ds Max 2016中主要扮演的是一个助手的角色，但是非常有用。可以用它来帮助放置、测量场景的可渲染几何体，以及设置其动画。

（6）【空间扭曲】按钮：空间扭曲是用来影响其他对象表现效果的一种非渲染的对象类型，它可以在对象的周围产生多种类型的变形，例如波纹、微风和其他的一些应用于粒子系统的情况。

（7）【系统】按钮：系统对象是一种通过组合或合并一系列对象、连接和控制来生成一个有统一行为的对象的功能类型。例如骨骼功能就有这样的作用。

以上简要地介绍了3ds Max 2016创建面板上的7大对象类型，单击几何体类型右侧的下拉按钮将出现几何体的类型界面，如下图所示。

通过该下拉列表也可以看出，3ds Max 2016中的建模并不是基本几何形体的堆砌或一般意义上的修改，而是可以通过各种途径和方法来实现3ds Max 2016所需要的建模要求的。而要实现这些复杂的建模需求，就必须先了解几

个基本几何类型的创建方法。

在下拉列表中选择【标准基本体】选项即可出现标准基本体对象类型的卷展栏，如下图所示。在对象类型卷展栏中列出了【长方体】、【圆锥体】等10种标准基本体，利用这些标准基本体可以创建一些规则的几何体图形。

在【名称和颜色】卷展栏中可以输入将要创建几何体对象的名称和设置几何体的颜色。在此时或进入修改状态之后给所要创建的几何体起一个较容易理解的名字，便于分辨各个几何体对象。在3ds Max 2016中对名字的长度没有限制。

创建基本几何体就是用基本的模型创建命令直接创建出各种标准的几何体，如长方体、球体等。创建基本几何体一般可以通过以下3种途径来实现。

（1）创建菜单。

（2）创建面板。

（3）创建元素工具栏。

本章主要以第2种方法来介绍基本几何体的创建过程。

3.2.2 创建长方体

【长方体】命令用于创建立方体以及各种尺寸的长方体。下面以创建一个长度200，宽度100，高度50的长方体为例，对长方体命令的应用进行详细介绍。

Step 01 在【创建】面板单击【长方体】按钮，如图所示。

Step 02 在【创建方法】卷展栏中选择【长方体】单选钮。

Tips

选择【立方体】单选钮可以创建规则的立方体，即长、宽、高都相同的长方体。

Step 03 在透视图中的任意位置处按住鼠标左键，以确定长方体底面的第一角点。

Step 04 拖动鼠标并松开鼠标左键，以确定长方体底面的第二角点。

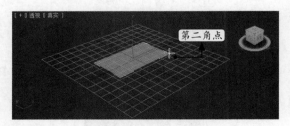

Step 05 拖动鼠标并单击鼠标左键，以确定长方体的高度。

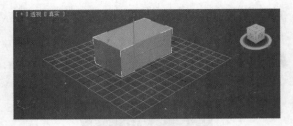

Step 06 将【参数】卷展栏展开，并进行如图所示的相关参数设置。

Step 07 最终结果如图所示。

参数解密

（1）【名称和颜色】卷展栏：在颜色块前面的文本框中可以任意地为物体命名，单击颜色块可以重新为物体设置一种颜色。

（2）【键盘输入】卷展栏："X、Y、Z"微调框可以控制物体中心所在的坐标位置。"长度、宽度、高度"微调框可以更改长、宽、高的参数。相关参数设置完成后，单击【创建】按钮即可创建出相应的模型。

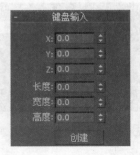

（3）【参数】卷展栏："长度分段、宽度分段、高

度分段"微调框可以为物体设置片段数，数值越大修改后的物体就越光滑。【生成贴图坐标】复选框决定是否产生贴图坐标。

3.2.3 实例：创建简约餐桌

在日常生活中我们经常会接触到各式各样的餐桌，其实使用简单的长方体就能创建一款时尚简约的餐桌模型，下面将使用标准基本体来进行创建，具体的步骤如下。

Step 01 启动3ds Max 2016，单击【应用程序】按钮，从弹出的菜单中选择【重置】命令重置场景。

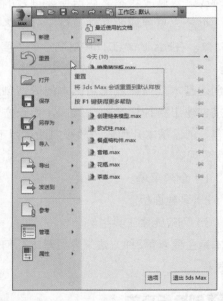

Step 02 将系统单位设定为毫米。选择【自定义】→【单位设置】菜单命令，将会弹出【单位设置】对话框。选中【显示单位比例】选项组中的【公制】单选钮，设置单位为毫米。

比例】的换算单位为毫米，然后依次单击【确定】按钮。

Step 03 单击【系统单位设置】按钮，将会弹出【系统单位设置】对话框，设置【系统单位

Step 04 创建桌面。在【创建】面板中单击【几何体】按钮，然后单击【标准基本体】面板中的【长方体】按钮，在顶视图中创建一个长方体作为餐桌的桌面，并在【名称和颜色】卷展栏中更改名称为"桌面"。单击【修改】按钮进入【修改】面板，设置其参数如下图所示。

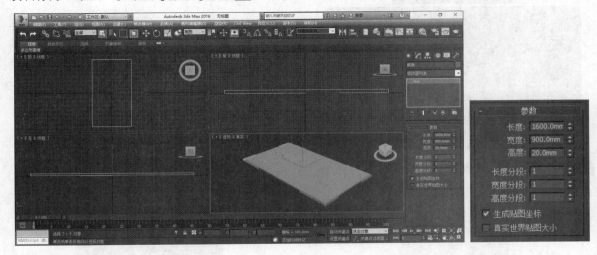

Step 05 创建桌腿。再次单击【标准基本体】面板中的【长方体】按钮，在顶视图中创建一个长方体作为餐桌的桌腿，并在【名称和颜色】卷展栏中更改名称为"桌腿01"。单击【修改】按钮进入【修改】面板，设置其参数如下图所示。

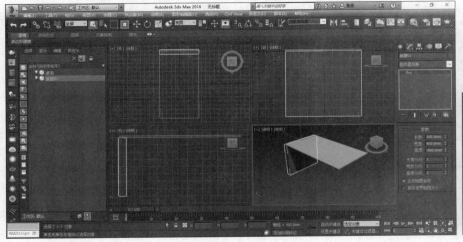

Step 06 复制桌腿。在左视图中选择创建的"桌腿01",单击主工具栏中的【选择并移动】按钮 ，按Shift键的同时拖动桌腿。在弹出的【克隆选项】对话框中设置复制桌腿的数量,单击【确定】按钮。通过【修改】面板将复制的长方体命名为"桌腿002",并调整其位置及参数,如下图所示。

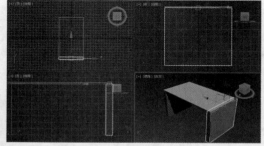

Step 07 最终效果如图所示。

3.2.4 实例:创建时尚书柜

本节介绍使用简单的长方体来创建出一款时尚的书柜模型,具体的操作步骤如下。

Step 01 启动3ds Max 2016,单击【应用程序】按钮 ,从弹出的菜单中选择【重置】命令重置场景。

Step 02 将系统单位设定为毫米。选择【自定义】→【单位设置】菜单命令,将会弹出【单位设置】对话框。选中【显示单位比例】选项组中的【公制】单选钮,设置单位为毫米。

Step 03 单击【系统单位设置】按钮,将会弹出【系统单位设置】对话框,设置【系统单位比例】的换算单位为毫米,然后依次单击【确定】按钮。

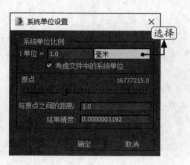

Step 04 创建桌面。在【创建】面板 中单击【几何体】按钮 ，然后单击【标准基本体】面板中的【长方体】按钮，在顶视图中创建一个长方体作为书柜的侧面，并在【名称和颜色】卷展栏中更改名称为"侧面01"。单击【修改】按钮 进入【修改】面板，设置其参数如下图所示。

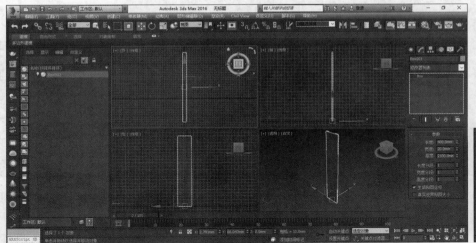

Step 05 复制书柜侧板。在前视图中选择创建的"侧面01"，单击主工具栏中的【选择并移动】按钮 ，按Shift键的同时拖动侧面01。在弹出的【克隆选项】对话框中设置复制侧面的数量，单击【确定】按钮。通过【修改】面板将复制的长方体命名为"侧面002"，并调整其位置，如下图所示。

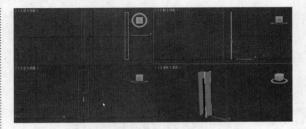

Step 06 使用相同的复制方法复制其他的书柜侧面，并调整其位置，如下图所示。

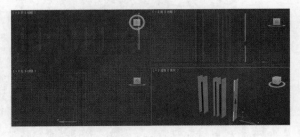

Step 07 创建书柜隔板。单击【标准基本体】面板中的【长方体】按钮，在顶视图中创建一个长方体作为书柜的隔板，并在【名称和颜色】卷展栏中更改名称为"隔板01"。单击【修改】按钮 进入【修改】面板，设置其参数如下图所示。

Step 08 复制书柜隔板。在前视图中选择创建的"侧面01",单击主工具栏中的【选择并移动】按钮 ✛ ,按Shift键的同时拖动隔板01。在弹出的【克隆选项】对话框中设置复制侧面的数量,单击【确定】按钮。通过【修改】面板将复制的长方体命名为"隔板002",并调整其位置,如下图所示。

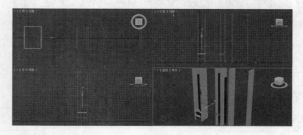

Step 09 使用相同的复制方法复制其他的书柜隔板,并调整其位置,如下图所示。

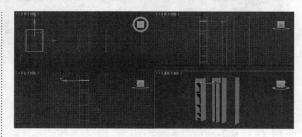

Step 10 重复 **Step 07** ~ **Step 09** 的操作,创建并复制其他的书柜隔板,并调整其位置,如下图所示。

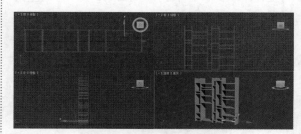

Step 11 创建书柜背板。单击【标准基本体】面板中的【长方体】按钮,在前视图中创建一个长方体作为书柜的背板,并在【名称和颜色】卷展栏中更改名称为"背板"。单击【修改】按钮 ∠ 进入【修改】面板,设置其参数如下图所示。

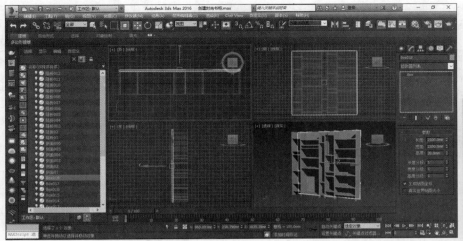

Step 12 最终效果如图所示。

3.2.5 创建圆锥体

【圆锥体】命令用于创建圆锥体以及圆锥体的一部分，下面以创建一个底面半径为50，顶面半径为0，高度为100的圆锥体为例，对圆锥体命令的应用进行详细介绍。

Step 01 在【创建】面板单击【圆锥体】按钮，如图所示。

Step 02 在【创建方法】卷展栏中选择【中心】单选钮，如图所示。

Tips

选择【中心】单选钮，系统则以圆锥体的底面中心点作为参考点进行圆锥体的创建。选择【边】单选钮，系统则以圆锥体的底面圆周上的一点作为参考点进行圆锥体的创建。

Step 03 在透视图中的任意位置处按住鼠标左键，以确定圆锥体底面的中心点，如图所示。

Step 04 拖动鼠标并松开鼠标左键，以确定圆锥体的底面半径，如图所示。

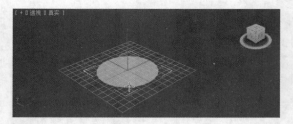

Step 05 拖动鼠标并单击鼠标左键，以确定圆锥体的高度，如图所示。

Step 06 拖动鼠标并单击鼠标左键，以确定圆锥体的顶面半径，如图所示。

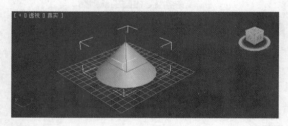

Step 07 将【参数】卷展栏展开，并进行如图所示的参数设置。

Step 08 最终结果如图所示。

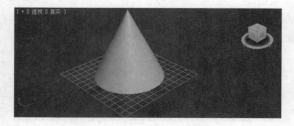

参数解密

（1）【键盘输入】卷展栏："X、Y、Z"微调框可以控制圆锥体底面参考点所在的坐标位置。"半径1、半径2"微调框可以更改底面半径、顶面半径的参数。"高度"微调框可以更改圆锥体的高度参数。相关参数设置完成后，单击【创建】按钮即可创建出相应的模型。

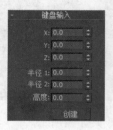

当【半径2】设置为非"0"时，圆锥体的顶面将以相应半径的平面显示。下图为底面半径为"50"，顶面半径为"25"，高度为"100"的圆锥体。

（2）【参数】卷展栏：【边数】微调框设置圆周上的片段划分数，值越高圆锥体越光滑。【平滑】复选框用来控制是否以平滑方式显示。【启用切片】复选框用来控制是否对圆锥体进行纵向切割。

3.2.6 创建球体

【球体】用来创建完整的球体或球体的一

部分，下面以创建一个半径为50的球体为例，对球体命令的应用进行详细介绍。

Step 01 在【创建】面板单击【球体】按钮，如图所示。

Step 02 在【创建方法】卷展栏中选择【中心】单选钮，如图所示。

Tips

【边】单选钮：选中此单选钮，将以单击处为起始点创建球体。

Step 03 在透视图中的任意位置处按住鼠标左键，以确定球体的中心点，如图所示。

Step 04 拖动鼠标并单击鼠标左键，以确定球体的半径，如图所示。

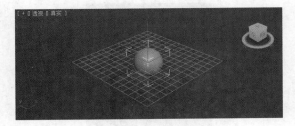

Tips

在拖动时，球体将在轴点上与其中心合并。

Step 05 将【参数】卷展栏展开，并进行如图所示的相关参数设置。

Step 06 创建的球体如图所示。

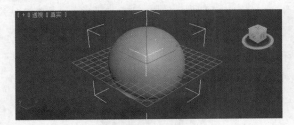

Step 07 将【参数】卷展栏展开，选择【启用切片】复选框，并进行如图所示的相关参数设置。

Step 08 最终结果如图所示。

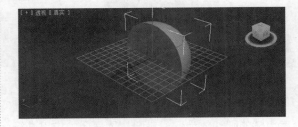

参数解密

（1）【键盘输入】卷展栏："X、Y、Z"微调框可以控制球体中心点所在的坐标位置。【半径】微调框可以更改球体半径参数。相关参数设置完成后，单击【创建】按钮即可创建出相应的模型。

（2）【参数】卷展栏：【半径】微调框可以在文本框中输入数值或调节右侧的微调按钮改变参数，控制球体的半径大小。【分段】微调框指球体表面的片段数，用来控制球体表面的光滑度。【平滑】复选框，选中此复选框，球体将以平滑方式显示。【半球】微调框可以控制球体在垂直方向上的完整程度，范围在0~1之间，一般保留上半球。【切除】单选钮，选中此单选钮，当球体变得不完整时其片段数也随着减少。【挤压】单选钮，选中此单选钮，当球体变得不完整时其片段数将保持不变。【启用切片】复选框用来控制是否对球体进行纵向切割。【切片起始位置】微调框可以用于设置纵向切割的起始角度。【切片结束位置】微调框可以用于设置纵向切割的终止角度。【轴心在底部】复选框，选中此复选框，球体轴心将位于底部。

3.2.7 创建圆柱体

　　【圆柱体】用来创建完整的圆柱体或圆柱体的一部分，下面以创建一个底面半径为20，高度为50的圆柱体为例，对圆柱体命令的应用进行详细介绍。

Step 01 在【创建】面板中单击【圆柱体】按钮，如图所示。

Step 02 在【创建方法】卷展栏中选择【中心】单选钮，如图所示。

Step 03 在透视图中的任意位置处按住鼠标左键，以确定圆柱体底面的中心点，如图所示。

Step 04 拖动鼠标并松开鼠标左键，以确定圆柱体的底面半径，如图所示。

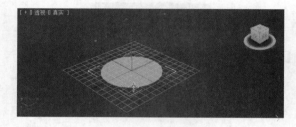

Step 05 拖动鼠标并单击鼠标左键，以确定圆柱体的高度，如图所示。

Step 06 将【参数】卷展栏展开，并进行如图所示的相关参数设置。

Step 07 最终结果如图所示。

参数解密

（1）【键盘输入】卷展栏："X、Y、Z"微调框可以控制圆柱体底面参考点所在的坐标位置。"半径"微调框可以更改底面半径的参数。【高度】微调框可以更改圆柱体的高度参数。相关参数设置完成后，单击【创建】按钮即可创建出相应的模型。

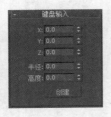

（2）【参数】卷展栏：【高度】微调框，在此文本框中输入正值或负值，可以控制圆柱体的高。【端面分段】微调框可设置圆柱体端面的片段数。【边数】微调框可以确定圆周上的片段划分，值越高圆柱越光滑。【启用切片】复选框可以控制是否对圆柱体进行纵向切割。

Tips

使用默认设置将生成 18 个面的平滑圆柱体，其轴点位于底部的中心。具有5个高度分段和一个端面分段。如果不计划修改圆柱体的形状（如"弯曲"修改器），则将【高度分段】设置为1，可降低场景的复杂性。

3.2.8 实例：创建沙发椅

本书使用基本几何体创建出一款时尚的沙发椅模型，具体的操作步骤如下。

Step 01 启动3ds Max 2016，单击【应用程序】按钮，从弹出的菜单中选择【重置】命令重置场景。

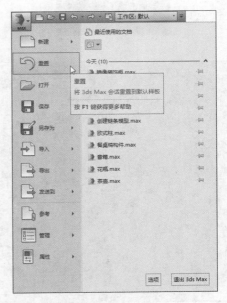

Step 02 将系统单位设定为毫米。选择【自定义】→【单位设置】菜单命令，将会弹出【单位设置】对话框。选中【显示单位比例】选项组中的【公制】单选钮，设置单位为毫米。

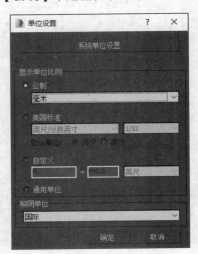

Step 03 单击【系统单位设置】按钮，将会弹

出【系统单位设置】对话框，设置【系统单位比例】的换算单位为毫米，然后依次单击【确定】按钮。

Step 04 创建沙发椅主体。在【创建】面板中单击【几何体】按钮，然后单击【标准基本体】面板中的【圆锥体】按钮，在顶视图中创建一个圆锥体作为沙发椅的主体，并在【名称和颜色】卷展栏中更改名称为"主体"。单击【修改】按钮进入【修改】面板，设置其参数，如下图所示。

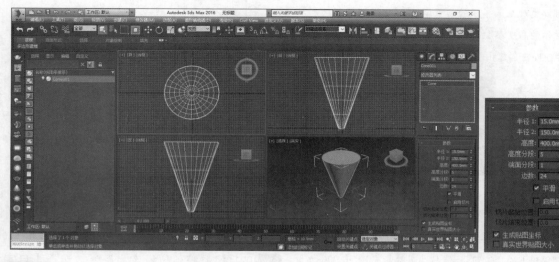

Step 05 单击【标准基本体】面板中的【圆柱体】按钮，在顶视图中创建一个圆柱体作为沙发椅的椅面，并在【名称和颜色】卷展栏中更改名称为"椅面"。单击【修改】按钮进入【修改】面板，设置其参数，如下图所示。

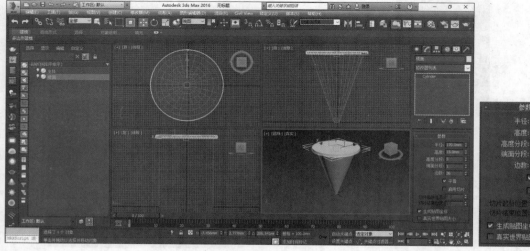

Step 06 创建沙发椅椅腿。再次单击【标准基本体】面板中的【圆柱体】按钮，在顶视图中创建一个

圆柱体作为沙发椅的椅腿支柱，并在【名称和颜色】卷展栏中更改名称为"椅腿支柱"。单击【修改】按钮  进入【修改】面板，设置其参数，如下图所示。

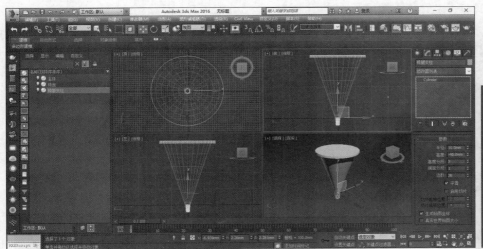

Step 07 单击【标准基本体】面板中的【圆锥体】按钮，在前视图中创建一个圆锥体作为沙发椅的椅腿，并在【名称和颜色】卷展栏中更改名称为"椅腿01"。单击【修改】按钮  进入【修改】面板，设置其参数，如下图所示。

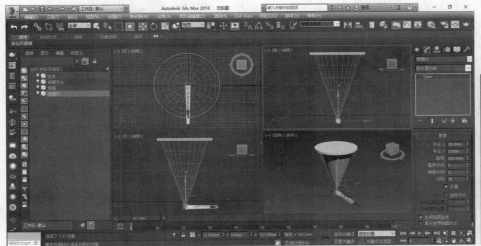

Step 08 复制沙发椅椅腿。单击主工具栏中的【选择并旋转】按钮 ，按Shift键的同时拖动沙发腿。在弹出的【克隆选项】对话框中设置复制沙发腿的数量，单击【确定】按钮，并调整其位置及参数，如下图所示。

Step 09 创建沙发椅坐垫。单击【标准基本体】面板中的【球体】按钮，在顶视图中创建一个球体作为沙发椅的坐垫，并在【名称和颜色】卷展栏中更改名称为"坐垫"。单击【修改】按钮 进入【修改】面板，设置其参数，如下图所示。

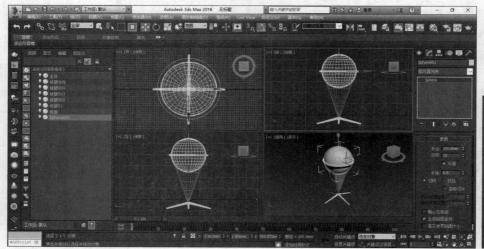

Step 10 在前视图中选择创建的球体，单击主工具栏中的【选择并均匀缩放】按钮 或【选择并移动】按钮 ，然后对球体在y轴方向进行缩放，并调整其位置，如下图所示。

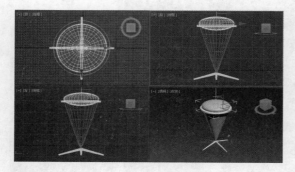

Step 11 最终效果如图所示。

3.2.9 创建圆环

【圆环】用来创建完整的圆环或圆环的一部分，下面以创建一个底面半径1为50，半径2为10的圆环为例，对圆球命令的应用进行详细介绍。

Step 01 在【创建】面板中单击【圆环】按钮，如图所示。

Step 02 在【创建方法】卷展栏中选择【中心】单选钮，如图所示。

Step 03 在透视图中的任意位置处按住鼠标左键，以确定圆环底面的中心点，如图所示。

Step 04 拖动鼠标并松开鼠标左键，以确定圆环【半径1】的大小，如图所示。

Step 05 拖动鼠标并单击鼠标左键，以确定【半径2】的大小，如图所示。

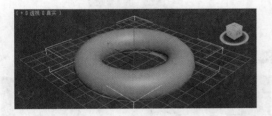

Step 06 将【参数】卷展栏展开，并进行如图所示的相关参数设置。

Step 07 创建的圆环如图所示。

Step 08 将【参数】卷展栏展开，并进行如图所示的相关参数设置。

扭曲: 750.0

Step 09 最终结果如图所示。

参数解密

（1）【键盘输入】卷展栏："X、Y、Z"微调框可以控制圆环中心点所在的坐标位置。【半径】微调框可以更改圆环外边缘到中心的半径大小。【次半径】微调框可以更改确定圆环截面的半径大小。相关参数设置完成后，单击【创建】按钮即可创建出相应的模型。

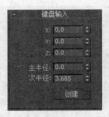

（2）【参数】卷展栏：【半径1】微调框可以确定圆环外边缘到中心的半径大小。【半径2】微调框可以确定圆环截面的半径大小。【旋转】微调框，在此文本框中输入正值或负值，可以使圆环向内或向外旋转。【扭曲】微调框可以使圆环产生扭曲效果。【平滑】选项组，此项中包括4种平滑度单选钮。【启用切片】复选框用来控制是否对圆环进行纵向切割。

【平滑】选项组的选项含义如下：【全部】（默认设置）将在环形的所有曲面上生成完整平滑。【侧面】平滑相邻分段之间的边，从而生成围绕环形运行的平滑带。【无】完全禁用平滑，从而在环形上生成类似棱锥的面。【分段】分别平滑每个分段，从而沿着环形生成类似环的分段。

Step 04 拖动鼠标并松开鼠标左键，以确定茶壶的大小，如图所示。

Step 05 将【参数】卷展栏展开，并进行如图所示的相关参数设置。

3.2.10 创建茶壶

【茶壶】用来创建完整的茶壶或茶壶的一部分，下面以创建一个半径为25的茶壶为例，对茶壶命令的应用进行详细介绍。

Step 01 在【创建】面板中单击【茶壶】按钮，如图所示。

Step 06 最终结果如图所示。

Step 02 在【创建方法】卷展栏中选择【中心】单选钮，如图所示。

Step 03 在透视图中的任意位置处按住鼠标左键，以确定茶壶底面的中心点，如图所示。

参数解密

（1）【键盘输入】卷展栏："X、Y、Z"微调框可以控制茶壶底面中心点的位置。【半径】微调框可以更改茶壶大小。相关参数设置完成后，单击【创建】按钮即可创建出相应的模型。

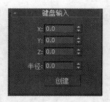

（2）【参数】卷展栏：通过选择【茶壶部件】选项组的复选框，可以隐藏或显示茶壶的各个部分。【半径】微调框可以设置茶壶的半径。【分段】微调框可以设置茶壶或其单独部件的分段数。【平滑】复选框可以混合茶壶的面，从而在渲染视图中创建平滑的外观。

3.2.11 创建几何球体

【几何球体】用来创建球体或半球体，只不过几何球体的表面是由三角形构成的。下面以创建一个半径为100的几何球体为例，对几何球体命令的应用进行详细介绍。

Step 01 在【创建】面板单击【几何球体】按钮，如图所示。

Step 02 在【创建方法】卷展栏中选择【中心】单选钮，如图所示。

Step 03 在透视图中的任意位置处按住鼠标左键，以确定几何球体的中心点，如图所示。

Step 04 拖动鼠标并单击鼠标左键，以确定几何球体的半径，如图所示。

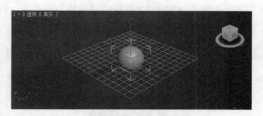

Step 05 将【参数】卷展栏展开，并进行如图所示的相关参数设置。

Step 06 创建的几何球体如图所示。

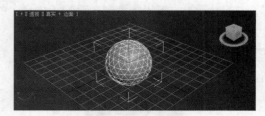

（1）【键盘输入】卷展栏："X、Y、Z"微调框可以控制几何球体中心点所在的坐标位置。【半径】微调框可以更改几何球体半径。相关参数设置完成后，单击"创建"按钮即可创建出相应的模型。

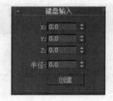

（2）【参数】卷展栏：【半径】微调框，在文本框中输入数值或调节右侧的微调按钮改变参数即可控制几何球体的半径大小。【分段】微调框指几何球体表面的片段数，用来控制几何球体表面的光滑度。【四面体】单选钮，选中此单选钮，将以四面体为基础创建几何球体。【八面体】单选钮，选中此单选钮，将以八面体为基础创建几何球体。【二十面体】单选钮，选中此单选钮，将以二十面体为基础创建几何球体。【半球】复选框，选中此复选框可以创建一个半球。【平滑】复选框：选中此复选框，几何球体将以平滑方式显示。【轴心在底部】复选框：选中此复选框，球体轴心将位于底部。

3.2.12 创建管状体

【管状体】用来创建圆管或圆管的一部分，下面以创建一个底面半径1为50，半径2为30，高度为100的管状体为例，对管状体命令的应用进行详细介绍。

Step 01 在【创建】面板中单击【管状体】按钮，如图所示。

Step 02 在【创建方法】卷展栏中选择【中心】单选钮，如图所示。

Step 03 在透视图中的任意位置处按住鼠标左键，以确定管状体底面的中心点，如图所示。

Step 04 拖动鼠标并松开鼠标左键，以确定管状体【半径1】的大小，如图所示。

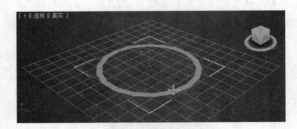

Step 05 拖动鼠标并单击鼠标左键，以确定【半径2】的大小，如图所示。

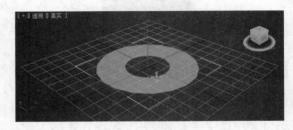

Step 06 向上拖动鼠标并单击鼠标左键，以确定管状体的高度，如图所示。

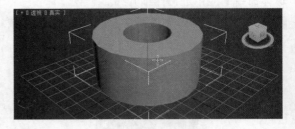

Step 07 将【参数】卷展栏展开，并进行如图所示的相关参数设置。

Step 08 最终结果如图所示。

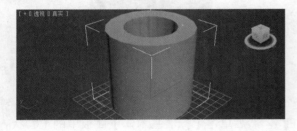

参数解密

（1）【键盘输入】卷展栏："X、Y、Z"微调框可以控制管状体底面中心点所在的坐标位置。【外径】微调框可以确定管状体外边缘到中心的半径大小。【内径】微调框可以确定管状体底面内圆的半径大小。【高度】可以设置管状体的高度值。相关参数设置完成后，单击【创建】按钮即可创建出相应的模型。

（2）【参数】卷展栏："半径 1、半径 2"可以使用较大的设置将指定管状体的外部半径，而较小的设置则指定内部半径。【高度】可以设置沿着中心轴的维度。负数值将在构造平面下面创建管状体。【高度分段】可以设置沿着管状体主轴的分段数量。【端面分段】可以设置围绕管状体顶部和底部的中心的同心分段数量。【边数】可以设置管状体周围边数。启用【平滑】时，较大的数值将着色和渲染为真正的圆。禁用【平滑】时，较小的数值将创建规则的多边形对象。

3.2.13 实例：创建咖啡杯

本节将使用标准基本体来创建咖啡杯，具体步骤如下。

Step 01 启动3ds Max 2016单击【应用程序】按钮 ，从弹出的菜单中选择【重置】命令重置场景。

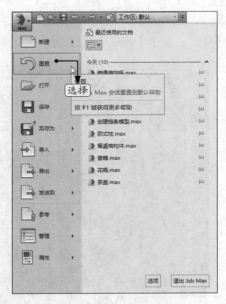

Step 02 将系统单位设定为毫米。选择【自定义】→【单位设置】菜单命令，弹出【单位设置】对话框。选中【显示单位比例】选项组中的【公制】单选钮，设置单位为毫米。

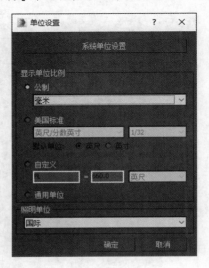

Step 03 单击【系统单位设置】按钮，将会弹出【系统单位设置】对话框，设置【系统单位比例】的换算单位为毫米，然后依次单击【确定】按钮。

Step 04 在【创建】面板中单击【几何体】按钮，然后单击【标准基本体】面板中的【管状体】按钮，在顶视图中创建一个管状体作为咖啡杯的杯身，并在【名称和颜色】卷展栏中更改名称为"杯身"。单击【修改】按钮进入【修改】面板，设置其参数，如下图所示。

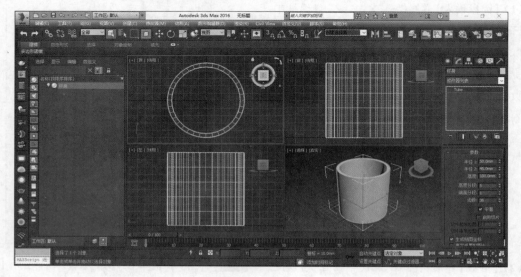

Step 05 在【创建】面板中单击【圆环】按钮，在左视图中创建一个圆环体作为咖啡杯的手柄，并在【名称和颜色】卷展栏中更改名称为"手柄"。单击【修改】按钮进入【修改】面板，设置其参数，如下图所示。

Step 06 进入【创建】面板，单击【圆柱体】按钮，在顶视图中创建一个圆柱体作为杯底，圆柱体参

数及结果如下图所示。

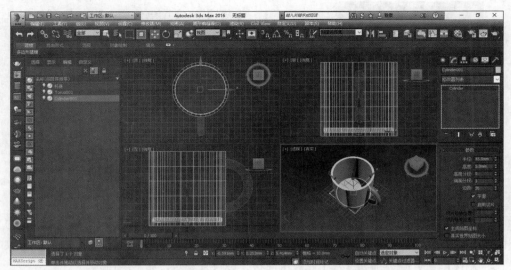

Step 07 最终效果如图所示。

3.2.14 实例：创建中式吊灯

在日常生活中经常会接触到用于装饰的吊灯，下面将使用标准基本体来创建一盏中式吊

灯，具体的步骤如下。

Step 01 启动3ds Max 2016，单击【应用程序】按钮，从弹出的菜单中选择【重置】命令重置场景。

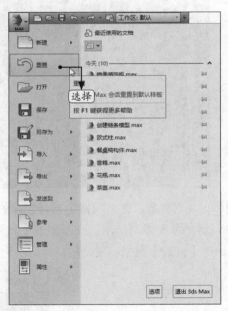

Step 02 将系统单位设定为毫米。选择【自定义】→【单位设置】菜单命令，将会弹出【单位设置】对话框。选中【显示单位比例】选项组中的【公制】单选钮，设置单位为毫米。

出【系统单位设置】对话框,设置【系统单位比例】的换算单位为毫米,然后依次单击【确定】按钮。

Step 03 单击【系统单位设置】按钮,将会弹

Step 04 在【创建】面板 中单击【几何体】按钮 ,然后单击【标准基本体】面板中的【管状体】按钮,在顶视图中创建一个管状体作为吊灯的灯罩,并在【名称和颜色】卷展栏中更改名称为"灯罩"。单击【修改】按钮 进入【修改】面板,设置其参数,如下图所示。

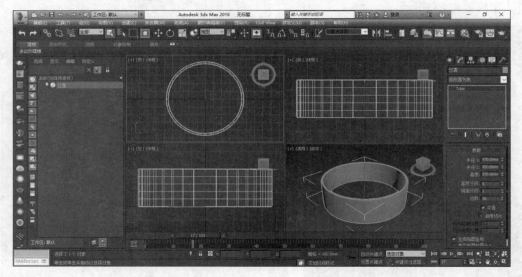

Step 05 复制灯罩。在前视图中选择创建的灯罩,单击主工具栏中的【选择并移动】按钮 ,然后按Shift键的同时拖动灯罩。在弹出的【克隆选项】对话框中设置复制灯罩的数量,单击【确定】按钮。通过【修改】面板将复制的灯罩命名为"灯罩装饰",并调整其位置及参数,如下图所示。

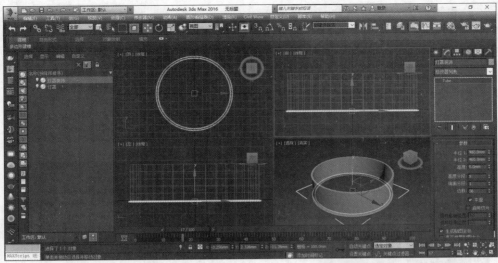

在透视图中可随时使用【环绕】按钮调整视角，以便观察。

Step 06 选择灯罩和灯罩装饰，重复 **Step 05** 的操作，制作灯布01和灯布装饰01，并分别调整其参数和位置，如下图所示。

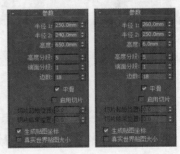

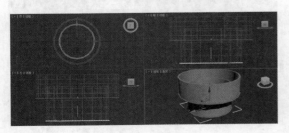

Step 07 重复 **Step 05** ～ **Step 06** 的操作，制作另外两块灯布，并调整其参数和位置，如下图所示。

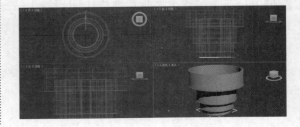

Step **08** 进入【创建】面板，单击【标准基本体】面板中的【圆柱体】按钮，在顶视图中创建两个圆柱体，其中一个放置于吊灯的正上方作为"灯盖"，另一个作为"吊绳"。在前视图和左视图中调整其位置，圆柱体参数及结果如下图所示。

Step **09** 最终效果如图所示。

3.2.15 创建四棱锥

【四棱锥】用来创建四棱锥模型，下面以创建一个宽度为50，深度为50，高度为50的四棱锥为例，对四棱锥命令的应用进行详细介绍。

Step **01** 在【创建】面板中单击【四棱锥】按钮，如图所示。

Step **02** 在【创建方法】卷展栏中选择【基点/定点】单选钮，如图所示。

Tips

【基点/顶点】可以从一个角到斜对角创建四棱锥底部。【中心】可以从中心开始创建四棱锥底部。

Step **03** 在透视图中的任意位置处按下鼠标左键，以确定四棱锥底面的一个对角点，如图所示。

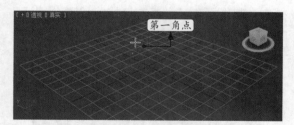

Step **04** 拖动鼠标并松开鼠标左键，以确定四棱锥底面的另一个对角点，如图所示。

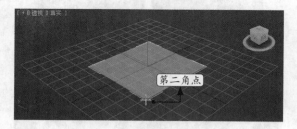

Tips

使用其中任意一种创建方法，同时按住Ctrl键可将底部约束为方形。

Step **05** 向上拖动鼠标并单击鼠标左键，以确定圆锥体的高度，如图所示。

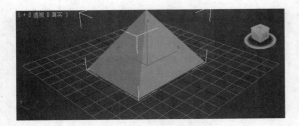

Step 06 将【参数】卷展栏展开，并进行相关的参数设置，如图所示。

Step 07 最终结果如图所示。

参数解密

（1）【键盘输入】卷展栏："X、Y、Z"微调框可以控制四棱锥底面中心点所在的坐标位置。【宽度】微调框可以更改四棱锥底面x轴的长度。【深度】微调框可以更改四棱锥底面y轴的长度。【高度】微调框可以更改四棱锥的z轴的高度。相关参数设置完成后，单击【创建】按钮即可创建出相应的模型。

（2）【参数】卷展栏："宽度，深度和高度"可以设置四棱锥对应面的维度。"宽度，深度和高度分段"可以设置四棱锥对应面的分段数。

3.2.16 创建平面

【平面】用来创建平面物体，下面以创建一个长度50，宽度100的平面为例，对平面命令的应用进行详细介绍。

Step 01 在【创建】面板单击【平面】按钮，如图所示。

Step 02 在【创建方法】卷展栏中选择【矩形】单选钮。

Tips

选择"矩形"可以从一个角到斜对角创建平面基本体，交互设置不同的长度和宽度值。选择"正方形"可以创建长度和宽度相等的方形平面。

Step 03 在透视图中的任意位置处单击鼠标左键，以确定平面的第一角点。

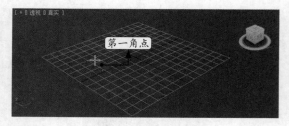

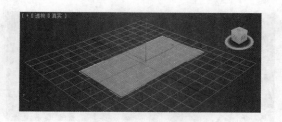

Step 04 拖动鼠标并松开鼠标左键，以确定长方体底面的第二角点。

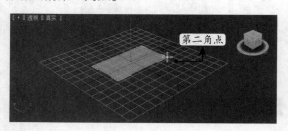

Step 05 将【参数】卷展栏展开，并进行相关参数设置，如图所示。

Step 06 最终结果如图所示。

参数解密

（1）【键盘输入】卷展栏：【X、Y、Z】微调框可以控制平面中心所在的坐标位置。【长度、宽度】微调框可以更改平面长、宽的参数。相关参数设置完成后，单击【创建】按钮即可创建出相应的模型。

（2）【参数】卷展栏：【缩放】微调框用来控制渲染时的平面大小（长×宽×刻度＝渲染后的平面大小）。【密度】微调框用来控制渲染后的平面段数（长段数×宽段数×密度2＝渲染后的平面段数）。

3.3 创建扩展基本体

扩展基本体比标准基本的造型更为复杂，本节主要介绍创建异面体、切角长方体、油罐、纺锤体、球棱柱及软管等扩展基本体的方法。

3.3.1 创建异面体

【异面体】用来创建各式各样的多面体和星形。下面以创建一个半径为50，类型为【四面体】的异面体为例，对异面体命令的应用进行详细介绍。

Step 01 在【创建】命令面板中选择【扩展基本体】选项，如下图所示。

Step 02 在【创建】命令面板中单击【异面体】按钮，如下图所示。

Step 03 在【参数】卷展栏下的【系列】选项组中选择【四面体】创建类型。

Tips

用户可以在异面体类型之间设置动画。启用【自动关键点】按钮 自动关键点，转到任意帧，然后更改"系列"复选框。类型之间没有插值；模型只是从一个星形跳转到立方体或四面体。

Step 04 在透视图中的任意位置处按住鼠标左键并拖曳，到适当的位置放开鼠标即可。

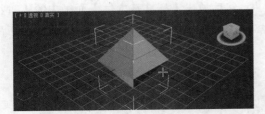

Step 05 将【参数】卷展栏展开，并将【半径】值设计为50。

Step 06 最终结果如图所示。

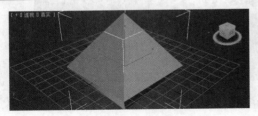

参数解密

命令面板上异面体【参数】卷展栏中的参数的设置如下。

"系列"组可选择要创建的多面体的类型。

- **四面体**：创建一个四面体。
- **立方体/八面体**：创建一个立方体或八面体。
- **十二面体/二十面体**：创建一个十二面体或二十面体。
- **星形 1/星形 2**：创建两个不同的类似星形的多面体。

"系列参数"组中P，Q为多面体顶点和面之间提供两种方式变换的关联参数，它们共享以下设置。

- 可能值的范围从 0.0 到 1.0。
- P 值和 Q 值的组合总计可以等于或小于 1.0。
- 如果将 P 或 Q 设置为 1.0，则会超出范围限制；其他值将自动设置为 0.0。
- 在 P 和 Q 为 0 时会出现中点。

Tips

P 和 Q 将以最简单的形式在顶点和面之间来回更改几何体。对于 P 和 Q 的极限设置，一个参数代表所有顶点，而其他参数则代表所有面。中间设置是变换点，而中点是两个参数之间的平均平衡。

"轴向比率"组：多面体可以拥有多达3种多面体的面，如三角形、方形或五角形。这些面可以是规则的，也可以是不规则的。如果多面体只有一种或两种面，则只有一个或两个轴向比率参数处于活动状态。不活动的参数不起作用。

- P，Q，R控制多面体一个面反射的轴。实际上，这些字段具有将其对应面推进或推出的效果。默认设置为 100。
- "重置"将轴返回为其默认设置。

"顶点"组："顶点"组中的参数决定多面体每个面的内部几何体。"中心"和"中心和边"会增加对象中的顶点数，因此增加面数。这些参数不可设置动画。

- **基点**：面的细分不能超过最小值。

- **中心**：通过在中心放置另一个顶点（其中边是从每个中心点到面角）来细分每个面。

- **中心和边**：通过在中心放置另一个顶点（其中边是从每个中心点到面角，以及到每个边的中心）来细分每个面。与"中心"相比，"中心和边"会使多面体中的面数加倍。

- **半径**：以当前单位数设置任何多面体的半径。

- **生成贴图坐标**：生成将贴图材质用于多面体的坐标。默认设置为启用。

3.3.2 实例：创建钻戒

下面将使用标准基本体和扩展基本体来创建钻戒模型，具体的步骤如下。

Step 01 启动3ds Max 2016，单击【应用程序】按钮，从弹出的菜单中选择【重置】命令重置场景。

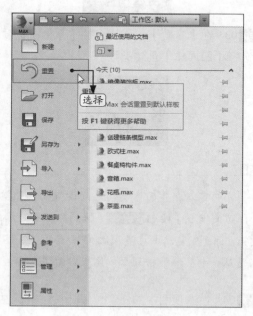

Step 02 在【创建】面板 中单击【几何体】按钮，然后单击【标准基本体】面板中的【管状体】按钮，在顶视图中创建一个管状体作为钻戒的内部环形，单击【修改】按钮 进入【修改】面板，设置其参数，如下图所示。

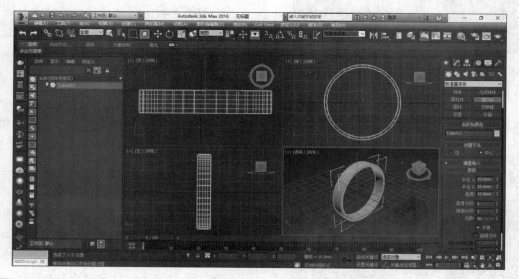

Step 03 再次单击【管状体】按钮，在顶视图中创建一个管状体作为钻戒的内部环形，单击【修改】

按钮进入【修改】面板,设置其参数,如下图所示。

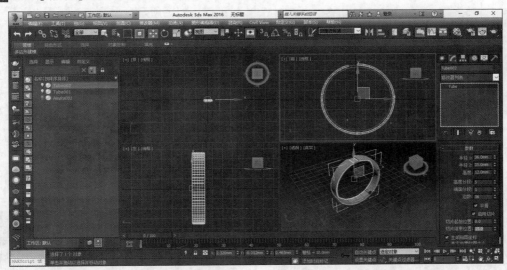

Step **04** 在【创建】命令面板中选择【扩展基本体】选项,单击【异面体】按钮,在顶视图创建一个【十二面体/二十面体】,并设置【半径】值为5,如下图所示。

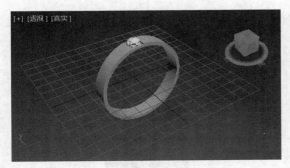

Step **05** 选择创建的异面体,单击主工具栏中的【选择并移动】按钮、【选择并旋转】按钮,然后按Shift键的同时拖动异面体,复制异面体,然后调整位置,最终效果如下图所示。

3.3.3 创建切角长方体

【切角长方体】用来创建长方体和切角长方体,下面以创建一个长度、宽度、高度和圆角分别为50、100、50和5的切角长方体为例,对切角长方体命令的应用进行详细介绍。

Step **01** 在【创建】命令面板中单击【切角长方体】按钮。

Step **02** 在【创建方法】卷展栏中选择【长方体】创建方式。

Step **03** 在透视图中的任意位置处按下鼠标左

键，以确定切角长方体底面的第一角点。

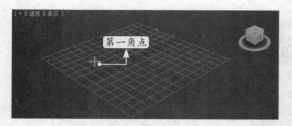

Step 04 拖动鼠标并松开鼠标左键，以确定切角长方体底面的另一角点。

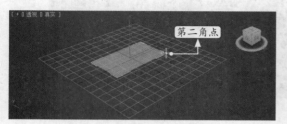

Tips

在创建底面的同时按住Ctrl键可将底部约束为方形。

Step 05 向上拖动鼠标并单击鼠标左键，以确定切角长方体的高度。

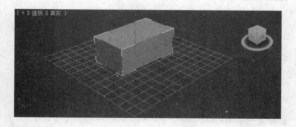

Step 06 对角移动鼠标可定义圆角或倒角的高度，结果如图所示。

Tips

向左上方移动可增加宽度；向右下方移动可减小宽度。

Step 07 将【参数】卷展栏展开，并进行相关参数设置，如图所示。

Step 08 最终结果如图所示。

参数解密

（1）【键盘输入】卷展栏：【圆角】微调框，在文本框中输入数值或调节右侧的微调按钮可以控制圆角的大小。

（2）【参数】卷展栏：【圆角分段】微调框，在文本框中输入数值或调节右侧的微调按钮可以控制倒角上的片段数量。

3.3.4 创建油罐

【油罐】用来创建油罐或油罐的一部分，下面以创建一个半径、高度和封口高度分别为50、200和30的油罐为例，对油罐命令的应用进行详细介绍。

Step 01 在【创建】命令面板中单击【油罐】按钮。

Step 02 在【创建方法】卷展栏中选择【中心】创建方式。

Step 03 在透视图中的任意位置处按下鼠标左键，以确定油罐底面的中心点，如图所示。

Step 04 拖动鼠标并松开鼠标左键，以确定油罐的底面半径，如图所示。

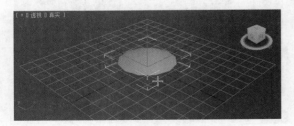

Step 05 向上拖动鼠标并单击鼠标左键，以确定油罐的高度，如图所示。

Step 06 上下移动鼠标，到适当的位置单击以确定油罐盖的高，如图所示。

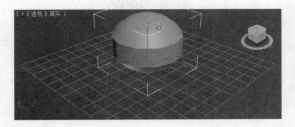

Step 07 将【参数】卷展栏展开，并进行相关参数设置，如图所示。

Step 08 最终结果如图所示。

参数解密

（1）【键盘输入】卷展栏：【X、Y、Z】微调框可以控制圆柱体底面参考点所在的坐标位置。【半径】微调框可以更改底面半径。【高度】微调框可以更改圆柱体的高度。【封口高度】可以设置凸面封口的高度。最小值是【半径】设置的 2.5%。除非【高度】设置的绝对值小于两倍【半径】设置（在这种情况下，封口高度不能超过【高度】设置绝对值的 49.5%），否则最大值为【半径】设置的 99%。"总体/中心"决定【高度】值指定的内容。【总体】是对象的总体高度。【中心】是圆柱体中部的高度，不包括其凸面封口。【混合】大于 0 时将在封口的边缘创建倒角。相关参数设置完成后，单击【创建】按钮即可创建出相应的模型。

（2）【参数】卷展栏：【半径】微调框用来控制油罐的截面半径。【高度】微调框用来控制油罐的高度。【封口高度】微调框用来控制油罐的盖的高度，最小值为0.1。【总体】单选钮，选中此单选钮，【高度】指整个油罐的高。【中心】单选钮：选中此单选钮时，【高度】指油罐中间部分的高。【混合】微调框可以控制油罐盖和油罐中间部分的平滑度。但随着油罐盖和油罐高度的不同混合，最大值也将不同。

3.3.5 创建纺锤体

【纺锤】用来创建纺锤体或纺锤体的一部分，下面以创建一个半径、高度和封口高度分别为50、50和10的纺锤为例，对纺锤命令的应用进行详细介绍。

Step 01 在【创建】命令面板中单击【纺锤】按钮。

Step 02 在【创建方法】卷展栏中选择【中心】创建方式。

Step 03 在透视图中的任意位置处按下鼠标左键，以确定纺锤底面的中心点，如图所示。

Step 04 拖动鼠标并松开鼠标左键，以确定纺锤的底面半径，如图所示。

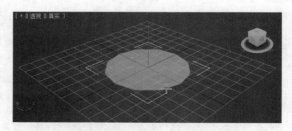

Step 05 向上拖动鼠标并单击鼠标左键，以确定纺锤的高度，如图所示。

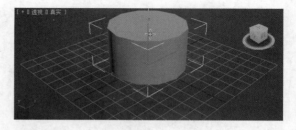

Step 06 上下移动鼠标，到适当的位置单击以确定纺锤体盖的高，如图所示。

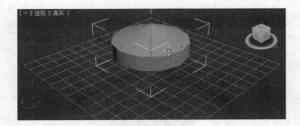

Step 07 将【参数】卷展栏展开，并进行相关参数设置，如图所示。

Step 08 最终结果如图所示。

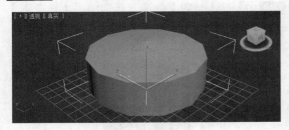

参数解密

【参数】卷展栏：【端面分段】可以设置沿着纺锤顶部和底部的中心，同心分段的数量。

3.3.6 创建球棱柱

【球棱柱】用来创建正棱柱和倒角棱柱，下面以创建一个边数、半径、圆角和高度分别为6、50、5和50的球棱柱为例，对球棱柱命令的应用进行详细介绍。

Step 01 在【创建】命令面板中单击【球棱柱】按钮。

Step 02 在【创建方法】卷展栏中选择【中心】创建方式。

Step 03 在透视图中的任意位置处按下鼠标左键，以确定球棱柱底面的中心点，如图所示。

Step 04 拖动鼠标并松开鼠标左键，以确定球棱柱的底面半径，如图所示。

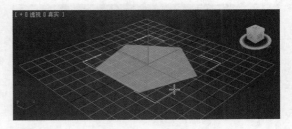

Step 05 向上拖动鼠标并单击鼠标左键，以确定球棱柱的高度，如图所示。

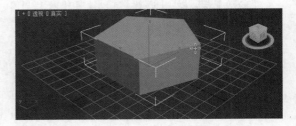

Step 06 上下移动鼠标，到适当的位置单击以确定倒角的大小，如图所示。

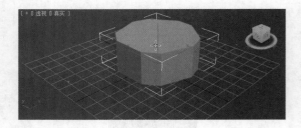

Step 07 将【参数】卷展栏展开，并进行相关参数设置，如图所示。

Step 08 最终结果如图所示。

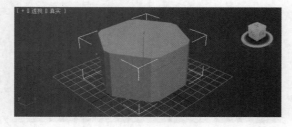

参数解密

【参数】卷展栏：【边数】可以设置球棱柱周围边数。【半径】可以设置球棱柱的半径。【圆角】可以设置切角化角的宽度。【高度】可以设置沿着中心轴的维度。负数值将在构造平面下面创建球棱柱。【侧面分段】可以设置球棱柱周围的分段数量。【高度分段】可以设置沿着球棱柱主轴的分段数量。【圆角分段】可以设置边圆角的分段数量。提高该设置将生成圆角，而不是切角。

3.3.7 创建环形波

【环形波】用来创建环形波，下面以创建一个环形波为例，对环形波命令的应用进行详细介绍。

Step 01 在【创建】命令面板中单击【环形波】按钮。

Step 02 在透视图中的任意位置处按下鼠标左键，以确定环形波底面的中心点，如图所示。

Step 03 拖动鼠标，到适当的位置放开鼠标确定环形波的大小。

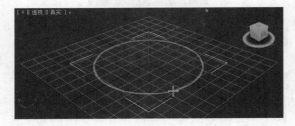

Step 04 移动鼠标，到适当的位置单击以确定环形的宽度，结果如图所示。

参数解密

（1）【环形波大小】组：【半径】可以设置圆环形波的外半径。【径向分段】可以沿半径方向设置内外曲面之间的分段数目。【环形宽度】可以设置环形宽度，从外半径向内测量。【边数】可以给内、外和末端（封口）曲面沿圆周方向设置分段数目。【高度】可以沿主轴设置环形波的高度。【高度分段】可以沿高度方向设置分段数目。

Tips

如果【高度】为0，将会产生类似冲击波的效果，这需要应用两面的材质来使环形可从两侧查看。

（2）【环形波计时】组：在环形波从零增加到其最大尺寸时，使用这些环形波动画的设置。【无增长】可以设置一个静态环形波，它在【开始时间】显示，在【结束时间】

消失。【增长并保持】可以设置单个增长周期。环形波在【开始时间】开始增长，并在【开始时间】以及【增长时间】处达到最大尺寸。【循环增长】表示环形波从【开始时间】到【开始时间】以及【增长时间】重复增长。

Tips

例如，如果设置【开始时间】为 0，【增长时间】为 25，保留【结束时间】默认值 100，并选择【循环增长】，则在动画期间，环形波将从零增长到其最大尺寸4次。

【开始时间】，如果选择【增长并保持】或【循环增长】，则环形波出现帧数并开始增长。【增长时间】设置从【开始时间】后环形波达到其最大尺寸所需帧数。【增长时间】仅在选中【增长并保持】或【循环增长】时可用。【结束时间】可以设置环形波消失的帧数。

（3）【外边波折】组：使用这些设置来更改环形波外部边的形状。

Tips

为获得类似冲击波的效果，通常，环形波在外部边上波峰很小或没有波峰，但在内部边上有大量的波峰。

【启用】可以启用外部边上的波峰。仅启用此选项时，此组中的参数处于活动状态。默认设置为禁用状态。【主周期数】可以设置围绕外部边的主波数。【宽度波动】可以设置主波的大小，以调整宽度的百分比表示。【爬行时间】可以设置每一主波绕【环形波】外周长移动一周所需的帧数。【次周期数】可以在每一主周期中设置随机尺寸次波的数目。【宽度波动】可以设置小波的平均大小，以调整宽度的百分比表示。【爬行时间】可以设置每一次波绕其主波移动一周所需的帧数。

（4）【内边波折】组：使用这些设置来更改环形波内部边的形状。

【启用】可以启用内部边上的波峰。仅启用此选项时，此组中的参数处于活动状态。默认设置为启用。【主周期数】可以设置围绕内边的主波数目。【宽度波动】可以设置主波的大小，以调整宽度的百分比表示。【爬行时间】可以设置每一主波绕【环形波】内周长移动一周所需的帧数。【次周期数】可以在每一主周期中设置随机尺寸次波的数目。【宽度波动】可以设置小波的平均大小，以调整宽度的百分比表示。【爬行时间】可以设置每一次波绕其主波移动一周所需帧数。

Tips

【爬行时间】参数中的负值将更改波的方向。要产生干涉效果，使用【爬行时间】给主和次波设置相反符号，但与【宽度波动】和【周期】设置类似。

（5）【曲面参数】组："纹理坐标"可以设置将贴图材质应用于对象时所需的坐标。默认设置为启用。"平滑"通过将所有多边形设置为平滑组 1 将平滑应用到对象上。默认设置为启用。

3.3.8 创建软管

【软管】用来创建像软管一样的柔性物体，它可以结合在两个物体之间，并且跟随这两个物体的变动而产生扭曲。具体的创建步骤如下。

Step 01 在【创建】命令面板中单击【软管】按钮。

Step 02 在透视图中的任意位置处按下鼠标左键，以确定软管底面的中心点，如图所示。

Step 03 拖动鼠标，到适当的位置放开鼠标确定软管的粗细。

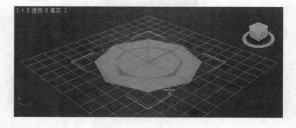

Step 04 上下移动鼠标，到适当的位置单击以确定软管的高，结果如图所示。

长度中的总分段数。当软管弯曲时，增大该选项的值可使曲线更平滑。默认设置为45。如果选择【启用柔体截面】，则可以为软管的中心柔体截面设置以下4个参数；如果禁用，则软管的直径沿软管长度不变。【起始位置】设置从软管的始端到柔体截面开始处占软管长度的百分比。默认情况下，软管的始端指对象轴出现的一端。默认设置为 10%。【结束设置】设置从软管的末端到柔体截面结束处占软管长度的百分比。默认情况下，软管的末端指与对象轴出现的一端相反的一端。默认设置为 90%。【周期数】可以设置柔体截面中的起伏数目。可见周期的数目受限于分段的数目。如果分段值不够大，不足以支持周期数目，则不会显示所有周期。默认设置为 5。

参数解密

（1）【端点方法】组：如果只是将软管用作一个简单的对象，而不绑定到其他对象，则选择【自由软管】。如果使用"绑定对象"组中的按钮将软管绑定到两个对象，则选择【绑定到对象轴】。

（2）【绑定对象】组：【顶部】（标签）可以显示"顶"绑定对象的名称。单击【拾取顶部对象】按钮，然后选择"顶"对象。【张力】可以确定当软管靠近底部对象时顶部对象附近的软管曲线的张力。减小张力，则顶部对象附近将产生弯曲；增大张力，则远离顶部对象的地方将产生弯曲。默认值为 100。【底部】（标签）可以显示"底"绑定对象的名称。单击【拾取底部对象】按钮，然后选择【底】对象。【张力】可以确定当软管靠近顶部对象时底部对象附近的软管曲线的张力。减小张力，则底部对象附近将产生弯曲；增大张力，则远离底部对象的地方将产生弯曲。默认值为 100。

（3）【自由软管参数】组：【高度】用于设置软管未绑定时的垂直高度或长度。不一定等于软管的实际长度。仅当选择了【自由软管】时，此选项才可用。

（4）【公用软管参数】组：【分段】可以设置软管

【直径】可以设置周期"外部"的相对宽度。如果设置为负值，则比总的软管直径要小。如果设置为正值，则比总的软管直径要大。默认设置为 −20%。范围设置为 −50% 到 500%。【平滑】用于定义要进行平滑处理的几何体。默认设置为【全部】。

Tips

要设置合适的分段数目，首先应设置周期，然后增大分段数目，直至可见周期停止变化。

（5）【软管形状】组：【圆形软管】可以设置为圆形的横截面。【直径】可以设置软管端点处的最大宽度。【边数】可以设置软管的边的数目。边设置为 3 表示为三角形的横截面，4 表示为正方形的横截面，5 表示为五边形的横截面。增大边数，即可获得圆形的横截面。默认设置为 8。

【长方形软管】可指定不同的宽度和深度设置。【宽度】可设置软管的宽度。【深度】可以设置软管的高度。【圆角】可以将横截面的角倒为圆角的数值。要使圆角可见，【圆角分段】必须设置为 1 或更大。默认值为 0。【圆角分段】可以设置每个倒成圆形的角上的分段数目。如果设置为 1，则直接斜着剪切角；若设置为更大的值，则可将角倒为圆形。默认值为 0。【旋转】可以设置软管沿其长轴的方向。默认值为 0。

【D 截面软管】与矩形软管类似，但一个边呈圆形，形成 D 形状的横截面。【宽度】可以设置软管的宽度。【深度】可以设置软管的高度。【圆形侧面】可以设置圆边上的分段数目。该值越大，边越平滑。默认值为 4。【圆角】可以将横截面上圆边的两个角倒为圆角的数值。要使圆角可见，【圆角分段】必须设置为 1 或更大。默认值为 0。【圆角分段】可以设置每个倒成圆形的角上的分段数目。如果设置为 1，则直接斜着剪切角；若设置为更大的值，则可将角倒为圆形。默认值为 0。【旋转】可以设置软管沿其长轴的方向。默认值为 0。

3.3.9 实例：创建可弯曲的吸管

如果用户正在建模果汁盒，本节就非常合适。软管造型的优点之一就是一旦创建了这样的模型，就可以重新放置管子并根据需要任意弯曲，就像真正的吸管一样，具体的创建步骤如下。

Step 01　打开"素材\ch03\可弯曲的吸管.max"

模型文件，如图所示。

Step 02　在【创建】命令面板中单击【软管】按钮。

Step 03　在透视图中创建一个软管，【高度】为60，【直径】为12，【边数】为12，如图所示。

Step 04　打开【软管参数】卷展栏，在【端点方法】组中选择【绑定到对象轴】单选钮，单击【绑定对象】组中的【拾取顶部对象】按钮并选择创建的顶部管状体，然后单击【拾取底部对象】按钮并选择创建的底部管状体，这样软管对象就放在两个管状体模型之间。

Step 05 连接的结果如图所示。

Step 06 在【软管参数】卷展栏中，设置软管参数，如图所示。

Step 07 最终结果如图所示。

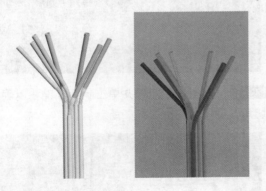

3.3.10 创建环形结

【环形结】用来创建环形结、圆环、扭曲圆环等，具体的创建步骤如下。

Step 01 在【创建】命令面板中单击【环形结】按钮。

Step 02 在【创建方法】卷展栏中选择【半径】创建方式。

Step 03 在透视图中的任意位置处按下鼠标左键，以确定环形结的中心点，如图所示。

Step 04 拖动鼠标，到适当的位置放开鼠标确定环形结的大小。

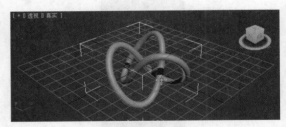

Step 05 移动鼠标，到适当的位置单击以确定环形结的粗细。

(参数解密)
命令面板上环形结【参数】卷展栏中的参数的设

置如下图所示。

- 【结】单选钮：选中此单选钮可以创建打结圆环，即环形结。
- 【圆】单选钮：选中此单选钮可以创建圆环。
- 【P、Q】微调框：这两项用于调节环形结上的打结数目，只有在选中【结】单选钮时才可用。
- 【扭曲数】微调框：用于控制环形结上的弯曲数量，只有在选中【圆】单选钮时才可用。
- 【扭曲高度】：用于控制环形结上的弯曲高度，只有在选中【圆】单选钮时才可用。
- 【边数】微调框：用于控制环形结的边数，边数越多环形结越光滑。
- 【偏心率】微调框：用于控制环形结与其中心的偏离程度。
- 【扭曲】微调框：用于设置环形结的扭曲程度，数值越大扭曲的效果越明显。
- 【块】微调框：用于控制膨胀的数量。

3.3.11 创建切角圆柱体

【切角圆柱体】用来创建倒角圆柱体或倒角圆柱体的一部分，下面以创建一个半径、高度、圆角和圆角分段分别为50、100、10和12的切角圆柱体为例，对切角圆柱体命令的应用进行详细介绍。

Step 01 在【创建】命令面板中单击【切角圆柱体】按钮。

Step 02 在【创建方法】卷展栏中选择【中心】创建方式。

Step 03 在透视图中的任意位置处按下鼠标左键，以确定切角圆柱体底面的中心点，如图所示。

Step 04 拖动鼠标并松开鼠标左键，以确定切角圆柱体的底面半径，如图所示。

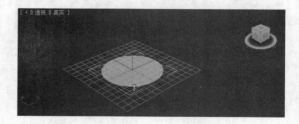

Step 05 向上拖动鼠标并单击鼠标左键，以确定切角圆柱体的高度，如图所示。

Step 06 对角移动鼠标可定义圆角或倒角的高

度，结果如图所示。

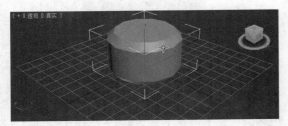

Step 07 将【参数】卷展栏展开，并进行相关参数设置，如图所示。

Step 08 最终结果如图所示。

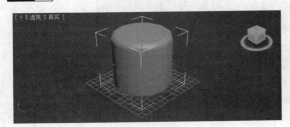

参数解密

（1）【键盘输入】卷展栏：【圆角】微调框，在文本框中输入数值或调节右侧的微调按钮可以控制圆角的大小。

（2）【参数】卷展栏：【圆角分段】微调框，在文本框中输入数值或调节右侧的微调按钮可以控制倒角上的片段数量。

3.3.12 实例：创建茶几

在生活空间中，茶几是必不可少的家具，下面将使用标准基本体和扩展基本体来创建茶几模型，具体的步骤如下。

Step 01 启动3ds Max 2016，单击【应用程序】按钮，从弹出的菜单中选择【重置】命令重置场景。

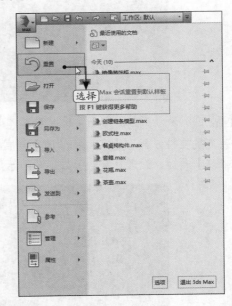

Step 02 将系统单位设定为毫米。选择【自定义】→【单位设置】菜单命令，弹出【单位设置】对话框。选中【显示单位比例】选项组中的【公制】单选钮，设置单位为毫米。

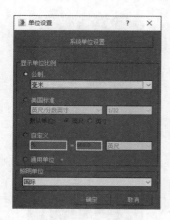

Step 03 单击【系统单位设置】按钮，将会弹出【系统单位设置】对话框，设置【系统单位比例】的换算单位为毫米，然后依次单击【确定】按钮。

Step 04 在【创建】面板中单击【几何体】按钮，然后单击【扩展基本体】面板中的【切角圆柱体】按钮，在顶视图中创建一个切角圆柱体作为茶几的几面，并在【名称和颜色】卷展栏中更改名称为"几面"。单击【修改】按钮进入【修改】面板，设置其参数，如下图所示。

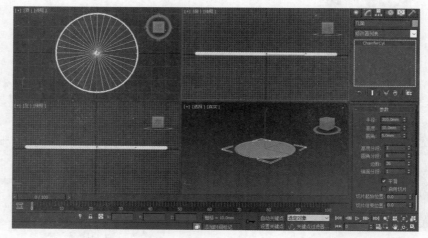

Step 05 创建茶几支柱。单击【标准基本体】面板中的【圆柱体】按钮，在顶视图中创建一个圆柱体作为茶几的支柱，并在【名称和颜色】卷展栏中更改名称为"椅腿支柱"。单击【修改】按钮进入【修改】面板，设置其参数，如下图所示。

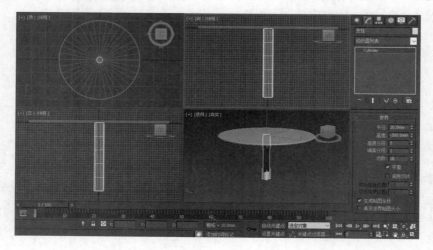

Step 06 单击【标准基本体】面板中的【圆锥体】按钮，在前视图中创建一个圆锥体作为茶几的支腿，并在【名称和颜色】卷展栏中更改名称为"支腿01"。单击【修改】按钮 ⚙ 进入【修改】面板，设置其参数，如下图所示。

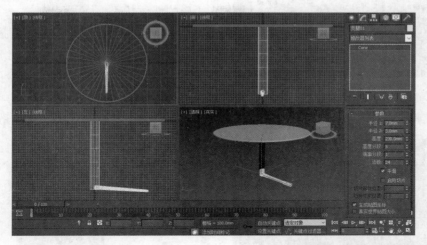

Step 07 复制茶几支腿。单击主工具栏中的【选择并旋转】按钮 ⟳，然后按Shift键的同时拖动茶几支腿。在弹出的【克隆选项】对话框中设置复制支腿的数量，单击【确定】按钮，通并调整其位置及参数，如下图所示。

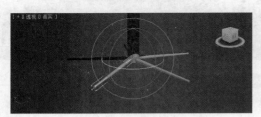

Step 08 最终效果如图所示。

3.3.13 创建胶囊

【胶囊】用来创建胶囊或胶囊的一部分，下面以创建一个半径和高度分别为10和50的胶囊为例，对胶囊命令的应用进行详细介绍。

Step 01 在【创建】命令面板中单击【胶囊】按钮。

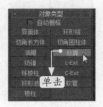

Step 02 在【创建方法】卷展栏中选择【中心】创建方式。

Step 03 在透视图中的任意位置处按下鼠标左

键，以确定切角胶囊的中心点，如图所示。

Step 04 拖动鼠标并松开鼠标左键，以确定胶囊的粗细，如图所示。

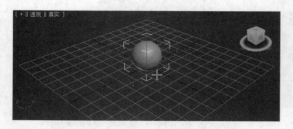

Step 05 向上拖动鼠标并单击鼠标左键，以确定胶囊的高度，如图所示。

Step 06 将【参数】卷展栏展开，并进行相关参数设置，如图所示。

Step 07 最终结果如图所示。

3.3.14 创建L形延伸物

　　【L-Ext（L形延伸物）】用来快速地创建L形的墙体模型，下面以创建一个侧面长度为−50，前面长度为100，侧面宽度为30，前面宽度为20，高度为50的L-Ext（L形延伸物）为例，对L-Ext（L形延伸物）命令的应用进行详细介绍。

Step 01 在【创建】命令面板中单击【L-Ext】按钮。

Step 02 在【创建方法】卷展栏中选择【角点】创建方式。

Step 03 在透视图中的任意位置处按下鼠标左键，以确定L形延伸物底面的第一角点。

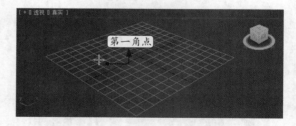

Step 04 拖动鼠标并松开鼠标左键，以确定L形延伸物底面的另一角点。

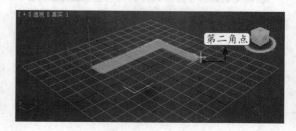

Tips

在创建底面的同时按住Ctrl键可将底部约束为方形。

Step 05 向上拖动鼠标并单击鼠标左键，以确定L形延伸物的高度。

Step 06 对角移动鼠标可定义L形延伸物厚度或宽度，结果如图所示。

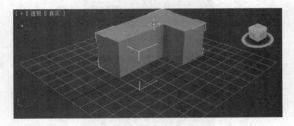

Step 07 将【参数】卷展栏展开，并进行相关参数设置，如图所示。

Step 08 最终结果如图所示。

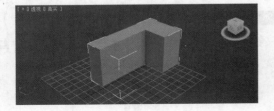

参数解密

【参数】卷展栏：【侧面长度】微调框用于调整

L-Ext（L形延伸物）侧面一条边的长度。【前面长度】微调框用于调整L-Ext（L形延伸物）前面一条边的长度。【侧面宽度】微调框用于调整L-Ext（L形延伸物）侧面一条边的宽度。【前面宽度】微调框用于调整L-Ext（L形延伸物）前面一条边的宽度。【高度】用于指定对象的高度。

3.3.15 创建C形延伸物

【C-Ext（C形延伸物）】用来快速地创建C形的墙体模型，具体的创建步骤如下。

Step 01 在【创建】命令面板中单击【C-Ext】按钮。

Step 02 在【创建方法】卷展栏中选择【角点】创建方式。

Step 03 在透视图中的任意位置处按下鼠标左键，以确定C形延伸物底面的第一角点。

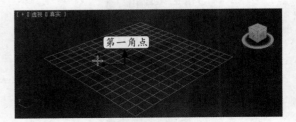

Step 04 拖动鼠标并松开鼠标左键，以确定C形
延伸物底面的另一角点。

第二角点

在创建底面的同时按住Ctrl键可将底部约束
为方形。

Step 05 向上拖动鼠标并单击鼠标左键，以确定
C形延伸物的高度。

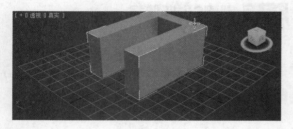

Step 06 对角移动鼠标可定义C形延伸物厚度或
宽度，结果如图所示。

Step 07 将【参数】卷展栏展开，并进行相关参
数设置，如图所示。

Step 08 最终结果如图所示。

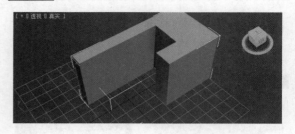

参数解密

【参数】卷展栏：【背面长度】微调框用于调整C
形后面一条边的长度。【侧面长度】微调框用于调整C
形中间那条边的长度。【前面长度】微调框用于调整C
形前面一条边的长度。

3.3.16 实例：创建电视柜

本节将使用扩展基本体来创建电视柜模
型，具体的步骤如下。

Step 01 启动3ds Max 2016，单击【应用程序】
按钮，从弹出的菜单中选择【重置】命令重
置场景。

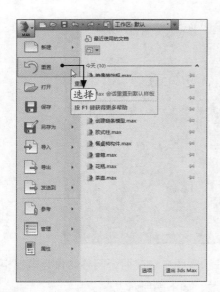

Step 03 单击【系统单位设置】按钮，弹出【系统单位设置】对话框，设置【系统单位比例】的换算单位为毫米，然后依次单击【确定】按钮。

Step 02 将系统单位设定为毫米。选择【自定义】→【单位设置】菜单命令，将会弹出【单位设置】对话框。选中【显示单位比例】选项组中的【公制】单选钮，设置单位为毫米。

Step 04 在【创建】面板 中单击【几何体】按钮 ，然后单击【扩展基本体】面板中的【C-Ext】按钮，在前视图中创建一个C-Ext（C形延伸物）作为电视柜下面部分，单击【修改】按钮 进入【修改】面板，设置其参数，如下图所示。

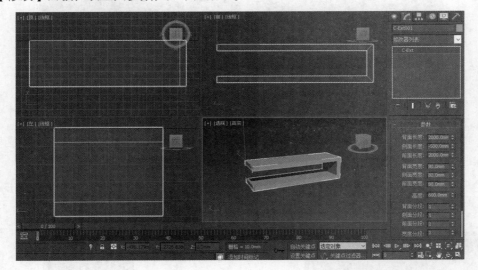

Step 05 单击【扩展基本体】面板中的【L-Ext】按钮，在前视图中创建一个L-Ext（L形延伸物）作为电视柜上面的部分，单击【修改】按钮 进入【修改】面板，设置其参数，如下图所示。

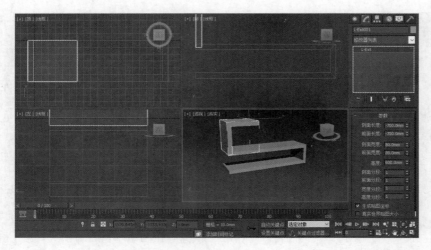

Step 06 单击【标准基本体】面板中的【圆柱体】按钮，在顶视图中创建两个圆柱体作为电视柜的装饰柱。单击【修改】按钮 进入【修改】面板，设置其参数，如下图所示。

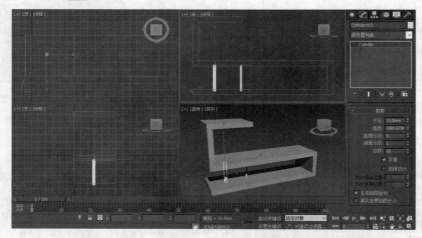

Step 07 最终效果如下图所示。

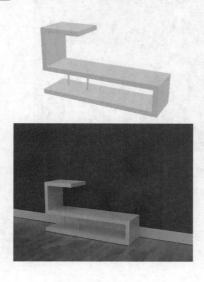

3.3.17 创建棱柱

【棱柱】用来创建大小不同的三棱柱，具体的创建步骤如下。

Step 01 在【创建】命令面板中单击【棱柱】按钮。

Step 02 在【创建方法】卷展栏中选择【基点/顶点】创建方式。

Tips

> 【二等边】可以绘制将等腰三角形作为底部的棱柱体。【基点/顶点】可以绘制底部为不等边三角形或钝角三角形的棱柱体。

Step 03 在透视图中的任意位置处按下鼠标左键，水平拖动鼠标以定义侧面 1 的长度（沿着 *x* 轴）。垂直拖动以定义侧面 2 和侧面 3 的长度（沿着 *y* 轴）。

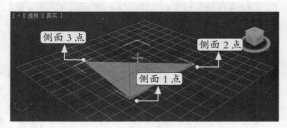

Tips

> 要将底部约束为等边三角形，请在执行此步骤之前按Ctrl键。

Step 04 向上拖动鼠标并单击鼠标左键，以确定棱柱的高度。

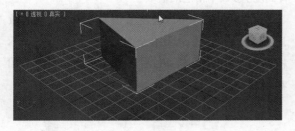

3.4 创建AEC对象

【AEC 扩展】对象专为在建筑、工程和构造领域中使用而设计。使用【植物】来创建平面，使用【栏杆】来创建栏杆和栅栏，使用【墙】来创建墙。

Step 05 将【参数】卷展栏展开，并进行相关参数设置，如图所示。

Step 06 最终结果如图所示。

参数解密

【参数】卷展栏："侧面 (n) 长度"可以设置三角形对应面的长度（以及三角形的角度）。【高度】可以设置棱柱体中心轴的维度。"侧面 (n) 分段"可以指定棱柱体每个侧面的分段数。【高度分段】可以设置沿着棱柱体主轴的分段数量。

3.4.1 创建植物

【植物】用来创建植物并可产生各种植物对象，如树种。3ds Max将生成网格表示方法，以快速、有效地创建漂亮的植物。下面以创建【苏格兰松树】植物为例，对【植物】命令的应用进行详细介绍。

Step 01 在【创建】命令面板中选择【AEC 扩展】选项，如下图所示。

Step 02 在【创建】命令面板中单击【植物】按钮。

Step 03 在【收藏的植物】卷展栏上，选择【苏格兰松树】植物。

Step 04 单击鼠标左键选择植物后将该植物拖动到视口中的某个位置。或者在卷展栏中选择植物，然后在视口中单击以放置植物。

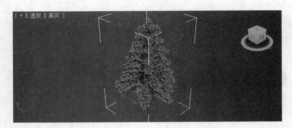

Step 05 在【参数】卷展栏上，单击【新建】按钮以显示植物的不同种子变体。调整剩下的参数以显示植物的元素，如叶子、果实、树枝，或者以树冠模式查看植物。

Step 06 最终结果如图所示。

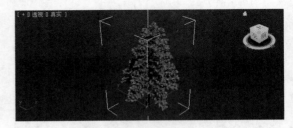

参数解密

【参数】卷展栏参数如下。

（1）【高度】可以控制植物的近似高度。3ds Max 将对所有植物的高度应用随机的噪波系数。因此，在视口中所测量的植物实际高度并不一定等于在【高度】参数中指定的值。

（2）【密度】可以控制植物上叶子和花朵的数量。值为 1 表示植物具有全部的叶子和花；0.5表示植物具有一半的叶子和花；0 表示植物没有叶子和花。如图所示，显示具有不同植物密度的两棵树。

（3）【修剪】只适用于具有树枝的植物。删除位于一个与构造平面平行的不可见平面之下的树枝。值为 0 表示不进行修剪；值为 0.5 表示根据一个比构造平面高出一半高度的平面进行修剪；值为 1 表示尽可能修剪植物上的所有树枝。3ds Max 从植物上修剪何物取决于植物的种类。如果是树干，则永不会进行修剪。如图所示，显示不同修剪值的三对树。

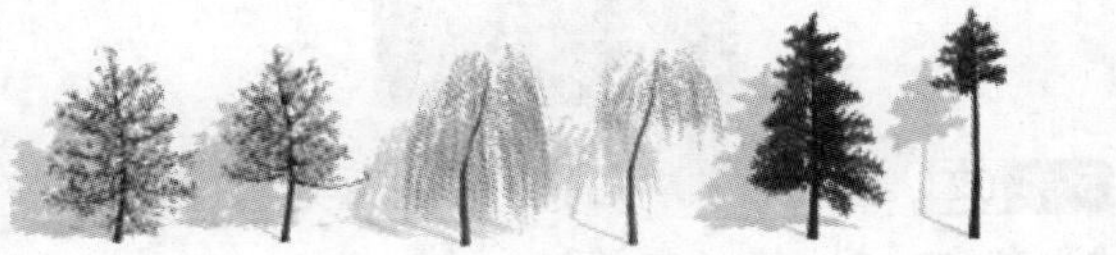

（4）【新建】可以显示当前植物的随机变体。3ds Max 在按钮旁的数值字段中显示了种子值。

Tips

可反复单击【新建】按钮，直至找到所需的变体。这比使用修改器调整树更为简便。

（5）【种子】可以设置为 0 ~ 16777215，表示当前植物可能的树枝变体、叶子位置以及树干的形状与角度。

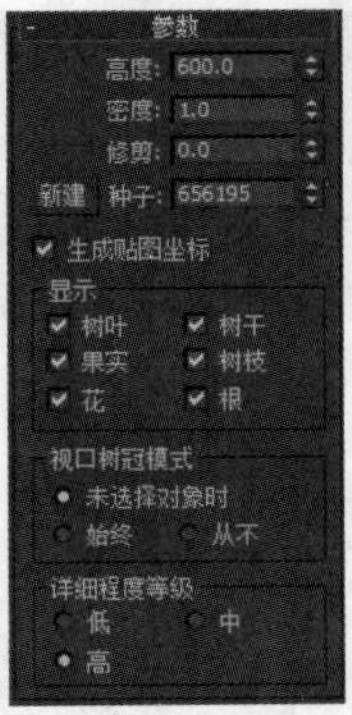

3.4.2 创建栏杆

【栏杆】用来创建栏杆对象的组件，包括栏杆、立柱和栅栏。栅栏包括支柱（栏杆）或实体填充材质，如玻璃或木条，具体的创建步骤如下。

Step 01 在【创建】命令面板中单击【栏杆】按钮。

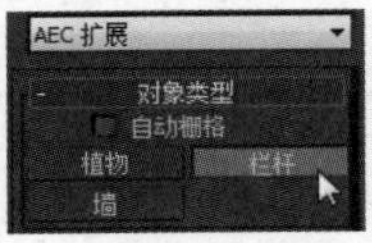

Step 02 在透视图中的任意位置处按下鼠标左键，以确定栏杆长度的第一点。

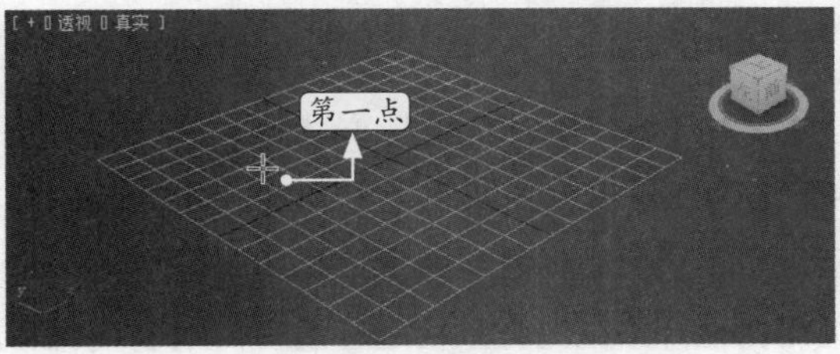

Step 03 拖动鼠标并松开鼠标左键，以确定栏杆长度的另一点。

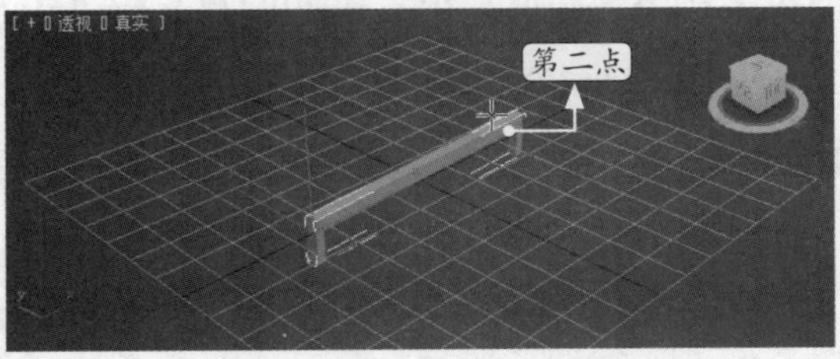

Step 04 向上拖动鼠标并单击鼠标左键，以确定栏杆的高度。

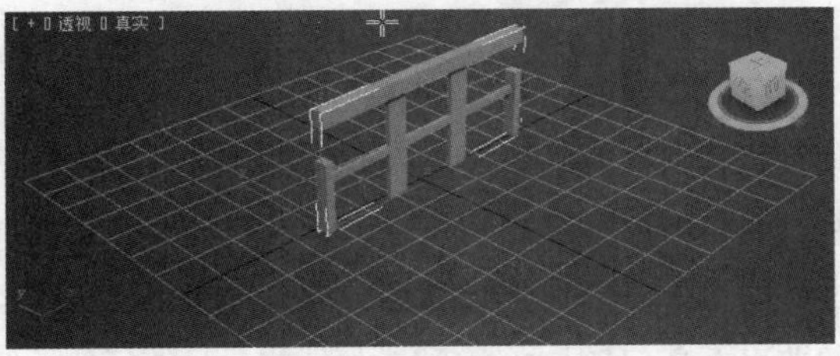

Tips

默认情况下，3ds Max可以创建上栏杆和两个立柱、高度为栏杆高度一半的下栏杆以及两个间隔相同的支柱。

Step 05 如果需要的话，可以更改任何参数，以便对栏杆的分段、长度、剖面、深度、宽度和高度进行调整，如图所示。

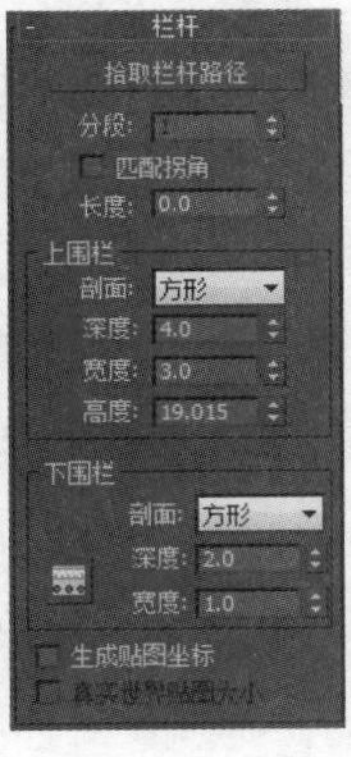

参数解密

（1）【拾取栏杆路径】，单击该按钮，然后单击视口中的样条线，将其用作栏杆路径。3ds Max 将样条线用作应用栏杆对象时所遵循的路径。如果对已经用作栏杆路径的样条线进行编辑，该栏杆将会针对所做的更改进行相应的调整。3ds Max 不能立即通过链接的 AutoCAD 绘图识别 2D 图形。要通过链接的 AutoCAD 绘图识别图形，请使用【修改】面板中的【编辑样条线】命令对图形进行编辑。

Tips

如果创建栏杆时将闭合样条线用于扶手路径，请打开【立柱间隔】对话框，然后禁用"开始偏移"和"末端偏移"，再锁定"末端偏移"。这样，便可确保 3ds Max 使用任何指定的填充、支柱和立柱创建栏杆。

（2）【分段】可以设置栏杆对象的分段数。只有使用栏杆路径时，才能使用该选项。为了接近栏杆路径，可以增加分段数。请注意，分段数很高时，会增加文件的大小，同时会降低渲染速度。如果样条线路径的曲率不高，且很少的分段数便能提供足够好的近似效果，可以使用较少的分段数。

（3）【匹配拐角】可以在栏杆中放置拐角，以便与栏杆路径的拐角相符。

（4）【长度】可以设置栏杆对象的长度。拖动鼠标光标时，长度将会显示在编辑框中。

3.4.3 创建墙

【墙】用来创建建筑设计中的墙体，墙体对象由3个子对象类型构成，这些对象类型可以在【修改】面板中进行修改。与编辑样条线的方式类似，同样也可以编辑墙对象、顶点、分段以及轮廓，具体的创建步骤如下。

Step 01 在【创建】命令面板中单击【墙】按钮。

Step 02 在透视图中的任意位置处按下鼠标左键，以确定墙体长度的第一点。

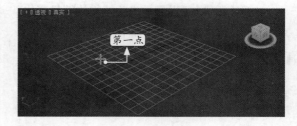

Step 03 拖动鼠标并松开鼠标左键，以确定墙体长度的第二点创建墙分段。

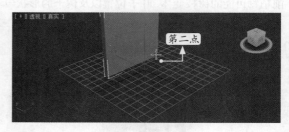

Step 04 继续拖动鼠标并单击鼠标左键，可以继续确定墙体长度的第三点创建墙分段，右键单击以结束墙的创建，或继续添加更多的墙分段。

Tips

如果希望将墙分段通过该角焊接在一起，以便在移动其中一堵墙时另一堵墙也能保持与角的正确相接，则单击【是】；否则，单击【否】。

参数解密

【参数】卷展栏：【宽度】可以设置墙的厚度。范围从 0.01 个单位至 100 000 个单位。默认设置为 5。

【高度】可以设置墙的高度。范围从 0.01 个单位至 100 000 个单位。默认设置为 96。【左】根据墙基线（墙的前边与后边之间的线，即墙的厚度）的左侧边对齐墙。如果启用"栅格捕捉"，则墙基线的左侧边将捕捉到栅格线。"【居中】根据墙基线的中心对齐。如果启用"栅格捕捉"，则墙基线的中心将捕捉到栅格线。这是默认设置。【右】根据墙基线的右侧边对齐。如果启用"栅格捕捉"，则墙基线的右侧边将捕捉到栅格线。

3.4.4 创建门

【门】用来创建建筑设计中的门模型，并且可以控制门外观的细节。还可以将门设置为打开、部分打开或关闭，而且可设置打开的动画。下面以创建为【枢轴门】为例，对【门】命令的应用进行详细介绍。

Step 01 在【创建】命令面板中选择【门】选项，如下图所示。

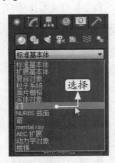

Step 02 在【创建】命令面板中单击【枢轴门】按钮。

Step 03 在【创建方法】卷展栏中选择【宽度/深度/高度】创建方式。

Step 04 在透视图中的任意位置处按下鼠标左键，以确定门宽度的第一点。

Step 05 拖动鼠标并松开鼠标左键，以确定门宽度的第二点。

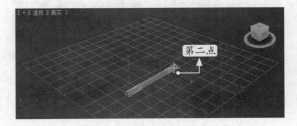

Step 06 释放鼠标并移动可调整门的深度，松开鼠标左键以确定门的深度。

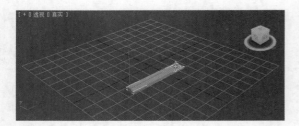

Step 07 释放鼠标并移动可调整门的高度，松开鼠标左键以确定门的高度。

Step 08 将【参数】卷展栏展开，并将【打开】选项设置为30，如图所示。

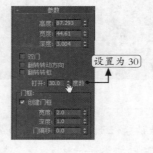

Step 09 最终结果如图所示。

参数解密

（1）推拉门是使用"滑动"门可以将门进行滑动，就像在轨道上一样。该门有两个门元素：一个保持固定，而另一个可以移动，如图所示是具有不同面板数的推拉门。

（2）"折叠门"在中间转枢也在侧面转枢。该门有两个门元素。也可以该门制作成有四个门元素的双门，如图所示是单 折叠门和双 折叠门。

3.4.5 创建窗

【窗】用来创建建筑设计中的窗模型，并且可以控制窗外观的细节。还可以将窗设置为打开、部分打开或关闭，以及设置随时打开的动画。下面以创建为【推拉窗】为例，对【窗】命令的应用进行详细介绍。

Step 01 在【创建】命令面板中选择【窗】选项，如下图所示。

Step 02 在【创建】命令面板中单击【推拉窗】按钮。

Tips

推拉窗具有两个窗框：一个固定的窗框，一个可移动的窗框。可以垂直移动或水平移动滑动部分。

Step 03 在【创建方法】卷展栏中选择【宽度/深度/高度】创建方式。

Step 04 在透视图中的任意位置处按下鼠标左键，以确定推拉窗宽度的第一点。

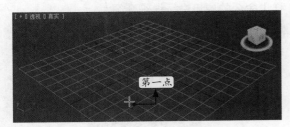

Step 05 拖动鼠标并松开鼠标左键，以确定推拉窗宽度的第二点。

Step 06 释放鼠标并移动可调整推拉窗的深度，松开鼠标左键以确定推拉窗的深度。

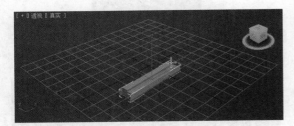

Step 07 释放鼠标并移动可调整推拉窗的高度，单击鼠标左键以确定推拉窗的高度。

Step 08 将【参数】卷展栏展开，并将【悬挂】复选框取消选择，并设置【打开】选项值为50，如图所示。

Step 09 最终结果如图所示。

参数解密

（1）"遮篷式窗"具有一个或多个可在顶部转枢的窗框。

（2）"平开窗"具有一个或两个可在侧面转枢的

窗框（像门一样）。

（3）"固定窗"不能打开，因此没有"打开窗"控件。除了标准窗对象参数之外，固定窗还为细分窗提供了设置的"窗格和面板"组。

（4）"旋开窗"只具有一个窗框，中间通过窗框面用铰链接合起来。可以垂直或水平旋转打开。

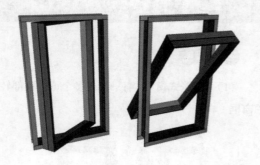

（5）"伸出式窗"具有3个窗框：顶部窗框不能移动，底部的两个窗框可以像遮蓬式窗那样旋转打开，但是却以相反的方向。

3.4.6 创建楼梯

【楼梯】用来创建建筑设计中的楼梯模型，下面以创建为【直线楼梯】为例，对【楼梯】命令的应用进行详细介绍。

Step 01 在【创建】命令面板中选择【楼梯】选项，如下图所示。

Step 02 在【创建】命令面板中单击【直线楼梯】按钮。

Step 03 在透视图中的任意位置处按下鼠标左键，以确定直线楼梯底面长度的第一点。

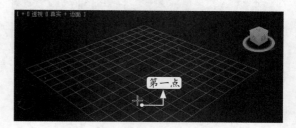

Step 04 拖动鼠标并松开鼠标左键，以确定直线楼梯长度的第二点。

Step 05 拖动鼠标并单击鼠标左键，以确定直线楼梯的宽度。

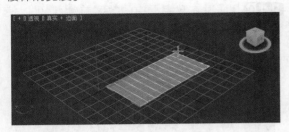

Step 06 释放鼠标并移动可调整直线楼梯的高度，单击鼠标左键以确定直线楼梯的高度，最终结果如图所示。

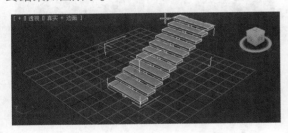

参数解密

（1）"L型楼梯"对象可以创建带有彼此成直角的两段楼梯。

Tips

　　L型楼梯的类型有开放、闭合和盒型3类，L型楼梯有两段成直角，并且有一个楼梯平台。

（2）"螺旋楼梯"对象可以指定旋转的半径和数量，添加侧弦和中柱，甚至更多。

Tips

　　螺旋楼梯的类型有开放、闭合和盒型3种，螺旋楼梯围绕中心旋转。

（3）"U型楼梯"对象可以创建一个两段的楼梯，这两段彼此平行并且它们之间有一个平台。

Tips

　　U型楼梯的类型有开放、闭合和盒型3种，U型楼梯有反向的两段，并且有一个楼梯平台。

3.5 实战技巧

　　3ds Max 建模的过程中会有一些技巧，帮助用户更加快速地完成建模任务或者修改模型，下面来进行详细的讲解。

技巧 快速调整对象尺寸

　　在3ds Max 建模的过程中，有时候会需要快速地调整对象的尺寸，用户可以通过以下方式来完成。

Step 01 在【创建】面板单击【长方体】按钮，然后在顶视图中创建任意大小的一个长方体，单击【修改】按钮 进入【修改】面板，可以看到长方体的修改参数，如图所示。

Step 02 按住Ctrl键拖动微调框，可以以当前数值的1/10递增或者递减，如图所示。

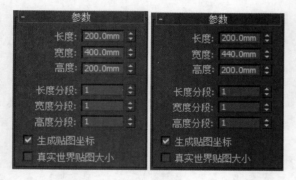

Step 03 按住Alt键拖动微调框，可以以当前数值的1/1000递增或者递减。

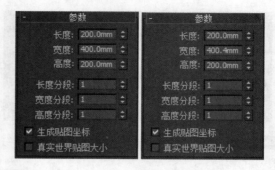

Step 04 通过在数字框中的数字前输入r可以使当前数值成倍增长，如图所示。

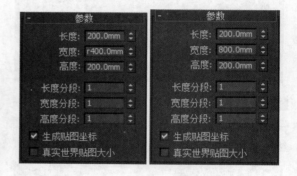

第 **4** 章

创建样条型对象

■■ **本章引言**

　　3ds Max 2016的样条型是一个非常重要的概念。首先应创建出基本的样条型，然后通过使用Edit Spline编辑修改器和其他编辑修改器实现各种复杂的建模操作。样条型建模是3ds Max 2016建模工作中的重要基础，读者应该熟练运用。

■■ **学习要点**

❯❯ 掌握样条线的创建方法
❯❯ 掌握扩展样条线的创建方法
❯❯ 掌握样条线编辑修改器的使用方法

4.1 创建样条线

　　在使用3ds Max 2016制作效果图的过程中，许多三维模型都来源于二维图形。二维图形是由节点和线段组成的，这种方法适合创建一些结构复杂的模型。二维图形建模是三维造型的基础，生活中很多的物体都可用二维建模创建出来。

　　3ds Max 2016中的二维图形是一种矢量线，由基本的顶点、线段和样条线等元素构成。使用二维图形建模是先绘制一个基本的二维图形，然后进行编辑，最后添加转换成三维模型的命令即可生成三维模型。

　　在【创建】面板中选择【样条线】选项可以创建样条型建模。

4.1.1 创建线

　　3ds Max 2016提供了线工具，能够绘制任何开关的封闭或开放的曲线（包括直线），既可以画直线，也可以绘制曲线，并且有多种曲线弯曲方式：角点、平滑和Bezier（贝赛尔）等。曲线绘制完成后还可以进入【修改】命令

面板，进入线的点、线段、曲线次物体层级，在次物体编辑命令面板中对曲线进行进一步的修改。

　　具体的创建步骤如下。

Step 01 单击【创建】面板中的【图形】按钮，将会显示出二维图形面板，如下图所示。

Step 02 单击【线】按钮，在任意视图中单击鼠标后移动将产生一条直线，在任意位置单击鼠标左键，确立线段另一个点，这样就创建了一

条直线段。

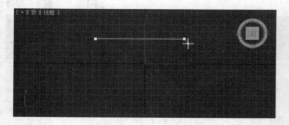

Step 03　如果需要连续创建，继续移动光标到合适的位置再单击左键，确定下一个点，依次创建二维线段，继续移动鼠标可以创建其他的直线。

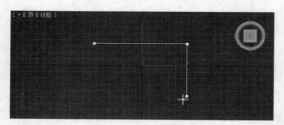

Step 04　在线段起点处单击鼠标，将弹出【样条线】对话框，系统会询问是否闭合样条线，如下图所示。

Tips

　　如果想创建不封闭的图形，则可直接单击鼠标右键，此时即可结束线段的创建工作，并且不会询问是否连接。

　　单击【否（N）】按钮可以绘制不封闭的图形，结束当前线段的创建工作。

　　单击【是（Y）】按钮则封闭线段，结束当前线段的创建工作。

Step 05　如果想创建曲线段，可以在单击下一个点时按住鼠标不放，继续拖曳，再拖到另一个

点上，单击鼠标右键，即可结束操作创建的线段，如下图所示。

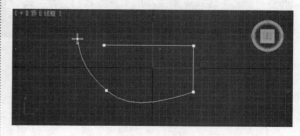

　　接下来介绍创建线各卷展栏中的参数设置。其中，其他的二维图形也具备前3个卷展栏，各个参数的含义相同。下面详细介绍一下【渲染】、【插值】、【创建方法】和【键盘输入】等卷展栏。

参数解密

　　（1）【渲染】卷展栏

　　① **【视口】单选钮**：设置图形在视图中的显示属性。

　　② **【渲染】单选钮**：设置图形在渲染输出时的属性。

　　③ **【径向】单选钮**：设置图形在渲染输出时线条的截面图形为圆形。

　　④ **【矩形】单选钮**：设置图形在渲染输出时线条的截面图形为矩形。

　　⑤ **【厚度】微调框**：用于控制渲染时线条的粗细程度。

　　⑥ **【边】微调框**：设置可渲染样条曲线的边数。

　　⑦ **【角度】微调框**：调节横截面的旋转角度。

　　⑧ **【在渲染中启用】复选框**：设置为可渲染。

　　⑨ **【在视口中启用】复选框**：设置在视口中可直接观察渲染图形的效果。

　　⑩ **【使用视口设置】复选框**：选中此复选框可以控制图形按视图设置显示。

　　⑪ **【生成贴图坐标】复选框**：选中此复选框可以控制贴图位置，U轴控制周长上的贴图，V轴控制长度方向上的贴图。

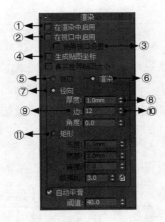

（2）【插值】卷展栏

用来设置曲线的光滑程度。

① **【步数】微调框**：设置两个顶点之间有多少个片段构成曲线，值越高曲线越光滑。

② **【优化】复选框**：选中此复选框可以自动地去除曲线上多余的步幅片段。

③ **【自适应】复选框**：选中此复选框可以根据曲度的大小自动地设置步幅数，弯曲度高的地方需要的步幅多，以产生光滑的曲线，直线的步幅将会设为0。

（3）【创建方法】卷展栏

该卷展栏中的【初始类型】和【拖动类型】两个选项组中的单选钮决定了创建曲线时鼠标第一次按下的开始点和拖动时生成点的类型。

（4）【键盘输入】卷展栏

① **【X、Y、Z】微调框**：线段端点的坐标值。

② **【添加点】按钮**：单击该按钮，在视图中则按

照上面设置的坐标位置创建一个线段的端点。

③ **【关闭】按钮**：单击该按钮即可结束线段的创建工作，并且封闭线段的开始点和结束点。

④ **【完成】按钮**：单击该按钮即可结束线段的创建工作，线段的起始点与结束点不封闭。

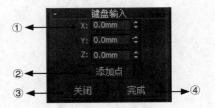

4.1.2 实例：创建时尚吊灯

除了上述的创建方法以外，还可通过线的【初始类型】和【拖动类型】来绘制线形，通过这种方式可以绘制平滑的曲线，对于创建一些如花瓶、曲面机械模型等非常有用，下面通过创建一盏时尚吊灯来详细讲解，具体的步骤如下。

Step 01 启动3ds Max 2016，单击【应用程序】按钮，从弹出的菜单中选择【重置】命令重置场景。

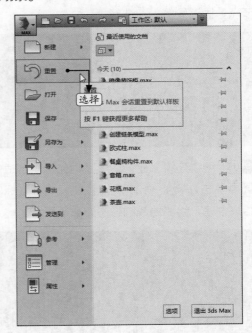

Step 02 单击【创建】面板中的【图形】按钮
，将会显示出二维图形面板，如下图所示。

Step 03 单击【线】按钮，在【创建方法】卷展栏中设置【初始类型】为平滑，【拖动类型】为平滑。

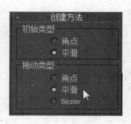

Step 04 在顶视图中单击鼠标左键确定线的起点，移动光标至适当位置再拖曳鼠标确定第二个节点，同时绘制一条曲线。

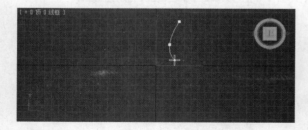

Step 05 继续连续创建，继续移动光标到合适的位置再单击左键，确定下一个点。单击鼠标右键结束创建，绘制曲线的形态，如图所示。

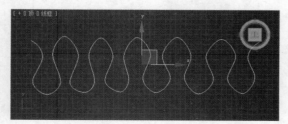

Tips

在3ds Max 2016中绘制线形后，线的起点和终点重叠在一起时(5个像素之内距离)，将会弹出【样条线】对话框。在对话框中提醒用户是否将这条线段封闭，如果需要封闭可在该面板中单击【是】按钮。

Step 06 选择创建的截面图形，单击【创建】面板中的【修改】按钮 ，在【修改器列表】下拉列表框 修改器列表 中选择【挤出】修改器，如图所示。

Step 07 在【挤出】的【参数】卷展栏中，设置挤出【数量】，挤出的模型如下图所示。

Step 08 选择创建的模型体，在顶视图中，按住Shift键在y轴方向上执行移动复制，系统将弹出【克隆选项】对话框，如图所示。

Step 09 单击【确定】按钮后效果如图所示。

4.1.3 实例：创建翻开的杂志

下面通过创建一本翻开的杂志模型来深入学习线建模，具体的步骤如下。

Step 01 启动3ds Max 2016，单击【应用程序】按钮，从弹出的菜单中选择【重置】命令重置场景。

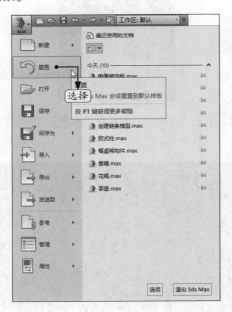

Step 02 单击【创建】面板中的【图形】按钮，将会显示出二维图形面板，如下图所示。

Step 03 单击【线】按钮，在前视图中使用鼠标绘制一本翻开杂志的截面图形，该图形是个封闭图形，在线段起点处单击鼠标后会弹出【样条线】对话框，系统会询问是否闭合样条线，如下图所示。

Step 04 单击【是】按钮，绘制的截面图形如图所示。

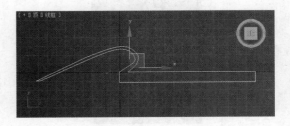

Tips

创建曲线段时，可以在单击下一个点时按住鼠标不放，继续拖曳，再拖到另一个点上。

Step 05 再次单击【线】按钮，在前视图中用鼠标单击绘制一本翻开杂志中间两页的截面图形，如下图所示。

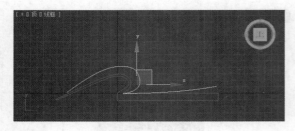

Step 06 选择创建的截面图形，单击【创建】面板中的【修改】按钮 ，在【修改器列表】下拉列表框 修改器列表 中选择【挤出】修改器，如图所示。

Step 07 在【挤出】的【参数】卷展栏中，设置挤出【数量】为200，如下图所示。

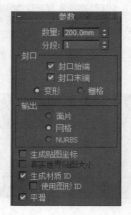

Step 08 挤出的模型如下图所示。

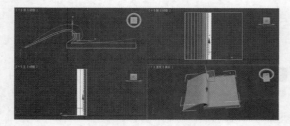

Step 09 选择上面创建的杂志中间两页的线条，

使用 **Step 06** ~ **Step 07** 的步骤挤出杂志中间两页，最终效果如图所示。

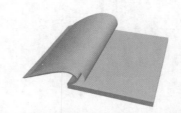

4.1.4 创建圆

　　3ds Max 2016提供了圆工具用来创建圆形，具体的创建步骤如下。

Step 01 单击【创建】面板中的【图形】按钮 ，将会显示出二维图形面板，在面板中单击圆按钮。

Step 02 在任意视图中拖曳鼠标到适当的位置松开鼠标，此时即可创建一个圆形。

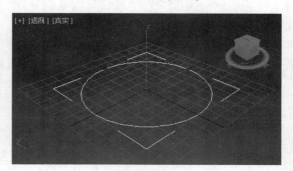

Step 03 修改半径的值，此时视图中的圆即会改变尺寸。

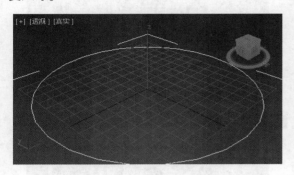

📌 **参数解密**

命令面板上圆参数中的【半径】微调框用来设置圆形的半径大小。

4.1.5 创建弧

3ds Max 2016提供了弧工具，可以创建各种圆弧曲线，包括封闭式圆弧和开放式圆弧。

具体的创建步骤如下。

Step 01 单击【创建】面板中的【图形】按钮 ，将会显示出二维图形面板，单击【弧】按钮。

Step 02 将会显示出【弧】卷展栏，在【创建方法】卷展栏中任选一种创建方法，这里选择默认的【端点-端点-中央】方法。

Step 03 在任意视图中按住鼠标，将其拖曳到适当的位置，拉出一条直线，这条直线即代表弧长。

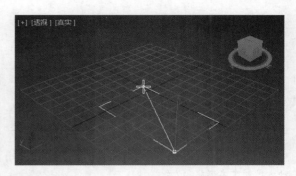

Step 04 移动鼠标后在适当的位置单击，此时即可生成一段圆弧。

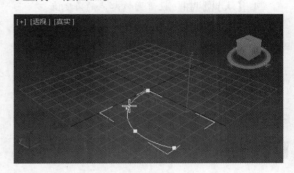

Step 05 在卷展栏中选择【饼形切片】复选框，此时视图中的开放式圆弧图形会封闭。

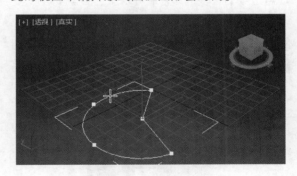

📌 **参数解密**

命令面板上的弧参数如下图所示。

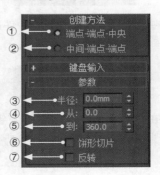

① 【端点–端点–中央】单选钮：在创建之前选择这种创建方式，在视图中先单击移动鼠标引出一条线段，以线段的两个端点作为弧的两个端点，然后移动鼠标确定弧长。

② 【中间–端点–端点】单选钮：在创建之前选择这种创建方式，在视图中首先单击鼠标并移动引出一条线段作为圆弧的半径，然后移动鼠标确定弧长。用这种方式创建扇形非常方便。

③ 【半径】微调框：设置圆弧的半径大小。

④ 【从】微调框：设置圆弧起点的角度值。

⑤ 【到】微调框：设置圆弧终点的角度值。

⑥ 【饼形切片】复选框：选中此复选框将创建封闭的扇形。

⑦ 【反转】复选框：选中此复选框可以将弧线的方向反转。

4.1.6 创建多边形

3ds Max 2016提供了多边形工具，用来制作任意边数的正多边形，还可以产生圆角多边形。

具体的创建步骤如下。

Step 01 单击【创建】面板中的【图形】按钮 ，将会显示出二维图形面板，在面板中单击【多边形】按钮。

Step 02 在【创建方法】卷展栏中任选一种创建方式，这里选择【中心】方法。

Step 03 在任意视图中按下鼠标左键并移动鼠标，松开鼠标后即可绘制出一个六边形。

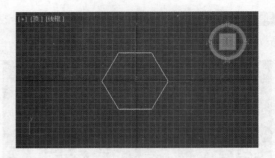

Step 04 在【边数】文本框中设置边数数值为8，然后单击图形，多边形即随之改变为八边形。

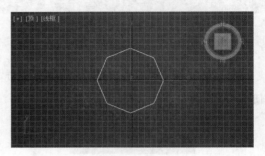

参数解密

命令面板上的多边形参数，如下图所示。

（1）【半径】微调框：设置多边形的半径大小。

（2）【内接】、【外接】单选钮：用于选择用外切圆半径还是内切圆半径作为多边形的半径。

（3）【边数】微调框：设置多边形的边数，最小值是3。

（4）【角半径】微调框：制作带圆角的多边形，设置圆角的半径大小。

（5）【圆形】复选框：选中该复选框可以设置多边形为圆角。

4.1.7 创建文本

3ds Max 2016提供了文本工具，在视图中可以直接产生文字图形，在中文平台下可以直接产生各种字体的中文字型。字型的内容、大小和间距都可以调整，完成制作后还可以修改文字的内容。

文本具体的创建步骤如下。

Step 01 单击【创建】面板中的【图形】按钮，将会显示出二维图形面板，在面板中单击【文本】按钮。

Step 02 在前视图中单击，生成"MAX文本"字样。

Step 03 在卷展栏中将文本框中的"MAX文本"字样修改成"二维图形"。

命令面板上的文本参数，如下图所示。

（1）在字体下拉列表中可以选择字体。

（2）字体下面的6个按钮提供了简单的排版功能：斜体字、加下划线、左对齐、居中、右对齐和两端对齐。

（3）【大小】微调框：用来设置文字的大小。

（4）【字间距】微调框：用来设置文字的间隔距离。

（5）【行间距】微调框：用来设置文字行与行之间的距离。

（6）【文本】输入区：用来输入文本文字。

（7）【更新】按钮：设置修改参数后，决定视图是否立刻进行更新显示。仅选中【手动更新】复选框时，此按钮可用。

（8）【手动更新】复选框：处理大量文字时，为了加快显示的速度，选中此复选框可以手动指示更新视图。

4.1.8 实例：创建文本模型

广告中的三维字体非常漂亮，下面通过创建一个文本模型来深入学习文本的建模，具体的步骤如下。

Step 01 启动3ds Max 2016，单击【应用程序】按钮，从弹出的菜单中选择【重置】命令重置场景。

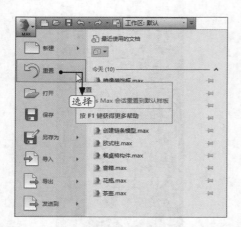

Step 02 单击【创建】面板中的【图形】按钮
，将会显示出二维图形面板，在面板中单击
【文本】按钮。

Step 03 在【参数】卷展栏中的【文本】栏中输
入"超级高音"，并设置字体和字体大小，参
数设置如图所示。

Tips

　　这里字体选择的是"方正胖头鱼简体"，
如果读者没有安装该字体，可以自行选择其他
字体。

Step 04 完成后在前视图中单击，生成"超级高
音"字样，如图所示。

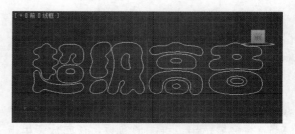

Step 05 选择创建的截面图形，单击【创建】
面板中的【修改】按钮 ，在【修改器列表】
下拉列表框 修改器列表 中选择【倒
角】修改器，如图所示。

Step 06 在【倒角】的【参数】卷展栏中，设置
挤出参数，如下图所示。

Step 07 倒角处的文字模型如下图所示。

4.1.9 创建截面

截面是一种特殊类型的样条线，可以通过网格对象基于横截面切片生成图形。

使用3ds Max 2016提供的截面工具可以通过截取三维造型的剖面来获得二维图形。用此工具创建一个平面，可以对其进行移动、旋转操作，并可缩放它的尺寸。当它穿过一个三维造型时，会显示出截获物剖面。按下【创建图形】按钮就可以将这个剖面制作成一条新的样条曲线。

具体的创建步骤如下。

Step 01 单击【创建】面板中的【图形】按钮，将会显示出二维图形面板，在面板中单击【截面】按钮。

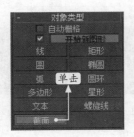

Step 02 在视图中单击并移动鼠标，拉出剖面平面。

Step 03 单击主工具栏中的【选择并移动】按钮，将刚创建的剖面平面物体拖曳至三维物体相应的位置，此时截取的剖面部分在视图中以黄色显示。

Step 04 单击【修改】按钮进入【修改】命令面板。

Step 05 单击【修改】面板中的【创建图形】按钮，在弹出的【命名截面图形】对话框中输入剖面图的名称，然后单击【确定】按钮即可得到一个二维剖面曲线。

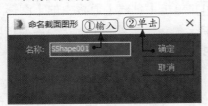

参数解密

命令面板上的截面参数，如下图所示。

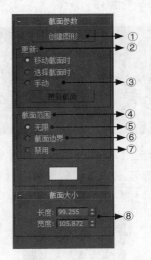

① 【创建图形】按钮：单击该按钮会弹出一个【命名截面图形】对话框，用来确定创建图形的名称，单击对话框中的【确定】按钮会生成一个剖面图形。如果当前没有剖面，该按钮则不可用。

② 【更新】选项组：设置剖面物体改变时是否将结果即时更新。

③ 【手动】单选钮：选中该单选钮时，剖面物体移动了位置，单击下面的【更新截面】按钮，视图的剖面曲线才会同时更新，否则不会更新显示。

④ 【截面范围】选项组：即剖面影响的范围，该选项组中包含【无限】、【截面边界】和【禁用】3个单选钮。

⑤ 【无限】单选钮：凡是经过剖面的物体都被截取，与剖面的尺寸无关。

⑥ 【截面边界】单选钮：以剖面所在的边界为限，凡是接触到边界的物体都被截取。

⑦ 【禁用】单选钮：关闭剖面的截取功能。

⑧ 【长度】、【宽度】微调框：设置剖面物体尺寸。

4.1.10 实例：查看心脏内部

医生做研究时往往会研究内部结构（比如心脏），就需要了解内部结构。下面通过创建一个查看心脏内部的实例来深入学习截面的创建方法，具体的步骤如下。

Step 01 启动3ds Max 2016。按【Ctrl+O】组合键，将会弹出【打开文件】对话框。打开本书配套光盘中的"素材\ch04\心脏.max"文件。

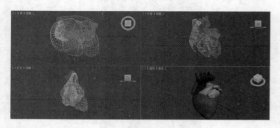

Step 02 单击【创建】面板中的【图形】按钮，将会显示出二维图形面板，在面板中单击【截面】按钮。

Step 03 在前视图中单击并移动鼠标，拉出剖面平面。

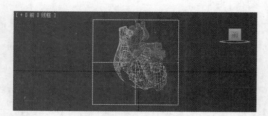

Step 04 单击主工具栏中的【选择并移动】按钮，将刚创建的剖面平面物体拖曳至三维物体相应的位置，此时截取的剖面部分在视图中以黄色显示。

Step 05 单击【修改】按钮进入【修改】命令面板。单击【修改】面板中的【创建图形】

按钮。

Step 06 在弹出的【命名截面图形】对话框中输入剖面图的名称，如图所示。

Step 07 单击【确定】按钮即可得到一个二维剖面曲线，如图所示。

4.1.11 创建矩形

3ds Max 2016提供了矩形工具用来创建矩形，并且可以设置矩形的4个角为圆弧状。

具体的创建步骤如下。

Step 01 单击【创建】面板中的【图形】按钮，将会显示出二维图形面板，在面板中单击【矩形】按钮。

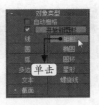

Step 02 在任意视图中单击鼠标，移动鼠标到适当的位置松开鼠标，此时即可创建一个矩形框。

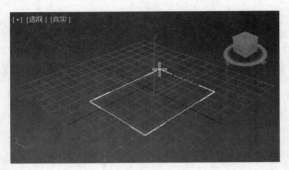

Step 03 修改倒角半径的值，此时矩形的4个端点即转变成有弧度的倒角，也可以用鼠标配合Ctrl键创建正方形。

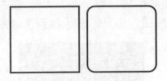

参数解密

命令面板上矩形卷展栏中的参数，如下图所示。

（1）【长度】、【宽度】微调框：设置矩形的长宽值。

（2）【角半径】微调框：设置矩形的4个角是直角还是有弧度的圆角。值为0时，创建的是直角矩形。

4.1.12 创建椭圆

3ds Max 2016提供了椭圆工具用来创建椭圆。

具体的创建步骤如下。

Step 01 单击【创建】面板中的【图形】按钮，显示出二维图形面板，单击【椭圆】按钮。

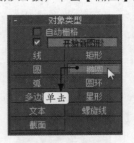

Step 02 在任意视图中单击鼠标后拖曳到适当的位置松开，此时即可创建一个椭圆形。

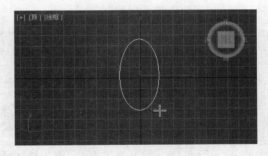

Step 03 修改卷展栏中的长度值和宽度值，此时视图中椭圆的长宽比例将改变，下图所示为不同长度值与宽度值的显示效果。

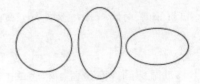

参数解密

命令面板上椭圆参数的设置如下图所示。

（1）【长度】微调框：用来设置椭圆的长度值。

（2）【宽度】微调框：用来设置椭圆的宽度值。

4.1.13 创建圆环

3ds Max 2016提供了圆环工具用来在场景

中制作圆环。

具体的创建步骤如下。

Step 01　单击【创建】面板中的【图形】按钮，将会显示出二维图形面板，在面板中单击【圆环】按钮。

Step 02　在任意视图中移动鼠标到适当的位置松开，此时即可创建第一个圆形。

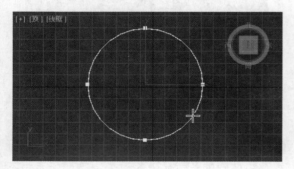

Tips

在画出第一个圆形后，向圆心内拖动鼠标会画出内圆形；如果向圆心外拖动鼠标，画出的则是外圆形。

Step 03　移动鼠标到任意位置，然后单击鼠标画出第二个圆形，此时圆环创建完成。

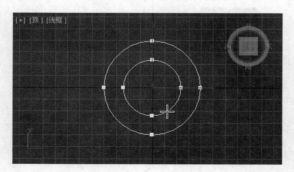

命令面板上的圆环参数如下图所示。

（1）【半径1】微调框：用来创建第一个圆形的半径尺寸。

（2）【半径2】微调框：用来创建第二个圆形的半径尺寸。

4.1.14　创建星形

3ds Max 2016提供了星形工具用来创建多角星形。尖角可以钝化为倒角，制作齿轮图案；尖角的方向可以扭曲，产生倒刺状锯齿；变换参数可以产生出许多奇特的图案，因为它是可渲染的，所以即使交叉也可以用于一些特殊的图案花纹的制作。

星形具体的创建步骤如下。

Step 01　单击【创建】面板中的【图形】按钮，将会显示出二维图形面板，在面板中单击【星形】按钮，将显示出【星形】卷展栏。

Step 02　在任意视图中单击并移动鼠标，接着松开鼠标，然后移动鼠标到适当的位置再单击，这样一个六角星即创建完毕。

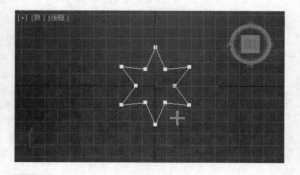

Step 03　改变【点】数值为8，单击图中的任意

位置，六角星随之改变为八角星。

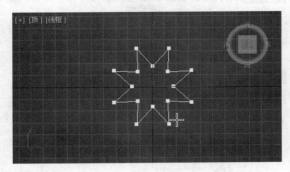

Step 04 单击【创建】面板中的【图形】按钮，将显示出二维图形面板，在面板中单击【星形】按钮，并设置【点】数值为8，【扭曲】值为30。

Step 05 重复 **Step 02** 的操作，创建一个八角星，此时八角星即会产生扭曲效果。

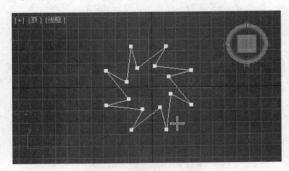

命令面板上的星形参数设置如下图所示。

（1）【半径1】微调框：用来设置星形的内径。

（2）【半径2】微调框：用来设置星形的外径。

（3）【点】微调框：用来设置星形的尖角个数。

（4）【扭曲】微调框：用来设置尖角的扭曲度。

（5）【圆角半径1】微调框：用来设置尖角内倒圆半径。

（6）【圆角半径2】微调框：用来设置尖角外倒圆半径。

4.1.15 创建螺旋线

使用3ds Max 2016提供的Helix工具可以制作平面或空间的螺旋线，常用于快速制作弹簧、盘香、卷须和线轴等造型，或者制作运动路径。

具体的创建步骤如下。

Step 01 单击【创建】面板中的【图形】按钮，将会显示出二维图形面板，在面板中单击【螺旋线】按钮，显示出【螺旋线】卷展栏。

Step 02 选择【中心】创建方式后设置【圈数】值为5。

Step 03 在任意视图中单击鼠标，确定螺旋线的内径。

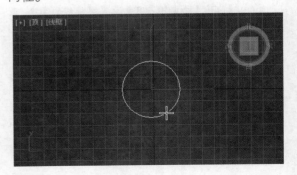

Step 04 移动鼠标到适当的位置，单击鼠标确定

螺旋线的高度。

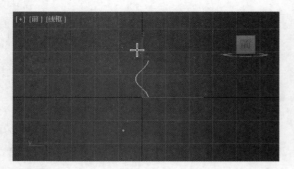

Step 05 移动鼠标到适当的位置，单击鼠标确定螺旋线的外径，此时螺旋线即创建完成。

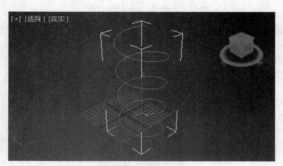

命令面板上的螺旋线参数设置如下图所示。

（1）【半径1】微调框：用来设置螺旋线的内径。

（2）【半径2】微调框：用来设置螺旋线的外径。

（3）【高度】微调框：用来设置螺旋线的高度，此值为0时是一个平面螺旋线。

（4）【圈数】微调框：用来设置螺旋旋转的圈数。

（5）【偏移】微调框：用来设置螺旋线顶部螺旋圈数的疏密程度。

（6）【顺时针】、【逆时针】单选钮：分别用来设置螺旋线两种不同的旋转方向。

4.1.16 实例：创建螺旋茶几

下面通过创建一个时尚螺旋茶几模型来深入学习螺旋线建模，具体的步骤如下。

Step 01 启动3ds Max 2016，单击【应用程序】按钮，从弹出的菜单中选择【重置】命令重置场景。

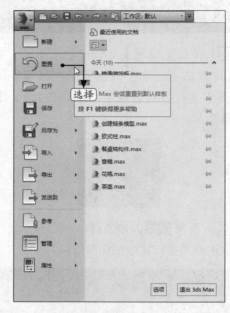

Step 02 在【创建】面板中单击【圆柱体】按钮，如图所示。

Step 03 在【创建方法】卷展栏中选择【中心】单选钮，如图所示。

Step 04 在透视图中的任意位置处按下鼠标左键，以确定圆柱体底面的中心点，创建一个圆柱体，将【参数】卷展栏展开，并进行相关参数设置，如图所示。

Step 05 最终结果如图所示。

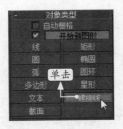

Step 06 单击【创建】面板中的【图形】按钮，将会显示出二维图形面板，在面板中单击【螺旋线】按钮，将显示出【螺旋线】卷展栏。

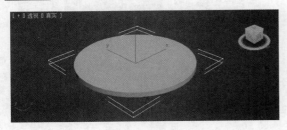

Step 07 选择【中心】创建方式，在顶视图中单击鼠标，创建螺旋线，将【渲染】卷展栏展开，并进行相关参数设置，如图所示。

Step 08 将【参数】卷展栏展开，并进行相关参

数设置，如图所示。

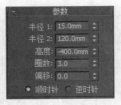

Step 09 此时螺旋线即创建完成，结果如图所示。

Step 10 在【创建】命令面板中选择【扩展基本体】选项，如下图所示。

Step 11 在【创建】命令面板中单击【切角圆柱体】按钮。

Step 12 在顶视图中的任意位置处按下鼠标左键，以确定圆柱体底面的中心点，分别创建两个切角圆柱体，将【参数】卷展栏展开，并进

行相关参数设置，如图所示。

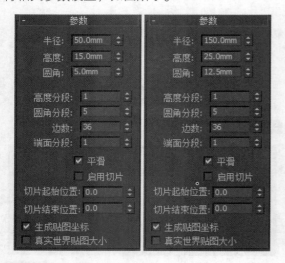

Step 13 最终结果如图所示。

4.2 创建扩展样条线

在【创建】面板中选择【扩展样条线】选项可以创建更加复杂的样条线图形，如下图所示。

打开的【扩展样条线】面板，如图所示。

4.2.1 创建墙矩形

【墙矩形】用来创建矩形环或者倒角矩形环，具体的创建步骤如下。

Step 01 在【创建】命令面板中单击【墙矩形】按钮。

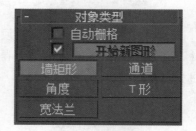

Step 02 在【创建方法】卷展栏中任选一种创建方法，这里选择【边】。

Step 03 在顶视图中单击鼠标并拖曳，到适当的位置放开鼠标确定墙矩形的长和宽。

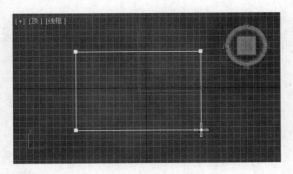

Step 04 移动鼠标，到适当的位置单击以确定墙矩形的厚度。

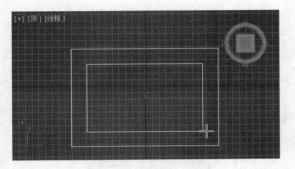

Step 05 设置【角半径】的数值以确定矩形环的圆角。

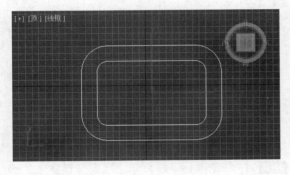

参数解密

命令面板上设置的墙矩形参数，如下图所示。

（1）【厚度】微调框：在文本框中输入数值或调节右侧的微调按钮可以控制外矩形和内矩形之间的距离。

（2）【同步角过滤器】复选框：选中此复选框后只能设置外矩形的圆角半径值，不勾选即可设置内外矩形的圆角半径值。

（3）【角半径】微调框：设置矩形的圆角半径值。

4.2.2 创建角度

【角度】用来创建L形矩形环或者L形倒角矩形环，创建的步骤和创建墙矩形类似，创建的效果如下图所示。

【角度】具体的创建步骤如下。

Step 01 在【创建】命令面板中单击【角度】按钮。

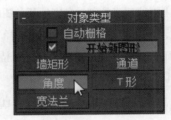

Step 02 在【创建方法】卷展栏中任选一种创建方法，这里选择【边】。

Step 03 在顶视图中拖动并释放鼠标按钮可定义角度的初始大小。

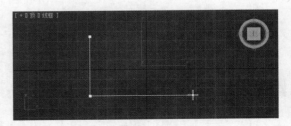

Step 04 移动鼠标，然后单击可定义该角度的墙的厚度。

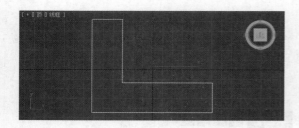

参数解密

【参数】卷展栏的相关参数设置如下。

（1）【长度】用来控制该角度垂直腿的高度。

（2）【宽度】用来控制该角度水平腿的宽度。

（3）【厚度】用来控制该角度的两条腿的厚度。

（4）【同步角过滤器】启用后，角半径 1 控制垂直腿和水平腿之间内外角的半径。它还保持截面的厚度不变。默认设置为启用。

（5）【角半径 1】用来控制该角度垂直腿和水平腿之间的外径。

（6）【角半径 2】用来控制该角度垂直腿和水平腿之间的内径。

（7）【边半径】用来控制垂直腿和水平腿的最外部边缘的内径。

Tips

调整这些设置时要小心。它们之间没有约束关系。因此，可能设置内半径（角半径 2）大于该角度的腿部的长度或宽度。

4.2.3 创建宽法兰

【宽法兰】用来创建H形矩形环或者H形倒角矩形环，创建的步骤和创建墙矩形类似，创

建的效果如下图所示。

【宽法兰】具体的创建步骤如下。

Step 01 在【创建】命令面板中单击【宽法兰】按钮。

Step 02 在【创建方法】卷展栏中任选一种创建方法，这里选择【边】。

Step 03 在顶视图中拖动并释放鼠标按钮，可定义该宽法兰的初始大小。

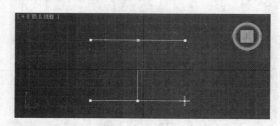

Step 04 移动鼠标，然后单击可定义该宽法兰的墙的厚度。

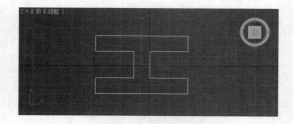

参数解密

【参数】卷展栏的相关参数设置如下。

（1）【长度】用来控制该宽法兰的垂直网的高度。

（2）【宽度】用来控制该宽法兰交叉的水平凸缘的宽度。

（3）【厚度】用来控制网和凸缘的厚度。

（4）【角半径】用来控制垂直网和水平凸缘之间的4个内部角半径。

Tips

调整这些设置时要小心。它们之间没有约束关系。因此，可能设置大于该网长度或该凸缘宽度的半径（角半径）。

4.2.4 创建通道

【通道】用来创建U形矩形环或者U形倒角矩形环，创建的步骤和创建墙矩形类似，参数栏也类似，这里不再重复。创建的效果如下图所示。

【通道】具体的创建步骤如下。

Step 01 在【创建】命令面板中单击【通道】按钮。

Step 02 在【创建方法】卷展栏中任选一种创建方法，这里选择【边】。

Step 03 在顶视图中拖动并释放鼠标按钮可定义通道的外围周界。

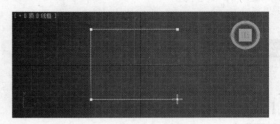

Step 04 移动鼠标，然后单击可定义该通道的墙的厚度。

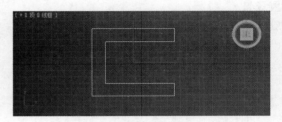

参数解密

【参数】卷展栏的相关参数设置如下。

（1）【长度】用来控制该通道垂直网的高度。

（2）【宽度】用来控制该通道顶部和底部水平腿的宽度。

（3）【厚度】用来控制该角度的两条腿的厚度。

（4）【同步角过滤器】启用后，角半径 1 控制垂直网和水平腿之间内外角的半径。同时，它还保持通道的厚度。默认设置为启用。

（5）【角半径1】用来控制该通道垂直网和水平腿之间的外径。

（6）【角半径2】用来控制该通道垂直网和水平腿之间的内径。

Tips

调整这些设置时要小心。它们之间没有约束关系。因此，可能设置内径（角半径 2）大于网的长度或腿的宽度。

4.2.5 实例：创建书隔板

下面通过创建一组书隔板模型来详细讲解【通道】的创建方法，具体的步骤如下。

Step 01 启动3ds Max 2016，单击【应用程序】按钮，从弹出的菜单中选择【重置】命令重置场景。

Step 02 在【创建】面板中选择【扩展样条线】选项，如下图所示。

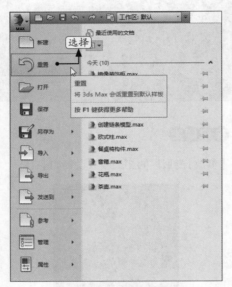

Step 03 在【创建】命令面板中单击【通道】按钮。

Step 04 在【创建方法】卷展栏中任选一种创建方法，这里选择【边】。

Step 05 在前视图中拖动并释放鼠标按钮可定义通道的外围周界。移动鼠标，然后单击可定义该通道的墙的厚度。

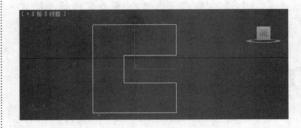

Step 06 将【参数】卷展栏展开，并进行相关参数设置，如图所示。

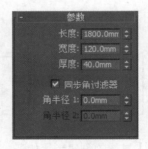

Step 07 设置后的效果如图所示。

Step 08 选择创建的通道图形，单击【创建】面板中的【修改】按钮，在【修改器列表】下

拉列表框 修改器列表 ▼ 中选择【挤出】修改器，如图所示。

Step 09 在【挤出】的【参数】卷展栏中，设置挤出【数量】为350，挤出的模型如下图所示。

Step 10 选择创建的模型体，在顶视图中，按住Shift键在x轴方向上执行移动复制，系统将会弹出【克隆选项】对话框，设置如图所示。

Step 11 单击【确定】按钮后效果如图所示。

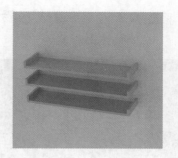

4.2.6 创建T形

【T形】用来创建T形矩形环或者T形倒角矩形环，创建的步骤和创建墙矩形类似，创建的效果如下图所示。

【T形】具体的创建步骤如下。

Step 01 在【创建】命令面板中单击【T形】按钮。

Step 02 在【创建方法】卷展栏中任选一种创建方法，这里选择【边】。

Step 03 在顶视图中拖动并释放鼠标按钮可定义三通的初始大小。

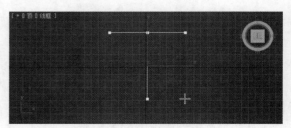

Step 04 移动鼠标，然后单击可定义该三通的墙的厚度。

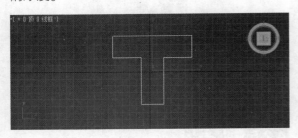

参数解密

【参数】卷展栏的相关参数设置如下。

（1）【长度】用来控制该三通垂直网的高度。

（2）【宽度】用来控制三通交叉的凸缘的宽度。

（3）【厚度】用来控制网和凸缘的厚度。

（4）【角半径】用来控制该部分的垂直网和水平凸缘之间的两个内部角半径。

Tips

调整这些设置时要小心。它们之间没有约束关系。因此，可能设置大于该网长度或该凸缘宽度的半径（角半径）。

4.3 样条线编辑修改器

创建基本二维图形之后，为了创建更复杂的二维图形，必须使用样条线编辑修改器，它是针对曲线顶点、线段及曲线进行调整的工具。执行编辑样条线修改命令的方法有多种：可以选择【修改器】→【面片/样条线编辑】→【编辑样条线】菜单命令；也可以在【修改】命令面板中单击☑按钮，然后从下拉列表中选择【编辑样条线】修改命令。编辑样条线命令将二维图形分为父物体、点、线段和样条曲线4个层级，这4个层级的修改按钮都放在了一个面板中，所以在单击不同的修改层级时，只有该层级可操作的按钮以黑色显示，其余的按钮则显示为灰色，处于不可操作状态。

4.3.1 编辑曲线的父级物体

对二维图形添加【编辑样条线】修改命令后，修改器堆栈中将出现带【+】号的【编辑样条线】项目，称为父级物体。对父级物体进行操作，方法如下。

Step 01 单击【创建】面板中的【图形】按钮，在下面的二维造型面板中单击【创建】按钮，在

前视图中创建多个二维图形，如下图所示。

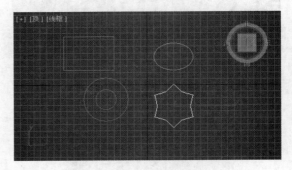

Step 02 选择视图中的任意一个图形，如矩形。单击修改命令按钮，在【修改】命令面板中的修改器下拉列表中选择【编辑样条线】修改命令，将所选择的二维图形修改为样条线物体。此时在命令面板中可以看到【几何体】卷展栏中有多个按钮处于可操作状态，如下图所示。

Step 03 单击【创建线】按钮，在前视图中单击并移动鼠标绘制一条新的曲线，这条曲线并不是独立的二维图形，而是当前曲线物体的一部分，如下图所示。

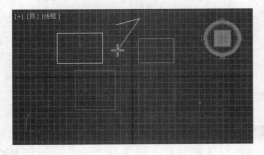

Step 04 单击【附加】按钮，在前视图中单击另一椭圆，此时将它合并到当前曲线，成为样条线物体的组成部分，如下图所示。

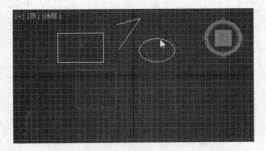

Step 05 单击【附加多个】按钮，系统将弹出【附加多个】对话框，如下图所示。从中选择多个二维物体的名字，然后单击【附加】按钮，此时被选择的二维物体即被合并到当前样条线物体中。

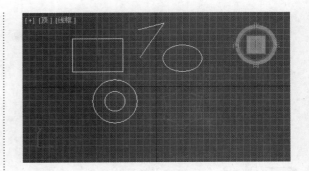

4.3.2 编辑曲线的次级物体顶点

单击修改器堆栈中父级物体【编辑样条线】左侧的【+】号，展开它的次级物体列表，下面对其中的次级物体【顶点】进行操作。

Step 01 单击前视图中的样条线物体。

Step 02 在【修改】命令面板中的修改器下拉列表中选择【编辑样条线】修改命令，然后单击【选择】卷展栏，再单击下面的【顶点】按钮 ，进入点编辑状态。也可以打开修改器堆栈中【编辑样条线】修改命令，从中选择【顶点】选项进入顶点编辑状态，如下图所示。

Step 03 在前视图中单击样条线的一个点，然后单击【几何体】卷展栏中的【断开】按钮即可将该点打断。此时使用移动工具移开点的位置，可以观察到打断后的点分成了两个点，如下图所示。

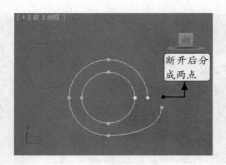

对其中的次级物体【分段】进行操作。

Step 01 单击前视图中的样条线物体。

Step 04 单击【几何体】卷展栏中的【优化】按钮，在前视图中单击样条线，此时即可观察到曲线被加入了一个新的点，但是曲线的形状并没有发生改变，如下图所示。

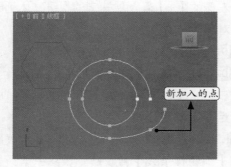

Step 02 在【修改】命令面板中的修改器下拉列表中选择【编辑样条线】修改命令，然后单击【选择】卷展栏，再单击下面的【分段】按钮，进入分段编辑状态；也可以打开修改堆栈中的【编辑样条线】修改命令，然后从中选择【分段】选项进入分段编辑状态。

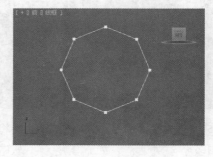

【几何体】卷展栏中的【新顶点类型】选项组中包含4种类型，如下图所示。

新顶点类型
- 线性   Bezier
- 平滑   Bezier 角点

（1）【线性】单选钮：不产生任何光滑的曲线，顶点两侧是直线。

（2）【平滑】单选钮：无调节手柄，自动地将线段切换为平滑的曲线。

（3）【Bezier（贝兹尔）】单选钮：提供两个调节手柄，使曲线保持平滑。

（4）【Bezier 角点（贝兹尔角点）】单选钮：提供两个调节手柄，分别调节各自一侧的曲线。

4.3.3 编辑曲线次级物体分段

单击修改器堆栈中父物体【编辑样条线】左侧的【+】号，展开它的次级物体列表，下面

Step 03 在视图中单击曲线的一条线段，在右侧【几何体】卷展栏中找到【拆分】按钮，在它的右侧数值框中输入想要加入点的数值3。单击【拆分】按钮，此时一条线段即被等分成4条线段。

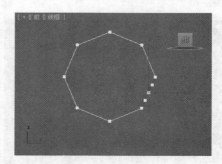

Step 04 在左视图中单击样条线的一条线段后，单击【分离】按钮即可打开【分离】对话框，如下图所示。从中设置分离出去的样条线名称，然后单击【确定】按钮，此时视图中被选

择的线段即会分离出去成为独立的物体，但分离出去的曲线的位置不会发生改变。

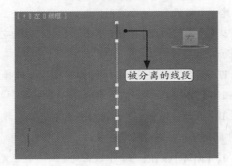

Step 05 选择任意一条未被分离的线段，然后单击【删除】按钮，该线段即可从曲线物体中消失。

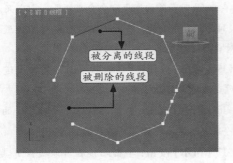

4.3.4 编辑曲线次级物体样条线

单击修改器堆栈中父级物体【编辑样条线】左侧的【+】号，展开它的次级物体列表，可以对其中的次级物体【样条线】进行操作。

下面通过一个实例来介绍制作曲线的对称曲线的操作方法。

Step 01 创建一个二维图形，然后执行【编辑样条线】修改命令。

Step 02 单击【选择】卷展栏，然后单击【样条线】按钮进入样条线编辑状态；也可以打开修改堆栈中【编辑样条线】修改命令，然后从中选择【样条线】选项进入样条线编辑状态。

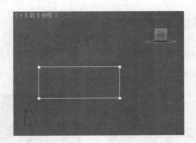

Step 03 在【几何体】卷展栏中单击【轮廓】按钮，在视图中单击样条曲线，然后拖动鼠标到视图中的适当位置放开，此时视图中的样条线即加了一个轮廓勾边，如下图所示。

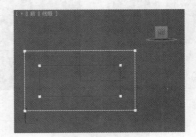

Tips

在视图中，当鼠标光标靠拢所选择的样条曲线时，鼠标光标的形状会变成。

Step 04 再一次单击【轮廓】按钮，取消轮廓勾边命令。

Step 05 选择全部曲线，选中【镜像】按钮下面的【复制】复选框，然后单击【镜像】按钮，此时即会产生一个镜像的复制品。

此时复制品的中心点与原曲线相重叠，使用移动工具改变复制品的位置，如下图所示。

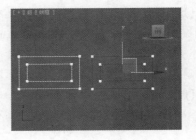

参数解密

【几何体】卷展栏中还有多个按钮可以操作,具体的功能如下。

①【创建线】按钮:在当前曲线中绘制新的曲线。

②【断开】按钮:将当前选择的点打断。打断后移动断点,会发现它们已经分离为两个顶点。

③【附加】按钮:单击该按钮,在视图中点取其他的样条曲线,可以将它合并到当前的曲线中来。选中右侧的【重定向】复选框,新加入的曲线会移动到原样条曲线的位置。

④【附加多个】按钮:单击此按钮会弹出多重结合选择框,从中可以选择多条需要结合的曲线。

⑤【连接】复选框:选中【连接复制】选项组中的【连接】复选框后,按住Shift键克隆样条线的操作将创建一个新的样条线子对象,以及将新样条线的顶点连接到原始线段顶点的其他样条线。

⑥【焊接】按钮:焊接同一个曲线的两个端点或相邻的两个点。先移动两点或两个相邻点,使两个点彼此

接近,然后同时选择这两个点,再单击【焊接】按钮,两个点就会焊接到一起成为一个点。如果没有被焊接,则可增加右侧的焊接值重新焊接,或者重新移动两点的距离。

⑦【连接】按钮:单击此按钮可以连接两个断开的点,使两个点由一条线连接。

⑧【插入】按钮:单击此按钮,在曲线上单击鼠标会创建一个新的点,按右键则停止。

⑨【设为首顶点】按钮:单击此按钮可以指定一个顶点为起始点。

⑩【熔合】按钮:单击此按钮可以移动选择的点到它们的平均中心。

⑪【反转】按钮:单击此按钮可以颠倒曲线的方向,即颠倒顶点序列号的顺序方向。

⑫【循环】按钮:当多个顶点处于同一个位置时,单击该按钮可以逐个选择该位置的顶点。

⑬【相交】按钮:单击此按钮,在视图中的曲线交叉处单击,此时两条曲线上即会分别增加一个交叉点。

⑭【圆角】按钮:单击此按钮可以对曲线进行加工,对直的折角点进行圆角处理。

⑮【切角】按钮:单击此按钮可以对曲线进行加工,对直的折角点进行加线处理。

⑯【轮廓】按钮:单击此按钮可以对选择的曲线加一个轮廓,右侧的数值是轮廓的距离。

⑰【布尔】按钮:单击此按钮可以提供并集、差集和交集3种运算方式。

⑱【镜像】按钮:单击此按钮可以对所选择的曲线进行水平、垂直和对角镜像等操作。

⑲【修剪】按钮:单击此按钮可以删除曲线交叉点。

⑳【延伸】按钮:单击此按钮可以重新连接曲线交叉点。

㉑【无限边界】复选框:选中该复选框,将以无限远为界限进行修剪扩展计算。

㉒【隐藏】按钮:单击此按钮可以隐藏选择的曲线。

㉓【全部取消隐藏】按钮:单击此按钮可以显示所有的隐藏的曲线。

㉔【绑定】按钮:单击该按钮,移动鼠标光标到曲线末端的点,光标变为"+"后单击鼠标并拖动光标到

需要绑定的线段中，然后松开鼠标，选择的点则会跳到选择线段的中心。如果要取消绑定，则应先选择绑定的点，然后单击【取消绑定】按钮。

㉕【删除】按钮：单击此按钮可以删除选择的曲线。

㉖【关闭】按钮：单击此按钮可以将开放的曲线闭合。

㉗【拆分】按钮：单击此按钮可以细化选择的线段或者在线段上添加指定的顶点。

㉘【分离】按钮：单击此按钮可以将当前选择的线段分离出去，成为一个独立的曲线物体。

㉙【同一图形】复选框：选中该复选框，分离的线段仍然是当前曲线的一部分。

㉚【重定向】复选框：选中该复选框，分离出去的线段会重新放置。

㉛【复制】复选框：选中该复选框，分离出去的线段为复制品，保留当前的线段。

㉜【炸开】按钮：单击此按钮可以将选择的曲线全部分离出去。选择Spline（样条线）时，炸开的曲线是原曲线的次物体；如果选择Objects（对象），炸开的曲线则会成为独立的二维图形。

㉝【显示选定线段】复选框：选中该复选框，选择的线段将在当前次物体级别中显示出来。

4.3.5 实例：创建鸟笼模型

下面通过创建一个创建鸟笼模型来深入学习如何使用线建模，具体的步骤如下。

Step 01 启动3ds Max 2016，单击【应用程序】按钮，从弹出的菜单中选择【重置】命令重置场景。

Step 02 单击【创建】面板中的【图形】按钮，将会显示出二维图形面板，如下图所示。

Step 03 单击【线】按钮，在前视图中使用鼠标单击绘制鸟笼的截面图形，该图形是个封闭图形，在线段起点处单击鼠标后会弹出【样条线】对话框，系统会询问是否闭合样条线，如下图所示。

Step 04 单击【是】按钮，绘制的截面图形如图所示，如果图形绘制得不完美，可以单击修改命令按钮，在【修改】命令面板中编辑曲线的次级物体顶点。

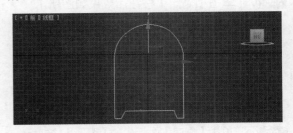

Step 05 在【修改】命令面板中，将【渲染】卷展栏展开，并进行相关参数设置，如图所示。

Tips

这里设置【厚度】值为50是根据本例绘制的截面图形大小决定的，读者可以根据自己的图形大小来设置【厚度】值，只要符合鸟笼框架的粗细即可。

Step 06 此时线的效果如图所示。

Step 07 选择创建的鸟笼截面模型，单击主工具栏上的【选择并旋转】按钮，在顶视图中，按住Shift键在z轴方向上执行旋转复制，系统将弹出【克隆选项】对话框，设置如图所示。

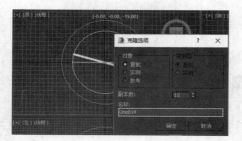

Step 08 单击【确定】按钮后效果如图所示。

Step 09 单击【创建】面板中的【图形】按钮，将会显示出二维图形面板，在面板中单击【圆】按钮。

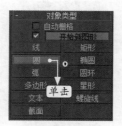

Step 10 在顶视图中拖曳鼠标到适当的位置松开

鼠标，创建一个圆形鸟笼，如图所示。

Tips

由于上面创建线时调整了渲染参数，这里创建的圆形直接就使用了这个渲染参数，不需要再次调整。

Step 11 单击主工具栏中的【选择并移动】工具按钮，在前视图中单击选择圆形对象，将光标移到y轴上，按住Shift键在y轴方向上执行移动复制，系统将会弹出【克隆选项】对话框，设置如图所示。

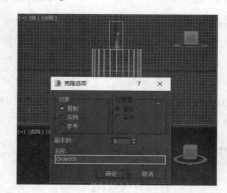

Step 12 单击【确定】按钮后效果如图所示。

Step 13 使用相同的方法再复制两个圆形，如图所示。

Step 14 在【创建】面板中选择【标准基本

体】，然后单击【圆柱体】按钮，如图所示。

Step 15 在顶视图中创建两个圆柱体，然后使用【选择并移动】工具⊹调整位置，如图所示。

Step 16 单击【线】按钮，在前视图中用鼠标

单击绘制鸟笼的提手的图形，最终效果如下图所示。

4.4 实战技巧

当用户在3ds Max 2016的视图中单击鼠标右键时，3ds Max 2016将在鼠标光标所在的位置上显示一个视口右键单击菜单四元菜单，四元菜单最多可以显示四个带有各种命令的功能区域，用户也可以在【自定义用户界面】对话框里找到【四元菜单】面板，使用鼠标右键四元菜单可以查找和激活3ds Max的大多数命令，而不必在视图和命令面板上的卷展栏之间来回寻找。

技巧 鼠标右键四元菜单详解

默认3ds Max 2016鼠标右键四元菜单右侧的两个区域显示可以在所有对象之间共享的通用命令。左侧的两个区域包含特定上下文的命令，如网格工具和灯光命令，如图所示。使用上述每个菜单都可以方便地访问命令面板上的各个功能。通过单击区域标题，还可以重复上一个四元菜单命令。

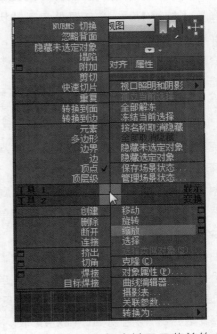

3ds Max 2016鼠标右键四元菜单的内容取决于所选择的内容，以及在【自定义UI】对话框的【四元菜单】面板中选择的自定义选项。因为可以将菜单设置为只显示可用于当前选择的

命令，所以选择不同类型的对象将在区域中显示不同的命令。如果未选择对象，则将隐藏所有特定对象的命令，如果一个区域的所有命令都被隐藏，则不显示该区域。

（1）【变换】区域

可以通过【变换】区域使用以下选项。

移动：用于移动对象。这与在3ds Max主工具栏上单击选择并移动工具的效果一样，通过单击此菜单上【移动】右侧的图标，可以打开变换输入。

旋转：用于旋转对象。这与在3ds Max主工具栏上单击选择并旋转工具的效果一样，通过单击此菜单上【旋转】右侧的图标，可以打开变换输入。

比例：用于缩放对象。这与在3ds Max主工具栏上单击选择并缩放工具的效果一样。如果在主工具栏上，其他"选择并缩放"弹出按钮处于活动状态，则当用户在3ds Max 2016四元菜单上单击【缩放】时，该工具处于活动状态，通过单击此菜单上【缩放】右侧的图标，可以打开变换输入。

选择：用于选择对象。

选择类似对象：自动选择与当前选择类似的3ds Max对象。

克隆：用于克隆3ds Max对象。这与从【编辑】菜单选择克隆的效果一样。

对象属性：打开选定对象的【对象属性】对话框。只有当用户打开3ds Max四元菜单选中某个对象时，该命令才可用。

曲线编辑器：打开选定3ds Max对象，并将其显示在【轨迹视图层次】的顶部。只有当您打开四元菜单选中某个对象时，该命令才可见。

摄影表：打开并显示3ds Max摄影表。

关联参数：启动选定3ds Max对象的关联参数。只有当您打开四元菜单选中某个对象时，该命令才可用。

转换为：使用此子菜单可以将选定对象转化为可编辑网格、可编辑面片、可编辑样条线、NURBS 曲面或可编辑多边形。只有当用户打开3ds Max四元菜单选中某个对象时，该命令才可用。

（2）【显示】区域

可以通过【显示】区域使用以下选项。

视口照明和阴影：此3ds Max子菜单提供了用于在视口中显示阴影和精确照明的命令。

孤立当前选择：使用【孤立当前选择】工具可以在隐藏其余3ds Max场景时编辑当前选择。

全部解冻：将所有冻结的3ds Max对象解冻。

冻结选择：冻结选定的对象。冻结对象在3ds Max视图中可视，但不能被操作。

冻结选择的层：冻结选定对象的层。

按名称取消隐藏：显示从场景选择3ds Max对话框的版本，使用这个对话框取消隐藏从列表中选择的对象。

隐藏未选定对象：隐藏未选定的所有可见对象。隐藏的对象仍然存在于场景中，但不在3ds Max视图或渲染图像中显示。

隐藏选择：隐藏选定的对象。

隐藏选择的层：隐藏选定对象的层。

保存场景状态：打开【保存场景状态】对话框，用户可以在其中输入当前3ds Max场景的名称，并选择与场景一起保存的选项。

管理场景状态：打开【管理场景状态】对话框。【管理场景状态】对话框是无模式对话框，其中可以选择、保存、重命名和删除场景状态。

（3）【工具】区域

默认四元菜单左侧的两个区域称为"工具1"和"工具 2"。这些区域包含特定于各种几何体和修改器的命令，如灯光、可编辑几何体和摄影机。只有在打开3ds Max四元菜单后选择相应的几何体或修改器时，这些区域才出现。

第 5 章

复合三维对象

本章引言

　　到目前为止，读者可以利用已经介绍的基本几何体创建一些简单的对象，但是在现实生活中，几乎所有的物体都具有复杂的形状，这远远超出了简单几何体的创建能力。因此，本章引入复合对象这一个概念。所谓复合对象是指两个或两个以上的对象通过组合形成的各种复杂的对象。这些建模类型提供了多种独特而新颖的用于对象建模的方式。本章将对如何使用布尔对象、使散布对象穿过另一个对象的表面、沿样条曲线路径放样横截面等内容进行介绍。

学习要点

◈ 掌握复合三维对象的概念
◈ 掌握复合对象的创建方法
◈ 掌握复合对象的的实例应用

5.1 复合对象类型

　　复合对象子类别包括布尔、放样、变形、一致、水滴网络、散布、连接、图形合并、网格化和地形等几种类型。

　　使用这些类型可以通过选择【创建】→【复合】菜单命令，或者单击【创建】面板◆下【几何体】◎的下拉菜单，然后选择其中的【复合对象】来实现，如下图所示。

打开的【复合对象】面板如图所示。

　　复合对象子类别中包括的所有对象类型都显示为【创建】面板上的按钮，包括以下几项。

　　（1）【变形】：由两个和更多的顶点数相同的对象组成，是从一个对象到另一个对象，通过几帧进行顶点插补而形成的。这是一种用

来制作动画表情的方法。变形最常见的例子就
是变脸，使用变形可以实现变脸的动画效果，
这要比一般的动画操作简单得多，表情动画关
键帧，如下图所示。

（2）【散布】：在屏幕周围可以随机地散
布原对象，还可以选定一个分布对象以定义散
布对象分布的体积或表面。例如，可以用少数
的几个做好的树木来生成一片森林，如下图所
示的山的平面用于散布树和两组不同的岩石。

（3）【一致】：把一个对象的顶点包裹到
另一个对象上，还可以使用这个选项模拟顶点
数不同的对象之间的变形，如下图所示的一致
对象适合于山表面的道路。

（4）【连接】：通过把空洞和其他面结合
起来而连接两个带有开放面的对象，如下图所
示的杯子的连接。

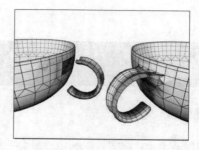

（5）【水滴网格】：创建一个圆球对象，
像水流一样从一个对象流到下一个对象，如下
图所示的使用水滴网格制作的水滴效果。

（6）【图形合并】：把样条曲线嵌入网格
对象中或从网格对象中去掉样条曲线区域，如
下图所示的图形合并将字母、文本图形与蛋糕
模型网格合并。

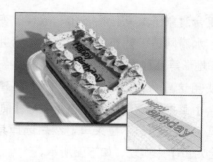

（7）【布尔】：即布尔运算，是对两个
或更多的交叠对象执行布尔运算，运算包括并
集、差集、交集和切割。

（8）【地形】：使用海拔等高线创建地形，和地理学中的地图相似。

（9）【放样】：沿样条曲线路径扫描横截面形状。

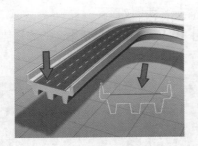

（10）【网格化】：创建一个对象，随着帧的进展把粒子系统转换成网格对象，这样就可以对粒子系统应用编辑修改器。

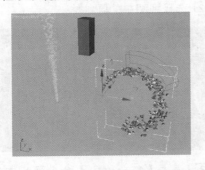

（11）【ProBoolean】：布尔对象通过对两个或多个其他对象执行布尔运算将它们组合起来。ProBoolean将大量功能添加到传统的 3ds Max 布尔对象中，还可以自动将布尔结果细分为四边形面，这有助于将网格平滑和涡轮平滑。

（12）【ProCutter】：能够执行特殊的布尔运算，主要目的是分裂或细分体积。其运算结果适合在动态模拟中使用，在动态模拟中，对象炸开，或由于外力或另一个对象使对象破碎。

Tips

当把两个或多个对象组合成一个复合对象时，它们则使用同一种对象材质。多重/子材质类型用于不同的部分，应用不同的材质。

5.2 布尔复合对象

两个对象交叠时，可以对它们执行不同的布尔运算以创建独特的对象。布尔运算包括并集、差集、交集和切割。

选择两个交叠对象中的任意一个对象，单击【复合对象】面板上的【布尔】按钮后就可以进行布尔运算，如图所示。

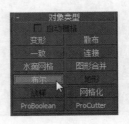

下图所示即是对A和B两个对象进行布尔运算的操作【参数】卷展栏。

（1）【并集】运算：把两个对象合成为一个对象。

（2）【交集】运算：只保留两个对象的重叠部分。

（3）【差集】运算：从一个对象中减去另一个对象中的重叠部分。

（4）【切割】运算：像差集运算那样剪切一个对象，但是它保留的是剪切部分。

各种布尔运算的效果如下图所示。

Tips

与那些处理实心对象的CAD软件包不同，3ds Max 2016的布尔运算只作用于表面。如果两个对象的表面不交叠，布尔运算就无效。

所有的布尔运算都在堆栈中列出，任何时候都可以重新访问一个运算并进行修改。

5.2.1 并集操作

并集运算是把两个具有重叠部分的对象组合成一个对象。若要合并两个对象，可选定一个对象并单击【布尔】按钮。在【参数】卷展栏中，选定的对象被指定为【操作对象 A】。单击【拾取布尔】卷展栏中的【拾取操作对象B】按钮，并在视口中选定第二个对象（拾取操作对象B可以是复制、实例、参考或移动的对象），然后选中【并集】单选钮即可应用布尔运算。

具体操作步骤如下。

Step 01 在任意视图中创建相交的圆柱体和长方体，如下图所示。

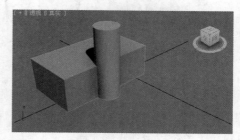

Step 02 选择视图中的圆柱体。

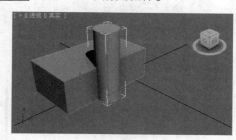

Step 03 单击【复合对象】命令面板中的【布尔】按钮。

Step 04 在下方的【参数】卷展栏中的【操作对象】列表框中可以看到圆柱体被指定为"操作对

象A"，在【操作】选项组选中【并集】单选钮。

Step 05 在【拾取布尔】卷展栏中单击 拾取操作对象B 按钮，如图所示。

Step 06 在视图中选择长方体以指定其为"操作对象B"。系统自动完成"操作对象A"和"操作对象B"的并集运算，结果如下图所示。

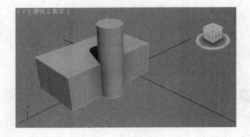

Tips

并集运算没有物体选择先后次序的问题，无论先选择哪个物体最终的运算结果都是相同的。

5.2.2 交集操作

交集运算由两个对象交叠的部分创建一个对象。在这个运算中，对于A、B对象的认定并不重要。

具体操作步骤如下。

Step 01 在任意视图中创建相交的圆柱体和长方体，如下图所示。

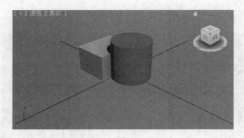

Step 02 选择视图中的圆柱体。

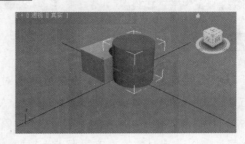

Step 03 单击【复合对象】命令面板中的【布尔】按钮。

Step 04 在【参数】卷展栏中的【操作对象】列表框中可以看到圆柱体被指定为"操作对象A"，在【操作】选项组选中【交集】单选钮。

Step 05 在【拾取布尔】卷展栏中单击 拾取操作对象B 按钮，如下图所示。

Step 06 在视图中选择长方体以指定其为"操作对象B"。系统自动完成"操作对象A"和"操作对象B"的交集运算,结果如下图所示。

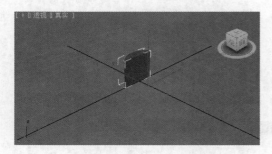

5.2.3 差集操作

差集运算是从一个对象中减去另一个对象中与之交叠的部分。对于这种操作,从对象A中减去对象B与从对象B中减去对象A生成的对象完全不同,所以选定对象的次序显得尤为重要。

具体操作步骤如下。

Step 01 在任意视图中创建相交的长方体和球体,如下图所示。

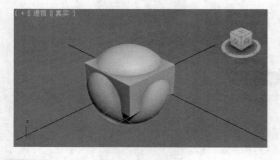

Step 02 选择视图中的长方体。

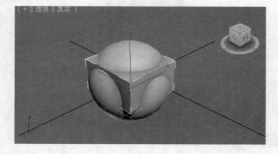

Step 03 单击【复合对象】命令面板中的【布尔】按钮。

Step 04 在【参数】卷展栏中的【操作对象】列表框中可以看到长方体被指定为"操作对象A",在【操作】选项组选中【差集(A—B)】单按钮。

Step 05 在【拾取布尔】卷展栏中单击 拾取操作对象B 按钮,如图所示。

Step 06 在视图中选择球体以指定其为"操作对象B"。系统自动完成"操作对象A"和"操作对象B"的差集(A—B)运算,结果如下图所示。

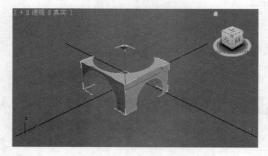

Step 07 如果从操作对象B中减去操作对象A,即进行差集(B—A)的运算,则结果完全不同,

如下图所示。

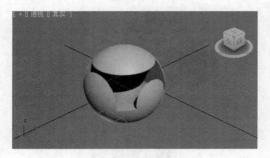

5.2.4 实例：创建齿轮模型

齿轮在机械构件中非常常见，是机器运转正常的保证，下面通过创建一个齿轮模型来深入学习如何使用布尔运算来建模，具体的步骤如下。

Step 01 启动3ds Max 2016，单击【应用程序】按钮 ，从弹出的菜单中选择【重置】命令重置场景。

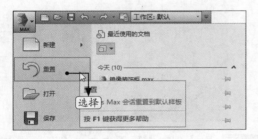

Step 02 单击【创建】面板中的【图形】按钮 ，将显示出二维图形面板，如下图所示。

Step 03 在【图形】工具面板中，单击【星形】按钮，如图所示。

Step 04 在顶视图中创建星形，进入【修改】面板，参照下图修改星形的参数。

Step 05 选择创建的星形，单击【创建】面板中的【修改】按钮 ，在【修改器列表】下拉列表框 中选择【倒角】修改器，如图所示。

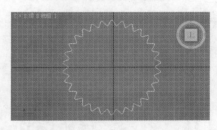

Step 06 在【倒角】的【参数】卷展栏中，设置挤出参数，如下图所示。

Step 07 倒角后的效果如图所示。

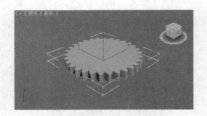

Step 08 在【创建】面板中单击【圆柱体】按钮，如图所示。

Step 09 在顶视图中创建一个圆柱体，设置其【半径】为60，【高度】为5，如图所示。

Step 10 选择星形对象，在【创建】面板的下拉列表框中选择【复合对象】选项，进入复合对象面板。

Step 11 单击【复合对象】命令面板中的【布尔】按钮。

Step 12 在【参数】卷展栏中的【操作对象】列表框中可以看到长方体被指定为"操作对象A"，在【操作】选项组选中【差集（A—B）】

单按钮。

Step 13 在【拾取布尔】卷展栏中单击 拾取操作对象B 按钮，如图所示。

Step 14 在视图中选择圆柱体以指定其为"操作对象B"。系统自动完成"操作对象A"和"操作对象B"的差集（A—B）运算，结果如下图所示。

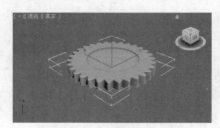

Step 15 在【创建】面板中单击【圆柱体】按钮，在顶视图中创建一个圆柱体，设置其【半径】为30，【高度】为50；选择星形对象，在下拉列表框中选择【复合对象】选项，进入复合对象面板，单击【布尔】按钮，然后单击【拾取操作对象B】按钮，在视图中选择圆柱体对象，进行差集（A—B）运算，得到的结果如下图所示。

Step 16 在【创建】面板中单击【圆柱体】按钮，在顶视图中创建一个小圆柱体，设置其【半径】为10，【高度】为50。选择【工具】→【阵列】命令，阵列出6个小圆柱；选择一个小圆柱体对象，在【修改】面板下拉列表框中选择【编辑网格】修改器，单击【附加】按钮，然后依次单击其余小圆柱体，使其成为一个整体。

Step 17 选择星形对象，在下拉列表框中选择【复合对象】选项，进入【复合对象】面板，单击【布尔】按钮，然后单击【拾取操作对象B】按钮，在视图中选择小圆柱体对象，进行差集（A−B）运算，得到的结果如下图所示。

Step 18 最终的渲染效果如图所示。

5.2.5 切割操作

切割运算和【切片】编辑修改器相似，只是它使用的是另一种对象而不是切平面线框，而且在该过程中只修改【操作对象A】。切割运算包括4个选项：优化、分割、移除内部和移除外部。

【切片】编辑修改器使用平面线框对对象进行切割处理。

【优化】选项使用与【操作对象B】相交的新边来标记选定对象。【分割】选项实际上是把网格对象分为单独的元素。【移除内部】和【移除外部】选项是【分割】选项的变形，它们去掉了内部或外部的部分。

除了切割运算在基本几何体内保留空洞之外，这些选项的使用与【差集】和【交集】选项相似。

5.2.6 使用布尔的注意事项

使用布尔对于初学者来说可能很困难。如果读者对不合适的两个对象执行布尔运算，结果就是错误的。在准备布尔运算对象时，特别要注意以下几点。

（1）网格对象应该避免使用又长又窄的多边形面，基本上所有的面长宽相等，边的长与宽的比例要小于4:1。

（2）要避免使用曲线，因为曲线可能会自己折叠起来，从而产生一些问题。如果需要使用曲线，也尽量不要与其他的曲线相交，而且应把曲率保持到最小。

（3）如果使用布尔运算有困难，可试着使用【变换】编辑修改器（在修改器列表中）把所有的对象组合成一个，然后瓦解堆栈并把对象转换为【可编辑网格】对象，这样就可以去掉与所有的编辑修改器的关系。

（4）应确保对象是完全封闭的表面，即没有空洞、交叠面或未焊接的顶点，用户可以使用【STL检查】编辑修改器查看这些表面或者在视口中启用【平滑+高光】以查看所有的面。

（5）应确保所有的表面法线都是一致的（法线不一致会产生意外的结果），使用【法

线】编辑修改器可以合并与翻转对象的所有法线，视口中的【显示法线】选项也是有帮助的。

（6）执行了所有的布尔运算之后塌陷堆栈，则会消除以前对象类型的关系。

5.2.7 实例：创建烟灰缸模型

下面通过创建一个烟灰缸模型来深入学习使用布尔运算来建模的方法，具体的步骤如下。

思路解析：

首先需要创建管状体作为基本形体，然后创建圆柱体组合成烟灰缸的造型，最后创建圆柱体来进行布尔运算来创建烟灰缸的缺口造型，需要注意选择布尔运算的方式。

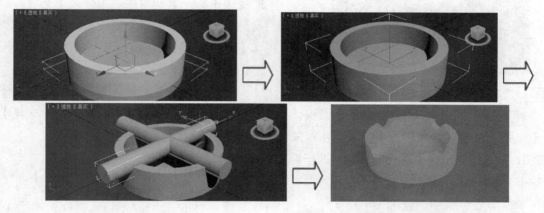

关键点1：创建烟灰缸的基本造型

Step 01 启动3ds Max 2016，单击【应用程序】按钮，从弹出的菜单中选择【重置】命令重置场景。

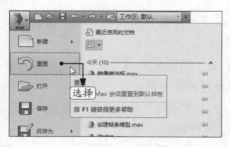

Step 02 在【创建】面板中单击【管状体】按钮，如图所示。

Step 03 在顶视图中的坐标中心位置处按下鼠标左键创建一个圆柱体，将【参数】卷展栏展开，并进行相关参数设置，如图所示。

Step 04 最终结果如图所示。

Step 05 在【创建】面板中单击【圆柱体】按钮，如图所示。

Step 06 在顶视图中的坐标中心位置处按下鼠标左键创建一个圆柱体,将【参数】卷展栏展开,并进行如图所示的相关参数设置。

Step 07 最终结果如图所示。

关键点2:对烟灰缸形体进行并集运算

Step 01 选择圆柱体,然后单击【复合对象】命令面板中的【布尔】按钮。

Step 02 在下方的【参数】卷展栏中的【操作对象】列表框中可以看到圆柱体被指定为"操作对象A",在【操作】选项组选中【并集】单选钮。

Step 03 在【拾取布尔】卷展栏中单击 拾取操作对象B 按钮,如图所示。

Step 04 在视图中选择管状体以指定其为"操作对象B"。系统自动完成"操作对象A"和"操作对象B"的并集运算,结果如下图所示。

关键点3:创建圆柱

Step 01 在【创建】面板中单击【圆柱体】按钮,在前视图中的烟灰缸缺口位置处按下鼠标左键创建一个圆柱体,将【参数】卷展栏展开,并进行如图所示的相关参数设置。

Step 02 最终结果如图所示。

Step 03 选择创建的圆柱体,单击主工具栏上的【选择并旋转】按钮 ,在顶视图中,按住Shift键在z轴方向上执行旋转复制,系统弹出【克隆选项】对话框,设置如图所示。

Step 04 单击【确定】按钮后，单击主工具栏中的【选择并移动】工具按钮，调整位置，如图所示。

关键点4：用布尔运算创建烟灰缸的缺口造型

Step 01 选择管状体对象，在【创建】面板的下拉列表框中选择【复合对象】选项，进入复合对象面板。

Step 02 单击【复合对象】命令面板中的【布尔】按钮。

Step 03 在【参数】卷展栏中的【操作对象】列表框中可以看到长方体被指定为"操作对象A"，在【操作】选项组选中【差集（A—B）】单按钮。

Step 04 在【拾取布尔】卷展栏中单击拾取操作对象B按钮，如图所示。

Step 05 在视图中选择圆柱体以指定其为"操作对象B"。系统自动完成"操作对象A"和"操作对象B"的差集（A—B）运算，结果如下图所示。

Step 06 使用相同的方法，选择管状体再次做差集的布尔运算，最终效果如图所示。

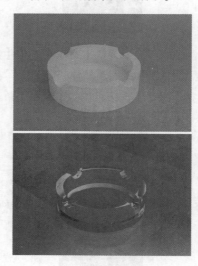

5.3 放样复合对象

放样是一个来自造船工业的术语,它描述了造船的一种方法,使用这种方法可以创建并定位横截面,然后沿横截面的长度接入一个表面或表皮。

用户若要创建放样对象,至少需要两个样条曲线形状:一个用于定义放样的路径,另一个用于定义它的横截面。创建了形状后,选择【创建】→【复合】→【放样】菜单命令,如果在视口中给出了两个或多个样条曲线,则会启用【放样】按钮,如下图所示。

5.3.1 使用【获取路径】和【获取图形】按钮

单击【放样】按钮,在【创建方法】卷展栏中会显示【获取路径】和【获取图形】两个按钮。选定一个样条曲线,然后单击【获取路径】按钮或【获取图形】按钮即可指定样条曲线路径和样条曲线横截面。如果单击【获取图形】按钮,选定的样条曲线就将作为路径,下一个选定的样条曲线形状将作为横截面;如果单击的是【获取路径】按钮,选定的样条曲线就将作为形状,选定的下一个样条曲线形状将作为路径。

使用【获取图形】和【获取路径】按钮创建放样对象时,可以指定移动样条曲线或创建样条曲线的副本、实例。【移动】选项用一个

放样对象替换两个样条曲线;【复制】选项保留视口中的两个样条曲线并创建一个新的放样对象;【实例】保持样条曲线和放样对象之间的链接,使用这个链接可以修改原样条曲线,放样对象可以自动更新。

路径样条曲线的顶点次序是很重要的放样对象,通常从1号顶点开始创建。

5.3.2 控制曲面参数

所有的放样对象都包含【曲面参数】卷展栏,如下图所示。通过卷展栏可以用两种不同的选项设置放样对象的平滑度:【平滑长度】方向和【平滑宽度】方向。使用【贴图】选项组可以控制纹理贴图,通过设置贴图沿放样对象的长度方向或宽度方向重复的次数就可以实现这一点。选中【规格化】复选框可以使贴图沿表面均匀分布或者根据形状的顶点间距成比

例分布。可以把放样对象设置为自动【生成材质ID】和【使用图形ID】，并且可以把放样的输出指定为【面片】或【网格】。

5.3.3 改变路径参数

使用【路径参数】卷展栏可以沿放样路径的不同位置定位几个不同的横截面图形，如下图所示。【路径】值是根据【距离】或者【百分比】确定新形状插入的位置。【捕捉】选项打开时，可以沿路径的固定距离进行捕捉。选中【路径步数】单选钮可以沿顶点定位的路径以一定的步幅数定位新形状，每个路径根据其不同的复杂度有不同的步幅数。

视口在插入横截面形状的位置处显示一个黄色的小X。路径参数卷展栏底部3个按钮的图示和说明如下表所示。

工具栏按钮	名称	说明
	拾取图形	选定要插入到指定位置的新横截面样条曲线
	上一个图形	沿放样路径移动到前一个横截面图形
	下一个图形	沿放样路径移动到后一个横截面图形

5.3.4 设置蒙皮参数

【蒙皮参数】卷展栏包含许多确定放样蒙皮复杂度的选项，如下图所示。使用【封口始端】和【封口末端】复选框可以指定是否给放样任何一端添加端面，端面可以是变形类型或栅格类型。

该卷展栏还包含以下一些控制蒙皮外观的选项。

（1）【图形步数】和【路径步数】文本框：用于设置每个顶点的横截柱面图形中的片段数以及沿路径每个分界之间的片段数。如果选中【优化路径】复选框，就会忽略片段数。

（2）【优化图形】和【优化路径】复选框：用于对图形进行优化，即删除不需要的边或顶点以降低放样复杂度。

（3）【自适应路径步数】复选框：用于自动确定路径使用的步幅数。

（4）【轮廓】复选框：用于确定横截面图形如何与路径排列。如果选中这个复选框，横截面就总是调整为与路径垂直；如果撤选它，路径改变方向时，横截面图形仍然保持方向不变。

（5）【倾斜】复选框：选中该复选框，路径弯曲时横截面图形就会发生旋转。

（6）【恒定横截面】复选框：选中该复选框，则按比例变换横截面，使得它们沿路径保持一致的宽度；撤选该复选框，横截面图形则会沿路径以任意锐角保持原始尺寸。

（7）【线性插值】复选框：如果启用，则使用每个图形之间的直边生成放样蒙皮。如果禁用，则使用每个图形之间的平滑曲线生成放样蒙皮。默认设置为禁用状态。

（8）【翻转法线】复选框：用于纠正法线出现的问题（创建放样对象时，法线经常会意外地翻转）。

（9）【四边形的边】复选框：选中该复选框，可创建四边形以连接相邻的边数相同的横截面图形。

（10）【变换降级】复选框：选中该复选框，变换次对象时放样表皮会消失，在横截柱面移动时可以使横截面区域看起来更直观。

使用【蒙皮参数】卷展栏底部的【显示】选项组中的复选框可以在所有的视口中显示蒙皮造型，也可以只在打开阴影的视口中显示放样蒙皮造型。

5.3.5 实例：创建香蕉模型

下面通过创建一个香蕉模型来深入学习使用放样来建模的方法，具体的步骤如下。

Step 01 启动3ds Max 2016，单击【应用程序】按钮，从弹出的菜单中选择【重置】命令重置场景。

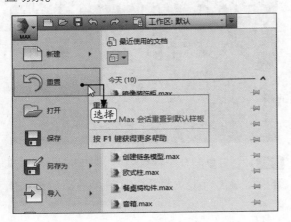

Step 02 进入【创建】→【图形】面板，单击【线】按钮，如图所示。

Step 03 在顶视图中绘制香蕉的截面曲线，在前视图中绘制一条直线作为放样的路径。

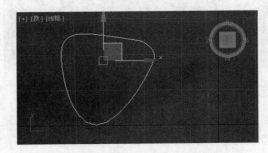

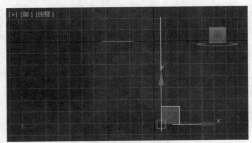

Step 04 选中通过使用【轮廓】命令得到的闭合双线作为放样的截面，单击【创建】按钮，进入【创建】面板。单击【几何体】按钮，在下拉列表框中选择【复合对象】选项。在面板中单击【放样】按钮。

Step 05 单击【放样】面板中的【获取图形】
按钮。

Step 06 在顶视图区中选中放样截面图形。这样
曲线作为放样的截面沿着直线放样，生成如下
图所示的放样造型。

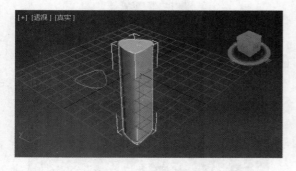

Tips

需要注意的是，作为放样路径的样条曲线，
其末端的控制点不能是Bezier或Bezier一角点类
型，应该是角点或平滑类型，否则放样造型体的
末端会出现倾斜、收缩等现象。当然，Bezier控
制点作为中间控制点是不会出现这种状况的。

Step 07 在【放样】面板中单击【变形】选项卡
中的【缩放】按钮。

Step 08 将会弹出【缩放变形】对话框，对对话
框中的曲线进行调节，效果如图所示。

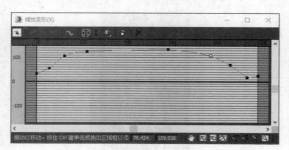

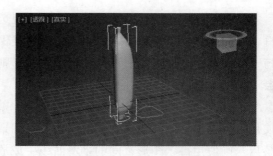

Step 09 选中香蕉模型，单击【修改】按钮，
进入【修改】面板。在修改器堆栈中打开【弯
曲】选项。

Step 10 设置【弯曲】的【角度】参数为100，
如图所示。

Step 11 得到香蕉造型，如图所示。

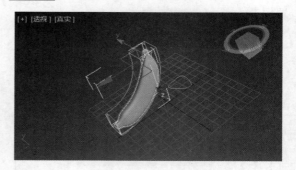

Step 12 多复制几个香蕉模型进行组合，接下来
给模型赋上合适的材质，最终的渲染效果如下
图所示。

5.3.6 变形放样对象

选定放样对象并打开【修改】面板 就会出现【变形】卷展栏。该卷展栏包含5个按钮，使用它们可以沿路径【缩放】、【扭曲】、【倾斜】、【倒角】和【拟合】横截面形状。按下这5个按钮可以打开相似的图形窗口，其中包含控制点和一条用来显示应用效果程度的线。每个按钮的旁边是一个开关按钮，打开它时会亮起来，这个按钮用于激活或禁用各自的效果，如下图所示。

变形窗口中的按钮如下表所示。

5.3.7 应用变形

这5种变形选项使用相同的基本窗口和控制元素，窗口中的线显示路径的长度。作为变形窗口界面的一种，【缩放变形】窗口如下图所示。

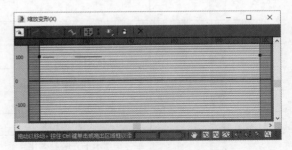

直接拖动曲线就可以修改变形曲线。还可以在曲线的任何位置插入控制点。这些控制点可以有3种不同的类型：角点、Bezier-平滑或Bezier-角点。Bezier类型的点有控制该点曲率的手柄，若要改变点的类型，可选定这个点单击鼠标右键，然后从弹出的菜单中进行选择，如下图所示。端点必须为角点或Bezier-角点类型。

若要移动一个控制点，可以选定并拖曳它，也可以在窗口底部的水平和垂直域中输入数值。

工具栏按钮	名 称	说 明
	均衡	链接两条曲线，使得对一条曲线所做的改变也同样作用于另一条曲线
	显示x轴	使控制x轴的线可见
	显示y轴	使控制y轴的线可见
	显示xy轴	使两条线都可见
	交换变形曲线	切换这些线

续表

工具栏按钮	名 称	说 明
	移动控制点	使用它可以移动控制点，还包含水平和垂直移动的弹出按钮
	缩放控制点	按比例变换选定的控制点
	插入角点	在变形曲线上插入新点
	插入Bezier点	在变形曲线上插入新点
	删除控制点	删除当前控制点
	重置曲线	返回原曲线
	平移	鼠标拖移时平移曲线
	最大化显示	最大显示整个曲线
	水平方向最大化显示	最大显示整个水平曲线范围
	垂直方向最大化显示	最大显示整个垂直曲线范围
	水平缩放	在水平曲线范围上缩放
	垂直缩放	在垂直曲线范围上缩放
	缩放	鼠标拖动时缩放
	缩放区域	放大鼠标指定范围

Tips

> 【扭曲变形】和【倒角变形】窗口中有几个按钮是无效的，因为这些对话框只有一条变形曲线。

在变形对话框的底部是两个值域，值域显示当前选定点的x和y坐标值，使用导航按钮可以在对话框内进行平移和缩放。

放样圆柱体分别应用各种变形选项的效果，如下图所示。

1. 应用缩放变形

【缩放变形】窗口可以改变路径上任何一点的放样对象的相对变形比例。这个窗口包含两条线：一条红线和一条绿线，红线显示x轴比例，绿线显示y轴比例。默认的情况下，两条曲线都定位于100%值，指定一个超过100%的值会增大比例，指定小于100%的值效果则相反。

2. 应用扭曲变形

【扭曲变形】相对于其他横截面旋转一个横截面，可以创建沿路径盘旋向上的对象，这与【倾斜】选项相似。该选项也可以生成绕路径旋转的效果。

【扭曲变形】窗口只包含一条代表旋转值的红线。默认的情况下这条线设为0°，旋转值为正值时产生逆时针旋转，旋转值为负值则产生相反的效果。

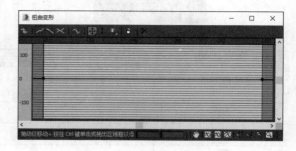

3. 应用倾斜变形

【倾斜变形】旋转横截面，将其外部边移

进路径。这是通过围绕它的局部 x 轴或 y 轴旋转横截面实现的。其结果与【轮廓】选项生成的结果类似。

【倾斜变形】窗口包含两条线：一条红线和一条绿线，红线显示 x 轴旋转，绿线显示 y 轴旋转。默认的情况下两条曲线都定位于0°值，正值产生逆时针旋转，负值则产生相反的效果。

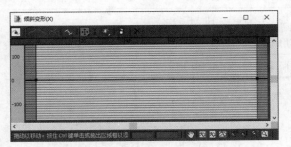

4. 应用倒角变形

【倒角变形】给横截面加入倾斜角。倒角变形只包含一条代表倾斜量的红线，这条线的默认值为0。正值增加倾斜量，该量等于形状区域的缩减量，负值则产生相反的效果。

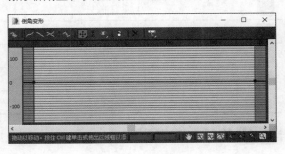

【倒角变形】窗口也可以用于选择3种不同的倾斜角类型：法线倒角、自适应（线性）和自适应（立方），可以从窗口右下角的弹出按钮中进行选择。下表给出了这3种倾斜角类型的图示和说明。

工具栏按钮	名 称	说 明
	法线倒角	不管路径角度如何，生成带有平行边的标准倾斜角
	自适应（线性）	根据路径角度线性地改变倾斜角
	自适应（立方）	基于路径角度，用立方体样条曲线来改变倾斜角

5. 应用拟合变形

在【拟合变形】窗口中可以指定横截面图形的外部边轮廓。这个窗口包含两条线：一条红线和一条绿线，红线显示 x 轴比例，绿线显示 y 轴比例。默认的情况下这两条线都定位于100％处，指定一个大于100％的数值会增加变形比例，指定小于100％的数值则会产生相反的效果。

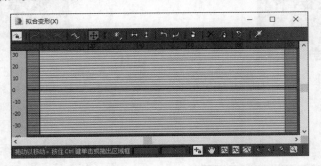

【拟合变形】窗口包含10个特有的按钮，用于控制轮廓曲线。下表给出了这些按钮的图示和说明。

工具栏按钮	名 称	说 明
↔	水平镜像	水平镜像选择集
↕	垂直镜像	垂直镜像选择集

续表

工具栏按钮	名　称	说　明
	逆时针旋转90°	使选择集逆时针旋转90°
	顺时针旋转90°	使选择集顺时针旋转90°
	删除控制点	删除选定的控制点
	重置曲线	返回原图形的曲线
	删除曲线	删除选定的曲线
	获取图形	选定单独的样条曲线作为轮廓线
	生成路径	用一条直线替换当前路径
	锁定纵横比	保持高度和宽度之间的比例关系

5.3.8 修改放样次对象

选定放样对象后，可以在【修改】面板中使用它的次对象。放样次对象包括【图形】和【路径】。

使用路径次对象会打开【路径命令】卷展栏，这个卷展栏只有一个用于复制放样路径的【输出】按钮。

按下按钮会出现【输出到场景】对话框，从中可以给路径命名并选择将其创建为【复制】或是【实例】。

如果路径创建为【实例】，就可以编辑实

例来控制放样路径。

使用图形次对象会打开【图形命令】卷展栏，这个卷展栏也包含【输出】按钮和其他控件。设置【路径级别】值可以调整形状在路径上的位置。【比较】按钮用于打开【比较】对话框。【重置】按钮用于返回开关旋转或比例变换之前的状态，【删除】按钮则用于删除整个形状。

Tips

如果某个形状是放样对象中唯一的形状，则不能删除它。

【图形命令】卷展栏还包括6个对齐按钮，用于把形状对齐到居中、默认、左、右、顶和底。在放样对象局部坐标系中，左和右沿x轴移动形状，顶和底沿y轴移动形状。

5.4 实例：创建螺丝刀模型

螺丝刀是生活中常用的工具，下面使用本章所学习的布尔运算和标准几何体来制作螺丝刀模型，具体的步骤如下。

5.4.1 创建螺丝刀手柄模型

螺丝刀手柄模型主要是由【线】命令绘制出手柄截面，然后使用【车削】修改器创建三维模型，最后再使用【布尔】命令完成手柄上的凹槽制作，具体操作步骤如下。

Step 01 启动3ds Max 2016，单击【应用程序】按钮，从弹出的菜单中选择【重置】命令重置场景。

Step 02 选择【创建】→【图形】→【线】菜单命令，在前视图中开始画螺丝刀手柄的外形线条。进入【修改】面板，进入【顶点】次级模式对曲线的顶点进行编辑。

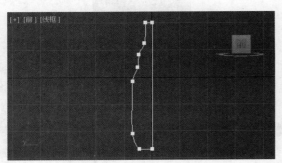

Tips

绘制的曲线应该是一条封闭曲线，因为开放曲线会在进行布尔运算时出现错误。

Step 03 选择曲线对象，单击【创建】面板中的【修改】按钮 ，在【修改器列表】下拉列表框 修改器列表 中选择【车削】修改器，如图所示。

Step 04 在【车削】的【参数】卷展栏中，单击【对齐】选项组中的【最大】按钮，将【分段】设置为32，这样就将按照线条的最右边处开始旋转，如下图所示。

Step 05 车削后的效果如图所示。

Tips

如果只能看到物体内表面，就在【参数】卷展栏中选中【翻转法线】复选框，将其表面的法线翻转，这样就能得到正确的模型。

Step 06 使用布尔运算制作手柄上的凹槽，即用已经做好的手柄的半成品减去5个圆柱体，最终真正形成螺丝刀的手柄。选择【创建】→【图形】→【圆】菜单命令，在顶视图中建立一个圆。

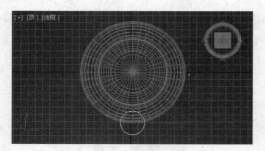

Step 07 选择圆，单击【层次】按钮进入【层次】面板，单击【仅影响轴】按钮，然后单击主工具栏上的【选择并移动】按钮，将圆的轴心点移动到原点位置，也就是手柄的中心。

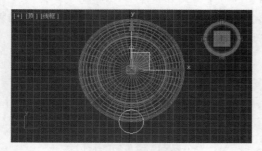

Step 08 选择【工具】→【阵列】命令，将Z轴方向上的旋转角度设定为72°，然后设定【数量】为5，选择对象类型为【复制】。

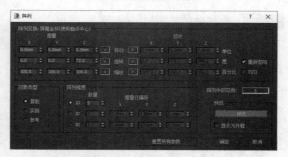

Step 09 单击【确定】按钮即可，得到如下图所示的5个圆。

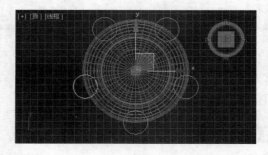

Step 10 选择其中一个圆，在修改器下拉列表中选择【编辑样条线】修改器。

Step 11 在【几何体】卷展栏中单击【附加】按钮，然后单击每个圆，将它们结合为一个物体。

Step 12 再从修改器下拉列表中选择【挤出】修改器，这样就为线条增加了一个厚度。

Step 13 根据创建的螺丝刀手柄的长度在【参数】卷展栏中设定相关的数量值。

Step 14 用手柄减去这5个圆对象。选择手柄对象，在【创建】面板的下拉列表框中选择【复合对象】选项，进入复合对象面板。

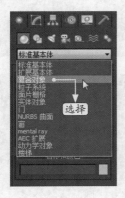

Step 15 单击【复合对象】命令面板中的【布尔】按钮。

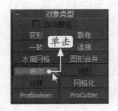

Step 16 在【参数】卷展栏中的【操作对象】列表框中可以看到长方体被指定为"操作对象A"，在【操作】选项组选中【差集（A—B）】单按钮。

Step 17 在【拾取布尔】卷展栏中单击 拾取操作对象B 按钮，如图所示。

Step 18 然后在视图中选择圆柱体以指定其为"操作对象B"。系统自动完成"操作对象A"和"操作对象B"的差集（A—B）运算，在视图中选择圆，一个完整的螺丝刀手柄就完成了。

Tips

布尔运算的功能非常强大，它主要用于工业制品的建模。工业制品通常都由几个独立的部分焊接而成，使用布尔运算非常方便。此外，动态的布尔运算还可以制作特殊的效果，比如刀片在桌子上滑过而产生裂痕。

5.4.2 创建螺丝刀刀杆模型

螺丝刀刀杆模型主要是通过【圆柱体】和【异面体】的【布尔】运算完成的，具体操作步骤如下。

Step 01 刀杆是通过一个圆柱体减掉4个多面体得到的。在【创建】面板中单击【圆柱体】按钮，如图所示。

Step 02 在顶视图中创建一个圆柱体作为刀杆，如下图所示。

Step 03 在【创建】命令面板中选择【扩展基本体】选项，如下图所示。

Step 04 在【创建】命令面板中单击【异面体】按钮，如下图所示。

Step 05 创建一个异面体，并将异面体复制3个放于合适的位置。进入【修改】面板，选择【编辑网格】修改器，进入顶点次物体层级。移动下层的顶点，使其刚好切除刀杆上多余的部分。

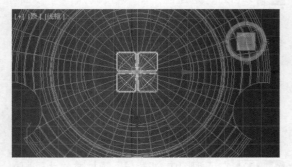

Step 06 选择其中一个异面体，进入【复合对

象】面板。单击【布尔】按钮，在【参数】卷展栏中选择【并集】选项，然后单击【拾取操作对象B】按钮，在视图中选择另外一个异面体，将两个异面体合并成一个整体。重复上述过程，将4个异面体结合成一个整体。

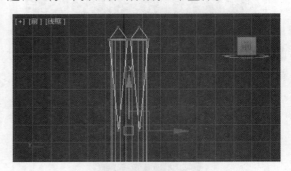

Step 07 退出布尔运算模式，选择刀杆对象，再次单击【布尔】按钮，在【参数】卷展栏中选择【差集（A—B）】选项，然后单击【拾取操作对象B】按钮，在视图中选择异面体对象，得到的刀口模型如下图所示。

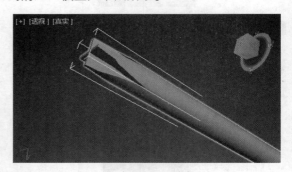

Step 08 对刀口的最前端进行处理。进入【创建】→【几何体】面板，单击【圆锥体】按钮，在前视图中创建一个圆锥体，得到的圆锥体如下图所示。

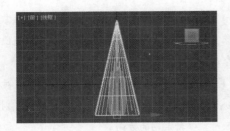

给模型赋上合适的材质，最终的渲染效果如下图所示。

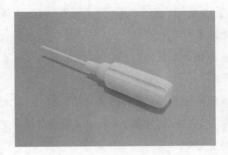

Step 09 选择刀杆体对象，单击【布尔】按钮，在【参数】卷展栏中选择【交集】选项，单击【拾取操作对象B】按钮，在视图中选择圆锥对象，得到刀口模型。

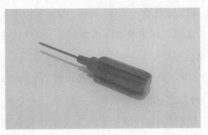

5.5 散布复合对象

散布是复合对象的一种形式，将所选的源对象散布为阵列，或散布到分布对象的表面。单击【复合对象】面板上的【散布】按钮后就可以执行散布命令，如图所示。

用户需要创建散布对象，请执行以下操作。

（1）创建一个对象作为源对象。

（2）创建一个对象作为分布对象。

（3）单击【散布】按钮，然后单击【拾取分布对象】按钮拾取分布对象。

Tips

源对象必须是网格对象或可以转换为网格对象的对象。如果当前所选的对象无效，则"散布"按钮不可用。

参数解密

（1）【拾取分布对象】卷展栏中的选项功能介绍如下。

① **对象**：显示使用拾取按钮选择的分布对象名称。

② **拾取分布对象**：单击此按钮，然后在场景中选择一个对象，将其指定为分布对象。

③ **参考、复制、移动、实例**：用于指定将分布对象转换为散布对象的方式。

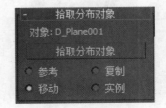

（2）【散布对象】卷展栏中的选项功能介绍如下。

① 分布：通过以下两个单选按钮，可以选择散布源对象的基本方法。

● 使用分布对象：根据分布对象的几何体来散布源对象。

● 仅使用变换：如果选择该单选按钮，则无须分布对象。而是使用【变换】卷展栏上的偏移值来定位源对象的重复项。

② 对象：包含一个列表框，显示了构成散布对象的对象。在列表框中单击以选择对象，以便能在堆栈中访问对象。

③ 源名：用于重命名散布复合对象中的源对象。

④ 分布名：用于重命名分布对象。

⑤ 提取操作对象：提取所选操作对象的副本或实例。在列表框中选择操作对象使此按钮可用。

⑥ 实例、复制：用于指定提取操作对象的方式。

⑦ 源对象参数：该选项组中的参数只作用于源对象。

● 重复数：指定散布的源对象的重复项数目。

● 基础比例：改变源对象的比例，同样也影响到每个重复项。该比例作用于其他任何变换之前。

● 顶点混乱度：对源对象的顶点应用随机扰动。

● 动画偏移：用于指定每个源对象重复项的动画偏移前一个重复项的帧数。可以使用此功能来生成波形动画。

（3）分布对象参数：该选项组中的选项用于设置源对象重复项相对于分布对象的排列方式。仅当使用分布对象时，这些选项才有效。

① 垂直：如果启用该复选框，则每个重复对象垂直于分布对象中的关联面、顶点或边。如果禁用，则重复项与源对象保持相同的方向。

② 仅使用选定面：如果启用该复选框，则将分布限制在所选的面内。

③ 分布方式：该选项组中的选项用于指定分布对象几何体确定源对象分布的方式。如果不使用分布对象，则这些选项将被忽略。

● 区域：在分布对象的整个表面区域上均匀地分布重复对象。

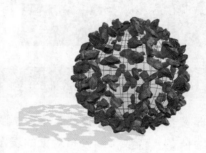

● 偶校验：用分布对象中的面数除以重复项数目，并在放置重复项时跳过分布对象中相邻的面数。

● 跳过N个：在放置重复项时跳过N个面。该可编辑字段指定了在放置下一个重复项之前要跳过的面数。如果设置为0，则不跳过任何面；如果设置为1，则跳过相邻的面，依此类推。

● 随机面：在分布对象的表面随机地放置重复项。

● 沿边：沿着分布对象的边随机地放置重复项。

● 所有顶点：在分布对象的每个顶点放置一个重复对象。

● 所有边的中心：在每个分段边的中点放置一个重复项。

● 所有面的中心：在分布对象上每个三角形面的中心放置一个重复项。

● 体积：遍及分布对象的体积散布对象。其他所有选项都将分布限制在表面。

（4）**显示：**在该选项组中选择以何种方式显示。

结果、操作对象：选择是否显示散布操作的结果或散布之前的操作对象。

（5）**【变换】**卷展栏中的选项功能介绍如下。

① **旋转：**指定随机旋转偏移。

● **X、Y、Z：**输入希望围绕每个重复项的局部x、y或z轴旋转的最大随机旋转偏移。

● **使用最大范围：**如果启用该复选框，则强制所有3个设置匹配最大值。其他两个设置将被禁用，只启用包含最大值的设置。

② **局部平移：**指定重复项沿其局部轴的平移。

● **X、Y、Z：**输入希望沿每个重复项的x、y或z轴平移的最大随机移动量。

③ **在面上平移：**用于指定重复项沿分布对象中关联面的中心面坐标的平移。如果不使用分布对象，则这些设置不起作用。

● **A、B、N：**前两项设置指定面的表面上的中心坐标，而N设置指定沿面法线的偏移。

④ **比例：**用于指定重复项沿其局部轴的缩放。

● **X、Y、Z：**指定沿每个重复项的x、y或z轴的随机缩放百分比。

● **锁定纵横比：**如果启用该复选框，则保留源对象的原始纵横比。

（6）**【显示】**卷展栏中的选项功能介绍如下。

① **显示选项：**该选项组中的选项将影响源对象和分布对象的显示。

● **代理：**将源重复项显示为简单的楔子，在处理复杂的散布对象时可加速视口的重画。该选项对于始终显示网格重复项的渲染图像没有影响。

● **网格：**显示重复项的完整几何体。

● **显示：**指定视口中所显示的所有重复对象的百分比。该选项不会影响渲染场景。

● **隐藏分布对象：**隐藏分布对象。隐藏对象不会显示在视口或渲染场景中。

② **唯一性：**用于设置随机值所基于的种子数目。因此，更改该值会改变总的散布效果。

● **新建：**生成新的随机种子数目。

● **种子：**可使用该微调器设置种子数目。

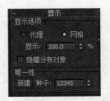

（7）**【加载/保存预设】**卷展栏中的选项功能介绍如下。

① **预设名：**用于定义设置的名称。单击【保存】按钮将当前设置保存在预设名下。

② **保存预置：**包含已保存的预设名的列表框。

③ **加载**：加载【保存预置】列表框中当前高亮显示的预设。

④ **保存**：保存【预设名】字段中的当前名称并放人【保存预置】列表框中。

⑤ **删除**：删除【保存预置】列表框中的选定项。

5.6 图形合并复合对象

使用【图形合并】来创建包含网格对象和一个或多个图形的复合对象。这些图形嵌入在网格中（将更改边与面的模式），或从网格中消失。

单击【复合对象】面板上的【图形合并】按钮后就可以执行图形合并命令，如图所示。

用户需要创建【图形合并】对象，可以执行以下操作。

（1）创建一个网格对象和一个或多个图形。

（2）在视口中对齐图形，使它们朝网格对象的曲面方向进行投射。

（3）选择网格对象，然后单击【图形合并】按钮。

（4）单击【拾取图形】，然后单击图形。修改网格对象曲面的几何体以嵌入与选定图形匹配的图案。

参数解密

（1）【拾取操作对象】卷展栏中的选项功能介绍如下。

① **拾取图形**：单击该按钮，然后单击要嵌入网格对象中的图形。此图形沿图形局部负z轴方向投射到网格对象上。例如，如果创建一个长方体，然后在"顶"视口中创建一个图形，此图形将投射到长方体顶部。可以重复此过程来添加图形，图形可沿不同方向投射。只需再次单击【拾取图形】，然后拾取另一图形。

② **参考/复制/移动/实例**：指定将图形传输到复合对象中的方法。它可以作为参考、副本、实例或移动的对象（如果不保留原始图形）进行转换。

（2）【参数】卷展栏中的选项功能介绍如下。

① 【操作对象】组。

【操作对象】列表：在复合对象中列出所有操作对象。第一个操作对象是网格对象，以下是任意数目的基于图形的操作对象。

② **删除图形**：从复合对象中删除选中图形。

③ **提取操作对象**：提取选中操作对象的副本或实例。在列表窗中选择操作对象使此按钮可用。

④ **实例/复制**：指定如何提取操作对象。可以作为实例或副本进行提取。

⑤ 【操作】组：此选项决定如何将图形应用于网格中。

● **饼切**：切去网格对象曲面外部的图形。

• **合并**: 将图形与网格对象曲面合并。

• **反转**: 反转【饼切】或【合并】效果。使用【饼切】按钮此效果明显。禁用【反转】时,图形在网格对象中是一个孔洞。启用【反转】时,图形将是实心的而网格消失。使用【合并】时,使用【反转】将反转选中的子对象网格。例如,如果合并一个圆并应用"面提取",当禁用【反转】时将提取圆环区域,当启用【反转】时,提取除圆环区域之外所有图形。

⑥ **【输出子网格选择】组**: 它提供指定将哪个选择级别传送到"堆栈"中的选项。使用【图形合并】对象保存所有选择级别,即使用其可以将对象与合并图形的顶点、面和边一起保存。(如果应用【网格选择】修改器并转到各种子对象层级,将会看到选中的合并图形。)因此,如果使用作用在指定级别(例如"面提取")上的修改器跟随【图形合并】,修改器会更好的工作。 如果应用一个可在任何选择级别上工作的修改器,如"体积选择"或"变换",此选项指定将哪一选择级别传送到修改器中。使用【网格选择】修改器可以指定选择层级,但【网格选择】修改器仅在第 0 帧才考虑该选择。如果已经对图形操作对象设置动画,仅使用【输出子网格选择】选项便可将动画传送到所有帧的"堆栈"中。

• **无**: 输出整个对象。

• **面**: 输出合并图形内的面。

• **边**: 输出合并图形的边。

• **顶**: 点输出由图形样条线定义的顶点。

(3)【显示/更新】卷展栏中的选项功能介绍如下。

① **【显示】组**用来确定是否显示图形操作对象。

• **结果**: 显示操作结果。

• **操作对象**: 显示操作对象。

② **【更新】组**: 这些选项指定何时更新显示。通常,在设置合并图形操作对象动画且视口中显示很慢时,使用这些选项。

• **始终**: 始终更新显示。

• **渲染时**: 仅在场景渲染时更新显示。

• **手动**: 仅在单击【更新】后更新显示。

• **更新**: 当选中除【始终】之外的任一选项时更新显示。

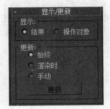

实例: 创建象棋模型

下面使用本章所学习的【图形合并】复合对象来制作象棋模型,具体的步骤如下。

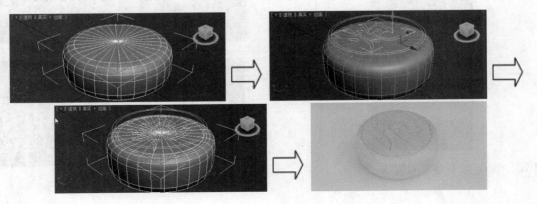

关键点1：创建切角圆柱体

Step 01 启动3ds Max 2016，单击【应用程序】
按钮 ，从弹出的菜单中选择【重置】命令重
置场景。

Step 02 单击【创建】→【几何体】→【扩展基
本体】→【切角圆柱体】按钮。

Step 03 在3ds Max 2016的顶视图中创建如图
所示扩展圆柱体。在【参数】卷展栏中设置【半
径】为100，【高度】为70，【圆角】为22，设置
【圆角分段】为3，【边数】为30，如图所示。

Step 04 创建后的效果如图所示。

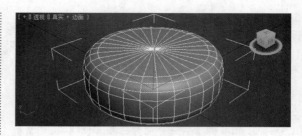

Step 05 切换到【修改】命令面板，在【修改器
列表】下拉列表框中选择【FFD4×4×4】修改器。

Step 06 将选择集定义为【控制点】选项。

Step 07 在左视图中使用移动工具调整控制点，
如图所示。

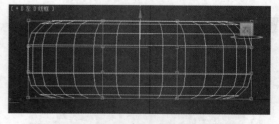

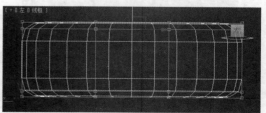

关键点2：创建文本和圆环图形

Step 01 单击【创建】→【图形】→【样条线】→【圆环】按钮。

Step 02 在顶视图中创建圆环，在【参数】卷展栏中设置【半径1】和【半径2】的参数分别为85和80，如图所示。

Step 03 创建后的圆环效果如图所示。

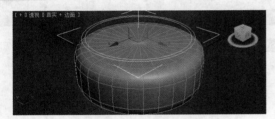

Step 04 单击【创建】→【图形】→【样条线】→【文本】按钮。

Step 05 在【参数】卷展栏中选择【楷体】字体，设置大小为120，在【文本】中输入【炮】。

Step 06 在顶视图中单击创建文本，并使用工具栏中【选择并移动】工具，将文本移动到合适位置，如图所示。

关键点3：合并图形到模型

Step 01 在3ds Max 2016场景中选择切角圆柱体，单击【创建】→【几何体】→【复合对象】→【图形合并】按钮。

Step 02 在【拾取操作对象】卷展栏中单击【拾取图形】按钮。

Step 03 在场景中拾取圆环和文本，如图所示。

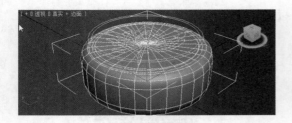

关键点4：对合并后的图形面进行倒角处理

Step 01 切换到【显示】面板，在【按类别隐藏】卷展栏中勾选【图形】选项，如图所示。

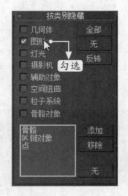

Step 02 切换到【修改】命令面板，为模型添加【编辑多边形】修改器。

Step 03 将选择集定义为【多边形】模式。

Step 04 在场景中选择出文本形状，如图所示。

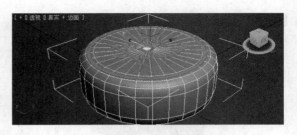

Step 05 在【编辑多边形】参数卷展栏中单击【倒角】后的【设置】按钮。

Step 06 设置多边形的【倒角】，如图所示。

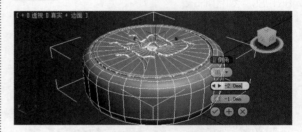

Step 07 完成使用图形合并复合对像制作象棋实例，最终效果如图所示。

5.7 连接复合对象

使用连接复合对象，可通过对象表面的"洞"连接两个或多个对象。要执行此操作，请删除每个对象的面，在其表面创建一个或多个洞，并确定洞的位置，以使洞与洞之间面对面，然后应用【连接】。

单击【复合对象】面板上的【连接】按钮后就可以执行连接命令，如图所示。

用户需要创建连接对象，可以执行以下操作。

（1）创建两个网格对象。

（2）删除每个对象上的面，在对象要架桥的位置创建洞。

（3）确定对象的位置，以使其中一个对象的已删除面的法线指向另一个对象的已删除面的法线（假设已删除面具有法线）。

（4）选择其中一个对象。在【创建】面板上，【几何体】处于激活状态时，从下拉列表中选择【复合对象】。在【对象类型】卷展栏中，启用【连接】。

（5）单击【拾取操作对象】按钮，然后选择另一个对象。

（6）生成连接两个对象中的洞的面。

（7）使用各种选项调整连接。

参数解密

（1）【拾取操作对象】卷展栏中的选项功能介绍如下。

① 拾取操作对象：单击此按钮将另一个操作对象与原始对象相连。

Tips

例如，可以采用一个包含两个洞的对象作为原始对象，并安排另外两个对象，每个对象均包含一个洞并位于洞的外部。单击【拾取操作对象】按钮，选择其中一个对象，连接该对象，然后再次单击【拾取操作对象】按钮，选择另一个对象，连接该对象。这两个连接的对象均被添加至"操作对象"列表中。

② 参考/复制/移动/实例：用于指定将操作对象转换为复合对象的方式。它可以作为引用、副本、实例或移动的对象（如果不保留原始对象）进行转换。

Tips

连接只能用于能够转换为可编辑表面的对象，例如可编辑网格。

（2）【参数】卷展栏中的选项功能介绍如下。

① 【操作对象】组。

• 【操作对象】列表：显示当前的操作对象。在列表中单击操作对象，即可选中该对象以进行重命名、删除或提取。

• 名称：重命名所选的操作对象。键入新的名称，然后按 Tab 或 Enter 键。

• 删除操作对象：将所选操作对象从列表中删除。

● **提取操作对象**：提取选中操作对象的副本或实例。在列表中选择一个操作对象即可启用此按钮。

Tips

此按钮仅在【修改】面板中可用。如果当前为"创建"面板，则无法提取操作对象。

● **实例/复制**：指定提取操作对象的方式，用作实例或副本。

② 【插值】组。

● **分段**：设置连接桥中的分段数目。

● **张力**：控制连接桥的曲率。值为 0 表示无曲率，值越高，匹配连接桥两端的表面法线的曲线越平滑。【分段】设置为 0 时，此微调器无明显作用。

③ 【平滑】组。

● **桥**：在连接桥的面之间应用平滑。

● **末端**：在和连接桥新旧表面接连的面与原始对象之间应用平滑。如果禁用，则 3ds Max 将给桥指定一个新的材质 ID。新的 ID 将高于为两个原始对象所指定的最高的 ID。如果启用，则采用其中一个原始对象中 ID。

Tips

如果同时启用【桥】和【末端】选项，但原始对象不包含【平滑】组，则平滑将指定给桥以及与桥接连的面。

实例：创建哑铃模型

下面使用本章所学习的【连接】复合对象来制作哑铃模型，具体的步骤如下。

Step 01 启动3ds Max 2016，单击【应用程序】按钮，从弹出的菜单中选择【重置】命令重置场景。

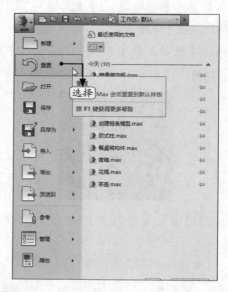

Step 02 单击【创建】→【几何体】→【扩展基本体】→【切角圆柱体】按钮。

Step 03 在3ds Max 2016的前视图中创建如图所示扩展圆柱体。在【参数】卷展栏中设置【半径】为100，【高度】为100，【圆角】为10，设置【圆角分段】为5，【边数】为36，【端面分段】为3，如图所示。

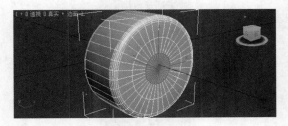

Step 07 在左视图中按住Ctrl键，选择如图所示的多边形。

Step 04 创建后的效果如图所示。

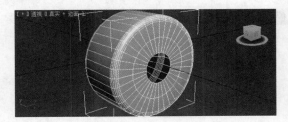

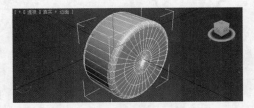

Step 08 按Delete键将其删除。

Step 05 在3ds Max 2016场景中的圆柱体对象上单击鼠标右键，在弹出的快捷菜单中选择【转换为】→【转换为可编辑多边形】菜单命令，如图所示。

Step 09 关闭选择集，在3ds Max 2016主工具栏中单击【镜像】按钮，在弹出的对话框中设置【镜像轴】为Y，【偏移】为−500，在【克隆当前选择】选项组中选择【复制】单选钮，如图所示。

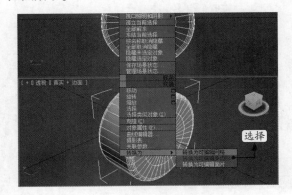

Step 06 在【修改】面板中将选择集定义为【多边形】模式。

Step 10 单击【确定】按钮后得到的效果如图所示。

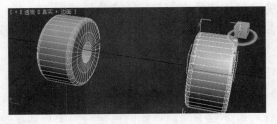

Step 11 在3ds Max 2016场景中选择其中的一个圆柱体，单击【创建】→【几何体】→【复合

对象】→【连接】按钮，如图所示。

Step 12 在【操作对象】卷展栏中单击【拾取操作对象】按钮，在场景中单击另一个模型。

Step 13 在【平滑】卷展栏中勾选【桥】复选框，如图所示。

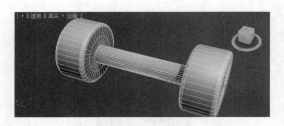

Step 14 完成哑铃3D模型建模，最终效果如图所示。

5.8 水滴网格复合对象

　　水滴网格复合对象可以通过几何体或粒子创建一组球体，还可以将球体连接起来，就好像这些球体是由柔软的液态物质构成的一样。如果球体在离另外一个球体的一定范围内移动，它们就会连接在一起。如果这些球体相互移开，将会重新显示球体的形状。

　　在3D行业，采用这种方式操作的球体的一般术语是变形球。水滴网格复合对象可以根据场景中的指定对象生成变形球。此后，这些变形球会形成一种网格效果，即水滴网格。在设置动画期间，如果要模拟移动和流动的厚重液体和柔软物质，理想的方法是使用水滴网格。

　　使对象或粒子系统与水滴复合对象关联时，可以根据生成变形球时使用的对象分别放置这些变形球，并设置其大小。

　　（1）对于几何体和形状，变形球位于每个顶点。因此，其大小由原始水滴网格对象的大小来确定。为了使变形球的大小不尽相同，可以使用"软选择"。

（2）对于粒子，变形球位于每个粒子。因此，每个变形球的大小由基于的粒子的大小确定。

（3）对于辅助对象，变形球位于轴点。因此，其大小由原始水滴网格对象来确定。

Tips

用户可以对水滴网格对象应用运动模糊，以便提高渲染中的运动效果。对于"粒子流"之外的粒子系统，请使用"图像"运动模糊。对于"粒子流"粒子系统和其他所有类型的对象，包括几何体、形状和辅助对象，请使用"对象"运动模糊。

单击【复合对象】面板上的【水滴网格】按钮后就可以执行水滴网格命令，如图所示。

用户要通过几何体或辅助对象创建水滴网格，可以执行下列操作。

（1）创建一个或多个几何体或辅助对象。如果场景需要动画，请根据需要设置对象的动画。

（2）单击【水滴网格】，然后在屏幕中的任意位置处单击，以创建初始变形球。

（3）转至【修改】面板。

（4）在【水滴对象】组中，单击【添加】。选择要用于创建变形球的对象。此时，变形球会显示在每个选定对象的每个顶点处或辅助对象的中心。

（5）在【参数】卷展栏中，根据需要设置【大小】参数，以便于连接变形球。

【参数】卷展栏中的选项功能介绍如下。

（1）大小：对象（而不是粒子）的每个变形球的半径。对于粒子，每个变形球的大小由粒子的大小确定。粒子的大小是根据粒子系统中的参数设置的。默认设置为 20。

Tips

变形球的大小显然受"张力"值影响。如果将"张力"设置为允许的最小值，每个变形球的半径可以精确地反映"大小"设置。如果"张力"值设置得较高，将会使曲面变松，还会使变形球缩小。

（2）张力：用于确定曲面的松紧程度。该值越小，曲面就越松。这个值为 0.01 ~ 1.0。默认设置为 1.0。

（3）计算粗糙度：设置生成水滴网格的粗糙度或密度。禁用【相对粗糙度】（请参见以下内容）时，可以使用【渲染】和【视口】值设置水滴网格面的绝对高度和宽度，还可以使用较小的值创建更平滑、更为密集的网格。启用【相对粗糙度】时，水滴网格面的高度和宽度由变形球大小与该值的比来确定。在这种情况下，值越高，创建的网格就越密集。范围（二者）从 0.001 到 1000.0。渲染默认值为 3.0，视口默认值为 6.0。

Tips

这两个粗糙度设置的最小值都为 0.001，这允许在禁用"相对粗糙度"时使用高分辨率的变形球几何体。使用这样的低值也可能使冗长的计算延迟；如果发生这种情况，用户想停止计算，请按 Esc 键。

（4）相对粗糙度：确定如何使用粗糙度值。如果禁用该选项，则【渲染粗糙度】和【查看粗糙度】值是绝对值，其中，水滴网格中每个面的高度和宽度始终等于粗糙度值。这表示，水滴网格面将保留固定大小，即便变形球的大小发生更改，也是如此。如果启用该选项，每个水滴网格面的大小由变形球大小与粗糙度的比来确定。因此，随着变形球变大或变小，水滴网格面的大小会随之变化。默认设置为禁用状态。

（5）**大型数据优化**：该选项提供了计算和显示水滴网格的另外一种方法。只有存在大量变形球（如 2000 或更多）时，这种方法才比默认的方法高效。只有使用粒子系统或生成大量变形球的其他对象时，才能使用该选项。默认设置为禁用状态。

（6）**在视口内关闭**：禁止在视口中显示水滴网格。水滴网格将显示在渲染中。默认设置为禁用状态。

（7）**使用软选择**：如果已经对添加到水滴网格的几何体使用软选择，启用该选项时，可以使软选择应用于变形球的大小和位置。变形球位于选定顶点处，其大小由【大小】参数设置。对于位于几何体的【软选择】卷展栏中设置的衰减范围内的顶点，将会放置较小的变形球。对于衰减范围之外的顶点，不会放置任何变形球。只有该几何体的【顶点】子对象层级仍然处于激活状态，且该几何体的【软选择】卷展栏中的【使用软选择】处于启用状态时，该选项才能生效。如果对水滴网格或几何体禁用【使用软选择】，变形球将会位于该几何体的所有顶点处。默认设置为禁用状态。

（8）**最小大小**：启用【使用软选择】时设置衰减

范围内变形球的最小大小。默认设置为 10.0。

（9）**拾取**：允许从屏幕中拾取对象或粒子系统以添加到水滴网格。

（10）**添加**：显示选择对话框。您可以在其中选择要添加到水滴网格中的对象或粒子系统。

（11）**移除**：从水滴网格中删除对象或粒子系统。

5.9 ProBoolean复合对象

ProBoolean复合对象执行布尔运算之前，它采用了3ds Max网格并增加了额外的智能。首先它组合了拓扑，然后确定共面三角形并移除附带的边。然后不是在这些三角形上而是在N多边形上执行布尔运算。完成布尔运算之后，对结果执行重复三角算法，然后在共面的边隐藏的情况下将结果发送回3ds Max中。这样额外工作的结果有双重意义：布尔对象的可靠性非常高，因为有更少的小边和三角形，因此结果输出更清晰。

与传统的3ds Max布尔复合对象相比，ProBoolean 的优势如下。

（1）网格质量更好：小边较少，并且窄三角形也较少。

（2）网格较小：顶点和面较少。

（3）使用更容易、更快捷：每个布尔运算都有无限的对象。

（4）网格看上去更清晰：共面边仍然隐藏。

（5）整合的百分数和四边形网格。

单击【复合对象】面板上的【ProBoolean】按钮后就可以执行ProBoolean命令，如图所示。

用户需要创建 ProBoolean 复合对象，请执行以下操作。

（1）为布尔运算设置对象。例如，要从长方体中减去球体，创建该长方体和球体，并排列球体，以便其体积与长方体相交，去掉相交部分就得到了所需结果。

（2）选择基本对象。在示例的步骤 1 中，选择长方体。

（3）在【创建】面板 ⊕ 上，【几何体】○ 处于激活状态时，从下拉列表中选择【复合对象】。在【对象类型】卷展栏中，启用【ProBoolean】。

（4）在【参数】卷展栏上，选择要使用的布尔运算的类型：【并集】、【交集】和【差集】等。还要选择3ds Max如何将拾取的下一个运算对象传输到布尔型对象：【参考】、【复制】、【移动】或【实例】。用户也可以选择保留原始材质，或保持默认的【应用材质】选择：应用运算对象材质。

（5）单击【开始拾取】按钮。

（6）拾取一个或多个对象参与布尔运算。

（7）拾取对象时，还可以为每个新拾取的对象更改布尔运算（合并等）、选项（【饼】或【盖印】）和下一个操作对象传输到布尔（参考、复制等）和【应用材质】选择的方式。只要【开始拾取】按钮一直处于按下的状态，就可以继续拾取操作对象。拾取的每一个对象都会添加到布尔运算。

Tips

当"修改"面板处于活动状态时，可以通过单击"开始拾取"按钮，然后拾取要添加的对象将这些对象添加到选定的 ProBoolean 对象中。

实例：创建骰子模型

下面使用本章所学习的ProBoolean复合对象来制作骰子模型，具体的步骤如下。

Step 01 启动3ds Max 2016，单击【应用程序】按钮，从弹出的菜单中选择【重置】命令重置场景。

Step 02 单击【创建】→【几何体】→【扩展基本体】→【切角长方体】按钮。

Step 03 在3ds Max 2016场景中创建切角长方体，在【参数】卷展栏中设置【长度】为200，【宽度】为200，【高度】为200，【圆角】为15，【圆角分段】为3，如图所示。

Step 04 创建后的效果如图所示。

Step 05 单击【创建】→【几何体】→【标准基本体】→【球体】按钮，在前视图中创建球体。

Step 06 在【参数】卷展栏中设置【半径】为18，如图所示。

Step 07 创建后的效果如图所示。

Step 08 在主工具栏中选择【选择并移动】工具，同时按住Shift键，在场景中拖动并复制球体到骰子的每一个面，分别在每个面上复制球体个数为1、2、3、4、5、6，如图所示。

Step 09 选择一个球体，单击鼠标右键，从弹出的菜单中选择【转换为】→【转换为可编辑多边形】菜单命令。

Step 10 进入【修改】面板，在【编辑几何体】卷展栏中单击【附加】后的【附加列表】按钮。

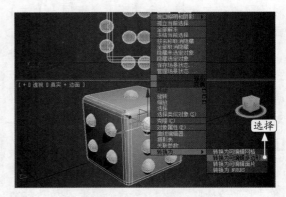

Step 11 在弹出的【附加列表】中选择所有球体。

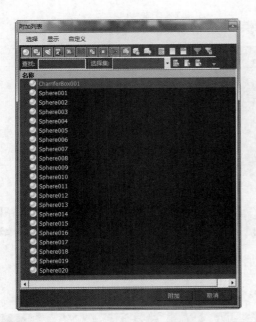

Step 12 单击【附加】按钮，将其他球体附加在一起，如图所示。

Step 13 选择切角长方体，单击【创建】→【几何体】→【复合对象】→【ProBoolean】按钮，如图所示。

Step 14 在【拾取布尔对象】卷展栏中单击【开始拾取】按钮。

Step 15 在场景中拾取附加在一起的球体，如图所示。

Step 16 在【高级选项】卷展栏中选择【四边形镶嵌】选项中的【设为四边形】复选框，如图所示。

Step 17 切换到【修改】命令面板，在【修改器列表】下拉列表框中选择【涡轮平滑】修改器。

Step 18 可以设置出模型的平滑效果，完成骰子模型建模，如图所示。

5.10 实例：创建餐椅模型

下面使用挤出命令和放样命令来制作一把咖啡厅里面的餐椅模型，具体的步骤如下。

5.10.1 创建椅子的框架

椅子的靠背模型主要是由【线】命令绘制出靠背框架，具体操作步骤如下。

Step 01 启动3ds Max 2016，单击【应用程序】按钮，从弹出的菜单中选择【重置】命令重置场景。

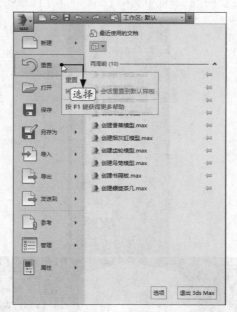

Step 02 单击【创建】按钮，进入【创建】面板，单击【图形】按钮，在【图形】面板

中选择【矩形】按钮，在顶视图中绘制一个矩形。

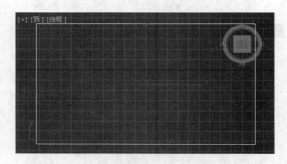

Step 03 单击【修改】按钮，在【修改】面板中的【修改器列表】选择【编辑样条线】命令。

Step 04 在【选择】卷展栏中单击【分段】按钮，选择上下两条分段，在【几何体】卷展栏

中单击【拆分】按钮，设置后面的数值为2，这将创造更多的分段。

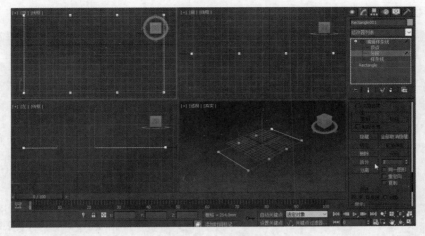

Step 05 在【选择】卷展栏中单击【顶点】按钮，选择所有顶点后单击鼠标右键，在弹出的快捷菜单中选择【角点】选项。

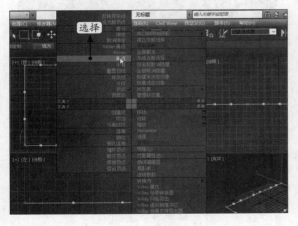

Step 06 使用移动工具调整右侧顶点的位置，如图所示。

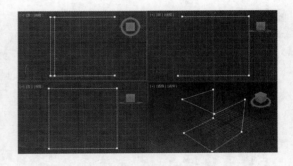

5.10.2 创建椅子的框架实体

椅子的框架实体创建步骤如下。

Step 01 将图形转化为可编辑样条线，进入【修改】面板，启用【在渲染中启用】和【在视口中启用】2个选项。设置【径向】的【厚度】值为70，【边】为12，如图所示。

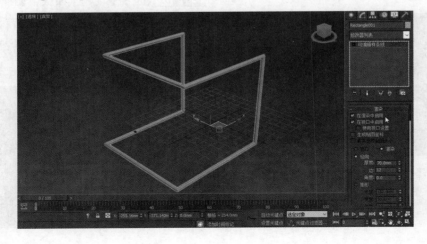

Step 02 进入【修改】面板的【顶点】级别，选择所有的定点，在【几何体】卷展栏中设置【圆角】的数值为200，效果如图所示。

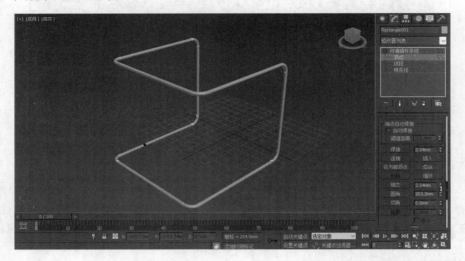

Step 03 切换到前视图，单击【图形】按钮🔊，在面板中单击【线】按钮，在视图中绘制折线作为靠背框架线。

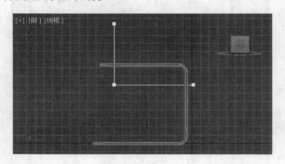

Step 04 将线转化为可编辑样条线，单击【修改】按钮🛠，进行和上面一样的操作，进行渲染显示和圆角处理，效果如图所示。

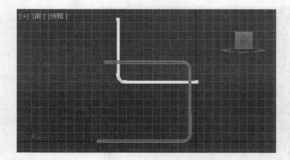

Step 05 将创建好的椅背复制一个，效果如图所示。

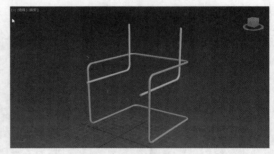

5.10.3 创建椅子坐垫

椅子的坐垫模型主要是由【线】命令绘制出坐垫截面，然后进行挤出操作得到实体模型，具体操作步骤如下。

Step 01 进入【创建】面板，切换到左视图，绘制一个圆形。然后单击鼠标右键，在弹出的快捷菜单中选择【转换为】→【转换为可编辑样条线】命令。

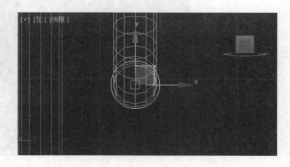

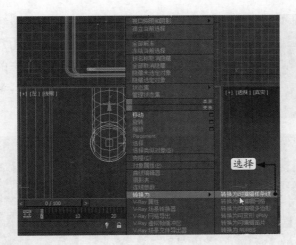

Step 02 单击【修改】按钮 ◢ ，在【选择】卷展栏中单击【顶点】按钮 ⋯ ，选择圆的右侧顶点后单击【几何体】卷展栏中的【断开】按钮将其打断。

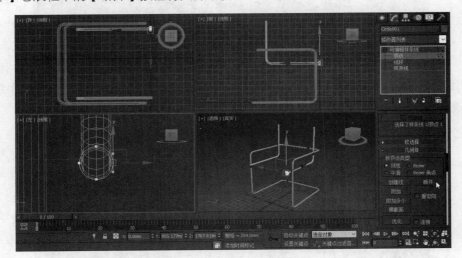

Step 03 选择上顶点并将其移动到右边，然后单击鼠标右键，在弹出的快捷菜单中选择【角点】命令。

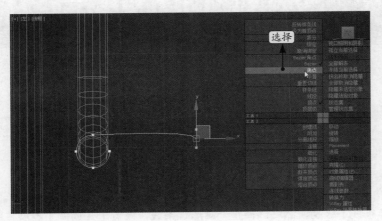

Step 04 调整顶点的位置，如图所示。

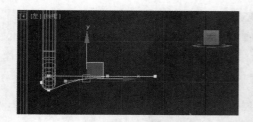

Step 05 进入【样条线】级别，然后选择整个图形样条线，单击【几何体】卷展栏中的【镜像】按钮，勾选下方的【复制】复选框，复制出对称的另一半图形。

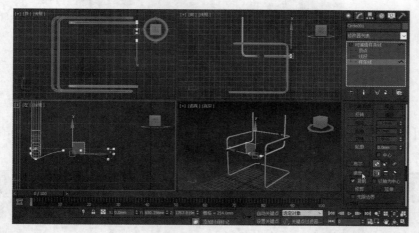

Step 06 调整线的位置，然后进入【顶点】级别，选择中间的2个顶点，单击【几何体】卷展栏中的【焊接】按钮进行焊接。

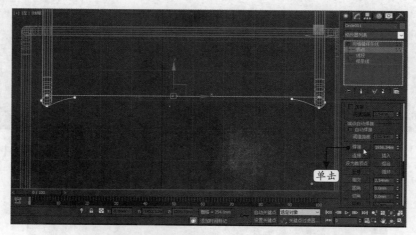

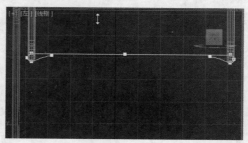

Step 07 进入【样条线】级别，然后选择整个图形样条线，设置【几何体】卷展栏中的【轮廓】的数值为10。

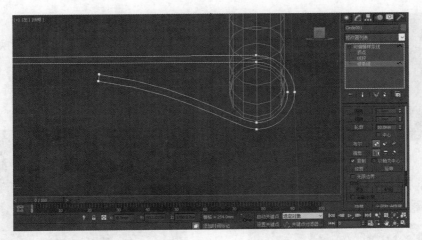

Step 08 单击【修改】按钮 ![icon]，在【修改】面板中的【修改器列表】选择【挤出】命令，设置【数量】值，效果如图所示。

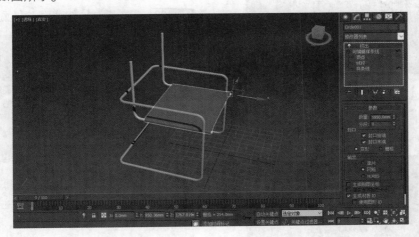

Step 09 复制并旋转一个椅垫作为靠垫，效果如图所示。

5.10.4 创建椅子扶手造型

椅子的扶手造型主要是由【线】命令绘制出扶手截面，然后进行挤出操作得到实体模型，具体操作步骤如下。

Step 01 进入【创建】面板，切换到左视图，使用【线】命令绘制一个扶手折线形。然后单击鼠标右键，在弹出的快捷菜单中选择【转换为】→【转换为可编辑样条线】命令。

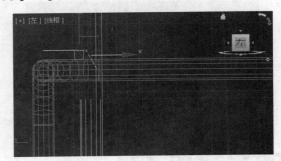

Step 02 单击【修改】按钮 ![icon]，在【选择】卷展栏中单击【顶点】按钮 ![icon]，对中间顶点进行圆角处理。

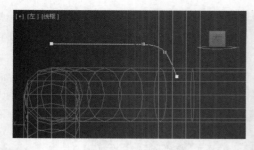

Step 03　单击【修改】按钮，进入【样条线】级别，然后选择整个图形样条线，设置【几何体】卷展栏中的【轮廓】的数值为10。

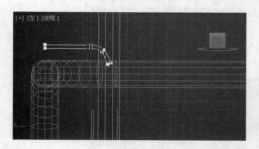

Step 04　单击【修改】按钮，在【修改】面板中的【修改器列表】选择【挤出】命令，设置【数量】值，效果如图所示。

Step 05　镜像复制一个扶手造型，效果如图所示。

5.10.5　创建椅子固定件

椅子的固定件主要是由基本几何体创建的

实体，具体操作步骤如下。

Step 01　进入【创建】面板，切换到左视图，使用【球体】命令绘制一个球体。然后使用【选择并均匀缩放】工具对齐进行挤压变形，放置到如图的位置。

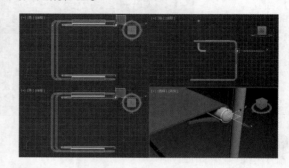

Step 02　多次复制球体并调整位置，如图所示。

Step 03　进入【创建】面板，切换到前视图，使用【圆柱体】命令绘制一个圆柱体，放置到如图的位置。

Step 04　多次复制圆柱体并调整位置，如图所示。

Step 05 切换到左视图，使用【图形】面板中的【弧】命令绘制一个弧形加固件，然后设置其可视性和渲染性，如图所示。

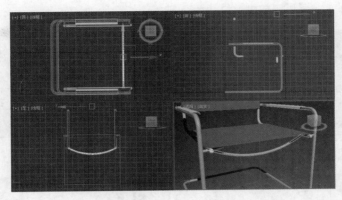

Step 06 复制一个弧形并调整位置，如图所示，这样就完成了整个椅子造型的创建。

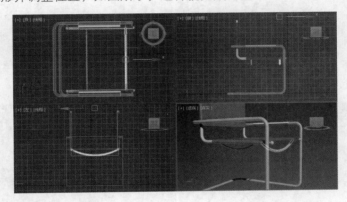

Step 07 渲染造型效果，如图所示。

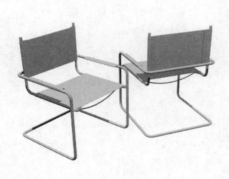

5.11 实战技巧

在3ds Max中创建模型时，有时候会觉得坐标图标太大或者太小，或者需要显示或隐藏坐标系，下面来介绍设置方法。

技巧 坐标系的显示与隐藏

（1）按键盘上的+ −键可以放大、缩小坐标轴。

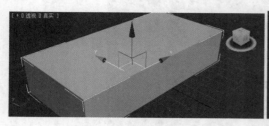 

（2）按键盘上的X键可以隐藏或者显示坐标轴。

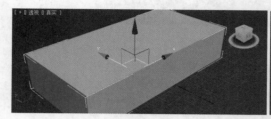 

（3）按键盘上的[或]键可以放大、缩小视图的显示区域大小。

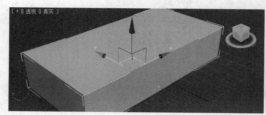 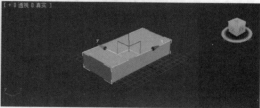

第 6 章

三维曲面建模

■ 本章引言

    要想营造出丰富多彩的三维虚拟世界，只依靠几何体和复合对象等基础建模工具是远远不够的，本章重点介绍网格建模、面片建模和NURBS建模等常见的高级建模工具。通过使用这些工具可以很容易地制作出飞机、汽车和人物等复杂的3D对象。

■ 学习要点

>> 掌握面片建模的创建方法
>> 掌握NURBS建模的创建方法
>> 掌握网格建模的创建方法
>> 掌握多边形建模的创建方法

6.1 网格建模

    网格建模可以直接对点、边、面、多边形及元素进行操作，通过调节点、边、面可以创建出许多奇形怪状而又圆滑的模型。把一个对象转换成可编辑网格并对其次对象进行操作，可以通过以下3种方法实现。

1. 右键菜单

（1）创建或选择一个对象。

（2）选择【四元菜单】→【变换】→【转换为】→【转换为可编辑网格】右键快捷菜单命令。

2. 修改面板

（1）创建或选择一个对象。

（2）单击【修改】面板 ，用鼠标右键单击堆栈中的基础对象，然后选择【可编辑网格】命令。

3. 实用程序面板

（1）创建或选择一个对象。

（2）单击【实用程序】面板 ，单击【塌陷】按钮 ，然后单击【塌陷选定对象】按钮 。

网格对象包括顶点、边、面、多边形和元素等次对象，可编辑网格也是通过分别进入各个次对象层次进行编辑修改来完成的。

6.1.1 公用属性卷展栏

无论对应哪一种次对象模式，在【修改】面板的下方都会包含【选择】和【软选择】两个公用属性卷展栏。

【选择】卷展栏的主要功能是协助对各种次对象进行选择。位于最上面的一行按钮用来决定选择的次对象模式，单击不同的按钮将分别进入网格对象的顶点、边、面、多边形和元素等次对象层次。对应不同的次对象，3ds Max 2016提供了不同的编辑操作方式。

【按顶点】、【忽略背面】和【忽略可见边】3个复选框是辅助次对象选择的3种方法。

（1）【按顶点】复选框：用来控制是否通过选择顶点的方式来选择边或面等次对象，

通过单击顶点就可以选择共享该顶点所有的边和面。

（2）【忽略背面】复选框：选择次对象时，在视图中只能选择法线方向上可见的次对象。取消选中该复选框，则可选择法线方向上可见或不可见的次对象。

（3）【忽略可见边】复选框：只有在多边形的模式下才能使用，用于在选择多边形时忽略掉的可见边。该复选框是与【平面阈值】项同时使用的。

（4）【平面阈值】复选框：用来定义选择的多边形是平面（值为1.0）还是曲面。

（5）【隐藏】按钮：用来隐藏被选择的次对象，隐藏后次对象就不能再被选择，也不会受其他操作的影响。使用隐藏工具可以大大地避免误操作的发生，同时也有利于对遮盖住的顶点等次对象的选择。

（6）【全部取消隐藏】按钮：与【隐藏】按钮的功能相反，选择它将使所有的被隐藏的次对象都显示出来。

（7）【命名选择】区域：该选项用于复制和粘贴被选择的次对象或次对象集，适用于想用分离出选择的次对象来生成新的对象，但又不想对原网格对象产生影响的情况。

（8）【信息栏】：在【选择】卷展栏的最下方提供了选择次对象情况的信息栏，通过该信息栏可以确认是否多选或漏选了次对象。

【软选择】卷展栏也是各个对象操作都共有的一个属性卷展栏，该卷展栏控制对选择的次对象的变换操作是否影响其邻近的次对象。当对选择的次对象进行几何变换时，3ds Max 2016对周围未被选择的顶点应用一种样条曲线变形。也就是说，当变换所选的次对象时，周围的顶点也依照某种规律跟随变换。卷展栏中【使用软选择】复选框就是决定是否使用这一功能的，只有在选中该复选框后，下面的各个选项才会被激活。

卷展栏的底部图形窗口显示的就是跟随所选顶点变换的变形曲线，它主要受【衰减】、【收缩】和【膨胀】3个参数的影响。

（1）【衰减】微调框：用于定义所选顶点的影响区域从中心到边缘的距离，值越大影响的范围就越宽。在这3个因素中，【衰减】项最为重要，也最常用。

（2）【收缩】微调框：用于定义沿纵轴方向变形曲线最高点的位置。

（3）【膨胀】微调框：用于定义影响区域的丰满程度。

（4）【影响背面】复选框：撤选该复选框，可以使与被选次对象法线方向相反的次对象免受这种变形曲线的影响。

下图是在选中【使用软选择】复选框后，对所选顶点进行移动后的效果。

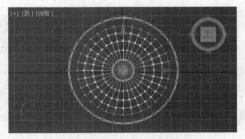

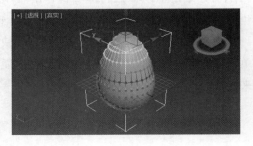

在了解了以上两种公用属性卷展栏后，就可以具体地使用各种次对象模式了。在可编辑网格的这几种次对象模式中，每一种模式都有其使用的侧重点。

Tips

顶点模式重点在于改变各个顶点的相对位置来实现建模的需要，边模式重点在于满足网格面建模的需要。在这些模式中，面模式是最重要的，也是功能最强大的，许多对象的建模都是通过对面进行拉伸和倒角逐渐生成的。用顶点模式和边模式来辅助面模式建模，这就是最常用的一种网格建模的方法。

6.1.2 顶点编辑

单击编辑修改器堆栈中【编辑网格】下的【顶点】，或者单击【选择】卷展栏中的【顶点】按钮，都将进入网格对象的顶点模式。同时，在视图中网格对象的所有顶点也会以蓝色显示出来，用户可以选择对象上的单个或多个点。

下图显示了网格对象在顶点模式下的【编辑几何体】卷展栏，通过卷展栏中的命令可以完成对顶点次对象的编辑操作。下面介绍卷展栏中各个选项的功能。

1. 创建和删除顶点

由于面是由顶点定义的，因此在创建或复制网格对象时就可以创建顶点。这种方法可以提供其他建模所需的顶点。

（1）可以在顶点模式下单击【编辑几何体】卷展栏中的【创建】按钮，然后在精确的位置创建顶点。【创建】按钮的功能是使屏幕上的每一次单击操作都在激活的栅格上创建一个顶点，创建的顶点将成为对象的一部分，并作为创建新面的一个基本要素。

（2）删除顶点可以通过单击【编辑几何体】卷展栏中的【删除】按钮或按键盘上的Delete键完成。此外，单击卷展栏中的【移除孤立顶点】按钮则可删除对象上的所有孤立顶点。删除顶点可以快速地清除掉不需要的部分网格。当删除一个顶点时，也就删除了共享它的所有面。例如，删除掉圆柱顶的中心顶点，也就删除了圆柱的整个顶。

2. 附加和分离

（1）【附加】按钮：用于将场景中另一个对象合并到所选择的网格对象上，被合并的对象可以是样条或面片等任何对象。

（2）【分离】按钮：用于将选择的顶点以及相连的面从原对象中分离，从而成为独立的对象。

【分离】有助于把整个对象分离成个别的对象来编辑修改，编辑修改完毕可以再把分离出来的对象合并到原来的对象上。

3. 分离顶点与合并顶点

分离顶点即指将一组顶点以及由它们定义的面从网格对象上断开，以形成一个新的对象。分离顶点类似于分离面，只是分离顶点时更容易确定网格对象的范围，而分离面时就很容易漏掉某一个面。分离顶点的功能由卷展栏中的【断开】按钮来实现。

下图所示为【编辑几何体】卷展栏中合并顶点的部分，它提供了两种合并顶点的方式。

（1）【选定项】：可以检查用户的当前顶点选择集。当两个或多个顶点处于同一个规定的阈值范围内时将合并这些顶点为一个顶点，阈值范围由右侧的数值框规定。

（2）【目标】：使得用户能够选择一个顶点并把它合并到另一个目标顶点上，其右侧的微调框用来设置鼠标光标与目标顶点之间的最大距离，用像素点表示。

4. 其他选项的功能

（1）【切角】：用于在所选顶点处产生一个倒角。单击该按钮，然后在视图中拖动选择的顶点就会在该顶点处产生一个倒角。

对顶点使用倒角其实就是删除原来的顶点，并在与该顶点相连的边上创建新的顶点，然后以这些新顶点来生成倒角面。【切角】按钮右侧的数值表示原顶点与新顶点之间的距离，也可以调节它的值来生成倒角面。

（2）【平面化】：强制选择的顶点位于同一个平面。

（3）【塌陷】：将实现顶点的塌陷功能，塌陷功能虽然具有破坏性但却很有用。单击【塌陷】按钮可以使当前的多个顶点合并为一个公共的顶点，新顶点的位置是所有被选顶点位置的平均值。

以上介绍的对顶点进行编辑操作的各项功能也可以通过右键快捷菜单来完成。3ds Max 2016 对所有的次对象模式都提供了这样的快捷菜单，它们常被作为3ds Max 2016操作的方便途径来使用。

6.1.3 边编辑

边作为网格对象的另一个次对象，在网格建模中并不占主要的地位，基本上是作为创建面的副产品存在。尽管如此，在3ds Max 2016中使用边来处理面对象是建模中经常用到的手段，而且使用边来创建新面也是一种很有效的方式。下图为边模式对应的【编辑几何体】卷展栏。与顶点模式相比较，除了一些功能基本相同的选项外，它又增添了几个属于自己特性的选项，主要表现在【编辑几何体】卷展栏中。

1. 分割边

卷展栏中的【拆分】按钮影响单个边。单击该按钮，然后选择要分割的边，将会在边的中点处插入一个新的顶点，这样该边就会被分割，并将原来的面分成两个面。如果该边被两个面共享，那这两个面就都会被分割，最终将产生4个面，新创建的边也是可见的。分割边是引入顶点并在需要的网格区域增加面的一种常用的方法。

2. 旋转边

在默认的情况下，网格对象的大多数多边形都是以四边形的形式表示的。四边形中存在一条隐藏的边把它分割成两个三角形，多数情况下这条隐藏边就成了旋转的对象。通过卷展栏中的【改向】按钮可以使边重新定向到两个面的其他顶点来影响单个或共享边，但是对孤立的面或未共享的边使用【改向】没有效果。旋转边常用来改变网格对象的轮廓。由于它仅仅是重新定向已存在边的方向，因此旋转不会使网格对象更复杂。

3. 拉伸和倒角边

（1）【挤出】按钮：对选择的边进行拉伸，其结果是创建一个新的边和两个新面，在其右侧的数值框中可以输入数值来控制精确拉伸的程度。但是，拉伸边并不像拉伸型或拉伸面那样，它的拉伸结果是不能确定的，因为单个边并不能确定拉伸的方向。

（2）【切角】按钮：其功能与顶点模式下的原理类似。对选择的边产生倒角并删除该边，在该边的两侧即可生成新的边，并以新边形成倒角面。

4. 切割边

（1）【切片平面】按钮：用于创建一个切割平面，该平面可以移动和旋转。

（2）【切片】和【切割】按钮：用来对边执行切割操作。单击【切割】按钮后从切割平面切割的一边上选取一点，然后在另一个被切割边上选取另一点，将会在这两点之间形成新的边。运用这种方法可以创建多个边和面。

（3）【分割】复选框：用来控制在分割的新顶点处生成两套顶点，这样即使它所依附的面被删除，该位置上仍能保留一套顶点。

（4）【优化端点】复选框：可以保证切割后生成的新顶点和相邻面之间没有接缝。

（5）【选择开放边】按钮：将显示出所有的只有单个面的边，这样有利于查找是否有面被遗漏。

（6）【由边创建图形】按钮：借用网格对象的边创建样条型的一种功能。选择某个边，单击该按钮可以把该边命名为一个型。

需注意的是【塌陷】项，由于最后塌陷的结果具有不可预测性，因此该项使用得不多。

6.1.4　面编辑

前面章节已经介绍过，在面的层次网格对象中包括【三角形面】、【多边形面】和【元素】3种情况。三角形面是面层次中的最低级别，它通过3个顶点确定，并且被作为多边形面和元素的基础。

在构成面层次的选择集中，三角形面的选择是最方便快捷的，而且它可以显示出被选面的所有边，包括不可见的边。在选择多边形面的情况下，选择的是没有被可见边分开的多边形。当想要显示出被选择多边形的不可见边时，则应对该多边形使用三角形面选择。使用元素模式进行选择时，可以通过单击一个面来选择所有的与该面共享顶点的相连面。因为所有的网格对象都是以面的形式存在的，所以在次对象层次使用面建模是网格建模中最重要的一部分。

下图所示为面模式的【编辑几何体】卷展栏，在面模式下通过对卷展栏中各个选项的操作可以最终实现对网格对象的编辑修改。

1. 创建和删除面

（1）【创建】按钮：提供了创建新面的功能。要想创建新面，单击该按钮，此时网格对象上的所有顶点都将高亮显示。然后拾取其中的一个顶点，也可以按住Shift键并在视图中的空白处单击以创建新的顶点。在面和元素模式下单击3次就可以创建一个新面；在多边形模式下，可以单击任意次来创建任意边数的多边形面，要结束创建只需双击即可。

（2）【删除】按钮：用来删除选择的面。在进行删除之前，用户可以通过隐藏功能先隐藏这些选择的面。当对隐藏后的效果感到满意时，即可使用【删除】按钮确认删除。

2. 细化面

面的细分主要用来增加网格的密度。可以通过给选择的区域创建附加的顶点和面进行更细节化的处理，或者给对象的总体增加细节以便于使用其他修改器。

（1）【拆分】按钮：使用该按钮可以实现面的进一步细分。单击该按钮，然后选择要细分的面，可以使面细分为3个更小的面。

下图中的【细化】选项组提供了对面的细分功能，它包括【边】和【面中心】两种方式。

（2）【边】单选钮：使用【边】方式，将在选择面的每条边的中点处增加新顶点，并产生新的边来连接这些顶点，选择的面将被细分为多个面。

（3）【面中心】单选钮：使用【面中心】方式，将在选择面的中心增加一个新顶点并且会产生边，把该顶点和原顶点连接起来以生成多个面。

（4）【细化】按钮右侧的微调框：用来设置边的张力值（只有在选中【边】单选钮的情况下使用），同时也控制新顶点的位置。当使用正的张力值时，新顶点向外，会造成膨胀的效果；当使用负的张力值时，新顶点向内，会造成收缩的效果。如果希望细分后的面与原面共面，那么可以设置该值为0.0，此时细分只增加网格的密度，而不会影响对象的轮廓。

3. 拉伸和倒角面

在面模式下的所有功能选项中，【挤出】和【倒角】功能是最强大的。它们不但可以创建出新的面，而且可以在原始的网格对象上以拉伸倒角面的形式创建出各种复杂的网格对象。下图所示即为卷展栏中用于【挤出】和【倒角】功能的选项部分。

（1）【挤出】按钮：单击该按钮，当鼠标光标经过选择面时会变为一个拉伸的光标，然后对选择的面垂直拖动来完成拉伸。其右侧的微调框用来设置精确的拉伸值，数值可正可负，正值向外拉伸，负值向内拉伸。面拉伸的效果，如下图所示。

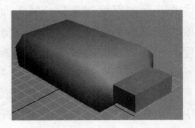

（2）【法线】选项组：对于面选择集，挤出将沿着平均法线方向对选择集进行拉伸。如果选择集是平的或者共面，拉伸将垂直于平面；如果选择集不共面，选择集的法线将被平均，拉伸沿该矢量进行。【法线】项就是针对这种情况设置的，当选中【组】单选钮时，拉伸将沿着连续组面的平均法线方向进行；若选中【局部】单选钮，拉伸将沿着每个被选择面的法线方向进行。

（3）【倒角】按钮：单击该按钮，然后对选择的面垂直拖动以拉伸该面，释放鼠标并沿与拖动垂直的方向移动鼠标可以形成倒角面。【倒角】按钮右侧的微调框用来设置精确的倒角量，数值可正可负，正值表示对拉伸后的面放大，负值表示对拉伸后的面缩小，对应的两种倒角的情况如下图所示。

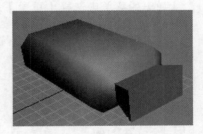

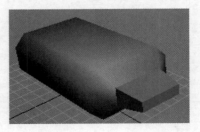

4. 炸开面和塌陷面

炸开面是分解网格对象的一种工具。炸开

通过创建重复的顶点和没有合并的面来分离网格对象。炸开后的网格对象是分解为面还是元素，这取决于其微调框设置的角度阈值。面之间的角度大于角度阈值时被爆炸成元素，当角度阈值为0时将炸开所有的面。

究竟是炸开成【对象】还是【元素】，这完全取决于用户的需要。如果想使炸开后的部分有它自己的编辑历史和运动轨迹，则应选中【对象】单选钮；如果想使炸开的部分仍是原对象的一部分，就应选中【元素】单选钮。

塌陷面是删除面的一种独特的方式。单击【塌陷】按钮可以删除选择的面，原先的面将被其中心的顶点代替，并且共享被删除面顶点的每个相邻面将被拉伸以适应新的顶点位置。

6.1.5 实例：创建洗手台模型

网格建模在动画和游戏设计中运用得非常多，对于高级建模方式，我们需要通过不断的练习才能掌握。下面通过创建一个洗手台模型来学习网格建模方式。

第1步：创建基本造型

Step 01 启动3ds Max 2016，单击【应用程序】按钮，从弹出的菜单中选择【重置】命令重置场景。

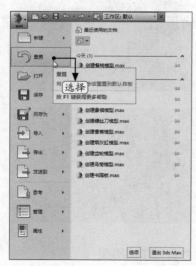

Step 02 创建洗手台。进入【创建】→【几何

体】面板，单击【长方体】按钮。

Step 03 在顶视图中建立一个长方体。进入【修改】面板，设置长方体的参数，如下图所示。

Step 04 创建的长方体如图所示。

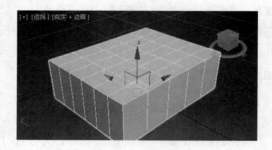

Step 05 单击【修改】面板，用鼠标右键单击堆栈中的基础对象，然后选择【可编辑网格】命令。

Step 06 单击【选择】卷展栏中的【顶点】按钮。

Step 07 调整顶点的位置，如图所示。

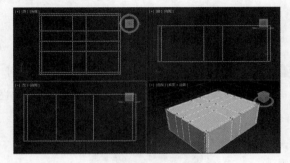

Step 08 单击【选择】卷展栏中的【多边形】按钮■。

Step 09 按Ctrl键的同时在透视图中选择长方体的上表面。

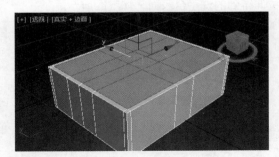

Step 10 在【编辑网格】修改器中的【编辑几何体】卷展栏中单击【挤出】按钮，将【数量】设为-15mm，选定的表面将挤出-15mm的高度，拉伸得到的洗手台表面，如下图所示。

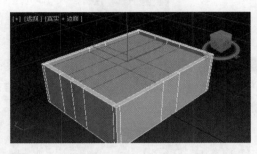

Step 11 按Ctrl键的同时再次在透视图中选择长方体的上表面。

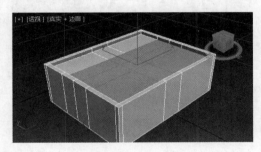

Step 12 在【编辑网格】修改器中的【编辑几何体】卷展栏中单击【挤出】按钮，将【数量】设为-100mm，选定的表面将挤出-100mm的高度，拉伸得到的洗手台表面，如下图所示。

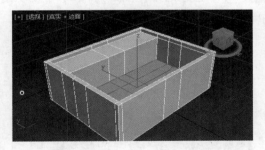

第2步：创建下水口造型

Step 01 单击【选择】卷展栏中的【顶点】按钮，选择顶点。

Step 02 选择中间的顶点,在【编辑网格】修改器中的【编辑几何体】卷展栏中单击【切角】按钮,将【数量】设为20mm,效果如图所示。

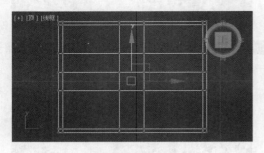

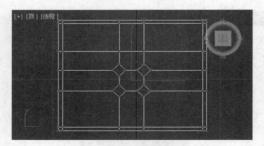

Step 03 单击【选择】卷展栏中的【多边形】按钮■,选择中间的多边形。

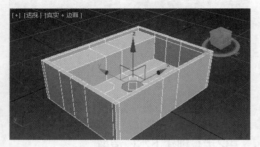

Step 04 在【编辑网格】修改器中的【编辑几何体】卷展栏中单击【挤出】按钮,将【数量】设为-6mm,选定的表面将挤出-6mm的高度,拉

伸得到的洗手台表面,如下图所示。

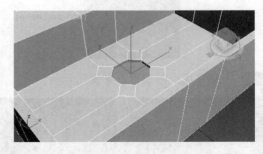

Step 05 在【编辑网格】修改器中的【编辑几何体】卷展栏中单击【倒角】按钮,将【数量】设为-7mm,倒角得到的洗手台表面,如下图所示。

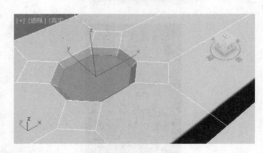

Step 06 在【编辑网格】修改器中的【编辑几何体】卷展栏中单击【挤出】按钮,将【数量】设为-30mm,选定的表面将挤出-30mm的高度,拉伸得到的洗手台表面,如下图所示。

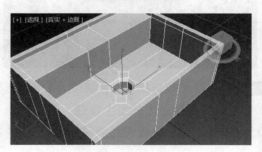

Step 07 选择创建的洗手台模型，在【修改器列表】下拉列表框中选择【切角】编辑器，然后设置切角【数量】为2.5mm，效果如图所示。

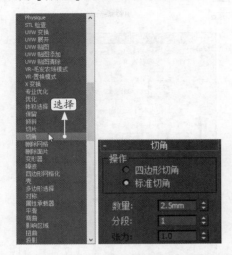

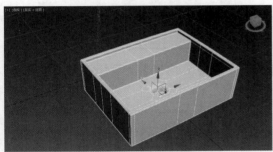

Step 08 在【修改器列表】下拉列表框中选择【网格平滑】编辑器。

Step 09 在【细分量】卷展栏中将【迭代次数】

设置为2，细分方法为【经典】。

Step 10 此时，洗手台呈现光滑的效果。

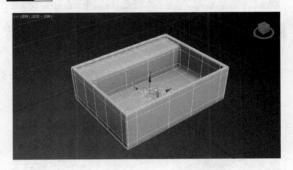

第3步：创建水龙头和细节造型

Step 01 使用【圆柱体】创建出水口，如图所示。

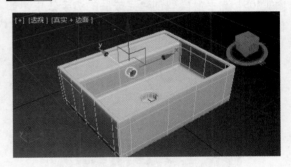

Step 02 使用【球体】创建下水口造型，然后使用【缩放】工具缩放球体，效果如图所示。

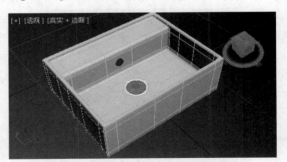

Step 03 使用【长方体】创建台面造型，效果如图所示。

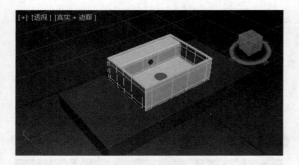

Step 04 使用【圆柱体】创建水龙头造型，效果如图所示。

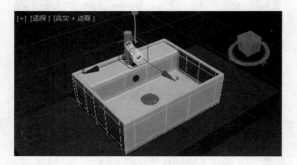

Step 05 洗手台模型创建完成后的渲染效果，如图所示。

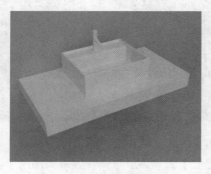

6.1.6 实例：创建抱枕模型

下面继续通过创建一个抱枕模型来学习网格建模方式。

Step 01 启动3ds Max 2016，单击【应用程序】按钮，从弹出的菜单中选择【重置】命令重置场景。

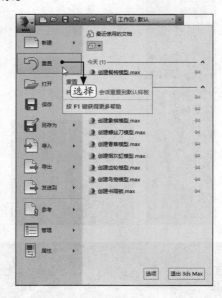

Step 02 将【几何体】类型切换为【扩展基本体】。

Step 03 在【创建】面板单击【切角长方体】按钮，如图所示。

Step 04 将视图切换到前视图，接着在场景中创建一个【切角长方体】，如图所示。

Step 05 将【参数】卷展栏展开，并进行相关参数设置，如图所示。

Step 06 最终结果如图所示。

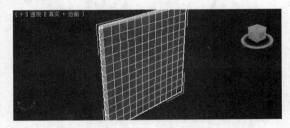

Step 07 选择切角长方体，然后在该物体上单击鼠标右键，接着在弹出的菜单中选择【转换为/转换为可编辑网格】命令，如图所示。

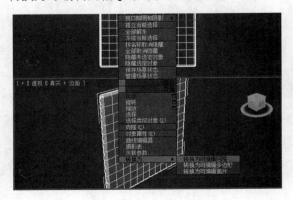

Step 08 将其转换成可编辑网格对象，进入【修改】面板，然后在【选择】卷展栏下单击【顶点】按钮。

Step 09 接着在【软选择】卷展栏下勾选【使用软选择】选项，并关闭【影响背面】选项，最后设置【衰减】为150mm，【收缩】为-0.05，【膨胀】为0.45，具体参数设置如图所示。

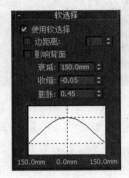

Tips

这里的【衰减】、【收缩】和【膨胀】参数值不是固定的，可以边调整参数，边观察曲线的变化。

Step 10 选择中间的一个顶点，如图所示。

Step 11 使用【选择并移动】工具沿y轴将顶点向外拖曳成凸起效果，如图所示。

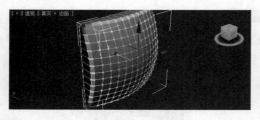

Step 12　采用相同的方法调整好另一侧的顶点，完成后的效果如图所示。

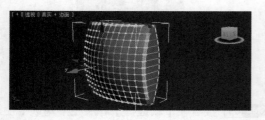

Step 13　进入【修改】面板，进入顶点级别，然后框选四周的顶点，如图所示。

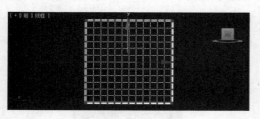

Step 14　展开【软选择】卷展栏，然后勾选【软选择】和【影响背面】选项，接着设置【衰减】为75mm，【收缩】为1.25，具体参数设置如图所示，此时的软选择效果如图所示。

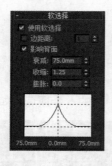

Step 15　设置参数后的选择效果如图所示。

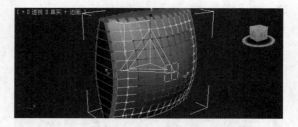

Step 16　使用【选择并均匀缩放】工具沿y轴将模型收缩成图所示的效果。

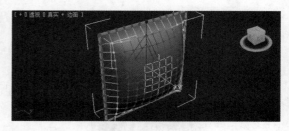

Step 17　最终效果如图所示。

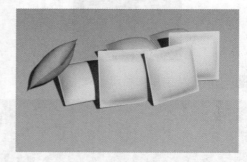

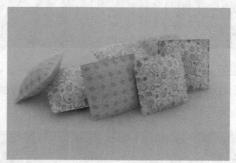

6.2　面片建模

面片即Bezier面片的简称。面片建模类似于缝制一件衣服，是用多块面片拼贴制作出光滑的表面。面片的制作主要是通过改变构成面片的边的形状和位置来实现的，因此在面片建模中对边的把握非常重要。面片建模的最大优点在于它使用很少的细节就能制作出表面光滑且与对象轮廓相符的形状。

6.2.1 面片的相关概念

面片是一种可变形的对象。在创建平缓曲面时，面片对象十分有用，它也可以为操纵复杂几何体提供细致的控制。

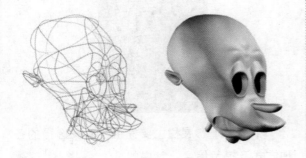

1. 面片的类型

在3ds Max中存在着2种类型的面片，它们是四边形面片和三角形面片。通过在【创建】面板的【几何体】下拉列表中选择【面片栅格】选项，可以在弹出的【对象类型】卷展栏中看到这2种面片类型。

下图所示即为这两种类型的面片。从图中可以看出，面片对象是由产生表面的栅格（Lattice）定义的。四边形面片由4边的栅格组成，而三角形面片则是由3边的栅格组成。对于面片对象，格子的主要作用是显示面片的表面效果，但不能对它直接编辑。最初工作的时候可以使用数量较少的格子，当编辑变得越来越细或渲染要求较密的格子时，可以增加格子的段数来提高面片表面的密度。

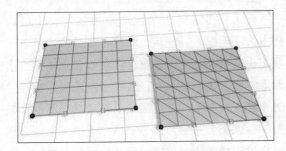

下图所示为对四边形面片和三角形面片两种类型的面片进行基本编辑后的结果。可以看

出三角形面片对象网格被均匀地弯曲，而四边形面片的弯曲不仅均匀且更富有弹性。这是因为影响连接控制点的四边形，对角的点也相互影响对方的面；而三角形面片只影响共享边的点，角顶点的表面不会受到影响。在实际工作中，使用三角形面片弯曲可以带来较好的褶皱效果，而使用四边形面片弯曲将得到更平滑的表面。

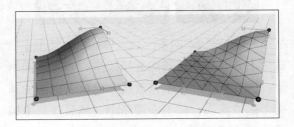

2. 矢量手柄

无论是三角形面片还是四边形面片，都是基于Bezier样条曲线来定义的。一般情况下的Bezier样条曲线都是使用4个顶点来定义的，即两个端点和中间的两个插值点。面片对象的顶点就是Bezier曲线的端点控制点，控制面片对象的矢量手柄为样条曲线的中间控制点。

矢量手柄类似于样条顶点对应的切线手柄。单击面片上的任何一个顶点，将在该顶点的两侧显示出由线段和一个小方体组成的图形标记，这个小方体代表矢量手柄，它实际上就是定义面片边的Bezier样条曲线的中间控制点，连接小方体的线段即为代表该顶点处的矢量手柄。因此，每个顶点都有两个矢量手柄，通过调整矢量手柄可以控制顶点两侧的面片的边形状。

3. 创建面片的几种方法

除了使用标准的面片创建方法外，在3ds Max 2016中还包括很多常用的创建面片的方法。

（1）对创建的线使用诸如【车削】和【挤出】一类的编辑修改器后，可以将把它们的生成对象输出为面片对象。

（2）对创建的多个有规律的线先使用【横截面】修改器把各条线连接起来，如下左图所示；再使用【曲面】修改器在连接型框架的基础上生成表面，如下右图所示；然后使用【编辑面片】修改器把生成的对象转换为面片对象。这是目前面片建模的一种最常见的思路。

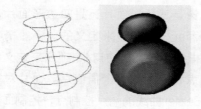

（3）直接对创建的几何体使用【编辑面片】编辑修改器，可以把网格对象转换为面片对象。

6.2.2 使用【编辑面片】修改器

无论通过哪一种方式创建面片，最终都不可避免地要通过使用【编辑面片】修改器对面片进行编辑操作来完成复杂的面片建模。

编辑面片是对面片进行编辑来实现面片建模的主要工具，使用方法如下。

（1）通过对场景创建的对象使用【编辑面片】修改器以将其转变为面片对象。

（2）进入面片对象的各次对象层次来完成具体的编辑操作。

下面具体介绍面片对象在各个次对象模式下的使用方法。

在对各个次对象进行编辑之前，先来认识一下【编辑面片】编辑修改器的一个重要的公用参数卷展栏。

【选择】卷展栏主要提供次对象选择的各种方式及提示信息。其中的 ⋮、⬊、◇、◆ 和 ▣ 按钮分别代表顶点、控制柄、边、面片和元素5种不同的次对象模式。

（1）在顶点模式下，可以在面片对象上选择顶点的控制点及其矢量手柄，通过对控制点及矢量手柄的调整来改变面片的形状。

（2）在控制柄模式下，可以对面片的所有控制手柄进行调整来改变面片的形状。

（3）在边模式下，可以对边再分和从边上增加新的面片。

（4）在面片模式下，可以选择所需的面片并且把它细分成更小的面片。

（5）在元素模式下，可以选择和编辑整个面片的对象。

（6）【命名选择】选项组：用来命名选择的次对象选择集，可以通过单击【复制】按钮来创建新的顶点、边或面片。

（7）在任何一个次对象模式下，【过滤器】选项组都可以使用，而且在顶点模式下该选项组十分有用。【过滤器】选项组包括【顶点】和【向量】两个复选框，当两个复选框都被选中时（默认状态），在视图中单击顶点，顶点和矢量手柄就都会被显示出来。撤选【顶点】复选框时将过滤掉顶点，只能显示矢量手柄；同理，撤选【向量】复选框时只能显示顶点。

（8）【锁定控制柄】复选框：可以针对

【角点】顶点设置的项。选中该复选框时，顶点的两个矢量手柄会被锁在一起，移动其中的一个手柄将带动另一个手柄。

（9）【按顶点】复选框：通过选择顶点来快速地选择其他次对象（边或界面）的一种方式，单击一个顶点将选择所有的共享该顶点的边或面片。

（10）【忽略背面】复选框和【选择开放边】按钮与在网格建模中介绍的功能相同。

【编辑面片】编辑修改器对应的另一个公用卷展栏是【软选择】卷展栏，该卷展栏中的选项和在网格建模中介绍的【软选择】卷展栏各个选项的原理完全相同。在通过调整顶点、边或面片的相对位置来改变对象的形态的过程中，该卷展栏会被经常使用。

6.2.3 面片对象的次对象模式

单击【选择】卷展栏中各个次对象模式的对应按钮，将会发现与【编辑网格】修改器一样，【编辑面片】修改器也使用了类似的【几何体】卷展栏来增强对各个次对象进行编辑操作的功能。

【几何体】卷展栏中的大部分选项与【编辑网格】修改器对应的选项的功能是相同的，只是面向操作的对象发生了改变。下面在各个次对象模式中将重点介绍能反映面片对象编辑操作特性的一些选项的功能。

1. 顶点模式

顶点层是面片建模的主要层，这是因为顶点层是唯一能访问顶点矢量手柄的层。与网格顶点明显不同的是，通过调整面片上的顶点及其矢量手柄会对面片的表面产生很大的影响，这正是面片建模的特色所在。

在面片建模中，几乎所有对面片的编辑都涉及变换顶点和它的矢量手柄。由于在一个顶点处共享该顶点的每个边都有矢量手柄，因此移动、旋转或缩放面片顶点时也会对手柄产生影响。在顶点模式下，矢量手柄是非常有价值的工具，通过变换它将直接影响共享该点所在边的两个面片的曲线度。

（1）顶点模式【几何体】卷展栏中的【创建】按钮是通过单击顶点位置创建面片的一种方式。单击该按钮，然后在视图的不同位置单击3次，右击结束将创建一个三角形面片，单击4次将直接创建一个四边形面片。

（2）在面片对象上焊接顶点将使面片结合在一起。与网格顶点的焊接不同，焊接面片的顶点要遵守一些规则。首先是不能焊接同一个面片面上的顶点，其次焊接必须在边上进行。所以在面片建模中，焊接顶点经常使用在制作对称结构的面片对象的过程中，只要制作好其中一半再镜像出另一半，最后通过焊接顶点就可以使它们结合为完整的面片对象。

（3）绑定顶点通常用于连接两个起不同作用的面片（例如通过绑定来连接动物的脖子和头），并在两个面片间形成无缝连接。但是，用于绑定的两个面片必须属于同一个面片对象。当绑定顶点时，单击【绑定】按钮，然后从要绑定的顶点（不能是角点顶点）位置拖出一条直线到要绑定的边上，当经过符合标准的边时，鼠标光标就会转变成一个十字光标，释放鼠标即可完成绑定。

【几何体】卷展栏中的【曲面】选项组存在于顶点、边、面片和元素的各个模式下，它主要控制对象的所有面片表面网格的显示效果。

（1）选项组中的步数参数类似于样条曲线的步数设置，通过增加该数值可以使表面更加光滑。【视图步数】控制显示在视图中的表面效果，【渲染步数】控制在渲染时的表面效果。

（2）选中【显示内部边】复选框可以看到面片对象中内部被遮盖的边，撤选该复选框将只显示面片对象的外轮廓。下图所示为使用了不同步数的面片表面。

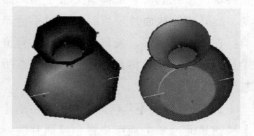

2. 边模式

（1）使用【几何体】卷展栏中的【细分】按钮可以对选择的边进行细分，其结果可使原来的面片细分为更多的面片。

（2）选中【细分】按钮右侧的【传播】复选框，将使这种细分的倾向传递给相邻的面片，这样相邻的面片也将被细分。

增加面片是边模式操作的一项主要功能，【几何体】卷展栏中的【添加三角形】和【添加四边形】按钮就是通过边来增加面片的方式。

（1）选择边，然后单击【添加三角形】按钮，将沿着与选择边的面片相切的方向增加三角形面片。

（2）单击【添加四边形】按钮将增加一个四边形面片。

Tips

当选择多个边执行增加面片的功能时，一定要注意对边的选择，应避免出现增加面片后发生重叠或错位的现象。

3. 面片模式

面片模式主要用来完成细分和拉伸面片的操作。

（1）【细分】按钮：用来在面片上将每个被选的面片分为4个小面片。无论是三角形面片还是四边形面片，所有的新面片都有一个边的顶点在原始面片边的中点处。

（2）【传播】复选框：用来根据需要传播细分面片的特性，使面片的分割影响到相邻的面片。

（3）执行【分离】面片操作，将分离出新的面片对象，新的面片不再属于原面片对象。对分离出的面片对象单独编辑后，还可以通过【附加】功能把它合并到原来的面片对象中。

下图为面片模式下【几何体】卷展栏中【挤出】和【倒角】面片的选项部分。

（1）【挤出】按钮：用于对选择的面片进行拉伸，【挤出】微调框用来控制精确的拉伸数量。

（2）【倒角】按钮：用于对选择的面片进行倒角，【轮廓】微调框用来设置倒角值，数值可正可负，正值将放大拉伸的面片，负值将缩小拉伸的面片。

（3）【法线】右侧的两个单选钮主要用于设置对选择的面片集进行拉伸的情况。

（4）【倒角平滑】选项组：用来控制倒角操作生成的表面与其相邻面片之间相交部分的形状，这个形状由相交处顶点的矢量手柄来控制。【开始】表示连接倒角生成面片的线段与被倒角面片相邻面片的相交部分，【结束】表示倒角面片与连接线段的相交部分。

（5）【平滑】单选钮：可以通过矢量手柄来控制相交部分形状的方式。选中该单选钮，可通过矢量手柄调节使倒角面片和相邻面片间的角度变小，以产生光滑的效果。

Tips

对【倒角平滑】选项组的设置必须在进行倒角面片之前完成。倒角之后再改变该设置，对倒角效果不会产生任何影响。

（6）【线性】单选钮：用来在相交部分创建线性的过渡。

（7）【无】单选钮：用来表示不会修改矢量手柄来改变相交部分的形状。

4. 元素模式

在元素模式下，主要是完成合并其他面片对象的过程，同时可以控制整个面片对象的网格密度来得到比较好的视图或渲染的效果。

合并面片对象可以通过【几何体】卷展栏中的【附加】按钮来完成，如果连接的不是面片对象，则连接时将自动把它转换为面片对象。当选中【重定向】复选框时，选定的所有面片对象都要重新定向，以便这些对象的变换与原来的面片对象相匹配。

6.2.4 实例：创建床模型

下面通过面片建模的方式来创建一个床的模型。还可以使用前面章节学习的模型创建方法来创建床。

Step 01 启动3ds Max 2016，单击【应用程序】按钮，从弹出的菜单中选择【重置】命令重置场景。

Step 02 进入【创建】→【几何体】面板，在下拉列表框中选择【面片栅格】选项。

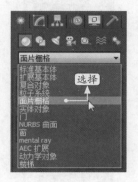

Step 03 单击【四边形面片】按钮，在顶视图中使用【捕捉开关】按钮创建一个四边形面片。

Step 04 进入【修改】面板，将【长度】设置为2000mm，【宽度】设置为1200mm，【长度分段】设置为3，【宽度分段】设置为2。

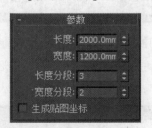

Step 05 得到的效果如下图所示。

Step 06 进入【修改】面板，在【修改器列表】下拉列表中选择【网格平滑】修改器。

Step 07 在【局部控制】卷展栏中单击【顶点】按钮，选择顶点次物体层级，然后在顶视图中选择四边形面片中间的所有顶点。

Step 08 切换到前视图，单击主工具栏中的【选择并移动】按钮，将所选的顶点沿着y轴方向上移动一个床高的距离。

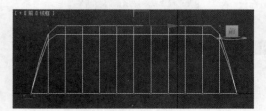

Step 09 为床添加床单的褶皱效果。切换到顶视图，选择四边形面片四周顶点中相隔的顶点。

Step 10 选择主工具栏中的【选择并均匀缩放】按钮，沿着xy方向向外进行缩放。

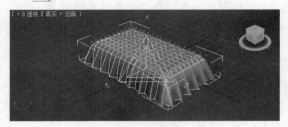

Step 11 可以合并刚才创建的抱枕，至此，就完成了创建床模型的操作。

6.3 多边形建模

多边形建模是3ds Max 2016中除了线建模、网格建模和面片建模之外的又一种建模方式。和网格建模的过程类似，它首先将一个对象转换为可编辑的多边形对象，然后通过对该多边形对象的各种次对象进行编辑和修改来实现建模过程。对于可编辑多边形对象，它包含了顶点、边、边界、多边形和元素5种次对象模式。与可编辑网格相比，可编辑多边形具有更大的优越性，即多边形对象的面不仅可以是三角形面和四边形面，还可以是具有任何多个顶点的多边形面。所以，一般情况下网格建模可以完成的建模，多边形建模也能够完成，而且多边形建模的功能更加强大。

在3ds Max 2016中把一个存在的对象转变为多边形对象的方式有以下3种。

（1）对选择的对象使用工具面板中的塌陷功能，把它塌陷输出为多边形对象。

（2）用鼠标右键单击要转变的对象，然后从弹出的快捷菜单中选择【转换为可编辑多边形】命令。

（3）选择要转变的对象，然后进入【修改】面板，在修改器下拉列表中选择【编辑多边形】编辑修改器。

在以上方法中，后两种方法是最常使用的，可以使一个对象直接进入可编辑多边形的状态。

Tips

> 把对象转变为多边形对象后，其对应的原始创建参数可能被消除掉。如果希望在进入可编辑多边形后仍然能够保留这些参数，可对其使用编辑修改器中的【转换为多边形】修改器。

6.3.1 公用属性卷展栏

与可编辑网格类似，进入可编辑多边形后，

首先看到的是它的公用属性卷展栏。在【选择】卷展栏中提供了进入各种次对象模式的按钮，也提供了便于次对象选择的各个选项。

在多边形对象的5种次对象中，大部分与网格对象对应的次对象的意义相同，这里重点解释多边形对象特有的边界次对象。当进入边界模式后，用户就可以在多边形对象网格面上选择由边组成的边界，该边界由多个边以环状的形式组成并且要保证最后的封闭状态。在边界模式下，可以通过选择一个边来选择包含该边的边界。

与网格对象的【选择】卷展栏相比，多边形对象的【选择】卷展栏中包含了几个特有的功能选项，分别为【收缩】、【扩大】、【环形】和【循环】。

（1）【收缩】按钮：单击该按钮，可以通过取消选择集最外一层次对象的方式来缩小已有次对象选择集。

（2）【扩大】按钮：可以使已有的选择集沿着任意可能的方向向外拓展，它是增加选择集的一种方式。

（3）【环形】按钮：只在EDGE和BORDER模式下才可用，它是增加边选择集的一种方式。对已有的边选择集使用该按钮，将使所有的平行于选择边的边都被选择。

（4）【循环】按钮：也是增加次对象选择集的一种方式，使用该按钮将使选择集对应于选择的边尽可能地拓展。

在【选择】卷展栏的下方有【预览选择】选项组，其中包括【禁用】、【子对象】和【多个】3个单选钮。最下方则提供了选择次对象情况的信息栏，通过该信息可以确认是否多选或漏选了此对象。

6.3.2 顶点编辑

在3ds Max 2016中，对于多边形对象各种次对象的编辑主要包括【编辑顶点】卷展栏和【编辑几何体】卷展栏。前者主要针对不同的次对象提供特有的编辑功能，因此在不同的次对象模式下它表现为不同的卷展栏形式；后者可对多边形对象及其各种次对象提供全面的参数编辑功能，它适用于每一个次对象模式，只是在不同的次对象模式下各个选项的功能和含义会有所不同。

1. 【编辑顶点】卷展栏

下图为用于进行顶点编辑的【编辑顶点】卷展栏。

（1）【移除】按钮：不但可以从多边形对象上移走选择的顶点，而且不会留下空洞。移走顶点后，共享该顶点的多边形就会组合在一起。

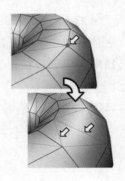

（2）【断开】按钮：用于对多边形对象中选择的顶点分离出新的顶点。但是，对于孤立的顶点和只被一个多边形使用的顶点来说，该选项是不起作用的。

（3）【挤出】按钮：对多边形对象顶点使用【挤出】功能是非常特殊的。【挤出】功能允许用户对多边形表面上选择的顶点垂直拉伸出一段距离以形成新的顶点，并且在新的顶点和原多边形面的各个顶点之间生成新的多边形表面。

单击【挤出】右侧的【设置】按钮 ，将弹出下图所示的【挤出顶点】设置区域，从中可以精确地设置拉伸的长度和拉伸底面的宽度，当为负值时顶点将向里挤压。对该设置区域参数的设置与手工拉伸是互动的，即手工拉伸也会影响设置区域中的参数数值，因此利用手工拉伸和该设置区域可以更好地完成拉伸操作。

（4）【焊接】按钮：用来焊接选择的顶点，单击其右侧的设置按钮 将打开【焊接顶点】设置区域，从中可以设置焊接的阈值。

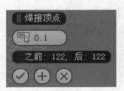

（5）【目标焊接】按钮：用于把选择的顶点合并到需要的目标顶点上。

Tips

> 在原理上，多边形对象的顶点切角与网格对象的顶点切角是相同的，所不同的是在消除掉选择的顶点后，在多边形对象上生成多顶点的倒角面，而不仅仅是三顶点的倒角面。【倒角】功能也提供了相应的【倒角】对话框。

（6）【连接】按钮：提供了在选择的顶点之间连接线段以生成边的方式。但是不允许生成的边有交叉现象出现，例如对四边形的4个顶点使用连接功能，则只会在四边形内连接其中的两个顶点。

（7）【移除孤立顶点】按钮：用来删除因为特定的建模操作留下的一些不能被使用的贴图顶点。而在对多边形对象进行材质贴图时，这些顶点不能被贴图所影响。

2．【编辑几何体】卷展栏

下图为用于进行辅助顶点编辑的【编辑几何体】卷展栏。

顶点编辑的【编辑几何体】卷展栏给出了各种次对象编辑的公用选项，通过它们可以辅助【编辑顶点】等卷展栏来完成对次对象的编辑操作。

（1）【重复上一个】按钮：可以对选择顶点重复最近的一次编辑操作命令。例如，对于【挤出】命令，不仅会重复执行该命令，还会

使用相同的拉伸量。

Tips

> 并不是所有的命令都可以重复使用，如变换功能就不能通过【重复上一个】按钮重复使用。

（2）【约束】选项组：可以对各种次对象的几何变换产生约束效应。其中，【无】表示不提供约束功能，【边】表示把顶点的几何变换限制在它所依附的边上，【面】表示把顶点的几何变换限制在它所依附的多边形表面上。

（3）【切片】和【切割】按钮：是通过平面切割（称为分割面）来细分多边形网格的两种方式，可分别通过单击【切片】和【切割】两个按钮来执行操作。

（4）【快速切片】按钮：用来快速地对多边形对象进行切割操作。

（5）【网格平滑】按钮：是对次对象选择集提供光滑处理的一种方式，在功能上它与【网格平滑】编辑修改器类似。单击其右侧的设置按钮□将弹出【网格平滑】设置区域，从中可以设置控制光滑程度的参数。

以上介绍的都是多边形对象顶点编辑中特有的几个选项，除此之外的一些选项的功能与可编辑网格的【编辑几何体】卷展栏中的相同。例如，【创建】按钮用来在多边形对象上创建任意多个顶点，【塌陷】按钮用来塌陷选择的顶点为一个顶点，【附加】按钮和【分离】按钮用来添加和分离多边形对象，【细化】按钮用来细分选择的多边形，【平面化】按钮的功能是强制所选择的顶点处于同一个平面，【视图对齐】和【栅格对齐】按钮用来设置视图对齐和网格对齐，【隐藏选定对象】和【全部取消隐藏】按钮用来隐藏次对象和解除

隐藏。这些功能在各种次对象的编辑中经常要用到。

6.3.3 边编辑

多边形对象的边和网格对象的边的含义是完全相同的，都是在两个顶点之间起连接作用的线段。在多边形对象中，边也是一个被编辑的重要的次对象。

下图为【编辑边】卷展栏。与【编辑点】卷展栏相比，相应地改变了一些功能选项。

（1）【移除】按钮：用来删除选择的边，同时合并共享该边的多边形。与删除功能相比，虽然使用【移除】按钮可以避免在网格上产生空洞，但也经常会造成网格变形和生成的多边形不共面等情况。

（2）【插入顶点】按钮：用来对选择的边手工插入顶点来分割边的一种方式。使用【插入顶点】按钮插入顶点的位置比较随意。

（3）【挤出】按钮：与顶点编辑中不同的是在边模式下使用【挤出】功能是对选择的边执行拉伸操作并在新边和原对象之间生成新的多边形，下图为拉伸边的情况。

（4）【连接】按钮：用来在选择的边集中生成新的边。可以在同一个多边形中使用连接功能来连接边，但是不能有交叉的边出现。单击其右侧的按钮即可弹出用来设置连接参数的设置区域。

（5）【利用所选内容创建图形】按钮：用来通过选择的边来创建样条型。单击该按钮将弹出【创建图形】对话框。在该对话框中可以输入图形的名字和确定图形的类型（平滑或线性），而且新图形的枢轴点被设置在多边形对象的中心位置上。

（6）【编辑三角剖分】按钮：是一种在多边形上手工创建三角形的方式。单击该按钮，多边形对象所有隐藏的边都会显示出来。首先单击一个多边形的顶点，然后拖动鼠标到另一个不相邻的顶点上，再一次单击即可创建出一个新的三角形。

边模式的【编辑几何体】卷展栏和顶点模式的对应卷展栏中选项的功能几乎相同，这里不再赘述。

6.3.4 边界编辑

边界可以理解为多边形对象上网格的线性部分，通常由多边形表面上的一系列边依次连接而成。边界是多边形对象特有的次对象属性，通过编辑边界可以大大地提高建模的效率。在3ds Max中，对边界模式的编辑修改主要集中在【编辑边界】和【编辑几何体】两个卷展栏中。

下图为【编辑边界】卷展栏，其中只提供了针对边界编辑的各种选项。

（1）【插入顶点】按钮：是通过插入顶点来分割边的一种方式，所不同的是该选项只对所选择边界中的边有影响，对未选择边界中的边没有影响。在插入顶点分割边后，通过再次右击可以退出这种状态。

（2）【挤出】按钮：用来对选择的边界进行拉伸，并且可以在拉伸后的边界上创建出新的多边形面。

（3）【封口】按钮：是边界编辑中一个特殊的选项，它可以用来为选择的边界创建一个多边形的表面，类似于为边界加一个盖子，这一功能常被用于样条型。

在手工创建好一个样条型后，首先对其使用【编辑多边形】编辑修改器使它转换为多边形对象，然后进入边界模式，单击【封口】按钮使其转换为一个多边形面，这样就便于在多边形面的层次下对其拉伸来最终制作出复杂的对象。使用这个方法制作如下图所示的效果，这种方法非常适合于由复杂型面开始多边形建模的过程。

其他选项（如【切角】、【连接】、【权重】和【折缝】等）与边编辑模式下的含义和作用基本上相同。

6.3.5 多边形和元素编辑

多边形就是在平面上由一系列的线段围成的封闭图形，是多边形对象的重要组成部分，同时也为多边形对象提供了可供渲染的表面。元素与多边形面的区别就在于元素是多边形对象上所有的连续多边形面的集合，它是多边形对象的更高层，它可以对多边形面进行拉伸和倒角等编辑操作，是多边形建模中最重要也是功能最强大的部分。

同顶点和边等次对象一样，多边形也有自己的编辑卷展栏，在【编辑多边形】卷展栏中包含了对多边形面进行拉伸、倒角等操作的多个功能选项。

（1）【插入顶点】按钮：在多边形模式下，单击【插入顶点】按钮并在视图中相应的多边形面上单击，这样在插入顶点的同时也就完成了分割多边形面的过程，这是一种快速增加多边形面的方法。

（2）【挤出】和【倒角】按钮：多边形面的挤出与倒角功能是多边形建模中最常使用的，通过不断地挤出可以拓展出各种复杂的对象。挤出的使用原理与在前面各种次对象中讲述的完全相同，区别的是在【编辑多边形】卷展栏中提供了【轮廓】按钮来调整挤出和倒角的效果。

（3）【轮廓】按钮：用来调整拉伸形成多边形面的最外部边。单击其右侧的设置按钮□将弹出【轮廓】设置区域。

（4）【插入】按钮：是对选择的多边形面进行倒角操作的另一种方式。与倒角功能不同的是，倒角生成的多边形面相对于原多边形面并没有高度上的变化，新的多边形面只是相对于原多边形面在同一个平面上向内收缩。单击其右侧的设置按钮将弹出【插入】设置区域，通过它可对选择的多边形面进行精确插入，其中的【插入量】微调框来设置多边形面的缩进量。

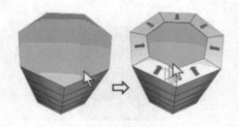

（5）【桥】按钮：单击该按钮，3ds Max 2016将自动对选择的多边形面或多边形面选择集进行三角形最优化处理。

（6）【翻转】按钮：用来选择多边形面的法线反向。

（7）【从边旋转】按钮：用于通过绕某一边来旋转选择的多边形面。这样，在旋转后的多边形面和原多边形面之间将生成新的多边形面。单击【从边旋转】按钮右侧的设置按钮□将弹出可用于精确旋转多边形面的设置区域，在该设置区域中可以设置旋转的角度和拉伸生成新多边形面的段数。

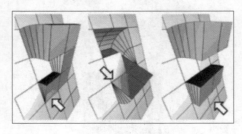

Tips

旋转边不必是选择的一部分，它可以是网格的任何一条边。另外，选择不必连续。

（8）【沿样条线挤出】按钮：可以使被选择的多边形面沿视图中某个样型的走向进行拉伸。下图为使用该按钮对多边形面拉伸的一个实例。单击【沿样条线挤出】按钮右侧的设置按钮□将弹出【沿样条线挤出】设置区域，从中可以选择视图中的样条型，也可以调整拉伸的状态。

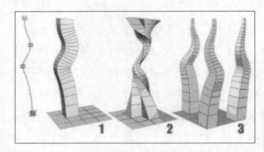

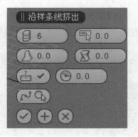

6.3.6 实例：创建千纸鹤模型

下面通过多边形建模的方式来创建一个千纸鹤模型，具体操作步骤如下。

Step 01 启动3ds Max 2016，单击【应用程序】按钮，从弹出的菜单中选择【重置】命令重置场景。

Step 02 在【创建】面板中单击【基本体】中的【长方体】按钮，如图所示。

Step 03 在顶视图中创建一个长方体，如图所示。

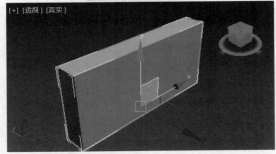

Step 04 将长方体转换成可编辑多边形，单击【修改】面板按钮 ✎ 进入【修改】面板，然后

进入【顶点】模式，将顶部的点拉向中心并焊接，如图所示。

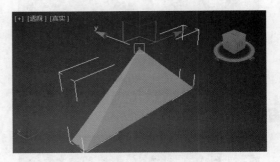

Step 05 将底边中心点拉向中心适当位置，如图所示。

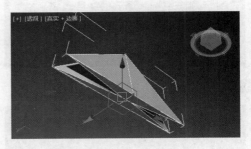

Step 06 选中如图所视的边挤出，挤出数量为零，如图所示。

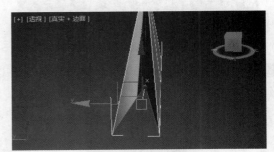

Step 07 将挤出的边用鼠标向上拉到适当位置，然后焊接顶部的点，如图所示。

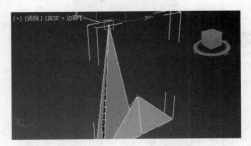

Step 08 用同样的方法挤出前面的边，调节后如图所示。

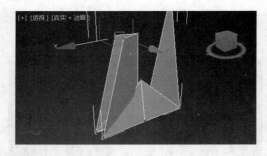

Step 09 在顶视图中，删除选取的点。

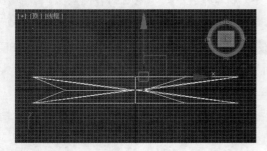

Step 10 在前视图中切割出如下线段，如图所示。

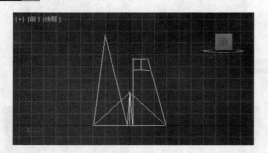

Step 11 加载【镜像】修改器，这一步用镜像实例复制也可以。

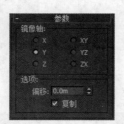

Step 12 调节头部的点，如图所示。

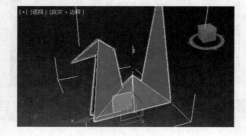

Step 13 将底边挤出并调节点的位置，如图所示。

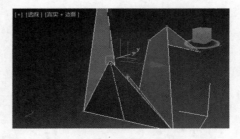

Step 14 继续挤出边并调节顶点，如图所示。

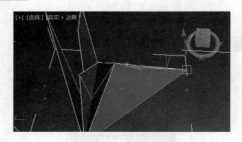

Step 15 删除底面，最终效果如图所示。

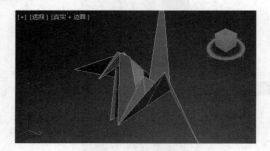

Step 16 赋予材质后渲染效果如图所示。

6.3.7 实例：创建牙膏模型

下面通过多边形建模的方式来创建一个牙膏模型，具体操作步骤如下。

思路解析：

首先创建一个圆柱体，将其转变为多边形编辑模式，然后在多边形编辑模式中对点进行编辑以创建牙膏的基本造型，借助创建星形，挤出后同样使用多边形编辑模式对点进行编辑，创建牙膏的盖子，最后进行修整对齐得到完整的牙膏模型。

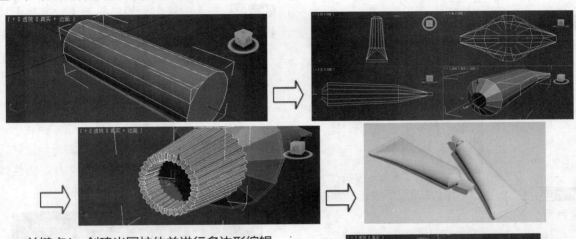

关键点1：创建半圆柱体并进行多边形编辑

Step 01 启动3ds Max 2016，单击【应用程序】按钮，从弹出的菜单中选择【重置】命令重置场景。

Step 02 在【创建】面板中单击【圆柱体】按钮，如图所示。

Step 03 在前视图中创建一个圆柱体，如图所示。

Step 04 将【参数】卷展栏展开，并进行相关参数设置，如图所示。

Step 05 最终结果如图所示。

Step 06 单击【修改】面板，用鼠标右键单击堆栈中的基础对象，然后选择【可编辑多边形】命令。

Step 07 单击【选择】卷展栏中的【多边形】按钮 ■ 。

Step 08 按Ctrl键的同时在透视图中选择圆柱的前后两个面。

Step 09 将选中的前后两个面删除，结果如图所示。

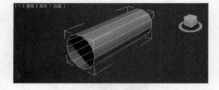

关键点2：对点和边进行多边形编辑

Step 01 单击【选择】卷展栏中的【点】按钮 ∷ 。

Step 02 进入点选择，用缩放工具调整圆柱的后端，使它比前端宽度宽一些，高度低一些，如

图所示。

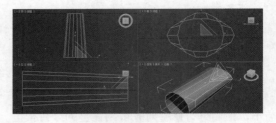

Step 03 在【创建】面板中单击【长方体】按钮，如图所示。

Step 04 创建一个长方体，位置如图所示，并转为多边形，把前面的面删掉（就是对应圆柱体的面）。

Step 05 单击【创建】面板 ❖ 下【几何体】 ○ 的下拉菜单，然后选择其中的【复合对象】，如下图所示。

Step 06 打开【复合对象】面板，选择圆柱体，然后单击【连接】按钮。

Step 07 单击【拾取操作对象】卷展栏下的【拾取操作对象】按钮，然后拾取长方体。

Step 08 拾取后得到的结果如图所示。

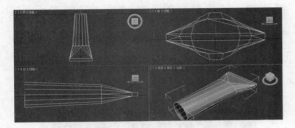

Step 09 再次将圆柱体转变为可编辑多边形。单击【修改】面板 ，进入边界选择。

Step 10 选择圆柱体的前端，按住Shift键，向外拉，并用缩放工具缩小，如图所示。

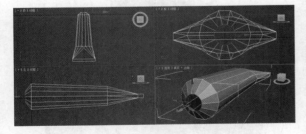

Step 11 按住Shift键不放，继续向前拉并用缩放工具缩小，如图所示。

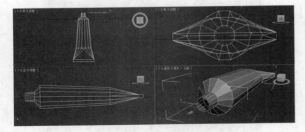

Step 12 选择如图所示的硬边。

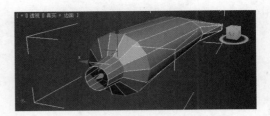

Step 13 单击【编辑边】卷展栏下的【切角】按钮后的【设置】按钮 。

Step 14 设置切角的值为3mm。

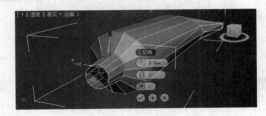

Step 15 同样对尾部硬边进行切角处理，效果如图所示。

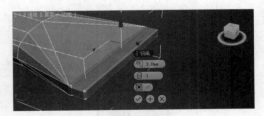

关键点3：创建星形并挤出

Step 01 下面来做盖子。单击【创建】面板中的【图形】按钮 ，显示出二维图形面板，在面板中单击【星形】按钮，显示出【星形】卷展栏。

Step 02 在前视图中单击并移动鼠标创建一个星形。

Step 03 设置【参数】如图所示。

Step 04 得到的星形，如图所示。

Step 05 选择创建的星形图形，单击【创建】面板中的【修改】按钮，在【修改器列表】下拉列表框 修改器列表 中选择【挤出】修改器，如图所示。

Step 06 在【挤出】的【参数】卷展栏中，设置挤出【数量】为85，如下图所示。

Step 07 挤出的模型，如下图所示。

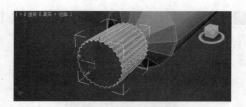

关键点4：将牙膏盖转为多边形模式进行编辑

Step 01 将牙膏盖转为多边形模式，把前后盖面都删掉，选择前面的点并做适当调整（呈圆锥状），如图所示。

Step 02 进入边界选择，选择牙膏盖前面的边界，按住Shift键使用缩放工具拉伸，如图所示。

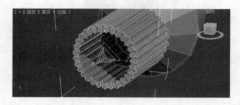

Step 03 继续向里拉，最后给它封盖。

Step 04 后盖同上，效果如图所示。

Step 05 选择创建的牙膏体，单击【创建】面板中的【修改】按钮 ，在【修改器列表】下拉列表框 修改器列表 ▼ 中选择【涡轮平滑】修改器，如图所示。

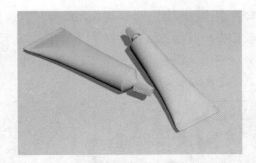

Step 06 效果如图所示。

6.4 NURBS建模

NURBS建模是一种优秀的建模方式，可以用来创建具有流线轮廓的模型，如植物、花、动物和表皮等。

6.4.1 NURBS建模简介

在所有的建模技术中，或许最流行的技术就是NURBS建模技术。3ds Max提供了强大的NURBS表面和曲线建模工具。

Tips

> NURBS的全称是Non-uniform Rational B-splines。其中，Non-uniform（非均匀）意味着不同的控制顶点对NURBS曲面或曲线的影响力权重可以不同。

由于NURBS建模很容易通过交互式的方法操纵，而且用途十分广泛，因此NURBS建模十分流行。实际上，NURBS可以说已经成为建模中的一个工业标准。它尤其适合用来建立具有复杂曲面外形的对象。例如，许多动画设计师都使用NURBS来建立人物角色等模型，这主要是因为NURBS建模可以在网格保持相对较低的细节的基础上，获得更加平滑、更加接近轮廓的表面，比如表面光滑的轿车。另外，由于人物一类的对象都比较复杂，因此和其他多边形建模方法相比，使用NURBS可大大地提高对象的性能。

也可以使用网格或面片建模来建立类似的对象模型，但是和NURBS表面相比，网格和面片有如下一些缺点。

（1）使用面片很难创建具有复杂外形的曲面。

（2）因为网格是由小的面组成的，这些面会出现在渲染对象的边缘，所以用户必须使用数量巨大的小平面来渲染一个理想的平滑的曲面。

NURBS曲面则不同，它能更有效率地计算和模拟曲面，使用户能渲染出几乎可以说是天衣无缝的平滑曲面（当然一个被渲染的NURBS曲面实际上还是由多边形平面拟合而成的，但是NURBS表面拟合的效果则非常平滑）。

NURBS建模的弱点在于它通常只适用于制

作较为复杂的模型，如果模型比较简单，使用它反而要比其他方法需要有更多的面来拟合。另外，它不太适合用来创建带有尖锐拐角的模型。下图是NURBS建模的一个实例。

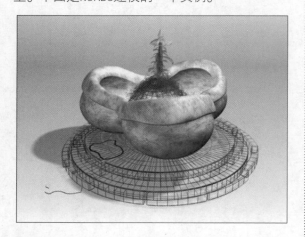

6.4.2 NURBS曲面和NURBS曲线

在一个NURBS模型中，顶层对象不是一个NURBS曲面就是一个NURBS曲线，子对象则可能是任何一种NURBS对象。

1. NURBS曲面

NURBS曲面对象是NURBS建模的基础。可以在创建物体面板中创建出一个具有控制顶点的平面。它可以作为创建一个NURBS模型的出发点。一旦建立了最开始的表面，就可以通过使用移动控制点或者NURBS曲面上的点以及附着在NURBS曲面上的其他对象等方法来修改它。

NURBS曲面有两种类型：点曲面和CV曲面。

创建NURBS曲面的面板如下图所示。

（1）【点曲面】按钮：点曲面就是所有的点都被强迫在面上的NURBS曲面上。

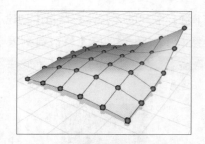

由于一个最初的NURBS曲面需要被编辑修改，因此曲面的创造参数在【修改】面板上不再出现。在这一方面，NURBS曲面对象不同于其他对象。【修改】面板提供了其他方法，可以让用户改变初始的创建参数。

（2）【CV曲面】按钮：CV曲面是一个被控制顶点所控制的NURBS曲面。控制顶点（CVS）在曲面上实际并不存在，它定义了一个封闭NURBS曲面的控制网格。每一个控制顶点都有一个WEIGHT参数，可以用它来调整控制顶点对曲面形状的影响权重。

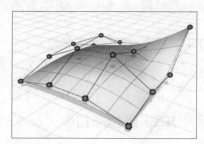

2. NURBS曲线

NURBS曲线属于二维图形对象，可以像使用一般的样条曲线一样来使用它们。可以使用【挤出】或【车削】修改器来创建一个基于NURBS曲线的三维曲面。也可以使用NURBS曲线作为放样对象的路径或剖面。可以将NURBS曲线用作路径限制或沿路径变形等修改器工具中的路径。还可以给一个NURBS曲线一个厚度参数，使它能被渲染（当然，这些渲染都是把三维曲面作为一个多边形的网格对象来处理，而不是NURBS曲面）。

NURBS曲线有两种类型：点曲线和CV曲线。

创建NURBS曲线的面板如下图所示。

（1）【点曲线】按钮：点曲线是指所有的点被强迫限制在NURBS曲线上。点曲线可以作为建立一个完整的NURBS模型的起点。

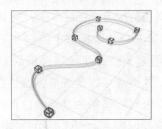

（2）【CV曲线】按钮：CV曲线是被控制顶点控制的NURBS曲线。控制顶点定义一个附着在曲线上的网格。

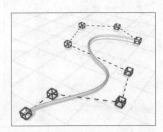

创建CV曲线的时候，在一个地方多次单击鼠标，即可在相同的位置上创建超过一个CV控制顶点，从而在曲线的这个区域中增加CVS控制顶点的影响权重。在同一个位置创建两个CVS控制顶点将使曲线更加尖锐，而在同一个位置创建3个CVS控制顶点将在曲线中创建一个尖锐的拐角。

如果想在三维空间中创建一个CV曲线，可采用以下两种方法实现。

（1）在所有视图中绘制：可以在不同的视图中绘制不同的点，从而实现在三维空间中绘制曲线的目的。

（2）绘制一条曲线的时候，使用Ctrl键将CV控制点拖离当前平面。当按下Ctrl键的时候，鼠标的上下移动可将最后创建的一个CV控制点抬高或者降低而离开当前平面。

6.4.3 NURBS对象工具面板

在3ds Max 2016中，可以通过以下6种途径创建NURBS对象。

（1）在【创建】面板中的【图形】面板里创建一个NURBS曲线。

（2）在【创建】面板中的【几何体】面板里创建一个NURBS曲面。

（3）将一个标准的几何体转变成一个NURBS对象。

（4）将一个样条线对象（Bezier样条曲线）转变成一个NURBS对象。

（5）将一个面片对象转变成一个NURBS对象。

（6）将一个放样对象转变成NURBS对象。

3ds Max 2016为创建和操作NURBS对象提供了许多工具。在前面的章节中介绍了可以通过创建物体面板下的NURBS工具创建独立的NURBS曲面和NURBS曲线，选择任何一个NURBS对象，它的【修改】面板总体外观和每个单独的创建对象的卷展栏如下。

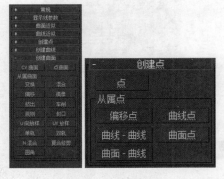

从这些对象的【创建】面板中可以看到，3ds Max 2016提供了种类繁多的NURBS对象创建工具，不过最基本的独立的NURBS对象只有几种，其他的都是不独立对象。一个非独立子对象是以其他子对象为基础的。

例如，一个混合曲面连接另外两个曲面，变换这两个曲面中的任何一个，都会引起混合曲面形状的改变；而混合曲面形状的改变可使它维持对这两个曲面的光滑连接；删除这两个曲面中的任何一个，混合曲面也就随之消失了。换句话说，一个非独立子对象是不能独立存在的。

3ds Max 2016还为NURBS建模提供了大量的便捷手段，除了这些【创建】和【修改】面板以外，还包括一个快捷工具栏，其中提供了能够创建的所有NURBS对象。

此外，选择一个NURBS对象以后，在其右键快捷菜单中提供了NURBS对象的主要创建、变换工具以及快速的子对象层级选择命令。

6.4.4 创建和编辑曲线

曲线子对象分为独立的和非独立的点及CV曲线。使用创建曲线指令面板或快捷工具栏上的按钮可以创建NURBS曲线子对象。

下面介绍几种常用的曲线子对象。

（1）【创建CV曲线】按钮：在一个视图中，单击并拖动鼠标创建第一个CV控制点和第一段曲线。释放鼠标可以增加第二个CV控制点。此后每单击一下鼠标就可以在曲线中添加一个新的CV控制点，然后单击鼠标右键即可完成曲线的创建。

在创建一个CV曲线时，可以按Backspace键删除最后一个CV控制点。在创建曲线时，单击第一个CV控制点会弹出一个对话框，询问是否封闭曲线，单击【YES】按钮将创建一条封闭的曲线。当一个封闭曲线在曲线子对象层次被显示的时候，第一个CV控制点被显示为一个绿色的圆圈，并且还有一个绿色的标志指示曲线的方向。

（2）【创建拟和曲线】按钮：执行这个指令可以创建一个点曲线按顺序通过所选择的所有顶点。这些点可以是先前创造的曲线或曲面上的顶点，也可以是单独创建的顶点，但是它们不可以是CV控制顶点。创建拟和曲线时应按下对应的按钮并且按照顺序依次选择顶点，然后按Backspace键删除最后一个选择的顶点即可。

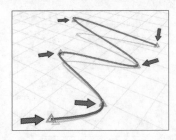

（3）【创建混合曲线】按钮：一条混合曲线可以将一条曲线的一端连接到另一条曲线上，然后根据两者的曲率在它们之间创建一条平滑的曲线。可以用它来连接任何类型的曲线，包括CV曲线与点曲线、独立曲线和非独立曲线等。

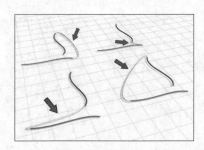

按下相应的按钮，单击一条想要连接的曲线的一端，然后拖动鼠标到想要连接的另一条

曲线上，当确定连接位置无误时释放鼠标，这样一条混合曲线就被创建出来了。改变任何一条母曲线的位置或者曲率，混合曲线也要相应地随之改变。【混合曲线】参数的设置如下图所示。

张力会影响在混合曲线和两条母曲线之间的连接角度。张力越大，混合曲线和母曲线连接部分的切角就越小；张力越小，混合曲线和母曲线连接部分的切角就越大。【张力1】表示和第一条曲线间的张力，【张力2】表示和第二条曲线间的张力。

（4）【创建法向投影曲线】按钮 ：一条法向投影曲线所有的顶点都位于一个曲面之上。它以一条被投影的曲线为基础，然后根据曲面的法线方向计算得到相应的投影曲线。

单击【创建法向投影曲线】按钮，首先选择想要投影的曲线，然后再单击选择需要投影到的曲面。

如果曲线能被投影到曲面的法线方向之上，那么一条法线投影曲线就被创建出来了。【法向投影曲线】的参数设置如下图所示。

① 【修剪】复选框：选中该复选框，则根据投影曲线修剪曲面；撤选该复选框，则表面不被修剪。

② 【翻转修剪】复选框：选中该复选框，则在相反的方向上修剪表面。

6.4.5 创建和编辑曲面

曲面子对象同样分为独立的和非独立的点及CV曲面。使用创建曲面指令面板或快捷工具栏上的按钮可以创建NURBS曲面子对象。

下面介绍几种常用的曲面子对象。

（1）【创建CV曲面】按钮 ：CV曲面是最基本的NURBS曲面。单击相应的按钮，在任何视图中拖动鼠标即可创建出一个CV曲面。基本参数设置如下图所示。

① 【长度】微调框：用来设置曲面的长度。

② 【宽度】微调框：用来设置曲面的宽度。

③ 【长度CV数】微调框：沿着曲面的长度方向上控制点的数目。范围为2~50，默认为4。

④ 【宽度CV数】微调框：沿着曲面的宽度方向上控制点的数目。

⑤ 【生成贴图坐标】复选框：选中该复选框可以生成贴图映射坐标，使用户能把材质映射到NURBS对象表面。

⑥ 【翻转法线】复选框：选中该复选框可以颠倒表面的法线方向。

（2）【创建混合曲面】按钮 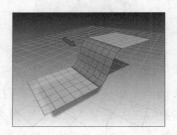：一个混合曲面可以将一个曲面连接到另一个曲面上，然后根据两者的曲率在它们之间创建一个平滑的曲面。除此之外，还可以用混合曲面连接一个曲面和一条曲线，或者一条曲线和另一条曲线。

【混合曲面】的参数设置如下图所示，其中张力的含义和混合曲线类似，这里不再重复。【翻转末端1】、【翻转末端2】复选框用来创建混合曲面的两条法线的方向，混合使用它所连接的两个曲面的法线方向作为混合曲面两端的法线方向。如果两个母曲面的法线方向相反，所创建出来的混合曲面就会产生错误的扭转，为此可以颠倒法线的方向来纠正这种错误。

（3）【创建镜像曲面】按钮 ▶◀：镜像曲面用来操作曲面的一个镜像对象。

单击相应的按钮并选择要镜像的曲面，然后拖动鼠标确定镜像曲面与初始曲面的距离。在其创建参数面板中可以设置曲面镜像的镜像轴，【偏移】微调框用于设置镜像曲面与原始曲面的位移，【翻转法线】复选框用于翻转镜像曲面的法线方向。其参数面板设置如下图所示。

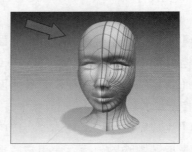

（4）【创建U向放样曲面】按钮 ◢：U向放样曲面使用一系列的曲线子对象创建一个曲面。这些曲线在曲面中可以作为曲面在U轴方向上的等位线。创建一个U向放样曲面的时候，可以选择一条还没有成为当前NURBS模型的子对象的曲线。当选择这样的曲线时，它将自动地附

着到当前的NURBS对象上。

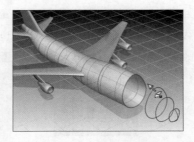

（5）【创建UV放样曲面】按钮 ◢：一个UV放样曲面与U向放样曲面类似，但是在V方向和U方向上各使用一组曲线，这样可以更好地控制UV放样曲面的形状，而且只需要相对比较少的曲线就能获得想要的结果。

U向放样曲面和UV放样曲面是NURBS建模中最常用的建模方法。

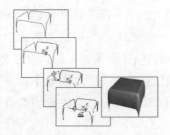

6.4.6 实例：创建汤勺模型

NURBS建模方式一般被用来创建一些光滑的曲面效果，例如汽车模型、灯具模型和玩具模型等。下面通过一个简单的汤勺模型来了解3ds Max 2016的NURBS建模的基本方法，具体操作步骤如下。

Step 01 启动3ds Max 2016，单击【应用程序】按钮，从弹出的菜单中选择【重置】命令重置场景。

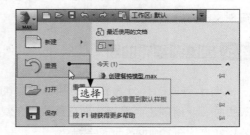

Step 02 单击 图标，在弹出的菜单中选择【打开】命令，打开随书光盘中的"素材\ch06\汤勺曲线.max"模型文件。

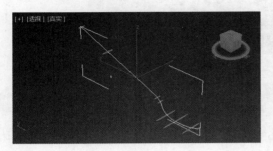

Step 03 选择汤勺的路径曲线，单击【修改】面板 进入NURBS曲面修改面板。

Step 04 在【常规】卷展栏中单击【附加多个】按钮。

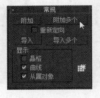

Step 05 在弹出的【附加多个】对话框中单击【全选】按钮 ，最后单击【附加】按钮将所有的曲线连接到第一条曲线上。

Step 06 单击【附加】按钮后得到的效果如图所示。

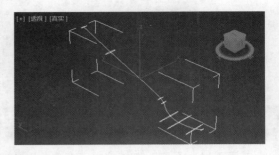

Step 07 单击NURBS工具栏上的【创建U向放样曲面】按钮 。

Step 08 首先选择最下方的曲线，然后依次向上选择来创建汤勺模型。

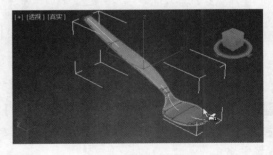

Step 09 进入【修改】面板调整点的位置，创建完成后的效果如下图所示。

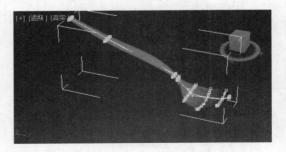

Step 10 最后渲染效果如下图所示。

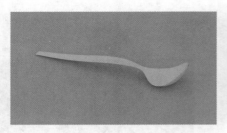

6.5 实例：创建床头灯模型

下面通过一个床头灯模型来了解用3ds Max 2016的多边形建模制作比较复杂模型的方法，具体操作步骤如下。

思路解析：

首先创建一个长方体，然后转化为可编辑多边形，在多边形编辑模式中对边和面进行编辑得到基本造型，最后对床头灯模型进行网格平滑操作即可。

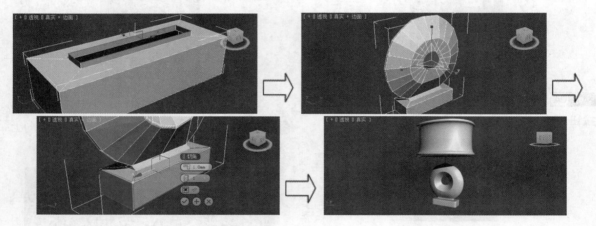

关键点1：创建长方体转化为可编辑多边形

Step 01 启动3ds Max 2016，单击【应用程序】按钮，从弹出的菜单中选择【重置】命令重置场景。

Step 02 在顶视图创建一个长方体，参数如图所示。

Step 03 将创建的长方体转化为可编辑多边形，进入【多边形】模式，选择顶面，然后删除面。

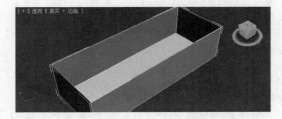

Step 04 进行【边界】模式，选择顶面的边界，然后按住Shift键，使用缩放工具进行缩放，效果如图所示。

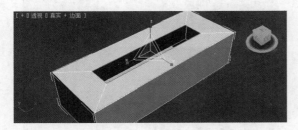

Step 05 缩放后按住Shift向上拖曳一点，效果如图所示。

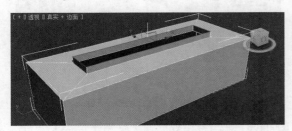

关键点2：进行可编辑多边形操作

Step 01 对照参考图片使用二维图形中的【多边形】命令画一个十边形作为参考。

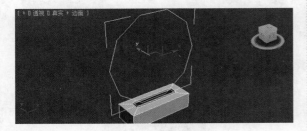

Step 02 回到模型上面，选择拖曳出来四条边在y轴方向进行缩放。

Step 03 把创建的十边形对准缺口，进入【边】模式，然后选择一个边，按住Shift键进行拖曳，制作出它的形状，如图所示。

Step 04 继续参考十边形，按住Shift键进行拖曳，制作出它的形状，如图所示。

Step 05 继续按住Shift键进行拖曳直到拖曳到另一边，制作出一个圈，如图所示。

Step 06 将拖曳过来的边和灯座的口进行点焊接，这样就不会出错了。

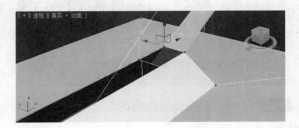

Step 07 进入【边界】模式，选择圈的边界线。

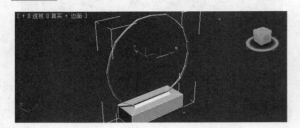

方法和那一边一样，尽量把两边制作的一样。

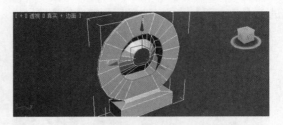

Step 08 按住Shift键进行复制缩放。

Step 09 选中内圈的边界线，向外移动，移动出来一些，要好好看一下这块结构。

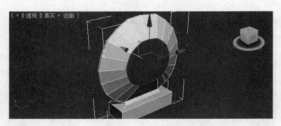

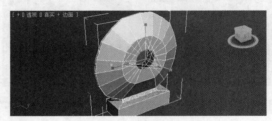

Step 10 用同样的方法再复制出一圈。

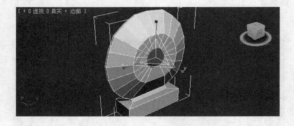

关键点3：进行细节的创建和调整

Step 01 进入顶视图进行一些细节调整。

Step 03 在与接口处的面上使用【连接】方法添加一条线。

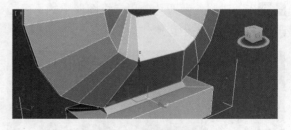

Step 02 转到另一边，开始制作它的形状。制作

Step 04 选中最内圈的所有顶点，进行焊接。

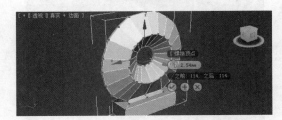

Step 05 进入【边】模式，选择中圈的边进行切角操作，内圈也一样。

Step 06 选择下面长方体的所有边进行切角。

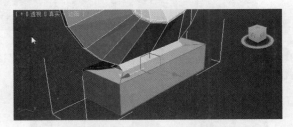

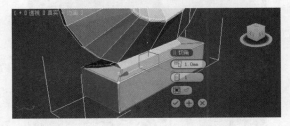

Step 07 使用【目标焊接】命令把一些顶点进行焊接。

Step 08 添加一个【网格平滑】编辑修改器，查看效果。

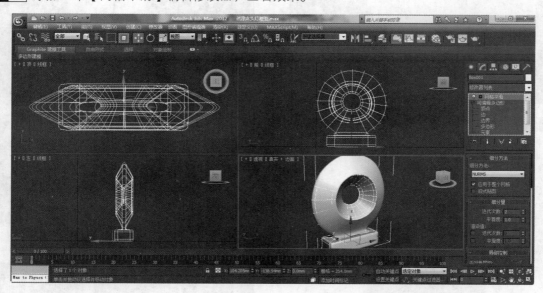

Step 09 使用【连接】命令，在圈的中圈和外圈的中间添加一条线，开始移动调整它的形状。

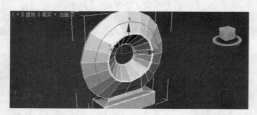

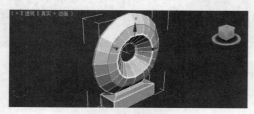

关键点4：创建灯罩造型

Step 01 选择上面的一个边，先进行【切角】处理，制作上面出来的圆柱。

Step 02 使用切角工具，切出上面的形状。然后删除掉上面的面，再按住Shift键向上进行拖曳。

Step 03 进入【边界】模式，选择圆柱顶端的边界，使用【封口】命令加一个盖子，再按住Shift键进行缩放面。

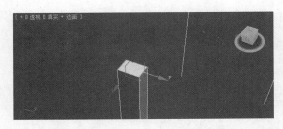

Step 04 按住Shift往下进行拖曳。

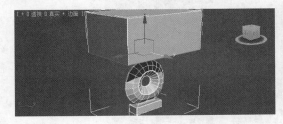

Step 05 在灯罩上添加两条线，把线调到相应的位置。

Step 06 选择面，使用挤出工具。

关键点5：对床头灯模型进行网络平滑操作

Step 01 进入元素，选择灯罩，使用分离工具进行分离，然后旋转法线。

Step 02 打开网格平滑，与参考图进行一下对照，基本上没什么问题，这样就完成了。

Step 03 渲染后的效果如图所示。

6.6 实战技巧

在建模的过程中，经常会需要一些快捷操作的方法，这样在建模的过程中会更加有效率，下面就来介绍一下。

技巧 如何快速选择多边形的面

下面来学习快速选择多边形的面的方法，具体操作步骤如下。

（1）如果用户需要选择里面的面。

（2）按快捷键2进入边模式选择里面的边，记得上下两边不需要。

（3）循环选择的边循环命令在左边列表。

（4）按住Ctrl键选择面，就可以了。

以上都是编辑多边形的形式，利用边反选面。

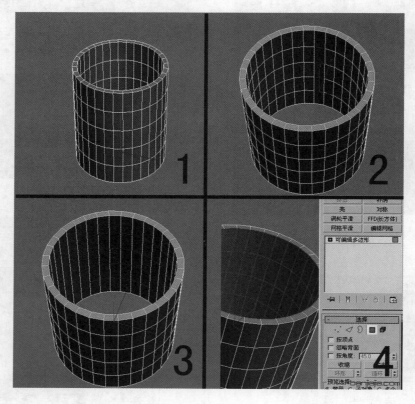

第 7 章

编辑修改器

本章引言

在3ds Max 2016用户界面的所有区域中，编辑修改器所提供的功能都是非常强大的，它提供了3ds Max 2016操作的大部分重要的工具。

在3ds Max 2016中，编辑修改器是一个非常重要的概念。无论是完成建模还是制作动画，编辑修改器都是非常重要的工具。本章从介绍编辑修改器的基本概念入手，主要讲解编辑修改器的界面、使用编辑修改器的注意事项、典型编辑修改器的使用举例和一些重要的编辑修改器的使用举例等几个部分。

学习要点

- ➡ 掌握车削修改器的使用方法
- ➡ 掌握挤出修改器的使用方法
- ➡ 掌握倒角修改器的使用方法
- ➡ 掌握倒角剖面修改器的使用方法
- ➡ 掌握FDD编辑修改器的使用方法

7.1 认识编辑修改器

在前面章节中已经介绍了创建一个初步的几何对象后，单击【修改】按钮 可以进入3ds Max 2016的【修改】面板。在【修改】面板中可以通过修改关于几何对象的一些创建参数来改变对象的几何形状。对于一个创建完成的基本对象来说，可以使用一系列的功能来对它进行编辑修改，从而生成更为复杂的对象。编辑修改器就是实现这一功能的重要工具。编辑修改器就是在创建了一个基本对象后，对此基本对象进行进一步加工制作的重要工具。

下面以【弯曲】编辑修改器的使用方法为例进行介绍。

Step 01 在【创建】面板中单击【圆柱体】按钮，如图所示。

Step 02 在透视图中的任意位置处按住鼠标左键，以确定圆柱体底面的中心点，然后创建一个圆柱体，参数设置如下图所示。

Step 03 最终结果如图所示。

Step 04 选择创建的圆柱,单击【修改】按钮 进入【修改】面板。从【修改】面板上的【修改器列表】下拉列表中选择【弯曲】修改器。

Step 05 在弹出的【弯曲】修改器对应的【参数】卷展栏中进行参数的设置。在【角度】数值框中输入"90",表示圆柱弯曲90°。

Step 06 圆柱运用【弯曲】编辑修改器修改后的效果如下图所示。

Step 07 练习一下使用【修改器列表】下拉列表中的【挤压】编辑修改器对圆柱进行修改,其

原理与【弯曲】修改器相同。

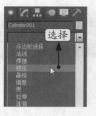

Step 08 设置挤压的径向挤压【数量】为2。

Step 09 最终效果如下图所示。

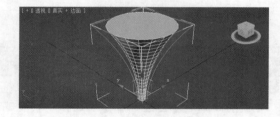

7.1.1 编辑修改器面板

选择一个创建的基本对象,单击【修改】按钮 即可进入【修改】面板。

在【修改】面板中,最上面的一栏用来修改所选择对象的名称和颜色。往下即是编辑修改器的面板部分,主要包括一个下拉式列表、一个编辑修改器堆栈和5个用来管理编辑修改器堆栈的按钮。

修改器是整形和调整基本几何体的基础工具。在【修改】面板的【修改器列表】下拉列表中列出了3ds Max 2016所包含的大部分编辑修改器。其中的【选择修改器】用来定义样条、网格和面片等次对象的选择集,以便于形成要编辑修改的对象。无论是作用于网格和面片等次对象的选择集还是作用于参数化的对象,3ds Max 2016编辑修改器都可以分为两大部分:【对象空间修改器】和【世界空间修改器】。对象空间修改器就是应用在对象空间中的编辑修改器,世界空间修改器就是应用在世界空间中的编辑修改器。需要注意的一点是,选择不同的对象,在【修改器列表】下拉列表中就会对应有不同的编辑修改器的内容。

编辑修改器堆栈位于【修改器列表】下拉列表的下方,在这里列出了最初创建的参数几何体对象和作用于该对象的所有编辑修改器。

Tips

首先要理解堆栈的含义,堆栈类似于往箱子里放衣服:首先放进去的衣服被放在箱子的最底下,之后放进去的衣服一件一件地往上堆积,最后放进去的衣服是在箱子的顶层。编辑修改器堆栈就是这样,最初创建的几何体对象类型位于堆栈的最底部,而且位置不能变动。被使用的编辑修改器按照一定的次序排列在堆栈中,可以通过单击各个修改器并移动它们的位置来变换次序,虽然堆栈中修改器的内容未发生改变,但对应于不同的修改器次序,最终产生的编辑修改效果是完全不同的。

在编辑修改器堆栈中单击鼠标右键,从弹出的快捷菜单中可以看出,对于各个编辑修改器

都可以使用【重命名】、【剪切】、【复制】及【塌陷到】等各项功能来编辑修改器堆栈。这一功能可以针对视图中的各个对象灵活地应用,这样就大大地方便了各个编辑修改器的再使用。各个修改器左端的小灯泡用来控制是否在视图中显示该修改器的作用效果。在以后的介绍中,读者将会逐渐地认识到编辑修改器堆栈是3ds Max 2016 中最有特色也是最有力的工具。

编辑修改器堆栈在进行编辑修改的过程中起着关键性的作用,可以使用它来进行如下的工作。

(1)在修改器列表中寻找一个特定的修改器并调整该修改器的参数。

(2)查找和改变修改器的顺序。

(3)在对象之间复制、剪切和粘贴编辑修改器。

(4)在堆栈中和视图上冻结某个修改器的效果。

(5)选择任一修改器的属性,【Gizmo】或【中心】。

(6)删除修改器。

编辑修改器堆栈下方有用来管理编辑修改器堆栈的5个按钮。

(1)【锁定堆栈】按钮 :用来冻结堆栈的当前状态,能够在变换场景对象的情况下,仍然保持原来选择对象的编辑修改器的激活状态。

(2)【显示最终结果开/关切换】按钮 **T** :确定堆栈中的其他编辑修改器是否显示它们的结果,这将使用户直接看到编辑修改器的效

果，而不必被其他编辑修改器所影响。建模者常在调整一个编辑修改器的时候关闭【显示最终结果】，然后在检查编辑修改器的效果时再打开它，这是因为关闭【显示最终结果】可以节省时间。

（3）【使唯一】按钮 ：使对象关联编辑修改器独立，用来除去共享统一编辑修改器的其他对象的关联效果，它断开了与其他对象的链接。

（4）【从堆栈中移除修改器】按钮 ：用来从堆栈中删除选择的编辑修改器，使物体回到未修改时的状态。

（5）【配置修改器集】按钮 ：用来控制是否在【修改】面板中显示常被使用的修改器按钮。

在编辑修改器面板的最下方是各个编辑修改器对应的参数卷展栏部分，在卷展栏中可以设置修改器使用的具体参数。

单击【配置修改器集】按钮 将弹出快捷菜单。

（1）【配置修改器集】：它是重要的功能项，选择它将弹出【配置修改器集】设置对话框。

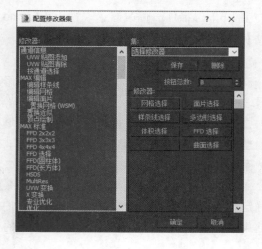

通过该对话框用户可以定义自己喜欢的编辑修改器类别，相关参数的含义如下。

① 【集】下拉列表框：用来从下拉列表中选择或输入要定义类别的名称。单击【保存】按钮可以保存，【删除】按钮用来删除不需要的编辑修改器类别。

② 【按钮总数】微调框：用来设置要定义类别中包含的编辑修改器的个数。

③ 【修改器】选项组：在该选项组中显示了所有的即将被定义为一类的编辑修改器按钮。可从左边的【修改器】列表中选择需要的编辑修改器并拖动至【修改器】选项组中的各个按钮上，最后单击【确定】按钮完成编辑修改器类别的设置。

通过这样的类别设置，在进行3D制作的过程中就可以使用【显示按钮】命令在【修改】面板中显示最常用和最喜欢的一些编辑修改器，如下图所示。

（2）【显示按钮】：表示要在【修改】面板中显示被选择的编辑修改器的按钮。

（3）【显示列表中的所有集】：表示在【修改器列表】下拉列表中显示3ds Max 2016中所有的编辑修改器。

在【显示列表中的所有集】下方列出了编辑修改器的各种分类方式，选择不同的分类，在【修改】面板中将显示对应分类的编辑修改器。

7.1.2 编辑修改器的公用属性

大多数的编辑修改器都有一些相同的基本属性。一个典型的编辑修改器除了包含基本的参数设置外，还包含次一级的编辑修改对象，如Gizmo和中心。

Gizmo是一种显示在视图中以线框的方式包围被选择对象的形式，可以像处理其他对象一样处理Gizmo。在3ds Max 2016中，Gizmo被作为编辑修改器的重要辅助工具使用，通过移动、旋转和缩放Gizmo，可以大大地影响编辑修改器作用于对象的效果。

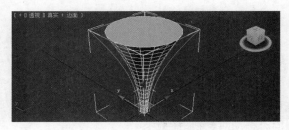

中心是作为场景中对象的三维几何中心出现的，同时它也是编辑修改器作用的中心。与Gizmo一样，中心也是编辑修改器使用的重要辅助工具，通过改变它的位置，也可以大大地影响编辑修改器作用于对象的效果。

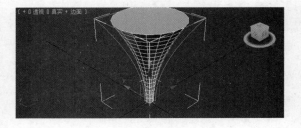

在编辑修改器堆栈中，大多数编辑修改器，尤其是对象空间修改器，它们左边的【+】标记被激活，即可看到Gizmo和中心这两个属性。

1. 移动Gizmo和中心

下图显示了移动编辑修改器的Gizmo和中心属性的区别。

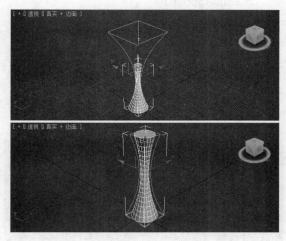

通常情况下，移动Gizmo和移动中心产生的效果是相同的。不同的是移动Gizmo将使其与所匹配的对象分离，这样可能使后期的建模产生一些混乱；而移动中心只会改变中心的位置，不会对Gizmo的位置产生影响，Gizmo仍然作用在对象上。因此，当选择移动Gizmo或中心属性来影响编辑修改器的效果时，一般是选择移动中心。移动Gizmo通常是为了建立新的可视化参考。

2. 旋转Gizmo

除了对Gizmo使用移动功能外，还可以对它使用旋转和缩放功能，而对中心只能使用移动功能。下图是对对象的Gizmo使用旋转后的效果。在旋转Gizmo的过程中，它的作用同样是提供一个可视化的参考。一般情况下，许多编辑修改器都提供了控制旋转效果的参数，最好使用这些参数来精确地控制旋转的效果。而对一些没有方向参数的编辑修改器（如锥化、拉伸和扭曲等）来说，用户的唯一选择就是旋转Gizmo。

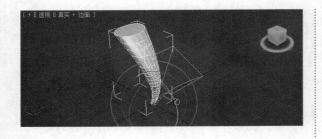

3. 缩放Gizmo

缩放Gizmo可以放大编辑修改器的效果，如下图所示。一般情况下，执行均匀比例的缩放与增加编辑修改器的强度产生的效果相同，但是对Gizmo使用非均匀比例的缩放效果却是不同的，使用Gizmo进行缩放有很大的随意性。

7.1.3 对象空间修改器

在3ds Max 2016中存在着两种空间坐标系统，分别是对象空间和世界空间。对象空间作为从属于场景中各个对象的独立坐标系统，用来定位应用于对象的每一个细节，例如对象的节点位置、修改器的放置位置、贴图的坐标和使用的材质位置等都要在对象空间中定义。

应用在对象空间中的编辑修改器被称作对象空间编辑修改器。对象空间是一个坐标系，对于场景中的每一个对象都是唯一的。对象空间修改器直接出现在修改器堆栈中的对象上面，其效果取决于它们在堆栈中显示的顺序。

应用在对象局部坐标系统中的对象空间编辑修改器要受对象的轴心点的影响。当将对象移动到路径上的时候，对象空间的Path Deform编辑修改器则保留对象在原来的位置，同时移动路径到对象上。

对象空间编辑修改器可以被复制和粘贴，但是它们不能混合在一起使用。对象空间编辑修改器不能被粘贴在世界空间编辑修改器的上面。

7.1.4 世界空间修改器

世界空间是一种直接影响场景中对象位置的全局坐标系统。世界空间坐标系统位于各个视图的左下角，它是不能被改变和移动的，场景中的所有对象通过它们之间的相对位置、相对大小定位在世界空间之中。

应用在世界空间中的编辑修改器被称作世界空间编辑修改器。世界空间是应用于整个场景的通用坐标系。世界空间修改器始终显示在修改器堆栈的顶部，其效果与堆栈中的顺序无关。

应用在对象局部坐标系统中的世界空间编辑修改器是全局性应用的，它只会影响场景中对象的位置。当将对象移动到路径上的时候，世界空间的路径变形保留路径在原来的位置，同时移动对象到路径上。

世界空间编辑修改器同样可以被复制和粘贴，但是它们不能混合在一起使用。对象空间编辑修改器不能被粘贴在世界空间编辑修改器的上面。

7.2 典型编辑修改器的应用

本节将介绍几个典型的编辑修改器的使用方法。

7.2.1 车削编辑修改器

【车削】编辑修改器通过绕一个轴来旋转一个样条型或NURBS（非均匀有理B样条）曲线来生成三维对象。当对已经创建好的样条型使用【车削】编辑修改器后，将在编辑修改器堆栈中显示出【车削】编辑修改器；而在编辑修改器面板下则会弹出其对应的参数卷展栏。

【车削】编辑修改器下的【轴】控制了旋转轴的属性，可以通过轴属性，在视图中移动旋转轴的位置来改变车削生成对象的形状。

在【车削】编辑修改器的【参数】卷展栏中列出了控制旋转的一些重要的选项。

（1）【度数】微调框：用来定义放置的角度（0°~360°）。

（2）【焊接内核】复选框：选中该复选框，表示合并旋转轴处和顶点以简化网格。

（3）【翻转法线】复选框：用于生成法线反向对象，主要针对所需对象面向内的情况。

（4）【封口】选项组：在介绍放样的时候已经提到过，它用来控制是否加顶。

（5）【方向】选项组：该选项组中的3个轴选项用来设置相对于对象枢纽点的旋转轴的方向。

（6）【对齐】选项组：该选项组中的3个按钮用来把旋转轴与需要旋转样条型部分的最小、中心和最大位置对齐，以精确地生成不同的旋转体。

（7）【输出】选项组：用来决定最后得到的旋转体的表面形式。

7.2.2 实例：创建餐具模型

厨房中的各式各样的餐具很常见，下面通过创建厨房餐具来学习在实际应用中使用【车削】编辑修改器的方法，具体操作步骤如下。

Step 01 启动3ds Max 2016，单击【应用程序】按钮，从弹出的菜单中选择【重置】命令重置场景。

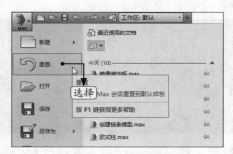

Step 02 将前视图最大化，单击【创建】按钮，进入【创建】面板，单击【图形】按钮，进入【图形】面板，单击【线】按钮。

Step 03 首先创建盘子。在前视图中创建盘子的基本轮廓线。

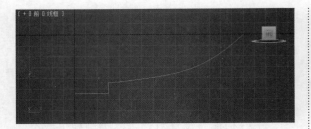

Step 04 进入修改面板，进入【样条线】子对象层级，然后为图形添加一个值为3的轮廓，如图所示。

Step 05 轮廓效果如图所示。

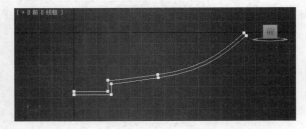

Step 06 在修改器堆栈中选择【顶点】次物体层级。

Step 07 在前视图中对点的位置进行调整，在弹出的快捷菜单中选择【Bezier-角点】命令，使轮廓线的边角变为圆滑的倒角，并使用【几何体】卷展栏中的【优化】命令，在盘子底部添加2个点，然后调整出盘子底部的图形，如图所示。

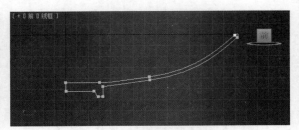

Step 08 退出【顶点】次对象层级，在【修改器列表】下拉列表框中选择【车削】修改器。

Step 09 在【参数】卷展栏中将轴线位置即【对齐】设置为【最小】，勾选【焊接内核】复选框，并将【分段】设为32，参数设置如图所示。

Step 10 车削得到的三维模型效果如下图所示。

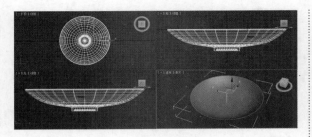

Step 11 接下来创建碗的模型。将前视图最大化，单击【创建】按钮 ✳，进入【创建】面板，单击【图形】按钮 ⚙，进入【图形】面板，单击【线】按钮。

Step 12 在前视图中创建碗的基本轮廓线。

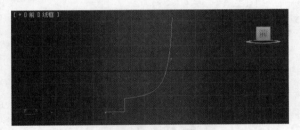

Step 13 进入修改面板，进入【样条线】子对象层级，然后为图形添加一个值为3的轮廓，如图所示。

Step 14 轮廓效果如图所示。

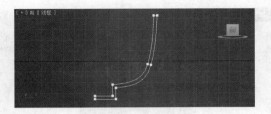

Step 15 在修改器堆栈中选择【顶点】次物体层级。

Step 16 在前视图中对点的位置进行调整，在弹出的快捷菜单中选择【Bezier-角点】命令，使轮廓线的边角变为圆滑的倒角，并使用【几何体】卷展栏中的【优化】命令，在碗底部添加2个点，然后调整出盘子底部的图形，如图所示。

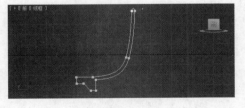

Step 17 退出【顶点】次对象层级，在【修改器列表】下拉列表框中选择【车削】修改器。

Step 18 在【参数】卷展栏中将轴线位置即【对齐】设置为【最小】，勾选【焊接内核】复选项，并将【分段】设为32，参数设置如图所示。

Step 19 车削得到的三维模型效果如下图所示。

Step 20 使用相同的方法创建水杯和碟子模型，最终效果如图所示。

7.2.3 实例：创建马克笔模型

【车削】编辑修改器是建模时最常用的修改器，下面通过创建一支马克笔来学习在实际应用中使用【车削】编辑修改器的方法，具体操作步骤如下。

Step 01 启动3ds Max 2016，单击【应用程序】按钮，从弹出的菜单中选择【重置】命令重置场景。

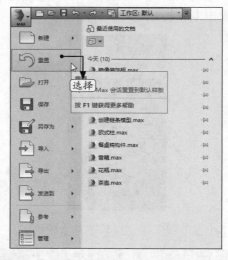

Step 02 将前视图最大化，单击【创建】按钮，进入【创建】面板，单击【图形】按钮，进入【图形】面板，单击【线】按钮。

Step 03 在前视图中创建马克笔笔身的基本轮廓线。

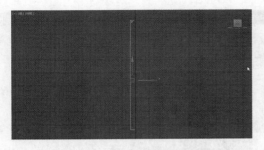

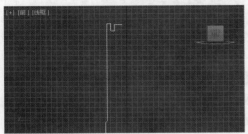

Step 04 单击【修改】按钮，进入【修改】命令面板，在修改器堆栈中选择【顶点】次物体层级。

Step 05 在视图中单击鼠标右键，在弹出的快捷菜单中选择【Bezier-角点】命令，使轮廓线的边角变为圆滑的倒角。

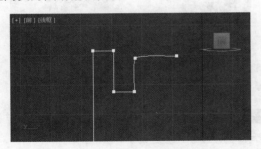

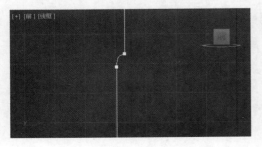

Step 06 单击【修改】按钮，进入【修改】命令面板，在【修改器列表】下拉列表框中选择【车削】修改器。

Step 07 在【参数】卷展栏中将轴线位置即【对齐】设置为【最大】，勾选【焊接内核】复选项，并将【分段】设为32，参数设置如图所示。

Step 08 车削得到的三维模型效果如下图所示。

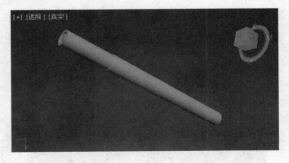

Step 09 进入【创建】→【图形】面板，单击【线】按钮，在前视图中创建马克笔笔头的基本轮廓线。

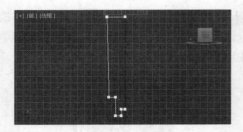

Step 10 单击【修改】按钮 ，进入【修改】命令面板，在【修改器列表】下拉列表框中选择【车削】修改器，将【分段】设为32，并单击【最大】按钮，车削得到笔头外形曲面。

Step 11 单击【创建】按钮 ，进入【几何体】面板 ，单击【长方体】按钮，在前视图中创建马克笔笔尖。

Step 12 用鼠标右键单击所创建的长方体，从弹出的快捷菜单中选择【转换为】→【转换为可编辑多边形】命令，单击【修改】按钮 ，进入"顶点"层级，使用移动工具调整两边界的点，调整后的效果如下图所示。

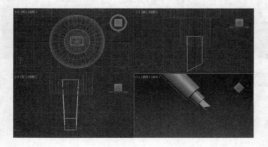

Step 13 单击【创建】按钮 ，进入【创建】面板，单击【线】按钮，在视图中创建马克笔笔帽的基本轮廓线

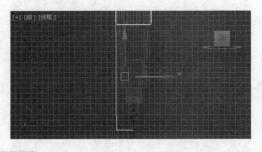

Step 14 单击【修改】按钮 进入【修改】命令面板，在【修改器列表】下拉列表框中选择【车削】修改器，将【分段】设为32，车削得到笔帽的基本外形。

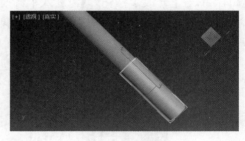

Step 15 单击【创建】按钮 ，进入【几何体】面板 ，单击【切角长方体】按钮，在前视图中创建马克笔笔帽上的防滑条。

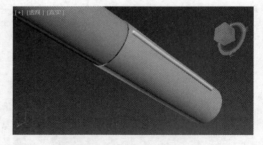

Step 16 复制一根防滑条到对称的位置，这样马克笔的模型就创建完成了，如图所示。

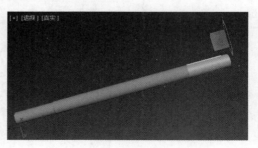

Step 17 为模型添加合适的材质和灯光，渲染视图得到的效果如下图所示。

7.2.4 挤出编辑修改器

【挤出】编辑修改器在前面的章节中已经提到过。对于使用样条型建模而言，它确实是一个非常有用的工具。当样条型创建完成后，使用【挤出】编辑修改器可以快速地生成所需要的实体。下图是挤出的【参数】卷展栏和使用【挤出】编辑修改器的效果图。

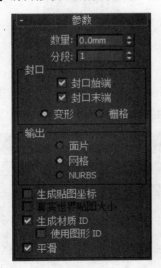

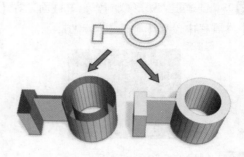

挤出的重要参数选项【数量】微调框用来控制拉伸量，而【分段】微调框用来定义生成拉伸体的中间段数。【输出】选项组中的选项用来决定生成的拉伸体是以面片、网格还是以NURBS曲线的形式存在。

7.2.5 实例：创建铅笔模型

【挤出】编辑修改器相当于把一个截面进行拉伸处理。下面通过创建一支铅笔来学习在实际应用中使用【挤出】编辑修改器的方法，具体操作步骤如下。

Step 01 启动3ds Max 2016，单击【应用程序】按钮 ，从弹出的菜单中选择【重置】命令重置场景。

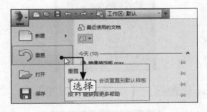

Step 02 进入【创建】→【图形】面板。单击前视图，将其设为当前视图，单击【多边形】按钮。

Step 03 创建正六边形以制作铅笔截面，在【参数】卷展栏中设置【半径】值为50。

Step 04 创建的六边形如图所示。

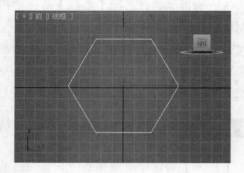

Step 05 在视图区中选中正六边形，在【修改器列表】下拉列表框中选择【挤出】修改器。

Step 06 设置挤出【数量】为1 200。

Step 07 挤出的模型如下图所示。

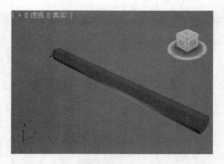

Step 08 选中需要复制的模型，在工具栏中单击【选择并移动】按钮，然后按下Shift键，移动要复制的模型，进行复制。

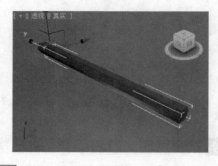

Step 09 选择复制的模型，在【修改器列表】下拉列表框中选择【挤出】修改器，设置挤出【数量】为300。

Step 10 使用移动工具将其移动到刚才挤出模型的顶端作为铅笔头。

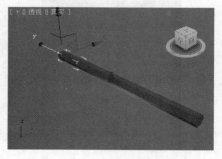

Step 11 选中铅笔头，在【修改器列表】下拉列

表框中选择【编辑网格】修改器。

Step 12 单击【选择】卷展栏中的【顶点】按钮 ，这时显示出了铅笔上的所有顶点。

Step 13 在顶视图中按住鼠标左键拖动鼠标，选择顶部6个顶点，然后单击【选择并均匀缩放】按钮，在顶视图中当x、y坐标轴之间三角区域被选中显示黄色时拖动鼠标，这时是按比例进行缩放的。压缩顶部6个顶点至合适大小。

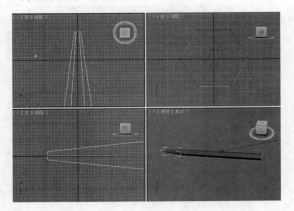

Step 14 在前视图中使用【圆锥体】命令创建铅笔芯。

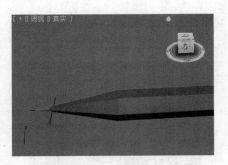

Step 15 按下Ctrl键，选中铅笔、铅笔头和铅笔芯，选择【组】→【成组】菜单命令。

Step 16 在弹出的【组】对话框中给这个组合命名。

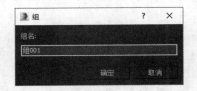

Step 17 选中成组后的铅笔，然后选择【编辑】→【克隆】菜单命令。

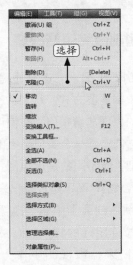

Step 18 系统将弹出【克隆选项】对话框，单击【确定】按钮克隆出一支铅笔，使用相同的方

法再次克隆一支铅笔。

Step 19 并使用移动工具调整其位置。

Step 20 添加合适的材质和灯光，渲染得到最后的效果如下图所示。

7.2.6 倒角剖面编辑修改器

【倒角剖面】编辑修改器也是一种用样条型来生成对象的重要方式。从某种程度上讲，它与放样对象的原理非常相似，在使用这个功能之前，必须事先创建好一个类似路径的样条型和一个截面样条型，所不同的是运用倒角剖面生成的实体是拉伸出来的，而不是放样出来的。

使用【倒角剖面】编辑修改器的步骤为：选择将作为拉伸路径的样条型，然后单击【拾取剖面】按钮来拾取视图中作为截面的样条型，这样就可以完成操作。一般情况下，它都能达到简单放样可以实现的效果。但必须注意

的是，在完成操作后作为倒角剖面的截面样条型不能被删除，否则将会导致该制作失败，这是不同于放样的一个地方。下图为【倒角剖面】编辑修改器【参数】卷展栏和使用【倒角剖面】编辑器的效果图。

7.2.7 实例：创建特效冰雕文字模型

【倒角剖面】编辑修改器经常被用来创建一些特殊的效果，本例我们学习创建一种漂亮的三维文字效果，具体操作步骤如下。

Step 01 启动3ds Max 2016，单击【应用程序】按钮，从弹出的菜单中选择【重置】命令重置场景。

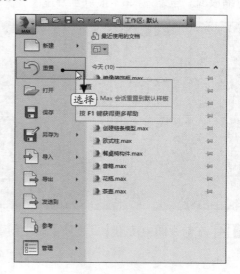

Step 02 进入【创建】→【图形】面板，单击顶视图，把顶视图设为当前视图，单击【文本】按钮。

Step 03 创建文字"Patty"，并设置其参数，如下图所示。

Step 04 在顶视图中单击创建的文本，如图所示。

Step 05 把前视图设为当前视图，进入【创建】→【图形】面板，单击【线】按钮。

Step 06 在视图中创建如下图所示的图形作为剖面图形。

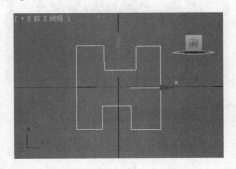

Step 07 选择创建的文字，在【修改器列表】下拉列表框中选择【倒角剖面】修改器。

Step 08 单击【倒角剖面】卷展栏中的【拾取剖面】按钮，选择创建的图形，然后设置参数，如下图所示。

Step 09 创建的效果如图所示。

7.2.8 弯曲编辑修改器

【弯曲】编辑修改器在前面的章节中已经提到过，下面更准确地了解一下其参数卷展栏中各个选项的含义。下图为【弯曲】编辑修改器【参数】卷展栏和使用【弯曲】编辑器的效果图。

（1）【角度】微调框：用来设置相对垂直面的弯曲角度，范围为−999999.0~999999.0。

（2）【方向】微调框：用来设置相对水平面的弯曲角度，范围也为−999999.0~999999.0。

（3）【弯曲轴】选项组：选项组中的3个单选钮用来确定弯曲轴。

（4）【限制】选项组：将限制约束应用于弯曲效果。默认设置为禁用状态。

（5）【上限】微调框：以世界单位设置上部边界，此边界位于弯曲中心点的上方，超出此边界弯曲不再影响几何体。默认设置为0，范围为0~999999.0。

（6）【下限】微调框：以世界单位设置下部边界，此边界位于弯曲中心点的下方，超出此边界弯曲不再影响几何体。默认设置为0，范围为−999999.0~0。

7.2.9 实例：创建纸扇模型

夏日使用的纸扇是可以打开、关闭的，打开后是一个有弧度的效果，这个弯曲的弧度我们是可以使用【弯曲】编辑修改器来完成的。下面就来创建一个打开的纸扇模型效果，具体操作步骤如下。

Step 01 启动3ds Max 2016，单击【应用程序】按钮，从弹出的菜单中选择【重置】命令重置场景。

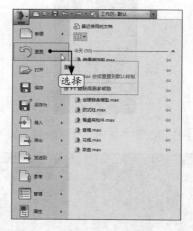

Step 02 进入【创建】→【图形】面板，单击【线】按钮。

Step 03 在顶视图中创建一条如下图所示的折线，注意折线的两边尽量保持对称。

7.2 典型编辑修改器的应用

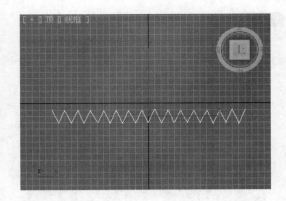

Tips

绘制折线的时候，可以单击【捕捉栅格】按钮 ³꙰ 辅助绘制，并在【栅格和捕捉设置】对话框中设置捕捉到栅格点。

Step 04 选择折线对象，进入【修改】面板中的【样条线】次级模式，单击【样条线】按钮 ∧。

Step 05 在【几何体】卷展栏中设置【轮廓】数值为1，按Enter键将折线修改为宽度为1的封闭线框效果。

Step 06 在【修改】面板的【修改器列表】下拉列表框中选择【挤出】修改器。

Step 07 设置挤出的【数量】为180。

Step 08 扇面效果如下图所示。

Step 09 进入【创建】→【几何体】面板，单击【长方体】按钮。

Step 10 在顶视图中创建一个长方体作为扇子的骨架。在【修改】面板上设置长方体的参数。

• 285 •

Step 11 单击主工具栏中的【选择并移动】按钮，调整长方体到合适的位置。

Step 12 使用主工具栏上的旋转和移动工具，在顶视图中调整长方体位置，使其和扇面角度保持一致。

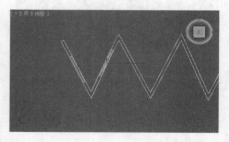

Step 13 选择【工具】→【镜像】菜单命令，在顶视图中镜像复制另外一个长方体对象，镜像得到的长方体如下。

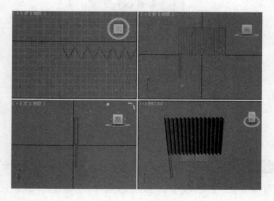

Step 14 镜像复制创建其他扇骨造型。

Step 15 选择视图中的扇面造型，将其转换成可编辑多边形，然后将创建的骨架附加进来。进入【修改】面板，在修改器下拉列表中选择【弯曲】修改器。

Step 16 在【参数】卷展栏中修改参数，得到扇子的最终模型效果，如下图所示。

Step **17** 单击修改器堆栈中【弯曲】左侧的【+】号,选择Gizmo次级模式,在前视图中沿y轴向下移动范围框至合适的位置。至此,就完成了扇子模型的创建。

7.2.10 倒角编辑修改器

【倒角】修改器将图形挤出为 3D 对象并在边缘应用平或圆的倒角。此修改器的一个常规用法是创建 3D 文本和徽标,可以应用于任意图形。

倒角将图形作为一个 3D 对象的基部。然后将图形挤出为4个层次并对每个层次指定轮廓量。下图为【倒角】编辑修改器【参数】卷展栏。

用户要创建倒角文本,可以执行以下操作。

此示例通过在前后使用相等的倒角来产生典型的倒角文本。

(1)使用默认设置创建文本。字体为Arial,尺寸为 100.0。

(2)应用【倒角】修改器。

(3)在起始轮廓字段中输入 -1.0。

(4)针对级别 1,请执行以下操作。

- 输入 5.0 作为高。
- 输入 2.0 作为轮廓。

(5)启用级别 2 并执行以下操作。

- 输入 5.0 作为高。
- 输入 0.0 作为轮廓。

(6)启用级别 3 并执行以下操作。

- 输入 5.0 作为高。
- 输入 -2.0 作为轮廓。

(7)如果需要的话,启用【避免线相交】。

使用【倒角】编辑器创建倒角文本的效果如图所示。

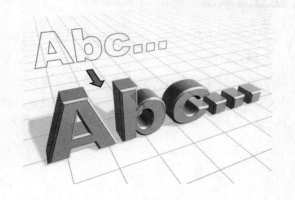

参数解密

【倒角值】卷展栏包含设置高度和4个级别的倒角量的参数。倒角对象最少需要两个层级：始端和末端。添加更多的级别来改变倒角从开始到结束的量和方向。可以将倒角级别看作蛋糕上的层。起始轮廓位于蛋糕底部，级别1的参数定义了第一层的高度和大小。

启用级别2或级别3对倒角对象添加另一层，将它的高度和轮廓指定为前一级别的改变量。最后级别始终位于对象的上部。必须始终设置级别1的参数。

① 【起始轮廓】可以设置轮廓从原始图形的偏移距离。非零设置会改变原始图形的大小。

• 正值会使轮廓变大。

• 负值会使轮廓变小。

② 【级别1】包含两个参数，它们表示起始级别的改变。

③ 【高度】可以设置级别1在起始级别之上的距离。

④ 【轮廓】可以设置级别1的轮廓到起始轮廓的偏移距离。级别2和级别3是可选的，并且允许改变倒角量和方向。

⑤ 【级别2】在级别1之后添加一个级别。

⑥ 【高度】可以设置级别1之上的距离。

⑦ 【轮廓】可以设置级别2的轮廓到级别1轮廓的偏移距离。

⑧ 【级别3】在前一级别之后添加一个级别。如果未启用级别2，级别3添加于级别1之后。

⑨ 【高度】可以设置到前一级别之上的距离。

⑩ 【轮廓】可以设置级别3的轮廓到前一级别轮廓的偏移距离。

传统的倒角文本使用带有这些典型条件的所有级别。

• 起始轮廓可以是任意值，通常为0.0。

• 级别1的轮廓为正值。

• 级别2的轮廓为0.0。相对于级别1没有变化。

• 级别3的轮廓是级别1的负值。将级别3的轮廓恢复到起始轮廓大小。

7.2.11 FDD编辑修改器

FFD代表"自由形式变形"。它的效果用于类似舞蹈汽车或坦克的计算机动画中。也可将它用于构建类似椅子和雕塑这样的圆图形。

FFD修改器使用晶格框包围选中几何体。通过调整晶格的控制点，可以改变封闭几何体的形状。下图所示是使用FFD变形在蛇上创建一个凸起。

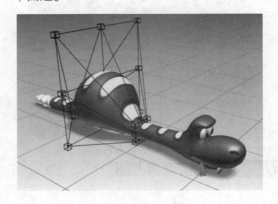

7.2.12 实例：创建休闲椅模型

下面来学习使用FFD编辑修改器创建一个休闲椅模型效果，具体操作步骤如下。

思路解析：

首先创建一个长方体，这里需要设置长、宽、高的分段数，方便后面进行编辑，然后用【FFD 3×3×3】编辑修改器对其进行造型的调整，调整成椅子的基本形状，最后添加椅腿并添加网格平滑。

关键点1：创建长方体

Step 01 启动3ds Max 2016，单击【应用程序】按钮，从弹出的菜单中选择【重置】命令重置场景。

Step 02 在【创建】面板单击【长方体】按钮，如图所示。

Step 03 在透视图中创建一个长方体，然后将【参数】卷展栏展开，并进行相关参数设置，如图所示。

Step 04 最终结果如图所示。

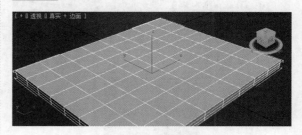

关键点2：进行多边形编辑加分段线

Step 01 单击【修改】面板，用鼠标右键单击堆栈中的基础对象，然后选择【可编辑多边形】命令。

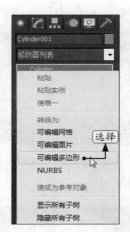

Step 02 单击【选择】卷展栏中的【边】按钮。

Step 03 为了创建良好的椅子曲面造型，下面对多边形进行细化处理，首先选取如图所示的8条边。

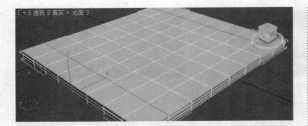

Step 04 在修改面板中，单击【编辑边】卷展栏中的【连接】按钮。

Step 05 可以看到细化后的边的效果，如图所示。

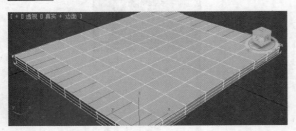

Step 06 再一次进行对两边细分，目的是下面的扭曲变形，选取如图所示的边。

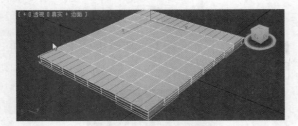

Step 07 在修改面板中，单击【编辑边】卷展栏中的【连接】按钮后的【设置】按钮 。

Step 08 设置连接分段为2，效果如图所示。

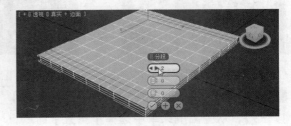

关键点3：进行FFD编辑修改

Step 01 选择长方体，然后选择FFD编辑修改器，具体选择多少，需要根据用户的需要，本例只需选用【FFD 3×3×3】，如图所示。

Step 02 进入【修改】面板中的【FFD 3×3×3】编辑修改器的【控制点】次级模式。

Step 03 对点进行移动，效果如图所示。

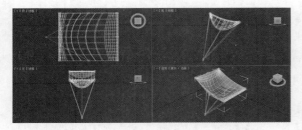

Step 04 调整后再次将其转换为【可编辑多边形】，如图所示。

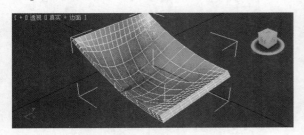

Step 05 下面对椅子四周的边进行【切角】处理，这是为了方便以后的光滑命令，产生自然的平滑效果。进入【边】选择模式，先选择下口的2条边。

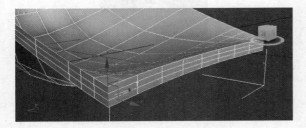

Step 06 单击【编辑边】卷展栏中的【切角】按钮后的【设置】按钮。

编辑边

插入顶点

移除	分割
挤出	焊接
切角	目标焊接
桥	连接

设置

利用所选内容创建图形

权重: 1.0
折缝: 0.0

编辑三角形	旋转

Step 07 对选择的边进行切角处理，如图所示。

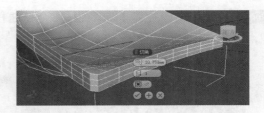

Step 08 重复操作一次，但参数的设置不同，如图所示。

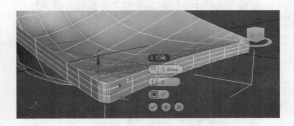

Step 09 选择上口的2条边，进行【切角】处理，如图所示。因为它们的圆度不一样，所以分开进行操作。

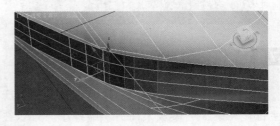

Step 10 用户可以根据需要多次选择FFD编辑修改器进行调整，如图所示。

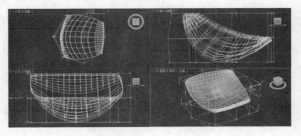

关键点4：添加椅腿

Step 01 为其添加一个【网格平滑】编辑修改器。

Step 02 使用【圆柱体】命令创建3个椅腿模型，效果如图所示。

7.2.13 锥化编辑修改器

锥化修改器通过缩放对象几何体的两端产生锥化轮廓；一段放大而另一端缩小。可以在两组轴上控制锥化的量和曲线。也可以对几何体的一段限制锥化。

7.2.14 实例：创建石桌石凳模型 ▶

下面来学习使用锥化编辑修改器创建石桌石凳模型效果，具体操作步骤如下。

Step 01 启动3ds Max 2016，单击【应用程序】按钮，从弹出的菜单中选择【重置】命令重置场景。

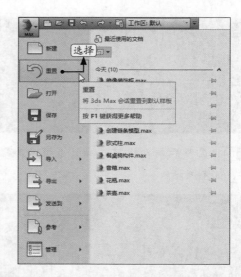

Step 02 在【创建】命令面板的【扩展基本体】中单击【切角圆柱体】按钮。

Step 03 在透视图中的任意位置处按住鼠标左键，以确定切角圆柱体底面的中心点来创建一个切角圆柱体，将【参数】卷展栏展开，并进行相关参数设置，如图所示。

Step 04 创建结果如图所示。

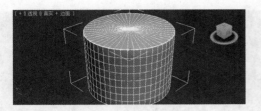

Step 05 选择创建的切角圆柱体，为其添加【锥化】编辑修改器。

Step 06 设置锥化的【曲线】为1。

Step 07 锥化后的模型如下图所示。

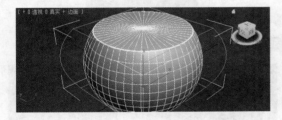

Step 08 在顶视图中，单击主工具栏中的【选择并移动】按钮，按住Shift键复制一个切角圆柱体，然后进行修改面板调整，参数如图所示。

Step 09 修改后得到石凳的模型如图所示。

Step 10 在顶视图中使用移动复制的方法创建另外3个石凳，效果如图所示。

Step 11 渲染效果如图所示。

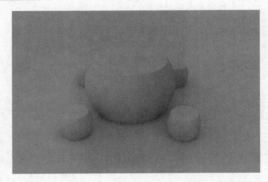

7.2.15 实例：创建台灯模型

下面来学习使用锥化编辑修改器创建台灯模型效果，具体操作步骤如下。

Step 01 启动3ds Max 2016，单击【应用程序】

按钮，从弹出的菜单中选择【重置】命令重置场景。

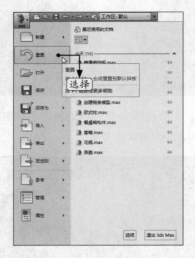

Step 02 在【创建】命令面板的【标准基本体】中单击【管状体】按钮。

Step 03 在透视图中的任意位置处按住鼠标左键，以确定管状体底面的中心点来创建一个管状体，将【参数】卷展栏展开，并进行相关参数设置，如图所示。

Step 04 创建结果如图所示。

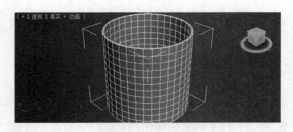

Step 05 选择创建的管状体，为其添加【锥化】编辑修改器。

Step 06 设置锥化的【曲线】为−0.5。

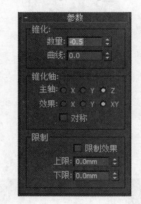

Step 07 锥化后的模型如下图所示。

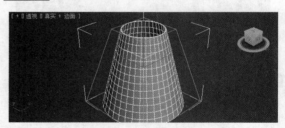

Step 08 在【创建】命令面板的【扩展基本体】中单击【切角圆柱体】按钮。

Step 09 在透视图中的任意位置处按住鼠标左

键，以确定切角圆柱体底面的中心点来创建一个切角圆柱体，将【参数】卷展栏展开，并进行相关参数设置，如图所示。

Step 10 创建结果如图所示。

Step 11 选择创建的切角圆柱体，为其添加【锥化】编辑修改器。

Step 12 设置锥化的【曲线】为-5，【数量】为1.8，勾选【对称】复选框，并设置【主轴】为z轴，【效果】为xy轴，如图所示。

Step 13 锥化后的模型如下图所示。

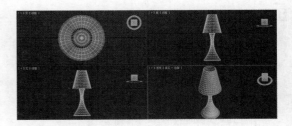

Step 14 渲染效果如图所示。

7.2.16 扭曲编辑修改器

扭曲修改器在对象几何体中产生一个旋转效果（就像拧湿抹布）。可以控制任意三个轴上扭曲的角度，并设置偏移来压缩扭曲相对于轴点的效果。也可以对几何体的一段限制扭曲。

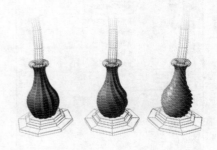

Tips

当应用扭曲修改器时，会将扭曲 Gizmo 的中心放置于对象的轴点，并且 Gizmo 与对象局部轴排列成行。

用户需要扭曲对象，请执行以下操作。

（1）选中对象并应用扭曲。

（2）在【参数】卷展栏上，将扭曲的轴设为 X、Y、Z。这是扭曲 Gizmo 的轴而不是选中对象的轴。可以随意在轴之间切换，但是修改器只支持一个轴的设置。

（3）设置扭曲的角度。正值产生顺时针扭曲，负值产生逆时针扭曲。360° 角会产生完全旋转。对象扭曲至开始于较低限制的量（默认设置为修改器中心位置）。

（4）设置扭曲的偏移。正值会将扭曲向远离轴点末端方向压缩，而负值会向着轴点方向压缩。

7.2.17 实例：创建花瓶模型

下面来学习使用【扭曲】编辑修改器创建一个花瓶模型效果，具体操作步骤如下。

Step 01 启动3ds Max 2016，单击【应用程序】按钮，从弹出的菜单中选择【重置】命令重置场景。

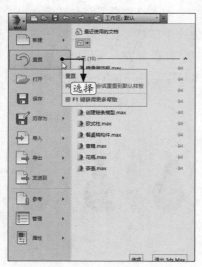

Step 02 单击【创建】面板中的【图形】按钮，显示出二维图形面板，在面板中单击【星形】按钮。

Step 03 在顶视图中单击并移动鼠标，接着松开鼠标，然后移动鼠标到适当的位置再单击，这样一个六角星即创建完毕，修改参数，如图所示。

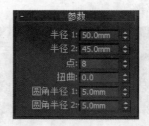

Step 04 创建的星形如图所示。

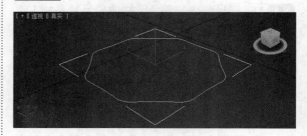

Step 05 在【修改】命令面板中的修改器下拉列表中选择【编辑样条线】修改命令，将所选择的二维图形修改为样条线物体。

Step 06 进入修改面板，进入【样条线】子对象层级，然后为星形添加一个值为1的轮廓，如图所示。

Step 07 轮廓效果如图所示。

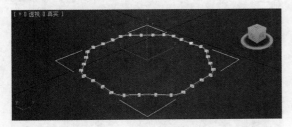

Step 08 在【修改器列表】下拉列表框中选择【挤出】修改器。

Step 09 设置挤出【数量】为300，【分段】为20。

Step 10 挤出的模型如下图所示。

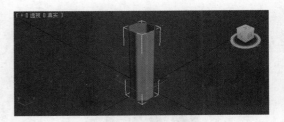

Step 11 在挤出后的模型上添加【锥化】编辑修改器。

Step 12 设置锥化的【数量】为1，【曲线】为-2。

Step 13 锥化后的模型如下图所示。

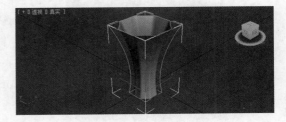

Step 14 在锥化后的模型上添加【扭曲】编辑修改器。

Step 15 设置扭曲的【角度】为180。

Step **16**　扭曲后的模型如下图所示。

Step **17**　渲染效果如图所示。

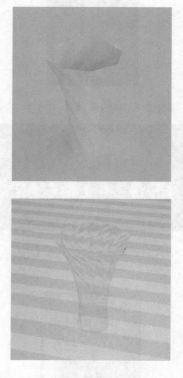

7.2.18　噪波编辑修改器

【噪波】修改器沿着3个轴的任意组合调整对象顶点的位置。它是模拟对象形状随机变化

的重要动画工具。

使用分形设置，可以得到随机的涟漪图案，比如风中的旗帜。使用分形设置，也可以从平面几何体中创建多山地形。

可以将【噪波】修改器应用到任何对象类型上。"噪波"Gizmo 会更改形状帮助您更直观地理解更改参数设置所带来的影响。【噪波】修改器的结果对含有大量面的对象效果最明显。下图是对含有纹理的平面使用噪波创建一个暴风骤雨的海面的效果。

用户需要将噪波应用于对象，请执行以下操作。

（1）选择一个对象并应用【噪波】修改器。要设置动画，移动到一个非零帧并打开 自动关键点 （"自动关键点"）。

（2）在【参数】卷展栏的【强度】组中，沿着3个轴中的一个或多个增加【强度】值。随着强度值的增加，可以看到噪波效果。

（3）在【噪波】组中，调整【比例】。较低的值增加【强度】设置的动态，这使得产生的效果更明显。如果设置了这一过程的动画，那么就可以在动画运行的同时更改参数以查看效果。

7.2.19　实例：创建山形模型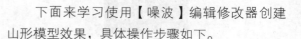

下面来学习使用【噪波】编辑修改器创建山形模型效果，具体操作步骤如下。

Step 01 启动3ds Max 2016，单击【应用程序】按钮 ，从弹出的菜单中选择【重置】命令重置场景。

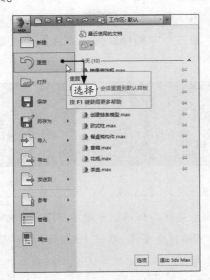

Step 02 在【创建】面板的【标准基本体】中单击【平面】按钮，如图所示。

Step 03 在透视图中的任意位置处按住鼠标左键创建一个平面，将【参数】卷展栏展开，并进行相关参数设置，如图所示。

Step 04 创建结果如图所示。

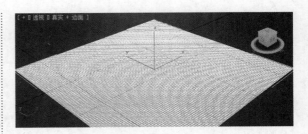

Step 05 选择创建的平面，为其添加【噪波】编辑修改器。

Step 06 设置噪波的【比例】为30，【迭代次数】为10，【Z】轴强度为600。

Step 07 创建的模型如下图所示。

Step 08 选择一个角度进行渲染，效果如图所示。

7.2.20 Hair和Fur修改器

【Hair 和 Fur】修改器是【Hair 和 Fur】功能的核心所在。该修改器可应用于要生长头发的任意对象，既可为网格对象，也可为样条线对象。如果对象是网格对象，则头发将从整个曲面生长出来，除非选择了子对象。如果对象是样条线对象，头发将在样条线之间生长。

1. 生长对象

用户可以从曲面或样条线生长头发。

要从曲面生长头发，可选择对象，然后应用【Hair 和 Fur】修改器。可以使用基本几何体或可编辑曲面类型，如多边形网格。

要从样条线生长头发，只需绘制几根样条线，并将它们组合为单一对象（或在创建期间禁用"开始新图形"），然后应用【Hair 和 Fur】修改器。用户将会看到一些插补了头发的预览出现在视口中。样条线子对象的顺序很重要，因为头发使用此顺序在样条线之间插补头发。如果插补看起来不够连贯，则用户需要重

新安排样条线的顺序。

使用样条线发生器，Hair 可在样条线对之间以逻辑顺序编号来插补毛发的生长。下图左：顺序编号的样条线产生可以预测的毛发生长。下图右：非顺序编号的样条线产生的意外结果。

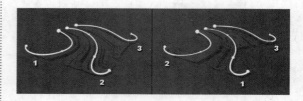

Tips

要检查样条线的编号顺序，可转至修改器堆栈的"可编辑样条线"层级，然后访问"样条线"子对象层级。然后依次单击每个样条线，在"选择"卷展栏底部检查其 ID 号。此外，它可以帮助确保每个样条线的第一个顶点是毛发根所在的位置。

2. 导向毛发

存储和操控数以百万计的动态模拟的头发对于当今技术是一个非常高的要求。因此，正如标准的 3D 图形技术使用类似曲面的边界来描述实体对象一样，"头发"使用头发"导向"来描述基本的头发形状和行为。

如图所示，导向（黄色）出现在每个多边形的角落处。毛发（红色）插补在导向之间。

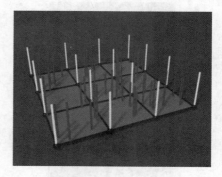

当生长对象为曲面时，"Hair 和 Fur"在多边形的角点上生成导向头发。当生长对象为

样条线时，样条线子对象自身进行导向。

对于在曲面上生长的头发，用户可以使用设计工具操控导向，形成由插补的毛发植入的"控制量"。然后，可以使用扭曲控件（如纽结和卷发）进一步操控头发，这些控件可由贴图或实体纹理驱动。

卷发设置影响毛发但不影响导向，如图所示。

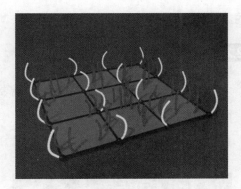

设计样式前后的基于网格的头发导向，如图所示。

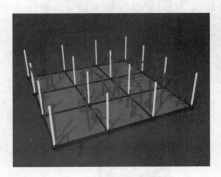

默认情况下，头发的百分比显示在视口中，但在曲面生长的导向不会出现，在"导向"子对象层级上工作时除外。可以使用【显示】卷展栏上的设置调整导向和头发的视口显示。

导向还用于计算动力学。计算之后，头发插补在渲染时进行。这是计算参数（例如卷发以及置换和分色）的时间。您不具有控制每根头发的权限，但此两阶段过程使得在普通计算机上创建真实头发从计算的角度说变得可行。

3. 设计毛发样式

【Hair 和 Fur】修改器的生长设置对头发的外观和行为有很大的影响，用户可以直接操控导向（换句话说就是设计头发的样式）。

对于在曲面上生长的头发，可以使用【设计】卷展栏上的工具。首先，选择要编辑其头发的曲面，然后在【修改】面板上，单击【设计】卷展栏上的【设计发型】按钮，或从【选择】卷展栏或修改器堆栈显示中选择【导向】子对象层级。

如图所示，在设计导向样式之后，毛发插补在相邻的导向对之间。

随着样条线的生长，用户可以通过在视口中编辑生长样条线来设计发型。

下图是通过操控样条线来设计基于样条线的头发的样式。

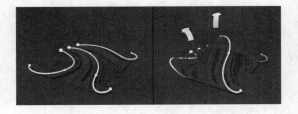

4. 复制和粘贴头发

用户可以将【Hair 和 Fur】修改器从一个堆栈复制和粘贴到另一个堆栈，但需要尽可能紧地排列对象，因为"头发"使用接近度来确定如何定位复制的导向。如果对象具有明显不同的几何体，则导向的转移可能会不精确。

复制和粘贴【Hair 和 Fur】修改器会自动调整头发比例。例如，从大的对象复制到小对象，会导致复制的修改器中默认的尺寸变小。

如果复制的是其修改器堆栈中具有【Hair 和 Fur】修改器的对象，则"头发"也将该修改器的数据复制到追踪新对象的新修改器中。

7.2.21 实例：创建仙人球模型

本节介绍使用3ds Max的毛发修改器制作逼真仙人球，本节将讲解如何编辑球体的经纬线、编辑球体的瓣及刺座、编辑球体的绒毛和尖刺的制作过程。下面来学习使用Hair编辑修改器创建仙人球模型效果，具体操作步骤如下。

思路解析：

首先创建球体，然后将其转为可编辑多边形，对造型进行编辑，最后添加毛发并进行渲染。

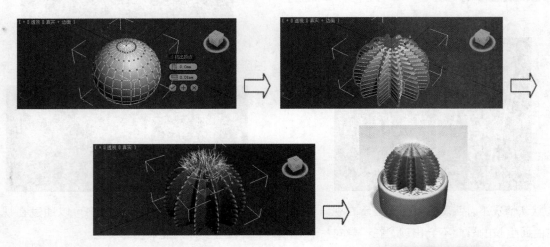

关键点1：创建球体转为可编辑多边形

Step 01 启动3ds Max 2016，单击【应用程序】按钮 ，从弹出的菜单中选择【重置】命令重置场景。

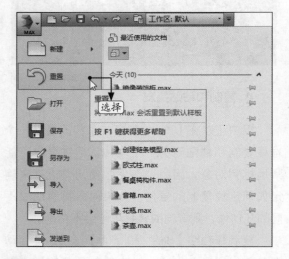

Step 02 编辑球体的经纬线。创建一个球体，参数如图，并让球体以边面显示出来（24这个分段数就是仙人球经线数，也就是仙人球的瓣数为12，可自定）。

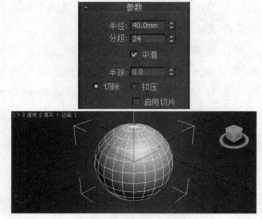

Step 03 选择球体，单击鼠标右键，将球体转为可编辑多边形，并进入点层级状态。

Step 04 在顶视图中框选中心那个点，再按【挤出】按钮，挤出参数如图所示。

Step 05 进入边编辑状态，选中顶视图，让其最大化显示，并放大视图，框选某一圈中的其中一小段线段，单击【环形】按钮，再单击【连接】按钮，这时就为这一圈增加了一根纬线。

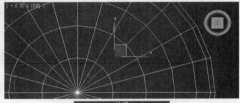

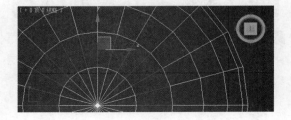

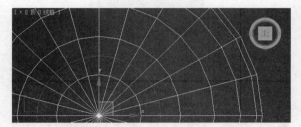

Step 06 使用相同的方法，从外向里依次处理外5圈，图中所示的红标志就是新添加的5根新纬线。

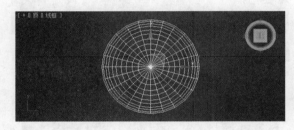

Step 07 最里一圈，需要单击【连接】后面的【设置】按钮 █ ，这是仙人球的顶部，是刺最密集之处，所以在出现的面板中段数要多加，一般2~3圈。

关键点2：对球体进行编辑，创建仙人球模型

Step 01 编辑球体的瓣及刺座。在边层级状态，选中顶视图，按住Ctrl键间隔选中任一圈中的一小段线段，按下【循环】按钮，这样就完整选红了这12条经线。

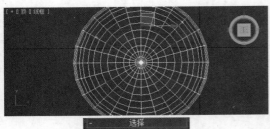

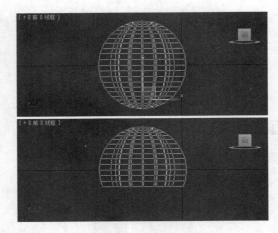

Step 05 透视图最大化时，效果如图所示。

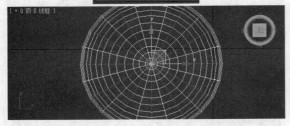

Step 02 切换到4个视图，选用缩放工具，右键选中顶视图，鼠标放在黄条框中。

Step 06 选中多边形层级状态，全选整个物体后，在命名选择集中输入一个名称，取名为【仙人球】。

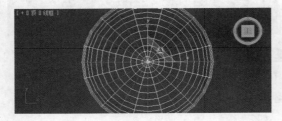

Step 03 向里拖按鼠标，直到经线向里收进图中所示形状，然后再按下【切角】按钮，在弹出的面板中设置如图所示的参数，切角量为1。

Step 07 选中边层级状态，最大化顶视图，按住Ctrl键间隔选中长尖角圈中的一小段线段，按下循环按钮。

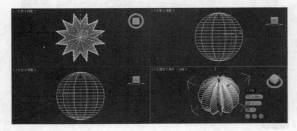

Step 04 进入定点层级，选中球体下部分的点将其删除，如图所示。

Step 08 如图所示，完整选中12条经线后，再用鼠标右键选择转换到顶点项，这时就从边层级状态转移到了点层级状态。

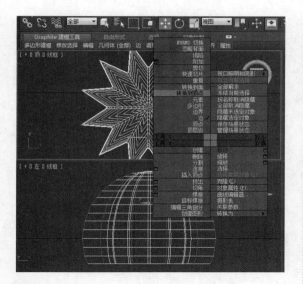

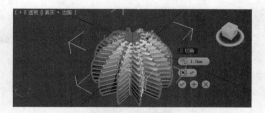

Step 09 再选中顶点层级状态，单击【切角】后面的【设置】按钮▣，在出现的面板中设置切角量为1.0。

Step 10 再选中多边形层级状态，选中命名选择集中的【仙人球】，单击菜单栏上的【编辑】→【反选】项，这样就选中刚才切角所挤出的部分。

Step 11 增加一个网格平滑修改器，迭代次数为2，再增加一个编辑多边形修改器。

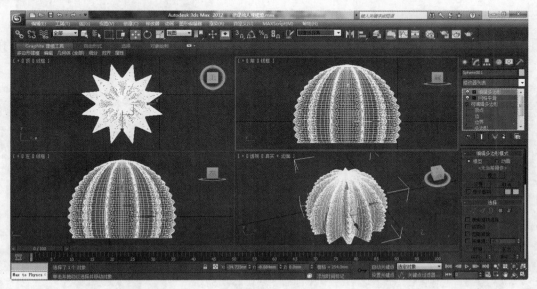

Step 12 单击编辑多边形修改器前的加号，进入多边形层级状态，单击分离右边的方框，在出现的面板中，为分离出的部分取名为"刺座"。

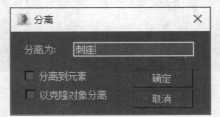

Step 13 单击按名称选择工具，选刺座，再单击编辑多边形修改器前的加号，进入多边形层级状态。

Step 14 在出现的面板中，分别框选上、中、下不同部分后，单击【分离】按钮，取名为上、中、下和刺座，结果如图所示。

Step 15 选中【球体】，进入多边形级状态，选中顶部部分，打开分离右边的方框，在出现的面板中，为分离出的部分取名为"顶部绒毛"。

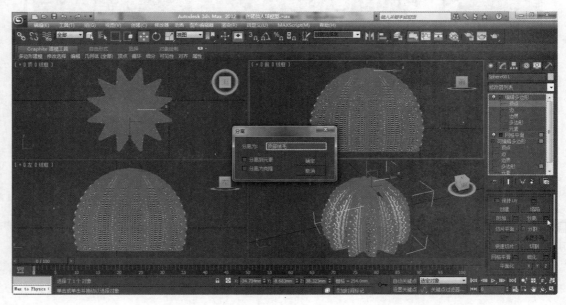

关键点3：添加毛发并渲染

Step 01 编辑球体的绒毛和尖刺。打开按名称选择工具，选顶部绒毛，然后增加一个【hair和fur(WSN)】修改器，展开常数参数和材质参数卷展栏，参数设置如图所示。

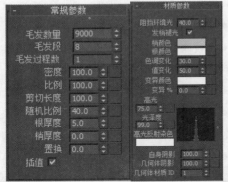

Step 02 先选中hair和fur(WSN)层级，用鼠标右键选择复制，打开按名称选择工具，选上，再右键点粘贴，如此分别给下、中、刺座均增加一个hair和fur(WSN)修改器，然后单击它们的常数参数和材质参数进行相应的参数修改，特别是剪切长度、头发数量、根部厚度3项要修改，要求顶部的毛发细长密，越往根部毛发粗短疏。

Step 03 渲染后的效果如图所示。

7.3 其他编辑修改器的应用

本节主要来介绍其他编辑修改器的使用方法。

7.3.1 波浪编辑修改器

使用【波浪】编辑修改器可以在几何体对象的网格上产生波浪效果，可以使用两个方向的波浪效果中的任何一个方向或者同时使用这两个方向的波浪效果。

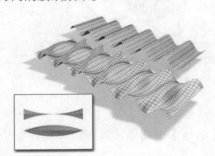

【波浪】编辑修改器的【参数】卷展栏如下。

参数解密

① 【振幅1】、【振幅2】微调框：振幅1沿着Gizmo的y轴方向产生一个正弦波，而振幅2沿着x轴方向创建一个正弦波。振幅的数值由正值改为负值将颠倒一个正弦波的波峰和波谷的位置。

② 【波长】微调框：用来设置正弦波相邻的两个波峰之间的距离。

③【相位】微调框：在对象的网格上漂移正弦波的位置，正的数值在一个方向上移动正弦波，而负值则在另一个方向上移动它，这在制作动画的时候效果尤其显著。

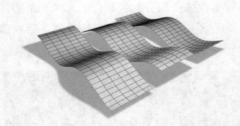

④【衰退】微调框：用来设置波浪振幅的衰减速度。当数值大于0时，波浪的振幅从Gizmo的中心点开始向外逐渐衰减，直到振幅完全消失。

7.3.2 融化编辑修改器

使用【融化】编辑修改器可以将一个物体融化的效果施加到场景中的任何一种对象上，包括片面对象、NURBS对象以及在堆栈中选择的子对象。

融化参数的设置包括边缘的下垂、融化时对象的扩散以及一组预定义好的对象。例如，坚硬的塑料表面和类似柔软的果冻的物质等。【融化】编辑修改器的【参数】卷展栏如下。

参数解密

①【数量】微调框：用于设定融化效果的强度，通过它可以调整Gizmo的形状，继而调整对象的形状。取值范围为0.0~1 000.0。

②【融化百分比】微调框：设定对象和融化效果

随着数量值的增加向外扩展的增大量。基本上它就是沿着融化的平面向外的一个"凸起"。

③【固态】区域：决定被融化的对象中心的相对高度。当对象融化的时候，类似果冻这样柔软的物质在中心的位置上通常融化得更快一些。这个区域给不同类型的物质提供了如下一些预设值以及一个自定义值。

● 【冰】单选钮：默认的固体类物质。

● 【玻璃】单选钮：使用较硬的固体属性模拟玻璃类物质。

● 【冻胶】单选钮：产生显著的中心下垂的效果。

● 【塑料】单选钮：接近于默认的固体，但是当它融化的时候中心略微下垂。

● 【自定义】微调框：取值范围为0.2~30.0。

④【融化轴】选项组：该选项组中【X】、【Y】和【Z】用于设置选择融化发生的轴向。

⑤【翻转轴】复选框：颠倒轴向。通常融化效果是沿着一个给定的轴从正方向往负方向进行的，选中此复选框可以颠倒融化效果的方向。

7.3.3 晶格编辑修改器

使用【晶格】编辑修改器可以把一个二维形状或一个三维几何实体对象的边转换成可渲染和编辑的圆柱实体，同时还可以把对象上的节点转换成球状的关节。

使用【晶格】编辑修改器可以创建基于网格拓扑学的可渲染的几何结构体，或者得到一个可以被渲染的框架网格的效果。使用【晶格】编辑器的效果如下。

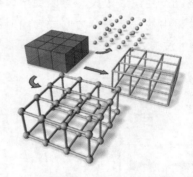

【晶格】编辑修改器可以作用在整个对象

上，同样也可以作用在堆栈中所选择的对象的次物体对象上。灵活地运用【晶格】编辑修改器只需要通过几个简单的步骤就能创建出复杂的形体结构。其【参数】卷展栏如下。

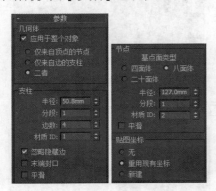

参数解密

1.【几何体】选项组

控制几何体的应用范围。

（1）【应用于整个对象】复选框：选中该复选框，则应用【晶格】编辑修改器到所选对象的所有边上。撤选该复选框，则应用晶格到堆栈中所选择的次物体子对象上。

（2）【仅来自顶点的节点】单选钮：选中该单选钮，只显示由网格的节点生成的各种形状的关节。

（3）【仅来自边的支柱】单选按钮：选中该单选按钮，只显示由网格的边所生成的圆柱形结构。

（4）【二者】单选钮：选中该单选钮，所选对象的节点和支柱都会显示出来。

2.【支柱】选项组

控制圆柱形几何体的参数。

（1）【半径】微调框：用于设定圆柱形几何体半径。

（2）【分段】微调框：用于设定圆柱形几何体高度上的分段数。

（3）【边数】微调框：用于设定圆柱形几何体周长上的分段数。

（4）【材质ID】微调框：用于设定圆柱形几何体的材质ID号，默认的ID号为1。

（5）【忽略隐藏边】复选框：忽略隐藏的边，默

认为选中。

3.【节点】选项组

控制球状关节的参数。

（1）【基点面类型】区域：用于设定球状关节多面体的类型，【四面体】表示使用一个四面体，【八面体】表示使用一个八面体，【二十面体】表示使用一个二十面体。

（2）【半径】微调框：用于设定球状关节的半径。

（3）【分段】微调框：用于设定球状关节的分段数，段数越多，生成的关节越接近光滑的球体。

（4）【材质ID】微调框：用于设定球状关节的ID号，默认的ID号为2。

7.3.4 实例：创建装饰摆件模型

下面来学习使用【晶格】编辑修改器创建装饰摆件模型效果，具体操作步骤如下。

Step 01 启动3ds Max 2016，单击【应用程序】按钮，从弹出的菜单中选择【重置】命令重置场景。

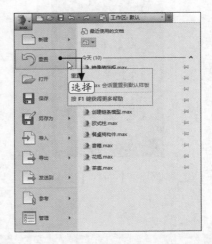

Step 02 在【创建】面板【标准基本体】中单击【长方体】按钮，如图所示。

Step 03 在透视图中创建一个长方体，然后将【参数】卷展栏展开，并进行相关参数设置，如图所示。

Step 04 最终结果如图所示。

Step 05 选择创建的长方体，为其添加【晶格】编辑修改器。

Step 06 设置锥化的【曲线】为1。

Step 07 晶格后的模型如下图所示。

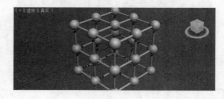

Step 08 使用移动和旋转工具调整造型的位置，然后使用【切角长方体】创建一个底座，效果如图所示。

Step 09 渲染后的效果如图所示。

 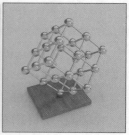

7.4 实例：创建水壶模型

通过前面的学习，我们已经把编辑修改器学习完了，下面通过一个水壶的实例来综合运用所学的编辑修改器，这里需要注意修改器的交互式使用效果，具体操作步骤如下。

Step 01 启动3ds Max 2016，单击【应用程序】按钮，从弹出的菜单中选择【重置】命令重置场景。

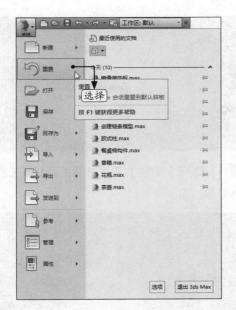

Step 02 创建水壶底座。选择顶视图，在【创建】面板中单击【圆柱体】按钮，创建一个圆柱体，设置【半径】为150、【高度】为15、【边数】为36。

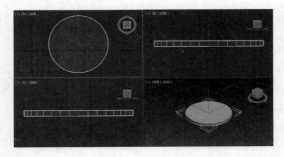

Step 03 选择顶视图，在【创建】面板中单击【球体】按钮，创建一个半球体，设置【半径】为145、【半球】为0.5。

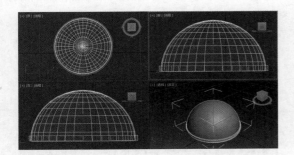

Step 04 选择半球体，单击鼠标右键，在弹出的菜单中选择【转换为】→【转换为可编辑多边形】命令。

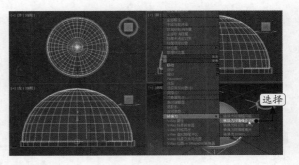

Step 05 进入【修改】面板，然后进入【顶点】级别【软选择】卷展栏，进行如下设置。

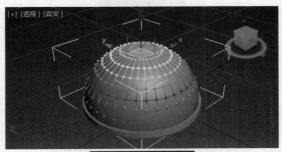
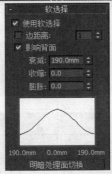

Step 06 选择选择【移动工具】，将顶点向上拉动，效果如下图所示。

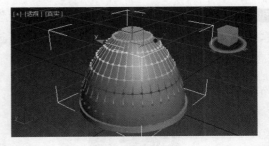

Step 07 关闭【使用软选择】，进入【修改】面板中的【多边形】级别，然后选择上部分多边形，如图所示。

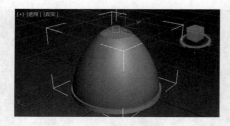

Step 08 在【几何体】卷展栏中单击【分离】按钮。

Step 09 弹出【分离】对话框，勾选【以克隆对象分离】，然后单击【确定】按钮，分离后按键盘上的Delete键将选择的多边形删除。

Step 10 创建水壶把手。选择前视图，在【创建】面板中单击【圆环体】按钮，创建一个圆环体，设置参数如图所示。

Step 11 使用【缩放】工具对其进行挤压变形，效果如下。

Step 12 进入【创建】面板中的【图形】面板中，单击【椭圆】创建一个椭圆，如图所示。

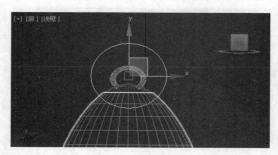

Step 13 选择椭圆，单击鼠标右键，在弹出的菜单中选择【转换为】→【转换为可编辑样条线】命令，在【顶点】级别添加和删除点，创建如图所示的图形。

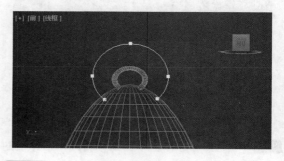

Step 14 选择【圆】和【椭圆】命令创建一个圆和一个椭圆作为放样图形，效果如下。

Step 15 选择上面创建的半椭圆图形，进入【符合对象】面板，单击【放样】按钮，然后单击【创建方法】卷展栏下的【获取图形】按钮，选择上面创建的圆形。

Step 16 得到的提手放样对象效果如图所示。

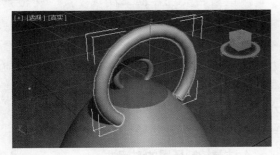

Step 17 在【路径参数】卷展栏下设置【路径】参数为50，然后单击【创建方法】卷展栏下的【获取图形】按钮，选择上面创建的椭圆形。

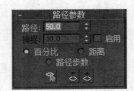

Step 18 再次在【路径参数】卷展栏下设置【路径】参数为100，然后单击【创建方法】卷展栏下的【获取图形】按钮，选择上面创建的圆形。

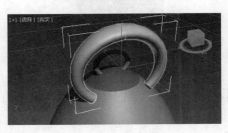

Step 19 提手创建完成，调整到合适的位置，效果如图所示。

Step 20 在【创建】面板中单击【管状体】按钮，创建一个管状体，设置参数如图所示。

Step 21 选择管状体，然后选择FFD编辑修改器，本例只需选用【FFD 2×2×2】，如图所示。

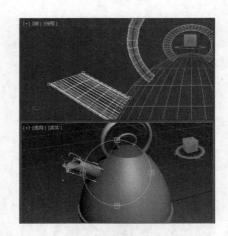

Step 23 至此，水壶就创建完成，渲染效果如图所示。

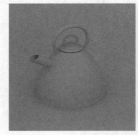

Step 22 进入【控制点】级别，对管状体的管口进行调整，如图所示。

7.5 实战技巧

学习到这里，用户基本可以了解到3ds Max 2016中的各种建模方式，掌握各种实用建模技巧会加快建模速度，提高建模质量。

技巧 建模实用技巧

1.尺寸真实

场景及场景中物体的尺寸要和真实情况一致，建一个边长10厘米的篮球场一定会曝光，建一个1万立方米的房间一盏家用主灯是照不亮的。

2.比例正确

场景及场景中的物体比例失调很难得到一张漂亮的效果图（图纸看着就不舒服，材质灯光再好也没用）

3.出图质量与速度之间要做好权衡

如果用户不是在做一件艺术品，建议尽可能降低场景的规模，包括面数、贴图量及贴图大小。庞大的场景将对用户的操作和最终渲染带来很大的负担。尽量对齐该对齐的面和顶点，删除多余面和顶点。近景和远处的场景要分别对待，近景该有的细节不能少，远景看不到或看不清的细节一定要省略。

4.注意控制场景的封闭性

光传递是需要反射面的，光的多次传递将带来柔和真实的光效，所以在建场景的时候有些看不到面（如墙体）是不能省略不建的。

5.合理的命名和分组

合理的命名和分组会在你的建模过程中及之后的修改过程中大大提高效率。

第3篇

材质与灯光

导读

➜ 第8章　材质与贴图
➜ 第9章　高级材质
➜ 第10章　灯光和摄影机

本篇主要讲解3ds Max 2016的材质与灯光。通过对材质与贴图、高级材质以及灯光和摄影机等的讲解，让读者快速学会使用3ds Max的材质与灯光，从而创建更加真实的模型图片。

第**8**章

材质与贴图

■■ **本章引言**

　　材质编辑器可以将做好的作品赋予相应的材质，使其看起来更具真实感。材质编辑器提供了创建和编辑材质以及贴图的功能。材质详细描述对象如何反射或透射灯光。材质属性与灯光属性相辅相成，明暗处理或渲染将两者合并，用于模拟对象在真实世界中的情况。

■■ **学习要点**

» 掌握材质编辑器的使用方法
» 掌握贴图的功能
» 掌握编辑材质的方法

8.1 材质编辑器

　　在使用材质编辑器之前，先来看一看可以使用的材质属性类型，了解这些属性有助于创建新的材质。

　　到现在为止，已经应用于对象的唯一材质属性就是默认的对象颜色，而这个属性则是由3ds Max 2016随机分配的。材质编辑器使用了模拟的许多不同物理属性的材质以增加真实感。

　　在3ds Max 2016中，材质是在材质编辑器中创建和编辑的，下面认识一下【材质编辑器】对话框。选择【渲染】→【材质编辑器】→【精简材质编辑器】菜单命令，或在主工具栏上单击【材质编辑器】按钮，即可弹出【材质编辑器】对话框。

　　在材质编辑器中常用到的几个选项的有关概念如下。

1. 样本窗

　　在【材质编辑器】对话框中包含球体的部分即是样本窗，每个样本窗中包含的球体用于显示所编辑材质的近似效果。系统默认显示6个球体，可以更改为15个或24个。将光标移动到样本窗的分界处，当光标显示为小手形状时可拖动样本窗。

2. 活动材质

当前正在编辑的材质称为活动材质，它带有白色的边框。用鼠标单击一个样本窗可以激活材质，使其成为活动材质。

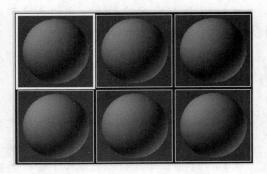

3. 冷材质

样本窗中的材质没有指定给场景对象时，该材质保持为冷材质。

4. 热材质

当样本窗中的材质被指定给场景的对象时，该材质就会变为热材质，此时它的样本窗周围会有4个小三角块。

5. 层级

在3ds Max 2016中，材质系统是一个非常复杂的系统，材质和贴图可以分层分级地进行叠加、嵌套、混合，最后成为一个层级结构的贴图材质。

6. 贴图

在3ds Max 2016中，贴图概念出现在两个地方：一个出现在材质属性特征的组成成分中，比如【漫反射颜色贴图】和【不透明度贴图】，在这里贴图是一个整体的涵义，指的是相对应的材质属性特征的图案化的表现；另一个出现在贴图类型中，比如【噪波贴图】、【波浪贴图】和【位图贴图】，这里的贴图指的是具体的内容。简单地理解就是：前面一种情况描述贴图的位置，后面一种情况描述贴图的图案。

8.1.1 菜单条与工具栏

【材质编辑器】对话框最上面的是菜单栏，材质编辑器中经常用到的命令在这里都可以找到。

模式(D)　材质(M)　导航(N)　选项(O)　实用程序(U)

1.【模式】菜单

模式菜单列出材质编辑器的两种模式，包括精简材质编辑器和Slate材质编辑器。

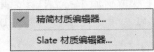

（1）【精简材质编辑器】：精简材质编辑器相当于3ds Max之前版本的材质编辑器，它是一个相当小的对话框，其中包含各种材质的快速预览。

（2）【Slate材质编辑器】：Slate材质编辑器是一个材质编辑器界面，在用户设计和编辑材质时使用节点和关联以图形方式显示材质的结构。它是精简材质编辑器的替代项。通常，Slate界面在设计材质时功能更强大，而精简界面在只需应用已设计好的材质时更方便。

2.【材质】菜单

材质菜单列出的是材质编辑器最常用的材质命令，大部分与工具栏上同名按钮的功能相同。

（1）【获取材质】：选择该菜单命令，将弹出【材质/贴图浏览器】对话框，从中可以选择不同类型的材质和贴图。

（2）【从对象选取】：允许从场景中的一个对象上选择材质。

（3）【指定给当前选择】：将当前活动的材质样本赋给选中的物体。

（4）【放置到场景】：如果当前样本窗中的材质为冷材质，且材质名称与场景中对象的名称相同，则可通过这个命令将当前材质重新赋给此同名对象，当前材质同时变为热材质。

（5）【放置到库】：将选择的材质存入当前材质库。

（6）【更改材质/贴图类型】：改变材质的基本种类。与单击【材质种类】按钮的功能相同。

（7）【生成材质副本】：在当前编辑窗口中复制当前材质，可以把热材质变成冷材质。

（8）【启动放大窗口】：将当前材质在窗口中放大显示。

（9）【另存为.FX文件】：将材质另存为.FX格式的文件。

（10）【生成预览】：在做动画材质时，制作当前材质和预览动画。

（11）【查看预览】：查看预览动画。

（12）【保存预览】：保存预览动画。

（13）【显示最终结果】：显示最终结果。

（14）【视口中的材质显示为】：在透视图中显示贴图。

（15）【重置示例窗旋转】：重新设置样本对象的默认方向。

（16）【更新活动材质】：更新活动材质。

3.【导航】菜单

导航菜单列出的工具可以在材质层级之间切换。

（1）【转到父对象】：转到当前材质的上一级。

（2）【前进到同级】：向前转到当前材质的相同级别的材质。

（3）【后退到同级】：向后转到当前材质的相同级别的材质。

4.【选项】菜单

【选项】菜单提供了一些附加工具和一些显示选项。

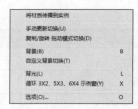

（1）【将材质传播到实例】：当【将材质传播到实例】处于启用状态时，任何指定的材质将被传播到场景中对象的所有实例；当【将材质传播到实例】处于禁用状态时，材质将以传统的3ds Max方式指定。每个对象具有唯一的材质指定。

Tips

实例是原始对象可交互的克隆体，修改实例对象与修改原始对象相同。

（2）【手动更新切换】：可以设置是否手动更新材质，这是一个开关菜单。

（3）【复制/旋转拖动模式切换】：可以控制鼠标动作。当在材质样本窗上拖动鼠标时，可以选择是复制当前材质还是旋转它，以便于从各个方向查看。

（4）【背景】：是否在样本窗中显示背景。

（5）【自定义背景切换】：是否在样本窗中显示自定义背景。

（6）【背光】：是否显示背景光。

（7）【循环3×2、5×3、6×4示例窗】：切换显示3×2、5×3、6×4显示模式（可循环切换）。

（8）【选项】：选择该选项，可以弹出【材质编辑器选项】对话框，从中可以设置材质编辑器的基本选项。

5.【实用程序】菜单

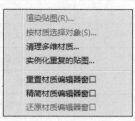

（1）【渲染贴图】：渲染当前材质层次的贴图。

（2）【按材质选择对象】：选择使用当前材质的对象。

（3）【清理多维材质】：清理多维材质中未用的多维子材质。

（4）【实例化重复的贴图】：把重复的贴图实例化。

（5）【重置材质编辑器窗口】：对【材质编辑器】窗口进行重置。

（6）【精简材质编辑器窗口】：对【材质编辑器】窗口进行精简。

（7）【还原材质编辑器窗口】：对【材质编辑器】窗口进行还原。

【材质编辑器】对话框中的工具栏有两种：一种是行工具栏，一种是列工具栏。行工具栏主要是对材质进行操作，列工具栏主要是对材质编辑器进行操作。大部分的按钮在菜单中都有选项对应。

下表列出了工具栏上各个按钮的图标、名称和作用。

图标	名称	作用
	获取材质	在【材质/贴图浏览器】对话框中选择材质或贴图
	将材质放入场景	将材质放回场景中
	将材质指定给选定对象	将材质指定给选定对象
	重置贴图/材质为默认设置	重新设置材质/贴图为默认类型
	生成材质副本	复制当前样本窗口中的材质到另一个样本窗口
	使唯一	生成唯一的材质样本

续表

图标	名称	作用
	放入库	将当前材质存入材质库
	材质ID通道	设置材质效果通道
	在视口中显示明暗处理材质	在视口中显示明暗处理材质
	显示最终结果	显示多层材质的最终结果
	转到父对象	转到上一级对象
	转到下一个同级项	转到下一个同级项
	从对象拾取材质	从场景中对象上拾取材质
01 - Default	显示/编辑材质名称	显示/编辑材质名称
Standard	材质类型	材质按钮，可以改变材质的基本类型
	采样类型	设置样本显示方式
	背光	显示背景光
	背景	显示背景
	采样UV平铺	设置样本窗口中的材质的重复次数
	视频颜色检查	检查除NTSC和PAL以外的视频信号颜色
	生成预览	渲染材质预览动画
	播放预览	播放预览动画
	保存预览	保存预览动画
	选项	设置材质的基本选项
	按材质选择	按材质来选择对象
	材质/贴图导航器	使用材质/贴图导航器

8.1.2 材质编辑器的基本参数

通过在【明暗器基本参数】卷展栏中进行参数设置，可以改变材质的明暗类型和渲染方式等。

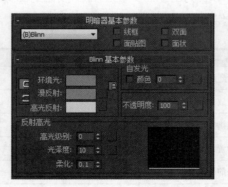

最左侧的明暗类型下拉列表 (B)Blinn

中提供了多种不同的材质渲染明暗类型，以确定材质对光线的基本反应。选择不同的明暗类型，其下面的参数卷展栏也不同。在3ds Max 2016中共有8种不同的明暗类型：各向异性、Blinn（胶性）、金属、多层、Oren-Nayar-Blinn（明暗处理）、Phong（塑性）、Strauss（金属加强）和半透明明暗器。

1.【明暗器基本参数】卷展栏

（1）【各向异性】：这种明暗类型可以在

物体表面产生狭长的高光，常用于表现金属、玻璃和头发等光泽物体。

（2）【Blinn】：与【Phong】的效果相似，用来产生圆形柔和的高光，易于表现暖色柔软的材质。3ds Max 2016中的【Blinn】是默认的材质类型，用途较广。

（3）【金属】：一种特殊的渲染方式，专用于制作金属和一些有机体的渲染效果，可以提供金属材质的特殊反光。

（4）【多层】：可以产生比【各向异性】的高光更复杂的高光效果，特别适用于制作极度光滑的高反光表面，比如抛光的汽车金属外壳、保龄球等。

（5）【Oren-Nayar-Blinn】：是【Blinn】模式的一种拓展，用于表现不光滑表面的反光效果，可以做出织物、陶瓷等一些不光滑的表面。

（6）【Phong】：以光滑的方式进行表面渲染，常用于塑性材质，可以精确地反映出凸凹、不透明、反光、高光和反射贴图等效果，但是对一些低角度的散射的高光不进行处理。它是一种比较常用的材质类型，常用于表现冷色坚硬的材质，可用于除金属以外的其他坚硬物体。

（7）【Strauss】：与【金属】模式类似，可以创建金属和非金属表面，拥有更简单的控制选项。此种明暗类对光线追踪材质无效。

（8）【半透明明暗器】：与【Blinn】相似，但是可以创建出半透明的物体，如毛玻

cx:0.26 cy:0.20,cx:0.27 cy:0.67,cx:0.27 cy:0.86,cx:0.73 cy:0.70

璃、半透明的塑料等。这是在3ds Max 2016中新增加的明暗类型。

【线框】：选中此复选框，场景中的对象将以网格线框的方式来渲染。

【双面】：选中此复选框，对象的另一面也要进行渲染；若取消选中此复选框，系统则只对外表面进行渲染，对于敞开面的对象则看不到内壁的效果。

【面贴图】：选中此复选框，将对物体的每一个表面单独地进行材质处理。

【面状】：选中此复选框，物体则表现为小平面拼贴的效果。

2. Blinn基本参数

下面以Blinn为例介绍一下各个参数的含义。

（1）【环境光】：物体阴影部分即没有光线直接照射部分的颜色，如下图中3所示。

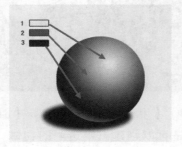

（2）【漫反射】：表面色，是指物体自身的颜色，如上图中2所示。用贴图可以做出更丰富的效果。

（3）【高光反射】：物体光滑表面高光部分的颜色，如上图中1所示。单击其右边的小方块可以用贴图来控制物体的高光。

（4）【自发光】：利用自发光经常制作灯本身的效果。默认的情况下用表面色作为自发光的颜色，还可以选中【颜色】复选框，选择一种颜色作为自发光色，数值越大，自发光越强。

（5）【不透明度】：用百分比控制物体的不透明度。数值越大，物体越趋于不透明。

（6）【高光级别】：数值越大，物体越光亮。

（7）【光泽度】：物体反光的集中程度，数值越大，反光越集中，反光范围就越小。

（8）【柔化】：对高光区的反光作柔化处理，可使它变得模糊、柔和。

3. 各向异性基本参数

其他的明暗类型与Blinn的参数基本相同，下面只介绍不同的部分。【各向异性基本参数】卷展栏如下。

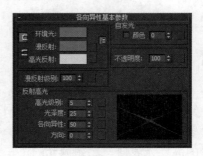

（1）【漫反射级别】：控制物体固有色的亮度，数值越大，物体越亮。

（2）【高光级别】：数值增加时，高光部分会变得更亮。

（3）【各向异性】：控制高光的各向异性。此值为0时高光部分是圆形，为100时高光会变为一条狭长的亮线。

（4）【方向】：控制高光的方向，在样本窗中会显示方向的变化。

4. 半透明基本参数

【半透明基本参数】卷展栏如下。

【内表面高光反射】：选中此复选框，材质的两个面都能得到高光，撤选该复选框则只有外表面有高光。选中此复选框可以做出半透明塑料的效果，撤选该复选框可以做出毛玻璃的效果。一般情况下，此复选框未被选中，外表面有高光，此时可以更改物体表面的法线方向来得到内表面高光的效果。

8.1.3 设置其他参数

除了基本的明暗器参数之外，还可以对材质的外观使用其他卷展栏。

1. 【扩展参数卷】展栏

除了基本参数卷展栏，材质编辑器还包括了大多数明暗器常用的其他几个设置。【扩展参数】卷展栏包括【高级透明】、【反射暗淡】和【线框】等控制元素，这些参数对于所有的明暗器都是一样的。

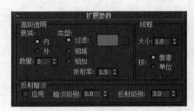

（1）高级透明

使用【高级透明】控制元素可以把【衰减】设置成【内】、【外】，或者在【数量】文本框中指定。

①【内】单选钮：选中该单选钮，在更加深入对象时可以增加透明度。

②【外】选项与【内】选项相反。

③【数量】文本框：用于设置内部或外部边缘的透明度。

下图是使用【高级透明】的【衰减】选项的材质，一个在灰色背景上，一个在有图案的背景上。左边的两种材质使用了【内】选项，右边的两种材质使用了【外】选项，【数量】值都设置成100。

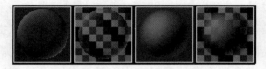

【高级透明】控制元素中包括3种透明度类型：【过滤】、【相减】和【相加】。

①【过滤】类型可以成倍地增加任何出现在透明对象之后的颜色表面的过滤颜色。使用这个选项可以选定要使用的过滤颜色。

②【相减】和【相加】类型可以减弱或加重透明对象之后的颜色。

【折射率】用于衡量由灯光穿过透明对象引起的变形的程度。不同的物理材质有不同的折射率值，水的折射率值是1.33，玻璃的折射率值是1.5。默认值1.0表示没有效果。变形的程度还取决于透明对象的厚度。

（2）线框

在【线框】选项组中可以指定大小或厚度。如果在【明暗器基本参数】卷展栏中启用【线框】模式，则可使用该选项。可以用【像素】或【单位】表示大小。下图显示的是具有不同线框值（2~5单位）的材质，数值过大时将没有线框效果。

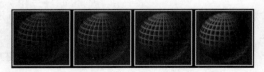

（3）反射暗淡

【反射暗淡】控制反射的强烈程度，选中【应用】复选框可以启用它。【暗淡级别】设置控制阴影内的反射强度，【反射级别】用于设置不在阴影内的所有反射的强度。

2.【超级采样】卷展栏

像素点是组成整个屏幕的正方形点。在材质颜色从对象颜色变成背景颜色的对象边缘，这些正方形的像素点会产生锯齿状的边缘，这些边缘被称为噪波，有可能损坏图像。反走样是通过缓和颜色之间的变化来去掉这些噪波的过程。在3ds Max 2016中反走样过滤器作为渲染过程的一部分。超级采样是另外一种可以提高图像质量的反走样途径，应用于材质级别。渲染非常平滑的反射高光、精细的凹凸贴图以及高分辨率时，超级采样特别有用。【超级采样】卷展栏如下图所示。

如果启用了【渲染场景】对话框中的【抗锯齿】选项，则无法执行超级采样。使用默认扫描线渲染器的参数也可以全局禁用所有材质的超级采样。光线追踪材质类型有自己的超级采样途径，不需要启用超级采样。

Tips

使用超级采样会大大地增加渲染图像的时间，但不需要占用额外的内存，而全局禁用超级采样可以提高测试渲染的速度。

在超级采样途径中，像素点中心周围不同点的颜色将被取样，然后使用这些样本计算每个像素点最后的颜色。4种可用的超级采样方法如下。

（1）【自适应 Halton】：沿像素的x轴方

向和y轴方向进行半随机取样，可以提取4~40个样本。

（2）【自适应均匀】：在像素点周围的均匀间隔上取样，可以提取4~26个样本。

（3）【Hammersley】：沿x轴方向上进行均匀间隔取样，但却在y轴方向上随机取样，可以提取4~40个样本。

（4）【Max 2.5星】：像素中心的采样是对它周围的4个采样取平均值。此图案就像一个有5个采样点的小方块。

使用前3种方法时可以选定一个【质量】设置，这项设置指定了被提取的样本数目。提取的样本越多，分辨率越高，但是渲染的时间也越长。两种自适应方法（【自适应 Halton】和【自适应均匀】）提供了【自适应】选项以及【阈值】微调器。如果颜色的变化在阈值内，则可提取更多的样本。选中【超级采样贴图】复选框，则可包括材质在进行超级采样过程时的贴图。

3.【贴图】卷展栏

贴图是贴在物体上的位图图像。【贴图】卷展栏包括一个可应用于对象的贴图列表。使用这个卷展栏可以启用或禁用贴图，在【数量】域中可以指定贴图的亮度并加载贴图。单击【贴图类型】下的任一可用按钮，将会弹出【材质/贴图浏览器】对话框，从中可以选择贴图的类型。

【贴图】卷展栏如下图所示。

8.2 认识材质类型

材质将使场景更加具有真实感。材质详细描述对象如何反射或透射灯光。可以将材质指定给单独的对象或者选择集，单独场景也能够包含很多不同材质。不同的材质有不同的用途。

在精简材质编辑器中，单击【标准类型】按钮 `Standard` 或选择【渲染】→【材质/贴图浏览器】菜单命令时，将打开【材质/贴图浏览器】的典型版本。

下面对主要的材质类型进行讲解。

（1）【标准】材质类型为表面建模提供了非常直观的方式。在现实世界中，表面的外观取决于它如何反射光线。在3ds Max中，标准材质模拟表面的反射属性。如果不使用贴图，标准材质会为对象提供单一统一的颜色。下图是用标准材质渲染的踏板车。

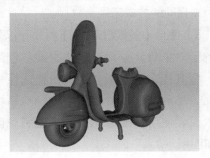

（2）【光线跟踪】材质是一种高级的曲面明暗处理材质。它与标准材质一样，能支持漫反射表面明暗处理。它还创建完全光线跟踪的反射和折射。它还支持雾、颜色密度、半透明、荧光以及其他特殊效果。下图是使用光线跟踪材质互相反射的球。

Tips

如果在标准材质中需要精确的光线跟踪的反射和折射，可以使用光线跟踪贴图，它使用的是同一个光线跟踪器。【光线跟踪】贴图和材质共用全局参数设置。

用【光线跟踪】材质生成的反射和折射，比用反射/折射贴图更精确。渲染光线跟踪对象比使用【反射/折射】更慢。另外，"光线跟踪"对于渲染 3ds Max 场景是优化的。通过将特定的对象排除在光线跟踪之外，可以在场景中进一步优化。

Tips

光线跟踪贴图和光线跟踪材质使用表面法线，决定光束是进入还是离开表面。如果翻转对象的法线，可能会得到意想不到的结果。使材质具有两面并不能纠正这个问题，这在"标准"材质中的反射和折射中经常出现。

（3）使用【无光/投影】材质可将整个对象（或面的任何子集）转换为显示当前背景色或

环境贴图的无光对象。也可以从场景中的非隐藏对象中接收投射在照片上的阴影。使用此技术，通过在背景中建立隐藏代理对象并将它们放置于简单形状对象前面，可以在背景上投射阴影。创建一个隐藏对象用于针对背景图像投射阴影效果如图所示。

（4）【混合】材质可以在曲面的单个面上将两种材质进行混合。混合具有可设置动画的"混合量"参数，该参数可以用来绘制材质变形功能曲线，以控制随时间混合两个材质的方式。混合材质可以组合砖和灰泥，如图所示。

（5）【合成】材质最多可以合成 9 种材质。按照在卷展栏中列出的顺序，从上到下叠加材质。使用相加不透明度、相减不透明度来组合材质，或使用"数量"值来混合材质。

如果可以通过合并贴图达到所需的合成结果，请使用"合成贴图"；合成贴图更为新式，并提供比合成材质更强的控制功能。

（6）使用【双面】材质可以向对象的前面和后面指定两个不同的材质。如图所示，在右侧，双面材质可以为垃圾桶的内部创建一个图案。

（7）【变形器】材质与【变形】修改器相辅相成。它可以用来创建角色脸颊变红的效果，或者使角色在抬起眼眉时前额褶皱。借助【变形器】修改器的通道微调器，您可以以变形几何体相同的方式来混合材质。

（8）使用【多维/子对象】材质可以采用几何体的子对象级别分配不同的材质。创建多维材质，将其指定给对象并使用网格选择修改器选中面，然后选择多维材质中的子材质指定给选中的面。使用多维/子对象材质进行贴图的图形，如图所示。

（9）【虫漆】材质通过叠加将两种材质混合。叠加材质中的颜色称为"虫漆"材质，被添加到基础材质的颜色中。"虫漆颜色混合"参数控制颜色混合的量。如图所示，顶部是基础材质，中间是虫漆材质，底部是与 50% 的虫漆颜色混合值组合的材质 。

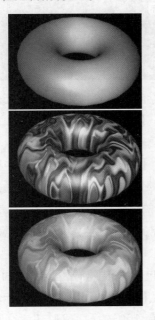

（10）使用【顶/底】材质可以向对象的顶部和底部指定两个不同的材质。可以将两种材质混合在一起。如图所示，顶/底材质为壶提供一个焦底。

对象的顶面是法线向上的面。底面是法线向下的面。可以选择"上"或"下"来引用场景的世界坐标或引用对象的本地坐标。

（11）【Ink'n Paint】材质可以创建卡通效果。与其他大多数材质提供的三维真实效果不同，"卡通"提供带有"墨水"边界的平面明暗处理。用【Ink'n Paint】材质渲染的蛇，如图所示。

8.3 贴图类型

在3ds Max 2016中提供的贴图类型有多种。选择【渲染】→【材质/贴图浏览器】菜单命令，或单击【材质编辑器】对话框中【贴图】卷展栏中的【贴图类型】下的【None】按钮，将会弹出【材质/贴图浏览器】对话框。该对话框中显示了3ds Max 2016所有的贴图类型。

一般贴图是和材质一起使用的。可以从【材质/贴图浏览器】对话框中打开大多数的材质贴图。

在【材质/贴图浏览器】对话框中，单击左上角的▼按钮，通过在打开的下拉菜单中选择不同的命令可以设置【材质/贴图浏览器】显示方式、新建组、设置材质库等。

8.3.1 贴图坐标

贴图坐标主要用来控制贴图的位置、重复次数和是否旋转等属性，大部分的二维和三维贴图都有贴图坐标。

1. 二维贴图坐标

选择【渲染】→【材质编辑器】→【精简

材质编辑器】菜单命令，或在主工具栏上单击【材质编辑器】按钮，打开【材质编辑器】对话框。展开【贴图】卷展栏，单击任意一个【None】按钮，将打开【材质/贴图浏览器】对话框，在【贴图】卷展栏中的【标准】列表中选择一种二维贴图，如【位图】，单击【确定】按钮，将会弹出【选择位图图像文件】对话框，在其中选择一个位图，单击【打开】按钮，返回到【材质编辑器】对话框之中，在其中即可看到【坐标】卷展栏，该坐标就是二维贴图坐标。

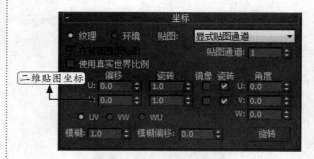

二维贴图【坐标】卷展栏的选项设置如下。

（1）【纹理】：将位图作为纹理贴图应用于物体表面。

（2）【贴图】：从下拉列表中选择贴图方式。有4种贴图方式：【显式贴图通道】可以选择1~99中的任何一个贴图通道，【顶点颜色通道】用分配的顶点颜色作为贴图通道，【对象XYZ平面】用于场景中物体坐标的平面贴图，【世界XYZ平面】用于场景中世界坐标的平面贴图。

（3）【环境】：可将贴图坐标作为环境贴图，可以有4种选择：球形环境、圆柱环境、收缩包裹环境和屏幕。

（4）【在背面显示贴图】：当选用平面贴图时，只有选中此复选框才能在背面也显示贴图。

（5）【贴图通道】：用于选择贴图通道。

（6）【偏移】：可以改变UV坐标中贴图的位置。

（7）【瓷砖】：用于设定贴图在U、V平面坐标中的重复次数。

（8）【镜像】：用于在U、V平面方向上镜像贴图。

（9）【瓷砖】：用于在U、V 平面方向上平铺贴图。

（10）【角度】：用于设定在U、V、W平面上的旋转角度。

（11）【旋转】：显示一个示意性的显示框，用户可以用鼠标拖动旋转贴图。

（12）【模糊】：可以影响位图的尖锐程度。

（13）【模糊偏移】：可利用图像的偏移进行大幅度的模糊处理。

（14）【使用真实世界比例】：勾选该复选框，将启用真实世界的比例。

2. 三维贴图坐标

如果在【贴图】卷展栏中的【标准】列表中选择一种三维贴图，如【细胞】，单击【确定】按钮，将返回到【材质编辑器】对话框之中，在其中即可看到【坐标】卷展栏，该坐标就是三维贴图坐标。

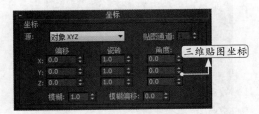

三维贴图【坐标】卷展栏的选项设置如下。

【源】用于选择贴图使用的坐标系，其中包括【对象XYZ】、【世界XYZ】、【显式贴图通道】和【顶点颜色通道】。其余的参数与二维贴图基本相同。

在实际的运用过程中，不同的贴图坐标可以得到不同的结果。大家可以多加练习，试着将每一个参数都变化一下，看一看有什么不同，这样对学习3ds Max 2016很有帮助。

8.3.2 实例：创建展画贴图

通过学习材质和贴图的基本知识，大家对材质和贴图已经有了大致的了解。下面通过一个展画的实例讲解材质和贴图的用法，具体操作步骤如下。

Step 01 启动3ds Max 2016，单击【应用程序】按钮，从弹出的菜单中选择【重置】命令重置场景。

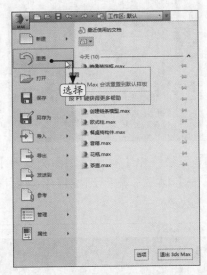

Step 02 单击图标，在弹出的菜单中选择【打开】命令，打开随书光盘中的"素材\ch08\展画.max"模型文件。

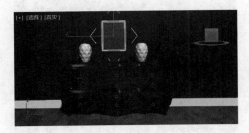

Step 03 单击主工具栏中的【材质编辑器】按钮，将弹出【材质编辑器】对话框，单击其中的一个示例球。打开【贴图】卷展栏，单击【贴图】卷展栏中【漫反射颜色】后的【None】按钮。

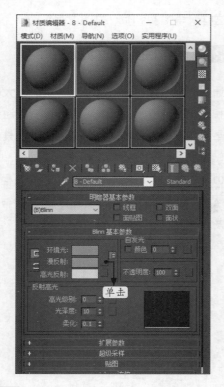

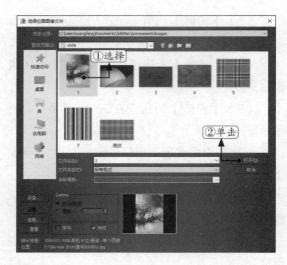

Step 06 单击【打开】按钮，这时示例球表面将会显示出了该文件的图像。选择视图中的平面，单击【将材质指定给选定对象】按钮，则将贴图材质指定给平面。

Step 04 系统弹出【材质／贴图浏览器】对话框，双击【材质／贴图浏览器】对话框中的【位图】选项。

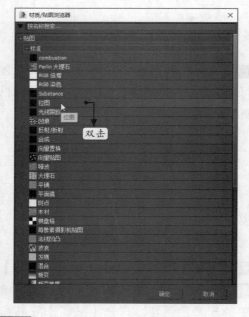

Step 05 在弹出的【选择位图图像文件】对话框中选择图片"1.jpg"。

Step 07 单击【转到父对象】按钮，回到材质层级，继续编辑材质。在【明暗器基本参数】卷展栏中，明暗方式设置为默认值【（B）Blinn】。在【Blinn基本参数】卷展栏中设置参数，如下图所示。

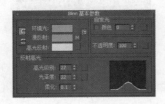

Step 08 单击【修改】按钮 ，进入【修改】面板。在【修改器列表】下拉列表框中选择【UVW贴图】选项。

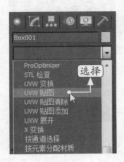

Step 09 在【UVW贴图】编辑修改器的【参数】卷展栏中进行设置。在【对齐】选项组中选中【Z】单选钮，并单击【适配】按钮使贴图符合模型的尺寸。

Step 10 创建的贴图效果如图所示。

Step 11 采用相同的方法为画框指定一个木纹材质，单击一个示例球。单击【贴图】卷展栏中【漫反射颜色】后的【None】按钮。

Step 12 弹出【材质／贴图浏览器】对话框。双击【材质／贴图浏览器】对话框中的【位图】选项。

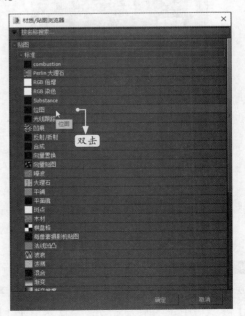

Step 13 在弹出的【选择位图图像文件】对话框中选择图片"3.gif"。

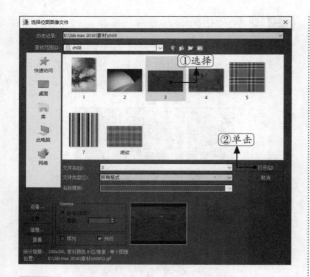

Step 14 单击【打开】按钮，这时示例球表面将会显示出了该文件的图像。选择画框，单击【将材质指定给选定对象】按钮，将贴图材质指定给画框。

Step 15 单击【转到父对象】按钮，回到材质层级，继续编辑材质。在【明暗器基本参数】卷展栏中，明暗方式设置为默认值【（B）Blinn】。在【Blinn基本参数】卷展栏中设置参数，如下图所示。

Step 16 单击【修改】按钮，进入【修改】面板。在【修改器列表】下拉列表框中选择【UVW贴图】选项。

Step 17 在【UVW贴图】编辑修改器的【参数】卷展栏中进行设置，参数如下图所示。

Step 18 在【对齐】选项组中选中【Z】单选钮，并单击【适配】按钮使贴图符合模型的尺寸。最终效果如下图所示。

8.3.3 二维贴图

二维贴图可以包裹到一个对象的表面上，也可以作为场景背景图像的环境贴图。因为二维贴图没有深度，所以只出现在表面上。位图贴图是最常见的二维贴图，可以加载任何图像，这些图像可以用多种不同的方式包裹到对象上。

1.【位图】贴图

从【材质/贴图浏览器】对话框中双击【位图】贴图即可打开【选择位图图像文件】对话框，从中可以找到图像文件。它可以支持各种图像和动画格式，包括AVI、BMP、CIN、IFL、FLC、JPEG、MOV、PNG、PSD、RGB、RLA、TGA、TIF和YUV等。

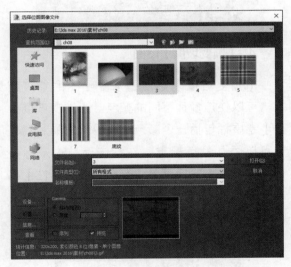

当前位图文件的名称显示在【位图参数】卷展栏的【位图】按钮上，如下图所示。如果需要更改位图文件，则可单击【位图】按钮并选定新的文件。如果已经用外部程序更改了位图图像，则可使用【重新加载】按钮来更新位图。

【位图参数】卷展栏包括3种不同的过滤选项：【四棱锥】、【总面积】和【无】。这些方法执行像素点平均操作以便于对图像进行反走样。【总面积】选项需要有更多的内存，但会产生更好的效果。

使用【裁剪/放置】控制选项可以裁剪或放置图像。裁剪是指剪切图像的一部分，放置是指在维持整幅图像完整性的同时重新调整图像的大小。【查看图像】按钮用于在【指定裁剪/放置】对话框中打开图像。当选定裁剪模式时可以利用图像内的矩形，通过移动矩形的手柄来指定裁剪的区域。

可以调整定义了裁剪矩形左上角的【U】和【V】参数，定义了裁剪或放置宽度及高度的【W】和【H】参数。选中【抖动放置】复选框，则可用【放置】选项随机地放置并调整图像的大小。

Tips

当选定裁剪选项时，UV 按钮显示在【指定裁剪/放置】对话框的右上方。单击这个按钮可以把U值和V值改成X和Y像素点。

U值和V值是整幅图像的百分比。例如U值为0.25，贴图像的左边缘位置在从原始图像左边缘起的整个宽度的25%处。

2.【棋盘格】贴图

【棋盘格】贴图用于创建有两种颜色的棋盘图像。【棋盘格参数】卷展栏包括两种颜色样本，用于更改棋盘的颜色，还可以加载贴图来代替每一种颜色。【交换】按钮用于切换两种颜色的位置，【柔化】值可以柔和两种颜色之间的边缘。

用于桌布及（在合成中）冰淇淋商店地板的棋盘格贴图，如图所示。

3.【渐变】贴图

【渐变】贴图使用3种颜色创建渐变图像。【渐变参数】卷展栏包括每一种颜色的颜色样本和贴图按钮。使用【颜色2位置】微调框可以把中心色放置在两端颜色之间的任何位置，【颜色2位置】微调框中的值可以在0~1之间变化。渐变类型包括【线性】和【径向】两种，通过选择【线性】或【径向】单选钮可以将渐变类型在两者之间进行切换。

（1）【数量】给渐变添加噪声。

（2）【大小】按比例变换噪声的效果。

（3）【相位】控制噪声随时间变化的快慢。

（4）【噪波】类型：包括【规则】、【分形】和【湍流】3种类型，可以根据不同的情况选择不同的噪波类型。

（5）【级别】可以确定应用噪声函数的次数。

（6）【低】阈值、【高】阈值和【平滑】阈值：都可以设置噪声函数的界限以消除不连续的情况。

渐变贴图的效果如下图所示。

4.【渐变坡度】贴图

【渐变坡度】贴图是渐变贴图的高级版本，可以使用多种不同的颜色。【渐变坡度参数】卷展栏包括一个颜色栏，沿着它的底端单击可以添加颜色标志；在标志上单击鼠标右键，在弹出的快捷菜单中选择【编辑属性】菜单项可以更改其属性；还可以对标志进行复制、粘贴或删除等操作。

若要定义每一个标志的颜色，可以右键单击标志，从弹出的菜单中选择【编辑属性】命令。

将会弹出【标志属性】对话框，从中可以选定要使用的颜色。

【渐变坡度参数】卷展栏中的【渐变类型】提供了各种渐变类型，其中包括【4角点】、【Pong】、【长方体】、【对角线】、【法线】、【格子】、【径向】、【螺旋】、【扇叶】、【贴图】、【线性】和【照明】等。还可以从几个不同的【插值】类型中选择，包括【缓出】、【缓入】、【缓入缓出】、【实体】、【线性】和【自定义】等。下图为渐变坡度贴图效果。

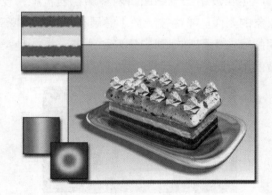

5.【漩涡】贴图

【漩涡】贴图用于创建有两种颜色的漩涡图像，这两种颜色分别是【基本】和【漩涡】。使用【交换】按钮可以在这两种颜色之间切换。其他的选项包括【颜色对比度】、

【漩涡强度】和【漩涡量】。【颜色对比度】可以控制两种颜色之间的对比度，【漩涡强度】用来定义漩涡颜色的强度，【漩涡量】是混合进【基本】颜色的【漩涡】颜色量。

Tips

使用两种颜色的所有贴图都包括一个【交换】按钮，用于在颜色之间进行切换。

（1）【扭曲】微调框：用于设置漩涡的数量，输入负值会使漩涡改变方向。

（2）【恒定细节】文本框：用于确定漩涡中包括的细节。

（3）【漩涡位置】选项组：该选项组用于设置【漩涡位置】的X和Y值，并可以移动漩涡的中心。当漩涡中心从材质中心移远时，漩涡的环会变得更密。【锁定】按钮可使这两个值同等地更改。如果禁止锁定，则可单独更改这两个值。

（4）【随机种子】：可以设置漩涡效果的随机性。

下图为漩涡贴图效果。

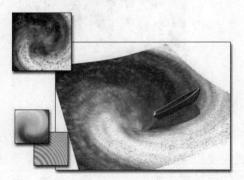

8.3.4 三维贴图

三维贴图是分阶段创建的，这意味着这些贴图不只是像素点的组合，实际上是用数学算法创建的。这种算法在三维上定义了贴图，因此如果对象的一部分被切去，贴图则会沿着每条边对齐。

1.【细胞】贴图

【细胞】三维贴图用来产生细胞、鹅卵石状的随机序列贴图效果，它常用于凹凸贴图。

2.【凹痕】贴图

【凹痕】三维贴图类似于凸凹贴图，可以在对象的表面上创建凹痕，实现一种风化和腐蚀的效果。

3.【衰减】贴图

【衰减】三维贴图基于表面法线的方向创建灰度图像。法线平行于视图的区域是黑色的，法线垂直于视图的区域是白色的。通常把这种贴图应用为不透明贴图，这样可对对象的不透明度进行更多的控制。

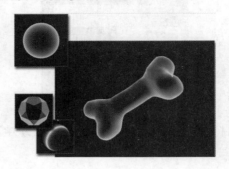

4.【大理石】贴图

【大理石】三维贴图创建带随机彩色纹理的大理石材质。

5.【噪波】贴图

【噪波】三维贴图用两种颜色随机地修改对象的表面。【噪波参数】卷展栏提供了3种不同的噪波类型：规则、分形和湍流，每一种类型使用不同的算法计算噪波。

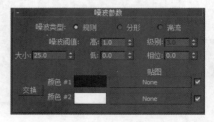

（1）【颜色#1】/【颜色#2】：两种颜色样本可以修改用于表现噪波的颜色。在两种颜色的后面还有为两种颜色加载贴图的选项。

（2）【交换】按钮：单击该按钮可以在两种颜色之间进行切换。

（3）【大小】文本框：用于缩放噪波效果。

（4）【噪波阈值】区域：通过该区域，可以防止出现噪波效果不连续的情况。可以使用高噪波阈值和低噪波阈值设置噪波界限。

噪波贴图的效果如下图所示。

6.【Perlin大理石】贴图

【Perlin大理石】贴图使用不同的算法创建大理石纹理。【Perlin大理石】贴图比【大理石】贴图更无序、更随机。

7.【波浪】贴图

【波浪】贴图是一种生成水花或波纹效果的 3D 贴图，它生成一定数量的球形波浪中心并将它们随机分布在球体上。可以控制波浪组数量、振幅和波浪速度。此贴图相当于同时具有漫反射和凹凸效果的贴图。

8.【烟雾】贴图

【烟雾】贴图可以创建随机的、形状不规则的图案，就像是在烟雾中看到的一样。

9.【斑点】贴图

【斑点】贴图产生小的随机放置的斑点，用来模拟花岗岩及类似的表面材质。

10.【泼溅】贴图

【泼溅】贴图可以创建用泼溅的颜料覆盖对象的效果。

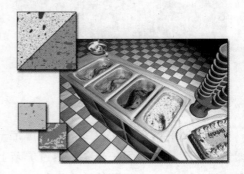

11.【木材】贴图

【木材】贴图可以产生有两种颜色的木材纹理。

8.3.5 合成器贴图

把几种贴图结合成一种即可形成复合贴图，复合贴图的类型包括【合成】、【遮罩】、【混合】和【RGB相乘】4种。

1.【合成】贴图

【合成】贴图使用Alpha通道把指定数目的几个贴图结合成单个的贴图。使用【合成参数】卷展栏可以指定贴图的数目以及加载每个贴图的按钮。

2.【遮罩】贴图

在【遮罩参数】卷展栏中，可以选定一个贴图用作遮罩，选定另一个贴图透过屏蔽上的空洞显示出来，这个屏蔽简称为贴图。还有一个选项用于反转遮罩。遮罩贴图的黑色区域是隐藏底层贴图的区域，白色区域允许底层贴图透显出来。

3.【混合】贴图

使用【混合】贴图可以组合两种贴图或颜色。混合贴图类似于合成贴图，但是它采用【混合量】值组合两种颜色或贴图，没有使用Alpha通道。在【混合参数】卷展栏中，值为0的混合量只包括【颜色 #1】，值为100的混合量只包括【颜色 #2】。还可以使用【混合曲线】定义颜色的混合方式。通过修改曲线的【上部】和【下部】值可以控制曲线的形状。

4.【RGB相乘】贴图

【RGB相乘】贴图通常用于凹凸贴图。如果贴图拥有Alpha通道，则【RGB相乘】贴图既可以输出贴图的Alpha通道，也可以输出通过将两个贴图的Alpha通道值相乘创建的新Alpha通道。

还可以使一个贴图成为实心颜色，从而对其他贴图染色。

8.3.6 颜色修改器贴图

使用这组贴图可以更改不同材质的颜色。颜色修改器贴图的类型包括【输出】、【RGB染色】、【顶点颜色】和【颜色修正】4种。

1.【输出】贴图

【输出】贴图提供了一种途径，可以把【输出】卷展栏的功能添加给不包括【输出】卷展栏的贴图。

2.【RGB染色】贴图

【RGB染色】贴图包括红色、绿色和蓝色通道值的颜色样本。调整这些颜色就可以更改贴图中色调的量。例如，在【RGB染色参数】卷展栏中把红色颜色样本设置成白色，把绿色和蓝色颜色样本设置成黑色，就将创建出有浓重红色的贴图。还可以加载贴图代替颜色。

3.【顶点颜色】贴图

【顶点颜色】贴图在渲染对象时可以分配给可编辑网格、多边形，也可以用于使面片对象的颜色可见。当可编辑网格、多边形或面片对象处于点次对象模式时，可以给选定的顶点分配颜色、自发光颜色和Alpha值。

4.【颜色修正】贴图

【颜色修正】贴图为使用基于堆栈的方法修改并入基本贴图的颜色提供了一类工具。校正颜色的工具包括单色、倒置、颜色通道的自定义重新关联、色调切换以及饱和度和亮度的调整。多数情况下，【颜色调整】控件会对在Autodesk Toxik和Autodesk Combustion中发现的颜色进行镜像。

8.3.7 反射和折射贴图

这些贴图实际上是被组合的一类，称为其他贴图，但是它们都能处理反射和折射效果。这个类别中的贴图包括【平面镜】、【光线跟踪】、【反射/折射】、【薄壁折射】、【法线凹凸】和【每像素摄影机贴图】等。

1.【平面镜】贴图

【平面镜】贴图使用一组共面的表面来反

射环境。在【平面镜参数】卷展栏中可以选定应用的模糊量，可以指定只渲染第1帧还是每隔 *n* 帧渲染。还有一个选项用于确定是使用环境贴图还是将给出的ID应用于表面。

Tips

> 平面镜贴图只应用于使用材质ID所选定的共面表面。

【扭曲】选项包括【无】、【使用凹凸贴图】和【使用内置噪波】3个单选钮。如果选中【使用凹凸贴图】单选钮，则可定义主扭曲量。如果选中【使用内置噪波】单选钮，则可选择规则、分形或湍流噪声类型以及相位、大小和级别值等。

2.【光线跟踪】贴图

【光线跟踪】贴图是光线跟踪材质的可选替代。作为贴图，【光线跟踪】贴图可以用在光线跟踪材质所不能使用的地方。

3.【反射／折射】贴图

【反射／折射】贴图是在对象上创建反射和折射效果的另一种方法。这些贴图根据对象的每个轴产生渲染图像，就像是立方体每个表面上的图像一样。然后可以把这些称为立方体贴图的渲染图像投影到对象上。可以自动地创建这些渲染的图像，也可以使用【反射／折射参数】卷展栏从预渲染的图像中加载。使用自动立方体贴图更容易，但是要花费相当长的时间。

4.【薄壁折射】贴图

【薄壁折射】贴图模拟由玻璃（如放大镜）引起的折射，可以得到与【反射/折射】贴图相同的效果，但是【薄壁折射】贴图只花费少量的时间就能得到结果。

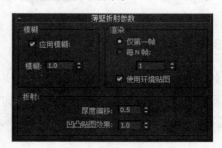

【薄壁折射参数】卷展栏包括的选项用于设置模糊、要渲染的帧和折射值。【厚度偏移】用于确定偏移量，可以在0~10之间变化；【凹凸贴图效果】值可以基于存在的凹凸贴图更改折射量。

5.【法线凹凸】贴图

【法线凹凸】贴图使用纹理烘焙法线贴图。使用位移的贴图可以更正看上去平滑但却失真的边缘，从而突出几何体的面。

6.【每像素摄影机】贴图

【每像素摄影机】贴图可以从特定的摄影机方向投射贴图。将其用作二维无光绘图的辅助，可以渲染场景，使用图像编辑应用程序调整渲染，然后将这个调整过的图像反作用到三维几何体的虚拟对象上。使用【每像素摄影机】贴图会使最终渲染速度变得很慢。

8.4 实例：创建丝绸材质

通常会使用Oren-Nayar-Blinn明暗器来设置布料类的材质，使用该明暗器后，材质可以生成无光效果，接近于常见的布料。但丝绸是个例外，其具有较强的反光度，接近于金属的质感，所以可以使用"金属"明暗器来设置丝绸。本实例将为大家讲解设置丝绸类的材质的方法，具体操作步骤如下。

Step 01 启动3ds Max 2016，单击【应用程序】按钮 ，从弹出的菜单中选择【重置】命令重置场景。

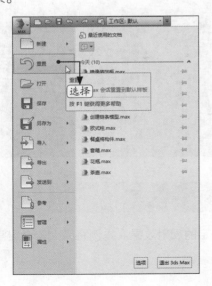

Step 02 单击 图标，在弹出的菜单中选择【打开】命令，打开随书光盘中的"素材\ch08\丝绸.max"模型文件。

Step 03 单击主工具栏中的【材质编辑器】按钮 ，将会弹出【材质编辑器】对话框，并单击其中的一个示例球。选择视图中的"丝绸"模型，单击【将材质指定给选定对象】按钮 ，将"丝绸"材质赋予场景中的"丝绸"对象。

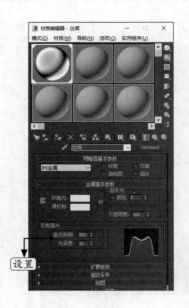

Step 04 展开丝绸材质的编辑参数。设置材质使用"金属"明暗器，单击【漫反射】后面的颜色块并设置材质颜色，如图所示。

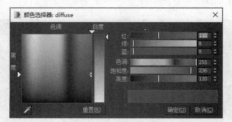

Step 05 设置【高光级别】和【光泽度】参数，如图所示。

Tips

【高光级别】参数用于控制反射高光的强度。随着值的增大，高光将越来越亮。【光泽度】参数影响反射高光的大小。随着值增大，高光将越来越小，材质将变得越来越亮。当设置较高的【高光级别】参数和较低的【光泽度】参数后，会实现较强的反射高光，但其面积较大（通常反射高光越强，其面积越小），实现丝绸的质感。

Step 06 渲染视图，观察丝绸材质效果。

8.5 实例：创建陶瓷材质

陶瓷是一种常见的材质类型，通常较为光滑，具有一定的反射效果。本例将为大家介绍常见的陶瓷质感的表现方法，具体操作步骤如下。

Step 01 启动3ds Max 2016，单击【应用程序】按钮 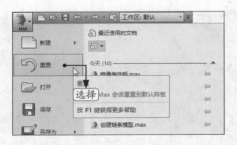，从弹出的菜单中选择【重置】命令重置场景。

Step 02 单击 图标，在弹出的菜单中选择【打开】命令，打开随书光盘中的"素材\ch08\陶瓷.max"模型文件。

Step 03 单击主工具栏中的【材质编辑器】按钮，将会弹出【材质编辑器】对话框，并单击其中的一个示例球。选择视图中的"丝绸"模型，单击【将材质指定给选定对象】按钮，将"陶瓷"材质赋予场景中的瓷器对象。

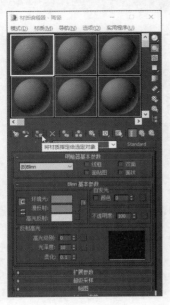

Step 04 在【明暗器基本参数】参数卷展栏内的明暗器下拉列表中选择【Phong】选项。

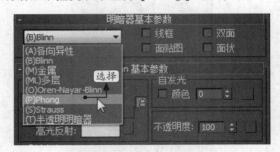

Step 05 设置材质的【漫反射】颜色为白色，并设置【高光级别】和【光泽度】参数值为60和30，如图所示。

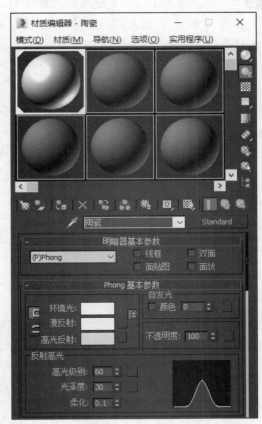

Step 06 打开【贴图】卷展栏，单击【反射】贴图后的【None】按钮，导入【光线跟踪】贴图，如图所示。

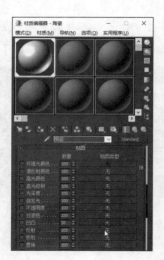

Step 07　将会弹出【材质／贴图浏览器】对话框。双击【材质／贴图浏览器】对话框中的【光线跟踪】选项。

Step 08　单击【转到父对象】按钮，回到材质层级，设置"反射"贴图通道中的"数量"参数为10。

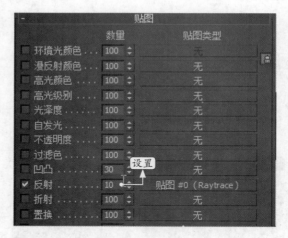

Step 09　渲染视图，观察陶瓷材质效果。

8.6 实例：创建金属材质

　　常规的金属材质具有很高的反光度和光泽度，通常会使用【金属】明暗器来表现，由于其表面非常光滑，所以会具有一定的反射效果。本例将为大家讲解设置常规金属材质的方法，具体操作步骤如下。

Step 01　启动3ds Max 2016，单击【应用程序】按钮，从弹出的菜单中选择【重置】命令重置场景。

Step 02 单击  图标，在弹出的菜单中选择
【打开】命令，打开随书光盘中的"素材\ch08\
金属.max"模型文件。

Step 03 单击主工具栏中的【材质编辑器】按
钮 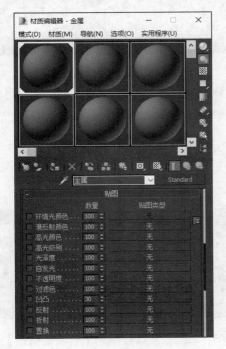，将会弹出【材质编辑器】对话框，单击
其中的一个示例球。选择视图中的"餐具"模
型，单击【将材质指定给选定对象】按钮 ，
将【金属】材质赋予场景中的餐具对象。

Step 04 在【明暗器基本参数】参数卷展栏内的
明暗器下拉列表中选择【金属】选项。以实现
效果逼真的金属表面，以及各种看上去像有机
体的材质。

Step 05 设置材质的【漫反射】颜色为白色，并
设置【高光级别】和【光泽度】参数值为120和
80，如图所示。

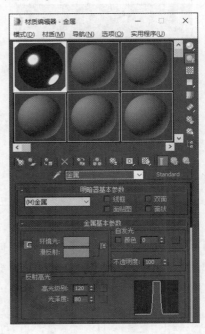

Step 06 渲染视图，观察当前材质效果。

Step 07 打开【贴图】卷展栏，单击【反射】
贴图后的【None】按钮，导入【光线跟踪】贴
图，如图所示。

Step 08 将会弹出【材质/贴图浏览器】对话

框。双击【材质/贴图浏览器】对话框中的
【光线跟踪】选项。

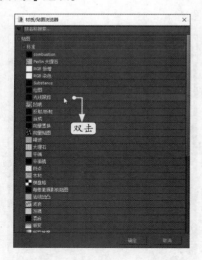

Step 09 单击【转到父对象】按钮，回到材
质层级，设置【反射】贴图通道中的"数量"
参数为35。

Step 10 渲染透视图，观察金属材质效果。

8.7 实例：创建玻璃材质

由于玻璃具有透明、反射、折射等多种
特性，所以相对于其他材质，设置的过程更为
复杂，本例将为大家讲解玻璃类材质的设置方
法，具体操作步骤如下。

Step 01 启动3ds Max 2016，单击【应用程序】
按钮，从弹出的菜单中选择【重置】命令重
置场景。

Step 02 单击图标，在弹出的菜单中选择
【打开】命令，打开随书光盘中的"素材\ch08\
玻璃.max"模型文件。

Step 03 单击主工具栏中的【材质编辑器】按钮
，将会弹出【材质编辑器】对话框，并单击
其中的一个示例球。选择视图中的"酒杯"模
型，单击【将材质指定给选定对象】按钮，
将"玻璃"材质赋予场景中的酒杯对象。

Step 04 在【明暗器基本参数】参数卷展栏内的明暗器下拉列表中选择【Phong】选项。

Tips

Phong明暗器可以平滑面之间的边缘，也可以真实地渲染有光泽、规则曲面的高光。此明暗器基于相邻面的平均面法线，插补整个面的强度。计算该面的每个像素的法线。适用于表现玻璃、陶瓷类的材质。

Step 05 设置材质的【漫反射】颜色为黑色，并设置【高光级别】和【光泽度】参数值为90和60，如图所示。

Tips

虽然在现实生活中，未染色的玻璃漫反射颜色不可能是黑色，但在设置材质时，100%的发射或折射效果，将漫反射颜色设置为黑色会实现更好的效果。

Step 06 打开【贴图】卷展栏，单击【折射】贴图后的【None】按钮，导入【光线跟踪】贴图，如图所示。

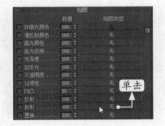

Step 07 将会弹出【材质/贴图浏览器】对话框。双击【材质/贴图浏览器】对话框中的【光线跟踪】选项。

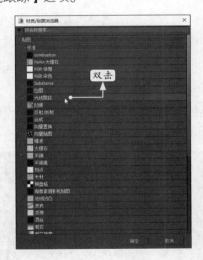

Step 08 任意添加一盏灯光渲染视图，观察当前材质效果。

Step 09 观察图像可以看到，当前阴影是不透明的，设置【不透明度】参数值为15，如图所示。

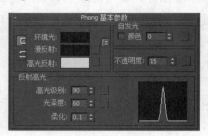

Tips

在折射为100%的情况下，"不透明度"参数对材质本身并没有影响，但在设置有透明对象的场景时，光源通常会使用"光线跟踪"阴影类型，该阴影能够根据对象的透明度设置阴影的透明度，因此材质的透明度会影响到阴影。

Step 10 渲染视图，观察当前玻璃材质效果。

8.8 实例：创建苹果材质

看见鲜艳可口的苹果你是不是有想吃的冲动呢，有没有想过在3ds Max 2016中把苹果材质创建出来呢？别急，下面就来学习苹果材质的创建方法，具体操作步骤如下。

Step 01 设置苹果材质。打开随书光盘中的"素材\ch08\苹果.max"文件。

Step 02 单击主工具栏中的【材质编辑器】按钮，将会弹出【材质编辑器】对话框。单击一个未使用的材质小球，在【明暗器基本参数】卷展栏的下拉列表框中选择【（B）Blinn】选项，然后在【Blinn基本参数】卷展栏中设置

【高光级别】为25，【光泽度】为45。

Step 03 展开【贴图】卷展栏，单击【漫反射颜色】右侧的【None】按钮。

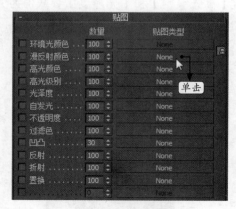

Step 04 在弹出的【材质/贴图浏览器】对话框中选择【混合】选项。

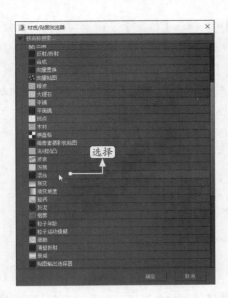

Step 05 单击【确定】按钮返回【材质编辑器】对话框。在【混合参数】卷展栏中单击【颜色#1】右侧的【None】按钮。

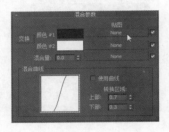

Step 06 在弹出的【材质/贴图浏览器】对话框中选择【泼溅】选项。

Step 07 单击【确定】按钮返回【材质编辑器】

对话框。在【泼溅参数】卷展栏中设置【大小】为1.0，【迭代次数】为1，【阈值】为0.15。同时将【颜色#1】设置为红绿蓝（200，190，180），【颜色#2】设置为红绿蓝（200，115，65）。

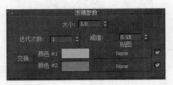

Step 08 单击【颜色#1】右侧的【None】按钮。

Step 09 在弹出的【材质/贴图浏览器】对话框中选择【噪波】选项，并单击【确定】按钮返回【材质编辑器】对话框。

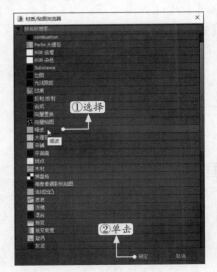

Tips

【混合】贴图可以将两种贴图混合在一起。用混合数量可以调节混合度，混合曲线可以用来调节颜色混合时的柔和度。【混合】贴图既有合成贴图的贴图叠加功能，又具备遮罩贴图为贴图指定罩框的能力。两个贴图之间的透明度由混合数量来控制。【泼溅】贴图模仿油彩飞溅的效果。

Step **10** 在【噪波参数】卷展栏中将【大小】设为60，将【颜色#1】设置为红绿蓝（216，47，68），【颜色#2】设置为红绿蓝（253，249，139）。

Step **11** 单击【显示最终结果】按钮 ，取消按下的状态，显示当前材质的材质效果。双击材质小球查看【噪波】贴图的材质效果。

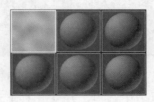

Step **12** 连续两次单击【转到父对象】按钮 ，返回到【混合】贴图面板。单击【颜色#2】右侧的【None】按钮。

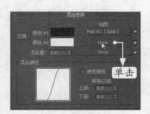

Step **13** 在弹出的【材质/贴图浏览器】对话框中选择【渐变】选项。

Step **14** 单击【确定】按钮返回【材质编辑器】对话框。将【噪波】卷展栏中的【数量】设置为2.0，【大小】为0.05，将【渐变参数】卷展栏中的【颜色#1】设置为红绿蓝（152，5，44），【颜色#2】设置为红绿蓝（219，145，17），【颜色#3】设置为红绿蓝（234，242，5）。

Step **15** 双击材质小球查看渐变贴图的材质效果。

Step **16** 单击【转到父对象】按钮 ，返回到【混合】材质面板。将【混合参数】卷展栏中的【混合量】设置为30，完成苹果材质的制作。单击【显示最终结果】按钮 ，双击材质小球查看【渐变】贴图的材质效果。

Step 17 单击【在视口中显示明暗处理材质】按钮 ，拖动创建好的材质到苹果图形上，将材质编辑器关闭。

Step 18 为了使苹果材质运用得更加贴近实际情况，需要对苹果进行UVW贴图设置。任意选择一个苹果，单击【修改】按钮进入【修改】面板，在【修改器列表】中选择【UVW贴图】修改器。

Step 19 在修改器的面板中将【贴图】类型更改为【球形】，单击【对齐】选项组中的【适配】按钮。使用同样的方法更改另外两个苹果。

Step 20 选择苹果下方的矩形平面，单击主工具栏中的【材质编辑器】按钮 ，将会弹出【材质编辑器】对话框。单击一个未使用的材质小球。在【贴图】卷展栏中单击【漫反射】颜色右侧的【None】按钮，在弹出的【材质/贴图浏览器】对话框中选择【位图】选项，单击【确定】按钮，将会弹出【选择位图图像文件】对话框，从中选择光盘中的"素材\ch08\底纹.jpg"，完成材质设置之后将其应用到矩形平面上即可。

8.9 实例：创建半透明塑料材质

由于半透明塑料具有透明、反射、折射等多种特性，所以相对于其他材质，设置的过程更为复杂，本例将为大家讲解玻璃类材质的设置方法，具体操作步骤如下。

Step 01 启动3ds Max 2016，单击【应用程序】按钮 ，从弹出的菜单中选择【重置】命令重置场景。

Step 02 单击 图标，在弹出的菜单中选择【打开】命令，打开随书光盘中的"素材\ch08\椅子.max"模型文件。

Step 03 单击主工具栏中的【材质编辑器】按钮，将会弹出【材质编辑器】对话框，并单击其中的一个示例球。选择视图中的椅子模型，单击【将材质指定给选定对象】按钮，将"半透明塑料"材质赋予场景中的椅子对象。

Step 04 在【明暗器基本参数】参数卷展栏内的明暗器下拉列表中选择【Phong】选项。

Step 05 设置材质的【漫反射】颜色为红色，分别设置【高光级别】和【光泽度】参数值为90和60，如图所示。

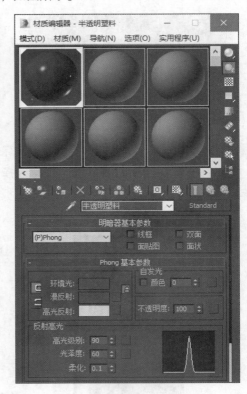

Step 06 打开【贴图】卷展栏，单击【折射】贴图后的【None】按钮，导入【光线跟踪】贴图，如图所示。

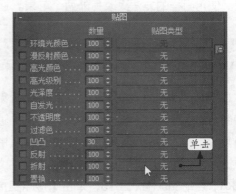

Step 07 弹出【材质／贴图浏览器】对话框。双击【材质／贴图浏览器】对话框中的【光线跟踪】选项。

Step 08 任意添加一盏灯光渲染视图，观察当前材质效果。

Step 09 观察图像可以看到，当前阴影是不透明的，下面设置【不透明度】参数值为75，如图所示。

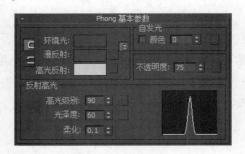

Step 10 渲染视图，观察当前玻璃材质效果。

8.10 实战技巧

在3ds Max中经常需要在输入框中输入数值，在使用3ds Max时我们经常和输入框打交道，不过在使用3ds Max输入框时也有不少小技巧，掌握了这些小技巧，对制作动画非常有用。

技巧 如何快速输入

输入框小技巧如下。

（1）连续升高或降低

平时除了在输入框中键入数值或不断地单击向上或向下的小箭头来输入数值外，还可以单击上下箭头钮来升高或降低数值（用于微调）或按住上箭头不放或上下拖动，可以连续升高或降低数值，配合Ctrl键调节可加快数值变化速度，而配合Alt键调节可减慢数值变化速度。

（2）快速恢复默认值

有时候在调节完一个参数后，想想反而不如默认值好，而系统的默认值又忘记了怎么办？这时，只要在上下箭头钮上单击鼠标右键，即可快速使数值恢复到默认值。

（3）将数值相加减

有时为了更加精确地控制参数，可以在

输入框中原先的数据中加上或减去数值，只要在输入的数字前加R或r，即表示将输入值与旧值相加（如原值为30，输入R20后表示新值为50），而在数字框中输入R-或r-，则表示将输入值与旧值相减（如原值为30，输入R20后表示新值为10）。

（4）不要忘记Undo功能

有时操作失误，输入了错误的数字又记不得原先的数值了（此时不能够恢复成默认值），怎么办呢？不要急，3ds Max提供了无限次的撤销（Undo）操作（系统默认设置为20步，已经足够了，用户也可以自行调节）。绝大多数3ds Max中的操作都可以Undo，对于输错的数值当然也不例外。如果输入错了，请千万不要忘记这个强大的功能。

第 **9** 章

高级材质

■■ **本章引言**

　　材质描述对象如何反射或透射灯光，3ds Max 2016中的材质编辑器提供了17种材质类型。在材质中，贴图可以模拟纹理、应用设计、反射、折射和其他效果（贴图也可以用作环境和投射灯光）。【材质编辑器】是用于创建、改变和应用场景中的材质的对话框。如果寻找完美的计算反射、折射和透明度的渲染选项，光线跟踪则是最适合的。光线跟踪设置可以进行全局设置并通过材质和贴图应用于选定的材质。当光线跟踪不足以满足需要时，则可选择使用mental ray渲染器来渲染场景。

■■ **学习要点**

- ❯❯ 掌握光线跟踪材质的创建方法
- ❯❯ 掌握复合材质的创建方法
- ❯❯ 掌握高级材质的设置参数

9.1 光线跟踪材质

　　光线跟踪是一种渲染的方法，通过跟踪光线在场景中穿过时的假想路径来计算图像的颜色。这些光线可以穿过透明对象并在闪烁的材质上反射，这样得到的结果图像非常真实，但是使用光线跟踪材质进行渲染时花费的时间比较长，具有许多灯光和反射材质的场景占用的时间会更长。

　　光线跟踪材质也支持特殊效果，例如雾、颜色浓度、半透明和荧光等，下图是使用光线跟踪材质渲染的金属效果。

　　光线跟踪材质包括的卷展栏有（其中的一些与标准材质类似）：光线跟踪基本参数、扩展参数、光线跟踪器控制、超级采样、贴图和动力学属性。

　　在精简材质编辑器中，单击【类型】按钮 Standard 或选择【渲染】→【材质/贴图浏览器】菜单命令时，将打开【材质/贴图浏览器】的典型版本。

选择【光线跟踪】材质后,单击【确定】按钮就可以对光线跟踪材质的基本参数进行设置了,【光线跟踪基本参数】卷展栏如图所示。

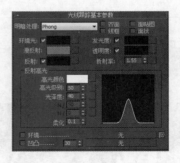

【扩展参数】卷展栏如图所示。

9.1.1 光线跟踪基本参数

光线跟踪材质没有明暗器基本卷展栏,它是通过【光线跟踪基本参数】卷展栏顶部的

【明暗处理】下拉列表来确定明暗器的,包括Phong、Blinn、金属、Oren-Nayar-Blinn和各向异性等,类似于标准材质所使用的明暗器。

(1)通过选择【光线跟踪基本参数】卷展栏左侧的复选框,可以切换光线跟踪材质的颜色(漫反射除外)值。微调器的值的范围为0~100,这两个值分别相当于黑色和白色,如下图所示。环境光与标准材质的对应颜色是不同的,虽然其名称相同。对于光线跟踪材质而言,环境光值是吸收的环境光的总量。白色设置类似于将标准材质的漫反射和环境光锁定在一起。

(2)反射色是添加给反射的颜色。例如,将背景色设置为黄色,反射色是红色,那么该对象的反射将被调成橘黄色。这和高光颜色是不同的,后者在【反射高光】选项组中设置。

(3)【发光度】可以使对象发出这种颜色的光,它类似于标准材质的自发光颜色。实际上当禁用【发光度】设置时,文本标签就会改成自发光。

(4)【透明度】用于设置穿透透明材质后滤过的光的颜色。当颜色样本为白色时,材质是透明的;当颜色样本为黑色时,材质是不透明的。

(5)在【光线跟踪基本参数】卷展栏的底部是两个贴图选项,用于环境和凹凸贴图。这些贴图也包括在【贴图】卷展栏中,出现在这里仅仅是为了使用方便。光线跟踪材质的环境贴图重载了【环境】对话框中设置的全局环境贴图设置。仅当启用了反射色或其值不为0时才能够看到环境贴图。

下图所示为应用了鲜花环境贴图的球体。

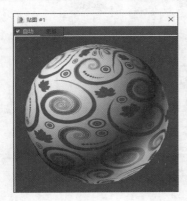

9.1.2 扩展参数

【扩展参数】卷展栏中容纳了关于所有的特殊材质效果的设置，这些材质效果是使用光线跟踪材质可能实现的效果。只有线框设置与标准材质是一样的。

（1）【附加光】颜色样本可以增强环境光的效果，使用它可以增强单个对象或次对象区域的环境光并模拟光能传递。光能传递是一种渲染的方法，它通过计算光线在对象上反射来创建真实效果的照明。

（2）使用【半透明】可以让光线穿透对象，但会使另一侧的对象不清晰或半透明。使用该效果可以创建覆了霜的玻璃。使用【荧光】选项可以使材质发光，就像是黑色灯下的荧光色一样。荧光偏移的范围为0.01~1，它控制着应用该效果的程度。下图所示为利用【半透明】和【荧光】来产生对象的光线跟踪效果。

（3）【高级透明】选项组是包括对应透明环境贴图的一种快捷方式。这个贴图是通过透明对象折射的，仅在启用了环境贴图时可见。可以使用【透明环境贴图】按钮右边的【锁定】按钮来锁定该贴图上方的环境贴图。

（4）透明的光线跟踪材质有【颜色】和【雾】设置。可以使用【颜色】创建彩色玻璃，颜色的深度取决于对象厚度以及数量的设置。【开始】值是颜色的开始位置，【结束】值是颜色达到最大值的距离。【雾】的作用方式与【颜色】相同，并且是基于对象厚度的。使用这种效果可以创建烟玻璃。还有的选项可用于渲染光线跟踪对象内包含的所有对象或者大气效果。

（5）【反射】选项组中包括了【默认】反射类型和【相加】反射类型。【默认】类型在当前漫反射色之上反射，【相加】类型直接给漫反射色添加反射。【增益】值用于控制反射的亮度，其范围为0~1。

9.1.3 光线跟踪器控制

光线跟踪花费的时间很长，但通过【光线跟踪器控制】卷展栏可控制几个光线跟踪选项以加速这个过程。这些选项都是局部选项，包括【启用光线跟踪】、【启用自反射/折射】、【光线跟踪大气】和【反射/折射材质ID】等。

使用【光线跟踪器控制】卷展栏可以打开或关闭光线跟踪反射或光线跟踪折射。衰减值决定了反射或折射褪成黑色的距离。

【凹凸贴图效果】可以增强或减弱对于反射或折射的凹凸贴图效果。

【全局禁用光线抗锯齿】下拉列表中包括【使用全局抗锯齿设置】、【快速自适应抗锯齿器】和【多分辨率自适应抗锯齿器】3个选项。

在【光线跟踪器控制】卷展栏中，还可以选择在局部光线跟踪对象的效果中包括或排除对象。单击【局部排除】按钮 局部排除... 可以打开【排除/包含】对话框。

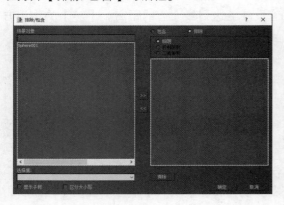

9.1.4 其他参数

光线跟踪材质还包括3个卷展栏：【超级采样】卷展栏、【贴图】卷展栏和【mental ray连接】卷展栏。【超级采样】卷展栏和【贴图】卷展栏对于光线跟踪材质和其他标准材质的设置方式相同，但光线跟踪材质包括几个标准材质所没有的贴图。

9.1.5 实例：创建玉材质

本例将为大家讲解玉手镯材质的设置方法，具体操作步骤如下。

Step 01 启动3ds Max 2016，单击【应用程序】按钮 ，从弹出的菜单中选择【重置】命令重置场景。

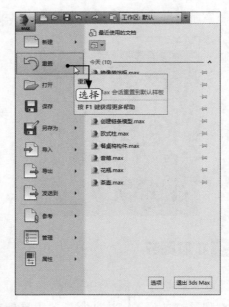

Step 02 单击【创建】→【几何体】→【标准基本体】→【圆环】按钮，在3ds Max 2016顶视图创建一个圆环，如图所示。

Step 03 单击主工具栏中的【材质编辑器】按钮 ，将会弹出【材质编辑器】对话框，在【明暗器基本参数】卷展栏中设置明暗器类型为Phong。

Step 04 在【Phong基本参数】卷展栏中设置【环境光】和【漫反射】的红、绿、蓝为10、47、10。在【自发光】级勾选【颜色】复选框，设置【颜色】的红、绿、蓝为0、44、0；在【发射高光】组中设置【高光级别】和【光泽度】的数值分别为139和68，如图所示。

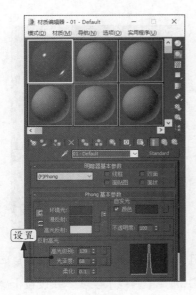

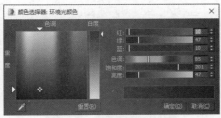

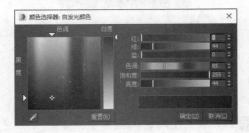

Step 05 在【贴图】卷展栏中单击【漫反射颜色】后的【None】按钮。

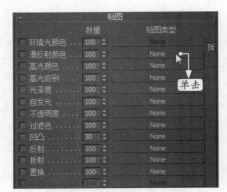

Step 06 在弹出的【材质/贴图浏览器】中选择【Perlin大理石】材质，单击【确定】按钮。

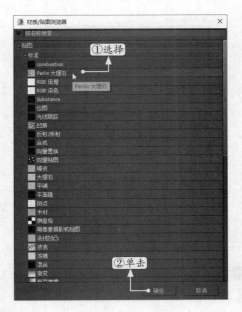

Step 07 进入漫反射颜色贴图层级，在【Perlin大理石参数】卷展栏中设置【大小】为150，如图所示。

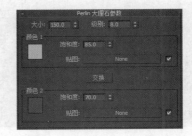

Step 08 单击【转到父对象】按钮，返回主材质面板，在【贴图】卷展栏中单击【反射】后的【None】按钮。

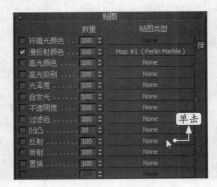

Step 09 在弹出的【材质/贴图浏览器】中选择【反射/折射】选项，单击【确定】按钮，如图所示。

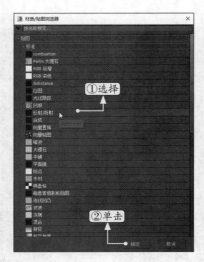

Step 10 返回主材质面板并在【贴图】卷展栏设置【反射】数量为60，如图所示。

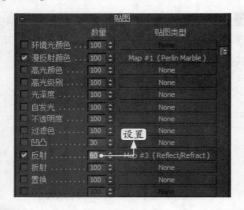

Step 11 在【贴图】卷展栏中单击【折射】后的【None】按钮。

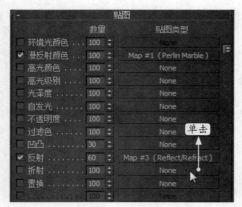

Step 12 在弹出的【材质/贴图浏览器】中选择【光线跟踪】选项，单击【确定】按钮，如图所示。

Step 13 在【光线跟踪器参数】卷展栏的【背景】组中选择【颜色】色块，并设置【颜色】的红、绿、蓝为4、93、0，如图所示。

Step 14 单击【转到父对象】按钮 返回主材质面板，在【贴图】卷展栏中设置【折射】数量为70，如图所示。

Step 15 在场景中选择圆环模型，单击【将材质指定给选定对象】按钮🔲，渲染得到最终效果，如图所示。

9.2 复合材质

复合材质是把几种不同的材质结合进一种材质中。单击【材质编辑器】对话框中的【获取材质】按钮🔳，然后选定【材质/贴图浏览器】对话框中的材质类型，这样就可以选定一种复合对象类型。

【材质/贴图浏览器】中的大多数条目都是复合材质。

无论何时选定复合材质，系统都会弹出【替换材质】对话框，询问是否想放弃当前材质或使旧材质成为子材质，这样就能在保留当前材质的同时把标准材质更改成复合材质。

复合材质通常包括几个不同的层次。例

如，【顶/底】材质包括用于顶层和底层的两种材质，然后每一种子材质可以包括另一个【顶/底】材质，依此类推。【材质/贴图导航器】对话框（通过单击【材质/贴图导航器】按钮🔳打开此对话框）可以把材质显示成层次列表，使用该列表可以轻易地选择希望使用的层次，如下图所示。

每一种复合材质都包括一个自定义的卷展栏，用于指定与复合材质相关的子材质。

9.2.1 混合材质

【混合】材质是把两种单独的材质混合在一个对象表面上。

下图所示为混合材质组合的砖和灰泥。

在【材质/贴图浏览器】对话框中选择【混合】材质，在【材质编辑器】对话框中即可显示关于混合材质的设置。

【混合基本参数】卷展栏包括用于加载两种子材质的按钮，通过按钮右边的复选框可以启用或禁用某一种子材质。使用【交互式】单选钮即可选定其中的一个子材质，以便在视口中浏览它，如下图所示。

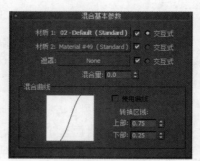

（1）【遮罩】按钮（位于两个子材质按钮的下方）允许加载贴图以指定混合子材质的方式。贴图上的白色区域是被充分混合的，黑色区域则未被混合。作为遮罩的另一种方法，【混合量】可以确定要显示的子材质的数目，值为0只显示【材质1】，值为100只显示【材质2】。

（2）【混合曲线】定义了两种材质边缘之间的过渡。使用【上部】和【下部】微调器有助于控制曲线。

9.2.2 实例：创建雪山材质

下面通过模型创建和【混合】材质在3ds Max 2016中来实现雪山的效果，具体操作步骤如下。

思路解析：

首先创建一个平面作为基本造型，然后使用置换编辑器将制作的混合材质置换出雪山起伏的造型，最后制作白雪材质即可。

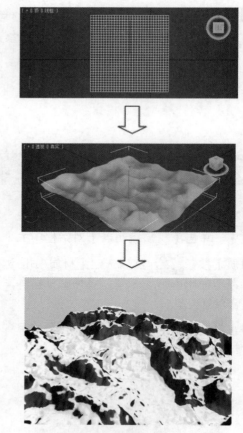

关键点1：创建平面

Step 01 启动3ds Max 2016，单击【应用程序】按钮，从弹出的菜单中选择【重置】命令重置场景。

Step 02 制作雪山模型。进入【创建】→【几何体】面板，单击【平面】按钮，在顶视图中建

立一个平面模型。在【修改】面板中将平面的【参数】卷展栏进行如下图所示的设置。

Step 03 创建的平面效果，如图所示。

关键点2：创建雪山造型

Step 01 按M键打开材质编辑器，在【材质编辑器】对话框中选择一个材质球，在【贴图】卷展栏中单击【漫反射颜色】右侧的【无】按钮■。

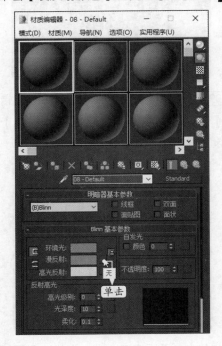

Step 02 在弹出的【材质／贴图浏览器】对话框中选择贴图类型为【混合】。

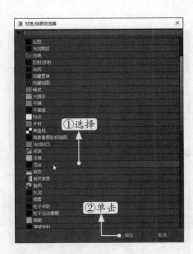

Step 03 单击【确定】按钮返回【材质编辑器】对话框。

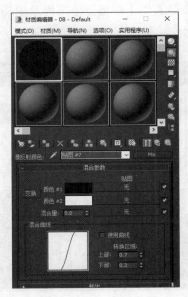

Step 04 在【混合参数】卷展栏下单击【颜色#1】后的【None】按钮。

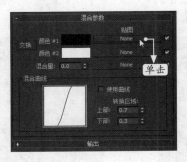

Step 05 在弹出的【材质／贴图浏览器】对话框中选择贴图类型为【位图】。

Step 06 单击【确定】按钮，然后在弹出的【选择位图图像文件】中选择随书光盘中的"素材\ch09\3.jpg"图片。

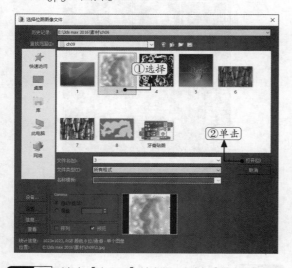

Step 07 单击【打开】按钮，在材质编辑器工具栏中单击【转到父对象】按钮 ⚿，返回材质的【混合】层级。

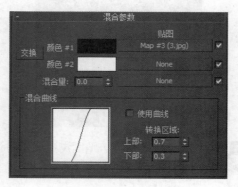

Step 08 在【混合参数】卷展栏下单击【颜色#2】右边的【None】按钮，在弹出的【材质/贴图浏览器】对话框中选择贴图类型为【噪波】，并单击【确定】按钮返回【材质编辑器】对话框。打开【噪波参数】卷展栏，设置其噪波贴图的参数，如下图所示。

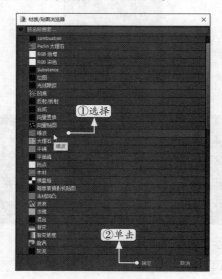

Step 09 在材质编辑器工具栏中单击【转到父对象】按钮 ⚿，返回材质的【混合参数】卷展栏，设置其参数，如下图所示。

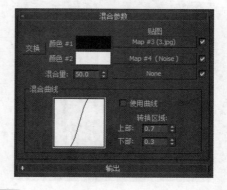

Step 10 选中平面模型，进入【修改】面板，在修改器列表中选择【置换】修改器。

Step 11 在【参数】卷展栏中单击【贴图】下的
【无】按钮。

Step 12 将会弹出【材质 / 贴图浏览器】对话
框，在下方的【示例窗】项列表中选择刚才编
辑的材质。

Step 13 单击【确定】按钮，设置【置换】修改
器的其他参数。

Step 14 完成场景设置，效果如图所示。

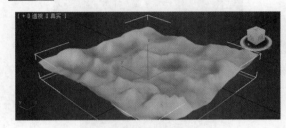

关键点3：制作白雪材质

Step 01 制作白雪材质。按M键，打开材质编
辑器，在材质编辑器中选择一个材质球来制作
白雪材质，在【明暗器基本参数】卷展栏下
的下拉列表框中选择【（P）Phong】，然后在
【Phong基本参数】卷展栏中设置其参数，降低
高光值，增加材质的发光度。

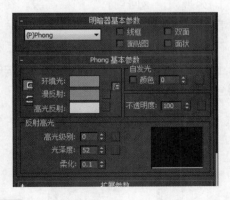

Step 02 在【Phong基本参数】卷展栏中单击
【高光级别】右边的空白按钮 ，打开【材质
/ 贴图浏览器】对话框，选择【细胞】贴图，
然后单击【确定】按钮。

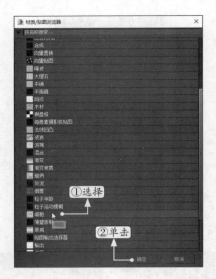

图参数。

Step 03 在【细胞参数】卷展栏中设置细胞贴图参数，到此就完成了一个很完美的白雪材质的制作。

Step 04 在材质编辑器工具栏中单击【转到父对象】按钮，返回到材质的最高级，在【贴图】卷展栏下单击【凹凸】右侧的【None】按钮，在弹出的【材质／贴图浏览器】对话框中选择【混合】贴图，然后单击【确定】按钮，【混合参数】卷展栏如下图所示。

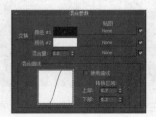

Step 05 单击【混合参数】卷展栏中的【颜色 #1】通道的【None】按钮，在弹出的【材质／贴图浏览器】对话框中再次选择【细胞】贴图。在材质编辑器的【细胞参数】卷展栏中设置贴

Step 06 单击材质编辑器工具栏上的【转到父对象】按钮，在【混合参数】卷展栏中单击【颜色#2】通道的【None】按钮，在弹出的【材质／贴图浏览器】对话框中选择贴图类型为【位图】。

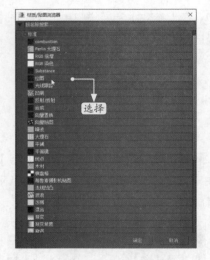

Step 07 在继续弹出的【选择位图图像文件】对话框中选择随书光盘中的"素材\ch09\4.gif"图片。

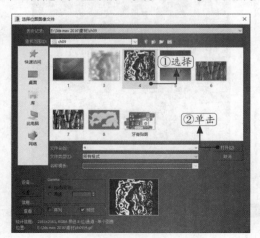

Step 08 返回【混合参数】卷展栏，设置如下图所示。

Step 09 制作整个山体材质。在材质编辑器中选择一个新材质球作为山体材质的材质球，在【Blinn基本参数】卷展栏中设置参数，施加适当的高光效果。

Step 10 在【Blinn基本参数】卷展栏中单击【漫反射】右侧的空白按钮，在弹出的【材质/贴图浏览器】对话框中选择【噪波】贴图，在【噪波参数】卷展栏中设置参数如下。

Step 11 再次选择一个新的材质球，然后单击【Standard】按钮，将会打开【材质/贴图浏览器】对话框，选择贴图类型为【混合】材质，将白雪材质球拖动到【材质1】，将山体材质拖动到【材质2】。单击【遮罩】右侧的【None】按钮，选择贴图类型为【位图】，并选择随书光盘中的"素材\ch09\4.gif"作为遮罩贴图。

Step 12 将创建的材质指定给平面，选择透视图，渲染效果如图所示。

9.2.3 合成材质

【合成】材质通过添加、排除或混合不透明对象，最多可以混合出10种不同的材质。【合成基本参数】卷展栏中包括的按钮分别对应于【基础材质】以及另外10种可以在基本材质基础上进行合成的材质。【合成】材质是按照从顶层到底层的顺序应用的。

使用左边的复选框可以启用或禁用某一种材质。使用标为A、S和M的按钮可以分别指定不透明类型为Additive、Subtractive或Mix。Additive选项通过给当前材质添加背景颜色使材质变亮。Subtractive选项具有相反的效果，它从当前材质中排除背景颜色。Mix选项根据材质的数量值混合材质。

在【A】、【S】和【M】按钮的右边是合成的数量，该值可以在0~200之间变化，值为0时，其下层的材质将不可见；值为100时，将发生完全的混合；大于100的值可以使透明区域变得更不透明。

9.2.4 双面材质

【双面】材质可以为对象的前后两面指定不同的颜色，还有一个选项可以使材质半透明。这种材质用于表面时会出现洞的对象。一般情况下，表面有洞的对象不能正确显示，因为只有法线指向外的表面是可见的。应用双面材质即可显示这样的对象的内侧和外侧的效果。

【双面基本参数】卷展栏包括用于正面和背面材质的两个按钮，使用右侧的复选框可以启用或禁用某一种材质。【半透明】微调框用于设置透过一种材质可以显示多少其他材质。

9.2.5 实例：创建纸杯材质

喝茶的时候你有没有注意到茶杯的里外是不同的呢，里面是白色的，外面有各式的花纹效果。本实例就是通过双面材质来实现这种纸杯材质效果，具体操作步骤如下。

Step 01 启动3ds Max 2016，单击【应用程序】按钮，从弹出的菜单中选择【重置】命令重置场景。

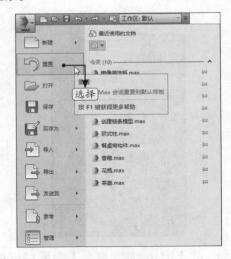

Step 02 打开光盘中的"素材\ch09\纸杯.max"模型文件。

Step 03 按M键，在弹出的【材质编辑器】对话框中，单击第1个材质球，单击【Standard】按钮。

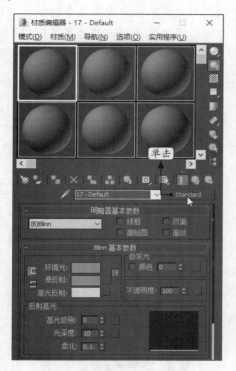

Step 04 在弹出的【材质/贴图浏览器】对话框中选择【双面】材质，并单击【确定】按钮返回【材质编辑器】对话框。

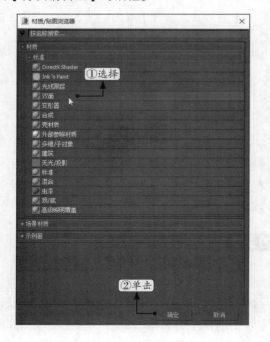

Step 05 进入【双面基本参数】卷展栏，单击【正面材质】右侧的按钮，进入下一级材质。

Step 06 展开【贴图】卷展栏，单击【漫反射颜色】右侧的【None】按钮，在弹出的【材质/贴图浏览器】对话框中选择【位图】选项，单击【确定】按钮，在弹出的【选择位图图像文件】对话框中选择光盘中的"素材\ch09\5.jpg"作为包装的图片。

Step 07 单击【转到父对象】按钮，在【双面基本参数】卷展栏中单击【背面材质】右侧的按钮，进入下一级材质。

Step 08 在【明暗器基本参数】卷展栏中选中【面状】复选框。

Step 09 展开【贴图】卷展栏，单击【漫反射颜色】右侧的【None】按钮，在弹出的【材质/贴图浏览器】对话框中选择【噪波】选项，单击【确定】按钮返回【材质编辑器】对话框。

在【噪波参数】卷展栏中设置参数，如下图所示，其中【颜色#1】色彩值设置红、绿、蓝为（130，140，125），【颜色#2】的色彩值设置红、绿、蓝为（190，195，200）。

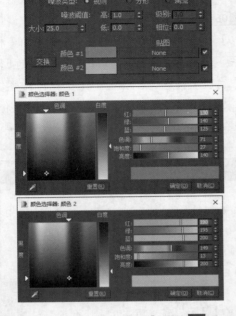

Step 10 单击【转到父对象】按钮返回上层材质，可以看到【双面基本参数】卷展栏的参数，在视图中选择纸杯，单击【将材质指定给选定对象】按钮把材质指定给对象。

Step 11 将做好的纸杯复制一个，并调整两个纸杯的位置。按F9键进行快速渲染，最终效果如下图所示。

9.2.6 虫漆材质

【虫漆】材质通过叠加将两种材质混合。叠加材质中的颜色称为【虫漆】材质，它被添加到基础材质的颜色中，并处于基础材质的顶层。下图所示为应用基础材质、虫漆材质和两种材质结合的效果图例。

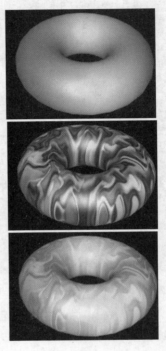

【虫漆基本参数】卷展栏如下图所示。

【虫漆颜色混合】参数控制着颜色混合的量。【虫漆基本参数】卷展栏只包括用于每个材质的按钮以及虫漆颜色混合值，对于混合值没有上界限制。

9.2.7 多维/子对象材质

使用【多维/子对象】材质，通过材质ID可以把几个不同的材质分配给单个对象。使用【网格选择】编辑修改器可以选定接收不同材质的每个次对象区域。

在【多维/子对象基本参数】卷展栏的顶端有一个【设置数量】按钮，该按钮用于选定要包括的次对象材质的数目，这个数目显示在按钮左边的微调框中。每个子材质显示为样本槽中的样本对象上的单个区域。使用【添加】和【删除】按钮就可以有选择地从列表中添加或者删除子材质。

每个子材质包含材质的样本预览，列出了索引号、可输入子材质名称的名称栏、选定子材质的按钮、创建纯色材质的颜色样本以及启用或禁用子材质的复选框。单击每一列顶部的【ID】、【名称】或【子材质】按钮就可以对子材质进行排序。

一旦把多维/子对象材质应用于对象，就可以使用【网格选择】编辑修改器来选择次对象。在该次对象的【材质】卷展栏中选择一个材质ID，即可把它与一个子材质ID相关联，也可

以从下拉列表中按名字选择材质。

9.2.8 实例：创建显示器材质

在生活中，【多维/子对象】材质效果是处处可见的，细心观察可以发现很多，可以在3ds Max 2016中进行模拟。下面通过创建液晶显示器的材质来学习【多维/子对象】材质的使用方法，具体操作步骤如下。

Step 01 启动3ds Max 2016，单击【应用程序】按钮，从弹出的菜单中选择【重置】命令重置场景。

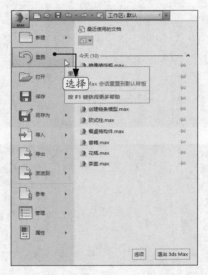

Step 02 打开随书光盘中的"素材\ch09\液晶显示器.max"模型文件。

Step 03 设置材质ID。选中打开的液晶显示器模型文件，在【修改】面板中选择【多边形】模式。

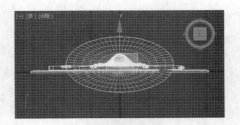

Step 04 选择所有的多边形面,然后在【多边形:材质ID】卷展栏中设置材质ID为2。

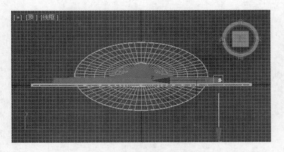

Step 06 单击主工具栏中的【材质编辑器】按钮  或按M键打开【材质编辑器】对话框。选择任意一个未编辑的材质球,单击【标准材质】按钮 Standard 。

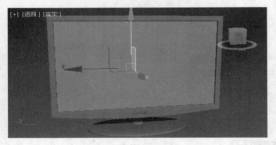

Step 05 选择显示器的屏幕多边形面,然后在【多边形:材质ID】卷展栏中设置材质ID为1。

Step 07 将会弹出【材质/贴图浏览器】对话框。从中选择【多维/子对象】材质,单击【确定】按钮返回【材质编辑器】对话框。

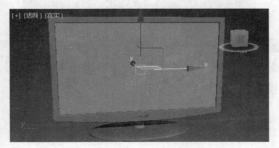

Step 08 在【多维/子对象基本参数】卷展栏中单击【设置数量】按钮。

Step 09 在弹出的【设置材质数量】对话框中设置数量为2。

Step 10 单击【确定】按钮返回材质编辑器，如图所示。

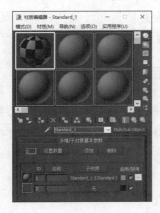

Step 11 单击材质ID 2右侧的按钮，打开【材质/贴图浏览器】对话框，在其中选择【标准】选项。

Step 12 单击【确定】按钮，进入子对象的设置，具体参数设置如下图所示。

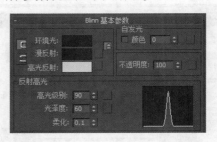

Step 13 单击【转到父对象】按钮，返回父对象级别，单击材质ID 1右侧的按钮进入子对象的设置，单击【漫反射颜色】右侧的【None】按钮。

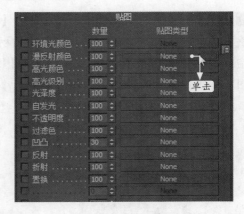

Step 14 在弹出的【材质/贴图浏览器】对话框中选择【位图】选项，单击【确定】按钮。

Step 15 在弹出的【选择位图图像文件】对话框中选择随书光盘中的"素材\ch09\1.jpg"作为包

装的图片。

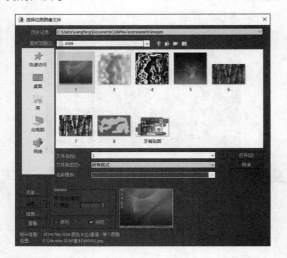

Step 16 选择液晶显示器模型，然后单击【将材质指定给选定对象】按钮 ，将创建的材质指定给液晶显示器模型，然后为其添加【UVW贴图】编辑器，修改贴图的大小和屏幕大小一致，最后的渲染效果如下图所示。

9.2.9 变形器材质

变形器材质类型使用【变形器】编辑修改器按照对象变形的方式来更改材质。例如，为了表现尴尬的面部表情，可以给脸颊应用浅红色的效果。只能对在堆栈中有【变形器】编辑修改器的对象使用该材质。【变形器】编辑修改器在【全局参数】卷展栏中包括一个指定新材质按钮，用于加载带变形器材质类型的材质编辑器。

对于变形器材质，可以使用【变形器基本参数】卷展栏中的【选择变形对象】按钮。可以在视口中选取一个变形对象，然后打开一个对话

框，再使用该对话框把变形器材质绑定给应用了【变形器】编辑修改器的对象，如下图所示。【刷新】按钮用于更新所有的通道。基本材质是在使用任何通道效果之前使用的材质。

变形器材质包括100个通道，与【变形器】编辑修改器中包括的通道有关，每个通道都可以打开和关闭。参数卷展栏底部有3个混合计算选项，用于确定进行一次混合的操作频繁程度。这种设置会消耗大量的内存，使系统的运行速度减慢。

9.2.10 顶/底材质

【顶/底】材质可以给对象的顶层和底层分配不同的材质。由面法线所指的方向确定顶和底区域，这些法线可以参考世界坐标系或者局部坐标系。还可以混合这两种材质。【顶/底】材质效果如下图所示。

【顶/底基本参数】卷展栏如下图所示。

【顶/底基本参数】卷展栏包括两个加载顶和底材质的按钮。使用【交换】按钮可以切换这两种材质。使用世界坐标系能放置旋转对象而不必更改材质的位置，使用局部坐标系可以把材质绑定给对象。

【混合】值为0~100，0代表粗糙边缘，100代表平滑过渡。【位置】值用于设置两个材质相交的位置，值为0代表对象的底层，只显示顶部材质；值为100代表对象的顶层，只显示底部材质。

9.3 其他材质

本节介绍其他的一些材质的效果。

1. 高级照明覆盖

使用这种材质可以直接控制材质的辐射特性，它一般与其他可以渲染的基本材质配合使用。【高级照明覆盖】材质对于普通的渲染没有效果，只影响辐射方法和光线跟踪。【高级照明覆盖】材质有两个主要的用途：一是调节材质的辐射方法和光线跟踪特性；二是产生特殊的效果，比如自发光物体对周围环境的辐射光线等。

【覆盖材质物理属性】选项组中的参数直接控制基本材质的高级照明特点。【反射比】微调框用于增加或减少材质的反射能量，反射比的值为0.1~5，默认设置为1。其效果如下图所示。

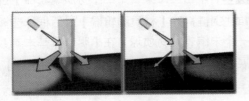

【颜色渗出】微调框用于控制反射色的饱和度，颜色渗出的值为0~1，默认设置为1。其效果如下图所示。

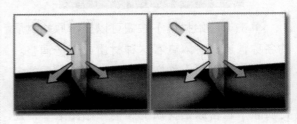

【透射比比例】微调框用于控制材质透射能量的多少，透射比比例的值为0.1~5，默认设置为1。其效果如下图所示。

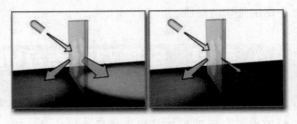

【特殊效果】选项组中的参数与基本材质的特别组件有关。【亮度比】微调框用于控制物体自发光的高度，默认值为0，一般取500即可得到比较好的效果。【间接灯光凹凸比】微调框用于控制基本材质凹凸贴图被漫射光线照亮的效果。

单击【基础材质】按钮可以进入【基本材质参数】卷展栏，从中可以对基本参数进行调整，也可以换一种基本材质类型。

2. 壳材质

【壳】材质用于纹理烘焙（创建基本对象的

纹理贴图）。当使用渲染纹理来烘焙基于物体的纹理时也就创建了一个外壳材质，它包含两种材质：一种是原始材质，一种是烘焙材质。烘焙材质其实就是一个位图，它在创建的过程中保存在硬盘上，说它是烘焙的，是说它附属于场景中的对象。【壳】材质为其他材质提供了一个容器，就像多维/子对象材质一样。也可以不烘焙材质，而直接为一个物体指定两种材质。

单击【原始材质】按钮可以显示原始材质的名称，进而可以查看这种材质或进行调整。单击【烘焙材质】按钮可以显示烘焙材质的名称，进而可以查看这种材质或进行调整。烘焙材质除了包含原始材质的颜色和贴图之外，还包含了灯光的阴影和其他信息。【视口】控制视窗中显示哪一种材质，【渲染】控制渲染时显示哪一种材质，上面的单选钮是原始材质，下面的是烘焙材质。

3. Ink N Paint（墨水绘图材质）

【墨水绘图】材质可以为物体提供一种卡通效果，与其他具有三维真实效果的材质不同，墨水绘图材质可以提供一种近似平面的明暗效果，看起来更像卡通画。

该材质使用了光线跟踪器设置，所以调整光线跟踪加速可以提高墨水绘图材质的渲染速度。只有在透视图或摄像机视图中，墨水绘图材质才有效果。

9.4 实例：创建鸡蛋壳材质

下面通过半透明明暗器制作鸡蛋的透明着色效果，实现理想的鸡蛋壳材质效果，具体操作步骤如下。

Step 01 启动3ds Max 2016，单击【应用程序】按钮，从弹出的菜单中选择【重置】命令重置场景。

Step 02 打开光盘中的"素材\ch09\鸡蛋.max"模型文件。

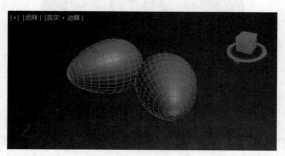

Step 03 单击主工具栏中的【材质编辑器】按钮或按M键打开【材质编辑器】对话框。选择任意一个未编辑的材质球，在【明暗器基本参数】卷展栏中设置明暗器类型为【半透明明暗器】。

Step 04 在【半透明基本参数】卷展栏中，设置【环境光】颜色的RGB值为222、195、173。

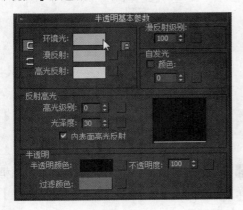

Step 05 在【反射高光】组中设置【高光级别】为40，【光泽度】为25。

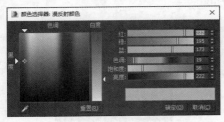

Step 06 打开【贴图】卷展栏，单击【凹凸】贴图后的【None】按钮。

Step 07 在弹出的【材质/贴图浏览器】对话框中选择【细胞】贴图，单击【确定】按钮。调整Bump的大小为35。

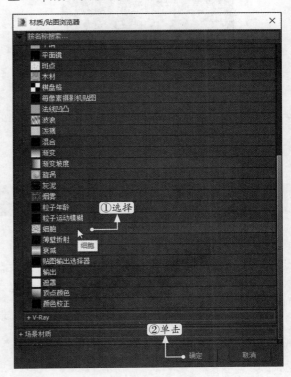

Step 08 进入漫反射颜色贴图层级，在【细胞参数】卷展栏中设置【大小】为0.1，【扩散】为1.5，如图所示。

Step 09 单击【转到父对象】按钮返回父对象级别，把【凹凸】贴图拖动关联到【高光级别】和【光泽度】卷展栏中，并设置【高光级别】的大小为10，【光泽度】的大小为25，

【凹凸】大小为35，如图所示。

Step 10 选择鸡蛋模型，然后单击【将材质指定给选定对象】按钮，将创建的材质指定给鸡蛋模型，最后的渲染效果，如下图所示。

9.5 V-Ray材质

V-Ray材质是目前为止，效果、速度、易学度折中率最好的一款，在实际工作中，应该较好地掌握。学习V-Ray渲染器还是先从材质讲起吧，容易接受。

安装好了V-Ray渲染器以后，首先需要调出V-Ray渲染引擎才能使用V-Ray材质，操作方法如下。

Step 01 单击3ds Max 2016中主工具栏上的【渲染设置】快捷按钮。

Step 02 系统将会弹出【渲染设置】对话框，打开【指定渲染器】卷展栏，单击【产品级：】后方的【指定渲染器】按钮就，如图所示。

Step 03 系统将会弹出【选择渲染器】对话框，选择安装好的V-Ray渲染器，单击【确定】按钮，如图所示。

Step 04 系统返回【渲染设置】对话框，可以看到调出V-Ray渲染引擎。

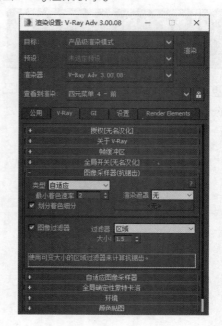

下面需要从材质面板中选择V-Ray材质类型，具体操作步骤如下。

Step 01 单击主工具栏中的【材质编辑器】按钮🞂或按M键打开【材质编辑器】对话框，单击【类型】按钮 Standard，如图所示。

Step 02 准备选择V-Ray材质。系统将会弹出的【材质/贴图浏览器】对话框， V-Ray的材质就在下方，其中【VRayMtl】材质是其标准材质，如图所示。

Step 03 选择【VRayMtl】材质，单击【确定】按钮返回【材质编辑器】对话框。

Step 04 先看一下V-Ray材质编辑对话框，已经找不到Max默认材质，V-Ray是采用反光度调节的。

9.5.1 V-Ray反射参数

V-Ray基本参数有【漫反射】、【反射】、【折射】和【半透明】4个选项组，这也是V-Ray材质最重要的几组参数设置，下面对反射参数进行详细讲解。

（1）【漫反射】颜色：物体的颜色、纹理都可以在这个栏目里调节，颜色框默认是灰色的，也就是此材质颜色是灰色的，可以单击进入调节用户所需要的颜色。

单击颜色块就打开了【颜色选择器：漫反射】对话框，选择好的材质颜色，单击【确定】按钮即可。

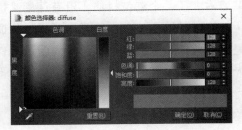

下面通过一个经典的物体"茶壶"，建立简单场景，为大家做材质讲解，可以先看，不必动手模仿，因为，本例建立了场景灯光，没有这些灯光出不来效果，所以，只需先熟悉，后边会有范例讲解，可以跟着完成材质场景的系统试验编辑阶段。

如下图所示，就是只调解了【漫反射】颜色，使物体颜色为暗红色，渲染出来的效果。颜色选择块旁边的小方按钮■是用来添加材质的，比如像在物体材质上添加纹理、贴图等。具体方法和Max 材质编辑一样。

（2）【反射】值：基本上模拟真实物体受光的变化，可以采用"反射值"这一参数调节物体的光滑度和反光度。

还是借助上边那个茶壶的物体，刚才只是给茶壶附上了一个红色材质，没有调解其他参数，现在试着给它反光。同样，反光值的调节也是靠颜色调节，颜色为黑色时表明没有任何反光，颜色为白色时表明为镜面全反射，也就是，颜色越浅，反光越强，反之既然。

单击【反射】颜色块后，系统弹出【颜色选择器：diffuse】对话框，反射先设置到如下图的深浅状态。

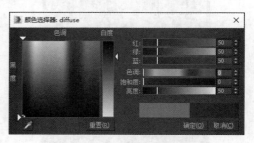

在这种反光度下，渲染结果如图所示。

继续把反光值的颜色变浅，反光度会加大。

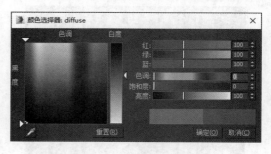

这种反射值下，渲染结果如图所示。

通过渲染对比可以看出来，反射明显强了，我们可以分析，如果想渲染出塑料、陶瓷、铀、金属，反射值的颜色需要调解到什么程度。

继续把反光值的颜色变浅，快成白色了，反光会非常大。那么，金属就是反光值非常高的一种材质，尤其是电镀金属，比如自行车车圈。当然，下边的是红色材质，车圈电镀是白色的。

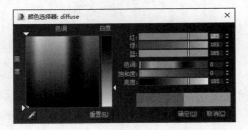

这种反射值下，渲染结果如图所示。

有些金属的感觉了吧，当然，HDIR贴图仍需调节，物体颜色也不是正常金属的色泽，所以显得并不漂亮。反射值旁边的颜色应该通过上边的讲解理解明暗程度与反光效果的关系了。

（3）【反射光泽度】调节框 反射光泽度 0.7：物体表面不可能完全光滑，都会有小坑，因此反射也不可能是完全向上面的例子那样，干干净净的完全反射，虽然看起来很清爽，但势必不是自然界的正常状态，因此，显得有些假。这个时候，【反射光泽度】调节就可以起到作用。

默认情况下，【反射光泽度】数值为 1，这表明物体是完全反射，1是最大数值，如果减小，模糊反射加大，数值越小，模糊程度越高。

在【反射光泽度】为1的情况下，模糊反射不起作用，效果如图所示。

【反射光泽度】为0.8的情况下，模糊反射开始起作用，（已经说过，数值越小越模糊，越大反射越清晰，数值为1，反射模糊不起作用，完全反射），效果如图所示。

通过渲染对比很明显，反射变得模糊了，真实的物体在不同程度上都是漫反射的，这个初中物理早已讲过。

继续调节模糊反射数值，继续减小数值，加大模糊程度。【反射光泽度】为0.5的情况下，效果如图所示。

只要开了模糊反射就很费时间，3张图模糊反射数值为1、0.8、0.5 的情况下，渲染时间分别为45秒、5 分钟、9 分钟。模糊反射很常用，

是高级渲染器的特征之一，V-Ray的模糊反射质量优秀，速度相对还是较快的一个，因此，需要着重掌握。

（4）【细分】调节框 细分 8 ：对于【细分】，可以这样理解，一块1米的正方形桌子上，放了 50个鸡蛋，如果你的眼睛是渲染器，【细分】降低，你一目十行，估计数出来数量不准，有的看到了，有的没看到，模糊印象，你会说，大概40个吧。如果【细分】提高，你一个一个数，当然，整整齐齐，在你眼帘中，50鸡蛋摆放均匀，数量正确。

渲染器也是如此道理，下面来看高采样和低采样渲染效果图的区别。

首先，设置【细分】为50，这个采样率还算不错的，比较高了，渲染时间15分钟，效果如图所示。

如果降低，看看效果，设置【细分】为20，渲染时间9 分钟，效果如图所示。

继续降低【细分】，设置【细分】为5，效果如图所示。效果并没有想象的那么"惨不忍睹"，好像有一些磨沙的效果，是的，这就是V-Ray渲染器的一个使用方式，或者说一个窍门，如果你想制作磨沙效果，不必贴【噪波】贴图，因为贴了噪波贴图，速度明显变慢，因

为每一个噪波可以看作都是一个小凸包，都要计算的。使用降低V-Ray材质模糊反射的【细分】值，可以达到这种效果，速度会很快，因为，降低【细分】，速度会提速，效率更高，效果甚至比噪波还要自然。

（5）【菲涅耳反射】复选框：当该选项选中时，光线的反射就象真实世界的玻璃反射一样。这意味着当光线和表面法线的夹角接近0度时，反射光线将减少至消失。（当光线与表面几乎平行时，反射将是可见的，当光线垂直于表面时将几乎没有反射。）

（6）【菲涅耳折射率】调节框 折射率 1.6 ：菲涅耳折射是一个几乎在所有反射性表面都会发生的一个现象，面对指向你的表面部分将比与你成角度的表面反射的更少。这些表现由材质的【菲涅耳折射率】来控制。

将【菲涅耳折射率】值使用默认的1.6来渲染，茶壶中间部分比其他部分反射要弱，这就是菲涅耳现象，如图所示。用户可以降低【菲涅耳折射率】值来增强这种效果，值越低，中间反射越少。

（7）【最大深度】调节框：贴图的最大光线发射深度。大于该值时贴图将反射回黑色。

设置茶壶的反射颜色为纯白，然后将【最大深度】参数设置为1，渲染后可以看到很多区域变黑了，如图所示。【最大深度】控制在计算结束前光线反射的次数。【最大深度】参数设置为1表示仅仅反射1次，2则表示在反射中有一个反射存在，如此类推。

9.5.2 V-Ray折射参数

折射参数主要用来控制物体的透明程度，也就是用来设置像玻璃这类的材质效果，其主要参数设置如下。

（1）【折射】值 折 射 ：折射就是光线通过物体所发生的弯曲现象。举个例子，灯光在空气中传播，碰到一个玻璃物体，光线就在某一个角度发生弯曲，然后光线将在玻璃中传播得更远，最后在某一个点再次被弯曲后离开。

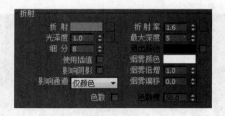

将物体的折射颜色改到一个灰色并渲染，可以看到物体大约是50%透明了，如图所示。

将物体的折射颜色改到一个纯的白色并渲染，可以看到物体几乎是100%透明了，如图所示。

上面的渲染效果不真实，不符合现实。这是因为物体在有折射属性的同时也有反射，若将【反射】颜色设为纯白色，且勾选【菲涅耳反射】复选框，再次进行渲染，这时材质看起来就真实了，现在创建的就是清玻璃，如图所示。

（2）【折射率】调节框：光线被弯曲多少是由材质的【折射率】来决定的，一个高的【折射率】值表示弯曲程度大，【折射率】值为1时表示光线不会被弯曲，渲染后物体消失了，如图所示。

取消勾选【菲涅耳反射】复选框，【折射

率】值为默认1.1时，渲染效果如图所示。

将【折射率】值为默认1.6时，渲染效果如图所示。

（3）【光泽度】调节框：这个光泽参数和反射式类似的。它是用来模糊折射的，这也是耗时的设置之一，设置【光泽度】值为0.8，渲染可以看到类似磨砂玻璃的效果，现在创建的就是磨砂玻璃，如图所示。

（4）【烟雾颜色】颜色选择块：【烟雾颜色】可以设置有色玻璃，这一材质的颜色主要控制在烟雾颜色，但这个颜色不宜调得过浓，因为它对玻璃颜色的影响非常敏感，一般都会配合其下面的烟雾倍增来取得比较好的材质效果，如图所示。

9.5.3 V-Ray金属材质表现

一般工业设计表现只有白色金属和黄色金属，先以白色金属为例子。在做金属之前，要分析材质如何调节。

Step 01 调节金属材质本身的【漫反射】颜色，如图所示。

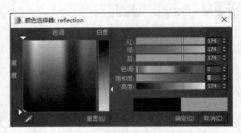

Step 02 增大反射值。金属反射很强的，所以，将【反射】的颜色级别调淡，越趋于白色，反射越强，如图所示。

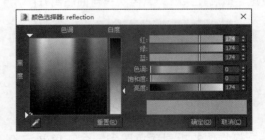

Step 03 设置【细分】值为50，如图所示。

Step 04 设置【BRDF-双向反射分布功能】卷展栏中的模式为【Ward】模式，并设置【各向异

性】值为0.8，如图所示。

Step 05 渲染一下，效果如图所示。

Step 06 增大模糊反射，设置【反射光泽度】值为0.7，渲染效果如图所示。

Step 07 降低模糊反射【细分】值，设置【细分】值为5，渲染效果如图所示，【细分】值越低，速度越快，噪点越大。

调节塑胶材质，磨沙塑胶、汽车漆、亚光

漆、陶瓷、金属、磨沙金属都是这个反射栏里的几项调节出来的。

比如，比较难渲染的"白色家电"的白色磨沙金属漆，就是和上面磨沙茶壶渲染方法差不多，模糊反射为 0.6~0.7，采样为 5~10，反射比上面这个茶壶弱一点，就可以渲染出来那种效果了，如图所示。

9.5.4 V-Ray窗帘材质表现

首先要注意的是，窗帘是一种半透明材质，调节的时候要注意几个问题：透明程度、折射率和折射程度，如果按现实要求来区分的话，窗帘分带与不带花纹两种。

Step 01 首先调节窗帘材质本身的【漫反射】颜色，这里调节成米黄色，如图所示。

Step 02 接下来调节【折射】颜色来使其透明，如图所示。

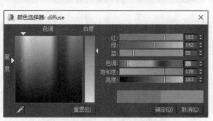

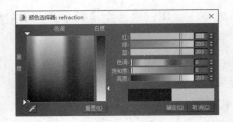

Step 03 在【折射】参数上添加一个【衰减】贴图来限定其透明程度。

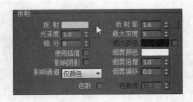

Step 04 设置【衰减参数】卷展栏中的颜色，如图所示。

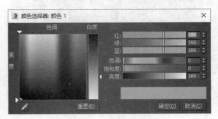

Step 05 调节【混合曲线】卷展栏中的曲线曲率，如图所示。

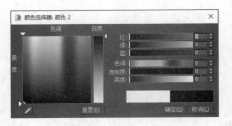

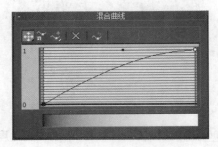

Step 06 设置【折射率】为1.01，这样可以把透明物体的折射产生的扭曲降低到最小，如图所示。

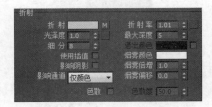

Step 07 双击材质球可以看到设置窗帘材质后的效果，如图所示。

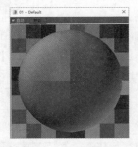

Step 08 赋予窗帘材质后的渲染效果，如图所示。

如果是带花纹的窗帘，仅仅需要在透明度或者折射度的通道上贴上一张【混合】贴图，然后通过一张花纹的遮罩贴图来限定其范围即可。

9.5.5 V-Ray 皮革材质表现

分析皮革材质。首先皮革有反射，但是反射的表面和高光非常模糊，接近漫反射的效果，并且皮革表面有很细微的颗粒感，这是因为皮革本身就具有的纹理。

Step 01 首先调节皮革材质本身的【漫反射】颜色，这里调节成浅白色，如图所示。

Step 02 接下来调节【反射】颜色来使其产生一定的光滑效果，但是很微弱，如图所示。

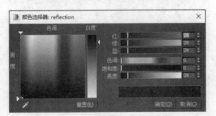

Step 03 将表面反射模糊【反射光泽度】值设置0.5，打开【高光光泽度】锁定，并降低值为0.65，让它有很柔和散射的高光表现，如图所示。

Step 04 在【凹凸】贴图通道上贴了一张皮革的纹理贴图，并设置凹凸值为30，简易的皮革沙发材质就制作完毕。

Step 05 双击材质球可以看到设置皮革材质后的效果，如图所示。

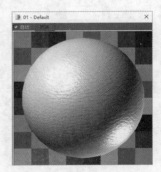

Step 06 赋予皮革材质后的渲染效果，如图所示。

9.5.6 V-Ray HDRI光照照明

　　HDRI，本身是High-Dynamic Range Image（高动态范围贴图）的缩写。简单说，HDRI是一种亮度范围非常广的图像，它比其他格式的图像有着更大亮度的数据储存，而且它记录亮度的方式与传统的图片不同，不是用非线性的方式将亮度信息压缩到8位或16位的颜色空间内，而是用直接对应的方式记录亮度信息，它可以说记录了图片环境中的照明信息，因此我们可以使用这种图像来"照亮"场景。有很多HDRI文件是以全景图的形式提供的，用户也可以用它做环境背景来产生反射与折射。

　　HDRI照明是从一张HDRI贴图上获取光源信息来进行照明。方法很简单，只要在Max的环境色上贴上VRayHDRI贴图并打开GI全局照明即可。

Step 01 按快捷键8打开【环境和效果】对话框，勾选【公用参数】卷展栏下的【使用贴图】复选框，然后单击【无】按钮，如图所示。

Step 02 在弹出的【材质/贴图浏览器】对话框中选择【VRayHDRI】贴图，如图所示。

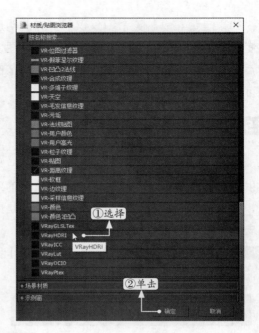

Step 03 单击【确定】按钮，返回【环境和效果】对话框，如图所示。

Step 04 用【实例】方式将贴图复制到材质编辑器里，单击【位图】路径后的【浏览】按钮，如图所示。

Step 05 在弹出的对话框中选择一张合适的
VRayHDRI贴图，如图所示。

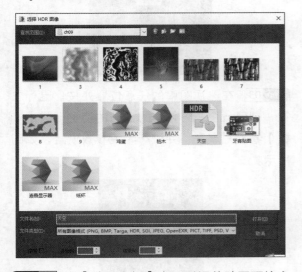

Step 06 在【贴图坐标】中可以调整贴图环境方
式，球形、方形等。

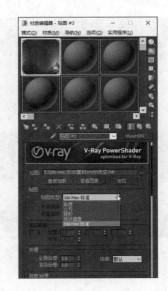

Step 07 利用【整体倍增器】可以调整强度，渲
染效果如图所示。

9.6 实例：创建牙膏盒材质

本例通过UVW贴图还原一个牙膏盒体的贴
图，具体操作步骤如下。

思路解析：

首先创建一个长方体作为牙膏盒的基本造
型，然后指定材质给长方体，接着添加【UVW贴
图】编辑修改器对其贴图进行编辑修改，最后
渲染。

关键点1：创建长方体

Step 01 启动3ds Max 2016，单击【应用程序】按钮，从弹出的菜单中选择【重置】命令重置场景。

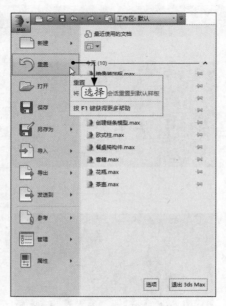

Step 02 在【创建】命令面板的【标准基本体】中单击【长方体】按钮。

Step 03 在透视图中的任意位置处按住鼠标左键，创建一个长方体作为盒子的造型，将【参数】卷展栏展开，并进行相关参数设置，如图所示。

Step 04 创建结果如图所示。

关键点2：制定材质给长方体

Step 01 单击主工具栏中的【材质编辑器】按钮，将会弹出【材质编辑器】对话框，单击其中的一个示例球。打开【贴图】卷展栏，单击【贴图】卷展栏中【漫反射颜色】后的【None】按钮。

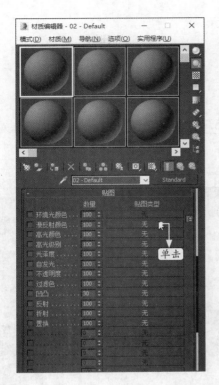

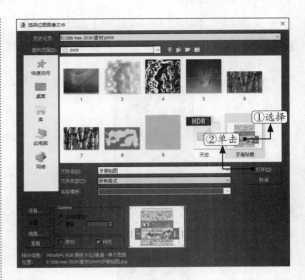

Step 02 系统将会弹出【材质/贴图浏览器】对话框。双击【材质/贴图浏览器】对话框中的【位图】选项。

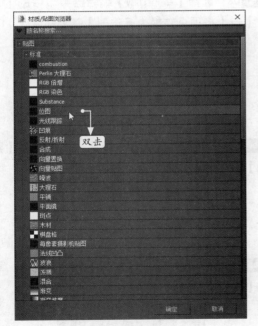

Step 03 在弹出的【选择位图图像文件】对话框中选择图片【牙膏贴图.jpg】。

Step 04 单击【打开】按钮，这时示例球表面将显示出该文件的图像。选择视图中的平面，单击【将材质指定给选定对象】按钮，则将贴图材质指定给平面。

Step 05 渲染效果如下图所示，可以看到6个面的贴图不正确，下面来调整。

关键点3：添加【UVW贴图】编辑修改器

Step 01 进入【修改】面板，为盒子添加【UVW贴图】编辑修改器。

Step 02 在【参数】卷展栏中的【贴图】组中设置贴图方式为【长方体】。

Step 03 在【对齐】组中单击【适配】按钮，使贴图方式符合盒子。

Step 04 再为盒子添加【UVW展开】编辑修改器。

Step 05 单击【编辑UV】组下的【打开UV编辑器】按钮。

Step 06 在【编辑UVW】编辑器中单击右上方的 CheckerPattern（棋盘 ✓ 按钮，选择牙膏贴图，如图所示。

Step 07 选择后的【编辑UVW】编辑器效果如图所示。

Step 08 选择【编辑UVW】编辑器菜单中的【选择】→【将顶点转换为多边形】菜单命令。

Step 09 选择【编辑UVW】编辑器菜单中的【贴图】→【展平贴图】菜单命令。

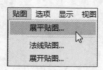

Step 10 系统将会弹出【展平贴图】对话框，单击【确定】按钮。

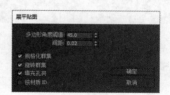

Step 11 可以看到盒子的UV展开图整齐地分布在贴图上。

Step 12 选择相应的展开图，然后单击【编辑UVW】编辑器上方工具栏中的【自由形式模式】按钮，对展开图进行位置和大小的调节，如果贴图反了可以将其进行旋转，这时可以边调整边观察透视图中贴图的效果，直到满意为止。

Step 13 继续调整，直到6个面的贴图位置都正确为止，如图所示。

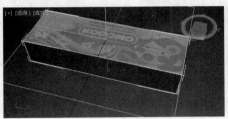

Step 14 最后的渲染效果如下图所示。

9.7 实例：创建枯木材质

　　深山中枯木的材质效果是非常丰富的，有枯萎的质感，树皮会发灰，会生长青苔和地衣等。本实例我们综合运用各种材质的创建方法来模拟这种复杂的枯木材质效果，具体操作步骤如下。

Step 01 启动3ds Max 2016，单击【应用程序】按钮，从弹出的菜单中选择【重置】命令重置场景。

Step 02 打开光盘中的"素材\ch09\枯木.max"模型文件。

Step 03 按M键打开【材质编辑器】对话框,在材质编辑器中单击一个未使用的材质球,单击【Standard】按钮。

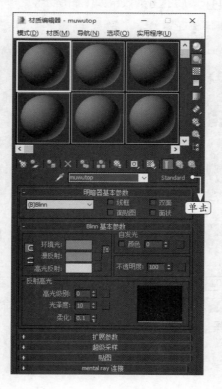

Step 04 在弹出的【材质 / 贴图浏览器】对话框中选择【混合】选项。

Step 05 单击【确定】按钮返回【材质编辑器】对话框。在【混合基本参数】卷展栏中单击【材质1】右侧的按钮,进入1号子材质的面板进行设置。

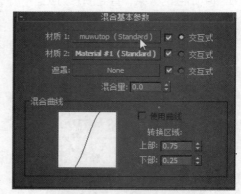

Step 06 展开【贴图】卷展栏,单击【漫反射颜色】右边的【None】按钮。

Step 07 在弹出的【材质／贴图浏览器】对话框中选择【位图】选项，并单击【确定】按钮。

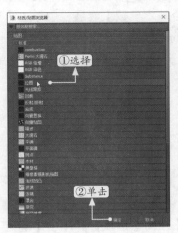

Step 08 在弹出的【选择位图图像文件】对话框中选择随书光盘中的"素材\ch09\6.jpg"图片作为贴图图片。

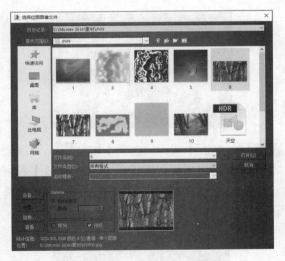

Step 09 单击【转到父对象】按钮 🖉 返回上层材质面板，单击【凹凸】右边的【None】按钮。

Step 10 在弹出的【材质／贴图浏览器】对话框中选择【位图】选项，在弹出的对话框中选择随书光盘中的"素材\ch09\7.jpg"图片作为贴图图片。

Step 11 单击【转到父对象】按钮 🖉，返回上层材质面板，将【凹凸】通道的数量设置为100。单击【显示最终结果】按钮 🎛，取消选中状态，显示当前材质的材质效果。双击材质球查看材质效果，下图就是枯树干的混合材质中的第1种子材质的材质效果。

Step 12 下面将设置第2号子材质。单击【转到父对象】按钮 🖉，返回到【混合】材质面板，在【混合基本参数】卷展栏中单击【材质2】右侧按钮。

Step 13 进入2号子材质的面板进行设置。展开【贴图】卷展栏，单击【漫反射颜色】右边的【None】按钮，在弹出的【材质／贴图浏览

器】对话框中选择【噪波】选项，并单击【确
定】按钮返回【材质编辑器】对话框。在【噪
波参数】卷展栏中设置【颜色#1】的色彩值为
红、绿、蓝（130，153，0），【颜色#2】的色
彩值为红、绿、蓝（34，130，87）。

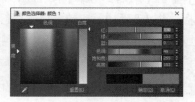

Step 14 单击【转到父对象】按钮，返回上
层材质面板，单击【凹凸】右边的【None】按
钮，在弹出的【材质／贴图浏览器】对话框中
选择【位图】选项。再次使用 **Step 11** 中使用的
图片作为位图贴图，单击【转到父对象】按钮
，返回上层材质面板，将【凹凸】通道的数
值设置为100。双击材质小球查看材质效果，下
图就是枯树干混合材质中的第2种子材质的材质
效果，用来模拟树干上生长的青苔效果。

Step 15 下面将两种材质进行混合。单击【转到
父对象】按钮，返回到【混合】材质面板，
在【混合基本参数】卷展栏中单击【遮罩】右
侧的【None】按钮。

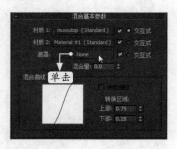

Step 16 在弹出的【材质／贴图浏览器】对话框
中选择【位图】选项，并单击【确定】按钮，
在弹出的【选择位图图像文件】对话框中选择
随书光盘中的"素材\ch09\8.jpg"图片作为贴图
图片。

Step 17 单击【转到父对象】按钮，返回到
【混合】材质面板，在【混合基本参数】卷展
栏中设置混合参数，如下图所示。选中【混合
曲线】选项组中的【使用曲线】复选框。

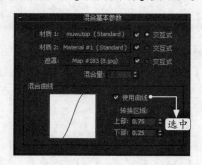

Step 18 这样就完成了枯树干材质的设置，双
击材质球可查看材质效果，在视图中选择枯树
干，单击【将材质指定给选定对象】按钮将材
质赋予物体。按F9键进行快速渲染，最终效果如
下图所示。

9.8 实例：使用V-Ray创建料理机的材质

本实例我们综合运用各种V-Ray材质的创建方法来创建料理机的整体材质效果，具体操作步骤如下。

Step 01 启动3ds Max 2016，单击【应用程序】按钮，从弹出的菜单中选择【重置】命令重置场景。

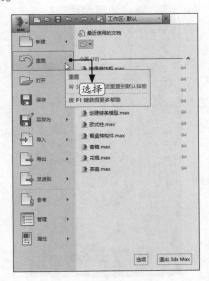

Step 02 打开光盘中的"素材\ch09\料理机.max"模型文件。

Step 03 单击3ds Max 2016中主工具栏上的【渲染设置】快捷按钮。

Step 04 系统将会弹出【渲染设置】对话框，打开【指定渲染器】卷展栏，单击【产品级：】后方的【指定渲染器】按钮，如图所示。

Step 05 系统将会弹出【选择渲染器】对话框，选择安装好的V-Ray渲染器，单击【确定】按钮，如图所示。

Step 06 系统返回【渲染设置】对话框，可以看到调出V-Ray渲染引擎。

Step 07 单击主工具栏中的【材质编辑器】按钮⊞或按M键打开【材质编辑器】对话框，单击【类型】按钮 Standard ，如图所示。

Step 08 准备选择V-Ray材质。系统弹出【材质/贴图浏览器】对话框，V-Ray的材质就在下方，其中【VRayMtl】材质是其标准材质，如图所示。

Step 09 选择最下方的【VRayMtl】材质，单击【确定】按钮返回【材质编辑器】对话框。

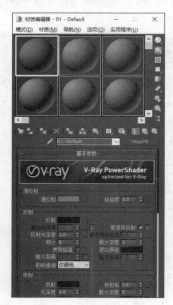

Step 10 首先使用 V-Ray来制作红色塑料材质。调节塑料材质本身的【漫反射】颜色，如图所示。

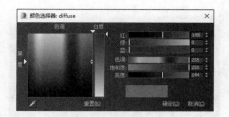

Step 11 增大反射值。塑料反射很强，所以，将【反射】的颜色级别调淡，越趋于白色，反射越强，如图所示。

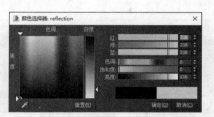

Step 12 设置【细分】值为20，并取消【菲涅耳反射】的勾选，设置【高光光泽度】和【反射光泽度】参数，如图所示。

Step 13 在【反射】上添加一个【衰减】贴图来模拟塑料的效果，如图所示。

Step 14 渲染效果如图所示。

Step 15 复制一个红色塑料材质，将【漫反射】颜色改成白色即可。

Step 16 下面来制作透明的塑料材质效果。选择一个新材质球，选择【VRayMtl】材质，调节材质本身的【漫反射】颜色，这里调节成白色，如图所示。

Step 17 调节【折射】颜色来使其透明，如图所示。

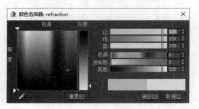

Step 18 在【折射】参数上设置，如图所示。

Step 19 设置【反射】颜色为白色，参数设置如图所示。

Step 20 赋予材质后的渲染效果，如图所示。

Step 21 下面来制作不锈钢金属材质。选择一个新材质球，选择【VRayMtl】材质，调节金属材质本身的【漫反射】颜色为黑色，如图所示。

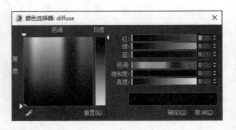

Step 22 增大反射值。金属反射很强，所以，将【反射】的颜色级别调淡，越趋于白色，反射越强，如图所示。

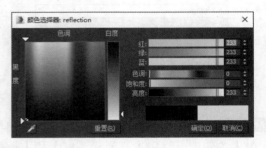

Step 23 设置【细分】值为20，【反射】其他参数如图所示。

Step 24 渲染效果如图所示。

9.9 实战技巧

在3ds Max中，如果24个材质球不够用怎么解决呢？下面就来讲解一些小技巧来解决这个问题。

技巧1 材质球用完的解决方法

1. 方法一

在材质编辑面板中选择一个不需要的材质球，单击【生成材质副本】按钮 ，这时，材质球与场景中的物体已脱离了关系，但是场景中的物体仍然拥有原来的材质。这样就可以重新编辑该材质球了。

当把新的材质赋与场景中的新物体时，要把新材质球重命名。

2. 方法二

在材质编辑面板中选择一个不需要的材质球，单击【重置贴图/材质为默认设置】按钮 ，在弹出的菜单中选择第二项。这时，此材质球与场景中的物体已脱离了关系，但是场景中的物体仍然拥有原来的材质。这样就可以重新编辑该材质球了。

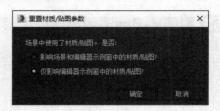

3. 方法三

当预知场景中将会有很多物体的时候，我一般是把物体分几个场景进行制作，最后把所有物体合并在一个场景中。这样就避免了同时使用多个材质球。

在合并时要注意把物体的名称和材质的名称进行重命名。

另外，如果想再次编辑原材质球的材质要怎么办呢？由于场景中的物体上是赋有材质的，只不过没有在材质球上显示而已，现在找一个不需要的材质球，使用【吸管】工具 把要编辑的材质重新"吸"回来就可以继续编辑了。

技巧2 V-Ray常用材质参数

材 质	参 数					
亮光木材	【漫射】：贴图	【反射】：35灰	【高光】：0.8			
亚光木材	【漫射】：贴图	【反射】：35灰	【高光】：0.8	【光泽】（模糊）：0.85		
镜面不锈钢	【漫射】：黑色	【反射】：255灰				
亚面不锈钢	【漫射】：黑色	【反射】：200灰	【光泽】（模糊）：0.8			
拉丝不锈钢	【漫射】：黑色	【反射】：衰减贴图（黑色部分贴图）	【光泽】（模糊）：0.8			
陶器	【漫射】：白色	【反射】：255	【菲涅耳】			
亚面石材	【漫射】：贴图	【反射】：100灰	【高光】：0.5	【光泽】（模糊）：0.85	【凹凸贴图】	
抛光砖	【漫射】：平铺贴图	【反射】：255	【高光】：0.8	【光泽】（模糊）：0.98	【菲涅耳】	
普通地砖	【漫射】：平铺贴图	【反射】：255	【高光】：0.8	【光泽】（模糊）：0.9	【菲涅耳】	
木地板	【漫射】：平铺贴图	【反射】：70	【光泽】（模糊）：0.9	【凹凸贴图】		
清玻璃	【漫射】：灰色	【反射】：255	【折射】：255	【折射率】：1.5		
磨砂玻璃	【漫射】：灰色	【反射】：255	【高光】：0.8	【光泽】（模糊）：0.9	【折射】：255	
	【光泽】（模糊）：0.9	【光折射率】1.5				

材 质	参 数				
普通布料	【漫射】：贴图	【凹凸贴图】			
绒布	【漫射】：衰减贴图 置换贴图				
皮革	【漫射】：贴图	【反射】：50	【高光】：0.6	【光泽】（模糊）：0.8	【凹凸贴图】
水材质	【漫射】：白色	【反射】：255	【折射】：255	【折射率】：1.33	【烟雾颜色】：浅青色
纱窗	【漫射】：颜色	【折射】：灰白贴图	【折射率】：1	【接收GI】：2	

技巧3 影响V-Ray渲染速度的因素

由于V-Ray并不支持Max对于材质和贴图的超级采样(supersampled)机制，而用图形采样(Image sampler)来控制纹理的抗拒齿；默认情况下，V-Ray用图形采样来控制一切，包括纹理；这在控制那些纹理的细小细节和凹凸贴图上特别有用。渲染输出图像的质量、速度也全由它来控制。

这里讲解一下Image sampler (Antialiasing)图形采样/抗拒齿的有关参数。

大家下面3张图片质量相似，但采用不同的采样方式速度确实不一样(均没有加入模糊效果)，这里用Adaptive采样速度最快。

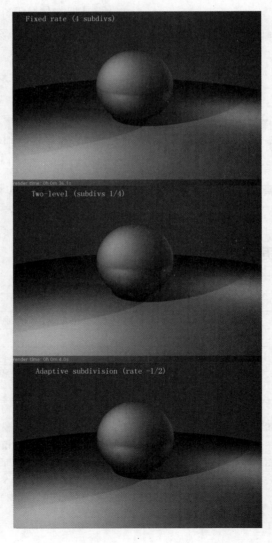

第 10 章

灯光和摄影机

■■ 本章引言

灯光和摄影机模拟真实世界中等同于它们的场景对象。摄影机设置场景的帧,提供可控制的观察点。用户可以设置摄影机移动的动画。摄影机可以模拟真实世界图片的某些方面,如景深和运动模糊。

■■ 学习要点

- ◎ 掌握3ds Max中灯光的类型
- ◎ 掌握各类灯光的创建方法
- ◎ 掌握3ds Max阴影的类型
- ◎ 掌握阴影的创建方法
- ◎ 掌握3ds Max摄像机的类型及应用

10.1 认识灯光

灯光是模拟实际灯光(例如家庭或办公室的灯、舞台和电影工作中的照明设备以及太阳)的对象。不同种类的灯光对象用不同的方法投影灯光,模拟真实世界中不同种类的光源。

当场景中没有灯光时,使用默认的照明着色或渲染场景。用户可以添加灯光使场景的外观更逼真。照明增强了场景的清晰度和三维效果。除了获得常规的照明效果之外,灯光还可以用作投影图像。

一旦在场景中创建了灯光,默认的灯光就会消失(即使创建的灯光关闭)。当删除了场景中所有的灯光后,默认的灯光就又会如魔法般地出现。所以,总是应该确保使用某一种灯光渲染对象。默认的灯光实际上由两种灯光组成:一个位于场景上方偏左的位置,另一个位于场景下方偏右的位置。

10.1.1 灯光属性

灯光属性主要介绍真实世界中的灯光。当给场景照明时,灯光属性有助于了解灯光的自然行为方式。

当光线到达曲面时,曲面反射这些光线或至少反射一些,因此我们才看到曲面。曲面的外观取决于到达它的光以及曲面材质的属性,如颜色、平滑度和不透明度。

1. 强度

初始点的灯光强度影响灯光照亮对象的亮度。投影在明亮颜色对象上的暗光只显示暗的颜色。

如图所示,左图为由低强度源的蜡烛照亮的房间,右图为由高强度灯光(灯泡)照亮的同一个房间。

2. 入射角

曲面与光源倾斜的越多,曲面接收到的光越少,并且看上去越暗。曲面法线相对于光源的角度称为入射角。

当入射角为 0 度（也就是说，光源与曲面垂直）时，曲面由光源的全部强度照亮。随着入射角的增加，照明的强度减小。如图所示，入射角影响强度。

3. 衰减

在现实世界中，灯光的强度将随着距离的加长而减弱。远离光源的对象看起来更暗；距离光源较近的对象看起来更亮。这种效果称为衰减。

实际上，灯光以平方反比速率衰减。即其强度的减小与到光源距离的平方成反比例。当光线由大气驱散时，通常衰减幅度更大，特别是当大气中有灰尘粒子（如雾或云）时。

如图所示，A图为反向衰退，B图为平方反比衰退，图形显示衰退曲线。

4. 反射光和环境光

对象反射光可以照亮其他对象。曲面反射光越多，用于照明其环境中其他对象的光也越多。

反射光创建环境光。环境光具有均匀的强度，并且属于均质漫反射。它不具有可辨别的

光源和方向。

如图所示，A处为平行光，B处为反射光，C处为导致的环境光。

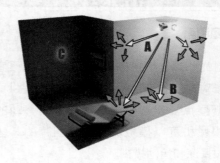

5. 颜色和灯光

灯光的颜色部分依赖于生成该灯光的过程。例如，钨灯投影橘黄色的灯光，水银蒸汽灯投影冷色的浅蓝色灯光，太阳光为浅黄色。灯光颜色也依赖于灯光通过的介质。例如，大气中的云染为天蓝色，脏玻璃可以将灯光染为浓烈的饱和色彩。

灯光颜色为加性色；灯光的主要颜色为红色、绿色和蓝色（RGB）。当与多种颜色混合在一起时，场景中总的灯光将变得更亮并且逐渐变为白色。

彩色灯光的加性混合，如图所示。

6. 颜色温度

颜色温度使用度开尔文（K）介绍颜色。对于描述光源的颜色和与白色相近的其他颜色值，该选项非常有用。下表显示某些类型灯光的颜色温度，该表使用等值的色调编号（从 HSV 颜色描述）。

光源	颜色温度	色调
阴天的日光	6000 K	130
中午的太阳光	5000 K	58
白色荧光	4000 K	27
钨/卤元素灯	3300 K	20
白炽灯（100 到 200 W）	2900 K	16
白炽灯 (25 W)	2500 K	12
日落或日出时的太阳光	2000 K	7
蜡烛火焰	1750 K	5

如果对场景中的灯光使用这些色调编号，则将该值设置为全部（255），然后调整饱和度以满足场景的需要。我们心理上倾向于纠正灯光的颜色，以便对象看起来由白色的灯光照亮；通常场景中颜色温度的效果很小。

10.1.2 灯光照明原则

摄影师、电影摄制者和舞台设计者使用的照明指南也可以帮助我们设置3ds Max中场景的照明。

照明的选择取决于场景模拟自然照明还是人工照明。自然照明场景，如日光或月光，从一个光源获取最重要的照明。而人工照明场景通常有多个相似强度的光源。

Tips

> 如果使用标准而不是光度学灯光，这两种场景要求有多个次级光源以获得有效照明。

一个场景是室内还是室外可能影响材质颜色的选择。

1. 自然光

为了更实用，在地平面上阳光具有来自一个方向的平行光线。方向和角度因时间、纬度和季节而异。下图是拥有自然阳光的室外场景效果。

在晴朗的天气，太阳光的颜色为浅黄色。例如，RGB 值为 250、255、175（HSV 为 45、80、255）。多云的天气阳光为蓝色，暴风雨的天气阳光为深灰色。空气中的粒子可以将阳光染为橙色或褐色。在日出和日落时，颜色可能比黄色更红。

3ds Max 提供了几个日光系统来模拟太阳。单个日光系统与日照场景的主光源相对应。

使用 mental ray 进行渲染时，用户可以将日光系统中的天光有效地收集到具有 mr Sky 门户的室内。

天空越晴朗，阴影越清晰。对于使自然照明的场景呈现三维效果，阴影非常必要。

平行光也可以模拟月光，月光为白色，比阳光暗淡。

2. 人工光

无论用于室内还是夜间的室外都使用多个灯光。以下指南用于创建正常照明，清晰的场景。当然，没有必要遵循该指南，但是应关注照明本身而不应关注场景的主题。下图是拥有自然黎明黄昏和街灯的室外场景效果。

场景的主题应该有单个亮光照亮，称为主灯光。将主灯光定位于主题前并稍微靠上的部分。

除了主灯光之外，还定位一个或多个其他灯光，用于照亮主题的背景和侧面。这些灯光称为辅助灯光。辅助灯光比主灯光暗。

当只使用一个辅助灯光时，该灯光与主题和主灯光之间地平面处的角度应该为90°左右。

主灯光和辅助灯光突出场景的主题。也突出场景的三维效果。

在 3ds Max 中，聚光灯最适合主灯光，聚光灯或泛光灯适合创建辅助灯光。环境光可以是辅助灯光的另一个元素。

也可以添加灯光以突出场景中的次主题。在舞台术语中，这些灯光称为特殊灯光。特殊灯光通常比辅助灯光更亮，但比主灯光暗。

要使用基于物理的能量值、分布和颜色温度进行设计，可以创建光度学灯光。

3. 环境光

3ds Max 中的环境光模拟从灯光反射远离漫反射曲面的常规照明。环境光设置确定阴影曲面的照明级别，或决定不接收光源直接照明曲面的照明级别。在【环境】对话框上的环境光级别建立场景的基本照明级别，然后才考虑光源，该级别是场景的最暗部分。如图所示，左图为无环境光，中间图为默认环境光，右图为用户调整的环境光。

"环境光"通常用于外部场景，当天空的主要照明在背向太阳的曲面上产生均匀分布的反射灯光时，用于加深阴影的常用技术是对环境光颜色进行染色，以补充场景主灯光。

与外部不同，内部场景通常拥有很多灯光，常规环境光级别对于模拟局部光源的漫反射并不理想。对于外部来说，通常将场景的环境光级别设置为黑色，并且使用仅影响环境光的灯光来模拟漫反射的区域。

通常情况下，使用灯光对象有以下几种原因。

（1）要改进场景的照明。

视口中的默认照明可能不够亮，或没有照到复杂对象的所有面上。

（2）通过逼真的照明效果类增强场景的真实感。

（3）通过灯光投影阴影增强场景的真实感。

各种类型的灯光都可以投影阴影。另外，可以选择性地控制对象投影或接收阴影，具体设置可以参见阴影参数。

（4）要在场景中投影。

各种类型的灯光都可以投影静态或设置动画的贴图。具体内容可参见【高级效果】卷展栏中的【投影贴图】选项组。

（5）帮助在场景中建模，如闪光灯的照明源。

灯光对象不渲染，以便建模照明源，需要创建与光源相对应的几何体。使用自发光材质使几何体像发射灯光一样出现。

（6）要使用制造商的IES、CIBSE或LTLI文件创建照明场景。

通过基于制造商的光度学数据文件创建光度学灯光，可以形象化模型中商用的可用照明。通过尝试不同的设备，更改灯光强度和颜色温度，可以设置生成想要效果的照明系统。具体的参见光度学灯光：Web 分布。

下面是关于使用灯光的一些常规提示。

（1）可以使用【替换】修改器将AutoCAD块更换为3ds Max灯光对象或光源，从而添加灯光。

（2）照明场景的一种简单方法是使用命令添加默认灯光到场景，将默认照明转化为灯光对象。

Tips

> 【添加默认灯光到场景】仅用于使用【视口配置】对话框使场景使用两个默认灯光时。

（3）使用【显示】面板  中的选项启用和禁用灯光对象的显示。

（4）可以使用【对象属性】对话框的【常规】面板中的【渲染控制】选项来更改场景中的灯光的可渲染性。

（5）可以使用层管理器更改场景中一组灯光的可渲染性。

Tips

> 为了通过层管理器启用/禁用灯光，必须在【对象属性】对话框的【常规】面板中将灯光的【渲染控制】设置为【按层】。
>
> 要将新的灯光自动设置为可渲染按层，可以在【首选项设置】对话框的【常规】选项卡中启用【新灯光可渲染性为按层】。

（6）可以使用放置高光按钮更改灯光的位置。

（7）要调整场景中的聚光灯，【灯光】视口是一种有用的方法。

10.1.3 灯光类型

3ds Max 中提供两种类型的灯光：标准灯光和光度学灯光。所有类型的灯光在视口中显示为灯光对象，它们共享相同的参数，包括阴影生成器。

1. 标准灯光

标准灯光是基于计算机的对象进行模拟的灯光，如家用或办公室灯、舞台和电影工作时使用的灯光设备以及太阳光。不同种类的灯光对象可用不同的方式投影灯光，用于模拟真实世界不同种类的光源。与光度学灯光不同，标准灯光不具有基于物理的强度值。若要创建标准灯光，可选择【创建】面板中的【灯光】 ◀，然后选择【标准】灯光类型，单击【灯光】面板中的标准灯光类型，在视口中拖动鼠标就可以创建所选的标准灯光。3ds Max 2016中包括目标聚光灯、Fress Spot（自由聚光灯）、目标平行光、自由平行光、泛光灯、天光、mr区域泛光灯和mr区域聚光灯8种不同类型的灯光。

（1）聚光灯

聚光灯可以像闪光灯一样投影聚焦的光束。目标聚光灯使用目标对象指向摄影机。与目标聚光灯不同，自由聚光灯没有目标对象，但可以移动和旋转自由聚光灯以使其指向任何方向。

当添加目标聚光灯时，3ds Max将为该灯光自动指定注视控制器，灯光目标对象指定为注视目标。可以使用【运动】面板上的控制器将场景中的任何其他对象指定为注视目标。

Tips

由于聚光灯始终指向目标对象，因此不能沿着其局部x或y轴进行旋转，但是可以选择并移动目标对象以及灯光自身进行调节。当移动灯光或对象时，灯光的方向会跟着改变，所以它始终指向目标对象。

如果希望聚光灯跟随一个路径，却不干扰聚光灯和目标链接到虚拟对象或需要沿着路径倾斜时，自由聚光灯非常有用。

下图所示为目标聚光灯的透视图和自由聚光灯的顶视图。

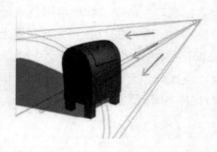

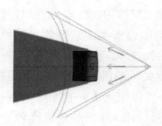

（2）平行光

当太阳在地球表面上投影时，所有平行光以一个方向投影平行光线。平行光主要用于模拟太阳光。可以调整灯光的颜色和位置并在3D空间中旋转灯光。

目标平行光使用目标对象指向灯光。与目标平行光不同，自由平行光没有目标对象。移动和旋转灯光对象以在任何方向将其指向。当在日光系统中选择标准太阳时，使用自由平行光。由于平行光线是平行的，因此平行光线呈圆形或矩形棱柱而不是圆锥体。

当添加目标平行光时，3ds Max将自动为目标平行光指定注视控制器，灯光目标对象指定为目标对象。使用【运动】面板上的控制器，可以将场景中的任何其他对象指定为注视目标。

下图所示为目标平行光顶视图和自由平行光的透视图。

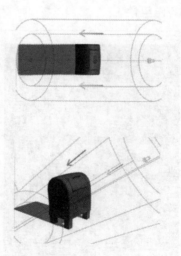

（3）泛光灯

泛光灯从1个光源点向各个方向投影光线。泛光灯用于将辅助照明添加到场景中或模拟点光源。

泛光灯可以投影阴影和投影。单个投影阴影的泛光灯等同于6个投影阴影的聚光灯，从中心指向外侧。

泛光灯最多可以生成6个四元树，因此它们生成光线跟踪阴影的速度比聚光灯要慢。所以要尽量避免将光线跟踪阴影与泛光灯一起使用。

下图所示为泛光灯的顶视图和透视图。

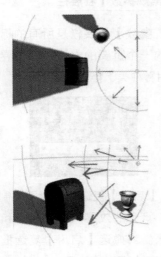

（4）天光

天光灯光是建立日光的模型，是结合光跟踪器一起使用的。可以设置天空的颜色或将其指定为贴图。对天空建模作为场景上方的圆屋顶，下图为建立天光模型作为场景上方的圆屋顶。

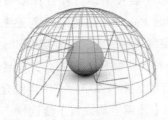

（5）mr区域泛光灯和mr区域聚光灯

当使用mental ray 渲染器渲染场景时，区域泛光灯从球体或圆柱体体积发射光线，而不是从点源发射光线。而区域聚光灯从矩形或碟形区域发射光线，而不是从点源发射光线。使用默认的扫描线渲染器，区域泛光灯可以像其他标准的泛光灯一样发射光线。

区域灯光的渲染时间比点光源的渲染时间要长。要创建快速测试（或草图）渲染，可以使用【渲染设置】对话框的【公用参数】卷展栏中的【区域光源/阴影视作点光源】切换选项，以加快渲染速度。

创建灯光后，可以选择主工具栏中的【选择并移动】工具 ✛ 对灯光进行调整，也可以单击鼠标右键，在弹出的快捷菜单中选择【移动】命令。

在视口中单击就能创建泛光灯、天光和自由灯光。但是，只有单击灯光的位置并把它拖动到目标位置才能创建目标灯光。聚光灯等同于圆锥形状，而平行光等同于圆柱体形状。

2. 光度学灯光

光度学灯光可以使用光度学（光能）值精确地定义灯光，使灯光所投射的目标对象像在真实世界一样。光度学灯光可以创建具有各种分布和颜色特性的灯光，或导入照明制造商提供的特定光度学文件。通过【创建】面板创建灯光时，显示的默认灯光为光度学灯光。

3ds Max 包括目标灯光、自由灯光和mr Sky门户3种不同类型的光度学灯光。

（1）目标灯光

目标灯光具有可以用于指向灯光的目标子对象。下图所示为采用球形分布、聚光灯分布以及Web分布的目标灯光的视口视图。

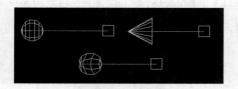

当添加目标灯光时，3ds Max 会自动为其指定注视控制器，且灯光目标对象指定为注视目标。可以使用【运动】面板上的控制器将场景中的任何其他对象指定为注视目标。

（2）自由灯光

自由灯光不具备目标子对象，但可以通过使用变换瞄准自由灯光。下图是采用球形分布、聚光灯分布以及Web分布的自由灯光的视口视图。

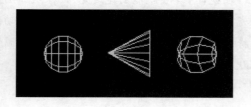

（3） mr Sky 门户

mr（mental ray） Sky 门户对象提供了一种聚集内部场景中的现有天空照明的有效方法。实际上，门户就是一个区域灯光，可以从环境中导出其亮度和颜色。

Tips

使用mr（mental ray） Sky 门户不需要高度最终聚集或全局照明设置，这样会增加渲染的时间。

只有场景包含天光组件（可以是 IES 天光、mr 天光，也可以是天光），mr Sky门户才能正常运作。

10.1.4 灯光参数设置

在前面的章节中已经介绍了3ds Max 中提供的标准灯光和光度学灯光两种类型的灯光。无论在场景中选择创建哪一种标准灯光，在【修改】面板中都会出现相应的通用属性卷展栏。

1.【常规参数】卷展栏

【常规参数】卷展栏是所有的标准灯光都共享使用的一个重要的卷展栏。该卷展栏主要包括灯光阴影种类、排除等。

（1）【启用】复选框：用于控制灯光的打开与关闭。灯光的效果只有在着色和渲染时才能看得出来。当撤选【启用】复选框时，渲染时将不再显示出灯光的效果。

（2）【目标距离】微调框：灯光和它的目标之间的距离可在【目标距离】微调框中进行调整。

（3）【阴影】选项组：用来定义当前选择的灯光是否需要投射阴影和选择所投射阴影的种类。在3ds Max 2016中包含阴影贴图、光线跟踪阴影、高级光线跟踪、区域阴影和mental ray阴影贴图5种产生阴影的方式。关于各种阴影的性能及相互的区别将在下一节中详细介绍。

（4）【使用全局设置】复选框：选中该复选框可以实现灯光阴影功能的全局化控制，即灯光的5种阴影产生方式的参数都可以通过下面的【阴影参数】卷展栏来设置；若撤选该复选框，针对不同的灯光阴影（如阴影贴图和区域阴影），3ds Max 2016提供了相应的阴影参数控制卷展栏（如【阴影贴图参数】卷展栏和【区域阴影】卷展栏），在这些卷展栏中可以对不同的阴影产生方式进行更细致的参数设置。

（5）【排除】按钮：单击【排除】按钮，将会弹出【排除/包含】对话框。通过该对话框的列表中罗列的对象可以控制所创建的灯光需要照射场景中的哪些对象，可以使各个灯光的作用对象更明确，这样有利于对单个灯光的效果进行调整。一般情况下，如聚光灯之类的灯光都是有其特定的照射对象的，通过【排除/包含】对话框可以排除聚光灯对其他对象的照射影响。

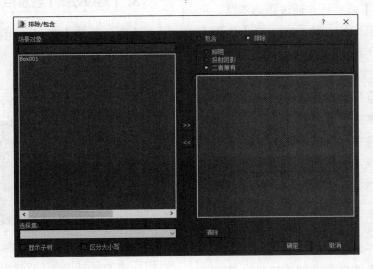

【排除/包含】对话框中各个选项的功能如下。

① 【场景对象】：【场景对象】栏及其下面的列表栏用来显示场景中的物体清单。

② 【向右/左添加】按钮 >> <<：分别用来把左边列表栏中的对象添加到右边的列表栏中，把右边列表栏中的对象移回到左边的列表栏中。右边列表栏列出了被选择灯光要施加影响的对象。

③ 【包含】/【排除】单选钮：用来决定选择的灯光排除/包含对选择的对象的灯光影响，它们只对右边列表栏中的对象起作用。

④ 【照明】单选钮：排除/包含被照射对象表面的自发光效果。

⑤ 【投射阴影】单选钮：排除/包含被照射对象的阴影效果。

⑥ 【二者兼有】单选钮：表示同时使用【照明】和【投射阴影】两个单选钮的作用。

⑦ 【清除】按钮：用来快速地清除掉右边列表栏中所有的对象，然后重新选择。

⑧ 【显示子树】和【区分大小写】复选框：依据对象层次和灵敏度来增强选择对象的两种方式。

2.【强度/颜色/衰减】卷展栏

在实际环境中，灯光是随着距离的增加而减弱的。比如用一盏灯照亮一间屋子和用一盏灯照亮一条街道所产生的场景效果肯定是不同的，这就源于灯光的衰减现象。3ds Max 2016的衰减就是用来控制灯光随距离的衰减特性的。

【强度/颜色/衰减】卷展栏中各个选项的功能如下。

（1）【倍增】微调框：改变【倍增】值将会改变灯光的强度。将输入值和颜色窗口的RGB值相乘即可得到灯光的实际输出颜色。小于1的值减小亮度，大于1的值将增加亮度。一般情况下该值不能太大，最好与1.0接近，太高的【倍增】会对其右侧设置的灯光颜色有所削弱。

（2）【衰退】选项组：通过该选项组，可以实现灯光衰减的另外一种方式。在【类型】下拉列表中包括以下3种类型：默认的【无】选项表示灯光不会产生衰减，【倒数】选项表示灯光反向衰减，【平方反比】选项表示灯光反向平方衰减，具体的衰减量都是通过公式计算得到的。现实环境中实际的灯光衰减属于【平方反比】这种类型，但是通过使用可以发现，在3ds Max 2016中使用这种衰减类型带来的灯光效果会比较模糊。

（3）【近距衰减】选项组：用来设置近衰减区的属性。【开始】微调框用来设置灯光开始照射的位置，【结束】微调框用来设置灯光达到的最大值位置。

（4）【使用】复选框：表明选择的灯光是否使用在被指定的范围内。

（5）【显示】复选框：控制是否在视图中显示被指定的范围。

（6）【远距衰减】选项组：用来设置远衰减区的属性。【开始】微调框用来设置灯光开始减弱的位置，【结束】微调框用来设置灯光衰减为零的位置。【使用】和【显示】复选框的功能与上面的相同。

Tips

> 【衰减】和【衰退】控制能够互相独立地发挥作用，因此用户可以自定义控制衰减范围，也可以使用【倒数】和【平方反比】选项，或者同时使用这两种衰减方式。

使用衰减效果前后的对比，如下图所示。

3.【高级效果】卷展栏

【高级效果】卷展栏主要用来控制灯光对照射表面的高级作用效果，同时也提供了用于灯光的贴图投影功能。

各个参数选项的功能如下。

（1）【对比度】微调框：调整表面漫反射光和环境光区域之间的对比度，这对于某些特殊的灯光效果（如空间中刺眼的灯光）是非常有用的。

（2）【柔化漫反射边】微调框：增加该值可以柔和表面上漫反射区和环境光区之间的边界。但是，这样做灯光的强度会有所降低，为此可以通过增加【倍增】值来弥补该项带来的影响。

（3）【漫反射】：选中该复选框，灯光将影响对象表面的漫反射特性；撤选该复选框，灯光将不产生漫反射的影响。

（4）【高光反射】：选中该复选框，灯光将影响对象表面的镜面光特性；撤选该复选框，灯光对高光特性没有影响。

（5）【仅环境光】：选中该复选框，灯光将只影响照明的环境光部分。在场景中选中该复选框有助于对环境光进行更细致的控制。当选中该复选框时，前面设置的所有选项（从【对比度】到【高光反射】）都不再起作用。

下图为分别选择【漫反射】、【高光反射】和【仅环境光】复选框时产生的表面影响效果。

（6）【投影贴图】选项组：提供了运用灯光投影贴图的功能。选择【贴图】复选框右侧的按钮可以选择一个用于投影的贴图，这个贴图可以从材质编辑器或者材质贴图浏览器等处拖动过来。【贴图】复选框用来决定是否使用灯光投影功能。下图为运用灯光投影贴图功能产生的效果。

4.【优化】卷展栏

【优化】卷展栏也是3ds Max 2016灯光通用特性功能卷展栏，该卷展栏主要用来为生成高级光线跟踪阴影和区域阴影两种阴影类型提供额外的参数控制。

在【常规参数】卷展栏中单击【阴影贴图】右侧的下三角按钮，在弹出的列表中选择【高级光线跟踪】和【区域阴影】两个选项，均可启动【优化】卷展栏。

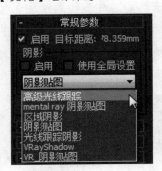

因为在投射阴影时会产生锯齿效应，所以在该卷展栏中设置了抗锯齿的各种选项。所谓锯齿效应，就是在渲染对象时在对象的颜色区域或外形轮廓上显示出阶梯状。锯齿效应会大大地影响对象的渲染效果，而抗锯齿功能则可以用来消除这些阶梯效应。

（1）【透明阴影】选项组：用于影响使用了透明材质对象的阴影效果。选中【启用】复选框，对于透明材质对象带色彩的表面将投射出带有色彩的阴影，这是很符合自然规律的；撤选该复选框，投射的阴影则显示为黑色。

（2）【抗锯齿阈值】颜色框：颜色值的设置是对抗锯齿效应的使用。选中【启用】复选框后形成的彩色阴影将产生抗锯齿影响。增加该值虽然可以使阴影渲染的速度变快，但是却会降低阴影的投射质量；反之，降低该值则可提高阴影变化的区分度，从而提高阴影的质量。

（3）【抗锯齿抑制】选项组：用于渲染特殊表面的材质效果。渲染特殊表面时，选中【超级采样材质】复选框将使用抗锯齿效应两个通道中的一个通道，这样可能带来更好的表面效果，但渲染的速度会变慢。

（4）【反射/折射】复选框：用于生成反射和折射阴影的情况。当渲染反射和折射阴影效果时，选中【超级采样材质】复选框也将仅使用抗锯齿效应两个通道中的一个通道来增加渲染的效果。

（5）【共面面剔除】选项组：用于处理邻近表面的阴影生成效果。当选中【跳过共面面】复选框时，将不会在对象的共面和邻近的表面上产生阴影影响。该选项尤其适用于球面这样的曲面情况。

（6）【阈值】微调框：用来设置相邻表面之间的夹角阈值，如0.0表示垂直，1.0表示平行。

10.2 使用阴影

阴影是对象后面灯光变暗的区域。3ds Max 2016支持5种类型的阴影，即10.1节中所讲到的【常规参数】卷展栏中阴影选项组中包含的5种阴影类型：【阴影贴图】、【光线跟踪阴影】、【高级光线跟踪】、【区域阴影】和【mental ray 阴影贴图】。

10.2.1 阴影类型

了解了阴影的具体类型之后，下面具体地讲解各种阴影类型。用于光度学灯光和标准灯光的【常规参数】卷展栏允许用户对灯光启用或禁用投射阴影，并选择灯光所使用的阴影类型。

下表列出了每种阴影类型的优点和不足。

阴影类型	优点	不足
高级光线跟踪	支持透明度和不透明度贴图，使用不少于 RAM 的标准光线跟踪阴影 建议对复杂场景使用一些灯光或面	比阴影贴图更慢 不支持柔和阴影 处理每一帧
区域阴影	支持透明度和不透明度贴图 使用很少的 RAM 建议对复杂场景使用一些灯光或面 支持区域阴影的不同格式	比阴影贴图更慢 处理每一帧
mental ray 阴影贴图	使用 mental ray 渲染器可能比光线跟踪阴影更快	不如光线跟踪阴影精确
光线跟踪阴影	支持透明度和不透明度贴图 如果不存在对象动画，则只处理一次	可能比阴影贴图更慢 不支持柔和阴影
阴影贴图	产生柔和阴影 如果不存在对象动画，则只处理一次 最快的阴影类型	使用很多 RAM，不支持使用透明度或不透明度贴图的对象

1. 阴影贴图

阴影贴图实际上是位图，由渲染器产生并与完成的场景组合产生图像。这些贴图可以有不同的分辨率，但是较高的分辨率则会要求更多的内存。阴影贴图通常能够创建出更真实、更柔和的阴影，但是不支持透明度。

2. 光线跟踪阴影

3ds Max 2016按照每个光线照射场景的路径来计算光线跟踪阴影。这个过程会耗费大量的处理周期，但是能产生非常精确且边缘清晰的阴影。使用光线跟踪可以为对象创建出阴影

贴图无法创建的阴影，例如透明的玻璃。

3. 高级光线跟踪

高级光线跟踪与光线跟踪阴影相似，但是它具有比较强的控制能力，比标准的光线跟踪阴影需要更多的内存。下图为高级光线跟踪阴影由区域灯光投影效果。

4. 区域阴影

区域阴影基于投射光的区域创建阴影，不需要太多的内存，但是支持透明对象。下图所示为点光源投影的区域阴影效果。

5. mental ray阴影贴图

mental ray阴影贴图作为阴影类型将告知mental ray渲染器使用mental ray阴影贴图算法生成阴影。如果改用默认扫描线渲染器进行渲染，则在渲染中没有阴影出现。

10.2.2 阴影参数设置

在【常规参数】卷展栏中选择任一种阴影类型后，修改面板中就会出现相应的阴影参数卷展栏。通过相应的阴影参数卷展栏可以对所选的阴影进行相关的设置。

1.【高级光线跟踪参数】卷展栏

【高级光线跟踪参数】卷展栏如下图所示。

（1）【基本选项】选项组：模式下拉列表用来选择生成阴影的光线跟踪类型。在3ds Max中包含有3种基本模式，分别为【简单】、【单过程抗锯齿】和【双过程抗锯齿】。

（2）【双面阴影】复选框：选中该复选框后，计算阴影时阴影背面将被保留，从内部看到的对象不由外部的灯光照亮，这样将花费更多渲染时间。撤选该复选框后，将忽略背面，渲染速度更快，但外部灯光将照亮对象的内部。默认设置为启用。

（3）【阴影完整性】微调框：从照亮的曲面中投影的光线数。

（4）【阴影质量】微调框：从照亮的曲面中投影的二级光线数量。

（5）【阴影扩散】微调框：要模糊抗锯齿边缘的半径（以像素为单位）。下图为通过增加阴影扩散值来柔化阴影边缘。

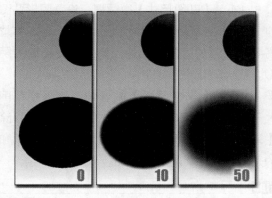

Tips

随着该值的增加，模糊的质量越高。然而，增加该值也会增加丢失小对象的可能性。为了避免出现此问题，应增加第1周期质量的值。

（6）【阴影偏移】微调框：用于设置与着色点的最小距离。对象必须在这个距离内投影阴影，这样将使模糊的阴影避免影响它们不应影响的曲面。

Tips

随着模糊值的增加，也应该增加偏移。

（7）【抖动量】微调框：向光线位置添加随机性。开始时光线为非常规则的图案，它可以将阴影的模糊部分显示为常规的人工效果。抖动将这些人工效果转换为噪波，这对于人眼来说并不明显。建议的值为0.25~1.0。但是，非常模糊的阴影将需要更多抖动。

2.【mental ray阴影贴图】卷展栏

【mental ray阴影贴图】卷展栏如下图所示。

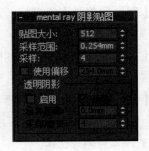

（1）【贴图尺寸】微调框：设置阴影贴图的分辨率。贴图大小是此值的平方，分辨率越高要求处理的时间越长，但会生成更精确的阴影。默认设置为512。

（2）【采样范围】微调框：当采样范围大于零时，会生成柔和边缘的阴影。通过移除【采样】指定的贴图位置，此值将指定要柔和的贴图区域。默认设置是0.0。

Tips

> 如果设置的【采样范围】大于零，必须设置大于零的【采样】，以便获得柔和的阴影效果。
>
> 平行光要求【采样范围】的值大于聚光灯的值。

（3）【采样】微调框：设置采样数，以便在生成柔和阴影时从阴影贴图中移除。默认值为1。

（4）【使用偏移】复选框：选中该复选框后，可以更改贴图偏移。增加偏移值可以将阴影与投影阴影的对象进行分离。默认设置是 10。

（5）【启用】复选框：选中该复选框后，阴影贴图与多个Z层一起保存，可以有透明度。默认设置为禁用状态。

（6）【颜色】复选框：选中该复选框后，

曲面颜色将影响阴影的颜色。默认设置为启用。

（7）【合并距离】微调框：两个曲面之间的最小距离，如果两个曲面的距离比该值还接近，则阴影贴图将它们作为单个曲面。当设置为0.0时，mental ray渲染器将自动计算要使用的距离值。默认设置为0.0。

较大的【合并距离】值可以减少内存消耗，但降低了阴影质量。低的【合并距离】值增加内存消耗的同时也降低了渲染速度。

（8）【采样/像素】微调框：在阴影贴图中用于生成像素的采样数。其值越高质量越好，且阴影更细致，但却增加了渲染时间。默认设置为5。

如果一个贴图的阴影显示为锯齿，则会增加【采样/像素】的值。在精细几何体投影阴影设置时特别有用。

3.【区域阴影】卷展栏

【区域阴影】卷展栏包括【基本选项】选项组、【抗锯齿选项】选项组和【区域灯光尺寸】选项组，区域选项中的尺寸可以用来计算区域阴影，它们并不影响实际的灯光对象。

【区域阴影】卷展栏如下图所示。

（1）【基本选项】选项组：模式下拉列表用来选择生成区域阴影的方式。在3ds Max 2016中包含了5种基本模式，分别为【简单】、【长方形灯光】、【圆形灯光】、【长方体形灯光】和【球形灯光】。

● 【简单】从灯光向曲面投影单个光线。不计算抗锯齿或区域灯光。

● 【长方形灯光】以长方形阵列中的灯光投影光线。

● 【圆形灯光】以圆形阵列中的灯光投影光线。

● 【长方体形灯光】从灯光投影光线就好像灯光是一个长方体。

● 【球形灯光】从灯光投影光线就好像灯光是一个球体。

下图为区域阴影阵列的形状影响投影阴影的方式，左图为长方形灯光，右图为长方体形灯光。

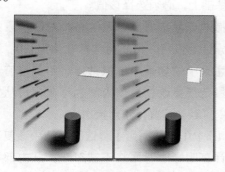

（2）【双面阴影】复选框：选中该复选框后，计算阴影时阴影的背面将会被保留，从内部看到的对象不由外部的灯光照亮，这样将花费更多渲染时间。撤选该复选框后，将忽略背面，渲染速度更快，但外部灯光将照亮对象的内部。下图所示为启用【双面阴影】前后切片球体内面的投影阴影效果。

（3）【阴影完整性】微调框：用来设置在初始光线束投影中的光线数。这些光线从接收来自光源的灯光的曲面进行投影。1表示4束光线，2表示5束光线，3~N表示N×N束光线。例如，将【阴影完整性】设置为5，可生成25束光

线。增加【阴影完整性】值将创建更精确、更详细的阴影轮廓。

增加阴影完整性值将创建更精确更详细的阴影轮廓，如图所示。

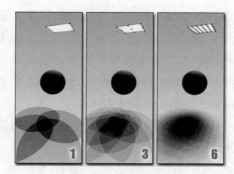

（4）【阴影质量】微调框：用来设置在半影（柔化区域）区域中投影的光线总数，包括在第一周期中发射的光线。这些光线从半影中的每个点或阴影的抗锯齿边缘进行投影，以对其进行平滑。2表示5束光线，3~N表示N×N束光线。例如，将【阴影质量】设置为5可生成25束光线。

下图为增加【阴影质量】值可在【阴影完整性】值定义的轮廓内产生更精确的半影（柔化区域）。

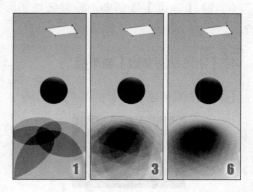

（5）【采样扩散】微调框：要模糊抗锯齿边缘的半径（以像素为单位）。

Tips

随着该值的增加，模糊的质量变高。然而，增加该值也会增加丢失小对象的可能性。为了避免出现此问题，请增加【阴影完整性】值。

（6）【阴影偏移】微调框：用于设置对象与正在被着色点的最小距离以便投影阴影，这样将使模糊的阴影避免影响它们不应影响的曲面。

（7）【抖动量】微调框：向光线位置添加随机性。开始时光线为非常规则的图案，它可以将阴影的模糊部分显示为常规的人工效果。抖动将这些人工效果转换为噪波，通常对于人眼来说并不明显。建议的值为0.25~1.0。但是，非常模糊的阴影将需要更多抖动。

下图为增加抖动将使各个阴影示例相混合的效果。

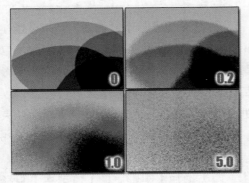

（8）【长度】微调框：设置区域阴影的长度。

（9）【宽度】微调框：设置区域阴影的宽度。

（10）【高度】微调框：设置区域阴影的高度。

4.【阴影贴图参数】卷展栏

【阴影贴图参数】卷展栏如下图所示。

（1）【偏移】微调框：位图偏移可面向或远离阴影投射对象移动阴影。

（2）【大小】微调框：设置用于计算灯光的阴影贴图的大小（以像素平方为单位）。阴影贴图尺寸为贴图指定细分量，值越大，对贴图的描述就越细致。下图所示为大小值分别为32和256时的效果图。

（3）【采样范围】微调框：采样范围决定阴影内平均有多少区域，这将影响柔和阴影边缘的程度。范围为0.01~50.0。

（4）【绝对贴图偏移】复选框：选中该复选框，阴影贴图的偏移未标准化，但是该偏移在固定比例的基础上以3ds Max为单位表示。在设置动画时，无法更改该值。在场景范围的大小的基础上，必须选择该值。

撤选该复选框后，系统将相对于场景的其余部分计算偏移，然后将其标准化为1.0。这将在任意大小的场景中提供常用起始偏移值。如果场景范围更改，这个内部的标准化将从帧到帧改变。默认设置为禁用状态。

（5）【双面阴影】复选框：选中该复选框后，计算阴影时背面将不被忽略，从内部看到的对象不由外部的灯光照亮。撤选该复选框，将忽略背面，这样可使外部灯照亮对象的内部。默认设置为启用。

5.【光线跟踪阴影参数】卷展栏

【光线跟踪阴影参数】卷展栏如下图所示。

（1）【光线偏移】微调框：可以将阴影投影对象进行移动，使阴影与投影对象分离。如果偏移值太低，阴影可能在无法到达的地方泄露，从而生成叠纹图案或在网格上生成不合适的黑色区域。如果偏移值太高，阴影可能从对象中分离。在任何方向上如果偏移值是极值，则阴影根本不可能被渲染。

（2）【双面阴影】复选框：选中该复选框后，计算阴影时阴影背面将被保留，从内部看到的对象不由外部的灯光照亮，这样将花费更多渲染时间。撤选该复选框后，将忽略背面，渲染速度更快，但外部灯光将照亮对象的内部。默认设置为启用。

（3）【最大四元树深度】微调框：使用光线跟踪器调整四元树的深度。增大四元树深度值可以缩短光线跟踪时间，但却占用了更多的内存。使用深度值虽然可以改善性能，但是却要花费大量的时间才能生成四元树本身。这取决于场景中的几何体。默认深度值为7。

Tips

泛光灯最多可以生成6个四元树，因此它们生成光线跟踪阴影的速度比聚光灯生成阴影的速度慢，所以非必要情况下避免将光线跟踪阴影与泛光灯一起使用。

10.3 认识摄影机

摄影机能从特定的观察点上来表现场景中的物体。摄影机对象是模拟现实世界中的静止图像、运动图片或视频摄影机。3ds Max 2016提供的两种摄影机是自由摄影机和目标摄影机。

10.3.1 3ds Max中的摄影机

在3ds Max 2016中的自由摄影机和目标摄影机有不同的属性和特性。若要在场景中创建摄影机，可以选择【创建】→【摄影机】菜单命令，从摄影机的子菜单中选择所要创建的摄影机，或单击【创建】面板上的【摄影机】按钮 来创建。选择自由摄影机后，在视图中直接单击就可以创建自由摄影机，而目标摄影机需要在视图中单击并把它拖动到目标位置才能创建成功。

使用摄影机视口可以调整摄影机，就好像正在通过其镜头进行观看。摄影机视口对于编辑几何体和设置渲染的场景非常有用。多个摄影机可以提供相同场景的不同视图。

使用【摄影机校正】修改器可以校正两点视角的摄影机视图，其中垂线仍然垂直。

如果要设置观察点的动画，可以创建一个摄影机并设置其位置的动画，例如可能要飞过一个地形或走过一个建筑物。可以设置其他摄影机参数的动画，例如可以设置摄影机视野的动画以获得场景放大的效果。

10.3.2 摄影机特性

真实世界摄影机使用镜头将场景反射的灯光聚焦到具有灯光敏感性曲面的焦点平面。

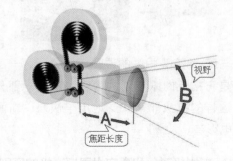

1. 焦距

镜头和灯光敏感性曲面间的距离称为镜头的焦距。焦距影响对象出现在图片上的清晰度。焦距越小图片中包含的场景就越多；加大焦距将包含更少的场景，但会显示远距离对象的更多细节。

焦距始终以毫米为单位进行测量。50mm镜头通常是摄影的标准镜头，焦距小于50mm的镜头称为短或广角镜头，焦距大于50mm的镜头称为长或长焦镜头。

2. 视野（FOV）

视野（FOV）控制可见场景的数量。FOV以水平线度数进行测量，它与镜头的焦距直接相关。例如，50mm的镜头显示水平线为46°。镜头越长，FOV越窄；镜头越短，FOV 越宽。

3. 视野（FOV）和透视的关系

短焦距（宽FOV）强调透视的扭曲，使对象朝向观察者看起来更深、更模糊。

长焦距（窄FOV）减少了透视扭曲，使对象压平或与观察者平行。

下图左上角所示的是长焦距长度，窄FOV；右下角所示的是短焦距长度，宽FOV。

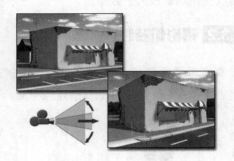

与50mm镜头相关的透视正常显示，一部分原因是它接近肉眼看到的内容，还有一部分原因是这样的镜头非常广泛地用于快照、新闻照片及电影等。

4. 摄影机对象和真实世界摄影机的区别

计算机渲染并不需要真实世界摄影机的许多其他控制（如用于聚焦镜头和推近胶片的那些控制），而且在摄影机对象中没有对等控制。

该程序与在电影拍摄中使用的摄影机移动（如摇移、推位和平移）具有对等控制。请参见摄影机视口控件。

10.3.3 摄影机参数设置

无论在场景中选择创建哪一种摄影机，

在【创建】面板中都会出现相应的通用属性卷展栏，即【参数】卷展栏和【景深参数】卷展栏。下面着重对【参数】卷展栏中的各参数选项进行介绍。

1.【参数】卷展栏

（1）【镜头】微调框：用来设置镜头的焦距。

（2）【视野】微调框：用来设置视野的大小，即摄影机查看区域的宽度。在微调框的左侧是视野（FOV）的方向弹出按钮，包括水平↔、垂直↕和对角线↗。默认设置是水平设置↔，当视野方向为水平时，视野参数直接设置摄影机的地平线的弧形，以度为单位进行测量。

（3）【正交投影】复选框：选中该复选框后，摄影机视图看起来就像"用户"视图。撤选该复选框后，摄影机视图就像标准的透视视图。当【正交投影】有效时，视口导航按钮的行为如同平常操作一样，"透视"除外。"透视"功能仍然移动摄影机并且更改FOV，但【正交投影】取消执行这两个操作，以便禁用【正交投影】后可以看到所做的更改。

（4）【备用镜头】选项组：摄影机镜头大小，可以单击【备用镜头】选项组中的备用镜头按钮。每个备用按钮都附有该镜头的具体焦距（以毫米为单位）。

（5）【类型】下拉列表：用来设置摄影机的类型，即目标摄影机或自由摄影机。

（6）【显示圆锥体】复选框：摄影机的视野锥形光线轮廓以浅蓝色显示。当选中摄影机对象时，摄影机的锥形光线始终可见，因此不考虑显示锥形光线设置。

（7）【显示地平线】复选框：选中该复选框后，在摄影机视口中的地平线层级中就会显示一条深灰色的线条。如果地平线位于摄影机的视野之外或摄影机倾斜得太高或太低，地平线就会被隐藏。

（8）【环境范围】选项组：选中【显示】复选框后，摄影机的视野锥形光线轮廓就会显示出两个平面。与摄影机距离近的平面为近距范围，与摄影机距离远的平面为远距范围。默认情况下，近距范围为0，远距范围等于远端剪切平面的值。下图是近距范围和远距范围的概念示意图。

（9）【剪切平面】选项组：当撤选【手动剪切】复选框时，摄影机将忽略近距和远距剪切平面的位置，近距剪切和远距剪切不可用。当选中【手动剪切】复选框后，近距剪切和远

距剪切将被激活，近距剪切值可以定位近距剪切的平面，近距剪切平面可以接近摄影机 0.1个单位。远距剪切值可以定位远距剪切的平面。如果对象和摄影机的距离太近或太远，对象均不可见，并且不能进行渲染。

下图所示为近距剪切平面和远距剪切平面的概念示意图。

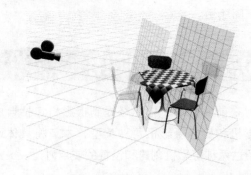

（10）【多过程效果】选项组：可以指定摄影机的景深或运动模糊效果。当由摄影机生成时，通过使用偏移以多个通道渲染场景，这些效果将生成模糊。同时渲染时间也有所增加。

选中【启用】复选框后，使用效果预览或渲染。撤选该复选框后，不渲染该效果。单击【预览】按钮可在活动摄影机视口中预览效果。如果活动视口不是摄影机视图，则该按钮不可用。

（11）【效果】下拉列表：从该下拉列表中可以选择生成哪个多重过滤效果、景深或运动模糊。这些效果相互排斥。默认设置为【景深】。

（12）【渲染每过程效果】复选框：选中该复选框后，如果指定任何一个，则将渲染效果应用于多重过滤效果的每个过程（景深或运动模糊）。撤选该复选框后，将在生成多重过滤效果的通道之后只应用渲染效果。默认设置为禁用状态。

Tips

禁用【渲染每过程效果】可以缩短多重过滤效果的渲染时间。

（13）【目标距离】微调框：使用自由摄影机，将点设置为用作不可见的目标，以便可以围绕该点旋转摄影机。使用目标摄影机，表示摄影机和其目标之间的距离。

2.【景深参数】卷展栏

【景深参数】卷展栏中包括的各参数选项如下图所示。

10.4 摄影机应用

在前面的章节中已经提到摄影机包括自由摄影机和目标摄影机两种类型，本节将具体地介绍这两种摄影机创建和设置的使用方法。

10.4.1 创建自由摄影机

自由摄影机查看注视摄影机方向的区域。创建自由摄影机时，看到一个图标，该图标表示摄影机及其视野。摄影机图标与目标摄影机图标看起来相同，但是不存在要设置动画的单独的目标图标。当摄影机的位置沿一个路径被设置动画时，更容易使用自由摄影机。

自由摄影机在摄影机指向的方向查看区域。与目标摄影机不同，它有两个用于目标和摄影机的独立图标，自由摄影机由单个图标表示，为的是更轻松设置动画。当摄影机位置沿着轨迹设置动画时可以使用自由摄影机，与穿行建筑物或将摄影机链接到行驶中的汽车上时一样。当自由摄影机沿着路径移动时，可以将其倾斜。如果将摄影机直接置于场景顶部，使用自由摄影机可以避免旋转。

自由摄影机的初始方向是沿着单击视口的活动构造网格的负z轴方向的。

换句话说，如果在正交视口中单击，则摄影机的初始方向是直接背离用户的。单击"顶"视口将使摄影机指向下方，单击"前"视口将使摄影机从前方指向场景。

在【透视】、【用户】、【灯光】或【摄影机】视口中单击将使自由摄影机沿着世界坐标的负z轴方向指向下方。

由于摄影机在活动的构造平面上创建，在此平面上也可以创建几何体，因此在【摄影机】视口中查看对象之前必须移动摄影机。从若干视口中检查摄影机的位置以将其校正。

创建自由摄影机的具体操作方法如下。

Step 01 选择【创建】→【摄影机】→【自由摄影机】菜单命令或单击【创建】按钮，在【创建】面板中单击【摄影机】按钮，在对象类型中单击【自由】按钮。

Step 02 单击放置摄影机的视口位置，单击的视口类型决定了自由摄影机的初始方向，摄影机成为场景的一部分。

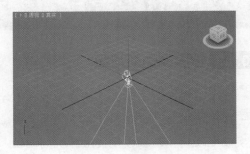

Step 03 单击【修改】按钮进入【修改】面板，在【修改】面板中设置创建摄影机的参数。

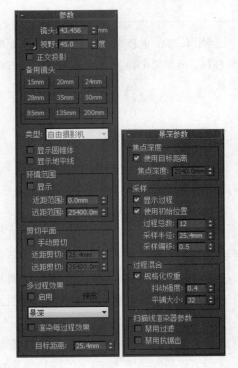

Step 04 单击主工具栏中的【选择并移动】按钮⊕和【选择并旋转】按钮↻，可以移动和旋转摄影机以调整其观察点。

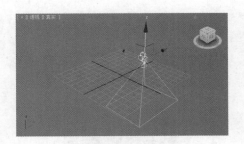

10.4.2 创建目标摄影机

目标摄影机用于查看目标对象周围的区域。创建目标摄影机时，看到一个两部分的图标，该图标表示摄影机及其目标（一个白色框）。摄影机和摄影机目标可以分别设置动画，以便当摄影机不沿路径移动时，能更容易使用摄影机。

当创建摄影机时，目标摄影机会查看所放置的目标图标周围的区域。目标摄影机比自由摄影机更容易定向，只需将目标对象定位在所需位置的中心即可。

可以通过设置目标摄影机及其目标的动画来创建有趣的效果。当沿着路径设置目标和摄影机的动画时，最好将它们链接到虚拟对象上，然后设置虚拟对象的动画。

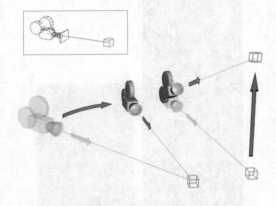

创建目标摄影机的具体操作方法如下。

Step 01 选择【创建】→【摄影机】→【目标摄影机】菜单命令或单击【创建】按钮，在【创建】面板中单击【摄影机】按钮，在对象类型中单击【目标】按钮。

Step 02 在顶视图或透视视图中拖动，拖动的初始点是摄影机的位置，释放鼠标的点就是目标位置。摄影机成为场景的一部分。该摄影机指向分离对象的目标。

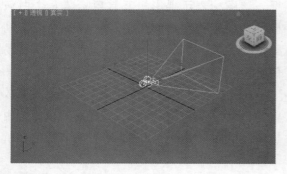

Step 03 单击【修改】按钮进入【修改】面板，在【修改】面板中设置创建摄影机的参数。

Step 04 单击主工具栏中的【选择并移动】按钮和【选择并旋转】按钮，可以移动和旋转摄影机以调整其观察点。

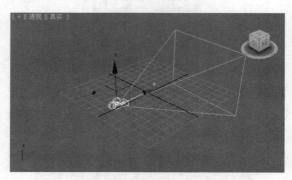

10.4.3 设置摄影机动画

当【设置关键点】或【自动关键点】按钮处于开启状态时，可以通过在不同的关键帧中变换或更改其创建参数设置摄影机的动画。该程序在关键帧之间插补摄影机变换和参数值，就像其用于对象几何体一样。

Tips

通常，在场景中移动摄影机时，最好使用自由摄影机，而在固定摄影机位置时，则使用目标摄影机。

1. 沿路径移动摄影机

使摄影机跟随路径是创建建筑穿行、过山车等的常用方式。

如果摄影机必须倾斜或接近垂直方向（像在过山车上一样），则应使用自由摄影机。将路径约束直接指定给摄影机对象。沿路径移动摄影机，可以通过添加平移或旋转变换调整摄影机的视点。这相当于手动上胶卷的摄影机。

对于目标摄影机，将摄影机和其目标链接到虚拟对象，然后将路径约束指定给虚拟对象，这相当于安装在三轴架上的推拉摄影机，主要运用于分离摄影机及其目标。

2. 跟随移动对象

可以使用注视约束让摄影机自动跟随移动对象。注视约束可以使对象替换摄影机目标。

如果摄影机是目标摄影机，则可以忽略以前的目标。如果摄影机是自由摄影机，则会变换为目标摄影机。当注视约束指定起作用时，自由摄影机无法沿着局部x和y轴旋转，并且由于上向量约束而无法垂直注视。还可以将摄影机目标链接到对象。

3. 摇移

设置任何摄影机的摇移动画的步骤如下。

Step 01 选择摄影机并激活摄影机视口。

Step 02 单击【自动关键点】按钮并将时间滑块移动到任何帧。使用【摇移摄影机】按钮（在摄影机视口导航工具中）并移动。

4. 环游

设置任何摄影机的环游动画的步骤如下。

Step 01 选择摄影机并激活摄影机视口。

Step 02 启用【自动关键点】按钮并将时间滑块移动到任何帧。使用【环游摄影机】按钮（在摄影机视口导航工具中）并环游。目标摄影机沿着其目标旋转，而自由摄影机沿着其目标距离旋转。

5. 缩放

通过更改镜头的焦距使用缩放朝向或背离摄影机主旨进行移动。它属于物理移动，但焦距保持不变。可以通过设置摄影机视野（FOV）参数值的动画进行缩放。

6. 创建设置动画的剖面视图

设置靠近和（或）远离剪切平面位置的动画来设置剖面视图的动画。

10.4.4 实例：使用穿行助手

使用穿行助手，可以通过在路径上放置摄影机、设置高度、转动摄影机并查看预览，轻松在场景中创建预定义的穿行动画。可从【动画】菜单启用该功能。创建穿行摄影机的具体操作步骤如下。

Step 01 启动3ds Max 2016，单击【应用程序】按钮，从弹出的菜单中选择【重置】命令重置场景。

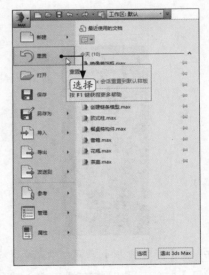

Step 02 创建穿行摄影机前的设置。打开随书光盘中的"素材\ch10\齿轮.max"模型文件。

Step 03 选择【动画】→【穿行助手...】菜单命令，如图所示。

Step 04 系统将会弹出【穿行助手】对话框，如图所示。

Step 05 在【主要控制】卷展栏中单击【创建新的摄影机】按钮。此时将在视口中创建和显示名为"穿行摄影机001"的自由摄影机。该摄影机也会按名称在【摄影机】列表中显示出来。如果任何视口中都未显示摄影机，则需通过缩放进行查看。

Tips

可以在【修改】面板中使用更为形象的名称对摄影机进行重命名。

Step 06 进入【创建】→【图形】面板，单击【线】按钮。

Step 07 在顶视图中沿着齿轮绘制一条曲线。

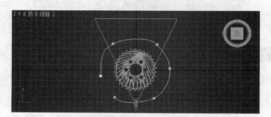

Tips

如果将样条线图形的创建方法设置为【平滑】或【Bezier】，摄影机在移动时会变得更平滑。

Step 08 在【穿行助手】对话框中单击【拾取路径】按钮。

Step 09 在绘制好的样条线路径上单击，这时创建的穿行摄影机就会自动附着在样条线路径的起始点上。

Step 10 单击【播放】按钮 ► 或拖动时间滑块，可看见摄影机沿路径移动。激活透视视口，单击【设置视口为摄影机】按钮，可以看见摄影机拍摄到的内容。

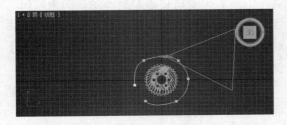

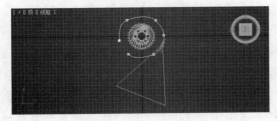

Step 11 选中【移动路径到视点水平高度】复选框，设置视点水平高度。

Step 12 激活顶视图，在【视口控制】卷展栏中移动【转头】滑块，将摄影机头部朝向场景中的齿轮。设置【头倾斜角度】的数值以更改摄影机头部的角度。播放动画或拖动时间滑块以查看摄影机播放场景的方式。

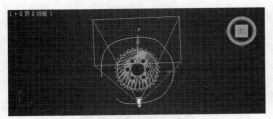

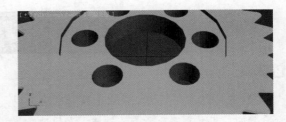

Step 13 在【高级控制】卷展栏中更改【视野】的数值。如果希望显示较少的场景，可以减少设置。相反，如果希望显示更多的场景，则需增加设置。将【目标距离】设置为要清晰显示对象的范围。

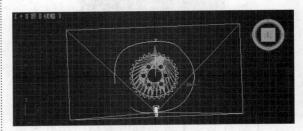

Step 14 接下来设置倾斜和转动动画。将时间滑块移至第0帧。单击【自动关键点】按钮，移动【转头】滑块，可向左、向中心或向右转动摄影机头部。如果需要，可上下调整【头倾斜角度】，同时还可以旋转和移动模型来配合动画效果。使用相同的方式在不同的时间滑块位置，可将摄影机移动到采用不同方式转动或倾斜摄影机的下一位置。完成对摄影机旋转关键点的设置后，即可播放动画。

如果对结果不满意，单击【移除所有头动画】按钮，可快速删除所有关键点。要快速重置摄影机头部位置，可以单击【重置视点水平高度】按钮。

Step 15 在【渲染预览】卷展栏中单击【单击以渲染预览】按钮，以查看摄影机所拍内容的预览，下图所示为在位置100时的预览效果。

注意当前渲染器设置（如贴图和阴影）会影响预览。

【穿行助手】对话框中的相关参数设置如下。

1.【主要控制】卷展栏

（1）【创建新的摄影机】按钮：在场景中自动创建自由或目标摄影机。摄影机名称为穿行摄影机。

（2）【摄影机】列表框：场景中按名称列出摄影机。

（3）【目标】复选框：控制摄影机列表中选定的摄影机是目标摄影机还是自由摄影机。选中自由摄影机的【目标】复选框，可将其更改为目标摄影机；撤选目标摄影机的【目标】复选框，可将其更改为自由摄影机。

（4）【设置视口为摄影机】按钮：将活动视口更改为摄影机视口。

（5）【拾取路径】按钮：单击此按钮，可在场景中选择路径。路径选定之后，按钮标签将更改为对象的名称。单击【清除路径】按钮 x ，可将摄影机从选定的路径中删除。

（6）【移动路径到视点水平高度】复选框：选中该复选框后，可将路径移至为查看级别所设的高度。撤选该复选框后，可将路径移至其创建时的原始高度。

（7）【视点水平高度】微调框：允许用户指定用于升高或降低摄影机视图的路径的精确高度。

2.【渲染预览】卷展栏

【单击以渲染预览】按钮：单击该按钮，可以进行渲染预览。预览显示在【穿行助手】浮动框的小窗口中。

3.【视口控制】卷展栏

（1）【转头】滑块：旋转摄影机头部，如同它在沿路径移动一样。可以选择向左、向中心和向右转。在转动头部时，可以产生穿行在场景中的幻觉。可以通过单击【自动关键点】按钮为头部转动设定动画，此按钮允许创建可在跟踪视图中进行调整的Z旋转关键点。

（2）【头倾斜角度】微调框：通过该微调框可以设置摄影机头部倾斜的角度。

Tips

> 【转头】和【头倾斜角度】使用 Bezier 控制器来旋转穿行的摄影机。如果创建的关键点太多或关键点靠得太近，可能会达不到预期的效果。为实现最佳效果，应从起始位置开始移动，然后添加关键点直至结束，并尽可能少地创建关键点。

（3）【重置视点水平高度】按钮：单击该按钮，可以将头部倾斜角度约束到含路径的级别。

（4）【移除所有头动画】按钮：单击该按钮，删除启用【自动关键点】时创建的所有关键帧。

4.【高级控制】卷展栏

（1）【视野】微调框：调整在视口和透视光斑中可见的场景数。极值将在视口中产生扭曲。

（2）【目标距离】微调框：设置目标到摄影机的距离。此选项可控制视口中摄影机图标的大小。在自由摄影机中，摄影机围绕其旋转的点由目标距离控制。

（3）【恒定速度】复选框：选中该复选框后，可沿路径保持恒定速度。撤选该复选框后，对象沿路径的速度变化依赖于路径上顶点之间的距离。

（4）【跟随路径】复选框：选中该复选框后，摄影机会保持与路径垂直。撤选该复选框后，摄影机不会跟随路径转动。

10.5 摄影机渲染效果

摄影机可以创建景深和运动模糊两种渲染效果。

多重过滤渲染效果通过在每次渲染之间的摄影机轻微移动，使用相同帧的多重渲染。多重过滤模拟摄影机中的胶片将在某些条件下的模糊。

景深（mental ray）不是多重过滤效果，但在渲染效果下拉列表中的选择也可以为mental ray渲染器指定景深值。

10.5.1 运动模糊效果

摄影机可以生成运动模糊效果，运动模糊是多重过滤效果。通过在场景中基于移动的偏

移渲染通道来模拟摄影机的运动模糊。

在线框和着色视口中可以预览运动模糊效果，如下图所示。

在【创建】面板上单击【摄影机】按钮 ，在打开的【对象类型】面板中单击任意一

个对象类型，即可打开其通用卷展栏，然后在
【多过程效果】面板中设置其效果为【运动模
糊】。

设置了运动模糊效果后可以通过【修改】
面板中的【运动模糊参数】卷展栏进行设置，
如下图所示。

（1）【显示过程】复选框：启用此选项
后，渲染帧窗口显示多个渲染通道。禁用此选
项后，该帧窗口只显示最终结果。该控件对在
摄影机视口中预览运动模糊没有任何影响。默
认设置为启用。

（2）【过程总数】：用于生成效果的过程
数。增加此值可以增加效果的精确性，但却以
渲染时间为代价。默认设置为 12。

（3）【持续时间】：动画中将应用运动模
糊效果的帧数。默认设置为1.0。

（4）【持续时间】微调框：指定"虚拟快
门"处于打开状态的时间。设置为1.0时，虚拟
快门在一帧和下一帧之间的整个持续时间保持
打开。值越大，运动模糊效果越明显。默认设
置为 1.0。

（5）【偏移】：更改模糊，通过更改【偏
移】值，可调整模糊偏移效果。范围为0.01～
0.99，默认设置为0.5。

10.5.2 景深效果

摄影机可以生成景深效果，同样景深也是
多重过滤效果。景深效果是通过模糊到摄影机
焦点（也就是说其目标或目标距离）某种距离
处的帧的区域。

在着色和线框视口中可以预览多重景深模
糊效果，如下图所示。

在【创建】面板上单击【摄影机】按钮，
在打开的【对象类型】面板中单击任意一个对象
类型，即可打开其通用卷展栏，然后在【多过程
效果】选项组中设置其效果为【景深】。

设置了景深效果后，可以通过【修改】面
板中的【景深参数】卷展栏进行设置，如下图
所示。

Tips

多重过滤景深参数可设置动画。

（1）【使用目标距离】复选框：选中该复选框后，将摄影机的目标距离用作每过程偏移摄影机的点。撤选该复选框后，使用【焦点深度】值偏移摄影机。默认设置为启用。

（2）【焦点深度】微调框：当撤选【使用目标距离】复选框时，该微调框显示可以用来设置距离偏移摄影机的深度。范围为0~100，其中0为摄影机的位置，100是极限距离（无穷大有效），默认设置为100。【焦点深度】的较低的值提供狂乱的模糊效果，较高的【焦点深度】值模糊场景的远处部分。通常，使用【焦点深度】而不使用摄影机的目标距离倾向于模糊整个场景。

（3）【显示过程】复选框：选择该复选框后，渲染帧窗口显示多个渲染通道。撤选复选框后，该帧窗口只显示最终结果。此控件对于在摄影机视口中预览景深无效。默认设置为启用。

（4）【使用初始位置】复选框：选择该复选框后，第一个渲染过程位于摄影机的初始位置。撤选该复选框后，与所有随后的过程一样偏移第一个渲染过程。默认设置为启用。

（5）【过程总数】微调框：用于生成效果的过程数。过程总数越大景深效果越精确，渲染时间越长。默认设置为12。

（6）【采样半径】微调框：通过移动场景生成景深模糊的半径。采样半径值越大整体效果越模糊，采样半径值越小整体效果越清晰。默认设置为1。

（7）【采样偏移】微调框：模糊靠近或远离【采样半径】的权重。增加该值将增加景深模糊的数量级，提供更均匀的效果。减小该值将减小数量级，提供更随机的效果。范围为0~1，默认值为0.5。

（8）【过程混合】选项组：由抖动混合的多个景深过程可以由该选项组中的参数控制。这些参数只适用于渲染景深效果，不能在视口中进行预览。

（9）【规格化权重】复选框：使用随机权重混合的过程可以避免出现诸如条纹等人工效果。选中该复选框，可以将权重规格化来获得较平滑的结果；撤选该复选框，效果会变得清晰一些，但通常颗粒状效果更明显。默认设置为启用。

（10）【抖动强度】微调框：控制应用于渲染通道的抖动程度。增加此值会增加抖动量，并且生成颗粒状效果，尤其在对象的边缘上。默认值为0.4。

（11）【平铺大小】微调框：设置抖动时图案的大小。平铺范围为0~100，默认设置为32。

（12）【扫描线渲染器参数】选项组：使用这些参数可以在渲染多重过滤场景时禁用抗锯齿或锯齿过滤。禁用这些渲染通道可以缩短渲染时间。这些参数只适用于渲染景深效果，不能在视口中进行预览。

（13）【禁用过滤】复选框：选中该复选框后可以禁用过滤过程。默认设置为禁用状态。

（14）【禁用抗锯齿】复选框：选中该复选框后可以禁用抗锯齿。默认设置为禁用状态。

10.6 VRay 灯光

VRay的灯光的效果还是比较理想的，面积阴影更符合真实自然界的阴影效果。创建VRay灯光的操作步骤如下。

Step 01 若要创建VRay灯光，可以选择【创建】面板中的【灯光】 ，然后选择【VRay】灯光类型，单击【灯光】面板中的【VR_光源】灯光类型，在视口中拖动鼠标就可以创建所选的标准灯光VRay灯光。

Step 02 VRay 灯光是一个面片，像画面片一样在顶视图上先画一个合适面积的面片（灯），大小要合适，面积越大，在同等亮度数值，产生的强度就越大、越亮。

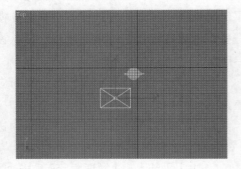

Tips

用户可以自行创建一个平面和茶壶。

Step 03 从左视图上看，默认情况下，在顶视图上画的面片灯，是紧贴地面的！（就是那个带箭头的，箭头像它的提手）因此，需要在左视图上把灯向上移动。

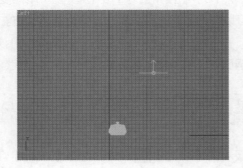

Step 04 高度要适合。太近，物体场景过亮，太远，场景太暗。当然，可以靠提高和降低灯光本身亮度数值弥补，但实际上，很多时候，想

出好的效果，还是需要远近配合灯光亮度的。在原有的右上角的前视图里，旋转视图，让它变成透视图， 以便观察灯光与物体的关系，从下图可以看到，虽然灯光是从地面提起来了，但是照射方向还是没有很好地指向物体。

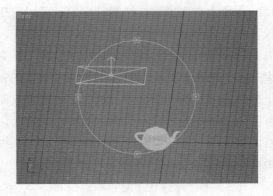

Step 05 在顶视图上，旋转灯光，对向物体。

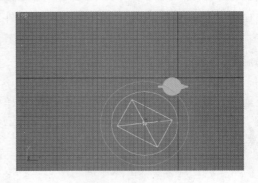

Step 06 在透视图中可以看到，虽然灯的方向是朝向物体了，可是，表面还是平行于地面，在此旋转灯光，使它朝向物体。

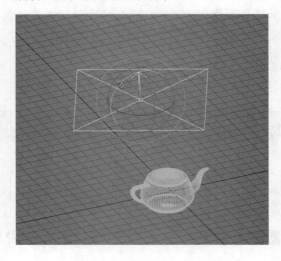

Step 07 拖动上图黄色线以及红色线，可以将灯板方向改变。反复旋转透视图，转向各种角度，查看灯的方向是否符合实际照明要求。

灯光角度调节好之后，就可以编辑灯光属性了，具体操作步骤如下。

使用鼠标单击选择VRay 灯光，显示为白色时，进入【修改】面板，出现VRay灯光参数面板，如图所示。

下面对常用参数进行详细讲解。

（1）【双面】选项：灯双面发光，每次建立灯光时，就把这个属性勾上，默认是不勾的。

（2）【不可见】选项：不显示灯光本身。不勾选这个参数，渲染结果如图所示。

物体反射产生灯光的影响，在其他视图也能看到灯光，VRay灯光就相当于一个反光板。但在实际渲染当中，用户并不需要让灯光本身出现，因此，可以把【不可见】选项勾上，让灯光本身不可见，渲染结果如图所示。

通过比较可以看见，关闭了灯光本身的可见性，在渲染的图片中已经看不到灯光的反射，空中也不见白色的灯光片状物。

（3）【颜色】选择块：可以设置灯光颜色。

（4）【倍增器】选项：可以设置灯光的亮度值。

（5）【细分】：可以设置采样细分值。默认是8。提高采样，渲染速度会变慢，但阴影明显细腻，颗粒感减小，默认值的渲染结果如图所示。

提高灯光采样细分值到30时，渲染结果如图所示。

由以上两图可以看出，明显灯光采样越高，光越细腻，但是，渲染时间基本上增加了4倍左右。

10.7 实例：创建阳光下的石柱效果

前面章节已经学习了建模和材质，本章又学习了灯光和摄像机，下面通过打造正午阳光下的石柱效果实例来综合运用这些命令，具体操作步骤如下。

10.7.1 创建石柱模型

下面首先来创建石柱模型效果，具体操作步骤如下。

Step 01 启动3ds Max 2016，单击【应用程序】按钮，从弹出的菜单中选择【重置】命令重置场景。

Step 02 将前视图最大化，单击【创建】按钮

，进入【创建】面板，单击【图形】按钮，进入【图形】面板，单击【星形】按钮。

Step 03 在顶部视图中绘制一个星形，如图所示。

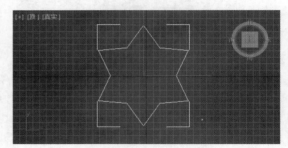

Step 04 打开【参数】卷展栏，然后修改其中参数，最终效果如图所示。

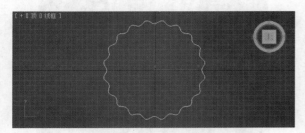

Step 05 在【图形】命令面板中单击【圆】按钮，如图所示。

Step 06 在顶部视图中绘制一个圆形，让圆形的半径比星形稍微大一些，如图所示。

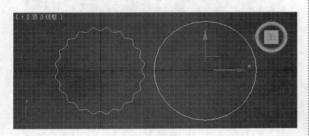

Step 07 在【图形】命令面板中单击【线】按钮，如图所示。

Step 08 在前视图中绘制一条直线，如图所示。

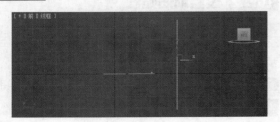

Step 09 选中直线，单击【创建】命令面板，单击【几何体】按钮并进入其面板，在下拉列表中选择【复合对象】项，单击【放样】按钮，如图所示。

Step 10 打开【创建方法】卷展栏，单击【获取图形】按钮，如图所示。

Step 11 在顶视图中选择圆形，得到下图所示的模型。

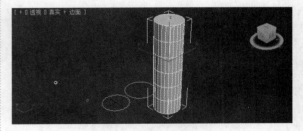

Tips

直线作为矢量，在放样时会从始端开始进行放样，因此最先选择的截面应当是位于始端的截面。

Step 12 打开【路径参数】卷展栏，修改路径值，如图所示。

Step 13 可以看到在前视图中使得分界点位置向下移动，如图所示。

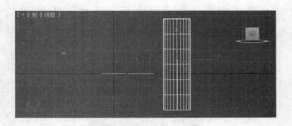

Step 14 单击【获取图形】按钮，如图所示。

Step 15 在视图中拾取星形，得到如图所示的模型。

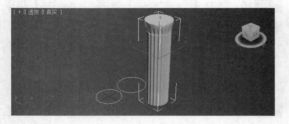

Step 16 选择放样物体，单击【修改】命令面板，选择【loft】的下级命令中的【图形】选项，如图所示。

Step 17 在前视图中选择图中的圆形截面，选择移动工具 ，按住Shift键将其向下拖曳进行复制，形成模型如图所示。

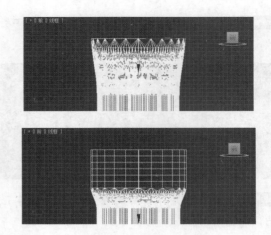

Step 18 使用相同的方法在路径值为86位置拾取星形，在路径值为100位置拾取圆形，然后同样对另一个截面进行复制并移动，得到圆柱下边的造型特征，如图所示。

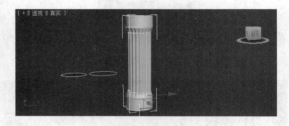

Step 19 柱子的模型基本完成，选择移动工具 ，按住Shift键拖曳出3根柱子来。另外，通过【创建】命令面板中的【几何体】按钮，创建一个长方体，适当调整其大小，并将它们进行搭建，最终模型效果如图所示。

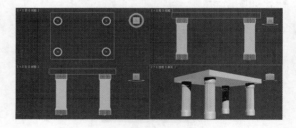

10.7.2 设置材质贴图

下面首先来设置材质贴图效果，具体操作步骤如下。

Step 01 单击工具栏上的【材质编辑器】按钮 ，系统将会打开【材质编辑器】对话框，选择第一个样例球，如图所示。

片作为贴图图片。

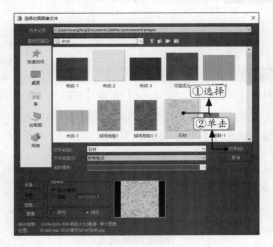

Step 02 打开【贴图】卷展栏，单击【漫反射颜色】后的【None】按钮，如图所示。

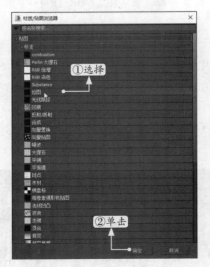

Step 03 系统将会打开【材质/贴图浏览器】对话框，然后选择【位图】贴图，并单击【确定】按钮。

Step 05 单击【打开】按钮后返回【材质编辑器】对话框。单击【转到父对象】按钮 返回父对象级别，回到上一级，在【反射高光】组中设置【高光级别】为45，【光泽度】为35，如图所示。

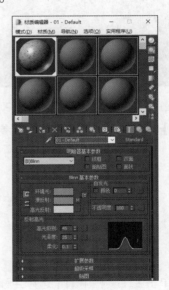

Step 04 在弹出的【选择位图图像文件】对话框中选择随书光盘中的"素材\ch10\石材.jpg"图

Step 06 单击【将材质指定给选定对象】按钮 ，则将贴图材质指定给长方体和4个放样的柱体，如图所示。

10.7.3 设置灯光和摄像机

下面来设置灯光和摄像机效果，具体操作步骤如下。

Step 01 选择【创建】→【摄影机】→【目标摄影机】菜单命令或单击【创建】按钮，在【创建】面板中单击【摄影机】按钮🎭，在对象类型中单击【目标】按钮。

Step 02 在顶视图中拖动，拖动的初始点是摄影机的位置，释放鼠标的点就是目标位置。摄影机成为场景的一部分。该摄影机指向分离对象的目标。

Step 03 单击【修改】按钮进入【修改】面板，在【修改】面板中设置创建摄影机的参数。

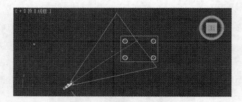

Step 04 单击主工具栏中的【选择并移动】按钮✥和【选择并旋转】按钮↻，可以移动和旋转摄影机以调整其观察点。

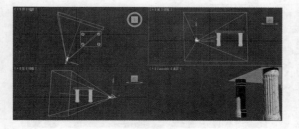

Step 05 单击【创建】命令面板，单击【灯光】按钮，进入其命令面板，单击【目标平行光】按钮，在视图中绘制一盏平行光，并适当调整其照射面积，如图所示。

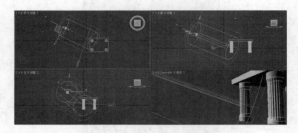

Step 06 进入【修改】命令面板，对其参数进行修改，如图所示。

Tips

因为正午时间的阳光非常强烈，同时也略显淡黄色，因此将倍增值及颜色进行一些调整。

Step 07 单击【快速渲染】按钮🖼️查看效果，如图所示，天空的效果还是黑色的。

因为此时的背景颜色是黑色的。

Step 08 单击【渲染】菜单中的【环境】命令，打开【环境和效果】对话框，单击背景栏下的【无】按钮。

Step 09 系统打开【材质/贴图浏览器】对话框，然后选择【渐变】贴图，如图所示。

Step 10 单击【确定】按钮，将其拖曳到【材质编辑器】中的第二个样例球上，作为后续编辑之用。

Step 11 单击【视图】→【视口背景】→【视口配置】菜单命令，在弹出的窗口中勾选【使用环境背景】选项，如图所示。

这样操作的目的就是使得在材质器中编辑的渐变效果实时地反映到当前的视图中，方便查看。

Step 12 在【材质编辑器】对话框中为渐变的3个颜色项赋予红、绿、蓝值，从而创造天空的效果，如图所示。

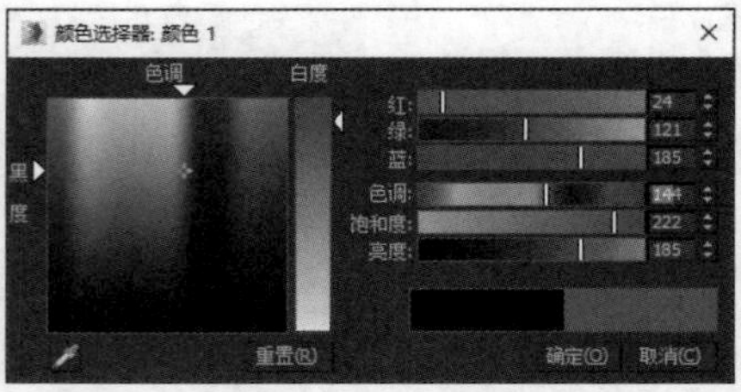

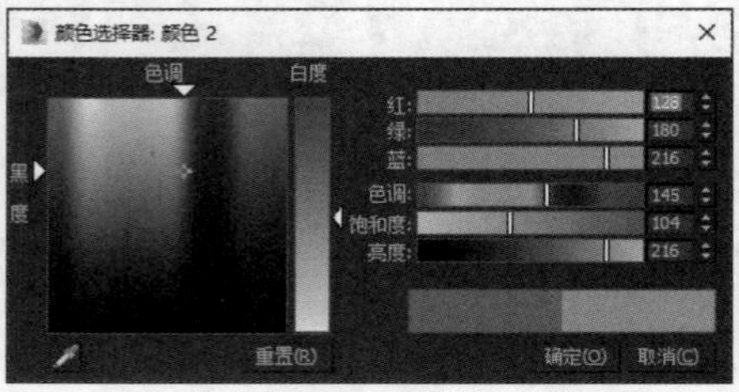

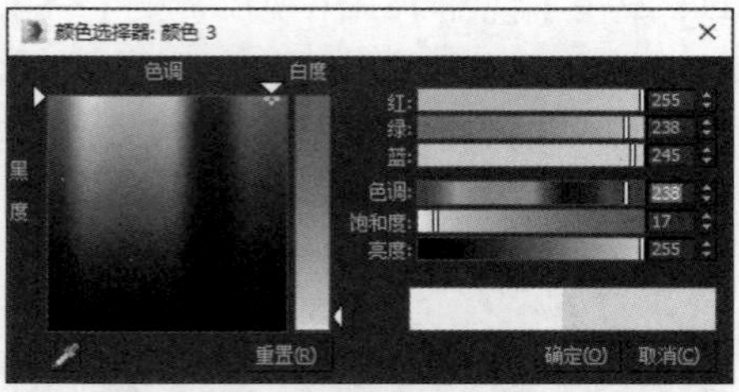

Tips

仔细观察天空颜色，会发现天空是有层次的，在高处到低处是颜色逐步的变浅，因此定下深蓝的基调后，剩下的两个颜色值适当调浅即可。

Step 13 单击【快速渲染】按钮查看效果，如图所示。

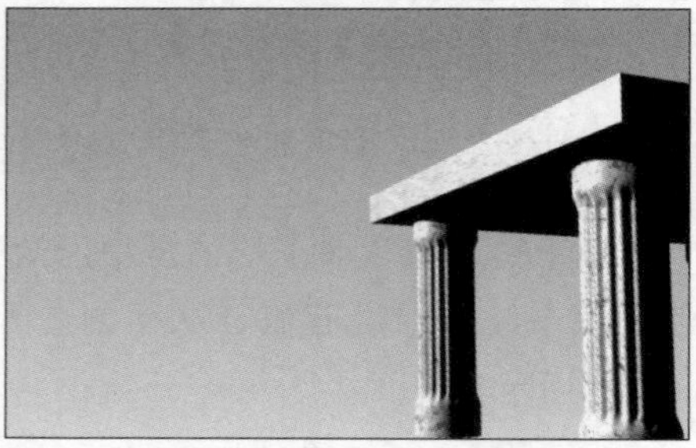

Tips

结果发现建筑物除了照射到的部分显示强烈外，其他部分非常黑暗，看不到任何细节，这与真实场景是不相符的。

Step 14 单击【创建】命令面板，单击【灯光】按钮，进入其命令面板，单击【天光】按钮。

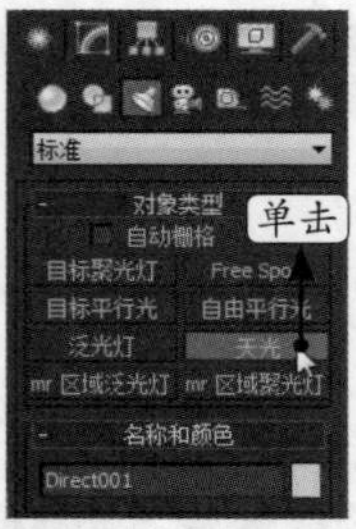

Step 15 在视图中绘制一盏天光，位置并不重要，关键是参数倍增及颜色设置，如图所示。

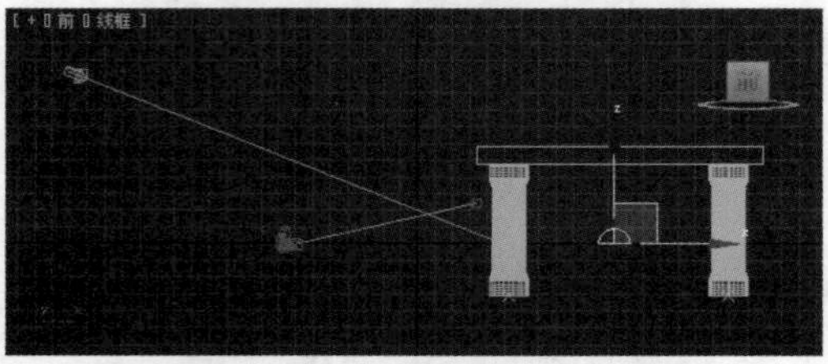

Step 16 进入【修改】面板，打开【天光参数】卷展栏，对倍增及颜色进行设置，如图所示。

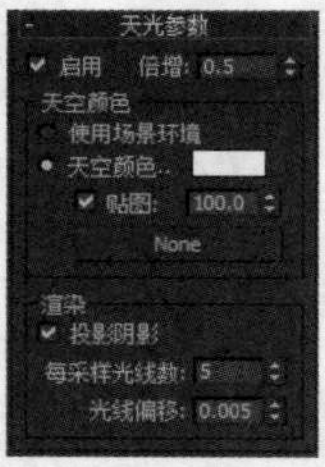

Step 17 单击【快速渲染】按钮查看效果，如图所示。

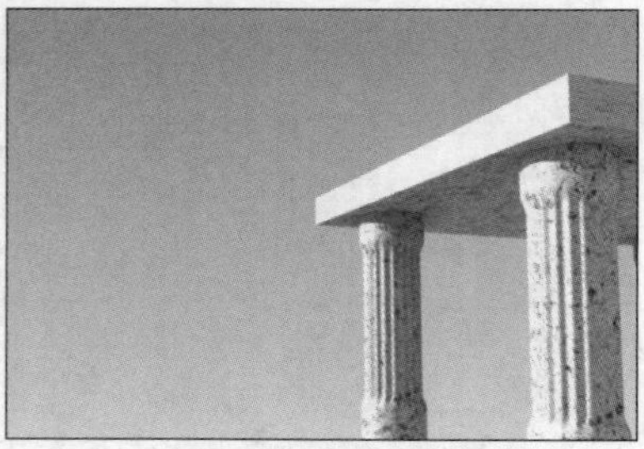

Tips

天光作为主体光的补充，可以使得场景更加明亮，作为辅助光而起作用。此时，看到的建筑物效果和天空场景就非常真实了，建筑物所体现的正是正午阳光照射下的特征。

10.8 实例：创建室内布光效果

本例是通过设置灯光来模拟室内布光效果的，具体操作步骤如下。

Step 01 启动3ds Max 2016，单击【应用程序】按钮 ，从弹出的菜单中选择【重置】命令重置场景。

Step 02 打开光盘中的"素材\ch10\小户型.max"模型文件。

Step 03 单击【创建】命令面板，单击【灯光】按钮，进入其命令面板，单击【泛光灯】按钮，如图所示。

Step 04 在室外合适的位置放一盏泛光灯，并适当调整其照射面积，如图所示。

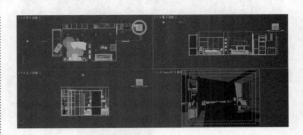

Step 05 进入【修改】命令面板，将阴影设置为【光线跟踪阴影】，适当调整亮度对其参数进行修改，如图所示。

Step 06 单击【快速渲染】按钮 查看效果，如图所示。

Step 07 下面通过灯光阵列来模拟室外的天光，生成一盏泛光灯，通过【实例】关联的方式复制出7行7列，移动到窗框的位置，如图所示。

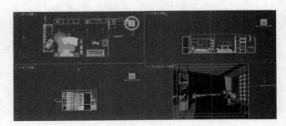

Step 08 选择一盏泛光灯，进入【修改】面板，设置参数如图所示。

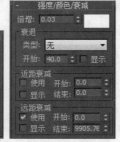

Step 09 单击【快速渲染】按钮 查看效果，如图所示。

Step 10 通过复制的方式将创建的灯光阵列复制一次，移动到如图所示的位置。

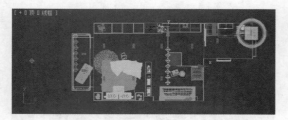

Step 11 选择一盏泛光灯，进入【修改】面板，设置参数如图所示。

Step 12 单击【快速渲染】按钮 查看效果，如图所示。

Step 13 单击【创建】命令面板，单击【灯光】按钮，进入其命令面板，单击【目标聚光灯】按钮，如图所示。

Step 14 在室内射灯的位置放一盏目标聚光灯，并适当调整其照射面积，如图所示。

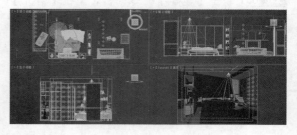

Step 15 选择目标聚光灯，进入【修改】面板，设置参数如图所示。

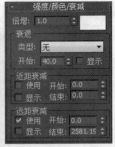

Step 16 通过【实例】关联的方式复制出室内的所有射灯，如图所示。

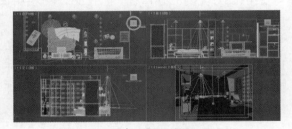

Step 17 单击【快速渲染】按钮 ☕ 查看最终效果，如图所示。

Step 18 赋予材质后使用VRay渲染，最终效果如图所示。

10.9 实战技巧

在效果图渲染表现中，用户可以采用的表现方法有很多。有使用灯光阵列的，有使用3ds Max自带的Radiosity光能传递渲染引擎的，有采用Lightscape渲染大师作为表现平台的，当然目前使用最多的是用VRay渲染器来做表现。但是，不论使用何种方式来渲染，布光都是有一定原则和方法的，下面来了解这方面的知识。

技巧1 3ds Max 布光原则及注意点

布光的顺序如下。

（1）先定主体光的位置与强度。

（2）决定辅助光的强度与角度。

（3）分配背景光与装饰光。这样产生的布光效果应该能达到主次分明，互相补充。

布光还有如下几个地方需要特别注意。

（1）灯光宜精不宜多。过多的灯光使工作过程变得杂乱无章，难以处理，显示与渲染速度也会受到严重影响。因此，只要保留必要的灯光。另外，要注意灯光投影与阴影贴图及材质贴图的用处，能用贴图替代灯光的地方最好用贴图去做。例如，要表现晚上从室外观看到的窗户内灯火通明的效果，用自发光贴图去做会方便得多，效果也很好，而不要用灯光去模拟。切忌随手布光，否则成功率将非常低。对于可有可无的灯光，要坚决不予保留。

（2）灯光要体现场景的明暗分布，要有层次感，切不可把所有灯光一概处理。根据需要选用不同种类的灯光，如选用聚光灯还是泛光灯；根据需要决定灯光是否投影以及阴影的浓度；根据需要决定灯光的亮度与对比度。如果要实现更真实的效果，一定要在灯光衰减方面下一番功夫。可以利用暂时关闭某些灯光的方法排除干扰，才能对其他的灯光进行更好地设置。

（3）MAX 中的灯光是可以超现实的。要学会利用灯光的"排除"与"包括"功能绝对灯光对某个物体是否起到照明或投影作用。例如，要模拟烛光的照明与投影效果，我们通常在蜡烛灯芯位置放置一盏泛光灯。如果这盏灯不对蜡烛主体进行投影排除，那么蜡烛主体产生在桌面上的很大一片阴影可能要让我们头痛半天。在建筑效果图中，也往往会通过"排除"的方法使灯光不对某些物体产生照明或投影效果。

（4）布光时应该遵循由主题到局部、由简到繁的过程。对于灯光效果的形成，应该先调角度定下主格调，再调节灯光的衰减等特性来增强现实感。最后再调整灯光的颜色做细致修改。如果要逼真地模拟自然光的效果，还必须对自然光源有足够深刻的理解。多看些摄影用光的书，多做试验会很有帮助的。不同场合下的布光用灯也是不一样的。在室内效果图的制作中，为了表现出一种金碧辉煌的效果，往往会把一些主灯光的颜色设置为淡淡的橘黄色，可以达到材质不容易做到的效果。

技巧2 了解3ds Max的IES灯光和IES光域网

IES代表了解3ds Max的IES灯光照明学会IES标准文件格式在网络上创建的光度数据的电子传输。它已被广泛应用于许多照明厂商和是在测光数据分布的行业标准之一。IES文件基本上是测量灯具的布光（强度）并以ASCII格式进行存储的文件。用户可以认为它是一个现实世界的光数字档案。在3ds Max中的三维设计软件，IES标准文件可以用于灯的形状和物理上精确的形式。许多重大的照明设备制造商有IES光源文件，可以从他们的网站上免费下载。用户可以使用IES查看器来查看这些文件，为了便于理解图形表示，如图所示。

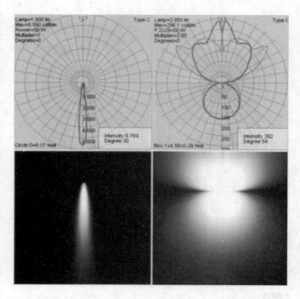

了解3dmax的IES灯光的3ds Max是围绕它支持使用IES灯光的3D软件之一。在3ds Max中的IES灯光下的【光度学灯光】面板中有IES灯光。3ds Max 2016还允许用户使用外部IES文件，通过它的光度学Web功能。光度学Web是一个光源的光强度分布的3D表示。用户使用该功能可以创建灯光，并准确表达光分布的精确强度。

第4篇

渲染

↘ 第11章　渲染

导读

本篇主要讲解3ds Max 2016的渲染。通过对默认渲染器、mental ray渲染器、VRay渲染以及iray渲染等内容的讲解，让读者学会使用3ds Max的各种渲染器，从而使渲染效果更加真实。

本章引言

使用3ds Max创建完成一部作品之后，就可以对该作品进行渲染输出了。通过渲染，可以将作品最真实的一面呈现在用户面前。

本章主要讲述默认渲染器、mental ray渲染器和iray渲染器3种渲染器的概念和基本知识。由于概念和理论方面的知识比较多，希望读者能结合实际多做练习，把理论知识和实际应用结合起来，真正掌握其中的含义。

学习要点

- ▶ 掌握默认渲染器的使用方法
- ▶ 掌握mental ray渲染器的使用方法
- ▶ 掌握VRay渲染器的使用方法
- ▶ 掌握iray渲染器的使用方法

11.1 默认渲染器

使用渲染可以基于3D场景创建2D图像或动画，从而可以使用所设置的灯光、所应用的材质及环境设置（如背景和大气）为场景的几何体着色。

11.1.1 渲染器类型

3ds Max的渲染器提供了【默认扫描线渲染器】、【mental ray渲染器】和【VUE文件渲染器】3种渲染器。选择【渲染】→【渲染设置】菜单命令，即可打开【渲染设置】对话框，在其中的【渲染器】选项卡中包含用于活动渲染器的主要控件，其他选项卡是否可用取决于哪个渲染器处于活动状态。

1. 默认扫描线渲染器

默认扫描线渲染器处于活动状态时其主要控件如下图所示。

2. mental ray渲染器

在【渲染设置】对话框中选择【公用】选项卡，在该选项卡中单击【指定渲染器】卷

展栏中【产品级】右侧的【选择渲染器】按钮
，打开【选择渲染器】下拉菜单。

在该对话框中可以将【mental ray渲染器】
指定为产品级渲染器。

mental ray渲染器处于活动状态时其主要控
件如下图所示。

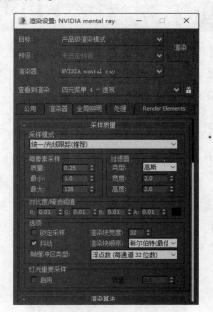

3. VUE文件渲染器

在【公用】选项卡下单击【指定渲染器】
卷展栏中【产品级】右侧的【选择渲染器】按
钮，在打开的【选择渲染器】下拉菜单中将
【VUE 文件渲染器】指定为产品级渲染器。VUE
文件渲染器处于活动状态时其主要控件如下图
所示。

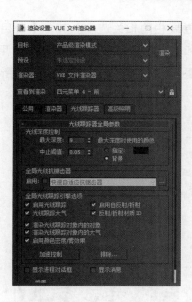

11.1.2 渲染设置

在【渲染设置】对话框中，默认的有
【Render Elements】、【光线跟踪器】、【高
级照明】、【公用】和【渲染器】5种渲染设置
类型选项卡。

1.【公用】选项卡

【公用】选项卡包含任何渲染器的主要控
件，可以渲染静态图像或者动画、设置渲染输
出的分辨率等。

在【公用】选项卡中有【公用参数】、
【电子邮件通知】、【脚本】、【指定渲染

器】等卷展栏的相关选项。其中【公用参数】卷展栏和【指定渲染器】卷展栏最为常用。

（1）【公用参数】卷展栏如下图所示。

• 【时间输出】选项组可以选择要渲染的帧。

• 【输出大小】选项组可以选择一个预定义的大小或在【宽度】和【高度】微调框（以像素为单位）中输入的自定义的大小。其中的【像素纵横比】微调框用来设置显示在其他设备上的像素纵横比，图像可能会在显示上出现挤压效果，但将在具有不同形状像素的设备上正确显示。如果使用标准格式而非自定义格式，则不可以更改像素纵横比，该控件处于禁用状态。下图显示的是具有不同像素纵横比的图像在具有方形像素的显示器上出现的拉伸或挤压效果。

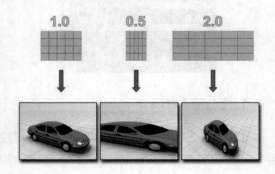

• 【选项】组：通过设置【选项】选项组中的选项，可以渲染文件应用的任何效果，如体

积雾、模糊等，也可以渲染隐藏的对象。

• 【高级照明】选项组可以在软件渲染的过程中提供光能传递的解决方案或光跟踪，也可以计算光能传递。

• 【位图性能和内存选项】选项组用于显示3ds Max是使用高分辨率贴图还是位图代理进行渲染。如果想要更改位图代理的设置，可以单击【设置】按钮。

• 【渲染输出】选项组最主要用于保存渲染输出后的文件路径，指定输出文件的名称、格式等。

（2）【指定渲染器】卷展栏。

【指定渲染器】卷展栏中可以设置文件的产品级，即指定渲染器类型。可以将设置完成的渲染方案保存为默认的设置。

2.【渲染器】选项卡

【渲染器】选项卡包含当前渲染器的主要控件。当设置的渲染类型发生了改变，【渲染器】选项卡的主要控件也会发生相应的变化。默认的【渲染器】选项卡中只包含【默认扫描线渲染器】卷展栏。

3.【Render Elements（渲染元素）】选项卡

【Render Elements】选项卡包含用于将各种图像信息渲染到单个图像文件的控件。在使用合成、图像处理或特殊效果软件时，该功能非常有用。下图所示为针对方格背景和各种元素对喷泉进行的渲染。图中右侧是完全渲染的喷泉，左侧从上到下依次是漫反射、高光、阴影和反射元素。

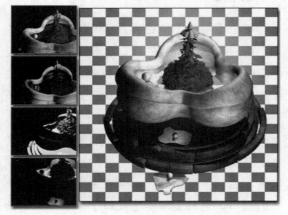

4.【光线跟踪器】选项卡

【光线跟踪器】选项卡包括光线跟踪贴图和材质的全局控件。【光线跟踪器全局参数】卷展栏中的参数将全局控制光线跟踪器。即它们影响场景中所有光线跟踪材质和光线跟踪贴图，也影响高级光线跟踪阴影和区域阴影的生成。

【光线深度控制】选项组中光线的深度即递归深度，可以控制渲染器允许光线在其被视为丢失或捕获之前反弹的次数。下图所示为光线深度分别是0、2和非常高数值的显示效果。

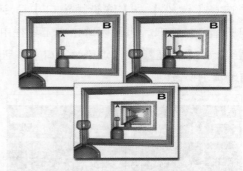

【全局光线抗锯齿器】选项组可以设置光线跟踪贴图和材质的全局抗锯齿。

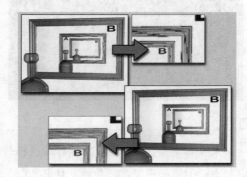

5.【高级照明】选项卡

【高级照明】选项卡包含用于生成光能传递和光跟踪器解决方案的控件，可以为场景提供全局照明。

光跟踪器为明亮场景（比如室外场景）提供柔和边缘的阴影和映色。光能传递提供场景中灯光的物理性质的精确建模。

11.1.3 渲染帧窗口

渲染帧窗口会显示渲染输出。

选择【渲染】→【渲染帧窗口】命令可以打开渲染帧窗口，也可以单击主工具栏中的【渲染产品】按钮或【渲染帧窗口】按钮来打开渲染帧窗口。

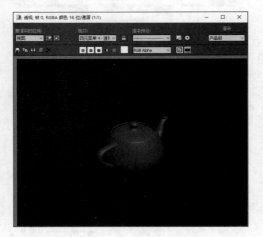

Tips

如果要对渲染帧窗口的图像进行缩放操作，可以按住Ctrl键的同时在渲染帧窗口中单击或右击鼠标。也可以直接在渲染帧窗口中滚动鼠标的滚轮进行放大或缩小。

如果要对渲染帧窗口的图像进行平移操作，可以按住Shift键的同时拖动渲染帧窗口的图形。也可以直接按住鼠标的滚轮后进行拖动来平移图像。

渲染帧窗口主要包括：【要渲染的区域】下拉列表、【视口】下拉列表、【渲染预设】下拉列表、【产品级】下拉列表、【渲染】按钮和渲染帧窗口工具栏等相关控件。

1. 要渲染的区域

要渲染的区域下拉列表中提供了要渲染的区域选项，包括【视图】、【选定】、【区域】、【裁剪】和【放大】5个选项。当选择【区域】、【裁剪】和【放大】渲染区域选项时，可以使用【要渲染的区域】下拉列表右侧的【编辑区域】按钮来设置渲染的区域。也可以使用【自动选定对象区域】按钮自动将区域设置到当前选择中。

2. 视口

单击【渲染】按钮后，渲染帧窗口显示的是主用户界面中激活的视口。在【视口】下拉列表中包含3ds Max所有的可视视口。若要指定要渲染的不同视口，就可以从该列表中选择所需视口。

如果【锁定到视口】按钮处于关闭状态，在主用户界面中激活不同的视口将更新视口值。启用该按钮时，即使在主界面中激活不同的视口，也只会渲染【视口】列表中处于活动状态的视口。但是，仍然可从该列表中选择要渲染的不同视口。

3. 渲染预设

在【渲染预设】的下拉列表中包括下图所示的相关预设渲染的选项。单击【渲染预设】下拉列表右侧的【渲染设置】按钮可以打开【渲染设置】对话框，在该对话框中可以对渲染进行重新设置。单击【环境和效果对话框（曝光控制）】按钮 ⊙ 可以打开【环境和效果】对话框。

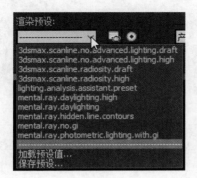

4. 产品级

在【产品级】的下拉列表中还包括【迭代】选项。

（1）【产品级】：使用【渲染帧窗口】、【渲染设置】、对话框等选项中的所有当前设置进行渲染。

（2）【迭代】：忽略网络渲染、多帧渲染、文件输出、导出至 MI 文件以及电子邮件通知。同时，使用扫描线渲染器渲染时会使渲染帧窗口的其余部分完好保留在迭代模式中。

在图像（通常对各部分迭代）上执行快速迭代时使用该选项，例如处理最终聚集设置、反射或者场景的特定对象或区域。

该选项也可从【渲染设置】对话框左下角的下拉菜单中选用。而且，可以在主工具栏上渲染弹出的两种模式中任选一种进行渲染。

5. 渲染

单击【渲染】按钮，可以使用当前设置渲染场景。

6. 渲染帧窗口工具栏

（1）【保存图像】按钮 ：用于保存在渲染帧窗口中显示的渲染图像。

（2）【复制图像】按钮 ：将渲染图像可见部分的精确副本放置在Windows剪贴板上，以准备粘贴到绘制程序或位图编辑软件中。图像始终按当前显示状态复制，因此，如果启用了【单色】按钮，则复制的数据由8位灰度位图组成。

（3）【克隆渲染帧窗口】按钮 ：创建另一个包含所显示图像的窗口。这就允许将另一个图像渲染到渲染帧窗口，然后将其与上一个克隆的图像进行比较。可以多次克隆渲染帧窗口。克隆的窗口会使用与原始窗口相同的初始缩放级别。

（4）【打印图像】按钮 ：将渲染图像发送至Windows中定义的默认打印机。将背景打印为透明。

（5）【清除】按钮 ：清除渲染帧窗口中的图像。

（6）颜色通道设置 ：其中包括【启用红色通道】、【启用绿色通道】、【启用蓝色通道】、【显示Alpha通道】、【单色】、【颜色样例】和【通道显示列表】7个选项。

（7）【切换UI叠加】按钮 ：选择该按钮时，【要渲染的区域】中的【区域】、【裁剪】或【放大】中的任一个选项处于选中状态，显示表示相应区域的帧。要禁用该帧的显示，可以禁用该按钮。

（8）【切换UI】按钮 ：选择该按钮时，渲染帧窗口中的所有控件均可使用。禁用该按钮，将不会显示对话框顶部的渲染控件以及对话框下部单独面板上的mental ray控件，可以简化对话框界面并且使该界面占据较小的空间。

11.1.4 渲染输出的方式

在3ds Max中，有2种不同类型的渲染方式。默认情况下，产品级渲染处于活动状态，通常用于进行最终的渲染。这种类型的渲染可使用默认扫描线渲染器、mental ray渲染器和VUE文件渲染器3种渲染器中的任意一种。第2种渲染类型称为ActiveShade。ActiveShade渲染使用默认的扫描线渲染器来创建预览渲染，从而帮助用户查看/更改照明或材质的效果；渲染将随着场景的变化交互更新。通常，使用ActiveShade渲染的效果不如使用产品级渲染那样精确。

产品级渲染的另一个优势是可以使用不同的渲染器，如mental ray渲染器或VUE文件渲染器。

11.1.5 高级光照和输出

光跟踪器为明亮场景（比如室外场景）提供柔和边缘的阴影和映色。光能传递提供场景中灯光的物理性质精确的建模。【渲染设置】对话框中的【高级照明】选项卡用于选择一个高级照明选项。默认扫描线渲染器提供了2个选项：光跟踪器和光能传递。

在【选择高级照明】卷展栏中的下拉菜单中默认设置为未选择高级照明选项，即提示为【无照明插件】。

选择高级照明选项时，选中【活动】复选框，可在渲染场景时切换是否使用高级照明，默认值为选中状态。

1. 光跟踪器

光跟踪器为明亮场景（比如室外场景）提供柔和边缘的阴影和映色，它通常与天光结合使用。与光能传递不同，光跟踪器并不试图创建物理上精确的模型，可以方便地对其进行设置。下图所示为由天光照明并用光跟踪渲染的室外场景。

Tips

虽然可以对室内场景使用光跟踪，但是光能传递通常更适合这种场合。

一般情况下为光跟踪器设置场景的具体操作步骤如下。

Step 01 为室外场景创建几何体，并添加天光对其进行照明。也可以使用一个或多个聚光灯，如果使用基于物理的IES太阳光或IES天光，则有必要使用曝光控制。

Step 02 选择【渲染】→【渲染设置】菜单命令，打开【渲染设置】对话框，在【高级照明】选项卡中的下拉列表中选择【光跟踪器】选项。

Step 03 调整【光跟踪器】参数，激活要渲染的视口。选择【渲染设置】对话框中的【公用】选项卡，设置渲染设置。然后单击【渲染】按钮，使用柔和边缘的阴影和映色渲染场景。

光跟踪器的【参数】卷展栏如下图所示。

下面先来介绍【常规设置】选项组的各选项的含义。

（1）【全局倍增】：用来控制总体照明的

级别，默认设置为1.0。下图所示的分别是倍增值为0.5和1.6时的渲染效果。

（2）【对象倍增】：用来控制由场景中的对象反射的照明级别，默认设置为1.0。值得注意的是，只有反弹值大于或等于2时，该设置才起作用。

（3）【天光】：选中该复选框，可以启用从场景中天光的重聚集（一个场景中可以包含多个天光）。默认设置为选中状态，默认值为1.0。下图所示为增大天光值和增大对象倍增值的不同效果。

（4）【颜色溢出】：控制映色强度。当灯光在场景对象间相互反射时，映色发生作用。默认设置为1.0。

（5）【光线/采样数】：每个采样（或像素）投影的光线数目。增大该值可以增加效果的平滑度，但同时也会增加渲染时间。减小该值会导致颗粒状效果更明显，但是渲染可以进行得更快。默认设置为250。

（6）【颜色过滤器】：过滤投影在对象上的所有灯光。设置为除白色外的其他颜色以丰富整体色彩效果，默认设置为白色。【过滤器大小】用于减少效果中噪波的过滤器大小（以像素为单位），默认设置是0.5。

（7）【附加环境光】：当设置为除黑色外的其他颜色时，可以在对象上添加该颜色作为附加环境光，默认颜色为黑色。

（8）【光线偏移】：像对阴影的光线跟踪偏移一样，【光线偏移】可以调整反射光效果的位置。使用该选项可以更正渲染的不真实效果，例如对象投影阴影到自身所可能产生的条纹。默认值为0.03。

（9）【反弹】：被跟踪的光线反弹数。增大该值可以增加映色量。值越小，结果越不精确，通常会产生较暗的图像。较大的值允许更多的光在场景中流动，这会产生更亮、更精确的图像，但同时也将使用较多渲染时间。当反弹为0时，光跟踪器不考虑体积照明。默认值为0。

（10）【椎体角度】：用来控制用于重聚集的角度。减小该值会使对比度稍微升高，尤其在有许多小几何体向较大结构上投影阴影的区域中更明显。范围为33.0~90.0，默认值为88.0。

（11）【体积】：选中该复选框后，光跟踪器从体积照明效果（如体积光和体积雾）中重聚集灯光，默认设置为选中状态。对使用光跟踪的体积照明，反弹值必须大于0。体积值的大小可以增强或减弱从体积照明效果重聚集的灯光量。增大该值可增加其对渲染场景的影响，减小该值可减少其效果，默认设置为1.0。

【自适应欠采样】选项组中的控件设置可以减少渲染时间。它们减少所采用的灯光采样数。欠采样的理想设置根据场景的不同而不同。

欠采样从叠加在场景中像素上的栅格采样开始。如果采样值间有足够的对比度，则可以细分该区域并进一步采样，直到获得由【向下细分至】所指定的最小区域。对于非直接采样区域的照明，由插值得到。

初始采样使用常规栅格

自适应欠采样集中在过渡区域

（1）【自适应欠采样】：选中该复选框后，光跟踪器使用欠采样。撤选该选项后，则对每个像素进行采样。撤选此选项可以增加最终渲染的细节，但是同时也将增加渲染时间。默认设置为启用。

（2）【初始采样间距】：图像初始采样的栅格间距。以像素为单位进行衡量，默认设置为16×16。

（3）【细分对比度】：确定区域是否应进一步细分的对比度阈值，增加该值将减少细分。减小细分对比度阈值可以减少柔和阴影和反射照明中的噪波，默认值为5.0。下图所示的分别是细分对比度为5.0和1.5的效果。

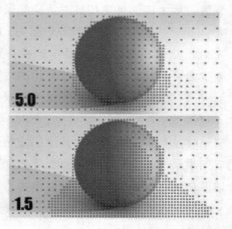

5.0

1.5

（4）【向下细分至】：细分的最小间距。

增加该值可以缩短渲染时间，但是以损失精确度为代价。默认值为1×1。取决于场景中的几何体，大于1×1的栅格可能会细分为小于该指定的阈值。

（5）【显示采样】：选中该复选框后，采样位置渲染为红色圆点。能够显示发生最多采样的位置，可以帮助用户选择欠采样的最佳设置，默认设置为撤选状态。

2. 光能传递

【光能传递】是一种渲染技术，它可以真实地模拟灯光在环境中相互作用的方式。使用【光能传递】不但可以改善图像的质量，还可以提供更真实直观的照明接口。

没有使用光能传递渲染的场景

使用光能传递渲染的场景

光能传递包括【光能传递处理参数】、【光能传递网格参数】、【灯光绘制】和【渲染参数】和【统计数据】5个卷展栏，如下图所示。

（1）【光能传递处理参数】卷展栏中包含处理光能传递解决方案的主要控件，如下图所示。

单击【开始】按钮，开始光能传递处理。一旦光能传递解决方案达到【初始质量】所指定的百分比数量，该按钮就会变成【继续】按钮。

如果在达到全部的【初始质量】百分比之前单击【停止】按钮，然后再单击【继续】按钮会使光能传递处理继续进行，直到达到全部的百分比或再次单击【停止】按钮。

另外，可以计算光能传递直到低于100%的【初始质量】，然后增加【初始质量】的值，单击【继续】按钮以继续解算光能传递。

在任何一种情况中，【继续】避免了重新生成草图的光能传递解决方案而节省了时间。一旦达到全部的【初始质量】百分比，单击【继续】按钮后不会有任何的效果。

单击【停止】按钮可以停止光能传递处理，其快捷键是Esc键。单击【重置】按钮可以从光能传递引擎清除灯光级别，但不清除几何体。单击【全部重置】按钮可以从引擎中清除所有的几何体。

【处理】选项组中的选项用来设置光能传递解决方案前两个阶段的行为，即初始质量和优化。

【初始质量】用来设置停止【初始质量】阶段的质量百分比，最高到100%。

"质量"指的是能量分布的精确度，而不是解决方案的视觉质量。即使【初始质量】百分比比较高，场景仍然可以显示明显的变化。变化由解决方案后面的阶段来解决。

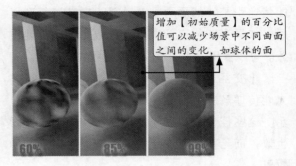

增加【初始质量】的百分比值可以减少场景中不同曲面之间的变化，如球体的面

【优化迭代次数（所有对象）】用来设置"优化"迭代次数的数目以作为一个整体来为场景执行。【优化迭代次数】阶段将增加场景中所有对象上的光能传递处理的质量。

Tips

在3ds Max处理【优化迭代次数】之后，将禁用【初始质量】，只有在单击【重置】或【全部重置】之后才能对其进行更改。

下图中没有迭代次数的大图像会有照明不均匀的区域；而在一定数量的迭代次数之后的小图像则更正了不均匀的区域。

【优化迭代次数（选定对象）】用来设置"优化"迭代次数的数目来为选定对象执行，其方法和【优化迭代次数（所有对象）】相同。

选中【处理对象中存储的优化迭代次数】复选框后，在重置光能传递解决方案然后再重新开始时，每个对象的步骤就会自动优化。这在创建动画、需要在每一帧上对光能传递进行处理以及需维持帧之间相同层级的质量时非常有用。

选中【如果需要，在开始时更新数据】复选框后，如果解决方案无效，则必须重置光能传递引擎，然后再重新计算。撤选该复选框后，如果光能传递解决方案无效，则不需要重置。可以使用无效的解决方案继续处理场景。

【交互工具】选项组中的选项有助于调整光能传递解决方案在视口中和渲染输出中的显示。这些控件在现有光能传递解决方案中立即生效，而无需任何额外的处理就能看到它们的效果。

【间接灯光过滤】和【直接灯光过滤】：用周围的元素平均化间接照明级别以减少曲面元素之间的噪波数量。通常设置为3或4，如果使用太高的值，可能会在场景中丢失详细信息。

对于一个 65% 的光能传递解决方案，将间接灯光过滤值从 0 增加到 3 会创建比较平滑的漫反射灯光。结果相当于一个较高质量的解决方案，如图所示。

【未选择曝光控制】：显示当前曝光控制的名称。

【在视口中显示光能传递】：在光能传递和标准3ds Max着色之间切换视口中的显示。可以禁用光能传递着色以增加显示性能。

（2）【光能传递网格参数】卷展栏用来控制光能传递网格的创建及其大小（以世界单位表示）。网格分辨率细分得越细，照明细节越精确，但这涉及时间和内存方面的平衡。

【光能传递网格参数】卷展栏如下图所示。

① 【全局细分设置】选项组。

选中【启用】复选框，可以用于启用整个场景的光能传递网格。当要执行快速测试时，禁用网格。

选中或撤选【使用自适应细分】复选框可以启用和禁用自适应细分，默认设置为启用。

下图所示为从没有细分的简单长方体到细分的长方体面的变化效果。

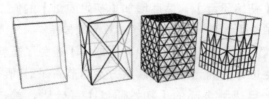

② 【网格设置】选项组。

【最大网格大小】：用来设置自适应细分之后最大面的大小。对于英制单位，默认值为36英寸；对于公制单位，默认值为100cm。

【最小网格大小】：不能将面细分使其小于最小网格大小。对于英制单位，默认值为3英寸；对于公制单位，默认值为10cm。

【对比度阈值】：用来细分具有顶点照明的面，顶点照明因多个对比度阈值设置而异，默认设置为75.0。

下图所示为具有不同对比度阈值的光能传递解决方案。最佳的解决方案是位于中心处，并将对比度阈值设置为60。

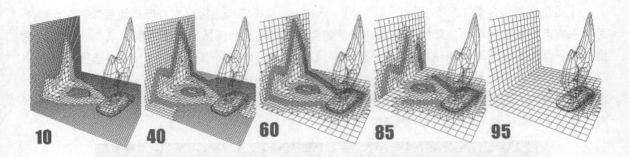

【初始网格大小】：改进面图形之后，不细分小于初始网格大小的面。对于美国标准单位，默认值为12英寸（1英尺）；对于公制单位，默认值为30.5cm。

③【灯光设置】选项组。

【投射直接光】：选中【自适应细分】或【投射直接光】复选框后，根据【灯光设置】选项组中的选项来解析计算场景中所有对象上的直射光，默认设置为启用。

下图所示为禁用【灯光设置】时的【自适应细分】效果。

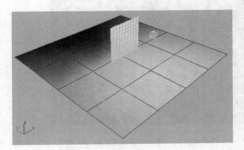

【在细分中包括点灯光】：控制投影直射光时是否使用点灯光。如果关闭该开关，则在直接计算的顶点照明中不包括点灯光。默认设置为启用。

【在细分中包括线性灯光】：控制投影直射光时是否使用线性灯光。如果关闭该开关，则在计算的顶点照明中不使用线性灯光，默认设置为启用。

【在细分中包括区域灯光】：控制投影直射光时是否使用区域灯光。如果关闭该开关，则在直接计算的顶点照明中不使用区域灯光，默认设置为启用。

【包括天光】：选中该复选框后，投影直射光时使用天光。撤选该复选框，则在直接计算的顶点照明中不使用天光，默认设置为撤选状态。

【在细分中包括自发射面】：该开关控制投影直射光时如何使用自发射面。如果关闭该开关，则在直接计算的顶点照明中不使用自发射面。默认设置为禁用状态。

【最小自发射大小】：可以计算其照明时用来细分自发射面的最小值，默认设置为6.0。

（3）【渲染参数】卷展栏如下图所示。

默认情况下，在进行渲染时3ds Max首先会重新计算灯光对象的阴影，然后将光能传递网格的结果添加为环境光。

卷展栏上的前两个选项控制渲染器如何处理直接照明。重用【光能传递解决方案的直接照明】可以进行显示光能传递网格颜色的快速渲染。【渲染直接照明】使用扫描线渲染器以提供直接照明和阴影。第二个选项通常比较慢但更加精确。对于【渲染直接照明】，光能传递解决方案只提供直接照明。

【重用光能传递解决方案中的直接照明】：3ds Max并不渲染直接灯光，但却使用保存在光能传递解决方案中的直接照明。如果启用该选项，则会禁用【重聚集间接照明】选项。场景中阴影的质量取决于网格的分辨率。捕获精细的阴影细节可能需要细的网格，但在某些情况下该选项可以减少总的渲染时间，特别是对于动画，因为光线并不一定需要由扫描线渲染器进行计算。如下左图为光能传递网格中只存储直接灯光。中间图为光能传递网格中只存储间接灯光。右图为光能传递网格中同时存储直接灯光和间接灯光（阴影通常非常粗糙）。

【渲染直接照明】：3ds Max在每一个渲染帧上对灯光的阴影进行渲染，然后添加来自光能传递解决方案的阴影。这是默认的渲染模式。

如下左图为直接灯光仅由扫描线渲染器来计算。中间图为间接灯光仅由光能传递网格来计算。右图为直接灯光和间接灯光组合。

【重聚集间接照明】：除了计算所有的直接照明之外，3ds Max还可以重聚集取自现有光能传递解决方案的照明数据，来重新计算每个像素上的间接照明。使用该选项能够产生最为精确、极具真实感的图像，但是它会增加相当大的渲染时间量。

Tips

如果要使用重聚集选项，通常对于光能传递解决方案来说，不需要密集的网格。即使根本不细分曲面且"初始质量"为 0%，重聚集也会进行工作，并且可能提供可接受的视觉效果（对于快速测试也非常有用）。然而，精度和精细级别取决于存储在网格中的光能传递解决方案的质量。光能传递网格是重聚集进程的基础。

在以下插图中，解决方案是以 0% 的"初始质量"进行处理的。在使用密集的网格后，小曲面之间会有比较大的变化。重聚集可以产生可接受的结果而无需考虑网格的密度。但是会出现更密集网格的更精细级别，例如，在雕塑的底部。

无网格示例，左图为模型细分，中间为视口结果，右图为重聚集结果。

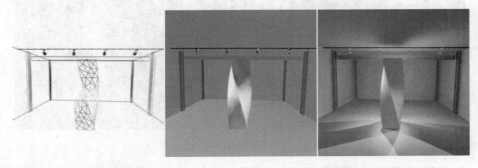

粗糙网格示例，左图为模型细分，中间为视口结果，右图为重聚集结果。

精细网格示例，左图为模型细分，中间为视口结果，右图为重聚集结果。

【每采样光线数】：每个采样 3ds Max 所投影的光线数。3ds Max随机地在所有方向投影，这些光线以计算（重聚集）来自场景的间接照明。每采样光线数越多，采样就会越精确。每采样光线数越少，变化就会越多，就会创建更多颗粒的效果。处理速度和精确度受此值的影响。默认设置为64。

【过滤器半径（像素）】：将每个采样与它相邻的采样进行平均，以减少噪波效果。默认设置为 2.5 像素。

Tips

像素半径会随着输出的分辨率进行变化。例如，2.5 的半径适合于 NTSC 的分辨率，但对于更小的图像来说可能太大，或对于非常大的图像来说太精确。

像素半径为2，左图为每采样光线数为10，中间图为每采样光线数为50，右图为每采样光线数150。

像素半径为5，左图为每采样光线数为10，中间图为每采样光线数为50，右图每采样光线数150。

像素半径为10，左图每采样光线数为10，中间图每采样光线数为50，右图为每采样光线数150。

增大每采样光线数会显著地增加渲染时间。在进行渲染时，右侧的图像花费的时间几乎是左边图像的6倍。增加过滤器半径也会增加渲染时间，但不会明显地增加。

【钳位值（cd/m^2）】：该控件表示亮度值。亮度（每平方米国际烛光）表示感知到的材质亮度。【钳位值】设置亮度的上限，它会在"重聚集"阶段被考虑。使用该选项以避免亮点的出现。场景中明亮的多边形可以创建亮点的"火花"效果。

这些亮点的产生不是因为采样数，而是因为在场景中存在着明亮的多边形。在"初始质量"阶段，这些明亮多边形的能量会以随机

的方向进行反弹，从而产生"火花"效果。通常，可以在重聚集之前检测到这些多边形。

在最后的"重聚集"阶段，可以将【钳位值】设置成低于这些亮曲面和亮点的亮度，从而避免亮点的产生。限制上限减少了亮点效果如图所示。

【自适应采样】组：这些控件可以帮助您缩短渲染时间。它们减少所采用的灯光采样数。自适应采样的理想设置随着不同的场景变化得很大。

自适应采样从叠加在场景中像素上的栅格采样开始。如果采样值间有足够的对比度，则可以细分该区域并进一步采样，直到获得由【向下细分至】所指定的最小区域。对于非直接采样区域的照明，由插值得到。

【自适应采样】：启用该选项后，光能传递解决方案将使用自适应采样。禁用该选项后，就不用自适应采样。禁用自适应采样可以增加最终渲染的细节，但是以渲染时间为代价。默认设置为禁用状态。

【初始采样间距】：图像初始采样的网格间距。以像素为单位进行衡量。默认设置为16x16。

【细分对比度】：确定区域是否应进一步细分的对比度阈值。增加该值将减少细分。减小该值可能导致不必要的细分。默认值为5.0。

【向下细分至】：细分的最小间距。增加该值可以缩短渲染时间，但是以精确度为代价。默认设置为 2x2。取决于场景中的几何体，大于 1 x 1 的栅格可能仍然会细分为小于该指定的阈值。

【显示采样】：启用该选项后，采样位置渲染为红色圆点。该选项显示发生最多采样的位置，这可以帮助您选择自适应采样的最佳设置。默认设置为禁用状态。

11.2 mental ray渲染器

作为一个光线跟踪渲染器，mental ray是非常迅速的。它还包括对全局照明的支持，不必启用高级照明设置。另外，mental ray可以使用3ds Max所有的材质，不必使用有限的专门材质，如光线跟踪材质。每个材质有一个新的卷展栏，用于专门指定mental ray设置。

mental ray包括对区域灯光、明暗器、视野和运动模糊的内置支持。还包括一些专门的灯光，提供诸如聚光灯之类的功能，而在默认扫描线渲染器中则没有这样的功能。

若要选择mental ray作为场景的渲染器，则可在【渲染设置】对话框的【公用】选项卡中的【指定渲染器】卷展栏中单击 按钮，在弹出的【选择渲染器】下拉菜单中将其选定。对于产品级、材质编辑器和Active Shade查看器，可以设置不同的渲染器。若要使mental ray成为默认渲染器，则可单击这个卷展栏中的【保存为默认设置】按钮。

一旦选定了作为产品级的渲染器，则不需要为使渲染器工作而再修改任何设置。在【灯光类别和对象属性】对话框中的mental ray设置能够启用mental ray可利用的附加特性，但是并不需要它们来渲染场景。扫描线渲染器渲染和mental ray渲染器渲染效果的对比如下。

11.2.1 mental ray灯光和阴影

在【创建】→【灯光】→【标准】灯光面板中有两个特定的mental ray灯光：【mr区域泛光灯】和【mr区域聚光灯】。这两个区域灯光在区域灯光参数卷展栏中可以定义一个区域向外散发灯光。默认的情况下，所有的mental灯光的照明值使用的都是全局设置。进入【修改】面板，在【mental ray间接照明】卷展栏中可设置覆盖选定灯光的全局设置。

1. 启用mental ray阴影贴图

在【修改】面板的【常规参数】卷展栏中可以启用mental ray阴影，在其下拉列表中有【mental ray阴影贴图】、【高级光线跟踪】、【区域阴影】、【阴影贴图】和【光线跟踪阴影】5种阴影类型。mental ray的阴影贴图比一般的阴影贴图更精确。

2. 了解焦散和光子

mental ray渲染器的灯光属性包括4种独特的属性：能量、衰退、焦散光子和GI光子。在学习这些属性之前，首先需要了解什么是焦散线和光子。

焦散是光线通过其他对象反射或折射之后投影在对象上所产生的效果。焦散在自然界中很常见，使用mental ray可以在场景中添加反射或折射效果。

未使用焦散渲染的游泳池

添加到游泳池的反射焦散

光子是小束的光能，并且与光线跟踪类似，光子是从具有给定能量的光源发射出来的，随着光子的穿越，以及光子在场景中与对象的撞击，能量就会逐渐地损失掉。

【能量】值是每个光子出发时拥有的光能的量，【衰退】值指定了能量消散的迅速程度，【焦散光子】和【GI光子】决定了最终的照明精确度。光子更多会得到更好的解决方案，但是数量更大也会相当地增加渲染的时间。

为了使焦散在场景中起作用，需要为要生成焦散的材质的反射贴图通道添加光线跟踪、平面镜或反射/折射贴图。

3. 为对象启用焦散和全局照明

处理焦散和全局照明时，可以指定每个对象生成和/或接收焦散以及全局照明。单击鼠标右键，在弹出的快捷菜单选择【对象属性】命令，在弹出的【对象属性】对话框中的【mental ray】选项卡中可以进行设置。也可以通过选择【编辑】→【对象属性】菜单命令，打开【对象属性】对话框来进行设置。

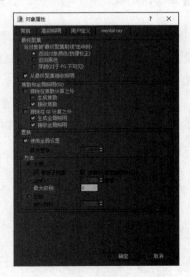

Tips

如果场景没有生成焦散，则可检查【对象属性】对话框中的设置，因为【生成焦散】复选框在默认的情况下是禁用的。

11.2.2 控制间接照明

mental ray渲染器除了灯光设置以外，还可以设置其他相关的属性，如在【渲染设置：mental ray渲染器】对话框中的【间接照明】选项卡中可以控制如何计算焦散、全局照明和最终聚集。

在【焦散和全局照明】卷展栏中，【每采样最大光子数】决定了焦散光子融合的程度，数值越大，融合程度越高，并且具有更柔和的边缘。【最大采样半径】用于设置每个光子的大小，半径值的大小取决于场景的大小，也可以直接在【最大采样半径】微调框中手动输入新的数值。

在【体积】选项组中由体积材质明暗器来设置光子的大小。【跟踪深度】选项组用于设置光子在被忽略之前能够反射和折射的最大数目。

对于复杂的场景来说，生成光子贴图需要一些时间，一旦计算完毕，就可以将其保存起来并在以后的使用过程中重新加载。生成的光子贴图会以.PMAP为扩展名进行保存。

【最终聚集】卷展栏用来计算在焦散和全局照明的场景中发出的光线，并且计算在该位置处的光，然后把所有的光线组合起来产生场景整体照明图，再进行融合以辅助修正场景中可能存在的照明异常。

11.2.3 mental ray材质明暗器

mental ray材质明暗器包括一个【mental ray 连接】附加卷展栏，仅当在【首选项设置】对话框的【mental ray】选项卡中选中【启用mental ray扩展】复选框之后才可用。【mental ray连接】卷展栏允许覆盖扫描线渲染器使用的现有明暗器并启用mental ray渲染器将要使用的其他明暗器。

当【基本明暗器】右侧的【锁定到当前渲染器】按钮 处于选中状态时，表明扫描线渲染器使用的是默认明暗器。单击 按钮即可将明暗器按钮进行解锁，重新选定一个新的明暗器。如果材质是不透明的，则可通过选中【将材质标记为不透明】复选框，将材质设置为不透明，这样可以加速渲染的速度。

如果要直接访问mental ray使用的明暗器，则可使用mental ray材质类型。在【mental ray连接】卷展栏中列出了所有的明暗器。

除了修改默认材质以充分地利用mental ray之外，还可以从【材质/贴图浏览器】对话框中获得大量的mental ray材质和贴图（明暗器）。仅当mental ray渲染器是分配好的渲染器并且在【材质/贴图浏览器】对话框中以黄色图标标识的时候，才会显示出这些材质和贴图。mental ray的材质和贴图被分隔在不同的库中，可以在材质/贴图名称右侧的括号中查看其所在的库。

11.2.4 渲染控制

mental ray渲染器的核心渲染设置包含在【渲染设置：mental ray渲染器】对话框的【渲染器】选项卡中。通过【采样质量】、【渲染算法】、【摄影机效果】和【阴影与置换】卷展栏中的设置可以提高渲染的速度（以损失图像质量为代价）。

【采样质量】设置用于给渲染图像应用反走样过程。这些样本可以被过滤，并且可以控制样本之间对比的细节程度。【渲染块宽度】用于标识渲染的块的大小，小块的渲染时间短，在渲染窗口中可以提供更迅速的反馈。

mental ray渲染器提供了【扫描线】、【光线跟踪】、【折射/反射】和【子集像素渲染】4种不同的算法，这些算法可以指定忽略哪一个以加速渲染的速度。如果所需的算法被禁用了，依赖于这个算法的特性将被跳过去。还可以设置反射和折射的【跟踪深度】并控制【光线跟踪加速】值。

11.2.5 输出全景图

【渲染】菜单中的【全景导出器】命令用于创建并随后查看360° 球形全景的渲染。

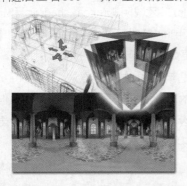

【全景导出器】卷展栏具有两个选项，它们是【渲染】和【查看器】，可用于创建或查看全景渲染。【全景导出器】卷展栏如下图所示。

单击【渲染】按钮可以打开【渲染设置】对话框。【渲染设置】对话框是为生成全景输出而配置的【渲染设置】对话框的模式版本。单击【查看器】按钮可以打开【全景导出器查看器】对话框，【全景导出器查看器】用于导航渲染的全景，也可以将全景渲染以柱形、球形或QuickTime VR格式导出。

11.2.6 高级mental ray

mental ray 渲染器还包括了能够利用的许多其他特性，包括运动模糊、轮廓、摄影机明暗器、阴影和置换等，这些附加特性的设置可以在【渲染器】选项卡的【摄影机效果】和【阴影与置换】卷展栏中进行。

11.3 V-Ray渲染

V-Ray是由著名的3ds Max的插件提供商Chaos group推出的一款较小，但功能却十分强大的渲染器插件。V-Ray是目前最优秀的渲染插件之一，尤其在室内外效果图制作中，V-Ray几乎可以称得上是速度最快、渲染效果极好的渲染软件精品。

11.3.1 V-Ray渲染参数

安装好了V-Ray渲染器以后，就可以调出V-Ray渲染引擎，单击3ds Max主工具栏上的【渲染设置】快捷按钮🖼️或者按F10键，进入渲染器参数设置窗口。

在【渲染设置】对话框中选择【公用】选项卡，在该选项卡中单击【指定渲染器】卷展栏中【产品级】右侧的【选择渲染器】按钮✔，打开【选择渲染器】下拉菜单。

在下拉菜单中可以将V-Ray渲染器指定为产品级渲染器。

V-Ray渲染器处于活动状态时，其主要控件如下图所示。

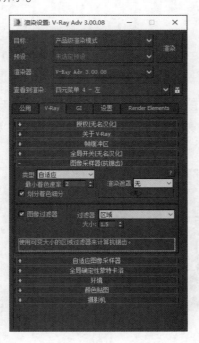

下面对常用参数进行详细讲解。

1.【图像采样器（抗锯齿）】卷展栏

首先来了解在【VR_基项】选项卡中的【图像采样器（抗锯齿）】卷展栏，如图所示。

在【图像采样器】组下的【类型】中有3种采样器类型：固定、自适应DMC和自适应细分。

（1）【固定】是非常快速的，但在很多情形下会慢。若有大量的光泽材质(glossy materials)、区域阴影(area shadows)和运动模糊(motion blur)等时可以使用它。较高的【细分】值意味更好的质量，更多的渲染时间。

这是最简单的采样方法，它对每个像素采用固定的几个采样。渲染耗时较少，但没有什么抗锯齿效果，比较适合初期渲染，里边的其他参数没有必要调节。

（2）【自适应DMC】与它的名字一样，它是一个自适应的采样器，它会将其计算适应到情形中去。它将比较通过一些极限值来计算过的像素的质量，判断是否足够好或者需要更多的计算。

这个采样器的质量是由QMC卷展栏（更下面的卷展栏）来控制的。若场景中有很多的光泽材质、区域阴影和运动模糊等，或者想最大限度地控制图像的速度与质量的话，可以使用这个采样器。要控制好这个采样器需要一些时间，但一旦控制好后，只需少量的操作就可以完全控制VRay了。

（3）【自适应细分】同样是一个自适应的方法。虽然它在许多情况下非常快，但场景中有大量的光泽效果时会非常慢。它在渲染时同样使用更多的内存，若场景中有大块的平滑区域(例如一个室内有大块的白墙)时就使用这个采样器。

从上面3幅渲染结果看，第一张效果最差，锯齿较为严重，但时间最短，适合草图渲染。下面2幅几乎肉眼看不出差距了，耗时差不多，理论上讲，最下边这个采样器效果最好。

（4）【抗锯齿过滤器】其实很少用到，因为速度很慢，不如渲染后使用Photoshop软件处理，在这里可以通过改变【抗锯齿过滤器】使图像变得锐化、清晰，这也算是一个窍门，一般人不知道这么用的。

【抗锯齿过滤器】系统默认是【区域】过滤器，这个过滤器渲染出来的图片边缘不够锐化、清晰，如果需要更加锐化、清晰的效果图，可以打开另一个Mitchell-Netravali过滤器，如下图所示。

经实验分析，使用上图选定的Mitchell-Netravali过滤器，渲染出来的效果图最清晰，物体边缘最锐化。

选择此过滤器，还要做一下设置，【模糊】设置为0，【圆环】设置为0.8~0.9，数字越大越清晰，但是这个范围最好大于0.9，物体边缘会出现紫边现象，如图所示。

下面比较一下使用系统默认的【区域】过滤器和 Mitchell-Netravali 过滤器渲染的效果图有何不同。

从上图可以看出，采用Mitchell-Netravali过滤器渲染的效果图明显清晰，渲染时间不受任何影响。

2.【自适应DMC图像采样器】卷展栏

下面以【自适应DMC】图像采样器为例，选择后下方会出现【自适应DMC图像采样器】卷展栏，如图所示。

（1）【最小细分】控制每个像素的最少采样数目。该值为0时表示每个像素只有一个采样。

（2）【最大细分】控制每个像素中的最多采样数。

【最大细分】和【最小细分】系统默认即可，上边两个数值越大，效果越好，但是，时间剧增，出一般效果图，使用这个采样器，默认值足够了，速度还算可以。

3.【间接照明（全局照明）】卷展栏

进入【VR_间接照明】选项卡，打开其中的【间接照明（全局照明）】卷展栏。

（1）默认勾选左上角的【开启】复选框，表示打开全局效果，全局效果模拟真实环境光线的反弹，比非全局光线效果自然。

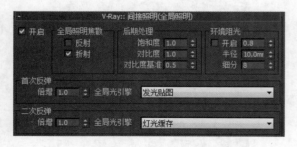

下面来详细讲解不是全局效果（一般 Max 默认渲染）和全局效果的打开，有什么不同。

全局没有打开时渲染的效果如图所示。

全局效果打开时渲染的效果如图所示。

没有打开全局光，阴影边缘生硬，是简单的光线分析。打开了，阴影自然，光线衰减效果产生，是模拟自然光的分析渲染过程，当然，时间会多耗费一些。

（2）全局光线倍增：分别为【首次反弹】倍增和【二次反弹】倍增，如图所示。

说得通俗点，提高一级倍增，可以使场景变亮，提高二级倍增，可以使黑暗角落变亮（比如插孔的内孔，家具下边的细节）。

4.【发光贴图】卷展栏

进入【VR_间接照明】选项卡，打开其中的【发光贴图】卷展栏。

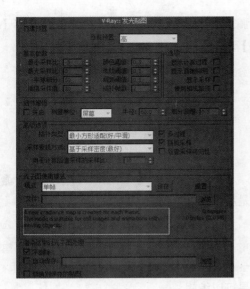

（1）【最小采样比】：该值决定每个像素中的最少全局照明采样数目。通常应当保持该值为负值，这样全局照明计算能够快速计算图像中大的和平坦的面。

Tips

如果该值大于或等于 0，那么光照贴图计算将会比直接照明计算慢，并消耗更多的系统内存。

（2）【最大采样比】：该值决定每个像素中的最大全局照明采样数目。

这两个数值很重要，直接决定了渲染效果图的实际效果，最小值和最大值越大，渲染效果越好，时间越长。但是数字每大1，渲染耗时将增加 4 倍，因此慎重，效果能接受就好。

将【最小采样比】和【最大采样比】设置为−10，这样采样很低，计算简单，效果不理想，但适合草渲染，速度快，查看效果后，最后再提高采样精渲染。

将【最小采样比】和【最大采样比】设置为−3。采样提高，计算相对复杂，效果还算理想，适合出一般效果图，速度较慢。

（3）勾选【显示计算过程】复选框，渲染开始时效果如图所示。

可见不打开，渲染开始时，就不会出现上边的采样预览，对将要渲出的效果也没有大致了解，只能等一格一格渲出来，发现有问题，又重新开始，很不方便，所以，可以将此项打开，发现有较明显问题，比如渲错视图、过亮，可以及时更正。

（4）【半球细分】：该值决定用于全局照明计算的二次反射的半球环境空间采样数目。提高数值在实际渲染出最终效果图时，可以提高采样效果，使场景不容易产生黑斑，关键是它的提高对实际渲染时间影响不大，其他参数影响比较大，得不偿失，因此一般不予理会，默认就好。这个数值，一般调节到100左右即可。

5.【环境】卷展栏

打开【VR_基项】选项卡中的【环境】卷展栏，如图所示。

（1）勾选【全局照明环境（天光）覆盖】组中的【开】复选框，天光就打开了。

（2）颜色块设置的就是天光的颜色，天空的色调。

（3）【倍增器】用来设置光线强度，天光就是模拟天空发出的光线，可以作为灯光，也可以配合灯光使用，是场景更加真实的一种手段，下图为纯天光光线下渲染的效果。

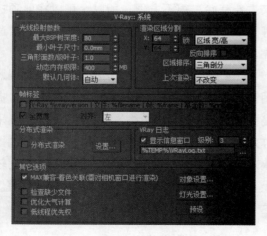

6.【系统】卷展栏

打开【VR_设置】选项卡中的【系统】卷展栏，如图所示。

（1）在【渲染区域分割】组中的【区域排序】选项就是渲染时小方块出现的顺序。比如，你想先看到场景中间的渲染结果，以便及

时调节中间的材质，就可以在此作出选择【螺旋】，这里有几种形式，如图所示。

（2）如果勾选【反向排序】复选框，意思就是反方向。

（3）勾选【帧标签】下方的复选框，渲染到最后，渲染图下方自动打出一条水印，会显示一些相关渲染信息，包括渲染所耗时间，内容是可以编辑。

11.3.2 实例：渲染LED灯效果

本例来学习使用V-Ray渲染器和V-Ray材质渲染LED灯的效果，具体操作步骤如下。

Step 01 启动3ds Max 2016，单击【应用程序】按钮，从弹出的菜单中选择【重置】命令重置场景。

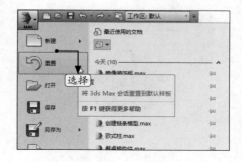

Step 02 按F10键打开【渲染设置】对框框，在【渲染设置】对话框中选择【公用】选项卡，在该选项卡中单击【指定渲染器】卷展栏中【产品级】右侧的【选择渲染器】按钮，打开【选择渲染器】下拉菜单。

Step 03 在该下拉菜单中可以将V-Ray渲染器指定为产品级渲染器。

Step 04 V-Ray渲染器处于活动状态时其主要控件如下图所示，开启全局照明选项。

Step 05 在视图中创建一个球体，然后复制3个，如图所示。

Step 06 按M键打开【材质编辑器】对话框，在材质编辑器中单击一个未使用的材质球，单击【Standard】按钮。

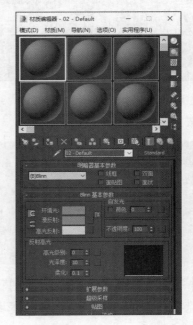

Step 07 在弹出的【材质/贴图浏览器】对话框中选择【VR_材质包裹器】选项，如图所示。

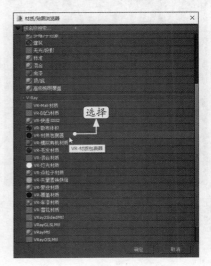

Step 08 选择【VR_材质包裹器】材质类型后返回【材质编辑器】对话框，在【基本材质】中选择一个普通max材质，如图所示。

Step 09 将材质颜色全部改成绿色，自发光颜色也设置成绿色，如图所示。

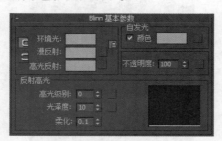

Step 10 单击【转到父级】按钮，将【附加曲面属性】组中的【生成全局照明】值改成6，默认是1，如图所示。

Step 11 将创建的材质赋予球体，选择透视图，按F9进行渲染，效果如图所示。

Step 12 使用相同的方法创建另外4个LED灯材质，这里只是需要复制材质后将标准材质的颜色进行更改即可，最终渲染效果如图所示。

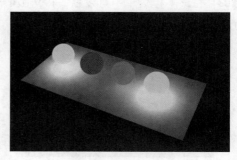

11.3.3 实例：渲染景深效果

景深是模拟通过摄影机镜头观看时，前景和背景场景元素出现的自然模糊效果。它的原理是根据离摄影机的远近距离分层进行不同的模糊处理，最后再合成为一张图片。它限定了物体的聚焦范围，位于摄影机的焦点平面上的物体会很清晰，远离摄影机焦点平面的物体会变得模糊不清。景深的应用可以提高数字图像的真实感，在静帧作品中越来越多的出现，有时候一幅简单平淡的图像，也会因为使用了景深而变得充满趣味。

用V-Ray制作景深效果，在V-Ray的物理相机参数中，有两个比较重要的特殊效果，它们分别是Depth of field(景深特效)和Motion blur(运动模糊特效)，这次我们先来探讨一下如何由VR的物理相机来实现景深特效。本例来学习使用V-Ray渲染器和摄像机来渲染景深效果，具体操作步骤如下。

Step 01 启动3ds Max 2016，单击【应用程序】按钮，从弹出的菜单中选择【重置】命令重置场景。

Step 02 打开"素材\ch11\台球.max"文件，如图所示。

Step 03 当前并未对场景设置景深特效。对默认的物理相机视图进行渲染，最终效果如图所示。

Step 04 要想渲染景深效果，首先必须定义一个焦平面，只有在这个焦平面上的对象才是清晰的，其余对象都呈现模糊效果。本例我们要求8号黑球是清晰的，其余的对象都或多或少地呈现出模糊效果，因此必须将焦平面设定在8号球附近。选择VR物理相机，进入修改面板，勾选

【指定焦点】复选框，并且将【焦点距离】值设为3 000，这个值根据场景及要聚焦的对象由用户自行设定。

Step 05 必须勾选【采样】卷展栏中的【景深】复选框，如图所示。

Step 06 渲染透视图，可以看到已经产生一定的景深效果了，但是景深的效果还不明显，画面的品质还不是太高。

Step 07 现实中控制景深的因素有3个，分别是焦距、物距和光圈。这里的物距和焦距都已经固定了，那么只能调节光圈值来影响景深。它们的关系是这样的：【光圈系数】值越小，则光圈越大，景深效果就越明显。本例中【光圈系数】值本来是8，将它调到3，这样会得到更加明显的景深效果。

Step 08 为了改善画面的品质，设置【采样】卷展栏中的【细分】值为15。

Step 09 渲染透视图，最终效果如图所示。

11.3.4 实例：渲染室内场景效果

用V-Ray制作室内场景效果是非常合适的选择，下面我们通过V-Ray渲染器渲染室内场景效果，具体操作步骤如下。

Step 01 启动3ds Max 2016，单击【应用程序】按钮 ，从弹出的菜单中选择【重置】命令重置场景。

Step 02 打开"素材\ch11\小户型.max"文件，如图所示。

Step 03 首先进行草图渲染，按F10键打开【渲染设置】对话框，设置【图像采样器（抗锯齿）】卷展栏下的类型参数为【固定】，如图所示。

Step 04 设置【发光图】卷展栏下的参数为【非常低】，如图所示。

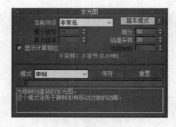

Step 05 设置【系统】卷展栏下的参数，如图所示。

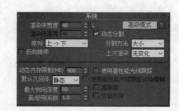

Step 06 渲染透视图效果如图所示，可以看到灯光亮度不够，暗部比较暗，需要调节。

Step 07 调整灯光参数，选择阳台处的Vray_光源，进入修改面板，将【亮度】的【倍增器】值设为15。

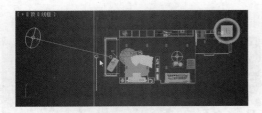

Step 08 镜像复制阳台处的Vray_光源，并调到对面合适的位置作为补光，进入修改面板，将【亮度】的【倍增器】值设为5。

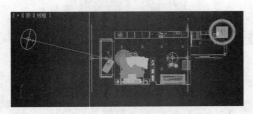

Step 09 再次渲染图像，如图所示。

Step 10 下面进行产品级渲染设置。按F10键打开【渲染设置】对话框，设置【图像采样器（抗锯齿）】卷展栏下的类型参数为【自适应细分】，设置如图所示。

Step 11 设置【发光贴图】卷展栏下的参数为【高】，设置如图所示。

Step 12 再次渲染图像，最终效果如图所示。

11.3.5 实例：渲染手机效果

用V-Ray渲染产品场景效果是非常合适的选择，下面我们来通过V-Ray渲染器渲染手机场景效果，具体操作步骤如下。

Step 01 启动3ds Max 2016，单击【应用程序】按钮，从弹出的菜单中选择【重置】命令重置场景。

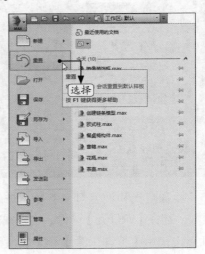

Step 02 打开"素材\ch11\手机.max"文件，如图所示。

Step 03 首先进行渲染设置。按F10键打开【渲染设置】对话框，设置【图像采样器（抗锯齿）】卷展栏下的类型参数为【自适应细分】，设置如图所示。

Step 04 设置【发光贴图】卷展栏下的参数为【高】，设置如图所示。

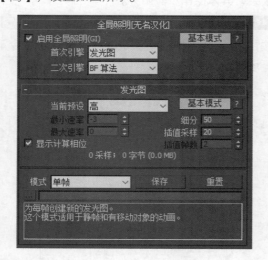

Step 05 添加灯光和调整灯光参数。进入【灯光】面板，选择【VR灯光】光源，在顶视图添加一盏灯光，使用【移动工具】和【旋转工具】调整其位置，进入修改面板，将【亮度】的

【倍增器】值设为0.5。

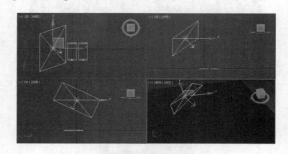

Step 06 镜像复制创建的Vray_光源，并调到对面合适的位置作为补光，进入修改面板，将【亮度】的【倍增器】值设为0.6。

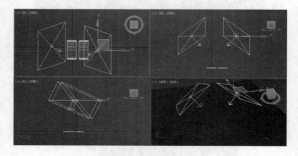

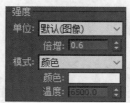

Step 07 渲染图像，如图所示。

Step 08 再次添加一个环境光照效果，按8键打开【环境和效果】对话框，单击【背景】后的【无】按钮添加"素材\ch11\4.jpg"文件。

Step 09 再次渲染图像，最终效果如图所示。

11.4 iray渲染

iray渲染器通过追踪灯光路径创建物理精确的渲染。与其他渲染器相比，它几乎不需要进行设置。

iray渲染器的主要处理方法是基于时间的，用户可以指定要渲染的时间长度、要计算的迭代次数，或者只需启动渲染一段不确定的时间后，对结果外观满意时停止渲染。

与其他渲染器的渲染结果相比，iray渲染器的前几次迭代渲染看上去颗粒更多一些。颗粒越不明显，渲染的遍数就越多。iray渲染器特别擅长渲染反射，包括光泽反射；它也擅长渲染在其他渲染器中无法精确渲染的自发光对象和图形。

iray渲染器渲染的场景，默认时间为1min

延长渲染时间后的场景

再次延长渲染时间后的场景

iray渲染器擅长处理自身照明材质。实际上，用户可以不采用灯光，仅用自身照明材质来渲染场景。如果要单独使用自发光材质渲染场景，需要为场景添加一个灯光对象，然后关闭灯光。如果场景中没有灯光对象，3ds Max会为视口明暗处理和渲染添加默认灯光。

在【渲染设置】对话框中选择【公用】选项卡，并展开【指定渲染器】卷展栏，在其中指定iray渲染器为当前渲染器。

选择【渲染设置：iray渲染器】对话框中的【渲染器】选项卡，在其中可以看到iray渲染器包括两个卷展栏，分别是【iray】和【高级参数】。展开【iray】卷展栏，在其中可以看到其相关参数。

【时间】：以小时、分钟和秒为单位设置渲染持续时间。默认设置为1min。

【迭代】（通过的数量）：设置要运行的迭代次数。默认设置为 500。

【无限制】：选中此选项可以使渲染器不限时间地运行。如果用户对结果满意，可以在【渲染】对话框中单击【取消】按钮。

展开【高级参数】卷展栏，在其中可以看到其相关参数。

（1）【物理校正（无限制）】：选择此选项后，灯光反弹无限制，只要渲染器继续运行，就会计算灯光反弹。

（2）【最大灯光反弹次数】：会将灯光反弹数限制为用户设置的值，默认设置为4。

（3）【图像过滤（抗锯齿）】组：确定如何将多个采样合并成一个单个的像素值。

（4）【长方体】：将过滤区域中权重相等的所有采样进行求和，这是最快速的采样方法。

（5）【高斯】（默认设置）：采用位于像素中心的高斯（贝尔）曲线对采样进行加权。

（6）【三角形】：采用位于像素中心的四棱锥对采样进行加权。

（7）【宽度】：指定采样区域的宽度和高度。增加宽度值会软化图像，但是会增加渲染时间。默认设置为3.0。

（8）【视图】：定义置换的空间。启用【视图】之后，【边长】将以像素为单位指定长度。如果禁用此选项，将以世界空间单位指定【边长】。默认设置为启用。

（9）【平滑】：禁用此选项可以使iray渲染器正确渲染高度贴图。高度贴图可以由法线凹凸贴图生成。

（10）【边长】：定义由于细分可能生成

的最小边长。一旦达到此数值后，iray渲染器就会停止细分边。默认设置为2.0像素。

（11）【最大置换】：控制在置换顶点时向其指定的最大偏移，采用世界单位。该值可以影响对象的边界框。默认设置为 0.508m。

（12）【最大细分】：控制iray渲染器可以对要置换的每个原始网格三角形进行递归细分的范围。每项细分递归操作可以将单个面分成4个较小的面。可以从下拉列表中选择相应的值，范围介于4~64K（65 536）之间，默认值为16K（16 384）。

（13）【材质覆盖】选项组：使用【材质覆盖】可以渲染用一种主材质代替所有材质的场景。例如，如果想仅使用体积进行阴影研究，则对于单一均匀颜色，使用这些控件可以指定一种中性灰色材质。渲染时，所有曲面将使用该灰色材质。

（14）【启用】：启用此选项后，渲染对所有曲面使用覆盖材质。禁用此选项后，使用应用到曲面上的材质渲染场景中的曲面。默认设置为禁用。

（15）【材质】：单击此选项可显示材质/贴图浏览器并选择要用作覆盖材质的材质。选定覆盖材质后，此按钮将显示材质名称。

11.5 实战技巧

在进行V-Ray渲染时，经常会遇到各式各样的问题，下面来解决一些常见问题。

技巧1 找不到VR材质

当用户想使用V-Ray专用材质和V-Ray专用贴图时，在材质样式对话框里却找不到他们（在渲染器安装成功的情况下）。

解决方法：

设置当前渲染器为V-Ray并激活小锁按钮，

如图所示。

技巧2 背景严重曝光问题

解决方法1:

背景严重曝光是因为场景没有使用灯光的情况下打开了默认灯光设置,如图所示。解决方法:将缺省灯光关掉即可。

解决方法2:

这是因为选中了影响背景复选框,如图所示。解决方法:只要选框取消就可以了。

技巧3 画面锯齿严重的问题

渲染画面锯齿效果严重解决方法:
可能是使用了V-Ray默认的抗锯齿参数设置,解决方法是将抗锯齿卷栏中的细分参数调高,或者选用其他的抗锯齿过滤器。

技巧4 画面有黑斑的问题

渲染画面中黑斑现象严重解决方法:
针对发光贴图,在【发光贴图】卷展栏中将【当前预置】的预设模式设置为中等以上。【差值采样值】参数调高可柔化黑斑,但不要超过50,否则会使画面发飘。然后相应地增加【最小采样比】和【最大采样比】参数的细分值,如图所示。

然后打开V-Ray灯光属性对话框,增大漫射倍增灯光细分参数(增大到1000~3000),如图所示。

第5篇

动画与特效

导读

❯ 第12章　动画制作
❯ 第13章　环境与效果
❯ 第14章　粒子与运动学
❯ 第15章　层级链接与空间扭曲
❯ 第16章　视频后期处理影视特效合成

本篇主要讲解3ds Max 2016的动画与特效。通过对动画制作、环境与效果、粒子与运动学、层级链接与空间扭曲以及视频后期处理影视特效合成等内容的讲解，使建模效果更加出众。

动画制作

■■ **本章引言**

　　3ds Max 2016中包括几何变形动画、几何参数动画、相机和灯光动画、材质动画、特效动画和角色动画6种动画类型，而每一种动画类型都有其独特的特性。本章主要讲述3ds Max 2016动画的制作。由于篇幅所限，不可能面面俱到，更多的知识还要靠读者在实践中总结。

■■ **学习要点**

» 掌握动画控制面板的使用方法
» 掌握路径约束的创建方法
» 掌握轨迹视图的使用方法
» 掌握运动控制器的使用方法

12.1 动画制作基本理论

　　在3ds Max 2016中可以说无处不可以制作动画，无物不可以制作动画。

　　动画的基础就是造型，要想把动画做得漂亮，造型基本功必须扎实。通过动画制作，要学会发现造型中的缺陷，还要返回来动手修改这些缺陷，只有这样才能提高自己的水平。

　　制作动画的一个非常有用的工具就是轨迹视图，它几乎可以调整所有的动画内容，而且还可以添加功能曲线。使用动画控制器可以使动画的制作更简单、更高效。通过反复地练习，熟练地掌握控制器和约束的使用，你会找到一种游刃有余的感觉。

　　本节介绍动画的基本知识和制作动画的一般过程。

12.1.1 动画基本知识

　　动画的基本原理和电影一样。当一系列相关的静态图片快速地从眼前闪过时，由于人眼有视觉暂留现象，因此就会觉得它们是连续运动的。

　　我们将这一系列相关的图片称作一个动画序列（Sequence），其中的每一张图片称作一帧（Frame），如图所示。每一段动画都是由若干个动画序列组成的，而每一个动画序列则是由若干个帧组成的。

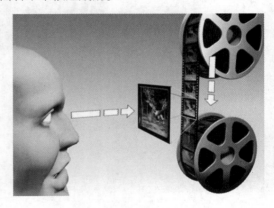

Tips

关键帧（Key Frame）是一个动画序列中起决定性作用的帧，它往往控制着动画运动的方向。一般而言，一个动画序列的第一帧与最后一帧是默认的关键帧，关键帧的多少与动画的复杂程度有关。关键帧之间的画面称为中间帧（Tweens）。在3ds Max 2016中，只需要创建动画序列的关键帧即可，中间各帧由系统自动计算出来，从而产生连续的动画。

下面讲解几种常见的动画类型。

1. 几何变形动画

在动画模式下，对场景中的几何对象进行移动、旋转和缩放等几何变形操作录制的动画统称为几何变形动画（Geometry Transform）。也可以对几何对象的次对象制作几何变形动画。

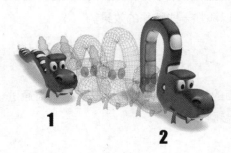

2. 几何参数动画

对象几何参数的改变也可以被录制成动画，在3ds Max 2016中绝大部分的参数变动都可以录制为动画。

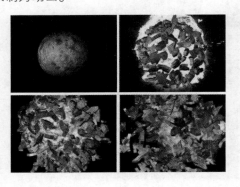

3. 材质动画

通过改变对象的材质参数，也能创造出意想不到的效果。

4. 特效动画

特效动画在广告以及片头中应用得最为广泛。通过变幻的光影、烟雾以及火电雨雪等，可以给人一种视觉震撼。这些内容会在以后的各章中陆续介绍。

5. 角色动画

角色动画主要用于人物或拟人化的动画操作。它要用到很多高级功能，比较复杂，对基本功的要求也较高，制作出来的效果也更具有情节性。

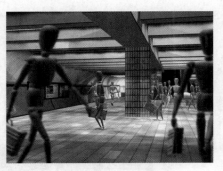

12.1.2 制作动画的一般过程

要创作一部动画，用户就是动画师，就是导演。在制作动画之前一般要对制作的动画进行整体构思，确定其中心思想。一部作品总是要向观众表达某种感情或者展示某种观点，从哪一个方面来表达自己什么样的感情，在制作动画之前都要加以考虑。有很多人将精力放在如何建模，如何运用材质、渲染等制作上，而动画的中心思想却不明确，动画发展到什么方向不甚明了，结果观众对动画要表达的东西感到很模糊，看不懂，那么这部作品就是不成功的。

明确了所要表达的内容，接下来就要完成故事板，确定动画的内容，制定动画的情节。在有限的动画时间里要将自己的思想表达出来，内容太多是不现实的。要用有代表性的内容和有限的情节使观众感受到动画的情感所在，与观众产生交互，产生共鸣，只有这样作品才有可能成功。

故事板完成之后，接下来就是对具体场景和镜头的设计。这里需要考虑场景的布置，每一个镜头中要发生什么事，通过什么物件或主人公的什么动作来表达自己的感情，每个镜头由几个分镜头组成，以及过程中的场景应如何变换等，这些都是在这一步中需要明确的。

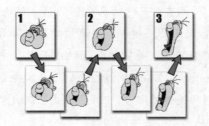

建模是动画制作中不可缺少的过程，也是大家最熟悉的步骤。建模是整个动画制作中将设计表现为实物的主要途径，也是动画制作人员的基本功之一。建模要符合前面故事板的设计风格，灯光、色调要和谐，要给人一种自然真实的感觉。

最后就是对场景进行剪辑，然后组装起来，经过处理形成最终的作品。在剪辑的过程中可以添加一些特殊的效果。

12.1.3 实例：创建纷飞的图片动画

学习动画应该遵循先易后难的规则。前面我们对动画的基本知识已经有了了解，下面通过一个简单的片头动画来加深对动画各知识点的认识，具体操作步骤如下。

思路解析：

首先创建平面作为图片的载体，然后赋予平面材质图片，接着创建帧动画效果，最后渲染输出动画。

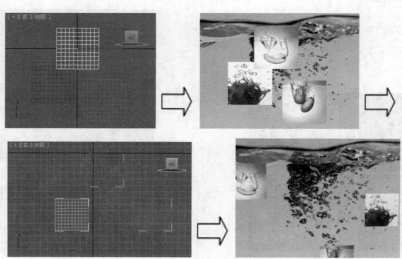

关键点1：创建平面

Step 01 启动3ds Max 2016，单击【应用程序】按钮 ，从弹出的菜单中选择【重置】命令重置场景。

Step 02 动画前期准备工作。单击前视图将其设定为当前视图。进入【创建】面板，单击【平面】按钮，创建一个平面，进入【修改】面板，设置平面的参数，如下图所示。

Step 03 修改后创建的平面如图所示。

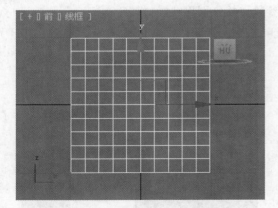

Step 04 重复 Step 01 的操作，创建另外两个平面。

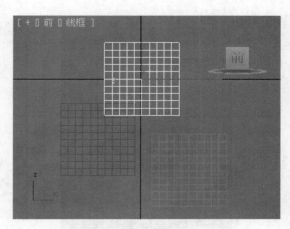

关键点2：赋予平面材质图片

Step 01 按M键，调出材质编辑器。单击第1个材质小球，在【明暗器基本参数】卷展栏中的下拉列表中将着色器选择为【（B）Blinn】。展开【Blinn基本参数】卷展栏，将【高光级别】设置为30，【光泽度】设置为30，选中【自发光】选项组中的【颜色】复选框，其他参数设置如下图所示。

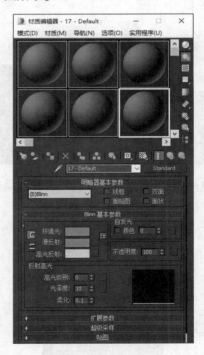

Step 02 展开【贴图】卷展栏，单击【漫反射颜色】右侧的【None】按钮，在弹出的【材质/贴图浏览器】对话框中选择【位图】选项，然后单击【确定】按钮。

Step 03 在弹出的【选择位图图像文件】对话框中选择随书光盘中的"素材\ch12\1.jpg"图片用作贴图。

Step 04 单击【打开】按钮,返回材质编辑器,如图所示。

Step 05 单击【转到父对象】按钮 返回上层材质,把【漫反射颜色】通道的材质拖动到【自发光】上释放,在弹出的【复制(实例)贴图】对话框中选中【复制】单选钮,以复制的方式对材质进行复制。

Step 06 将【自发光】通道的强度值设置为10。在视图中选择平面,单击【将材质指定给选定对象】按钮 ,将设置好的材质指定给选定对象。

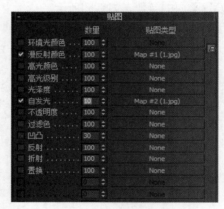

Step 07 重复上述操作,为其余两个平面设置参数,并分别用"素材\ch12\2.jpg"和"素材\ch12\3.jpg"图片作为贴图。

Step 08 选择【渲染】→【环境】菜单命令,弹出【环境和效果】对话框。

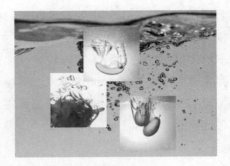

关键点3：创建帧动面

Step 01 进入【创建】面板，单击【摄影机】按钮，在顶视图中创建一个目标摄影机。移动鼠标光标到透视视口上，单击鼠标右键，在弹出的快捷菜单中选择【Camera001】视图，按【Shift+C】组合键将摄影机隐藏。

Step 09 单击【颜色】右侧的【无】按钮，在弹出的【材质/贴图浏览器】中选择【位图】选项；然后单击【确定】按钮，在弹出的【选择位图图像文件】对话框中选择随书光盘中的"素材\ch12\4.bmp"图片。选择透视图，按F9键进行快速渲染，得到的效果如下图所示。

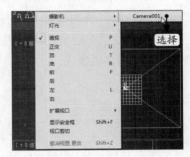

Step 02 创建动画。单击并拖动时间滑块到左边0的位置。单击【自动关键点】按钮，当前激活的视图边框和进度条会变成暗红色。

当启用了【自动关键点】按钮后，任何一种形状或参数的改变，都会产生一个关键帧，用来定义该对象在特定帧中的位置和视觉效果。一些复杂的动画仅用少数几个关键帧就能完成。

在创建了第1个关键帧后，3ds Max 2016可以自动回溯生成第0帧时的关键帧，用来记录对象的初始位置或者参数。通过移动时间滑块，可以在任意帧中设置关键点。关键点设置好以后，3ds Max 2016会自动在这两个关键点之间插入对象运动的所有位置以及变化。

Step 03 单击按钮把各个画片移动到各自合适的位置，均在背景平面的范围之外。

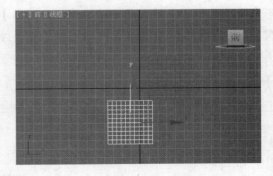

Step 04 单击按钮使用移动工具把画片往下拖动，移

动到合适的位置。将时间滑块拖动到第23帧位置，使用移动工具将画片向上移动少许，约5个单位。将时间滑块拖动到第27帧位置，使用移动工具将画片向下移动约10个单位。再将时间滑块拖动到第30帧位置，使用移动工具将画片向上移动约5个单位，这样可以做出一个震荡的效果。

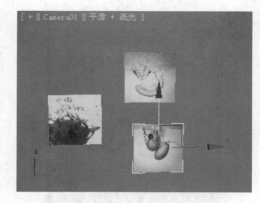

Step 05 观察动画区，可以看到这时在时间区的各个时间点相应的位置有了红色的关键帧标志。

Step 06 将时间滑块拖动到第40帧处，在视图中任意单击一个画片组，使用移动工具将其向左移动。仿照前面的过程在短暂的时间内向左/向右移动少许，做出震荡的效果。

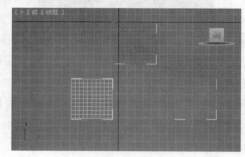

Step 07 仿照上面步骤在第100帧将图片移出画面，做出图片飞出画面的效果，参照下图设置时间轴。

关键点4：渲染输出动面

Step 01 输出动画。在主工具栏中单击【渲染设置】按钮，打开【渲染设置】对话框。设置参数如下图所示，在【时间输出】选项组中选中【活动时间段】单选钮。单击【渲染输出】选项组中的【文件】按钮，在弹出的【渲染输出文件】对话框中输入文件名并选择路径，保存类型为AVI格式，单击【保存】按钮。

Step 02 在出现的视频压缩对话框中选择一种视频压缩程序，单击【确定】按钮，返回到【渲染设置】对话框。

Step 03 单击【渲染】按钮渲染动画。动画截图如下图所示。

12.2 3ds Max 2016动画利器

本节将要介绍动画的基本知识和制作动画时所需要用到的一些命令和面板等动画利器。通过对这些动画利器的学习，可以更好地帮助读者进行动画创作。

12.2.1 动画控制面板

1. 时间控制选项

【时间控制选项】可以控制视图中的时间显示，可以移动到任何时间处，并且可以在视图中播放动画。时间控制选项包括时间滑块和播放控制按钮等。

（1）时间滑块：时间滑块位于3ds Max 2016界面的视图下方，它可以进行左右滑动以显示动画中的时间。默认情况下，滑块上用帧来显示时间，表示为当前帧数/动画长度帧数。也可以显示为时间。单击【时间配置】按钮，可以在弹出的【时间配置】对话框中进行设置。可以单击并拖动时间滑块，将当前位置改变为某一帧。若已经有动画存在，在拖动时则会播放动画。滑块两边的按钮用来将滑块前移一帧或后移一帧。如果打开了时间控制按钮上的关键点控制模式，则会移动到前一个关键点或后一个关键点。

（2）【自动关键点】：该按钮用于打开或关闭自动设置关键点的模式。打开时该按钮将变成红色，当前活动视图的边框和时间滑块轨道也会变成红色，此时所做的任何改变都会记录成动画。

（3）【设置关键点】 设置关键点：打开关键点设置模式，关键点设置模式允许同时对所选对象的多个独立轨迹进行调整。设置关键点模式可以在任何时间对任何对象进行关键点设置。比如摆了一个造型，或者变化了任何对象之后达到了满意的效果，就可以用【设置关键点】按钮将当前状态设置为关键点。如果不满意，则可将时间滑块移向一边，系统将恢复到原来的情况，场景不会有任何变化。这就是说，如果忘记了将当前状态设置为关键点而移动了时间滑块，那么上一次设置关键点之后所做的一切都会丢失。

Tips

> 按下快捷键K键可以在当前位置增加一个关键点。

（4）【设置关键点】按钮■：此按钮按下后会变红但马上又会恢复为原来的颜色，这样可以在当前位置增加一个关键点。这一功能对制作角色动画非常有用，有少量的关键点就能实现角色从一种姿势向另一种姿势的变化，而且当放弃时不用放弃全部工作，只需删除几个关键点即可。

（5）【关键点过滤器】按钮：单击此按钮可以在弹出的【设置关键点】对话框中设置关键点过滤选项。

（6）播放控制按钮：在动画按钮的右侧是一系列控制3ds Max 2016中动画的实时播放按钮。

【转至开头】按钮■：移动时间滑块到活动动画段的开始。

【上一帧】按钮■：移动时间滑块到前一帧。

【播放动画】按钮▶：单击一次将播放动画，同时按钮变为停止播放按钮■，再次单击将暂停播放动画。播放按钮有两个选项，当显示为▶时播放全部动画，当显示为▷时只播放被选择对象的动画，视窗中只显示被选择的对象。

【下一帧】按钮■：移动时间滑块到后一帧。

【转至结尾】按钮■：移动时间滑块到结束帧。

（7）【关键点模式切换】按钮■：设置了关键点模式以后，可以在关键点之间进行移动，前面的几个按钮也会变成前一个关键点、后一个关键点等。

（8）当前帧微调框 57 ：显示当前动画帧的位置。可以输入一个数字，然后按【Enter】键即可将时间滑块移动到这一帧。

（9）【时间配置】按钮■：单击该按钮会弹出【时间配置】对话框，从中可以设置时间显示、动画创建和播放等，可以设定活动时间段的长度、开始帧、结束帧、拉伸或缩放等。

2.【时间配置】对话框

单击【时间配置】按钮■，将会弹出【时间配置】对话框。

在该对话框中可以设置动画的帧速率、在时间滑块上显示的方式、动画播放的速度以及方式等，还可以改变活动时间段的长度、开始时间和结束时间。

（1）【帧速率】选项组中的4个选项可以使用户能以每秒的帧数（FPS）来设置帧速率。可以设置为与【NTSC】（30FPS）、【PAL】（25FPS）和【电影】（24FPS）相同的速率或者

【自定义】帧速率。

（2）在【时间显示】选项组中可以设置在时间滑块上时间显示的方式，分别为【帧】、【SMPTE】、【帧：TICK】和【分：秒：TICK】。

（3）【播放】选项组中的选项用来控制动画的播放形式，可以调整为【实时】播放、【仅活动视口】播放，还可以改变播放速度及播放方向等。

（4）【动画】选项组中的选项用来控制时间滑块的位置以及活动时间的长短。【开始时间/结束时间】：设置时间标尺上的活动段时间。【长度】：显示在活动时间段上的帧数。【当前时间】：定义时间滑块的当前帧，改变此项时间，滑块会相应地移动。

（5）【关键点步幅】选项组用来设置关键点模式。【使用轨迹栏】：在关键点模式中，在轨迹标尺上显示所有的关键点。【仅选定对象】：只显示所选对象的关键点。【使用当前变换】：显示以下的变形关键点，可以选择【位置】、【旋转】和【缩放】复选框中的一个或几个。

3. 轨迹栏

轨迹栏位于时间滑块和状态条之间，它提供了一条显示帧数的时间线，具有快速编辑关键点的能力。

选择一个或多个对象时，轨迹栏上就会显示当前对象的所有关键点。不同性质的关键点分别用不同的颜色块来显示，位置、旋转、缩放分别用红色、绿色和黄色表示。

轨迹栏还具有方便快捷的右键菜单。在轨迹栏上单击鼠标右键即可弹出快捷菜单。最上部是一个【关键点属性】列表，显示了当前位

置所有类型的关键点，选择相应的选项就可以对其进行调整。【控制器属性】显示一个子菜单，列出了指定给所选对象的程序控制器，可以方便地调整其属性。选择【删除关键点】子菜单中的【全部】选项可以删除所有的帧。选择【删除选定关键点】菜单项可以删除选择的关键点。

【过滤器】是一个过滤子菜单，可以过滤在轨迹栏上显示的帧。其中，【所有关键点】为显示所有的关键点；【所有变换关键点】为显示所有的变形关键点；【当前变换】为显示当前变形关键点；【对象】为显示对象的修改关键点，不包括变形关键点和材质关键点；【材质】为显示材质关键点。

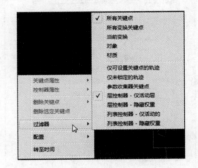

【配置】显示一个子菜单，控制轨迹栏的显示。其中，【显示帧编号】为显示关键点数目，【显示选择范围】为显示选择范围，【显示声音轨迹】为显示声音轨迹，【捕捉到帧】为吸附到帧。

【转至时间】将时间滑块移动到鼠标光标所在位置。

单击【打开迷你曲线编辑器】按钮，可以将轨迹栏扩展而显示曲线，其功用与轨迹视图大致相同。

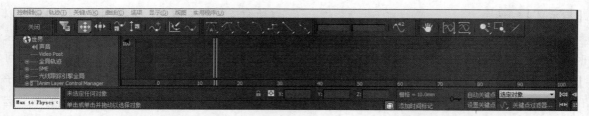

12.2.2 实例：创建卷轴动画

前面我们对动画的基本知识已经有了了解，下面通过一个简单的卷轴动画来加深对动画各知识点的理解，具体操作步骤如下。

Step 01 启动3ds Max 2016，单击【应用程序】按钮，从弹出的菜单中选择【重置】命令重置场景。

Step 02 单击【创建】→【几何体】→【标准基本体】→【长方体】按钮。

Step 03 在顶视图中创建长方体，具体参数如图所示。

Step 04 创建的长方体如图所示。

Step 05 切换到【修改面板】，在【修改器列表】下拉列表框中选择【弯曲】修改器。

Step 06 在【参数】卷展栏中设置【角度】为−1800，设置【弯曲轴】为x轴，如图所示。

Step 07 产生的弯曲效果如图所示。

Step 08 在【限制】选项组中选择【限制效果】选项。

Step 09 在堆栈栏中设置【弯曲】修改器的选择集为【中心】。

Step 10 使用【选择并移动】工具，在3ds Max 2016前视图中调整中心到模型的右侧，如图所示。

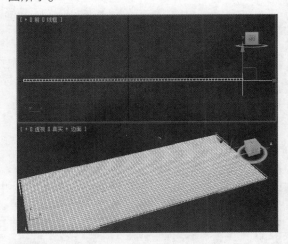

Step 11 在【限制】选项组中设置【下限】参数为-200，设置其模型卷起，如图所示。

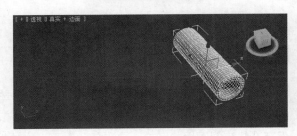

Step 12 打开【自动关键点】按钮，在第0帧自动插入关键点。

Step 13 拖动时间滑块到100帧，然后在3ds Max 2016场景中移动【中心】使其展开。

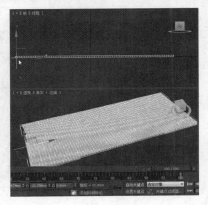

Step 14 关闭【自动关键点】按钮，这样就制作出3ds Max 2016卷轴画的动画，赋予材质后渲染效果如图所示。

12.2.3 轨迹视图

轨迹视图可以提供精确修改动画的能力，甚至可以毫不夸张地说轨迹视图是动画制作中最强大的工具。可以将轨迹视图停靠在视图窗口的下方，或者用作浮动窗口。轨迹视图的布局可以命名后保存在轨迹视图缓冲区内，再次使用时可以方便地调出，其布局将与3ds Max文件一块保存。轨迹视图有2种不同的模式：曲线编辑器和摄影表。选择【图形编辑器】→【轨迹视图-曲线编辑器】/【轨迹视图-摄影表】菜单命令即可打开相应的【轨迹视图】对话框。

曲线编辑器模式可以以功能曲线的方式显示动画，可以对物体的运动和变形进行修改。

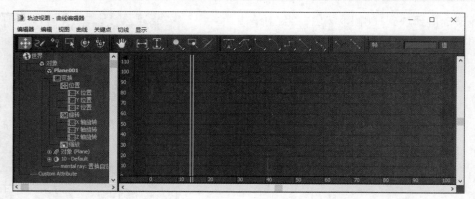

摄影表模式将动画的所有关键点和范围显示在一张数据表格上，可以很方便地编辑关键点和子帧等。

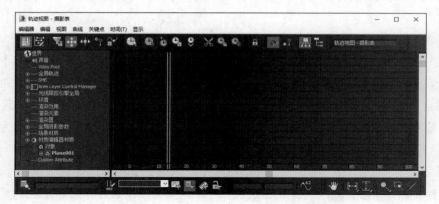

1. 菜单栏

【轨迹视图】窗口最上方的是轨迹视图的菜单栏，菜单栏会根据不同的模式显示不同的内容。

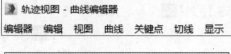

（1）【编辑器】菜单：可以选择不同的显示模式。

（2）【编辑】菜单：用来指定、复制、粘贴控制器，进行使控制器与其参考控制器分离等多种操作。

（3）【关键点】菜单：用来对关键点进行多种操作编辑。

（4）【曲线】菜单：用来添加或去除放松曲线和乘法曲线。

（5）【时间】菜单：可以进行与时间相关的编辑操作。

（6）【显示】菜单：影响曲线、图标和切线显示。

（7）【视图】菜单：包含【平移】和【缩放】命令。

（8）【切线】菜单：包含切线的相关操作命令。

2. 工具栏

轨迹视图菜单栏的下方是工具栏，包括各种控制键和可变按钮。工具栏上的内容可以根据编辑视图所显示的内容而变化。

工具栏上各个按钮的功能如下。

【关键点：轨迹视图】工具栏如下图所示。

【关键点】工具栏默认不出现在"曲线编辑器"中。要打开该工具栏，用鼠标右键单击【轨迹视图】工具栏的空白区域，然后选择【显示工具栏】→【关键点：轨迹视图】。

（1）【过滤器】按钮 ：使用【过滤器】可以确定在【轨迹视图】中显示哪些场景组件。左键单击可以打开【过滤器】对话框，用鼠标右键单击可以在上下文菜单中设置过滤器。

（2）【移动关键点】按钮 ：可在关键点窗口中水平和垂直、仅水平或仅垂直移动关键点。选择【移动关键点】工具变体。

（3）【滑动关键点】按钮 ：可在【曲线编辑器】中使用【滑动关键点】来移动一组关键点，同时在移动时移开相邻的关键点。

（4）【缩放关键点】按钮 ：可使用【缩

放关键点】压缩或扩展两个关键帧之间的时间量。可以用在【曲线编辑器】和【摄影表】模型中。

（5）【缩放值】按钮：按比例增加或减小关键点的值，而不是在时间上移动关键点。

（6）【添加关键点】按钮：在现有曲线上创建关键点。

（7）【绘制曲线】按钮：可使用该选项绘制新曲线，或直接在函数曲线图上绘制草图来修改已有曲线。

（8）【简化曲线】按钮：可使用该选项减少轨迹中的关键点数量。

【关键点控制：轨迹视图】工具栏如下图所示。

（1）【移动关键点】按钮：任意移动选定的关键点，若在移动的同时按住Shift键则可复制关键点。

（2）【绘制曲线】按钮：绘制新的曲线或修正当前曲线。

（3）【添加关键点】按钮：增加一个关键点。

（4）【区域关键点工具】按钮：在矩形区域内移动和缩放关键点。

（5）【重定时工具】按钮：基于每个轨迹的扭曲时间。

（6）【对全部对象重定时工具】按钮：全局修改动画计时。

【关键点切线：轨迹视图】工具栏如下图所示。

（1）【将切线设置为自动】按钮：选中关键点，单击此按钮可以把切线设置为自动切线。【将内切线设置为自动】按钮仅影响传入切线，【将外切线设置为自动】按钮仅影响传出切线。

（2）【将切线设置为样条线】按钮：将关键点设置为自定义切线，可以对切线进行自由编辑。【将内切线设置为样条线】按钮仅影响传入切线，【将外切线设置为自定义】按钮仅影响传出切线。

（3）【将切线设置为快速】按钮：将关键点切线设置为快速。【将内切线设置为快速】按钮仅影响传入切线，【将外切线设置为快速】按钮仅影响传出切线。

（4）【将切线设置为慢速】按钮：可将关键点切线设置为慢速。【将内切线设置为慢速】按钮仅影响传入切线，【将外切线设置为慢速】按钮仅影响传出切线。

（5）【将切线设置为阶梯式】：将关键点切线设置为步长，使用阶梯来冻结从一个关键点到另一个关键点的移动。【将内切线设置为阶梯式】按钮仅影响传入切线，【将外切线设置为阶梯式】按钮仅影响传出切线。

（6）【将切线设置为线性】按钮：将关键点切线设置为线性。【将内切线设置为线性】按钮仅影响传入切线，【将外切线设置为线性】按钮仅影响传出切线。

（7）【将切线设置为平滑】按钮：将关键点切线设置为平滑，常用它来处理不能进行的移动。【将内切线设置为平滑】按钮仅影响传入切线，【将外切线设置为平滑】按钮仅影响传出切线。

【曲线：轨迹视图】工具栏如下图所示。

（1）【锁定当前选择】按钮：锁定当前选择就不会误选其他项。

（2）【捕捉帧】按钮：强迫关键点为单帧增量。此项激活时可以强制改变所有的关键点和范围线以完成单帧增量的形式，包括多关键点选择集。

（3）【参数曲线超出范围类型】按钮：域外扩展模式。定义在关键点之外的动画范围物体的表现形式，用于在整个动画中重复某一段定义好的动画。

（4）【显示可设置关键点的图标】按钮：在可以编辑关键点的曲线前显示一个图标。

（5）【查看所有切线】按钮：显示或隐藏所有曲线的手柄。

（6）【显示切线】按钮：显示切线的手柄。

（7）【锁定切线】按钮：锁定切线。此项选定后，拖动一个切线调整手柄会影响所有的选定关键点的手柄。

【关键点：摄影表】工具栏如下图所示。

（1）【编辑关键点】按钮：将轨迹视图模式转换为编辑关键点模式。

（2）【编辑范围】按钮：将轨迹视图转换为编辑范围模式。此方式用于快速缩放和滑动整个动画轨迹。

【时间：摄影表】工具栏如下图所示。

（1）【选择时间】按钮：选择一个时间段。

（2）【删除时间】按钮：删除一个选定的时间段。

（3）【反转时间】按钮：反转时间段。

（4）【缩放时间】按钮：缩放一个时间段。

（5）【插入时间】按钮：插入或删除空时间段。

（6）【剪切时间】按钮：删除选定的时间段并把它复制到粘贴板上。

（7）【复制时间】按钮：复制选定的时间段到粘贴板上。

（8）【粘贴时间】按钮：从粘贴板上粘贴时间段。

【显示：摄影表】工具栏如下图所示。

（1）【修改子树】按钮：编辑子树，可以影响物体的轨迹和所有的子物体。

（2）【修改子对象关键点】按钮：编辑子关键点。

【名称：轨迹视图】工具栏如下图所示。该工具栏用于显示曲线的名称。

【导航：轨迹视图】工具栏如下图所示。

（1）【平移】按钮：使用【平移】按钮时，可以单击并拖动关键点窗口，使其向左移、向右移、向上移或向下移。除非单击鼠标右键以取消或单击另一个选项，否则【平移】按钮将一直处于活动状态。【平移】按钮处于活动状态时为黄色。

（2）【框显水平范围】是一个弹出按钮，其中包含【框显水平范围】按钮和【框显水平范围关键点】按钮。【框显水平范围】用来水平调整放大【轨迹视图关键点】窗口以便所有活动时间段同时可见。【框显水平范围关键点】水平缩放【轨迹视图关键点】窗口以显示所有动画关键点的全部范围。根据动画的不同，该视图可以比活动时间段更大或更小。

（3）在【曲线编辑器】模式下，【框显值范围】将调整【轨迹视图关键点】窗口的垂直缩放因子以显示曲线的完全高度。【框显值范围的范围】同样会调整窗口的垂直大小，但它只能将窗口调整到显示当前视图中关键点的高度。

（4）在【轨迹视图】中，可以从三按钮弹出菜单获得交互式"缩放"控件。可以使用鼠标水平（缩放时间）、垂直（缩放值）或同时在两个方向（缩放）缩放时间的视图。向右或向上拖动可放大，向左或向下拖动可缩小。缩放发生在光标位置周围。

（5）【缩放区域】用于拖动"关键点"窗口中的一个区域以缩放该区域使其充满窗口。除非用鼠标右键单击以取消或选择另一个选项，否则【缩放区域】将一直处于活动状态。

（6）默认情况下，轨迹视图显示所有选定对象的所有动画轨迹的曲线。只可以将"隔离曲线"用于临时显示，仅切换具有选定关键点的曲线显示。多条曲线显示在"关键点"窗口中时，使用此命令可以临时简化显示。

【关键点状态：轨迹视图】工具栏如下图所示。

【显示选定关键点状态】按钮用于显示选定点的统计值。

【轨迹选择：轨迹视图】工具栏如下图所示。

【缩放选定对象】按钮用于缩放选择的目标。

3. 控制器窗口

控制器窗口是一个树形列表，用于显示场景中物体和对象的名称，甚至包括材质以及控制器轨迹的名称，控制当前编辑的是哪一条曲线。层级列表中的每一项都可以展开，也可以重新整理。使用手动浏览模式可以塌陷或展开轨迹项；使用Alt键和鼠标右键弹出菜单后，也可以选择塌陷或展开轨迹的命令。

4. 编辑窗口

编辑窗口显示轨迹或曲线的关键点，这些关键点在范围条上显示为条形图表。在这里可以方便地创建、添加、删除关键点，可以用几乎所有的操作来实现自己的目的。

5. 关键点的创建与显示

有多种方法可以创建关键点，可以打开【自动关键点】按钮，移动时间滑块，改变物体或其参数；也可以选中一个对象，在视图滑块上单击鼠标右键，通过弹出的【创建关键点】对话框为其创建关键点；也可以在轨迹视图中通过【添加关键点】按钮创建；还可以打开【设置关键点】模式，在想要的帧位置设置好对象的造型，单击【设置关键点】按钮即可创建。

关键点可以显示为功能曲线上的点，或者摄影表模式中的方块，还可以显示在视图窗口下方的轨迹栏上。

12.2.4 实例：创建弹簧球动画

下面我们来学习一个稍微复杂一点的动画效果——球体在弹簧上上下弹动的效果，希望读者在学习的过程中多揣摩一下，具体操作步骤如下。

Step 01 启动3ds Max 2016，单击【应用程序】按钮，从弹出的菜单中选择【重置】命令重置场景。

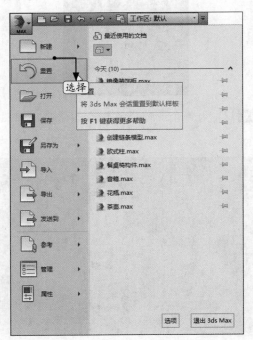

Step 02 创建弹簧球。进入【创建】→【图形】面板，单击【螺旋线】按钮，在顶视图中单击并拖动鼠标创建一条螺旋线；单击【修改】按钮，进入【修改】面板，设置螺旋线的参数，如下图所示。

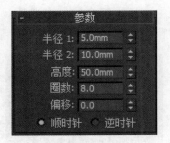

Step 03 创建的螺旋线如图所示。

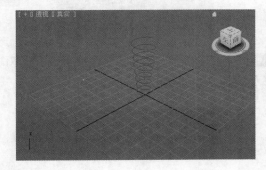

Step 04 在【图形】面板中单击【圆】按钮，在透视图中创建一个圆。单击【修改】按钮，进入【修改】面板，设置【半径】为1。

Tips

创建的曲线圆的半径为放样后的弹簧丝的半径。也就是说，曲线圆的大小决定着弹簧丝的粗细变化。

Step 05 创建的圆形如图所示。

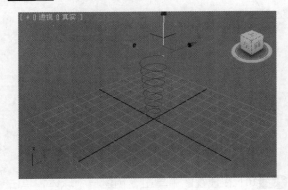

Step **06** 进入【创建】→【几何体】面板，在下拉列表中选择【复合对象】选项。选择螺旋线，单击【放样】按钮。

Step **07** 在【创建方法】卷展栏中单击【获取图形】按钮，如图所示。

Step **08** 在视图中单击圆形，得到放样生成的弹簧立体模型。

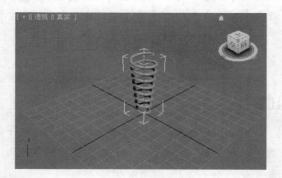

Step **09** 进入【创建】→【几何体】面板，在下拉列表中选择【标准基本体】选项。单击【球体】按钮。

Step **10** 在顶视图中单击，创建一个球体，单击【选择并移动】按钮，把球体移动到弹簧托的上面，得到如下图所示的模型。

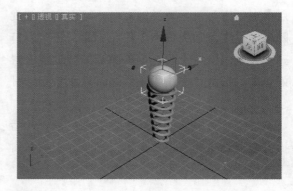

Step **11** 单击【平面】按钮，在顶视图中单击，创建一个面片体。单击【修改】按钮，进入【修改】面板，设置参数【长度】为500，【宽度】为500，如图所示。

Step **12** 为各个形体指定相应的材质，如图所示。

Step **13** 创建动画。单击并拖动进度条到左边0的位置。单击【自动关键点】按钮，当前激活的视图边框进度条会变成暗红色。单击【选择并移动】按钮 把带托的弹簧球向上拖离螺旋线。

Step 14 将时间滑块移动到第20帧位置，选中带托的弹簧球，使用【选择并移动】按钮 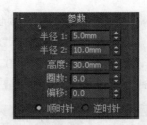 将其移动到与桌面接触的位置。

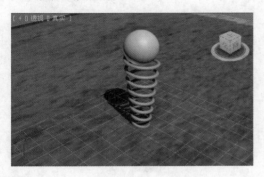

Step 15 将时间滑块移动到第30帧位置，单击【按名称选择】按钮 ，在弹出的【从场景选择】对话框中选择"Helix001"，并单击【确定】按钮。

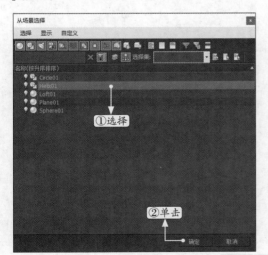

Step 16 单击【修改】按钮 ，进入【修改】面板，设置参数【高度】为30，这样弹簧托就变紧缩了。

参数

半径 1:	5.0mm
半径 2:	10.0mm
高度:	30.0mm
圈数:	8.0
偏移:	0.0

● 顺时针 ○ 逆时针

Step 17 同样要使用移动工具把弹簧球移动至紧贴托的位置。

Step 18 将时间滑块移动到第40帧位置，选择"Helix001"，设置【高度】为50，弹簧就复原为原来的高度。

Step 19 将时间滑块移动到第60帧位置，把弹簧球和托向上移动至合适的位置。这时弹簧球要离开托一点。

Step 20 将时间滑块移动到第90帧位置，选择
"Helix001"。单击【修改】按钮 ⬚ 进入【修
改】面板，设置参数【高度】为30。使用移动
工具将弹簧球向下移动到合适的位置。

Step 21 将时间滑块移动到第100帧位置，将
"Helix001"的【高度】设置为50，弹簧球要紧
贴弹簧托。

Step 22 设置完成后就可以添加材质渲染动画
了，渲染的效果如下图所示。

12.2.5 运动面板

　　【运动】面板提供了对所选对象的运动进
行调整的工具，可以调整影响所有位置、旋转

和缩放的变形控制器，以及关键点时间和松弛参数等，也可以替代轨迹视图为对象添加动画控制器。

在命令面板中单击 按钮，即可打开【运动】面板，【运动】面板包含【参数】和【轨迹】两部分。

1. 参数面板

参数面板中的选项用来调整变形控制器和关键点的信息，在轨迹视图中也可以实现同样的效果。

（1）【指定控制器】卷展栏。选择卷展栏列表中的某个项目轨迹后，【指定控制器】按钮 就会变得可用。单击该按钮，从弹出的【指定变换控制器】对话框中即可给对象指定和添加不同的变形控制器。相同的效果也可以在轨迹视图中选定。

（2）【PRS参数】卷展栏中提供了工具来创建和删除关键点。PRS代表3个基本的变形控制

器：位置、旋转和缩放。在【创建关键点】或是【删除关键点】选项组中可以创建或删除当前帧的转换关键点。这些按钮是否可用取决于当前帧存在的关键点类型。如果用户在一个包含缩放关键点的位置，那么【创建关键点】选项组中的【缩放】按钮将不可用，这是因为该关键点已经存在了；同时，【删除关键点】选项组中的【位置】和【旋转】按钮将不可用，这是因为没有这些类型的关键点可供删除。

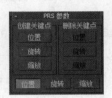

【位置】、【旋转】和【缩放】3个按钮将决定出现在【PRS参数】卷展栏下方的【关键点信息】卷展栏的内容，分别表示位置、旋转和缩放的关键点信息。默认情况下，【位置】按钮被打开，位置的运动控制器默认是Bezier控制器，它包括两个卷展栏：【关键点信息（基本）】和【关键点信息（高级）】。

（3）【位置XYZ参数】卷展栏。

【X】：显示x轴变换的控制器属性。

【Y】：显示y轴变换的控制器属性。

【Z】：显示z轴变换的控制器属性。

当用户选择一个轴时，可使用【关键点信息（基本）】和【关键点信息（高级）】卷展栏更改值。

（4）【关键点信息（基本）】卷展栏用来改变动画值、时间和所选关键点的中间插值方式。

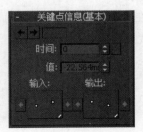

Tips

在【Bezier 缩放】控制器的【关键点信息】对话框中,【锁定】按钮显示在【X缩放】微调器的旁边。如果单击【锁定X】,则只有X值影响全部3个轴的缩放,Y和Z值被忽略,并且不显示它们的功能曲线。X锁定时,X值的变化不影响Y和Z值。如果在全部3个轴都为相同值时单击【锁定X】,改变X值,然后解除锁定X,Y和Z值将保持原来的值,而X则保留其新值。

【关键点编号】:显示当前的关键点数,单击左右箭头可以转到上一个或下一个关键点。

【时间】微调框:表明关键点所处的时间,单击右侧的锁定按钮 L 可以防止在轨迹视图编辑模式下关键点发生水平方向的移动。

【值】微调框:调整选定对象在当前关键点处的位置。

【关键点切线】按钮■:对于Bezier控制器类型,设置关键点的【内】切线和【外】切线的插值属性。

【切线复制】按钮■:使用【关键点切线】弹出按钮两侧的箭头按钮,可以在当前关键点的切线之间或前后相邻关键点的切线之间复制切线类型。

【内】切线的左箭头复制到上一个关键点的【外】切线。

【内】切线的右箭头复制到当前关键点的【外】切线。

【外】切线的左箭头复制到当前关键点的【内】切线。

【外】切线的右箭头复制到下一个关键点的【内】切线。

(5)在【关键点信息(高级)】卷展栏中将以3种方式来控制速度。

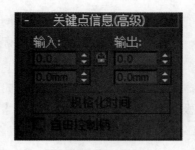

【输入/输出】微调框:【输入】字段是参数接近关键点时的更改速度,【输出】字段是参数离开关键点时的更改速度。

仅对于使用【自定义】切线类型的关键点,这些字段才是活动的。

该字段中的数字是更改速度(以每Tick 参数量为单位表达)。通过更改X、Y和Z的值,可以更改切线控制柄的长度和角度。

【锁定】按钮■:通过将一个【自定义】切线更改为相等但相反的量,可以更改另一个【自定义】切线。例如,单击【锁定】按钮,若【内】中的值是0.85,那么【外】中的值则是—0.85。

【规格化时间】按钮:平均时间中的关键点位置,并将它们应用于选定关键点的任何连续块。在需要反复为对象加速和减速并希望平滑运动时使用。

【自由控制柄】:用于自动更新切线控制柄的长度。禁用时,切线长度是其相邻关键点相距固定百分比。在移动关键点时,控制柄会进行调整以保持与相邻关键点的距离为相同的百分比。启用时,控制柄的长度基于时间长度。

2.【轨迹】面板

【轨迹】面板用于控制显示对象随时间变化而移动的路径。

可用来将样条转变成轨迹，轨迹变成样条，或者将任何一个变形控制器塌陷为可编辑的关键点。可以显示所选对象位置轨迹的3D路径，从路径上增加或者删除关键点，转换成样条线，从一个样条线得到一条新的路径，塌陷变形控制器等。

单击【子对象】按钮可以启用关键点编辑，然后使用移动、旋转和缩放改变显示在轨迹上的关键点的位置。在【轨迹】卷展栏中，单击【删除关键点】按钮将从轨迹上删除所选的关键点，单击【添加关键点】按钮可以向轨迹上增加关键点。【添加关键点】按钮是一个无模式的工具，单击该按钮之后，就可以连续地增加关键点，再次单击该按钮将会关闭增加关键点的模式。【开始时间/结束时间】微调框用来定义转化的间隔。如果把位置关键点转化成样条，这就是轨迹将被取样的时间间隔。如果是把一个样条转化成位置关键点，这就是新的关键点将被放置的间隔。【采样数】微调框用于设置转化的取样值。在转化中源对象被规则取样，关键点或控制点在目标对象上创建。

可以单击【转化为】或【转化自】按钮将位置轨迹关键点转化成样条对象或者将样条对象转换成轨迹关键点。可以为一个对象创建一个样条轨迹，然后将该轨迹转化成该对象的位置轨迹关键点。也可以将一个对象的位置关键点转化成一个样条对象。

在【塌陷变换】选项组中可以基于当前所选对象的转换来生成关键点，可以把基于当前所选对象的转换来生成关键点应用于该对象的变形控制器，但主要的目的是塌陷参数化转换效果。

12.2.6 动画约束

动画约束是动画过程的辅助工具，它通过一个对象控制与之绑定的另一个对象的位置、旋转和大小。动画约束的建立需要有一个对象和至少一个目标对象，目标对象对被约束对象施加特殊的限制。

例如，想很快地做出一架飞机沿预定路线飞行的动画，可以用路径约束把飞机的运动限制在一个样条路径上。例如，想做出一个人捡起一个篮球，就可以对篮球施加约束，使其绑定在人的手上，而且这个约束绑定关系可以在动画中打开与关闭。在【动画】→【约束】菜单命令中包括附着约束、曲面约束、路径约束、位置约束、链接约束、注视约束和方向约束7种动画约束。

1. 附着约束

应用附着约束可以将一个对象（源对象）附着在另一个对象（目标对象）的一个面上。目标对象不必是一个网格对象，但是必须可以转换为网格对象。

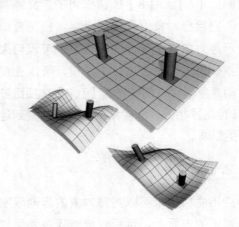

附着约束的参数卷展栏如下图所示。

【附加到】选项组中的【拾取对象】按钮用于选择目标对象以供源对象附着。【对齐到曲面】复选框用于将源对象的方向固定为所附着的面的法线方向。【更新】选项组中的【更新】按钮用于更新显示，【手动更新】复选框用于手动更新。【关键点信息】选项组中的【时间】显示当前帧，可以将当前关键点移动到一个不同的帧。【位置】选项组中的【面】微调框显示面的序号，也可以通过序号选择特定的面。【A】和【B】微调框用于定义源对象的重心在目标对象上的位置坐标。预览窗口用来显示源对象在桌面上的位置，也可以用来改变位置。单击【设置位置】按钮，可以在视图中拖动对象到合适的位置。【TCB】选项组参数与TCB控制器相同，源对象的方向也会受到这些设置的影响。

2. 曲面约束

应用曲面约束可以将源对象的运动限制在目标对象的表面上。目标对象必须是表面可以

参数化描述的对象，包括球、圆锥、圆柱、圆环、方面片（单个面片）、放样对象和NURBS对象等。这里所说的目标对象的表面是一个不存在的参数化的表面，并不是对象的真实表面，它们之间的差别有时候会很大。参数化表面会忽略切片和半球选项的存在。也就是说，如果目标对象用了切片或半球选项，源对象的运动就好像是被切去的部分仍然存在一样运动在原来的表面上。

【曲面控制器参数】卷展栏如下图所示。

Tips

曲面约束只能用在可以参数化的表面。如果将目标对象转换成网格对象，曲面约束则不起作用。例如，不能将其用于施加了弯曲修改的圆柱。

【当前曲面对象】选项组中的【拾取曲面】按钮用于在视图中选择目标对象的表面。【曲面选项】选项组中的【U向位置】或【V向位置】控制源对象在目标表面的UV坐标。当选中【不对齐】单选钮时，不管源对象在目标表面的位置如何，都不再对其方向进行调整。选中【对齐到U】或【对齐到V】单选钮，可以将源

对象的z轴与目标表面的法线方向对齐，x轴与u/v轴对齐。选中【翻转】复选框可以将对齐方向反向。如果【不对齐】单选钮被选中，【翻转】复选框则不可用。

3. 路径约束

应用路径约束可以使源对象沿着一条预定的样条路径运动，或者沿着多条样条路径的平均值运动。路径目标可以是任何一种样条曲线，目标路径也可以用任何一种标准的平移、旋转、比例缩放工具制作动画，对路径的子对象进行修改也会影响源对象的运动。当使用多条路径时，每个目标路径都有一个值，值的大小决定了其影响源对象的程度。只有在使用多个目标时，值才有意义。值为0则毫无影响，80的影响力是40的两倍。

【路径参数】卷展栏如下图所示。

单击【添加路径】按钮可以为源对象添加一条新路径。单击【删除路径】按钮可以将所选的路径删除，它将不会再影响源对象。通过【权重】微调框可以为每个目标指定权重值并为它设置动画。【%沿路径】可以设置沿路径运行了百分之几，该值是按照路径的U值计算的，所以50%并不能代表运动到了中点位置。选中【跟随】复选框可以使源对象完全沿着曲线运动。选中【倾斜】复选框，在通过曲线弯曲部分时源对象会有翻滚动作，就像飞机在转弯时一样。【平滑度】用来控制翻滚时角度变化的快慢，值越大翻滚就越剧烈。选中【允许翻转】复选框时，当源对象沿着竖直方向的一条路径运动时，可以避免经过竖直点时产生剧烈的跳动。选中【恒定速度】复选框可以使源对象的运动速度保持均匀，撤选此复选框，对象的运动速度则取决于路径上各点之间的距离。在一般的情况下，当对象运动到路径的终点时不会跨越终点，选中【循环】复选框则可使对象重新回到起点。选中【相对】复选框可以使源对象在其原来的位置做与路径曲线相同的运动，而不是移动到曲线上来。【轴】选项组用来定义对象的哪个轴沿路径方向运动。选中【翻转】复选框可以翻转轴的方向。

4. 位置约束

应用位置约束可以设置源对象的位置随另一个目标对象的位置或几个目标对象的权平均位置而变化，还可以将值的变化设置为动画。

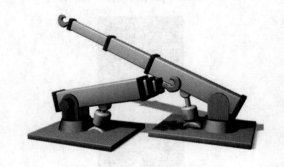

【位置约束】参数卷展栏很简单，如下图所示。

【添加位置目标】和【删除位置目标】按钮分别用于添加和删除目标对象。【权重】微调框用于设置目标对象的权值。选中【保持初始偏移】复选框可以保持源对象和目标对象之间的初始距离，避免源对象被吸引到目标对象的枢轴上。

5. 链接约束

应用链接约束可以将源对象链接到一个目标对象上，源对象会继承目标对象的位置、旋转和尺寸大小等参数。一个典型的例子是利用链接约束将一个小球从一支机械臂转移到另一支机械臂上。

【Link Params】卷展栏如下图所示。

【添加链接】按钮用于选择一个新的链接目标。【链接到世界】按钮用于将对象链接到世界坐标上。【删除链接】按钮用于删除一个链接目标。【开始时间】微调框可以控制目标对象何时开始与源对象链接起来。选中【无关键点】单选钮，在使用链接约束时不对任何对象添加关键点。选中【设置节点关键点】单选钮，可以将关键帧写入指定的选项。其中，选中【子对象】单选钮，可以为源对象添加关键点；选中【父对象】单选钮，可以为目标对象添加关键点。选中【设置整个层次关键点】单选钮，可以在层级上添加关键点。其中，选中【子对象】单选钮，可以为源对象添加关键点；选中【父对象】单选钮，可以为源对象、目标及其上级对象添加关键点。

6. 注视约束

应用注视约束可以使源对象的轴在运动的过程中始终指向另一个目标对象，就好像注视着它一样，也可以用多对象权值平均。最典型的应用是使人物的眼球随着物体而运动。

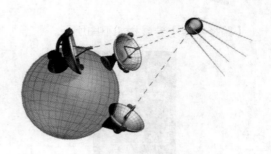

其参数卷展栏如下图所示。【添加注视目标】和【删除注视目标】按钮分别用于添加和删除目标对象。【权重】微调框用于为目标对象设置权值。选中【保持初始偏移】复选框，可以保持源对象的原始角度作为与目标对象之间的偏移量。【视线长度】微调框用于定义源对象与目标对象枢轴之间投影线的长度，负值表示相反的方向。选中【绝对视线长度】复选框将忽略前面一项的设置，在源对象与目标之间总是画一条投影线。单击【设置方向】按钮可以手动设定源对象的偏移量。单击【重置方向】按钮可以重新设置源对象的偏移量。【选择注视轴】选项组用于选择朝向目标的轴。【选择上部节点】用于选择向上节点平面，当注视轴与节点平面一致时源对象就会反转。在【上部节点控制】选项组中选中【注视】单选钮，节点平面将与目标匹配；选中【轴对齐】单选钮，节点平面将与目标轴对齐。在【源/上部节点对齐】选项组中，【源轴】（源对象的轴）用于与节点轴对应，【对齐到上部节点轴】用于源对象轴与节点轴相对应。

7. 方向约束

应用方向约束可以使源对象跟随另一个或几个目标对象的旋转而旋转。任何能够旋转的物体都可以作为源对象，它能继承目标对象的旋转变化。

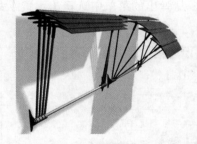

【方向约束】卷展栏如下图所示。

单击【添加方向目标】按钮可以添加新的目标对象。单击【将世界作为目标添加】按钮可以将源对象与世界坐标轴对齐。单击【删除方向目标】按钮可以移除目标对象，该对象将不再影响源对象。【权重】微调框用于设置目标的权值。选中【保持初始偏移】复选框可以保持原始偏移量。在【变换规则】选项组中，当方向约束用于层级中的一个对象时，在此可以选择是使用自身变形还是父对象变形。选中【局部-->局部】单选钮可以选择自身节点变形，选中【世界-->世界】单选钮可以选择父对象变形。

12.2.7 实例：创建摇摆的台灯动画 ▶

下面我们来学习一个稍微复杂一点的约束动画效果——将圆锥体附着到台灯上，来示例附着约束的操作，希望读者在学习的过程中多揣摩，具体操作步骤如下。

Step 01 启动3ds Max 2016，单击【应用程序】按钮 ，从弹出的菜单中选择【重置】命令重置场景。

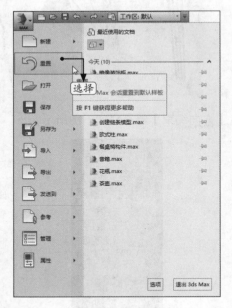

Step 02 打开随书光盘中的 "素材\ch12\台灯.max" 文件。

Step 03 在【透视】视口中，创建一个半径1 为 300、半径 2 为150 以及高为 500 的圆锥体。

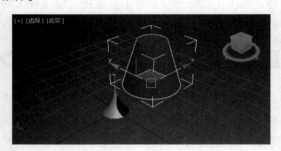

Step 04 选择台灯模型，应用【弯曲】修改器，打开弯曲的子物体项，将【中心】向下移动到台灯模型的脚下位置。

Step 05 将【Gizmo】旋转90°，如图所示。

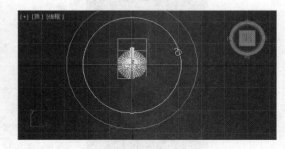

Step 06 将弯曲角度设置为 -45°。

Step 07 设置后的效果如图所示。

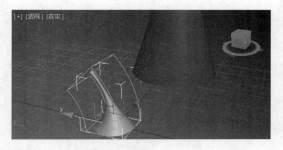

Step 08 启用 自动关键点（自动关键点），转至第100 帧，并将弯曲角度设置为 45°。

Step 09 这样台灯模型就会在100帧的范围里从一个方向弯曲到另一个方向。禁用 自动关键点（自动关键点）。

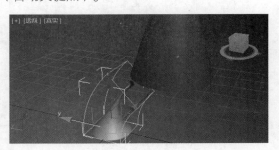

Step 10 继续示例，指定【附着点】约束并调整圆锥体。选择圆锥体，在【运动】面板 上，打开【指定控制器】卷展栏，依次单击【位置】轨迹→【指定控制器】按钮，然后选择【附加】。

Step 11 圆锥体移动到场景的原点，并显示【附着参数】卷展栏。

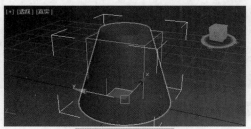

Step 12 单击【拾取】对象，然后单击台灯模型，拾取名称出现在【拾取对象】按钮上面。

Step 13 转至第0帧。旋转【透视】视口直到可以看到圆柱体的顶部表面。单击【设置位置】按钮，并在台灯的顶部曲面上单击并拖动面。

Step 14 圆锥体会跳至台灯的顶面部分。拖动鼠标时，圆锥体会跳到所拖动的面上。当圆锥体位于台灯的头顶部分曲面上时，释放鼠标键。

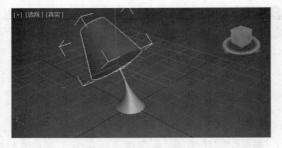

Step 15 继续示例，下面要调整圆锥体相对于面的位置。在面显示窗口中拖动以相对于代表面的三角形来放置红点。

Step 16 将时间滑块拖动到各个帧。当圆柱体前后弯曲时，圆锥体一直保持附着在其上表面。继续调整 A 和 B 微调器并在面显示窗口中拖动来调整圆锥体的位置。

Step 17 单击【播放】按钮 ▶ 播放动画。圆柱体前后弯曲时，圆锥体保持附着在其上封口，渲染动画效果如图所示。

12.2.8 运动控制器

运动控制器与动画约束一样，为在场景中所有的对象提供非常强大的选择方式，用于调控场景中的动画对象，包括存储动画关键值、存储动画过程设置、插入中间帧等。例如，可以使用音频控制器使得对象随音乐的节奏而跳动，或者当使用反应控制器随任何动画的参数而起反应。通过列表控制器可以同时使用多个控制器，所有的对象和参数只有在动画中才可以使用控制器，在自动关键点模式下只要改变了对象的参数，系统就会自动地添加一个该类型默认的控制器。

运动控制器包括变换控制器、位置控制器、旋转控制器和缩放控制器4大类，在3ds Max 2016界面中选择【动画】菜单项，在其弹出的子菜单中即可找到这些运动控制器。下面简单介绍在3ds Max 2016中所提供的运动控制器。

1. 变换控制器

```
链接约束
位置/旋转/缩放
脚本
```

（1）链接约束：同动画约束小节中介绍的链接约束功能相同。

（2）位置/旋转/缩放：在位置、旋转角度以及缩放大小方面对对象进行变换控制。

（3）脚本：用3ds Max 2016的Script语言来控制对象和参数（和【表达式控制器】相似）。

2. 位置控制器

```
音频
Bezier
表达式
线性
运动捕捉
噪波
四元数(TCB)
反应
弹簧
脚本
X Y Z

附着约束
路径约束
位置约束
曲面约束
```

（1）音频。

使用一个声音文件来控制一个参数或对象。

（2）Bezier。

在转换关键点之间光滑插值，产生一种连续、自然的运动效果。对于位置和缩放，Bezier控制器是默认的控制器。

（3）表达式。

使用数学表达式来控制对象的参数，如

长、宽、高；或者转换和修改控制器的值，如位置坐标。

（4）线性。

在每个关键点之间采用线性插值。

（5）运动捕捉。

使用外部设备来控制和记录一个对象的运动或参数。所支持的设备有鼠标、键盘、MIDI设备和游戏杆等。

（6）噪波。

生成随机值，在函数曲线中以波峰或波谷的形式出现。

（7）四元数（TCB）。

为关键点之间的函数曲线提供张力（Tension）、连续（Continuity）和偏移（Bias）的控制。

（8）反应。

允许一个对象或参数对另一个对象或参数产生反应。例如，可以基于一个对象的Z向位置来改变另一个对象的比例值。

（9）弹簧。

为点或对象添加第二种动力学效果。

（10）XYZ：将XYZ单元分成独立的3个轨迹，可以分别控制。

3. 旋转控制器

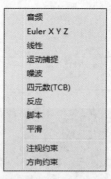

```
音频
Euler X Y Z
线性
运动捕捉
噪波
四元数(TCB)
反应
脚本
平滑

注视约束
方向约束
```

（1）Euler XYZ（欧拉）旋转控制器：是一个三位一体的控制器，可以分别指定绕XYZ轴旋转的角度，还可以指定旋转轴的顺序。

（2）平滑旋转控制器：产生平滑的旋转。

4. 缩放控制器

XYZ：为x、y和z这3个轴提供各自的缩放轨迹。

其他参数与【位置控制器】中的参数相似，这里不再赘述。

12.3 实例：创建跳动的烛光动画

下面来制作烛光跳动的效果，这里使用到了【轨迹视图—曲线编辑器】，可以通过调整曲线的波动来调整灯光的强弱，具体操作步骤如下。

12.3.1 制作跳动的烛光

Step 01 启动3ds Max 2016，单击【应用程序】按钮，从弹出的菜单中选择【重置】命令重置场景。

Step 02 打开随书光盘中的"素材\ch12\蜡烛.max"文件。

Step 03 单击主工具栏中的【曲线编辑器（打开）】按钮，打开【轨迹视图—曲线编辑器】对话框，在透视图中选择蜡烛火头。

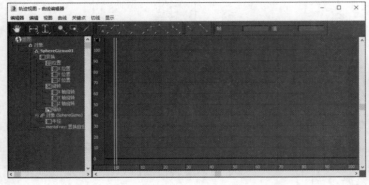

Step 04 单击【轨迹视图—曲线编辑器】左下角的【缩放选定对象】按钮 🔍，在【对象】下方选择【半径】选项。

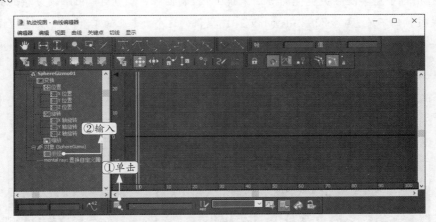

Step 05 单击【轨迹视图—曲线编辑器】对话框工具栏中的【插入关键点】按钮 ，当鼠标光标变成 形状后，单击0刻度上方的虚线，即可添加关键点。

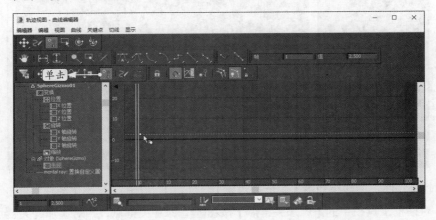

Step 06 单击工具栏中的【缩放区域】按钮，即可对右侧的窗格进行缩放显示。然后单击【移动关键点】按钮 对添加的关键点进行移动，得到下图所示的曲线。这样火焰的大小将会按照绘制的曲线随时间推移而不断发生变化。

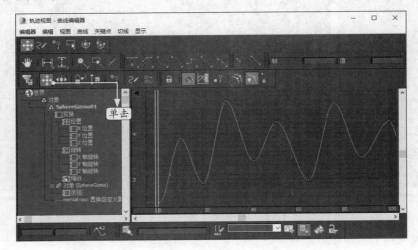

Tips

　　轨迹视图相对于直接设置关键帧的方法来说，可控制性强，容易制作出比较复杂的高级动画。要想解决设置关键帧的不足，就要使用3ds Max 2016提供的这个更专业的工具——轨迹视图。轨迹视图是用于观察一个场景和动画的数据的视图。使用轨迹视图可以精确地控制场景中的每一部分，包括音乐等。

Step 07 在【环境】下方选择【火效果】，在【火效果】下方选择【密度】选项，单击【轨迹视图—曲线编辑器】对话框工具栏中的【添加关键点】按钮，然后对添加的关键点进行移动，得到下图所示的曲线。这样火焰本身的亮度将会按照绘制的曲线随时间不断发生变化。

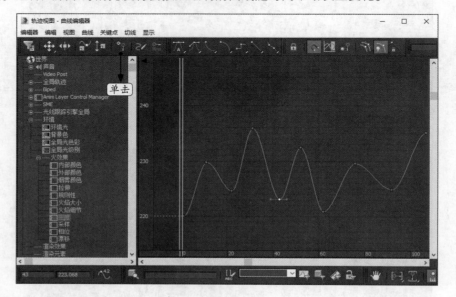

Step 08 在【轨迹视图—曲线编辑器】中选择对象【泛光灯】下方的【倍增】选项。单击【轨迹视图—曲线编辑器】对话框工具栏中的【添加关键点】按钮，添加关键点，并对添加的关键点进行移动，得到下图所示的曲线。这样照亮整个场景的反光灯强度将会按照绘制的曲线随时间不断变化。

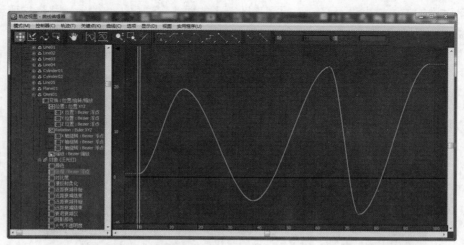

Step 09 在【轨迹视图—曲线编辑器】对话框中的【控制器】菜单栏中选择【指定】命令，这时会弹出【指定浮点控制器】对话框。

参照下图进行设置。

Step 10 双击其中的【噪波浮点】选项，在弹出的【噪波控制器】对话框中设定参数，最后将对话框关闭。

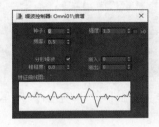

Step 03 返回【渲染设置】对话框，设置渲染视口为透视，单击【渲染】按钮对透视图进行渲染，生成动画截图。

12.3.2 渲染跳动的烛光

Step 01 按F10键打开【渲染设置】对话框，选择【时间输出】为【活动时间段】。

Step 02 在【渲染输出】选项组中单击【文件】按钮，设置输出格式为AVI，设置保存路径和名称，并在弹出的【AVI 文件压缩设置】对话框中

12.4 实例：创建口香糖广告动画

在本例中利用3ds Max中的Particle Flow
粒子系统来制作口香糖广告的一个镜头：就是
在一片绿色的群山中，从画面的底部飞入一道
绚烂的粒子，粒子的外形是树叶，形成的标志
是一个箭头。先来理清一下制作的思路：首先
要用样条线画一条路径，再制作一个带拖尾的
箭头模型。然后为模型添加一个【路径变形
（WSM）】修改器，使其沿路径运动的同时产生
自身的形变。创建Particle Flow粒子系统，拾取
箭头拖尾模型作为发射的载体，也就是说用粒
子来形成箭头拖尾的外形。然后将粒子锁定在
箭头拖尾模型上并跟随其运动。设置粒子产生
一定的自旋。再用树叶模型来作为每个粒子的
形状。最后为粒子制作运动模糊的效果。

12.4.1 指定环境背景贴图

Step 01 启动3ds Max 2016，单击【应用程序】
按钮，从弹出的菜单中选择【重置】命令重
置场景。

Step 02 执行【渲染】→【环境】菜单命令，在
弹出的【环境和效果】对话框中单击【环境贴
图】项目下的【无】按钮，如图所示。

Step 03 在弹出【材质/贴图浏览器】中双击
【位图】项。

Step 04 在弹出【选择位图图像文件】面板中
选择配套光盘提供的"素材\ch12\shan.jpg"
贴图。

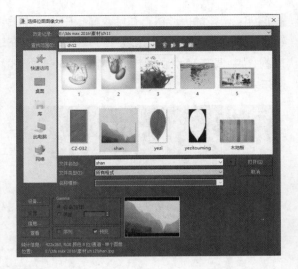

Step 05 执行【视图】→【视口背景】→【配置视口背景】菜单命令，在弹出的设置面板中勾选【使用环境背景】和【显示背景】复选框，然后单击【确定】按钮，如图所示。

Tips

很多读者在实际制作范例的时候都不太注意背景的设置，好的背景为得到非常真实的渲染效果提供了很大的帮助。

Step 06 环境背景显示在了透视图中，如图所示。

12.4.2 绘制运动路径

Step 01 使用二维图形中的【线】命令在前视图中绘制曲线，如图所示，3个控制点就够了。然后进入修改面板打开点选择，在各视图中调节曲线的形状，如图所示。这条曲线将作为粒子运动的路径。

Step 02 绘制箭头雏形并设置厚度。使用画线工具在顶视图中绘制如图所示的曲线。

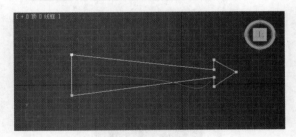

Step 03 在修改面板中为其添加一个【挤出】修改器，设置【数量】值为2，给出一个非常薄的厚度，并将其改名为【箭头】，如图所示。

Step 04 挤出的效果如图所示。

Step 05 设置箭头分段。在修改面板中为箭头对象加入一个【编辑多边形】修改器，进入【边】子对象级别，选择如图所示的两条边。

Step 06 单击【编辑边】卷展栏中【连接】按钮后的【设置】按钮 。

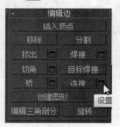

Step 07 在弹出的【连接边】对话框中，设置【分段】为16。观察视图，在箭头对象的长度方向上出现了许多的分段，如图所示。

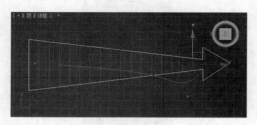

Step 08 调整箭头形状，在修改面板中进入【编辑多边形】修改器的【顶点】子对象级别，在顶视图中调节顶点的位置，箭头的外形如图所示。

Step 09 添加【路径变形（WSM）】修改器。选择箭头对象，在修改面板中为其添加一个【路径变形（WSM）】修改器。

Step 10 按【拾取路径】按钮，选取场景中创建的第一条路径。设置【路径变形轴】项目下的轴向为x轴，如果箭头没有沿路径变形，对【Gizmo】进行移动调节变形效果，还可以切换【物体变形轴】项目下合适的轴向；如果箭头没有与路径平行，则调节【旋转】参数的数值，直到效果正确，如图所示。

12.4.3 设置沿路径运动动画

Step 01 在【路径变形】修改面板中调节【百分比】值大约在-90，使箭头对象处于刚进入画面的状态。

Step 11 此时为箭头对象已经正确地位于路径上并产生了变形，如图所示。

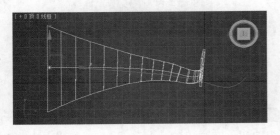

Step 02 拖动时间滑块到第100帧，按【自动关键点】按钮，设置【百分比】值大约为15，使箭头对象沿路径转弯到一定角度。

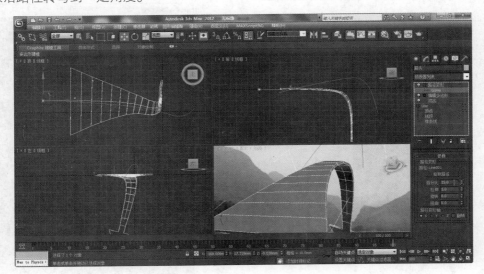

Step 03 拖动时间滑杆，观察箭头对象从视图中飞入，沿路径前行并转弯的动画效果，如图所示。

Step 04 下面来创建叶子。在顶视图中创建一个平面对象，设置【长度】值为5，【宽度】值为2，【长度分段】和【宽度分段】值均为1，并将其改名为"叶子"，如图所示。

Step 05 创建的平面如图所示。

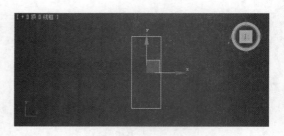

Step 06 设置叶子材质。选择叶子模型，按M键打开材质编辑器，将其中一个空的材质球指定给叶子对象，并勾选【双面】。

Step 07 单击【漫反射颜色】贴图通道后的贴图按钮，在弹出的【材质/贴图浏览器】中双击【位图】。

Step 08 在弹出的【选择位图图象文件】面板中中选择配套光盘中提供的"yezi.jpg"文件。

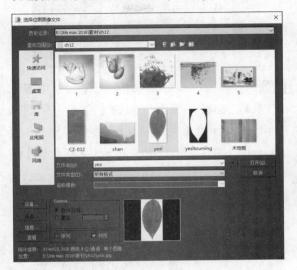

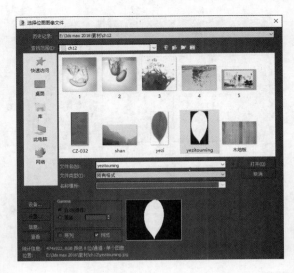

Step 09 在【位图参数】卷展栏中，设置U值和V值均为0.01，而W值和H值均为0.99。单击【打开】按钮，在弹出的【指定裁剪/放置】面板中，观察裁剪掉的是图片的一圈细小边缘，然后勾选【应用】复选框。

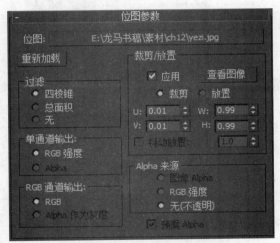

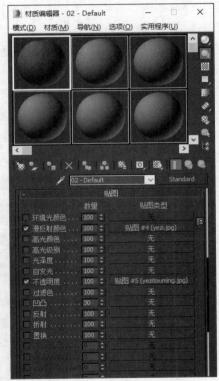

Step 10 为【不透明度】贴图通道做与前两步相同的设置，唯一不同的是将贴图换成了配套光盘中提供的"yezitouming.jpg"文件，如图所示。

12.4.4 设置沿路径粒子动画

Step 01 创建粒子。按下键盘的6键打开粒子视图，在底部的【仓库】区拖曳一个Standard Flow控制器进入中间空白的视图操作区。这样，我们就创建了一个Particle Flow粒子流。

Step 02 在视图操作区单击PF Source 01浮动
条，在右侧的参数修改区将【视口%】值由默认
的50修改为100，这样就可以将全部的粒子显示
在视图中。因为粒子的外形是树叶，是一个小
片，所以全显示出来也不会太占用系统资源，
全显示更便于在视图中观察最终的粒子效果。
拖动时间滑竿，观察视图中粒子从发射器的图
标位置发射出来，如图所示。

Step 03 设置Birth【出生】控制器。在Event01
事件中选择Birth【出生】控制器，在右侧的参
数修改区中【发射开始】默认值为0，设置【发
射结束】值也为0，这样就可以使粒子在第0帧全
部发射出来。再设置【数量】值为2 000，表示
在第0帧总共发射2 000个粒子，如图所示。

Step 04 设置Position Object【对象位置】
控制器。在粒子视图底部的【仓库】区选取
Position Object【对象位置】控制器，将其拖曳
到Event01事件的Position Icon【图标位置】控
制器上释放，替换Event01事件默认的Position
Icon【图标位置】控制器。

Step 05 选择Event01事件中Position Object
【对象位置】控制器，在右侧的参数修改区中
按下【添加】按钮，在弹出的【添加发射器对
象】面板中双击【箭头】项目。

Step 06 观察在【发射器对象】下方出现了"箭头"字样，而在视图中粒子已经布满了箭头对象的表面，这样就实现了用箭头对象作为粒子发射载体的目的了。

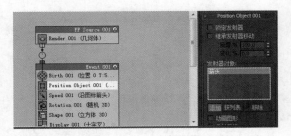

Step 07 勾选【锁定发射器】和【动画图形】复选框，粒子就会在整个动画过程中始终被锁定在箭头对象的表面，如图所示。在本例中勾选【锁定发射器】，但是如果只勾选【锁定发射器】的话，粒子只在当前帧锁定在箭头对象表面，而只要拖动时间滑块，随着箭头对象的运动，粒子是不跟着它运动的。而勾选【动画图形】的作用是：如果粒子拾取的发射器对象是运动的，那么勾选此项就会使粒子考虑发射器的动画效果，也就会始终被锁定在发射器的表面并跟随发射器运动了。

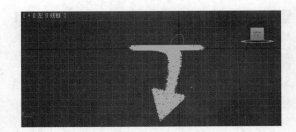

Step 08 删除Speed【速度】控制器。在Event01事件中选择Speed 001项，将其删除，如图所示。因为在Position Object【对象位置】控制器中勾选了【锁定发射器】和【动画图形】两个项目，粒子就会始终被锁定在发射器的表面并跟随发射器运动了。所以，此时的Speed【速度】控制器就没有作用了。

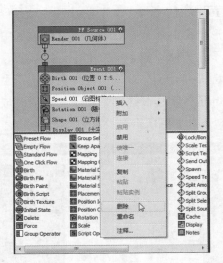

Tips

大多数情况下，尽量保证在一个事件中，相同类型的控制器只存在一个。例如，在一个事件中有两个控制器都是用来控制粒子外形的，那么位于事件的底部的控制器才真正起作用，而另外一个控制器就是多余的。

Step 09 设置粒子外形和显示。为了便于观察粒子的外形，在场景中选择箭头对象，将其隐藏。然后在粒子视图底部的【仓库】区选择Shape Instance【实例外形】控制器，将其拖曳到Event01事件的Shape【外形】控制器上释放，替换Event01事件默认的Shape【外形】控制器。

Step 10 选择Event01事件中Shape Instance【实例外形】控制器，在右侧的参数修改区中按下【粒子几何体对象】下方的【无】按钮，在视图中选择"叶子"对象，观察在该按钮上出现了"叶子"字样。这样，粒子的外形改成了叶子的外形，如图所示。

Step 11 选择Event01事件中Display【显示】控制器，在右侧的参数修改区中按下【类型】后的下拉按钮，在弹出的列表中选择【几何体】，如图所示。

Step 12 视图中粒子都变成了树叶，如图所示。

Tips

　　虽然没有在Event01事件中给粒子添加任何材质控制器，但是由于粒子的外形——叶子对象本身已经设置了材质，所以粒子就会继承该材质。

Step 13 设置粒子的自旋。在粒子视图底部的【仓库】区选择spin【自旋】控制器，将其拖曳到Event01事件的Speed 001控制器上释放，设置【自旋速率】为120，【变化】为20，并设置【自旋轴】类型为【随机3D】，设置如图所示。

Step 14 改变箭头对象的运动曲线。将被隐藏的箭头对象显示出来，并选择它。单击主工具栏中的【曲线编辑器】按钮，打开【轨迹视图-曲线编辑器】窗口。在窗口左侧的列表中按下【箭头】项目下【空间扭曲】前的"+"号，选择【沿路径百分比】项目，在窗口右侧显示出一根红色的曲线，这是箭头对象【沿路径百分比】项目的运动曲线。在曲线的两侧各有一个关键点。仔细观察曲线，在曲线左侧的起始处比较平缓，中段比较陡，而结束处又比较平缓。这说明箭头对象的运动并不是匀速运动，而是一个先慢、再快、再慢的变速运动，如图所示。

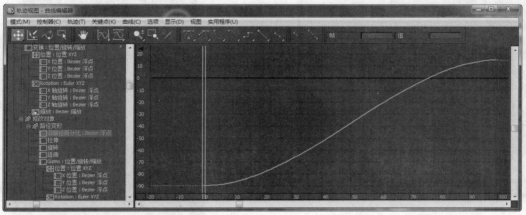

Tips

曲线比较平缓的地方表示物体的运动比较缓慢，而比较陡峭的地方说明物体的运动速度比较快。如果运动曲线是一根直线的话，就是匀速运动了。

Step 15 框选曲线两侧的关键点，按下轨迹视图工具栏中的【将切线设置为线性】按钮。播放动画，发现箭头对象在做匀速运动，如图所示。

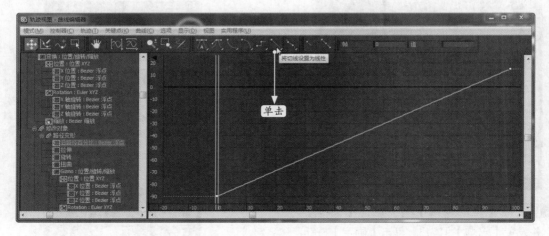

Step 16 默认渲染。将箭头对象和树叶对象隐藏。渲染当前场景，如图所示。观察粒子在飞行过程中没有任何的运动模糊效果，这样不容易表现出粒子的运动速度。

12.4.5 设置粒子运动模糊

Step 01 在属性面板中添加运动模糊。按下键盘的6键打开粒子视图，在视图操作区用鼠标右键单击Event01事件的浮动条，在弹出的右键快捷菜单中选择【属性】命令。

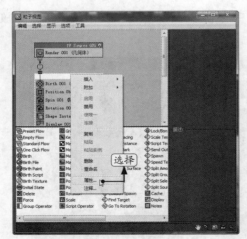

Step 02 在【运动模糊】项下选择【图像】方式，并设置【倍增】值为3。单击【确定】按钮。

Step 03 对当前的场景进行渲染，发现运动模糊的效果并不强烈，如图所示。

Step 04 在渲染面板中加强粒子运动模糊。按下主工具栏的【渲染设置】按钮，打开【渲染设置】对话框。进入【渲染器】子标签面板中，将【图像运动模糊】的【持续时间】值设为4，加大模糊程度。

Step 05 对当前的场景进行渲染，此时运动模糊的效果已经非常强烈了，画面的冲击力非常足，如图所示。

Step 06 为场景再添加几盏灯光进行照明，然后进行动画渲染，效果如图所示。

Tips

在第0帧粒子是没有运动模糊效果的，因为在第0帧粒子还没有运动，所以应该在第1帧开始渲染。

12.5 实战技巧

下面来介绍一些动画制作的技巧和知识。

技巧1 动画时间掌握的基本单位

动画时间掌握的基础是固定的放映速度，每秒钟24格，在电视中则是每秒25帧，不过，这区别是难以觉察的。如果银幕中一个动作要1秒，它占据影片24格，半秒占12格，以此类推。

银幕上的动作无论是在什么情绪或节奏下，不管它是一个疯狂的追赶场景，还是一个浪漫的爱情场景，都必须根据放映机每秒钟连续播放24格来计算时间。所以，动画师掌握时间的基本单位就是1/24秒，用于电视的片头则是1/25秒。动画师必须学习的一个重要技巧，就是如何把握这1/24（或1/25）秒在银幕（电视）上的感觉。在实践中他将学会掌握这个单位的倍数和3格、8格、12格等在银幕上的时间感觉。不同的动画格式具有不同的帧速率，如图所示。

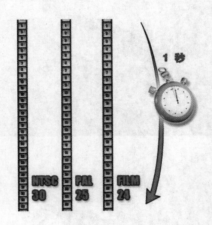

技巧2 动画制作常见问题解决

一、分镜间的连续问题

有一些短篇动画，单看每个Cut都觉得很好，但是串联起来时其串联的部分就稍嫌不足，原因是完成的动画与Animatis有所出入，假设Animatis制作没有问题，那Animation端就是缺乏AD的品管，如果是Animatis制作有问题，就是导演与前制作业没有沟通清楚。

建议：

解决方法是当所有的Animation完成时必须经过一次总预览，所有动作细节在AD及导演确认后再行render，但是在做此动作可能会花些时间，所以预览的render可交由MIS进行，独立此项工作，而预览的解析度是能看清动作，即时间允许的话加上灯光，背景甚至预览合成都好，至少比retake省时。

二、背景的处理

一部影片背景是很重要的，其层次、灯光等细节都不可或缺，否则导致主仆的不明，如果背景太弱就衬托不出主角，目前面临的就是背景的制作技巧加强，例如树林而言，灯光无层次，树与树之间距离感太弱。又例如山，没有气势，云，没有辽阔感，等等问题，导致整部片子让人透不过气，好像世界是平的感觉，没有生命的气息。

建议：

必须先将影片的定位弄清，是一部一般的动画电视剧或者是为了往后制作电影的热身，如（果）是后者，那么以现在的制作技术而言，只能说路很远；如果以前者而言，那以后做代工比较可能生存。背景的制作技术很深，涵盖实拍、运镜、灯光、特效（大气、水流、云……），但是，这都是制作技巧及经验而已，最重要的是规划，什么地方要表达何种气氛，什么地方用何种制作方法，什么地方花多少时间去做，如何避重就轻才是重点，规划好就不难做。

三、景深的运用

景深的处理在一部片子中是很重要的，与背景息息相关，如何利用景深来加强一部片子的视觉效果，营造出各种气氛与强化剧中表达的重点是很重要的，但是没有好的背景去衬托，那景深的运用就会受到限制，并且与场景色样也有着相互的关系，所以景深的运用建构在背景、色彩、灯光之中，而模糊与焦点只是制作景深的方法，并非全部。景深的运用必须事先规划清楚，部分景深的运用必须与场景色样一起制作，例如大的战争场景。

建议：

景深的制作可利用明暗的层次、彩度的高低、大小的变化、模糊的差异去表现，但是各种方法的表现所营造的效果都不同，必须依照剧情的需要以及表达的气氛去运用，所以背景、灯光、合成必须环环相扣才能营造出气氛，因此计划是很重要的。

第 **13** 章

环境与效果

▉▉ 本章引言

在电影中，我们经常会看到诸如爆炸、烟雾和火焰等特效的运用。本章将介绍使用3ds Max 2016的环境与效果的相关知识制作电影中才能见到的效果。

在三维制作中，环境是比较容易被忽略的概念。很多人往往沉醉于制作一个又一个造型和动画，当他们将几个生动的造型放在一起时，就会惊讶地发现这些造型显得平淡无奇、格格不入。这是因为他们忽视了三维环境。三维世界中的环境如同现实世界中的环境一样重要。一个好的环境加上生动的造型，动画就会让人有身临其境的感觉。环境制作非常复杂，它不仅需要用户熟练地掌握三维制作工具，还要求有丰富的美术、自然和摄影等知识。所以，读者在学习三维制作时应该时刻注意观察现实世界中的各种现象，了解摄影等各个方面的知识，从而为三维创造打下坚实的基础。

▉▉ 学习要点

◈ 掌握火焰环境的创建方法
◈ 掌握大气环境的创建方法
◈ 掌握雾环境效果的创建方法
◈ 掌握体积雾的创建方法
◈ 掌握体积光的创建方法
◈ 掌握各类效果的创建方法

13.1 环境

通过选择【渲染】→【环境】或【效果】菜单命令，或使用大键盘上的数字键8快捷键，即可弹出【环境和效果】对话框。

该对话框中包含了用于给场景中添加大气效果的卷展栏，但首要的问题是添加的位置。大气效果位于称为大气装置线框的容器中，从中可以确定效果应该处在的位置。【火效果】和【体积雾效果】需要使用大气装置线框。

创建大气装置线框，可以通过选择【创建】→【辅助对象】→【大气】菜单命令中的子命令来实现。

子命令中包括长方体Gizmo、圆柱体Gizmo和球体Gizmo3种不同的大气装置线框，其中的每一种线框都有类似于造型的不同形状。

Tips

大气效果包括云、雾、火和体积光等，这些效果只有在场景被渲染后才能够看到。

包含体积雾的长方体Gizmo，如图所示。

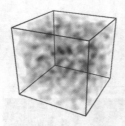

包含体积雾的圆柱体Gizmo，如图所示。

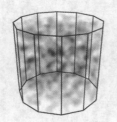

包含体积雾的球体Gizmo，如图所示。

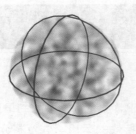

13.1.1 大气装置

以球体Gizmo为例，创建大气装置线框的步骤如下。

Step 01 在命令面板上单击【创建】→【辅助对象】→【大气装置】→【球体Gizmo】命令，并在视图区创建线框。

Step 02 打开【修改】面板则会显示出球体Gizmo大气装置线框两个不同的卷展栏。

（1）【球体Gizmo参数】卷展栏：用于定义线框

尺寸之类的基本参数。

（2）【大气和效果】卷展栏：用来给线框添加或删除环境效果。

每一个线框参数卷展栏还包括【种子】值和【新种子】按钮。【种子】值用于设置一个随机数，以便计算大气效果。【新种子】按钮用于自动生成随机种子值。具有同样种子值的线框会有几乎等同的效果。

13.1.2 添加环境

若要在场景中添加效果，就必须先打开【环境和效果】对话框。具体的操作步骤如下。

Step 01 继续上面的实例操作。创建大气装置线框后，单击【修改】面板【大气和效果】卷展栏中的【添加】按钮，将会弹出【添加大气】对话框，从中可以选择一种大气效果。

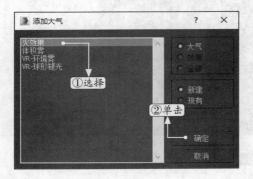

Step 02 此处选择【火效果】，然后单击【确定】按钮，选定的效果就会包含在【大气和效果】卷展栏中的列表框中。

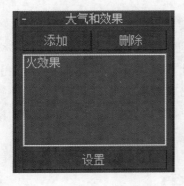

Step 03 从列表中选定大气效果并单击【删除】按钮即可将其删除。

Step 04 如果选定了列表中的效果，然后单击【设置】按钮则可激活该效果的相关参数。

Step 05 使用默认的参数进行渲染后可以观看【火效果】，如图所示。

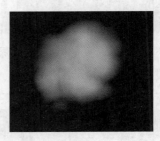

除了【修改】面板之外，还可以通过单击【大气和效果】卷展栏中的【设置】按钮，打开【环境和效果】对话框，在其中选择【环境】选项卡，通过其中的【大气】卷展栏可以给场景添加【大气】效果。

这个卷展栏只有添加了效果之后才会显得内容丰富。单击【添加】按钮，弹出【添加大气效果】对话框，该对话框中默认只包括【火效果】、【雾】、【体积雾】和【体积光】4种大气效果。通过使用插件就可以增加该列表中效果的数量。

在该对话框中选择的效果会被添加到【大气】卷展栏的【效果】列表中。

按照所列的先后次序效果会得到应用，因此列表底部所列的效果将叠加在所有的其他效果之上。下面介绍【环境和效果】对话框中各选项的含义。

（1）【名称】文本框：在该文本框中可以输入任何一种新效果的名称，这样就可以重复地使用同一种效果。

（2）【合并】按钮：单击该按钮，将会弹出【打开】对话框，从中可以选择一个单独的Max文件。还可以从其他文件中选定并加载任意一种渲染效果。

（3）【上移】和【下移】按钮：用于设置效果在列表中出现的位置。

13.1.3 火焰环境

使用【火效果】可以生成动画的火焰、烟雾和爆炸效果。可能的火焰效果用法包括篝火、火炬、火球、烟云和星云等。

Tips

火焰效果不支持完全透明的对象。可以设置相应火焰对象的透明度。要使火焰对象消失，应使用可见性，而不要使用透明度。

若要把火效果加入到场景中，可单击【添加】按钮并选定【火效果】选项，这样【火效果参数】卷展栏就会在【环境和效果】对话框中显示出来，如下图所示。

（1）创建一个或多个大气装置对象，在场景中定位火焰效果。

（2）在【环境】面板中定义一个或多个火焰大气效果。

（3）为火焰效果指定大气装置对象。

参数解密

1.【Gizmo】组

（1）拾取 Gizmo：通过单击进入拾取模式，然后单击场景中的某个大气装置。在渲染时，装置会显示火焰效果。装置的名称将添加到装置列表中。多个装置对象可以显示相同的火焰效果。例如，墙上的火炬可以全部使用相同的效果。为每个装置指定不同的种子可以改变效果。可以为多个火焰效果指定一个装置。例如，一个装置可以同时显示火球效果和火舌火焰效果。可以选择多个 Gizmo。单击【拾取 Gizmo】，然后按 H 键。这将打开【拾取对象】对话框，用于从列表中选择多个对象。

（2）移除 Gizmo：移除 Gizmo 列表中所选的 Gizmo。Gizmo 仍在场景中，但是不再显示火焰效果。

（3）Gizmo 列表：列出为火焰效果指定的装置对象。

本节开始所示场景中的火焰的 Gizmo，如图所示。

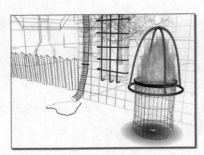

2.【颜色】组

可以使用"颜色"下的色样为火焰效果设置3个颜色属性。单击色样可显示 3ds Max 的颜色选择器。

（1）内部颜色：设置效果中最密集部分的颜色。对于典型的火焰，此颜色代表火焰中最热的部分。

（2）外部颜色：设置效果中最稀薄部分的颜色。对于典型的火焰，此颜色代表火焰中较冷的散热边缘。火焰效果使用内部颜色和外部颜色之间的渐变进行着色。效果中的密集部分使用内部颜色，效果的边缘附近逐渐混合为外部颜色。

（3）烟雾颜色：设置用于"爆炸"选项的烟雾颜色。如果启用了"爆炸"和"烟雾"，则内部颜色和外部颜色将对烟雾颜色设置动画。如果禁用了"爆炸"和"烟雾"，将忽略烟雾颜色。

Tips

只能在非正交视图中渲染火效果，例如在透视图或者摄影视图。

3.【图形】组

使用"形状"下的控件控制火焰效果中火焰的形状、缩放和图案。

以下两个选项可以设置火焰的方向和常规形状。

（1）火舌：沿着中心使用纹理创建带方向的火焰。火焰方向沿着火焰装置的局部z轴。"火舌"创建类似篝火的火焰。

（2）火球：创建圆形的爆炸火焰。"火球"很适合创建爆炸效果。

（3）拉伸：将火焰沿着装置的z轴缩放。拉伸最适合火舌火焰，但是，可以使用拉伸为火球提供椭圆形状。

• 如果值小于 1.0，将压缩火焰，使火焰更短更粗。

• 如果值大于 1.0，将拉伸火焰，使火焰更长更细。

• 可以将拉伸与装置的非均匀缩放组合使用。使用非均匀缩放可以更改效果的边界，缩放火焰的形状。使用拉伸参数只能缩放装置内部的火焰。也可以使用拉伸值反转缩放装置对火焰产生的效果。

下图显示的是更改【拉伸】值的效果，3个线框的【拉伸】值从左至右分别为0.5、1.0和3.0。

下图显示的是装置的非均匀缩放拉伸的效果，3个线框的【拉伸】值从左至右分别为0.5、1.0和3.0。

（4）规则性：修改火焰填充装置的方式。范围为1.0至0.0。

• 如果值为 1.0，则填满装置。效果在装置边缘附近衰减，但是总体形状仍然非常明显。

• 如果值为 0.0，则生成很不规则的效果，有时可能会到达装置的边界，但是通常会被修剪，会小一些。

下图显示的是更改【规则性】值的效果，3个线框的【规则性】值从左至右分别为0.2、0.5和1.0。

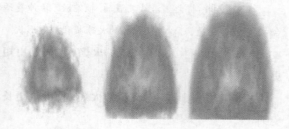

4.【特性】组

使用"特性"下的参数设置火焰的大小和外观。所有参数取决于装置的大小，彼此相互关联。如果更

改了一个参数，会影响其他3个参数的行为。

（1）火焰大小：设置装置中各个火焰的大小。装置大小会影响火焰大小。装置越大，需要的火焰也越大。使用 15.0 到 30.0 范围内的值可以获得最佳效果。较大的值适合火球效果。较小的值适合火舌效果。如果火焰很小，可能需要增大"采样数"才能看到各个火焰。

下图显示的是更改【火焰大小】值的效果，3个线框的【火焰大小】值从左至右分别为15、30和50。

下图显示的是【火焰细节】值从左到右分别为1.0、2.0和5.0时的效果。

（2）密度：设置火焰效果的不透明度和亮度。装置大小会影响密度。密度与小装置相同的大装置因为更大，所以更加不透明并且更亮。较低的值会降低效果的不透明度，更多地使用外部颜色。较高的值会提高效果的不透明度，并通过逐渐使用白色替换内部颜色，加亮效果。值越高，效果的中心越白。

如果启用了"爆炸"，则"密度"从爆炸起始值0.0开始变化到所设置的爆炸峰值的密度值。

下图显示的是【密度】值从左到右分别为10、60和120时的效果。

（3）采样数：设置效果的采样率。值越高，生成的结果越准确，渲染所需的时间也越长。

在以下情况下，可以考虑提高采样值。

- 火焰很小。
- 火焰细节大于4。
- 只要在效果中看到彩色条纹。如果平面与火焰效果相交，出现彩色条纹的机率会提高。

5. 【运动】组

使用【运动】组中的参数可以设置火焰的涡流和上升的动画。

（1）相位：控制更改火焰效果的速率。启用【自动关键点】，更改不同的相位值倍数。

（2）漂移：设置火焰沿着火焰装置的z轴的渲染方式。值是上升量（单位数）。较低的值提供燃烧较慢的冷火焰。较高的值提供燃烧较快的热火焰。为了获得最佳火焰效果，漂移应为火焰装置高度的倍数。还可以设置火焰装置位置和大小以及大多数火焰参数的动画。例如，火焰效果可以设置颜色、大小和密度的动画。

6. 【爆炸】组

使用【爆炸】组中的参数可以自动设置爆炸动画。

（1）爆炸：根据相位值动画自动设置大小、密度和颜色的动画。

（2）烟雾：控制爆炸是否产生烟雾。启用时，"相位"值在从 100 到 200 间时，火焰色会更改为烟雾。"相位"值在 200 到 300 间的烟雾比较清晰。禁用时，"相位"值在 100 到 200 之间的火焰色非常浓密。"相位"值在 200 到 300 之间时，火焰会消失。

（3）剧烈度：改变相位参数的涡流效果。如果值大于 1.0，会加快涡流速度。如果值小于 1.0，会减慢涡流速度。

（4）设置爆炸：显示【设置爆炸相位曲线】对话框。输入开始时间和结束时间，然后单击【确定】按钮。相位值自动为典型的爆炸效果设置动画。

13.1.4 实例：创建飘动的云朵动画

动画片中那些随风飘动的云朵可以在3ds Max 2016中实现，这并不神秘，下面使用火

效果来实现云朵的飘动效果，具体操作步骤如下。

Step 01 启动3ds Max 2016，单击【应用程序】按钮，从弹出的菜单中选择【重置】命令重置场景。

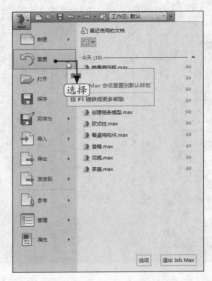

Step 02 执行【渲染】→【环境】菜单命令，在弹出的【环境和效果】对话框中单击【环境贴图】项目下的【无】按钮，如图所示。

Step 03 在弹出的【材质/贴图浏览器】卷展栏中双击【位图】项目。

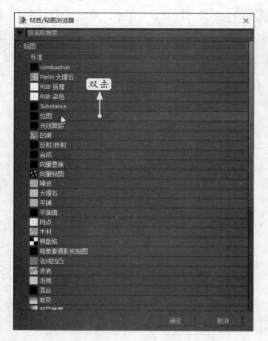

Step 04 在弹出的【选择位图图像文件】面板中选择配套光盘提供的 "素材\ch13\sky.jpg" 贴图。

Step 05 执行【视图】→【视口背景】→【配置视口背景】菜单命令,在弹出的设置面板中勾选【使用环境背景】复选框,然后单击【应用到活动视图】按钮应用到透视图中,单击【确定】按钮,如图所示。

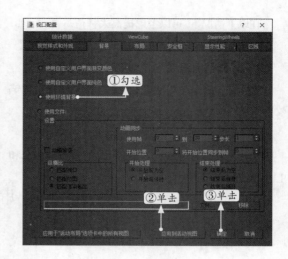

Tips

很多读者在实际制作范例的时候都不太注意背景的设置,好的背景为得到非常真实的渲染效果提供了很大的帮助。

Step 06 环境背景显示在透视图中,如图所示。

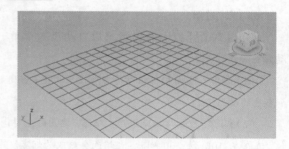

Step 07 贴图效果不正确,打开【材质编辑器】对话框,将【环境和效果】对话框中的贴图拖到一个空材质球上,设置【坐标】卷展栏中的【贴图】类型为【屏幕】,效果如图所示。

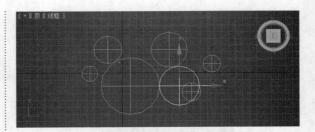

Step 08 在命令面板上单击【创建】→【辅助对象】→【大气装置】→【球体Gizmo】命令,并在视图区创建线框。

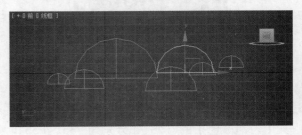

Step 09 打开【修改】面板则会显示出【球体Gizmo】大气装置线框的卷展栏,设置【半径】值为20,勾选【半球】复选框,如图所示。

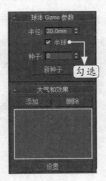

Step 12 选择【渲染】→【环境】菜单命令,将会弹出【环境和效果】对话框。

Step 10 创建的半球大气装置如图所示。

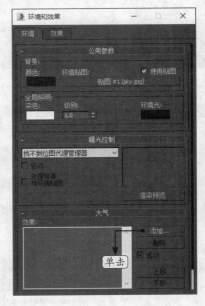

Step 11 选择移动工具复制6个刚才创建的半球大气装置,然后分别进入修改面板修改半径值大小,并调整位置,最终的效果如图所示。

Step 13 在【大气】卷展栏中单击【添加】按钮,然后在【添加大气效果】对话框中选择【火效果】。

Step 14 设置火效果参数。单击【拾取Gizmo】按钮，拾取一个半球体的大气线框，然后设置其【内部颜色】的R、G、B分别为135、135和135（深灰色），【外部颜色】的R、G、B分别为210、210和210（浅灰色），【烟雾颜色】的R、G、B分别为255、255和255（白色），设置【火焰类型】为【火球】，【火焰大小】为45。

Step 15 参照相同的方法，拾取其他6个大气线框。

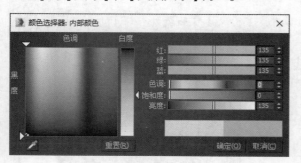

Step 16 渲染图像效果，如图所示。

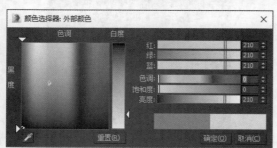

Step 17 设置动画效果。单击 自动关键点 按钮，将时间滑块拖到第100帧。在顶视图中选择7个半球体大气线框，然后使用移动工具在顶视图中的x轴方向稍微移动一段距离。

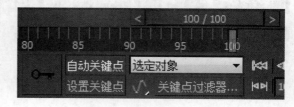

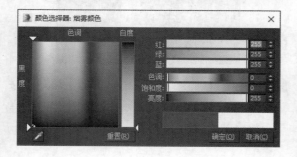

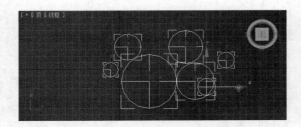

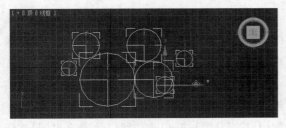

Step 18 接着在【环境和效果】对话框中设置【相位】值为40，【漂移】值为30，如图所示。

Step 19 设置完动画后就可以对其进行渲染，渲染的效果如下图所示。

13.1.5 雾环境

【雾环境】效果会呈现雾或烟的外观。雾可使对象随着与摄影机距离的增加逐渐衰减（标准雾），或提供分层雾效果，使所有对象或部分对象被雾笼罩。只有摄影机视图或透视视图中会渲染雾效果。正交视图或用户视图不会渲染雾效果。

雾是一种大气效果，它通过引入朦胧层遮蔽对象或背景，使视口中的对象越远越不清晰。使用雾效果时通常不用大气装置线框，并且介于摄影机的环境范围值之间。摄影机的近距范围和远距范围设置可用于设置这些值。

在【环境和效果】对话框中，如果将雾效果添加到【效果】列表中，将显示【雾参数】卷展栏，如下图所示。

要使用标准雾，请执行以下操作。

（1）创建场景的摄影机视图。

（2）在摄影机的创建参数中，启用【环境范围】组中的【显示】。 标准雾基于摄影机的环境范围值。

（3）将调整近距范围和调整远距范围设置为包括渲染中要应用雾效果的对象。通常情况下，将【远距范围】设置在对象的上方，将【近距范围】设置为与距离摄影机最近的对象几何体相交。

（4）选择【渲染】→【环境】菜单命令。

（5）在【环境】面板的【大气】下，单击【添加】按钮。【添加大气效果】对话框将会显示出来。

（6）选择【雾】环境效果，然后单击【确定】按钮。

（7）确保选择【标准】作为雾类型。

参数解密

1.【雾】组

（1）颜色：设置雾的颜色。单击色样，然后在颜色

选择器中选择所需的颜色。通过在启用【自动关键点】按钮，更改非零帧的雾颜色，可以设置颜色效果动画。

（2）环境颜色贴图：从贴图导出雾的颜色。可以为背景和雾颜色添加贴图，可以在"轨迹视图"或"材质编辑器"中设置程序贴图参数的动画，还可以为雾添加不透明度贴图。

大按钮显示颜色贴图的名称，如果没有指定贴图，则显示"无"。贴图必须使用环境贴图坐标（球形、柱形、收缩包裹或屏幕）。

要指定贴图，可以将示例窗中的贴图或材质编辑器中的【贴图】按钮（或界面中的任意其他位置；例如【投影贴图】按钮）拖动到【环境颜色贴图】按钮上。此时会出现一个对话框，询问您是否希望环境贴图成为源贴图的副本（独立）或示例。

单击【环境颜色贴图】按钮将显示【材质/贴图浏览器】，用于从列表中选择贴图类型。要调整环境贴图的参数，请打开【材质编辑器】，将【环境颜色贴图】按钮拖动到未使用的示例窗中。

（3）使用贴图：切换此贴图效果的启用或禁用。

（4）环境不透明度贴图：更改雾的密度。指定不透明度贴图并进行编辑，按照【环境颜色贴图】的方法切换其效果。

（5）雾背景：将雾功能应用于场景的背景。

（6）类型：选择【标准】时，将使用【标准】部分的参数；选择【分层】时，将使用【分层】部分的参数。

（7）标准：启用【标准】组。

（8）分层：启用【分层】组。

2.【标准】组

根据与摄影机的距离使雾变薄或变厚。

（1）指数：随距离按指数增大密度。禁用时，密度随距离线性增大。只有希望渲染体积雾中的透明对象时，才激活此复选框。

Tips

如果启用"指数"，这将增大"步长大小"的值，以避免出现条带。

（2）近端 %：设置雾在近距范围的密度（"摄影

机环境范围"参数)。

（3）**远端 %**：设置雾在远距范围的密度（"摄影机环境范围"参数)。

3.【分层】组

使雾在上限和下限之间变薄和变厚。通过向列表中添加多个雾条目，使雾可以包含多层。因为可以设置所有雾参数的动画，所以，也可以设置雾上升和下降、更改密度和颜色的动画，并添加地平线噪波。

（1）**顶**：设置雾层的上限（使用世界单位)。

（2）**底**：设置雾层的下限（使用世界单位)。

（3）**密度**：设置雾的总体密度。

（4）**衰减（顶/底/无)**：添加指数衰减效果，使密度在雾范围的"顶"或"底"减小到 0。

（5）**地平线噪波**：启用地平线噪波系统。"地平线噪波"仅影响雾层的地平线，增加真实感。

（6）**大小**：应用于噪波的缩放系数。缩放系数值越大，雾卷越大。默认设置为 20。

Tips

如果希望雾卷真正突出，应尝试使密度大于100。

（7）**角度**：确定受影响的与地平线的角度。例如，如果角度设置为 5（合理值)，从地平线以下 5° 开始，雾开始散开。

此效果在地平线以上和地平线以下镜像，如果雾层高度穿越地平线，可能会产生异常结果。通常，您希望雾在实际摄影机地平线以上或以下。（可以使用摄影机参数中的地平线帮助您对此定位。)

（8）**相位**：设置此参数将设置噪波的动画。如果相位沿着正向移动，雾卷将向上漂移（同时变形)。如果雾高于地平线，可能需要沿着负向设置相位的动画，使雾卷下落。

下图显示的是几种不同的雾选项。左上方的图像没有使用雾效果；右上方的图像使用了【标准】选项；左下方的图像采用了【分层】选项，【密度】值为50；右下方的图像启用了【地平线噪波】选项。

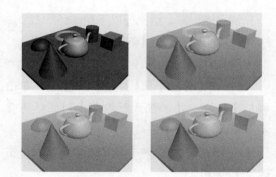

13.1.6 体积雾环境

【体积雾】提供雾效果，雾密度在 3D 空间中不是恒定的。此效果提供吹动的云状雾效果，似乎在风中飘散。只有摄影机视图或透视视图中会渲染体积雾效果。正交视图或用户视图不会渲染体积雾效果。

通过单击【添加】按钮，在弹出的【添加大气效果】对话框中选定【体积雾】选项，可以把【体积雾】效果添加给场景。该效果与【雾】效果不同，它能够更强地控制雾的位置，这个位置是通过大气装置线框设置的。体积雾 Gizmo 包围着场景的效果如图所示。

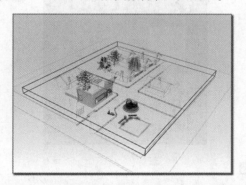

要使用体积雾，请执行以下操作：

（1）创建场景的摄影机视图或透视视图。

（2）选择【渲染】→【环境】菜单命令。

（3）在【环境】面板的【大气】下，单击【添加】按钮。【添加大气效果】对话框将会显示出来。

（4）选择【体积雾】环境效果，然后单击【确定】按钮。

（5）设置体积雾的参数。

Tips

如果场景中没有对象，渲染将仅显示单一的雾颜色。此外，如果没有对象，并且启用了【雾背景】，体积雾会使背景变模糊。

Tips

大气装置线框只包含体积雾效果的一部分。如果该线框被移动或缩放，将会显示雾的不同裁剪部分。

1.【Gizmo】组

默认情况下，体积雾填满整个场景。不过，可以

选择 Gizmo（大气装置）包含雾。Gizmo 可以是球体、长方体、圆柱体或这些几何体的特定组合。

（1）拾取 Gizmo：通过单击进入拾取模式，然后单击场景中的某个大气装置。在渲染时，装置会包含体积雾。装置的名称将添加到装置列表中。

多个装置对象可以显示相同的雾效果。

可以拾取多个 Gizmo。单击【拾取 Gizmo】，然后按 H 键，打开【拾取对象】对话框，用于从列表中选择多个对象。

如果更改 Gizmo 的尺寸，会同时更改雾影响的区域，但是不会更改雾及其噪波的比例。例如，如果减小球体 Gizmo 的半径，将裁剪雾，如果移动 Gizmo，将更改雾的外观。

（2）移除 Gizmo：将 Gizmo 从体积雾效果中移除。在列表中选择 Gizmo，然后单击【移除 Gizmo】。

（3）柔化 Gizmo 边缘：羽化体积雾效果的边缘。值越大，边缘越柔化。范围从 0 到 1.0。

Tips

不要将此值设置为 0。如果设置为 0，使用"柔化 Gizmo 边缘"可能会导致边缘模糊。

2.【体积】组

（1）颜色：设置雾的颜色。单击色样，然后在颜色选择器中选择所需的颜色。

通过在启用【自动关键点】的情况下更改非零帧的雾颜色，可以设置颜色效果动画。

（2）指数：随距离按指数增大密度。禁用时，密度随距离线性增大。只有希望渲染体积雾中的透明对象时，才激活此复选框。

Tips

如果启用"指数"，将增大"步长大小"的值，以避免出现条带。

（3）密度：控制雾的密度。范围为 0 至 20（超过该值可能会看不到场景）。左图所示为原始场景，右图为增大了雾密度的效果。

（4）**步长大小**：确定雾采样的粒度，即雾的"细度"。步长大小较大，会使雾变粗糙（到了一定程度，将变为锯齿）。

（5）**最大步数**：限制采样量，以使雾的计算不会永远执行（字面上）。如果雾的密度较小，此选项尤其有用。

如果"步长大小"和"最大步长"的值都较小，会产生锯齿。

（6）**雾背景**：将雾功能应用于场景的背景。

3.【噪波】组

体积雾的噪波选项相当于材质的噪波选项。下图中左图所示为原始场景，右图为添加到雾中的噪波效果。

（1）**类型**：从3种噪波类型中选择要应用的一种类型。

（2）**规则**：标准的噪波图案。

（3）**分形**：迭代分形噪波图案。

（4）**湍流**：迭代湍流图案。

（5）**反转**：反转噪波效果。浓雾将变为半透明的雾，反之亦然。

（6）**噪波阈值**：限制噪波效果。范围从 0 到 1.0。如果噪波值高于"低"阈值而低于"高"阈值，动态范围会拉伸到填满 0~1。这样，在阈值转换时会补偿较小的不连续（第一级而不是 0 级），因此，会减少可能

产生的锯齿。

（7）**高**：设置高阈值。

（8）**低**：设置低阈值。下图中左图所示为带噪波的雾，右图为更改均匀性将产生"泡状"雾效果。

（9）**均匀性**：范围从 −1 到 1，作用与高通过滤器类似。值越小，体积越透明，包含分散的烟雾泡。如果在 −0.3 左右，图像看起来像灰斑。因为此参数越小，雾越薄，所以，可能需要增大密度，否则，体积雾将开始消失。

（10）**级别**：设置噪波迭代应用的次数。范围为 1 至 6，包括小数值。只有"分形"或"湍流"噪波才启用。

（11）**大小**：确定烟卷或雾卷的大小。值越小，卷越小。下图中左图所示为带噪波的雾，右图为减小了大小效果。

（12）**相位**：控制风的种子。如果"风力强度"的设置也大于 0，雾体积根据风向产生动画。如果没有"风力强度"，雾将在原处涡流。因为相位有动画轨迹，所以可以使用"功能曲线"编辑器准确定义希望风如何"吹"。

（13）**风力强度**：控制烟雾远离风向（相对于相位）的速度。如上所述，如果相位没有设置动画，无论风力强度有多大，烟雾都不会移动。通过使相位随着大的风力强度慢慢变化，雾的移动速度将大于其涡流速度。

（14）**风力来源**：定义风来自于哪个方向。

13.1.7 实例：创建香烟的烟雾效果 ▶

下面就使用体积雾环境效果来实现香烟的烟雾效果，具体操作步骤如下。

Step 01 启动3ds Max 2016，单击【应用程序】按钮，从弹出的菜单中选择【重置】命令重置场景。

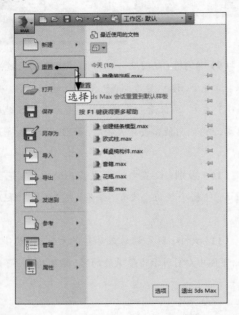

Step 02 打开随书光盘中的"素材\ch13\香烟.max"模型文件，香烟的效果如下图所示。

Step 03 在【创建】面板中单击【辅助对象】按钮，进入【辅助对象】面板，在下拉列表中选择【大气装置】选项，然后单击【圆柱体Gizmo】按钮。

Step 04 在顶视图中的烟头位置创建一个圆柱体Gizmo。

Step 05 选择【渲染】→【环境】菜单命令，将会弹出【环境和效果】对话框。在该对话框的【大气】卷展栏中单击【添加】按钮。

Step 06 从【添加大气效果】对话框中选择【体积雾】选项，并单击【确定】按钮。

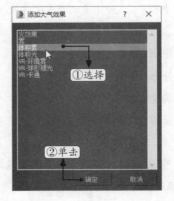

Step 07 设置体积雾参数。单击【拾取Gizmo】按钮拾取圆柱体Gizmo大气线框。在【体积雾参

数】卷展栏中设置其参数，如下图所示。

Step 08 按F9键进行快速渲染，得到的效果如下图所示。

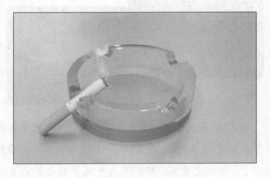

13.1.8 体积光环境

【体积光】根据灯光与大气（雾、烟雾等）的相互作用提供灯光效果。在包含阴影和噪波的复杂环境中使用的体积光效果如图所示。

【体积光】效果环境提供泛光灯的径向光晕、聚光灯的锥形光晕和平行光的平行雾光束等效果。如果使用阴影贴图作为阴影生成器，则体积光中的对象可以在聚光灯的锥形中投射阴影。如下右图提供了可以清晰看到灯光锥形的简单示例。

只有摄影机视图和透视视图中会渲染体积光效果。正交视图或用户视图不会渲染体积光效果。

要使用体积光，请执行以下操作。

（1）创建包含灯光的场景。

（2）创建场景的摄影机视图或透视视图。

Tips

避免使观察轴与聚光灯的锥形平行。这样往往只会创建一个褪色的场景，并且可能包含渲染缺陷。

（3）选择【渲染】→【环境】菜单命令。

（4）在【环境】面板的【大气】下，单击【添加】按钮。【添加大气效果】对话框将会显示出来。

（5）选择【体积光】，然后单击【确定】按钮。

（6）单击【拾取灯光】，在视口中选择某个灯光，将该灯光添加到体积光列表中。也可以使用【拾取对象】对话框从列表中选择多个灯光。单击【拾取灯光】，然后按 H 键打开该对话框。

（7）设置体积光的参数。

参数解密

在【环境】对话框的【效果】下选择【体积光】时,将出现【体积光参数】卷展栏。其中包含以下控件。

1.【灯光】组

(1)拾取灯光:在任意视口中单击要为体积光启用的灯光。

可以拾取多个灯光。单击【拾取灯光】按钮,然后按H键,打开【拾取对象】对话框,可以从列表中选择多个灯光。

(2)移除灯光:将灯光从列表中移除。

2.【体积】组

(1)雾颜色:设置组成体积光的雾的颜色。单击色样,然后在颜色选择器中选择所需的颜色。

通过在启用【自动关键点】按钮的情况下更改非0帧的雾颜色,可以设置颜色效果动画。

与其他雾效果不同,此雾颜色与灯光的颜色组合使用。最佳的效果可能是使用白雾,然后使用彩色灯光着色。

(2)衰减颜色:体积光随距离而衰减。体积光经

过灯光的近距衰减距离和远距衰减距离,从"雾颜色"渐变到"衰减颜色"。单击色样将显示颜色选择器,这样可以更改衰减颜色。

"衰减颜色"与"雾颜色"相互作用。例如,如果雾颜色是红色,衰减颜色是绿色,在渲染时,雾将衰减为紫色。通常,衰减颜色应很暗,"中黑色"是一个比较好的选择。

(3)使用衰减颜色:激活衰减颜色。

(4)指数:随距离按指数增大密度。禁用时,密度随距离线性增大。只有希望渲染体积雾中的透明对象时,才激活此复选框。

(5)密度:设置雾的密度。雾越密,从体积雾反射的灯光就越多。密度为 2% ~ 6% 可能会获得最具真实感的雾体积。下图中左图所示为原始场景,右图为增大了密度效果。

(6)最大亮度 %:表示可以达到的最大光晕效果(默认设置为 90%)。如果减小此值,可以限制光晕的亮度,以便使光晕不会随距离灯光越来越远而越来越浓,而出现"一片全白"。

Tips

如果场景的体积光内包含透明对象,请将"最大亮度"设置为 100%。

(7)最小亮度 %:与环境光设置类似。如果"最小亮度 %"大于 0,光体积外面的区域也会发光。这意味着开放空间的区域(在该区域,光线可以永远传播)将与雾颜色相同(就像普通的雾一样)。

如果雾后面没有对象,若"最小亮度 %"大于 0(无论实际值是多少),场景将总是像雾颜色一样明亮。这是因为雾进入无穷远,利用无穷远进行计算。如果要使用的"最小亮度 %"的值大于 0,则应确保

通过几何体封闭场景。

（8）**衰减倍增（衰减倍增）**：调整衰减颜色的效果。

（9）**过滤阴影**：用于通过提高采样率（以增加渲染时间为代价）获得更高质量的体积光渲染。包括以下选项：

● **低**：不过滤图像缓冲区，而是直接采样。此选项适合8位图像、AVI文件等。

● **中**：对相邻的像素采样并求均值。对于出现条带类型缺陷的情况，这可以使质量得到非常明显的改进。速度比"低"要慢。

● **高**：对相邻的像素和对角像素采样，为每个像素指定不同的权重。这种方法速度最慢，提供的质量要比"中"好一些。

（10）**使用灯光采样范围**：根据灯光的阴影参数中的"采样范围"值，使体积光中投射的阴影变模糊。因为增大"采样范围"的值会使灯光投射的阴影变模糊，这样使雾中的阴影与投射的阴影更加匹配，有助于避免雾阴影中出现锯齿。

Tips

对于"使用灯光采样范围"选项，灯光的"采样范围"值越大，渲染速度越慢。不过，对于此选项，如果使用较低的"采样体积 %"设置（例如4），通常可以获得很好的结果，较低的设置可以缩短渲染时间。

（11）**采样体积 %**：控制体积的采样率。范围为1到10 000（其中1是最低质量，10 000是最高质量）。

（12）**自动**：自动控制"采样体积 %"参数，禁用微调器（默认设置）。预设的采样率如下：

"低"为8；"中"为25；"高"为50

因为该参数最大可以设置为100，所以，仍有设置得高一些的余地。增大"采样体积 %"参数肯定会减慢速度，但是，有时用户可能需要增大该参数（为了获得非常高的采样质量）。下图中左图所示为原始

场景，右图为通过增大采样体积提高质量的效果。

3. 【衰减】组

此部分的控件取决于单个灯光的"开始范围"和"结束范围"衰减参数的设置。

Tips

以某些角度渲染体积光可能会出现锯齿问题。要消除锯齿问题，请在应用体积光的灯光对象中激活"近距衰减"和"远距衰减"设置。

（1）**开始 %**：设置灯光效果的开始衰减，与实际灯光参数的衰减相对。默认设置为100%，意味着在"开始范围"点开始衰减。如果减小此参数，灯光将以实际"开始范围"值（即更接近灯光本身的值）的减小的百分比开始衰减。

因为通常需要平滑的衰减区，所以可以保持此值为0，无论灯光的实际"开始范围"是多少，这样总是可以获得没有聚光区的平滑光晕。

（2）**结束 %**：设置照明效果的结束衰减，与实际灯光参数的衰减相对。通过设置此值低于100%，可以获得光晕衰减的灯光，此灯光投射的光比实际发光的范围要远得多。默认值为100。下图中左图所示为原始场景，右图为衰减限制灯光的范围效果。

4.【噪波】组

(1)**启用噪波**: 启用和禁用噪波。启用噪波时,渲染时间会稍有增加。

(2)**数量**: 应用于雾的噪波的百分比。如果数量为 0, 则没有噪波。如果数量为 1, 雾将变为纯噪波。下图中左图所示为原始场景, 右图为添加了噪波的效果。

(3)**链接到灯光**: 将噪波效果链接到其灯光对象, 而不是世界坐标。

通常,用户希望噪波看起来像大气中的雾或尘埃, 随着灯光的移动, 噪波应该保持世界坐标。不过, 对于某些特殊效果, 可能需要将噪波链接到灯光的坐标上。在这种情况下,需要启用"链接到灯光"。

(4)**类型**: 从3种噪波类型中选择要应用的一种类型。

- **规则**: 标准的噪波图案。
- **分形**: 迭代分形噪波图案。
- **湍流**: 迭代湍流图案。

(5)**反转**: 反转噪波效果。浓雾将变为半透明的雾, 反之亦然。

(6)**噪波阈值**: 限制噪波效果。如果噪波值高于"低"阈值并低于"高"阈值,动态范围会拉伸到填满。这样, 在阈值转换时会补偿较小的不连续(第一级而不是 0 级), 因此, 会减少可能产生的锯齿。

- **高**: 设置高阈值。范围从 0 到 1.0。
- **低**: 设置低阈值。范围从 0 到 1.0。

(7)**均匀性**: 作用类似高通过滤器: 值越小, 体积越透明, 包含分散的烟雾泡。如果在 −0.3 左右, 图像开始看起来像灰斑。此参数越小, 雾越薄, 所以, 可能需要增大密度, 否则, 体积雾将开始消失。范围从 −1 到 1。

(8)**级别**: 设置噪波迭代应用的次数。此参数可设置动画。只有"分形"或"湍流"噪波才启用。范围为 1 至 6, 包括小数值。

(9)**大小**: 确定烟卷或雾卷的大小。值越小, 卷越小。下图中左图所示为带噪波的体积光, 右图为减小大小值的效果。

(10)**相位**: 控制风的种子。如果"风力强度"的设置也大于 0, 雾体积根据风向产生动画。如果没有"风力强度", 雾将在原处涡流。因为相位有动画轨迹, 所以可以使用【功能曲线】编辑器准确定义希望风如何"吹"。

(11)**风力强度**: 控制烟雾远离风向(相对于相位)的速度。如上所述, 如果相位没有设置动画, 无论风力强度有多大, 烟雾都不会移动。通过使相位随着大的风力强度慢慢变化, 雾的移动速度将大于其涡流速度。

(12)**风力来源**: 定义风来自于哪个方向。

13.1.9 实例: 创建海底效果

【添加大气效果】对话框中的最后一个选项是【体积光】效果, 该效果的大多数参数同其他效果一样。尽管是大气效果的一种, 但是因为它需要对灯光进行处理, 因而更适宜在讲述灯光部分的内容时进行介绍。

Step 01 启动3ds Max 2016, 单击【应用程序】按钮, 从弹出的菜单中选择【重置】命令重置场景。

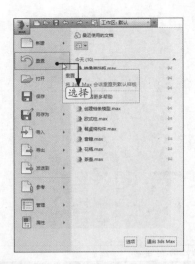

Step **02** 打开随书光盘中的"素材\ch13\海底.max"模型文件，海底的效果如下图所示。

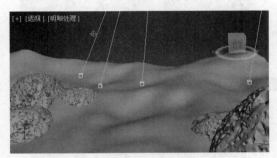

Step **03** 选择【渲染】→【环境】菜单命令，将会弹出【环境和效果】对话框。

Step **04** 在【大气】卷展栏中单击【添加】按钮，在弹出的【添加大气效果】对话框中选择【体积光】选项，并单击【确定】按钮。

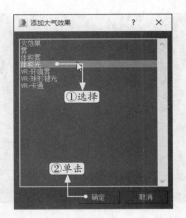

Step **05** 设置体积光的参数，如下图所示，单击【拾取灯光】按钮，在视图中单击聚光灯的图标，即可选择新添加的5盏聚光灯。

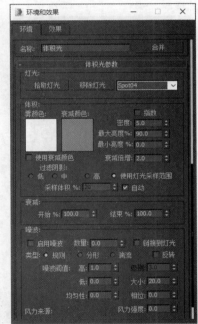

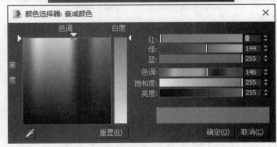

Step **06** 按F9键进行快速渲染，得到的效果如下图所示。

Step 07 在【大气】卷展栏中单击【添加】按钮,在弹出的【添加大气效果】对话框中选择【雾】选项,并单击【确定】按钮。

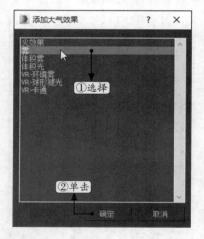

Step 08 设置雾的参数,如下图所示。

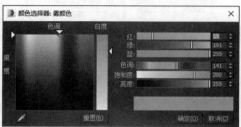

Step 09 按F9键进行快速渲染,得到的最终效果,如下图所示。

13.2 效果

利用【效果】面板上的【效果】卷展栏可指定和管理渲染效果。使用【效果】面板可以执行以下操作。

(1)指定渲染效果插件。

(2)应用图像处理但不使用 Video Post。

(3)以交互方式调整和查看效果。

(4)为参数和对场景对象的参考设置动画。

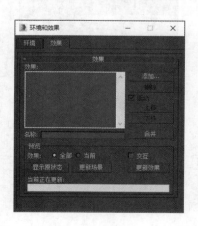

1.【效果】组

（1）**效果**：显示所选效果的列表。

（2）**名称**：显示所选效果的名称。编辑此字段可以为效果重命名。

（3）**添加**：显示一个列出所有可用渲染效果的对话框。选择要添加到窗口列表的效果，然后单击【确定】按钮。

（4）**删除**：将高亮显示的效果从窗口和场景中移除。

（5）**活动**：指定在场景中是否激活所选效果。默认设置为启用；可以通过在窗口中选择某个效果，禁用"活动"，取消激活该效果，而不必真正移除。

（6）**上移**：将高亮显示的效果在窗口列表中上移。

（7）**下移**：将高亮显示的效果在窗口列表中下移。

（8）**合并**：合并场景 (.max) 文件中的渲染效果。单击【合并】按钮将显示一个文件对话框，从中可以选择 .max 文件。然后会出现一个对话框，列出该场景中所有的渲染效果。

2.【预览】组

（1）**效果**：选中"全部"时，所有活动效果均将应用于预览。选中"当前"时，只有高亮显示的效果将应用于预览。

（2）**交互**：启用时，在调整效果的参数时，更改会在渲染帧窗口中交互进行。没有激活"交互"时，可以单击一个更新按钮预览效果。

（3）**"显示原状态/显示效果"切换**：单击【显示原状态】会显示未应用任何效果的原渲染图像。单击【显示效果】会显示应用了效果的渲染图像。

（4）**更新场景**：使用在渲染效果中所做的所有更改以及对场景本身所做的所有更改来更新渲染帧窗口。

（5）**更新效果**：未启用"交互"时，手动更新预览渲染帧窗口。渲染帧窗口中只显示在渲染效果中所做的所有更改的更新。对场景本身所做的所有更改不会被渲染。

单击【效果】面板上的【添加】按钮可以打开【添加效果】对话框，从中可以选择用户需要的各种效果，如图所示。

13.2.1 Hair 和 Fur 效果

要渲染毛发，该场景必须包含【Hair 和 Fur】渲染效果。当用户首次将【Hair 和 Fur】修改器应用到对象上时，渲染效果会自动添加到该场景中，如果将活动的【Hair 和 Fur】修改器应用到对象上，则 3ds Max 会在渲染时间自动添加一个效果（带有默认值）。

如果出于某些原因，场景中没有渲染效果，则可以通过单击【渲染设置】按钮来添加。此操作将打开【环境】和【效果】对话框，并添加 Hair 和 Fur 渲染效果。用户可以更改设置，或在对话框打开之后关闭对话框接受默认设置。

13.2.2 镜头效果

【镜头效果】可创建通常与摄影机相关的真实效果。镜头效果包括光晕、光环、射线、自动从属光、手动从属光、星形和条纹。镜头光斑作为镜头效果，添加的效果如图所示。

单击【效果】面板上的【添加】按钮可以打开【添加效果】对话框，从中可以选择【镜头效果】，打开后的面板如图所示。

如果用户要添加效果，请执行以下操作。

（1）从【镜头效果参数】卷展栏左侧的列表中选择所需的效果。

（2）单击（>）箭头按钮将效果移动到右侧的列中。

如果用户要删除应用的效果，请执行以下操作。

（1）从【镜头效果参数】卷展栏右侧的列表中选择效果。

（2）单击（<）箭头按钮将效果从列表中移除。

【镜头效果参数】卷展栏如图所示。

使用镜头效果系统可以将效果应用于渲染图像，方法是从左侧的列表中选择特定的效果，然后将效果添加到右侧的列表中。每个效果都有自己的参数卷展栏，但所有效果共用两个全局参数面板。

【镜头效果全局】卷展栏中【参数】面板如图所示。

参数 解密

1.【参数】组

（1）加载：单击按钮将显示【加载镜头效果文件】对话框，可以用于打开 LZV 文件。LZV 文件格式包含从镜头效果的上一个配置保存的信息。这样，您可以加载并使用以前的 3ds Max 保存的镜头效果。

（2）保存：单击按钮将显示【保存镜头效果文件】对话框，可以用于保存 LZV 文件。LZV 文件格式包含从镜头效果的上一个配置保存的信息。这样，您可以保存几种类型的镜头效果，并在多个 3ds Max 场景中使用。

Tips

> 如果将效果保存为 LZV 文件，只会保存效果在保存效果的帧上的属性。LZV 文件格式不会保存动画参数的动画关键点。

(3) **大小**：影响总体镜头效果的大小。此值是渲染帧的大小的百分比。

(4) **强度**：控制镜头效果的总体亮度和不透明度。值越大，效果越亮、越不透明；值越小，效果越暗越透明。

(5) **种子**：为"镜头效果"中的随机数生成器提供不同的起点，创建略有不同的镜头效果，而不更改任何设置。使用"种子"可以保证镜头效果不同，即使差异很小。例如，如果设置射线效果，则通过调整种子值，可以在镜头光斑中获得略有不同的射线。

(6) **角度**：影响在效果与摄影机相对位置的改变时，镜头效果从默认位置旋转的量。

(7) **挤压**：在水平方向或垂直方向挤压总体镜头效果的大小，补偿不同的帧纵横比。正值在水平方向拉伸效果，而负值在垂直方向拉伸效果。此值是光斑的大小的百分比。范围为−100～100。

2. **【灯光】组**

可以选择要应用镜头效果的灯光。

(1) **拾取灯光**：使您可以直接通过视口选择灯光。也可以按 H 键打开【拾取对象】对话框，从中选择灯光。

(2) **移除**：移除所选的灯光。

(3) **下拉列表**：可以快速访问已添加到镜头效果中的灯光。

【镜头效果全局】卷展栏中【场景】面板如图所示。

参数解密

1. **【场景】组**

(1) **影响 Alpha**：指定如果图像以 32 位文件格式渲染，镜头效果是否影响图像的 Alpha 通道。Alpha 通道是颜色的额外 8 位（256 色），用于指示图像中的透明度。Alpha 通道用于无缝地在一个图像的上面合成另外一个图像。如果要通过图像互相重叠合成镜头效果或包含镜头效果的图像，则启用此选项。如果不是渲染为 32 位文件，则不要启用此选项。

(2) **影响 Z 缓冲区**：存储对象与摄影机的距离。Z 缓冲区用于光学效果。启用此选项时，将记录镜头效果的线性距离，可以在利用 Z 缓冲区的特殊效果中使用。

(3) **距离影响**：允许与摄影机或视口的距离影响效果的大小和/或强度。

自动二级光斑、手动二级光斑和星形效果不支持【距离影响】→【大小】，并且自动二级光斑效果也不支持【距离影响】→【强度】。

(4) **偏心影响**：允许与摄影机或视口偏心的效果影响效果的大小和/或强度。

(5) **方向影响**：允许聚光灯相对于摄影机的方向影响效果的大小和/或强度。

灯光指向摄影机（或视口）时，效果的大小和强度为最大值。

2. **【阻光】组**

阻光度用于确定镜头效果何时受到效果和摄影机之间出现的对象的影响。通过使用两个微调器确定阻光度，可以使场景对象真正影响效果外观。外径将确定另一个场景对象何时开始阻挡，内径将确定场景对象何时使效果达到最大阻光度。

(1) **内径**：设置效果周围的内径，另一个场景对象必须与内径相交，才能完全阻挡效果。

(2) **外半径**：设置效果周围的外径，另一个场景对象必须与外径相交，才能开始阻挡效果。

(3) **大小**：减小所阻挡的效果的大小。

(4) **强度**：减小所阻挡的效果的强度。

(5) **受大气影响**：允许大气效果阻挡镜头效果。

下面来详细讲解一些常用的镜头效果。

1. Glow光晕镜头效果

"光晕"可以用于在指定对象的周围添加光环。例如，对于爆炸粒子系统，给粒子添加光晕使它们看起来更明亮而且更热，向灯光中添加光晕效果如图所示。

【光晕元素】卷展栏中【参数】面板如图所示。

参数解密

1.【参数】组

（1）**名称：**显示效果的名称。使用镜头效果，一个镜头效果实例下可以包含许多不同的效果。为了使这些效果组织有序，通常需要为效果命名，确保在更改参数时，可以将参数更改为正确的效果。

（2）**启用：**激活时将效果应用于渲染图像。

（3）**大小：**确定效果的大小。

（4）**强度：**控制单个效果的总体亮度和不透明度。值越大，效果越亮、越不透明，值越小，效果越暗越透明。

（5）**光晕在后：**提供可以在场景中的对象后面显示的效果。

（6）**阻光度：**确定镜头效果场景阻光度参数对特定效果的影响程度。输入的值确定将应用【镜头效果全局】面板中设置的哪个阻光度百分比。

（7）**挤压：**确定是否将挤压效果。激活该选项后，将根据【挤压】微调器中【参数】面板下的【镜头效果全局】挤压效果。

（8）**使用源色：**将应用效果的灯光或对象的源色与"径向颜色"或"环绕颜色"参数中设置的颜色或贴图混合。如果值为 0，只使用"径向颜色"或"环绕颜色"参数中设置的值，而如果值为 100，只使用灯光或对象的源色。0 到 100 之间的任意值将渲染源色和效果的颜色参数之间的混合。

2.【径向颜色】组

（1）**【径向颜色】**设置影响效果的内部颜色和外部颜色。可以通过设置色样，设置镜头效果的内部颜色和外部颜色。也可以使用渐变位图或细胞位图等确定径向颜色。

（2）**衰减曲线：**显示【径向衰减】对话框，在该对话框中可以设置"径向颜色"中使用的颜色的权重。通过操纵"衰减曲线"，可以使效果更多地使用颜色或贴图。也可以使用贴图确定在使用灯光作为镜头效果光源时的衰减。

3.【环绕颜色】组

（1）**"环绕颜色"**通过使用4种与效果的4个四分之一圆匹配的不同色样确定效果的颜色。也可以使用贴图确定环绕颜色。

（2）**混合：**混合在"径向颜色"和"环绕颜色"中设置的颜色。如果将微调器设置为 0，将只使用"径向颜色"中设置的值，如果将微调器设置为 100，将只使用"环绕颜色"中设置的值。0 到 100 之间的任何值将在两个值之间混合。

（3）**衰减曲线**：显示【环绕衰减】对话框，在该对话框中可以设置"环绕颜色"中使用的颜色的权重。通过操纵"衰减曲线"，可以使效果更多地使用颜色或贴图。也可以使用贴图确定在使用灯光作为镜头效果光源时的衰减。

4.【径向大小】组

确定围绕特定镜头效果的径向大小。单击【大小曲线】按钮将显示【径向大小】对话框。使用【径向大小】对话框可以在线上创建点，然后将这些点沿着图形移动，确定效果应放在灯光或对象周围的哪个位置。也可以使用贴图确定效果应放在哪个位置。可以使用复选框激活贴图。

【光晕元素】卷展栏中【选项】面板如图所示。

参数解密

1.【应用元素于】组

（1）**灯光**：将效果应用于【灯光】分组框的【参数】选项卡下的"镜头效果全局"中拾取的灯光。

（2）**图像**：将效果应用于使用"图像源"中设置的参数渲染的图像。

（3）**图像中心**：应用于对象中心或对象中由图像过滤器确定的部分。

2.【图像源】组

（1）**对象 ID**：将"镜头效果"应用到场景中具有相应的 G 缓冲区（或对象）ID 的特殊对象。G 缓冲区

是几何体缓冲区，可通过鼠标右键单击任意对象，然后从菜单中选择"属性"来定义 G 缓冲区。然后在"G 缓冲区 ID"控件下设置"对象通道 ID"。

（2）**材质 ID**：将"镜头效果"应用于对象或对象中指定了特定材质 ID 通道的部分。通过【材质编辑器】→【材质 ID 通道】弹出按钮指定通道。镜头效果将只应用于几何体中具有该 ID 通道的区域。

Tips

在一些情况下，可能需要将不同的镜头效果设置应用于几何体或 ID 的不同部分。若要完成此任务，请向"镜头效果参数"列表中添加其他镜头效果条目。然后将每个不同的镜头效果条目设置为影响不同 ID 材质或对象 ID，然后继续。

（3）**非钳制**：超亮度颜色比纯白色 (255,255,255) 要亮。3ds Max 跟踪这些"热"区域，通常，如果场景中包含明亮金属高光或爆炸效果时，会出现此类区域。使用此微调器可以确定应用镜头效果的最低像素值。纯白色的像素值为 1。如果此微调器设置为 1，任何值大于 255 的像素将带有光晕。单击微调器右侧的 I 按钮可以反转此值。

（4）**曲面法线**：根据摄像机曲面法线的角度将镜头效果应用于对象的一部分。如果值为 0，则共面，即与屏幕平行。如果值为 90，则为法向，即与屏幕垂直。如果将"曲面法线"设置为 45，则只有法线角度大于 45°的曲面会产生光晕。单击微调器右侧的 I 按钮可以反转此值。此参数可设置动画。

（5）**全部**：将镜头效果应用于整个场景，而不仅仅应用于几何体的特定部分。实际上，这使场景中的每个像素都可以成为镜头效果源。场景中应用了镜头效果的区域由【图像过滤器】分组框中的设置确定。

（6）**Alpha**：将镜头效果应用于图像的 Alpha 通道。Alpha 通道的透明度的定义与"遮罩"通道透明度相反。范围从 0 到 255。

（7）**Z 高/Z 低**：根据对象到摄影机的距离（"Z 缓冲区"距离），高亮显示对象。高值为最大距离，低值为最小距离。这两个 Z 缓冲区距离之间的任何对象均

高亮显示。

3.【图像过滤器】组

通过过滤"图像源"选择，可以控制镜头效果的应用方式。例如，在场景中有10个球体，每个球体的对象 ID 相同，但是颜色不同。如果将"图像源"设置为球体的对象 ID，将选择所有球体，这些球体将是场景中唯一应用镜头效果的对象。

不过，既然镜头效果知道可以应用效果的像素所在的位置，还需要了解哪些像素要实际应用效果。镜头效果使用过滤控制找到要应用效果的源像素。

（1）**全部**：选择场景中的所有源像素并应用镜头效果。

（2）**边缘**：选择边界上的所有源像素并应用镜头效果。沿着对象边界应用镜头效果将在对象的内边和外边上生成柔化光晕。

（3）**周界 Alpha**：根据对象的 Alpha 通道，将镜头效果仅应用于对象的周界。如果选择此选项，则仅在对象的外围应用效果，而不会在内部生成任何斑点。按"边"过滤会在对象上生成斑点，"周界 Alpha"可以保证所有边清洁，因为"周界 Alpha"利用场景的 Alpha 通道导出效果。

（4）**周界**：根据"边"条件，将镜头效果仅应用于对象的周界。虽然不像"周界 Alpha"那样精确，但在 Alpha 通道不可用时，可能需要使用"周界"选项。

（5）**亮度**：根据源对象的亮度值过滤源对象。效果仅应用于亮度高于微调器设置的对象。单击微调器旁边的 I 按钮可以反转此选项。

（6）**色调**：按色调过滤源对象。单击微调器旁边的色样可以选择色调。可以选择的色调值范围为从 0 到 255。"色调"色样旁边的微调器可用于输入变化级别，从而使光晕能够在与选定颜色相同的范围内找到几种不同的色调。

4.【附加效果】组

使用"附加效果"可以将噪波等贴图应用于镜头效果。单击【应用】复选框旁边的长按钮可以显示【材质/贴图浏览器】。

（1）**应用**：激活时应用所选的贴图。

（2）**径向密度**：确定希望应用其他效果的位置和程度。单击【径向密度】按钮将显示【径向密度】对话框。使用【径向密度】对话框可以在线上创建点，然后将这些点沿着图形移动，确定其他效果应放在灯光周围的哪个位置。也可以使用贴图确定其他效果应放在哪个位置。

2.Ring光环镜头效果

光环是环绕源对象中心的环形彩色条带。向灯光中添加光环的效果如图所示。

【光环元素】卷展栏中【参数】面板如图所示。

1.【参数】组

（1）**名称**：显示效果的名称。使用镜头效果，一个镜头效果实例下可以包含许多不同的效果。为了使这些效果组织有序，通常需要为效果命名，确保在更改参数时，可以将参数更改为正确的效果。

（2）启用：激活时将效果应用于渲染图像。默认设置为启用。

（3）大小：确定效果的大小。

（4）强度：控制单个效果的总体亮度和不透明度。值越大，效果越亮、越不透明，值越小，效果越暗越透明。

（5）平面：沿效果轴设置效果位置，该轴从效果中心延伸到屏幕中心。

（6）厚度：确定效果的厚度（像素数）。

（7）光晕在后：提供可以在 3ds Max 场景中的对象后面显示的效果。

（8）阻光度：确定镜头效果场景阻光度参数对特定效果的影响程度。输入的值确定将应用【镜头效果全局】面板中设置的哪个阻光度百分比。

（9）挤压：确定是否将挤压效果。激活该选项后，将根据【挤压】微调器中【参数】面板下的"镜头效果全局"挤压效果。

（10）使用源色：将应用效果的灯光或对象的源色与"径向颜色"或"环绕颜色"参数中设置的颜色或贴图混合。如果值为 0，只使用"径向颜色"或"环绕颜色"参数中设置的值，如果值为 100，只使用灯光或对象的源色。0 到 100 之间的任意值将渲染源色和效果的颜色参数之间的混合。

2.【径向颜色】组

（1）"径向颜色"设置影响效果的内部颜色和外部颜色。可以通过设置色样，设置镜头效果的内部颜色和外部颜色。也可以使用渐变位图或细胞位图等确定径向颜色。

使用左下方插图中所示的径向颜色的光环如图所示。

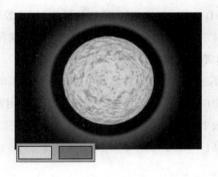

（2）衰减曲线：显示【径向衰减】对话框，在该对话框中可以设置"径向颜色"中使用的颜色的权重。通过操纵"衰减曲线"，可以使效果更多地使用颜色或贴图。也可以使用贴图确定衰减。

3.【环绕颜色】组

（1）"环绕颜色"通过使用4种与效果的4个四分之一圆匹配的不同色样确定效果的颜色。也可以使用贴图确定环绕颜色。

使用右下方插图中所示的环绕颜色的光环如图所示。

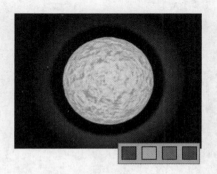

（2）混合：混合在"径向颜色"和"环绕颜色"中设置的颜色。如果将微调器设置为 0，将只使用"径向颜色"中设置的值，如果将微调器设置为 100，将只使用"环绕颜色"中设置的值。0 到 100 之间的任何值将在两个值之间混合。

使用径向颜色和环绕颜色 50/50 混合的光环如图所示。

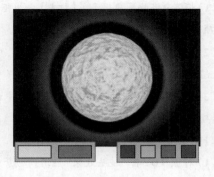

（3）衰减曲线：显示【环绕衰减】对话框，在该对话框中可以设置"环绕颜色"中使用的颜色的权重。通过操纵"衰减曲线"，可以使效果更多地使用颜色或贴图。也可以使用贴图确定在使用灯光作为镜头效果光源时的衰减。

4.【径向大小】组

确定围绕特定镜头效果的径向大小。单击【大小曲线】按钮将显示【径向大小】对话框。使用【径向大小】对话框可以在线上创建点，然后将这些点沿着图形移动，确定效果应放在灯光或对象周围的哪个位置。也可以使用贴图确定效果应放在哪个位置。使用复选框激活贴图。

【光环元素】卷展栏，【选项】面板如图所示。

参数解密

1.应用元素于

（1）**灯光：**将效果应用于在【灯光】分组框的【参数】选项卡下的"镜头效果全局"中拾取的灯光。

（2）**图像：**将效果应用于使用"图像源"中设置的参数渲染的图像。

（3）**图像中心：**应用于对象中心或对象中由图像过滤器确定的部分。

2.【图像源】组

（1）**对象 ID：**将"镜头效果"应用到场景中具有相应的 G 缓冲区（或对象）ID 的特殊对象。G 缓冲区是几何体缓冲区，可通过右键单击任意对象，然后从菜单中选择"属性"来定义 G 缓冲区。然后在"G 缓冲区 ID"控件下设置"对象通道 ID"。

（2）**材质 ID：**将"镜头效果"应用于对象或对象中指定了特定材质 ID 通道的部分。通过【材质编辑器】→【材质 ID 通道】弹出按钮指定通道。镜头效果将只应用于几何体中具有该 ID 通道的区域。

（3）**非钳制：**超亮度颜色比纯白色 (255,255,255) 要亮。3ds Max 跟踪这些"热"区域，通常，如果场景中包含明亮金属高光或爆炸效果时，会出现此类区域。使用此微调器可以确定应用镜头效果的最低像素值。纯白色的像素值为 1。如果此微调器设置为 1，任何值大于 255 的像素将带有光晕。单击微调器右侧的 I 按钮可以反转此值。

（4）**曲面法线：**根据摄像机曲面法线的角度将镜头效果应用于对象的一部分。如果值为 0，则共面，即与屏幕平行。如果值为 90，则为法向，即与屏幕垂直。如果将"曲面法线"设置为 45，则只有法线角度大于 45°的曲面会产生光晕。单击微调器右侧的 I 按钮可以反转此值。

（5）**全部：**将镜头效果应用于整个场景，而不仅仅应用于几何体的特定部分。实际上，这使场景中的每个像素都可以成为镜头效果源。场景中应用了镜头效果的区域由【图像过滤器】分组框中的设置确定。

（6）**Alpha：**将镜头效果应用于图像的 Alpha 通道。Alpha 通道的透明度的定义与"遮罩"通道透明度相反。范围从 0 到 255。

（7）**Z 高/Z 低：**根据对象到摄影机的距离（"Z 缓冲区"距离），高亮显示对象。高值为最大距离，低值为最小距离。这两个 Z 缓冲区距离之间的任何对象均将高亮显示。

3.【图像过滤器】组

通过过滤"图像源"选择，可以控制镜头效果的应用方式。例如，在场景中有10个球体，每个球体的对象 ID 相同，但是颜色不同。如果将"图像源"设置为球体的对象 ID，将选择所有球体，这些球体将是场景中唯一应用镜头效果的对象。

不过，既然镜头效果知道可以应用效果的像素所在的位置，还需要了解哪些像素要实际应用效果。镜头效果使用过滤控制找到要应用效果的源像素。

（1）**全部：**选择场景中的所有源像素并应用镜头

效果。

(2)边缘: 选择边界上的所有源像素并应用镜头效果。沿着对象边界应用镜头效果将在对象的内边和外边上生成柔化光晕。

(3)周界 Alpha: 根据对象的 Alpha 通道,将镜头效果仅应用于对象的周界。如果选择此选项,则仅在对象的外围应用效果,而不会在内部生成任何斑点。按"边"过滤会在对象上生成斑点,"周界 Alpha"可以保证所有边清洁,因为"周界 Alpha"利用场景的 Alpha 通道导出效果。

(4)周界: 根据"边"条件,将镜头效果仅应用于对象的周界。虽然不像"周界 Alpha"那样精确,但在 Alpha 通道不可用时,可能需要使用"周界"选项。

(5)亮度: 根据源对象的亮度值过滤源对象。效果仅应用于亮度高于微调器设置的对象。单击微调器旁边的 I 按钮可以反转此选项。

(6)色调: 按色调过滤源对象。单击微调器旁边的色样可以选择色调。可以选择的色调值范围为从 0 到 255。"色调"色样旁边的微调器可用于输入变化级别,从而使光晕能够在与选定颜色相同的范围内找到几种不同的色调。

4.【附加效果】组

使用"附加效果"可以将噪波等贴图应用于镜头效果。单击【应用】复选框旁边的长按钮可以显示【材质/贴图浏览器】。

(1)应用: 激活时应用所选的贴图。

(2)径向密度: 确定希望应用其他效果的位置和程度。单击【径向密度】按钮将显示"径向密度"对话框。使用【径向密度】对话框可以在线上创建点,然后将这些点沿着图形移动,确定其他效果应放在灯光周围的哪个位置。也可以使用贴图确定其他效果应放在哪个位置。

3. Ray射线镜头效果

射线是从源对象中心发出的明亮的直线,为对象提供亮度很高的效果。使用射线可以模拟摄影机镜头元件的划痕。

向灯光中添加射线效果如图所示。

【射线元素】卷展栏的【参数】面板如图所示。

1.【参数】组

(1)名称: 显示效果的名称。使用镜头效果,一个镜头效果实例下可以包含许多不同的效果。为了使这些效果组织有序,通常需要为效果命名,确保在更改参数时,可以将参数更改为正确的效果。

(2)启用: 激活时将效果应用于渲染图像。默认设置为启用。

(3)大小: 确定效果的大小。

(4)强度: 控制单个效果的总体亮度和不透明度。值越大,效果越亮越不透明,值越小,效果越暗越透明。

(5)数量: 指定镜头光斑中出现的总射线数。射线在半径附近随机分布。

（6）**角度**：指定射线的角度。可以输入正值，也可以输入负值，这样在设置动画时，射线可以绕着顺时针或逆时针方向旋转。

（7）**锐化**：指定射线的总体锐度。数字越大，生成的射线越鲜明、清洁和清晰。数字越小，产生的二级光晕越多。范围从 0 到 10。

（8）**光晕在后**：提供可以在 3ds Max 场景中的对象后面显示的效果。

（9）**阻光度**：确定镜头效果场景阻光度参数对特定效果的影响程度。输入的值确定将应用【镜头效果全局】面板中设置的哪个阻光度百分比。

（10）**挤压**：确定是否将挤压效果。激活该选项后，将根据【挤压】微调器中【参数】面板下的"镜头效果全局"挤压效果。

（11）**使用源色**：将应用效果的灯光或对象的源色与"径向颜色"或"环绕颜色"参数中设置的颜色或贴图混合。如果值为 0，只使用"径向颜色"或"环绕颜色"参数中设置的值，而如果值为 100，只使用灯光或对象的源色。0 到 100 之间的任意值将渲染源色和效果的颜色参数之间的混合。

2.**【径向颜色】**组

（1）"径向颜色"设置影响效果的内部颜色和外部颜色。可以通过设置色样，设置镜头效果的内部颜色和外部颜色。也可以使用渐变位图或细胞位图等确定径向颜色。

（2）**衰减曲线**：显示【径向衰减】对话框，在该对话框中可以设置"径向颜色"中使用的颜色的权重。通过操纵"衰减曲线"，可以使效果更多地使用颜色或贴图。也可以使用贴图确定在使用灯光作为镜头效果光源时的衰减。

3.**【环绕颜色】**组

（1）"环绕颜色"通过使用四种与效果的四个四分之一圆匹配的不同色样确定效果的颜色。也可以使用贴图确定环绕颜色。

（2）**混合**：可以在"径向颜色"和"环绕颜色"中设置的颜色之间混合。如果将微调器设置为 0，将只

使用"径向颜色"中设置的值，如果将微调器设置为 100，将只使用"环绕颜色"中设置的值。0 到 100 之间的任何值将在两个值之间混合。

（3）**衰减曲线**：显示【环绕衰减】对话框，在该对话框中可以设置"环绕颜色"中使用的颜色的权重。通过操纵"衰减曲线"，可以使效果更多地使用颜色或贴图。也可以使用贴图确定在使用灯光作为镜头效果光源时的衰减。

4.**【径向大小】**组

确定围绕特定镜头效果的径向大小。单击【大小曲线】按钮将显示【径向大小】对话框。使用【径向大小】对话框可以在线上创建点，然后将这些点沿着图形移动，确定效果应放在灯光或对象周围的哪个位置。也可以使用贴图确定效果应放在哪个位置。使用复选框激活贴图。

【射线元素】卷展栏中【选项】面板如图所示。

参数解密

1.**【应用元素于】**组

（1）**灯光**：将效果应用于在【灯光】分组框的【参数】选项卡下的"镜头效果全局"中拾取的灯光。

（2）**图像**：将效果应用于使用"图像源"中设置的参数渲染的图像。

（3）**图像中心**：应用于对象中心或对象中由图像过滤器确定的部分。

2.**【图像源】**组

（1）**对象 ID**：将"镜头效果"应用到场景中具有

相应的 G 缓冲区（或对象）ID 的特殊对象。G 缓冲区是几何体缓冲区，可通过右键单击任意对象，然后从菜单中选择"属性"来定义 G 缓冲区。然后在"G 缓冲区 ID"控件下设置"对象通道 ID"。

（2）**材质 ID**：将"镜头效果"应用于对象或对象中指定了特定材质 ID 通道的部分。通过【材质编辑器】→【材质 ID 通道】弹出按钮指定通道。镜头效果将只应用于几何体中具有该 ID 通道的区域。

（3）**非钳制**：超亮度颜色比纯白色 (255,255,255) 要亮。3ds Max 跟踪这些"热"区域，通常，如果场景中包含明亮金属高光或爆炸效果时，会出现此类区域。使用此微调器可以确定应用镜头效果的最低像素值。纯白色的像素值为 1。如果此微调器设置为 1，任何值大于 255 的像素将带有光晕。单击微调器右侧的 I 按钮可以反转此值。

（4）**曲面法线**：根据摄像机曲面法线的角度将镜头效果应用于对象的一部分。如果值为 0，则共面，即与屏幕平行。如果值为 90，则为法向，即与屏幕垂直。如果将"曲面法线"设置为 45，则只有法线角度大于 45 度的曲面会产生光晕。单击微调器右侧的 I 按钮可以反转此值。

（5）**全部**：将镜头效果应用于整个场景，而不仅仅应用于几何体的特定部分。实际上，这使场景中的每个像素都可以成为镜头效果源。场景中应用了镜头效果的区域由【图像过滤器】组中的设置确定。

（6）**Alpha**：将镜头效果应用于图像的 Alpha 通道。Alpha 通道的透明度的定义与"遮罩"通道透明度相反。范围从 0 到 255。

（7）**Z 高/Z 低**：根据对象到摄影机的距离（"Z缓冲区"距离），高亮显示对象。高值为最大距离，低值为最小距离。这两个 Z 缓冲区距离之间的任何对象均将高亮显示。

3.【图像过滤器】组

通过过滤"图像源"选择，可以控制镜头效果的应用方式。例如，在场景中有十个球体，每个球体的对象 ID 相同，但是颜色不同。如果将"图像源"设置为球体的对象 ID，将选择所有球体，这些球体将是场景中唯一应用镜头效果的对象。

不过，既然镜头效果知道可以应用效果的像素所在的位置，还需要了解哪些像素要实际应用效果。镜头效果使用过滤控制找到要应用效果的源像素。

（1）**全部**：选择场景中的所有源像素并应用镜头效果。

（2）**边缘**：选择边界上的所有源像素并应用镜头效果。沿着对象边界应用镜头效果将在对象的内边和外边上生成柔化光晕。

应用于从对象发出的射线的边过滤器效果如图所示。

（3）**周界 Alpha**：根据对象的 alpha 通道，将镜头效果仅应用于对象的周界。如果选择此选项，则仅在对象的外围应用效果，而不会在内部生成任何斑点。按"边"过滤会在对象上生成斑点，"周界 Alpha"可以保证所有边清洁，因为"周界 Alpha"利用场景的 Alpha 通道导出效果。

（4）**周界**：根据"边"条件，将镜头效果仅应用于对象的周界。虽然不像"周界 Alpha"那样精确，但在 Alpha 通道不可用时，可能需要使用"周界"选项。

（5）**亮度**：根据源对象的亮度值过滤源对象。效果仅应用于亮度高于微调器设置的对象。单击微调器旁边的 I 按钮可以反转此选项。

（6）**色调**：按色调过滤源对象。单击微调器旁边的色样可以选择色调。可以选择的色调值范围为从 0 到 255。"色调"色样旁边的微调器可用于输入变化级别，从而使光晕能够在与选定颜色相同的范围内找到几种不同的色调。

4.【附加效果】组

使用"附加效果"可以将噪波等贴图应用于镜头效果。单击【应用】复选框旁边的长按钮可以显示"材质/贴图浏览器"。

（1）**应用**：激活时应用所选的贴图。

（2）**径向密度**：确定希望应用其他效果的位置和程度。单击【径向密度】按钮将显示【径向密度】对话框。使用【径向密度】对话框可以在线上创建点，然后将这些点沿着图形移动，确定其他效果应放在灯光周围的哪个位置。也可以使用贴图确定其他效果应放在哪个位置。

4.Star星形镜头效果

"星形"比射线效果要大，由 0 到 30 个辐射线组成，而不像射线由数百个辐射线组成。

向灯光中添加星形的效果如图所示。

【星形元素】卷展栏中【参数】面板如图所示。

参数解密

1.【参数】组

（1）**名称**：显示效果的名称。使用镜头效果，一个镜头效果实例下可以包含许多不同的效果。为了使这

些效果组织有序，需要为效果命名，确保在更改参数时，可以将参数更改为正确的效果。

（2）**启用**：激活时将效果应用于渲染图像。

（3）**大小**：确定效果的大小。

（4）**强度**：控制单个效果的总体亮度和不透明度。值越大，效果越亮越不透明，值越小，效果越暗越透明。

（5）**宽度**：指定单个辐射线的宽度，以占整个帧的百分比表示。

（6）**角度**：设置星形辐射线点的开始角度（度）。可以输入正值，也可以输入负值，这样在设置动画时，星形辐射线可以绕顺时针或逆时针方向旋转。

（7）**锥化**：控制星形的各辐射线的锥化。锥化使各星形点的末端变宽或变窄。数字较小，末端较尖，而数字较大，则末端较平。

（8）**锐化**：指定星形的总体锐度。数字越大，生成的星形越鲜明、清洁和清晰。数字越小，产生的二级光晕越多。范围从 0 到 10。

（9）**数量**：指定星形效果中的辐射线数。默认值为 6。辐射线围绕光斑中心按照等距离点间隔。

（10）**光晕在后**：提供可以在 3ds Max 场景中的对象后面显示的效果。

（11）**阻光度**：确定镜头效果场景阻光度参数对特定效果的影响程度。输入的值确定将应用【镜头效果全局】面板中设置的哪个阻光度百分比。

（12）**挤压**：确定是否将挤压效果。激活该选项后，将根据【挤压】微调器中【参数】面板下的"镜头效果全局"挤压效果。

（13）**使用源色**：将应用效果的灯光或对象的源色与"径向颜色"或"环绕颜色"参数中设置的颜色或贴图混合。如果值为 0，只使用"径向颜色"或"环绕颜色"参数中设置的值，而如果值为 100，只使用灯光或对象的源色。0 到 100 之间的任意值将渲染源色和效果的颜色参数之间的混合。

2.【径向颜色】组

（1）"径向颜色"设置影响效果的内部颜色和外部颜色。可以通过设置色样，设置镜头效果的内部颜色和外部颜色。也可以使用渐变位图或细胞位图等确定径向颜色。

（2）**衰减曲线**：显示【径向衰减】对话框，在该对话框中可以设置"径向颜色"中使用的颜色的权重。通过操纵"衰减曲线"，可以使效果更多地使用颜色或贴图。也可以使用贴图确定在使用灯光作为镜头效果光源时的衰减。

3.【分段颜色】组

"截面颜色"通过使用3种与效果的3个截面匹配的不同色样，确定效果的颜色。也可以使用贴图确定截面颜色。

（1）**混合**：混合在"径向颜色"和"环绕颜色"中设置的颜色。如果将微调器设置为 0，将只使用"径向颜色"中设置的值，如果将微调器设置为 100，将只使用"截面颜色"中设置的值。0 到 100 之间的任何值将在两个值之间混合。

（2）**衰减曲线**：显示【环绕衰减】对话框，在该对话框中可以设置"截面颜色"中使用的颜色的权重。通过操纵"衰减曲线"，可以使效果更多地使用颜色或贴图。也可以使用贴图确定在使用灯光作为镜头效果光源时的衰减。

4.【径向大小】组

确定围绕特定镜头效果的径向大小。单击【大小曲线】按钮将显示【径向大小】对话框。使用【径向大小】对话框可以在线上创建点，然后将这些点沿着图形移动，确定效果应放在灯光或对象周围的哪个位置。也可以使用贴图确定效果应放在哪个位置。使用复选框激活贴图。

【星形元素】卷展栏中【选项】面板如图所示。

1.【应用元素于】组

（1）**灯光**：将效果应用于在【灯光】分组框的【参数】选项卡下的"镜头效果全局"中拾取的灯光。

（2）**图像**：将效果应用于使用"图像源"中设置的参数渲染的图像。

（3）**图像中心**：应用于对象中心或对象中由图像过滤器确定的部分。

2.【图像源】组

（1）**对象 ID**：将"镜头效果"应用到场景中具有相应的 G 缓冲区（或对象）ID 的特殊对象。G 缓冲区是几何体缓冲区，可通过右键单击任意对象，然后从菜单中选择"属性"来定义 G 缓冲区。然后，在"G 缓冲区 ID"控件下设置"对象通道 ID"。

（2）**材质 ID**：将"镜头效果"应用于对象或对象中指定了特定材质 ID 通道的部分。通过【材质编辑器】→【材质 ID 通道】弹出按钮指定通道。镜头效果将只应用于几何体中具有该 ID 通道的区域。

（3）**非钳制**：超亮度颜色比纯白色 (255,255,255) 要亮。3ds Max 跟踪这些"热"区域，通常，如果场景中包含明亮金属高光或爆炸效果时，会出现此类区域。使用此微调器可以确定应用镜头效果的最低像素值。纯白色的像素值为 1。如果此微调器设置为 1，任何值大于 255 的像素将带有光晕。单击微调器右侧的 I 按钮可以反转此值。

（4）**曲面法线**：根据摄像机曲面法线的角度将镜头效果应用于对象的一部分。如果值为 0，则共面，即与屏幕平行。如果值为 90，则为法向，即与屏幕垂直。如果将"曲面法线"设置为 45，则只有法线角度大于 45 度的曲面会产生光晕。单击微调器右侧的 I 按钮可以反转此值。

（5）**全部**：将镜头效果应用于整个场景，而不仅仅应用于几何体的特定部分。实际上，这使场景中的每个像素都可以成为镜头效果源。场景中应用了镜头效果的区域由【图像过滤器】分组框中的设置确定。

（6）**Alpha**：将镜头效果应用于图像的 Alpha 通道。Alpha 通道的透明度的定义与"遮罩"通道透明度相反。范围从 0 到 255。

（7）Z 高/Z 低：根据对象到摄影机的距离（"Z 缓冲区"距离），高亮显示对象。高值为最大距离，低值为最小距离。这两个 Z 缓冲区距离之间的任何对象均将高亮显示。

3.【图像过滤器】组

通过过滤"图像源"选择，可以控制镜头效果的应用方式。例如，在场景中有十个球体，每个球体的对象 ID 相同，但是颜色不同。如果将"图像源"设置为球体的对象 ID，将选择所有球体，这些球体将是场景中唯一应用镜头效果的对象。

不过，既然镜头效果知道可以应用效果的像素所在的位置，还需要了解哪些像素要实际应用效果。镜头效果使用过滤控制找到要应用效果的源像素。

（1）全部：选择场景中的所有源像素并应用镜头效果。

（2）边缘：选择边界上的所有源像素并应用镜头效果。沿着对象边界应用镜头效果将在对象的内边和外边上生成柔化光晕。

（3）周界 Alpha：根据对象的Alpha 通道，将镜头效果仅应用于对象的周界。如果选择此选项，则仅在对象的外围应用效果，而不会在内部生成任何斑点。按"边"过滤会在对象上生成斑点，"周界 Alpha"可以保证所有边清洁，因为"周界 Alpha"利用 Alpha 通道导出效果。

（4）周界：根据"边"条件，将镜头效果仅应用于对象的周界。虽然不像"周界 Alpha"那样精确，但在 Alpha 通道不可用时，可能需要使用【周界】选项。

（5）亮度：根据源对象的亮度值过滤源对象。效果仅应用于亮度高于微调器设置的对象。单击微调器旁边的 I 按钮可以反转此选项。

（6）色调：按色调过滤源对象。单击微调器旁边的色样可以选择色调。可以选择的色调值范围为从 0 到 255。"色调"色样旁边的微调器可用于输入变化级别，从而使光晕能够在与选定颜色相同的范围内找到几种不同的色调。

4.【附加效果】组

使用"附加效果"可以将噪波等贴图应用于镜头效果。单击【应用】复选框旁边的长按钮可以显示【材质/贴图浏览器】。

（1）应用：激活时应用所选的贴图。

（2）径向密度：确定希望应用其他效果的位置和程度。单击【径向密度】按钮将显示【径向密度】对话框。使用【径向密度】对话框可以在线上创建点，然后将这些点沿着图形移动，确定其他效果应放在灯光周围的哪个位置。也可以使用贴图确定其他效果应放在哪个位置。

5.Streak条纹镜头效果

条纹是穿过源对象中心的条带。在实际使用摄影机时，使用失真镜头拍摄场景时会产生条纹。

向灯光中添加条纹效果，如图所示。

【条纹元素】卷展栏中【参数】面板如图所示。

1.【参数】组

（1）名称：显示效果的名称。使用镜头效果，一个镜头效果实例下可以包含许多不同的效果。为了使这些效果组织有序，需要为效果命名，确保在更改参数时，可以将参数更改为正确的效果。

（2）启用：激活时将效果应用于渲染图像。

（3）大小：确定效果的大小。

（4）强度：控制单个效果的总体亮度和不透明度。值越大，效果越亮越不透明，值越小，效果越暗越透明。

（5）宽度：指定条纹的宽度，以占整个帧的百分比表示。

（6）角度：指定条纹的角度。可以输入正值也可以输入负值，这样在设置动画时，条纹可以绕顺时针或逆时针方向旋转。

（7）锥化：控制条纹的各辐射线的锥化。锥化使各条纹点的末端变宽或变窄。数字较小，末端较尖，而数字较大，则末端较平。

（8）锐化：指定条纹的总体锐度。数字越大，生成的条纹越鲜明、清洁和清晰。数字越小，产生的二级光晕越多。范围从 0 到 10。

（9）光晕在后：提供可以在 3ds Max 场景中的对象后面显示的效果。

（10）阻光度：确定镜头效果场景阻光度参数对特定效果的影响程度。输入的值确定将应用【镜头效果全局】面板中设置的哪个阻光度百分比。

（11）挤压：确定是否将挤压效果。激活该选项后，将根据【挤压】微调器中【参数】面板下的"镜头效果全局"挤压效果。

（12）使用源色：将应用效果的灯光或对象的源色与"径向颜色"或"环绕颜色"参数中设置的颜色或贴图混合。如果值为 0，只使用"径向颜色"或"环绕颜色"参数中设置的值，而如果值为 100，只使用灯光或对象的源色。0 到 100 之间的任意值将渲染源色和效果的颜色参数之间的混合。

2.【径向颜色】组

衰减曲线：显示【径向衰减】对话框，在该对话框中可以设置"径向颜色"中使用的颜色的权重。通过操纵"衰减曲线"，可以使效果更多地使用颜色或贴图。也

可以使用贴图确定在使用灯光作为镜头效果光源时的衰减。

3.【分段颜色】组

"截面颜色"通过使用三种与效果的三个截面匹配的不同色样，确定效果的颜色。也可以使用贴图确定截面颜色。

（1）混合：混合在"径向颜色"和"环绕颜色"中设置的颜色。如果将微调器设置为 0，将只使用"径向颜色"中设置的值，如果将微调器设置为 100，将只使用"截面颜色"中设置的值。0 到 100 之间的任何值将在两个值之间混合。

（2）衰减曲线：显示【环绕衰减】对话框，在该对话框中可以设置"截面颜色"中使用的颜色的权重。通过操纵"衰减曲线"，可以使效果更多地使用颜色或贴图。也可以使用贴图确定在使用灯光作为镜头效果光源时的衰减。

4.【径向大小】组

确定围绕特定镜头效果的径向大小。单击【大小曲线】按钮将显示【径向大小】对话框。使用【径向大小】对话框可以在线上创建点，然后将这些点沿着图形移动，确定效果应放在灯光或对象周围的哪个位置。也可以使用贴图确定效果应放在哪个位置。使用复选框激活贴图。

【条纹元素】卷展栏中【选项】面板如图所示。

1.【应用元素于】组

（1）**灯光：**将效果应用于在【灯光】分组框的【参数】选项卡下的"镜头效果全局"中拾取的灯光。

（2）**图像：**将效果应用于具有相应对象 ID 通道的对象。

（3）**图像中心：**应用于对象中心或对象中由图像过滤器确定的部分。

2.【图像源】组

（1）**对象 ID：**将"镜头效果"应用到场景中具有相应的 G 缓冲区（或对象）ID 的特殊对象。G 缓冲区是几何体缓冲区，可通过右键单击任意对象，然后从菜单中选择"属性"来定义 G 缓冲区。然后，在"G 缓冲区 ID"控件下设置"对象通道 ID"。

（2）**材质 ID：**将"镜头效果"应用于对象或对象中指定了特定材质 ID 通道的部分。通过【材质编辑器】→【材质 ID 通道】弹出按钮指定通道。镜头效果将只应用于几何体中具有该 ID 通道的区域。

（3）**非钳制：**超亮度颜色比纯白色 (255,255,255) 要亮。3ds Max 跟踪这些"热"区域，通常，如果场景中包含明亮金属高光或爆炸效果时，会出现此类区域。使用此微调器可以确定应用镜头效果的最低像素值。纯白色的像素值为 1。如果此微调器设置为 1，任何值大于 255 的像素将带有光晕。单击微调器右侧的 I 按钮可以反转此值。

（4）**曲面法线：**根据摄像机曲面法线的角度将镜头效果应用于对象的一部分。如果值为 0，则共面，即与屏幕平行。如果值为 90，则为法向，即与屏幕垂直。如果将"曲面法线"设置为 45，则只有法线角度大于 45 度的曲面会产生光晕。单击微调器右侧的 I 按钮可以反转此值。

（5）**全部：**将镜头效果应用于整个场景，而不仅仅应用于几何体的特定部分。实际上，这使场景中的每个像素都可以成为镜头效果源。场景中应用了镜头效果的区域由【图像过滤器】分组框中的设置确定。

（6）**Alpha：**将镜头效果应用于图像的 Alpha 通道。Alpha 通道的透明度的定义与"遮罩"通道透明度相反。范围从 0 到 255。

（7）**Z 高/Z 低：**根据对象到摄影机的距离（"Z缓冲区"距离），高亮显示对象。高值为最大距离，低值为最小距离。这两个 Z 缓冲区距离之间的任何对象均将高亮显示。

3.【图像过滤器】组

通过过滤"图像源"选择，可以控制镜头效果的应用方式。例如，在场景中有十个球体，每个球体的对象 ID 相同，但是颜色不同。如果将"图像源"设置为球体的对象 ID，将选择所有球体，这些球体将是场景中唯一应用镜头效果的对象。

不过，既然镜头效果知道可以 应用效果的像素所在的位置，还需要了解哪些像素要实际应用效果。镜头效果使用过滤控制找到要应用效果的源像素。

（1）**全部：**选择场景中的所有源像素并应用镜头效果。

（2）**边缘：**选择边界上的所有源像素并应用镜头效果。沿着对象边界应用镜头效果将在对象的内边和外边上生成柔化光晕。

（3）**周界 Alpha：**根据对象的Alpha 通道，将镜头效果仅应用于对象的周界。如果选择此选项，则仅在对象的外围应用效果，而不会在内部生成任何斑点。按"边"过滤会在对象上生成斑点，"周界 Alpha"可以保证所有边清洁，因为"周界 Alpha"利用场景的 Alpha 通道导出效果。

（4）**周界：**根据"边"条件，将镜头效果仅应用于对象的周界。虽然不像"周界 Alpha"那样精确，但在 Alpha 通道不可用时，可能需要使用"周界"选项。

（5）**亮度：**根据源对象的亮度值过滤源对象。效果仅应用于亮度高于微调器设置的对象。单击微调器旁边的 I 按钮可以反转此选项。

（6）**色调：**按色调过滤源对象。单击微调器旁边的色样可以选择色调。可以选择的色调值范围为从 0 到 255。"色调"色样旁边的微调器可用于输入变化级别，从而使光晕能够在与选定颜色相同的范围内找到几种不同的色调。

4.【附加效果】组

使用"附加效果"可以将噪波等贴图应用于镜头效果。单击【应用】复选框旁边的长按钮可以显示【材质/贴图浏览器】。

（1）**应用：**激活时应用所选的贴图。

（2）**径向密度：**确定希望应用其他效果的位置和

程度。单击【径向密度】按钮将显示【径向密度】对话框。使用【径向密度】对话框可以在线上创建点，然后将这些点沿着图形移动，确定其他效果应放在灯光周围的哪个位置。也可以使用贴图确定其他效果应放在哪个位置。

13.2.3 模糊效果

使用模糊效果可以通过3种不同的方法使图像变模糊，分别为均匀型、方向型和放射型。模糊效果根据【像素选择】面板中所做的选择应用于各个像素。可以使整个图像变模糊，使非背景场景元素变模糊，按亮度值使图像变模糊，或使用贴图遮罩使图像变模糊。模糊效果通过渲染对象或摄影机移动的幻影，提高动画的真实感。

添加中等模糊效果前后的对象如图所示。

【模糊参数】卷展栏中【模糊类型】面板如图所示。

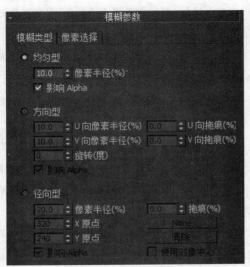

参数解密

(1)均匀型： 将模糊效果均匀应用于整个渲染图像。

(2)像素半径： 确定模糊效果的强度。如果增大该值，将增大每个像素计算模糊效果时将使用的周围像素数。像素越多，图像越模糊。

(3)影响 Alpha： 启用时，将均匀型模糊效果应用于 Alpha 通道。

(4)方向型： 按照"方向型"参数指定的任意方向应用模糊效果。"U 向像素半径"和"U 向拖痕"按照水平方向使像素变模糊，而"V 向像素半径"和"V 向拖痕"按照垂直方向使像素变模糊。"旋转"用于旋转水平模糊和垂直模糊的轴。

(5)U 向像素半径： 确定模糊效果的水平强度。如果增大该值，将增大每个像素计算模糊效果时使用的周围像素数。像素越多，图像在水平方向越模糊。

(6)U 向拖痕： 通过为 U 轴的某一侧分配更大的模糊权重，为模糊效果添加"方向"。此设置将添加条纹效果，创建对象或摄影机正在沿着特定方向快速移动的幻影。

(7)V 向像素半径： 确定模糊效果的垂直强度。如果增大该值，将增大每个像素计算模糊效果时使用的周围像素数，使图像在垂直方向更模糊。

(8)V 向拖痕： 通过为 V 轴的某一侧分配更大的模糊权重，为模糊效果添加"方向"。此设置将添加条纹效果，创建对象或摄影机正在沿着特定方向快速移动的幻影。

(9)旋转： 旋转将通过"U 向像素半径"和"V 向像素半径"微调器应用模糊效果的 U 向像素和 V 向像素的轴。"旋转"与"U 向像素半径"和"V 向像素半径"微调器配合使用，可以将模糊效果应用于渲染图像中的任意方向。如果旋转为 0，U 向对应于图像的 x 轴，而 V 向对应于图像的 y 轴。

(10)影响 Alpha： 启用时，将方向型模糊效果应用于 Alpha 通道。

(11)径向型： 径向应用模糊效果。使用"放射型"参数可以将渲染图像中的某个点定义为放射型模糊效果的中心。可以使用对象作为中心，也可以使用"X 原点"和"Y 原点"微调器设置的任意位置。模糊效果对效果的中心原点应用最弱的模糊效果,像素距离中心越远,应用的模糊效果会逐渐增强。此设置可以用于模拟摄影机变焦产生的运动模糊效果。

(12)**像素半径**:确定半径模糊效果的强度。如果增大该值,将增大每个像素计算模糊效果时将使用的周围像素数。像素越多,图像越模糊。

(13)**拖痕**:通过为模糊效果的中心分配更大或更小的模糊权重,为模糊效果添加"方向"。此设置将添加条纹效果,创建对象或摄影机正在沿着特定方向快速移动的幻影。

(14)**X/Y 原点**:以像素为单位,关于渲染输出的尺寸指定模糊的中心。

(15)**None**:可以指定其中心作为模糊效果中心的对象。单击该选项,选择对象,然后启用"使用对象中心"。对象的名称将会显示在按钮上。

(16)**清除**:从上面的按钮中移除对象名称。

(17)**使用对象中心**:启用此选项后,【None】按钮指定对象(工具提示:拾取要作为中心的对象)作为模糊效果的中心。如果没有指定对象并且启用"使用对象中心",则不向渲染图像添加模糊。

(18)**影响 Alpha**:启用时,将放射型模糊效果应用于 Alpha 通道。

【模糊参数】卷展栏中【像素选择】面板如图所示。

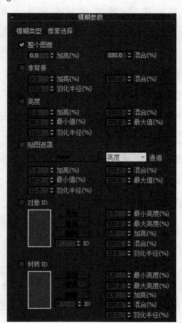

参数解密

(1)**整个图像**:选中时,将影响整个渲染图像。如果模糊效果使渲染图像变模糊,可以使用此设置。使用"加亮"和"混合"可以保持场景的原始颜色。

(2)**加亮**:加亮整个图像。

(3)**混合**:将模糊效果和"整个图像"参数与原始的渲染图像混合。可以使用此选项创建柔化焦点效果。

(4)**非背景**:选中时,将影响除背景图像或动画以外的所有元素。如果模糊效果使场景对象变模糊,而没有使背景变模糊,可以使用此选项。使用"加亮""混合"和"羽化半径"可以保持场景的原始颜色。

(5)**加亮**:加亮除背景图像或动画以外的渲染图像。

(6)**混合**:将模糊效果和"非背景"参数与原始的渲染图像混合。

(7)**羽化半径**:羽化应用于场景的非背景元素的模糊效果。如果使用"非背景"作为"像素选择",你会发现,场景对象与模糊效果之间会有清晰的边界,因为对象变模糊,而背景没有变模糊。使用微调器羽化模糊效果,消除效果的清晰边界。

(8)**亮度**:影响亮度值介于"最小"和"最大"微调器之间的所有像素。

(9)**加亮**:加亮介于最小亮度值和最大亮度值之间的像素。

(10)**混合**:将模糊效果和"亮度"参数与原始的渲染图像混合。

(11)**最小值**:设置每个像素要应用模糊效果所需的最小亮度值。

(12)**最大值**:设置每个像素要应用模糊效果所需的最大亮度值。

(13)**羽化半径**:羽化应用于介于最小亮度值和最大亮度值之间的像素的模糊效果。如果使用"亮度"作为"像素选择",模糊效果可能会产生清晰的边界。使用微调器羽化模糊效果,消除效果的清晰边界。

(14)**贴图遮罩**:根据通过"材质/贴图浏览器"选择的通道和应用的遮罩应用模糊效果。选择遮罩后,必须从"通道"列表中选择通道。然后,模糊效果根据"最小"和"最大"微调器中设置的值检查遮罩和通道。遮罩中属于所选通道并且介于最小值和最大值之间的像素将应用模糊效果。如果要使场景的所选部分变模糊(例如通过结霜的窗户看到的冬天的早晨),可以使用此选项。

(15)通道: 选择应用模糊效果的通道。选择了特定通道后,使用最小和最大微调器可以确定遮罩像素,要应用效果必须具有的值。

(16)加亮: 加亮图像中应用模糊效果的部分。

(17)混合: 将贴图遮罩模糊效果与原始的渲染图像混合。

(18)最小值: 像素要应用模糊效果必须具有的最小值(RGB、Alpha 或亮度)。

(19)最大值: 像素要应用模糊效果必须具有的最大值(RGB、Alpha 或亮度)。

(20)羽化半径: 羽化应用于介于最小通道值和最大通道值之间的像素的模糊效果。如果使用"贴图遮罩"作为"像素选择",模糊效果可能会产生清晰的边界。使用微调器羽化模糊效果,消除效果的清晰边界。

(21)对象 ID: 如果具有特定对象 ID(在 G 缓冲区中)的对象与过滤器设置匹配,会将模糊效果应用于该对象或其中部分。要添加或替换对象 ID,可以使用微调器或在 ID 文本框中输入值,然后单击相应的按钮。

(22)最小亮度: 像素要应用模糊效果必须具有的最小亮度值。

(23)最大亮度: 像素要应用模糊效果必须具有的最大亮度值。

(24)加亮: 加亮图像中应用模糊效果的部分。

(25)混合: 将对象 ID 模糊效果与原始的渲染图像混合。

(26)羽化半径: 羽化应用于介于最小亮度值和最大亮度值之间的像素的模糊效果。如果使用"亮度"作为"像素选择",模糊效果可能会产生清晰的边界。使用微调器羽化模糊效果,消除效果的清晰边界。

(27)材质 ID: 如果具有特定材质 ID 通道的材质与过滤器设置匹配,将模糊效果应用于该材质或其中部分。要添加或替换材质 ID 通道,可以使用微调器或在 ID 文本框中输入值,然后单击相应的按钮。

(28)最小亮度: 像素要应用模糊效果必须具有的最小亮度值。

(29)最大亮度: 像素要应用模糊效果必须具有的最大亮度值。

(30)加亮: 加亮图像中应用模糊效果的部分。

(31)混合: 将材质模糊效果与原始的渲染图像混合。

(32)羽化半径: 羽化应用于介于最小亮度值和最大亮度值之间的像素的模糊效果。如果使用"亮度"作为"像素选择",模糊效果可能会产生清晰的边界。使用微调器羽化模糊效果,消除效果的清晰边界。

"常规设置"组如图所示。

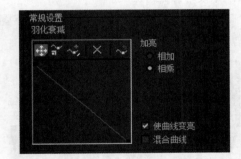

参数解密

(1)"羽化衰减"控制曲线: 使用"羽化衰减"曲线可以确定基于图形的模糊效果的羽化衰减。可以向图形中添加点,创建衰减曲线,然后调整这些点中的插值。

(2)移动: 用于移动图形上的点。此按钮是弹出按钮,可以自由移动(默认设置)、水平移动和垂直移动。

(3)调整点的比例: 用于调整图形上点的比例。这将垂直移动每个选定的点,与之前的值成比例。单击要缩放的点,或在几个连续点的周围绘制选择矩形框以选择这些点,然后拖动选择中的任意点以对所有点进行缩放。

(4)添加点: 用于在衰减曲线上创建其他点。此按钮是弹出按钮，提供线性点（默认设置）和带控制柄的 Bezier 点。

（5）**删除点**：从图形中删除点。

（6）**加亮**：使用这些单选按钮可以选择相加或相乘加亮。相加加亮比相乘加亮更亮、更明显。如果将模糊效果光晕效果组合使用，可以使用相加加亮。相乘加亮为模糊效果提供柔化高光效果。

（7）**使曲线变亮**：用于在"羽化衰减"曲线图中编辑加亮曲线。

（8）**混合曲线**：用于在"羽化衰减"曲线图中编辑混合曲线。

13.2.4 亮度和对比度效果

使用【亮度和对比度】效果可以调整图像的对比度和亮度。可以用于将渲染场景对象与背景图像或动画进行匹配。

下图中左上图为原图渲染过暗，右下图通过增加亮度和对比度提高了渲染的清晰度。

添加【亮度和对比度】效果后的参数面板如图所示。

参数解密

【亮度和对比度参数】卷展栏包含以下参数。

（1）**亮度**：增加或减少所有色元（红色、绿色和蓝色）。范围从 0 到 1.0。

（2）**对比度**：压缩或扩展最大黑色和最大白色之间的范围。范围从 0 到 1.0。

（3）**忽略背景**：将效果应用于 3ds Max 场景中除背景以外的所有元素。

13.2.5 色彩平衡效果

使用【色彩平衡】效果可以通过独立控制 RGB 通道操纵相加/相减颜色。

图中上图为使用颜色平衡效果修正颜色投影，下图为原渲染包含黄色投影。

添加【色彩平衡】效果后的参数面板如图所示。

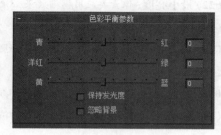

参数解密

【色彩平衡参数】卷展栏包含以下参数。

（1）**青/红**：调整红色通道。

（2）**洋红/绿**：调整绿色通道。

（3）黄/蓝：调整蓝色通道。

（4）保持发光度：启用此选项后，在修正颜色的同时保留图像的发光度。

（5）忽略背景：启用此选项后，可以在修正图像模型时不影响背景。

13.2.6 文件输出效果

使用【文件输出】可以根据"文件输出"在"渲染效果"堆栈中的位置，在应用部分或所有其他渲染效果之前，获取渲染的"快照"。在渲染动画时，可以将不同的通道（例如亮度、深度或或 Alpha）保存到独立的文件中。

也可以使用【文件输出】将 RGB 图像转换为不同的通道，并将该图像通道发送回"渲染效果"堆栈。然后再将其他效果应用于该通道。

添加"文件输出"效果后的参数面板如图所示。

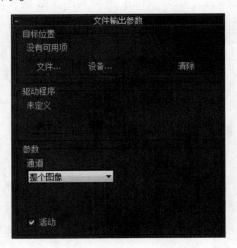

1.【目标位置】组

（1）文件：打开一个对话框，可以将渲染的图像或动画保存到磁盘上。

渲染的输出可以是下列任一文件格式的静态图像或动画。

- AVI 文件 (AVI)。
- 位图图像文件 (BMP)。
- Encapsulated PostScript 格式（EPS、PS）。
- JPEG 文件 (JPG)。
- Kodak Cineon (CIN)。
- MOV QuickTime 文件 (MOV)。
- PNG 图像文件 (PNG)。
- RLA 图像文件 (RLA)。
- RPF 图像文件 (RPF)。
- SGI 图像文件格式 (RGB)。
- Targa 图像文件（TGA、VDA、ICB、UST）。
- TIF 图像文件 (TIF)。

（2）设备：打开一个对话框，以便将渲染的输出发送到录像机等设备。

（3）清除：清除【目标位置】分组框中所选的任何文件或设备。

2.【驱动程序】组

只有将选择的设备用作图像源时，这些按钮才可用。

（1）关于：提供用于使图像可以在 3ds Max 中处理的图像处理软件的来源的有关信息。

（2）设置：显示特定于插件的设置对话框。某些插件可能不使用此按钮。

3.【参数】组

（1）通道：选择要保存或发送回"渲染效果"堆栈的通道。在【参数】分组框中选择"整个图像""亮度""深度"或"Alpha"，可以显示更多的选项。

（2）影响源位图：激活时，将接收以前应用了效果的图像，将其转换为所选的通道，再发送回堆栈，以便应用其他效果。渲染图像将保存在所选的通道中。"整个图像"通道无法使用此参数。

（3）激活：启用和禁用"文件输出"功能。与【渲染效果】卷展栏中的【活动】复选框不同，此复选框可设置动画，允许只保存渲染场景中所需的部分。

13.2.7 胶片颗粒效果

【胶片颗粒】用于在渲染场景中重新创建胶片颗粒的效果。使用【胶片颗粒】还可以将作为背景使用的源材质中（例如 AVI）的胶片颗粒与在3ds Max中创建的渲染场景匹配。应用胶片颗粒时，将自动随机创建移动帧的效果。

将胶片颗粒应用于场景前后的对比效果，如图所示。

添加【胶片颗粒】效果后的参数面板如图所示。

参数解密

【胶片颗粒参数】卷展栏包含以下参数。

（1）**颗粒**：设置添加到图像中的颗粒数。范围从0到10.0。

（2）**忽略背景**：屏蔽背景，使颗粒仅应用于场景中的几何体和效果。如果使用胶片（已包含颗粒）作为背景图像，则选择此选项。

13.2.8 运动模糊效果

【运动模糊】可以使移动的对象或整个场景变模糊，将图像运动模糊应用于渲染场景。运动模糊可以通过模拟实际摄影机的工作方式，增强渲染动画的真实感。摄影机有快门速度，如果场景中的物体或摄影机本身在快门打开时发生了明显移动，胶片上的图像将变模糊。

运动模糊增强了剑的移动效果，如图所示。

添加【运动模糊】效果后的参数面板，如图所示。

参数解密

【运动模糊参数】卷展栏包含以下参数。

（1）**处理透明**：启用时，运动模糊效果会应用于透明对象后面的对象。禁用时，透明对象后面的对象不会应用运动模糊效果。禁用此开关可以加快渲染速度。默认设置为启用。

（2）**持续时间**：指定"虚拟快门"打开的时间。设置为 1.0 时，虚拟快门在当前帧和下一帧之间的整个持续时间保持打开。值越大，运动模糊效果越明显。默认设置为 1.0。

13.2.9 景深效果

【景深】效果模拟在通过摄影机镜头观看时，前景和背景的场景元素的自然模糊。景深的工作原理是：将场景沿z轴次序分为前景、背景和焦点图像。然后，根据在景深效果参数中设置的值使前景和背景图像模糊，最终的图像由经过处理的原始图像合成。

下图所示为景深突出踏板车的效果。

对场景应用景深效果前后对比效果，如图所示。

添加【景深】效果后的参数面板如图所示。

参数解密

1.**影响 Alpha**：启用时，影响最终渲染的 Alpha 通道。

2.**【摄影机】组**

（1）**拾取摄影机**：可以从视口中交互选择要应用景深效果的摄影机。

（2）**移除**：删除下拉列表中当前所选的摄影机。

（3）**摄影机选择列表**：列出所有要在效果中使用的摄影机。可以使用此列表高亮显示特定的摄影机，然后单击【移除】按钮从列表中将其移除。

3.**【焦点】组**

（1）**拾取节点**：可以选择要作为焦点节点使用的对象。激活时，可以直接从视口中选择要作为焦点节点使用的对象。也可以按 H 键显示【选择对象】对话框，通过该对话框可以从场景的对象列表中选择焦点节点。

（2）**移除**：移除选作焦点节点的对象。

（3）**使用摄影机**：指定在摄影机选择列表中所选的摄影机的焦距用于确定焦点。

4.**【焦点参数】组**

（1）**自定义**：使用【焦点参数】组框中设置的值，确定景深效果的属性。

（2）**使用摄影机**：使用在摄影机选择列表中高亮

显示的摄影机值确定焦点范围、限制和模糊效果。

（3）**水平焦点损失**：在选中"自定义"时，确定沿着水平轴的模糊程度。

（4）**垂直焦点损失**：在选中"自定义"时，确定沿着垂直轴的模糊程度。

（5）**焦点范围**：在选中"自定义"时，设置到焦点任意一侧的 Z 向距离（以单位计），在该距离内图像将仍然保持聚焦。

（6）**焦点限制**：在选择"自定义"时，设置到焦点任意一侧的 Z 向距离（以单位计），在该距离内模糊效果将达到其由聚焦损失微调器指定的最大值。

13.3 实例：创建灯光特效片头动画

在3ds Max中提供了一种Volume Light体积光，它可以产生有形的光束，常用来制作光芒放射的动画和特技。下面来学习制作它，而且力图解决一个难题——体积光的光芯问题，由于体积光由光源中心发出，因此总会存在一个极亮的光芯，有时候我们需要它，但有时候我们只需要穿透物体的光芒，因此需要利用一种特殊的材质来解决——Matte/Shadow（不可见/投影），具体操作步骤如下。

思路解析：

首先创建文本，然后设置灯光和摄像机，接着创建体积光效果，并进行动画设置，最后进行动画渲染。

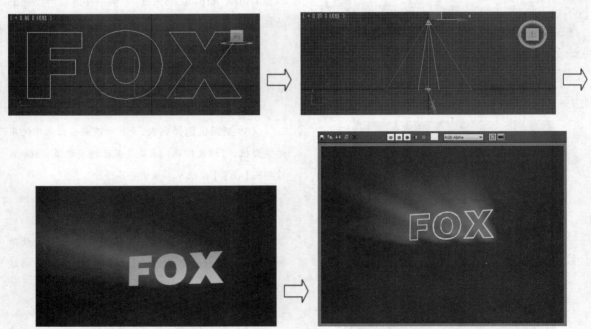

关键点1：创建文本

Step 01 启动3ds Max 2016，单击【应用程序】按钮 ，从弹出的菜单中选择【重置】命令重置场景。

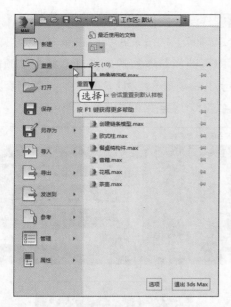

Step 02 单击【创建】面板中的【图形】按钮，将会显示出二维图形面板，在面板中单击【文本】按钮。

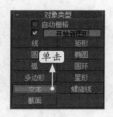

Step 03 在【参数】卷展栏中的【文本】栏中输入"FOX"，并设置字体和字体大小，参数设置如图所示。

Tips

这里字体选择的是"方正超粗黑简体"，如果读者没有安装该字体，可以自行选择其他字体。

Step 04 完成后在前视图中单击，生成"FOX"字样，如图所示。

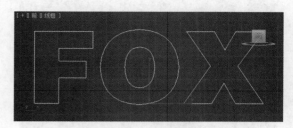

关键点2：创建灯光和摄像机

Step 01 在场景中架好摄像机和建立一盏目标聚光灯，选中透视图按C键将其变成摄像机视图，如图所示。

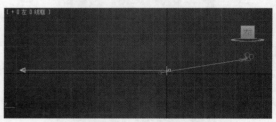

Step 02 调节灯光的衰减区和聚光区，这里可以根据自己创建的位置尽量将衰减区和聚光区调大一些，如图所示。

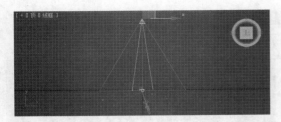

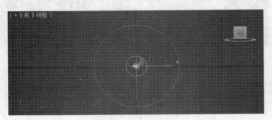

Step 03 选择【渲染】→【环境】菜单命令，将会弹出【环境和效果】对话框。

关键点3：创建体积光效果

Step 01 在【大气】卷展栏中单击【添加】按钮，在弹出的【添加大气效果】对话框中选择【体积光】选项，并单击【确定】按钮。

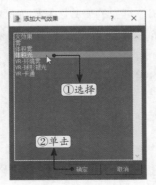

Step 02 设置体积光的参数如下图所示，单击【拾取灯光】按钮，在视图中单击聚光灯的图标，即可选择新添加的聚光灯，将【雾颜色】值设为RGB（255，242，135）；将【衰减倍增】值设为0，用来调节光束的颜色。

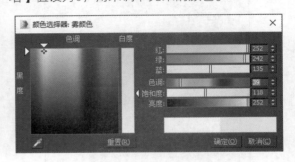

Step 03 选择灯光并进入修改面板进行设置，勾选灯光命令面板的【常规参数】卷展栏【阴影】组中的【启用】选项，这样可以使物体对光产生阻挡作用，从而产生光束效果。

Step 04 将灯光的颜色值调为RGB（255，240，70），制造黄色光芒；并将【倍增器】值设置

为2，这样可以使光芒更强烈，光束更尖锐，接着勾选【远距衰减】项目中【远距】下的【使用】和【显示】选项，并对【开始】和【结束】进行调节，观察顶视图，代表开始的黄色框位于标志物体上，代表衰减的褐色位于远离标志物体约5个栅格单位处，这样就可以产生光线由标志物体处开始向外衰减的效果了。

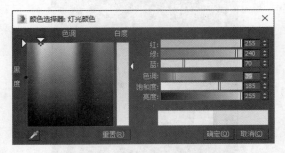

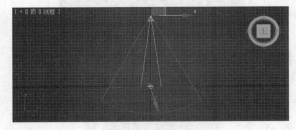

Step 05 单击灯光命令面板中【阴影参数】卷展栏下的【无】按钮，加入一个【噪波】贴图，如图所示。

Step 06 按M键打开材质编辑器，将此噪波贴图拖到一个空材质球上，选择【实例】属性，单击【确定】按钮。

Step 07 设置【模糊】值为2.5，设置【模糊偏移】值为5.4，设置【大小】值为64，设置【颜色#1】色值为RGB（255，48，0）；设置【颜色#2】色值为RGB（255，255，90），这两种颜色可以产生纷乱的金色光芒。

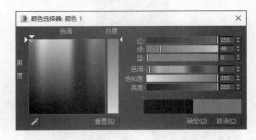

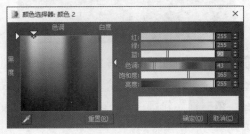

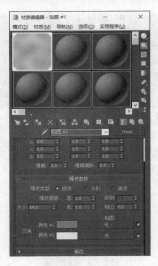

Step 08 现在还不是我们要的效果，我们需要制作一个阻挡物体，以挡住光芯。在前视图建立一个二维的矩形，将文字物体包围在内。

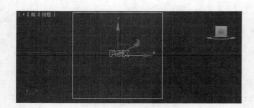

Step 09 选择文字，将其转变成【可编辑样条线】，然后在修改面板中按下【附加】按钮，选取矩形框，将矩形框与它结合在一起。

Step 10 将前视图放到单屏显示，并且使内部标志图形放大显示，以利于绘图。按下【建立线】按钮，依据标志轮廓线，在内部绘制一个锯齿形的内轮廓线，不用很规则，但一定要封闭。

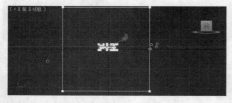

Step 11 恢复视图显示方式，在修改中加入一个【挤压】命令。将【数量】值设为-1，这样可以产生一个薄片物体。

Step 12 制作此物体目的很明显，希望能使光芒从孔隙中穿过，但必须为它指定一个【天光/投影】材质，才能使它不阻挡背景。打开材质编辑器，选取一个空材质球，设置一个【天光/投影】材质。

Step 13 勾选【应用大气】复选框，选择【以对象深度】单选项，然后将这材质赋给薄片物体。

关键点4：创建动画并渲染

Step 01 渲染摄像机视图，效果如图所示。

Step 02 再次创建一个FOX图形，为其添加一个【挤出】修改器，【数量】值为30，然后赋予一个材质，效果如图所示。

Step 03 选择聚光灯，进入修改面板，按下【排除】按钮，在对话框中选择原来的标志物体，按下右向箭头按钮，将它排除，单击【确定】按钮。

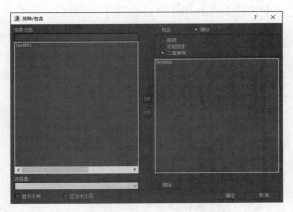

Step 04 最后渲染摄像机视图，效果如图所示。

Step 05 设置动画效果。单击 自动关键点 按钮，将时间滑块拖到第100帧。在顶视图中选择灯光，然后使用移动工具在顶视图中的x轴方向稍微移动一段距离，然后关闭 自动关键点 按钮进行动画渲染，效果如图所示。

13.4 实战技巧

下面来介绍一些3ds Max中的技巧和知识。

技巧1 文件备份技巧

默认情况下，3ds Max 的自动备份功能处于启用状态。该功能被设置为存储3个备份文件并且每5分钟对这些文件保存一次。这些文件存储在 C:\Users\Administrstor\Documents\3ds Max\autoback 文件夹中。如果文件是由于系统故障或电源中断而受损，使用备份文件是个相当不错的选择。

（1）启动 3ds Max，验证是否无法加载场景。

（2）打开 Windows 资源管理器，浏览至C:\Users\Administrstor\Documents\3ds Max\autoback 文件夹。

（3）先选择 autobak1.max，然后制作一个副本。

（4）浏览至 \3dsmax\scenes 文件夹，粘贴文件。

（5）如果需要的话，可以对其重命名。

（6）在 3ds Max中，选择【文件】→【打开】，尝试加载刚才从 \autoback 文件夹中复制的文件。

如果文件打开了，则先保存该场景，然后重建最后 5 分钟丢失的内容。用户可以调整"自动备份"设置，该设置位于【自定义】菜单【首选项设置】对话框中的文件首选项选项卡上。

技巧2 处理文件打开时间长

文件加载到3ds Max中的速度通常由文件大小决定。不过，如果用户注意到设计会话的加载时间有所增加，那可能暗示着3ds Max没有找到足够的内存来有效地进行操作或者该文件需要优化。

第一个要检查的是系统内存分配。每个3ds Max系统都需要有最少256MB物理内存(RAM)和300MB交换空间。推荐有1GB的RAM和2GB的交换文件。下面是检查内存和交换文件分配情况的方法。

要检查 Windows XP 上的 RAM 和交换文件的分配情况，请执行以下操作：

（1）用鼠标右键单击桌面上的【我的电脑】图标并且从此菜单中选择【属性】。通过此操作打开【系统属性】对话框。在【常规】选项卡上，可以看到有关计算机的信息。该面板上应该列有 RAM 容量。

（2）打开【高级】选项卡，单击【性能设置】按钮。会显示【性能选项】对话框。

（3）单击【高级】选项卡，检查【虚拟内存】组中的【所有驱动器页面文件大小的总数】设置。如果物理和虚拟内存的设置合适，那么您必须对模型进行检查。

如果一定要最终打开模型，请执行下列操作。

从【文件】菜单中选择【另存为】，用一个不同的名称保存该场景。然后尝试打开这个新文件，看看其加载速度是否更快。

查看某些修改器堆栈较大的对象。如果塌陷已完成对象的堆栈，性能会有所提高。

如果该模型使用了XRef，请确保该 XRef 可以在本地访问。如果它们位于网络服务器上，则加载时间长可能是由于网络流量较大造成的。

第 **14** 章

粒子与运动学

■ 本章引言

在三维动画秘笈中，粒子与运动学是相当重要的部分。粒子可以说是动画的后加工厂；运动学则可以将复杂的动画进行链接，从而简化3d Max动画的制作流程。

简单的粒子系统有喷射粒子系统和雪粒子系统2种。喷射粒子系统是最简单的一种，雪粒子系统适合于模拟雪花状飘落的物体。高级粒子系统一般具有多个参数卷展栏，可以有更多的设置。超级喷射粒子系统是一种可控制的粒子流。暴风雪粒子系统经常用来模拟暴风雪。粒子阵列粒子系统用于创建一些特殊的阵列效果，也可以制作爆炸的效果。粒子云粒子系统常用于模拟对象群体，比如天空中的小鸟等。

■ 学习要点

» 掌握粒子系统的创建方法
» 掌握正向动力学的创建方法
» 掌握反向动力学的创建方法

14.1 粒子流

"粒子流"是一种多功能且强大的 3ds Max 粒子系统。它使用一种称为粒子视图的特殊对话框来使用事件驱动模型。在"粒子视图"中，可将一定时期内描述粒子属性（如形状、速度、方向和旋转）的单独操作符合并到称为事件的组中。每个操作符都提供一组参数，多数参数可以设置动画，以更改事件期间的粒子行为。随着事件的发生，"粒子流"会不断地计算列表中的每个操作符，并相应更新粒子系统。

要实现更多粒子属性和行为方面的实质性更改，可创建流。此流使用测试将粒子从一个事件发送至另一个事件，这可用于将事件以串联方式关联在一起。例如，测试可以检查粒子

是否已通过特定年龄、移动速度如何以及其是否与导向器碰撞。通过测试的粒子会移动至下一事件，那些没有达到测试标准的粒子仍会保留在当前事件中，可能要经受其他测试。

14.1.1 粒子寿命

一种查看"粒子流"的方法是透视单独粒子。每个粒子首先通过"出生"操作符开始存在或出生，此操作符可用于指定开始和停止创建粒子的时间以及创建的数量。

这些粒子首先出现在称为发射器的对象上。默认情况下，此发射器为使用"位置图

标"操作符的"粒子流源"图标，但也可以选择使用"位置对象"操作符来指定应在场景中的任一网格对象曲面上或网格对象内部出生的粒子。

出生后，粒子可以固定地保留在发射点，也可以按两种不同的方式开始移动。首先，它们可以在场景中以某种速度和按各类动作指定的方向进行物理移动。这些是典型的"速度"操作符，但其他动作也可以影响粒子运动，包括自旋和查找目标。此外，还可以通过外力使用"力"操作符来影响其运动。

如图所示，图1为刚创建的粒子，无速度。图2为"速度"操作符设置运动中的粒子。图3为粒子继续移动，直到另一动作对其进行操作。

粒子移动的第2种方法是通过粒子图表逻辑上从一个事件移动至另一个事件，如同在"粒子视图"中的构造。每个事件可以包含任意数量的操作符，此操作符除了可以影响运动外，还可以影响粒子曲面外观、形状、大小和其他方面。

这些粒子从出生开始，出生通常是全局事件后的第一个事件。在粒子驻留于事件期间，"粒子流"会完全计算每个事件的动作，每积分步长进行一次计算，并对此粒子进行全部适用的更改。如果事件包含测试，则"粒子流"确定测试参数的粒子测试是否为"真"，例如，是否与场景中的对象碰撞。如果为真，并且此测试与另一事件关联，则"粒子流"将此粒子发送到下一个事件。如果不为真，则此粒子保留在当前事件中，并且其操作符和测试可能会进一步对其进行操作。因此，某一时间内

每个粒子只存在于一个事件中。

如图所示，事件中的动作可以更改粒子的形状（1）、粒子自旋（2）或繁殖新粒子（3）。

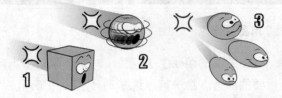

如图所示，动作还可以施加力到粒子（1）、指定碰撞效果（2）以及改变曲面属性（3）。

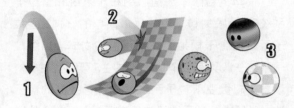

粒子将以这种方法继续在系统中移动。由于"粒子流"中图解构造的灵活性，粒子可以几次重定向到相同事件。但在某些点上，可能希望结束粒子的寿命。出于这一点考虑，最好还是使用"删除"操作符、"碰撞繁殖"测试或"繁殖"测试。否则，此粒子将存在于整个动画过程中。

粒子年龄可以用于取消粒子，如图所示。

粒子移动通过系统时，它会附带很多通道。例如，每个粒子都拥有定义其移动速度的速度通道，以及告知"粒子流"要应用的子材质的材质 ID 通道。然而，材质本身并不由通道定义，而是由局部或全局操作的"材质"操作符来定义。除非由动作改变，否则，由通道定义的属性一直有效。例如，材质动态操作符可以更改粒子的材质 ID。实际上，通过设置粒子

图表并修改粒子在动画过程中的外观和行为，可以决定通道值根据事件和动画关键帧发生更改的方式。

14.1.2 粒子视图

"粒子视图"提供了用于创建和修改"粒子流"中的粒子系统的主用户界面。主窗口（即事件显示）包含描述粒子系统的粒子图表。粒子系统包含一个或多个相互关联的事件，每个事件包含一个具有一个或多个操作符和测试的列表。操作符和测试统称为动作。

第一个事件称为全局事件，因为它包含的任何操作符都能影响整个粒子系统。全局事件总是与"粒子流"图标的名称一样，默认为"粒子流源"（以 01 开始并且递增计数）。跟随其后的是出生事件，如果系统要生成粒子，它必须包含"出生"操作符。默认情况下，出生事件包含此操作符以及定义系统初始属性的其他几个操作符。可以向粒子系统添加任意数量的后续事件，出生事件和附加事件统称为局部事件。之所以称为局部事件，是因为局部事件的动作通常只影响当前处于事件中的粒子。

使用测试来确定粒子何时满足条件，可离开当前事件并进入不同事件中。为了指明下面它们应该进入何处，应该关联测试至另外一个事件。此关联定义了粒子系统的结构或流。

默认情况下，事件中每个操作符和测试的名称后面是其最重要的一个设置或多个设置（在括号中）。事件显示上面是菜单栏，下面是仓库，它包含粒子系统中可以使用的所有动作，以及默认粒子系统的选择。

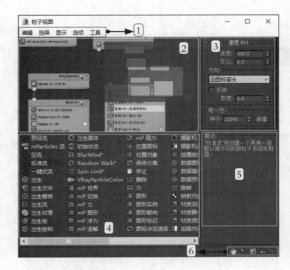

① 菜单栏。
② 事件显示。
③ 【参数】面板。
④ 仓库。
⑤ 【说明】面板。
⑥ 显示工具。

要将动作添加至粒子图表，请将动作从仓库（位于【粒子视图】对话框的底部区域）拖动至事件显示中。如果将动作拖至事件，可以将其添加至此事件或替换现有动作，这取决于拖放的位置。如果将其拖放到空白区域，则新建一个事件。之后，要自定义此动作，请单击其事件项目，然后在位于"粒子视图"侧面的【参数】面板中编辑其设置。

要增强粒子系统的复杂性，请将测试添加至事件，然后将此测试关联至另一事件。可以调整测试参数来影响粒子行为，以及确定是否出现特定情况。当粒子满足这些条件时，就可以重定向至下一事件。

"粒子流"提供了很多用于确定系统粒子当前驻留位置的工具，包括可以一个事件一个事件地更改粒子颜色和形状的功能。还可以轻松地启用或禁用动作和事件，并确定每个事件中粒子的数量。要加速检查动画期间不同时间内的粒子活动，请在内存中缓存粒子运动。使用这些工具以及通过脚本创建自定义操作的功能，可以创建以前无法获得的复杂级别粒子系统。

14.1.3 粒子流源

粒子流源是每个流的视口图标，同时也作为默认的发射器。默认情况下，它显示为带有中心徽标的矩形，如图所示，但是可以使用本主题所述控件更改其形状和外观。

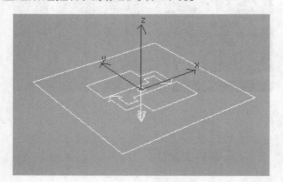

在视口中选择源图标时，【粒子流发射器级别】卷展栏将出现在【修改】面板上。也可以在"粒子视图"中单击全局事件的标题栏以高亮显示粒子流源，并通过【粒子视图】对话框右侧的【参数】面板访问【发射器级别】卷展栏。可使用这些控件设置全局属性，例如图标属性和流中粒子的最大数量。

粒子源图标基本等同于"粒子视图"中相应的全局事件。它们具有相同的名称，但是选择一个并不会选择另一个。如果从场景中删除粒子源图标，则"粒子流"会在"粒子视图"中将全局事件转化为孤立的局部事件，而它的操作符及其设置则不受影响。系统中的其他事件及其关联继续保留在"粒子视图"中。但是，如果删除全局事件，"粒子流"也会移除此系统专用的局部事件以及对应的粒子源图标。要保留局部事件，则需要先删除全局事件中的关联，然后再删除全局事件。

如果使用 Shift 键的同时使用变换或【编辑】菜单→【克隆】来克隆视口中的粒子源，则相同数量的全局事件副本会出现在"粒子视图"中，并且每个副本都与原始出生事件关联。【克隆选项】对话框仅提供【复制】选项。但是，如果在"粒子视图"中克隆全局事件，也可以使用"克隆选项"对话框创建克隆操作符和测试的实例。由于无法创建全局事件和局部事件的实例，因此在【克隆选项】对话框中这些选项不可用，仅作为提示。此外，在"粒子视图"中克隆的全局事件不会自动与原始出生事件关联。

14.1.4 操作符

操作符是粒子系统的基本元素：将操作符合并到事件中可指定在给定期间粒子的特性。操作符用于描述粒子速度和方向、形状和外观等。

操作符驻留在"粒子视图"仓库内的两个组中，并按字母顺序显示在每个组中。每个操作符的图标都有一个蓝色背景，但"出生"操作符例外，它具有绿色背景。第1个组包含直接影响粒子行为的操作符，例如变换。

第2个组位于仓库列表的结尾，其中包含提供多个工具功能的4个操作符："缓存"，用于优化粒子系统播放；"显示"，用于确定粒子在视口中如何显示；"注释"，用于添加注释；"渲染"，用于指定渲染时间特性。

"粒子视图"仓库中的粒子流操作符如图所示。

14.2 粒子系统

粒子系统用于完成各种动画任务，主要是在使用程序方法为大量的小型对象设置动画时使用，例如创建暴风雪、水流或爆炸效果等。

如果要访问 3ds Max 中大量的粒子系统，则需要确定特定应用程序所要使用的系统。通常情况下，对于简单动画，如下雪或喷泉，使用非事件驱动粒子系统进行设置要更为快捷和简便。对于较复杂的动画，如随时间生成不同类型粒子的爆炸（例如碎片、火焰和烟雾），使用"粒子流"可以获得最大的灵活性和可控性。

下图是使用粒子系统创建的喷泉。

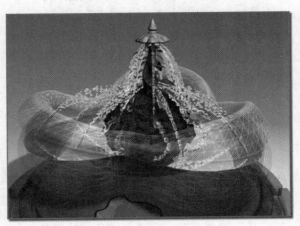

14.2.1 粒子系统面板

3ds Max 2016中的粒子系统包括【PF Source】、【喷射】、【雪】、【暴风雪】、【粒子云】、【粒子阵列】和【超级喷射】7种。

切换到【创建】面板，在【几何体】子面板中从下拉列表中选择【粒子系统】类型即可打开粒子系统面板。

如果要建立对象或效果的模型，以便最好地描述行为方式类似的类似对象的大集合，可以创建粒子系统。雨和雪就是此类效果的典型示例，水、烟雾、蚂蚁，甚至人群也是等效的示例。

在【创建】面板上，单击【喷射】、【雪】、【超级喷射】、【暴风雪】、【粒子阵列】或【粒子云】以创建粒子系统。【喷射】和【雪】主要是为了与 3ds Max 的以前版本兼容，已由【超级喷射】和【暴风雪】取代。

要创建粒子系统，请先选择【创建】菜单→【粒子】→【喷射】或【雪】菜单命令。

创建粒子系统包括以下基本步骤。

Step 01 创建粒子发射器。所有粒子系统均需要发射器。有些粒子系统使用粒子系统图标作为发射器，而有些粒子系统则使用从场景中选择的对象作为发射器。

Step 02 确定粒子数。设置出生速率和年龄等参数以控制在指定时间可以存在的粒子数。

Step 03 设置粒子的形状和大小。可以从许多标准的粒子类型（包括变形球）中选择，也可以选择要作为粒子发射的对象。

Step 04 设置初始粒子运动。可以设置粒子在离开发射器时的速度、方向、旋转和随机性。发射器的动画也会影响粒子。

Step 05 修改粒子运动。可以通过将粒子系统绑定到【力】组中的某个空间扭曲（例如"路径跟随"），进一步修改粒子在离开发射器后的运动，也可以使粒子从"导向板"空间扭曲组中的某个导向板（例如"全导向器"）反弹。

Tips

如果同时使用力和导向板，一定要先绑定力，再绑定导向板。

14.2.2 喷射粒子系统

喷射粒子系统主要用来模拟飘落的雨滴、喷泉的水珠、水管里喷出的水流等现象。

喷射粒子视口图标（发射器）如图所示。

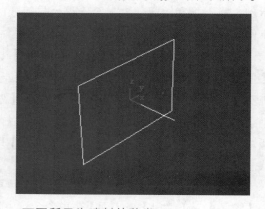

下图所示为喷射的种类。

创建喷射粒子系统的操作步骤如下。

Step 01 在【创建】面板的【几何体】子面板的下拉列表中选择【粒子系统】选项，然后在粒子系统创建面板中单击【喷射】按钮，在顶视图中创建一个粒子发射器。

Step 02 打开【修改】面板，在【参数】卷展栏

的【发射器】选项组中调节发射器的大小，设定发射器【宽度】值为50，【长度】值为150。如果选中【隐藏】复选框，则可隐藏发射器而不会影响粒子的发射。

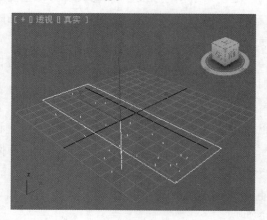

Tips

与面垂直的线代表粒子移动的方向，矩形面的尺寸将决定粒子从中射出的孔的大小。一个小的发射源会创建一个所有粒子集中于起始区域的对象，而一个大的发射源则能扩大粒子的分布。在高级系统和某些第三方外挂模块中，任意一个对象都可以作为发射源。当几何体作为发射源时，发射源的图标方向依然很重要。

Step 03 在【粒子】选项组中通过设定【视口计数】的值可以改变视图中显示的粒子的数量。若将其设置为350，视图中粒子的数量就会增加。如果要增强最终渲染的效果，则需要修改【渲染计数】的值。

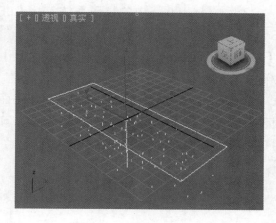

Step 04 【水滴大小】用于设定粒子的大小。若将其设定为5.0,则可看到视图中的粒子变大了。这个值只有当粒子的形状是【水滴】类型时才有用,对于其他形状的粒子不起作用。

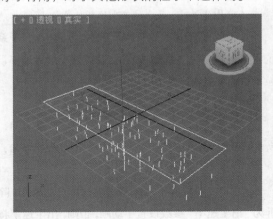

Step 05 【速度】微调框和【变化】微调框分别用于设定发射粒子的速度和设定粒子发射出来时的混乱度,设置【变化】值为10,可以看到粒子杂乱无章地向四面发射。

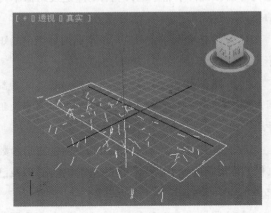

Step 06 在【粒子】选项组中的底部有3个单选钮,用于控制粒子在视图中显示的形状:【水滴】、【圆点】和【十字叉】。在喷射中使用【水滴】时,粒子以直线段的形式显示,它在尺寸上的增减由【水滴大小】的值决定;在【雪】粒子系统中选用【雪花】时,粒子以点星的形式显示,由【雪花大小】的值决定最终渲染时粒子的大小。使用【圆点】时,粒子将以一个细小像素点的形式出现在视图中,当不想让粒子系统干扰视图时可以选中该单选钮。

选中【十字叉】单选钮则以5×5个像素点构成的小十字形式在视图中出现。

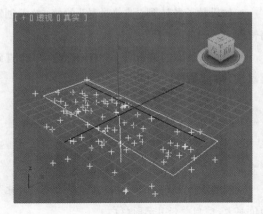

打开【粒子系统】面板,单击【喷射】按钮即可打开其【参数】卷展栏。

参数解密

1.【粒子】组

(1)视口计数:在给定帧处,视口中显示的最大粒子数。

Tips

将视口显示数量设置为少于渲染计数,可以提高视口的性能。

（2）**渲染计数**：一个帧在渲染时可以显示的最大粒子数。该选项与粒子系统的计时参数配合使用。

• 如果粒子数达到"渲染计数"的值，粒子创建将暂停，直到有些粒子消亡。

• 消亡了足够的粒子后，粒子创建将恢复，直到再次达到"渲染计数"的值。

（3）**水滴大小**：粒子的大小（以活动单位数计）。

（4）**速度**：每个粒子离开发射器时的初始速度。粒子以此速度运动，除非受到粒子系统空间扭曲的影响。

（5）**变化**：改变粒子的初始速度和方向。"变化"的值越大，喷射越强且范围越广。

（6）**水滴、圆点或十字叉**：选择粒子在视口中的显示方式。显示设置不影响粒子的渲染方式。水滴是一些类似雨滴的条纹，圆点是一些点，十字叉是一些小的加号。

2.【渲染】组

（1）**四面体**：粒子渲染为长四面体，长度在"水滴大小"参数中指定。四面体是渲染的默认设置。它提供水滴的基本模拟效果。

（2）**面**：粒子渲染为正方形面，其宽度和高度等于"水滴大小"。面粒子始终面向摄影机（即用户的视角）。这些粒子专门用于材质贴图。需要对气泡或雪花使用相应的不透明贴图。

Tips

"面"只能在透视视图或摄影机视图中正常工作。

3.【计时】组

计时参数控制发射的粒子的"出生和消亡"速率。

在【计时】组的底部是显示最大可持续速率的行。此值基于"渲染计数"和每个粒子的寿命。为了保证准确：

最大可持续速率＝渲染计数÷寿命

因为一帧中的粒子数永远不会超过"渲染计数"的值，如果"出生速率"超过了最高速率，系统将

用光所有粒子，并暂停生成粒子，直到有些粒子消亡，然后重新开始生成粒子，形成突发或喷射的粒子。

（1）**开始**：第一个出现粒子的帧的编号。

（2）**寿命**：每个粒子的寿命（以帧数计）。

（3）**出生速率**：每个帧产生的新粒子数。

如果此设置小于或等于最大可持续速率，粒子系统将生成均匀的粒子流。如果此设置大于最大速率，粒子系统将生成突发的粒子。

可以为"出生速率"参数设置动画。

（4）**恒定**：启用该选项后，"出生速率"不可用，所用的出生速率等于最大可持续速率。禁用该选项后，"出生速率"可用。默认设置为启用。

禁用"恒定"并不意味着出生速率自动改变；除非为"出生速率"参数设置了动画，否则，出生速率将保持恒定。

4.【发射器】组

发射器指定场景中出现粒子的区域。发射器包含可以在视口中显示的几何体，但是发射器不可渲染。

发射器显示为一个向量从一个面向外指出的矩形。向量显示系统发射粒子的方向。

（1）**宽度和长度**：在视口中拖动以创建发射器时，即隐性设置了这两个参数的初始值。可以在卷展栏中调整这些值。

粒子系统在给定时间内占用的空间是初始参数（例如发射器的大小以及发射的速度和变化）以及已经应用的空间扭曲组合作用的结果。

（2）**隐藏**：启用该选项可以在视口中隐藏发射器。禁用"隐藏"后，在视口中显示发射器。发射器从不会被渲染。默认设置为禁用状态。

14.2.3 实例：创建逼真的雨中特效 ▶

运用3ds Max可以模仿现实生活中的雨中特效，这一特效被应用于电影、广告以及生活中的各个领域，运用其他软件也可以完成这一特效，但真实度不够理想，因此大多数人还是想

到了运用3ds Max来完成这一特技的制作。本实例使用喷射粒子系统来实现逼真的雨中特效，具体操作步骤如下。

Step 01 启动3ds Max 2016，单击【应用程序】按钮，从弹出的菜单中选择【重置】命令重置场景。

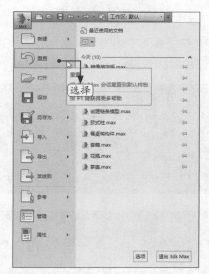

Step 02 执行【渲染】→【环境】菜单命令，在弹出的【环境和效果】对话框中按下【环境贴图】项目下的【无】按钮，如图所示。

Step 03 在弹出【材质/贴图浏览器】中双击【位图】项目。

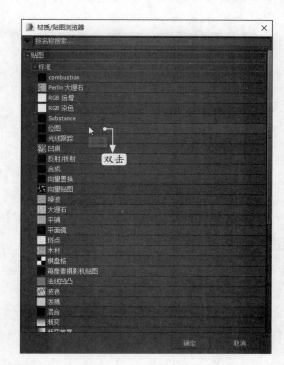

Step 04 在弹出【选择位图图像文件】面板中选择配套光盘提供的"素材\ch14\xiayu.jpg"贴图。

Step 05 执行【视图】→【视口背景】→【配置视口背景】菜单命令，在弹出的设置面板中勾选【使用环境背景】复选框，然后单击【应用到活动视图】按钮应用到透视图中，单击【确定】按钮，如图所示。

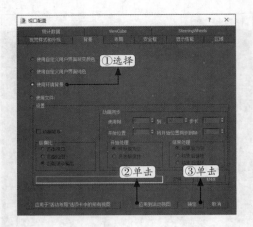

Step 08 在顶视图中创建一个喷射粒子发射器，拖动下方的时间滑块可以看到效果，如图所示。

Step 09 打开【修改】面板，在【参数】卷展栏中将它的宽和长分别设置为2 000，4 000，其他参数设置，如图所示。

Tips

另外，应用条件格式还可以快速地标识不正确的单元格输入项或者特定类型的单元格，而使用一种格式（例如，红色的单元格）来标识特定的单元格。

Step 06 贴图效果不正确，打开【材质编辑器】对话框，将【环境和效果】对话框中的贴图拖到一个空材质球上，设置【坐标】卷展栏中的【贴图】类型为【屏幕】，效果如图所示。

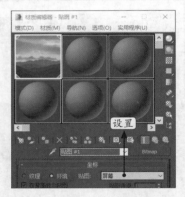

Step 07 在【创建】面板的【几何体】子面板的下拉列表中选择【粒子系统】选项，然后在粒子系统创建面板中单击【喷射】按钮。

Step 10 为了增加逼真度，需要做出雨滴下落的速度感。在任意视图中鼠标右键单击粒子发射器，在弹出的菜单中选择【对象属性】选项，在弹出【对象属性】对话框中选择【运动模糊】组下的【图像】选项，调整【倍增】的值为3。

Step 11 单击工具栏中的【材质编辑器】按钮，选择一个样本示例球，展开【贴图】卷展栏，单击【不透明度】旁边的【无】按钮。

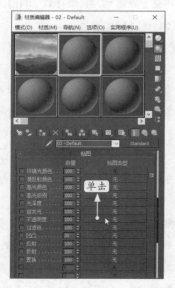

Step 12 在弹出的【材质/贴图浏览器】中双击选择【渐变】选项。

Step 13 在材质编辑器中展开【渐变参数】卷展栏，如图所示。

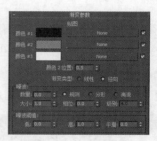

Step 14 单击材质编辑器中的【转到父级】按钮，返回上级目录，将【漫反射】颜色设置成白色，选择【自发光】复选框，并将后面色块也设置成白色，将【不透明度】值设置为50，如图所示。

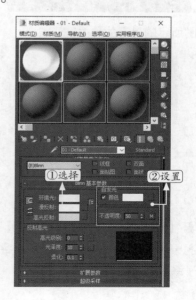

Step 15 将材质赋予喷射粒子，渲染后的效果如图所示。制作好下雨场景，再通过剪辑合成，一部真实的带有下雨场面的电影就制作完成了。

14.2.4 雪粒子系统

雪粒子系统主要用于模拟下雪和乱飞的纸屑。它与喷射相似，只是增加了产生雪花飞舞的参数，渲染参数也不同了。

雪粒子视口图标（发射器）如图所示。

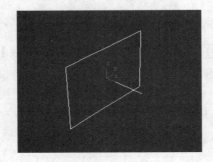

下图所示的是雪的种类。

打开【粒子系统】面板，单击【雪】按钮即可打开其【参数】卷展栏。其内容与【喷射】粒子系统大致相同。

参数解密

1.【粒子】组

（1）**视口计数**：在给定帧处，视口中显示的最大粒子数。

（2）**渲染计数**：一个帧在渲染时可以显示的最大粒子数。该选项与粒子系统的计时参数配合使用。

● 如果粒子数达到"渲染计数"的值，粒子创建将暂停，直到有些粒子消亡。

● 消亡了足够的粒子后，粒子创建将恢复，直到再次达到"渲染计数"的值。

（3）**雪花大小**：粒子的大小（以活动单位数计）。

（4）**速度**：每个粒子离开发射器时的初始速度。粒子以此速度运动，除非受到粒子系统空间扭曲的影响。

（5）**变化**：改变粒子的初始速度和方向。"变化"的值越大，降雪的区域越广。

（6）**翻滚**：雪花粒子的随机旋转量。此参数的范围为从 0 到 1。参数为 0 时，雪花不旋转；参数为 1 时，雪花旋转得最快。每个粒子的旋转轴随机生成。

（7）**翻滚速率**：雪花的旋转速度。"翻滚速率"的值越大，旋转越快。

（8）**雪花、圆点或十字叉**：选择粒子在视口中的显示方式。显示设置不影响粒子的渲染方式。雪花是一些星形的雪花，圆点是一些点，十字叉是一些小的加号。

2.【渲染】组

（1）**六角形**：每个粒子渲染为六角星。星形的每个边是可以指定材质的面。这是渲染的默认设置。

（2）**三角形**：每个粒子渲染为三角形。三角形只有一个边是可以指定材质的面。

（3）**面**：粒子渲染为正方形面，其宽度和高度等于"水滴大小"。面粒子始终面向摄影机（即用户的视角）。这些粒子专门用于材质贴图。需要对气泡或雪花使用相应的不透明贴图。

3.【计时】组

计时参数控制发射的粒子的"出生和消亡"速率。

在【计时】组的底部是显示最大可持续速率的行。此值基于"渲染计数"和每个粒子的寿命。为了保证准确：

最大可持续速率=渲染计数÷寿命

因为一帧中的粒子数永远不会超过"渲染计数"的值，如果"出生速率"超过了最大速率，系统将用光所有粒子，并暂停生成粒子，直到有些粒子消亡，然后重新开始生成粒子，形成粒子的突发或喷射。

（1）**开始**：第一个出现粒子的帧的编号。

（2）**寿命**：粒子的寿命（以帧数计）。

（3）**出生速率**：每个帧产生的新粒子数。

如果此设置小于或等于最大可持续速率，粒子系统将生成均匀的粒子流。如果此设置大于最大速率，粒子系统将生成突发的粒子。

可以为"出生速率"参数设置动画。

（4）**恒定**：启用该选项后，"出生速率"不可用，所用的出生速率等于最大可持续速率。禁用该选项后，"出生速率"可用。默认设置为启用。

禁用"恒定"并不意味着出生速率自动改变；除非为"出生速率"参数设置了动画，否则，出生速率将保持恒定。

4.【发射器】组

发射器指定场景中出现粒子的区域。发射器包含可以在视口中显示的几何体，但是发射器不可渲染。

发射器显示为一个向量从一个面向外指出的矩形。向量显示系统发射粒子的方向。

可以在粒子系统的【参数】卷展栏的【发射器】组中设置发射器参数。

（1）**宽度和长度**：在视口中拖动以创建发射器时，即隐性设置了这两个参数的初始值。可以在卷展栏中调整这些值。

粒子系统在给定时间内占用的空间是初始参数（发射器的大小以及发射的速度和变化）以及已经应用的空间扭曲组合作用的结果。

（2）**隐藏**：启用该选项可以在视口中隐藏发射器。禁用该选项后，在视口中显示发射器。发射器从不会被渲染。默认设置为禁用状态。

14.2.5 实例：创建雪景动画效果

本实例使用雪粒子系统来实现下雪的雪景动画效果，具体操作步骤如下。

Step 01 启动3ds Max 2016，单击【应用程序】按钮，从弹出的菜单中选择【重置】命令重置场景。

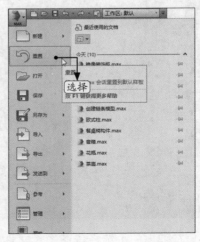

Step 02 执行【渲染】→【环境】菜单命令，在

弹出的【环境和效果】对话框中按下【环境贴图】项目下的【无】按钮，如图所示。

Step 03 在弹出的【材质/贴图浏览器】中双击【位图】项目。

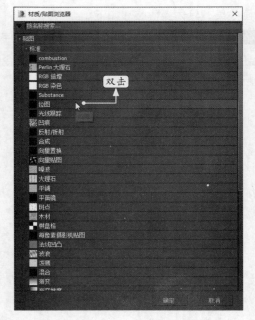

Step 04 在弹出的【选择位图图像文件】面板中选择配套光盘提供的"素材\ch14\snow.jpg"贴图。

Step 05 执行【视图】→【视口背景】→【配置视口背景】菜单命令，在弹出的设置面板中勾选【使用环境背景】复选框，然后单击【应用到活动视图】按钮应用到透视图中，单击【确定】按钮，如图所示。

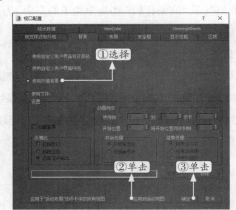

Step 06 若贴图效果不正确，可以打开【材质编辑器】对话框，将【环境和效果】对话框中的贴图拖到一个空材质球上，设置【坐标】卷展栏中的【贴图】类型为【屏幕】，效果如图所示。

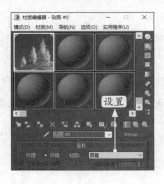

Step 07 在【创建】面板的【几何体】子面板的下拉列表中选择【粒子系统】选项，然后在粒子系统创建面板中单击【雪】按钮。

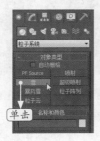

Step 08 在顶视图中创建一个雪粒子发射器，拖动下方的时间滑块可以看到效果，如图所示。

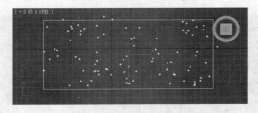

Step 09 打开【修改】面板，在【参数】卷展栏中设置参数，如图所示。

Step 10 单击工具栏中的【材质编辑器】按钮，选择一个样本示例球，展开【贴图】卷展栏，单击【不透明度】旁边的【无】按钮。

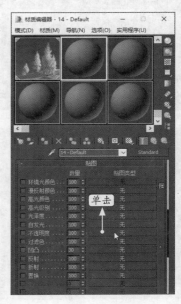

Step 11 在弹出的【材质/贴图浏览器】中双击选择【渐变坡度】选项。

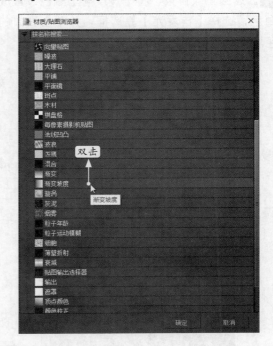

Step 12 在材质编辑器中展开【渐变坡度参数】卷展栏，设置如图所示。

Step 13 单击材质编辑器中的【转到父级】按钮
，返回上级目录，将【漫反射】颜色设置成
白色，选择【自发光】复选框，并单击后面的
色块，将其也设置成白色。

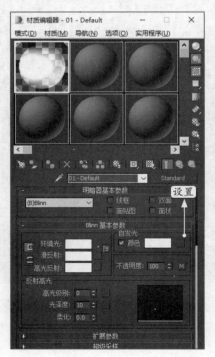

Step 14 选择【雪花】，将材质赋予雪花，渲染
后的效果如图所示。

Step 15 最后还可以将场景输出为动画。单击工
具栏中的【渲染场景】按钮打开其属性面板。
展开【一般参数】，选择【输出时间】栏中的
【活动时间段0到100】项，单击【渲染输出】
栏中的【文件】按钮，设置输出AVI文件即可。

14.2.6 超级喷射粒子系统

超级喷射粒子系统是高级粒子系统的一种，可将其看作是增强的喷射粒子系统。它发射可控制的粒子流，可用来创建喷泉和礼花等。

超级喷射发射受控制的粒子喷射。此粒子系统与简单的喷射粒子系统类似，只是增加了所有新型粒子系统提供的功能。

超级喷射视口图标（发射器），如图所示。

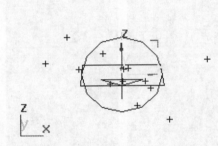

从超级喷射系统发射的粒子如图所示。

打开【粒子系统】面板，单击【超级喷射】按钮即可打开其【基本参数】卷展栏。

参数解密

【粒子分布】选项组用于控制粒子的分布范围和方向。

（1）【轴偏离】微调框：其值会影响粒子流偏离z轴的角度，此角度是在xz平面上。

（2）【扩散】微调框：用于控制粒子流偏离发射器矢量的角度，此角度也是在xz平面上。

（3）【平面偏离】微调框：其值会影响偏离z轴发射器的角度，即粒子流从xz平面开始，绕z轴旋转的角度。

（4）【扩散】微调框：为沿【平面偏离】轴扩散的角度。

【显示图标】选项组用于控制图标大小等。

（1）【图标大小】微调框：用于设置图标尺寸。

（2）【发射器隐藏】复选框：用于控制是否在视图中显示发射器图标。

【视口显示】选项组用于决定粒子系统在视图中

如何显示。

（1）【圆点】单选钮：选中该选项，用点来表示每个粒子。

（2）【十字叉】单选钮：选中该选项，用十字表示每个粒子。

（3）【网格】单选钮：选中该选项，将粒子显示为网格对象，会使视图的显示变慢。

（4）【边界框】单选钮：只用于实例对象类型，将每个实例粒子显示为方框盒。

（5）【粒子数百分比】微调框：用来设置视图中显示的粒子数与渲染中粒子数的百分比。

【粒子生成】卷展栏用于控制粒子的大小、速度以及粒子如何承受时间的移动和变化。

参数解密

【粒子数量】选项组中的单选钮用来决定粒子随时间数量的变化。

（1）【使用速率】定义每帧所固定发射的粒子数。

（2）【使用总数】定义在粒子系统的生命期内所形成的全部粒子数。

【粒子运动】选项组用于控制初始的粒子速度。

（1）【速度】用于定义粒子生成时的速度，用每帧走过的单位数表示。

（2）【变化】用来给每个粒子发射的速度增加一些变化。

【粒子计时】选项组定义粒子何时发射开始，何时结束，以及单个粒子的生命期。

（1）【发射开始】用于设置粒子开始发射的帧数。

（2）【发射停止】用于设置粒子发射的最后一帧。

（3）【显示时限】用来定义一个对象中所有粒子全部消失的时间，不考虑其他位置。

（4）【寿命】用于设置每个粒子的生命期。

（5）【变化】用于设置每个粒子生命期的变化帧数。

【粒子大小】选项组用于定义粒子的大小。

（1）【大小】用于定义粒子系统中所有粒子的大小。

（2）【变化】用于定义每个粒子大小的变化度，可以得到大小粒子的混合。

（3）【增长耗时】用于定义粒子从非常小成长到【大小】设置中的值所需要的时间，可以使用该参数来模拟气泡到达水面的过程。

（4）【衰减耗时】用于定义在粒子消失之前收缩到1/10大小所需的时间，可以用来模拟火花慢慢消失的过程。

在【唯一性】选项组中单击【新建】按钮可以改变随机值以产生稍微不同的效果。

【粒子类型】卷展栏中的选项用来定义粒子的类型以及应用给粒子的贴图类型。

参数解密

【粒子类型】选项组中有3种粒子类型可供选用。

（1）选中【标准粒子】单选钮，则可使用三角形、立方体或四面体等标准粒子类型。

（2）选中【变形球粒子】单选钮，则可使用变形球粒子（即单独的粒子聚在一起形成块或是流）。

（3）选中【实例几何体】单选钮，则可把一个对象或是一个层级链、一个组体作为粒子。

【标准粒子】选项组只有选中【标准粒子】单选钮时才可用。

（1）【三角形】将每个粒子渲染成三角形来模拟光束或烟。

（2）【立方体】将每个粒子渲染成立方体。

（3）【特殊】中每个粒子包含3个相交的2D正方形。

（4）【面】将每个粒子渲染成总是面向视图的正方形，可以通过使用不透明贴图来模拟气泡或是雪花。

（5）【恒定】将保持定义的粒子大小，而不管离相机的远近。

（6）【四面体】将粒子渲染成贴图的四面体来模拟水滴或火花。

（7）【六角形】将每个粒子渲染成一个6个点的星星。

（8）【球体】将每个粒子渲染成球体。

【变形球粒子参数】选项组只有在选中【变形球粒子】单选钮后才可用。虽然它增加了渲染的时间，但模拟流体的效果却是相当好。

【实例参数】选项组只有在选中【实例几何体】单选钮后才可用。

（1）单击【拾取对象】按钮可以选择要被作为粒子的对象。如果选择了一个层级链接的对象，而且选中【且使用子树】复选框，那么所选对象以及它的子对象将成为粒子。如果所选对象是一个组，那么组中的所有对象都被作为一个粒子。

（2）【动画偏移关键点】中的选项用来定义包含动画的对象作为粒子后的动画时间。

在【材质贴图和来源】选项组中可以定义一个贴图材质如何影响粒子，并且可以定义指定给粒子的材质的来源。

（1）选中【时间】单选钮，则可定义从粒子诞生起到完成粒子的贴图所需要的帧数。

（2）选中【距离】单选钮，则可定义从粒子诞生起到完成粒子的贴图所需要的距离。

（3）如果选中【图标】单选钮，粒子则使用应用给粒子系统图标的材质。

（4）【实例几何体】单选钮只有在选择了实例对象类型后才可用。若是选中该单选钮，【时间】和【距离】单选钮将变得不可用，此时粒子将采用赋予实例对象的材质。

【旋转和碰撞】卷展栏用来定义粒子的自旋模糊以及控制粒子之间的碰撞。

参数解密

【自旋速度控制】选项组用于对旋转速度进行控制。

（1）【自旋时间】用于设置粒子一次旋转所需的帧数。

（2）【变化】用于定义旋转时间的变化度。

（3）【相位】用于设置初始粒子的旋转角度。

（4）【变化】用于设置初始旋转角的变化度。

【自旋轴控制】选项组用于定义粒子的旋转轴并应用运动模糊。

（1）选中【随机】单选钮，那么每个粒子的旋转轴都是随机的。

（2）选中【运动方向/运动模糊】单选钮，则绕粒子运动的方向进行旋转。设置【拉伸】的值还可以应用运动模糊。

（3）选中【用户定义】单选钮，则可通过x、y或z轴来定义旋转轴；【变化】用来为每个粒子定义旋转轴的变化度。

【粒子碰撞】选项组用于设置允许碰撞发生，并且可以控制碰撞如何发生。当粒子数很多时，计算量会很大，使用时一定要小心。

（1）选中【启用】复选框可以启动碰撞运算。

（2）【计算每帧间隔】用来设置每帧所计算的碰撞次数，次数越大模拟会越慢。

（3）【反弹】用来设置碰撞后反弹速度与原来速度的百分比。

（4）【变化】用来设置反弹速度的变化度。

【对象运动继承】卷展栏控制发射器的运动对粒子运动的影响。

参数解密

（1）【影响】用于控制受发射器运动影响的粒子的百分数。

（2）【倍增】用来改变发射器对粒子运动的影响程度。

（3）【变化】用于控制倍增值的变化范围。

【气泡运动】卷展栏可以为粒子运动提供颤动的效果，就像是从水下看到的气泡运动的状况一样。

参数解密

（1）【幅度】：粒子运动时偏离速度矢量的距离。

（2）【变化】：每个粒子幅度变化的百分数。

（3）【周期】：粒子完成一次波动所需的时间长度。

（4）【变化】：粒子运动周期的变化百分数。

（5）【相位】：粒子沿运动矢量的初始位移。

（6）【变化】：粒子运动唯一的变化百分数。

【粒子繁殖】卷展栏用来控制当粒子消失或是与粒子偏离器碰撞时所发生的情况，可以使得粒子在消亡或碰撞时再产生新的粒子。

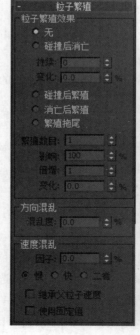

参数解密

【粒子繁殖效果】选项组用于选择所发生的情况。

（1）选中【无】单选钮，将不使用任何再生设置。也就是说，如果是碰撞，粒子要么弹回，要么粘住，如果结束了生命期则消失。

（2）选中【碰撞后消亡】单选钮，可以使粒子在碰上一个偏离器时消失。

（3）【持续】用来设置在碰撞之后还能存活的帧数。

（4）【变化】用来设置每个粒子存活时间的变化度。

（5）选中【碰撞后繁殖】单选钮，可以使粒子在碰撞后进行再生。

（6）选中【消亡后繁殖】单选钮，可以使粒子在生命期结束时进行再生。

（7）选中【繁殖拖尾】单选钮，将在粒子生命期内的每一帧都从存在的粒子中进行再生。

（8）【繁殖数目】用来设置除了初始生成的粒子外所要再生的数目。

（9）【影响】用来定义进行再生的粒子数目。

（10）【倍增】用于在每个再生帧对再生出的粒子进行倍增处理。

（11）【变化】用来定义倍数变化度。

【方向混乱】选项组用来定义新生粒子与母体粒子在方向上的偏离程度。值为100，新生粒子的方向完全随机；值为50，新生粒子则与母体粒子偏离90°。

【速度混乱】选项组可以根据母体粒子的速度来变化新生粒子的速度。

（1）【因子】的值表示速度改变的范围，值为0表示没有改变。下面的3个单选钮用来控制在因子范围内改变的随机性。【慢】将随机减慢，【快】为随机加快，而【二者】则是既有减慢又有加速。

（2）选中【继承父粒子速度】复选框，在保持因子效果的同时，新生粒子还继承父粒子的速度。

（3）选中【使用固定值】复选框，则把因子的值作为一个固定值而不是一个随机的范围应用给每个粒子。

【缩放混乱】选项组中的选项与【速度混乱】选项组中的选项类似，不过是针对大小而言的。在大小缩放中，新生粒子没有【继承父粒子缩放】的选项。

【加载/保存预设】卷展栏中的参数如下。

参数解密

（1）【预设名】是一个文本编辑框，可以输入一个名称，然后单击【保存】按钮即可进行保存。

（2）【保存预设】列表框中列出了已经保存的设置，可以用【加载】按钮将设置应用给当前粒子系统。

（3）单击【删除】按钮可以删除已保存的设置。

14.2.7 实例：创建烟雾效果

火山喷发后的烟雾效果在3ds Max 2016中是如何实现的呢？本实例将使用超级喷射粒子来实现这种烟雾效果，具体操作步骤如下。

Step 01 启动3ds Max 2016，单击【应用程序】按钮，从弹出的菜单中选择【重置】命令重置场景。

Step 02 打开随书光盘中的"素材\ch14\烟雾.max"模型文件。

Step 03 进入【创建】→【粒子系统】面板，单击【超级喷射】按钮。

Step 04 在顶视图中创建一个超级喷射粒子系统。

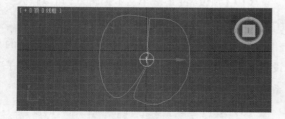

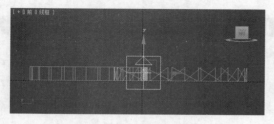

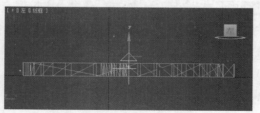

Step 05 进入修改面板，对【超级喷射】的参数进行设置。【超级喷射】的参数比较复杂，为了产生烟雾的效果，参数设置如下图所示。

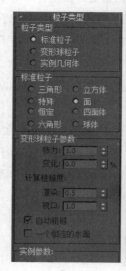

Step 06 通过对以上的参数设置后，可以看到【超级喷射】已经变成了下图所示的状态，但这离要做的烟雾效果还相差甚远，下面将对其进行进一步的改进。

Step 07 按M键打开【材质编辑器】对话框，在其中选择一个新的材质球，设置其基本参数。在【Blinn基本参数】卷展栏中将【环境光】更改为白色，选中【颜色】复选框并将颜色调成浅灰色，将【不透明度】的值设置为0。

Step 08 打开【贴图】卷展栏，单击【不透明度】贴图通道右侧的【None】按钮。

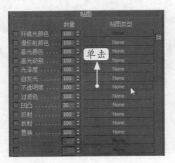

Step 09 在弹出的【材质/贴图浏览器】对话框中选择【渐变】贴图，单击【确定】按钮，采用系统默认设置即可。

Step 10 返回【贴图】卷展栏，将【不透明度】的【数量】设置为5。

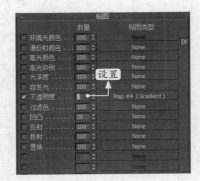

Step 11 将贴图指定给【超级喷射】，此时可以在视图中看到烟已经有了基本的形状，按F9键渲染视图，但是效果不够真实。这是因为在没有风的情况下贴图的效果不能很好地反映出来。

Step 12 为了使烟雾更加真实，还要给【超级喷射】加入风的效果。进入【创建】→【空间扭曲】面板，在下拉列表框中选择【力】选项，然后单击【风】按钮，在左视图中加入一个【风】对象。

Step 13 在视图中选择粒子系统，单击工具栏中的【绑定到空间扭曲】按钮，将粒子系统绑定到【风】对象上。

Step 14 选择【风】对象进入修改面板，参照下图设置参数。

Step 15 这样就完成了烟的设置，按F9键渲染动画效果。最终渲染效果如下图所示。

14.2.8 暴风雪粒子系统

暴风雪是增强的雪粒子系统，可以模拟自然界的暴风雪效果，也可以创建出更加逼真的雪花和碎纸屑。

暴风雪视口图标（发射器）如图所示。

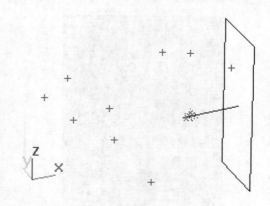

暴风雪中的雪花粒子如图所示。

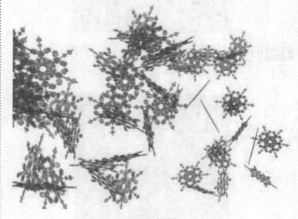

【基本参数】卷展栏如下图所示。

参数解密

（1）【显示图标】选项组：用于控制粒子发射器图标的大小以及图标的显示与否。

（2）【视口显示】选项组：用于控制在视图中粒子的显示样式。【圆点】显示为点，【十字叉】显示为小叉号，【网格】显示为网格物体，【边界框】显示为表示范围的盒子。

（3）【粒子数百分比】微调框：用于调整视图中显示的粒子相对于渲染的粒子的百分数。

【粒子生成】卷展栏如下图所示。在【粒子运动】选项组中，【速度】指粒子产生时的速度，【变化】指粒子速度变化的百分数，【翻滚】用于控制粒子转动的随意性，【翻滚速率】指粒子的转动速率。

【粒子类型】卷展栏如下图所示。在【材质贴图和来源】选项组中选中【发射器适配平面】单选钮，粒子的贴图将按照喷射时发射器所在的平面进行设置。其余的参数与前面所讲

的一致。

14.2.9 粒子阵列粒子系统

粒子阵列粒子系统可将粒子分布在几何体对象上。也可用于创建复杂的对象爆炸效果。

粒子阵列粒子视口图标（发射器）如图所示。

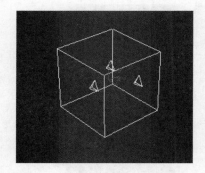

如果使用"粒子阵列"发射粒子，并且使用选定几何对象作为用来发射的发射器模板（或图案）时，该对象称为分布对象。如图所示，用作分布对象的篮筐，粒子在其表面上随机分布。

Tips

创建爆炸效果的一个好方法是将粒子类型设为对象碎片,然后应用粒子爆炸空间扭曲。

粒子在对象上的分布方式如图所示。左:边,中心:顶点,右:面。

其【基本参数】卷展栏如下图所示。

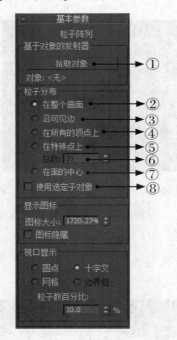

参数解密

① 【拾取对象】按钮:在创建了粒子系统对象后才有效。单击此按钮,在场景中选择物体,被选择的物体就成为发射器的基体。

② 在【粒子分布】选项组中,【在整个曲面】指在

全部表面都随机地向外发射粒子。

③ 【沿可见边】指在对象的可见边随机地向外发射粒子。

④ 【在所有的顶点上】指从对象的全部顶点随机地向外发射粒子系统。

⑤ 【在特殊点上】指从对象表面上指定的点向外发射粒子。

⑥ 【总数】用于指定发射点的数量。

⑦ 【在面的中心】指发射位置在面的中点。

⑧ 选中【使用选定子对象】复选框,对于基于网格的物体则使用它的子物体作为发射点。

14.2.10 实例:创建星球爆炸效果

电影中爆炸的场景是惊心动魄的,现在很多爆炸效果为了节省投资和减少伤亡而使用3ds Max来模拟,本实例我们来学习这种炸裂的效果,具体操作步骤如下。

Step 01 启动3ds Max 2016,单击【应用程序】按钮,从弹出的菜单中选择【重置】命令重置场景。

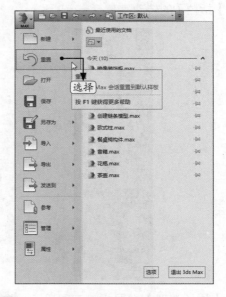

Step 02 打开随书光盘中的"素材\ch14\炸裂.max"模型文件。

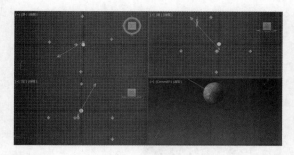

Step 03 执行【渲染】→【环境】菜单命令，在弹出的【环境和效果】对话框中按下【环境贴图】项目下的【无】按钮，如图所示。

Step 04 在弹出【材质/贴图浏览器】对话框中双击【位图】项目。

Step 05 在弹出【选择位图图像文件】面板中选择配套光盘提供的"素材\ch14\1.jpg"贴图。

Step 06 选择透视图，执行【视图】→【视口背景】→【配置视口背景】菜单命令，在弹出的对话框中选择"使用文件"选项，选择【纵横化】组中的【匹配渲染输出】选项，单击【文件】按钮再次选择"1.jpg"文件，单击【确定】按钮，如图所示。

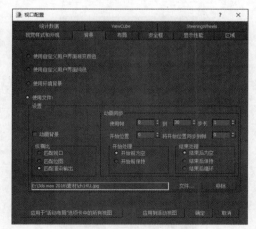

Step 07 设置之后的效果如图所示。

Step 08 进入【创建】→【几何体】面板，在下拉列表中选择【粒子系统】选项，单击【粒子阵列】按钮。

Step 09 在视图中创建一个【粒子阵列】系统。

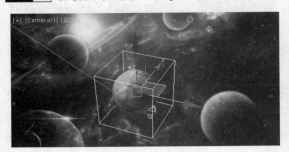

Step 10 单击【修改】按钮，进入【修改】面板，进入【基本参数】卷展栏，单击【拾取对象】按钮，在视图中单击星球模型。

Step 11 设置其参数，如下图所示。

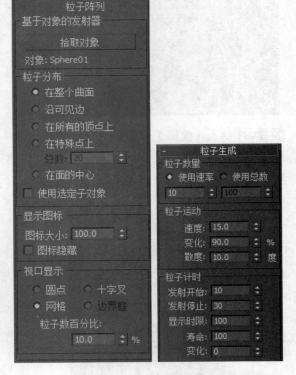

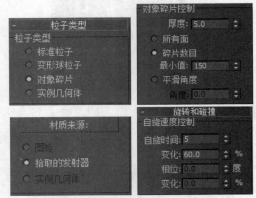

Step 12 完成参数的设置后，在工具栏中单击【曲线编辑器（打开）】按钮，在弹出的窗口中确定选择的"对象"为球体，在菜单栏中选择【编辑】→【可见性轨迹】→【添加】命令，添加可见轨迹，如图所示。

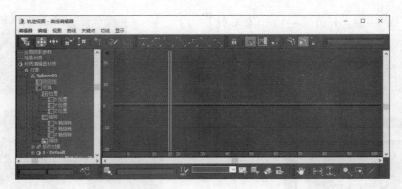

Step 13 在可见性轨迹的曲线上单击【添加关键点】按钮，在第9帧和第10帧处创建关键点，如图所示。

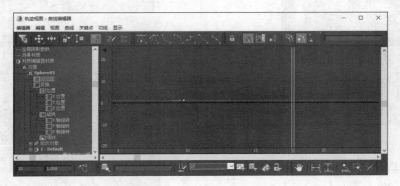

Step 14 单击【移动关键点】按钮，在窗口中选择第10帧的关键点，在视图的左下角处设置"值"为0，将其在第10帧后隐藏，如图所示。

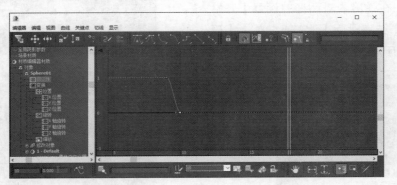

Step 15 单击【创建】→【辅助对象】→【大气装置】→【球体Gizmo】按钮，在"顶"视图中创建球体Gizmo，在【球体Gizmo参数】卷展栏中设置【半径】为110，如图所示。

Step 16 按键盘数字8键，打开【环境和效果】窗口，在【大气】卷展栏中单击【添加】按钮，在弹出的【添加大气】对话框中选择【火效果】效果，单击【确定】按钮，如图所示。

Step 17 添加火效果后，在【火效果参数】卷展栏中单击【拾取Gizmo】按钮，在场景中选择【球体Gizmo】，在【图形】选项组中选择【火球】单选钮，选择【爆炸】复选框，单击【设置爆炸】按钮，在弹出的对话框中设置【开始时间】为-5，【结束时间】为105，单击【确定】按钮，如图所示。

Step 18 为例子系统添加运动模糊，值为0.2。最后渲染动画效果，如图所示。

14.2.11 粒子云粒子系统

【粒子云】用于指定一群粒子充满一个容器，它可以模拟天空中的一群小鸟、夜晚的星空或者是一队走过的士兵。用立方体、球、圆柱体或者其他的任何可以渲染的对象，可以限制粒子云的边。

粒子云视口图标（默认发射器）如图所示。

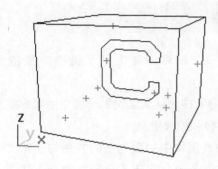

粒子云视口图标（基于对象的发射器）如图所示。

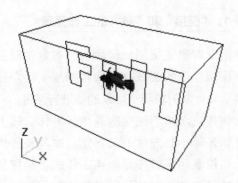

下图是用于产生一群鱼的粒子云（每条鱼是一个粒子）。

其【基本参数】卷展栏如下图所示。

参数解密

（1）【拾取对象】按钮：单击该按钮允许在场景中选择物体，以被选择的物体作为发射器的基体。只有当在【粒子分布】选项组中选中【基于对象的发射器】单选钮时该按钮才有效。

（2）【长方体发射器】单选钮：选中该单选钮，可以选用一个长方体形状的发射器。

（3）【球体发射器】单选钮：选中该单选钮，可以选用球体发射器。

（4）【圆柱体发射器】单选钮：选中该单选钮，可以选用圆柱体发射器。

（5）【基于对象的发射器】单选钮：选中该单选钮，可以选用在【基于对象的发射器】选项组中选取的物体作为发射器。

（6）【显示图标】选项组：用于调整发射器图标的大小。

【粒子生成】卷展栏中各参数如下。

（1）【速度】微调框：用于指定粒子发射时法向的速度，如果想得到正确的容器效果，则应将速度设为0。

（2）【变化】微调框：用于指定发射速度的变化百分数。

（3）【随机方向】单选钮：选中该单选钮，可以控制粒子发射方向为任何方向随机发射。

（4）【方向向量】单选钮：选中该单选钮，可以由【X】、【Y】和【Z】组成的矢量控制发射的方向。

（5）【参考对象】单选钮：选中该单选钮，可以沿着指定的对象的z轴方向发射粒子。

（6）【变化】微调框：用于控制方向变化的百分比。

14.3 运动学

运动学描述了链的移动或动画。存在以下2种类型的运动学。

（1）使用正向运动学（FK），可以操纵层次顶部来设置整个链的动画。

（2）使用反向运动学（IK），可以操纵层次底部的对象来设置整个链的动画。通常IK也可用于将对象粘在地面上或其他曲面上，同时允许链脱离对象的轴旋转。

正向运动学是设置层次动画最简单的方法。反向运动学要求的设置比正向运动学多，但在设置角色动画任务时更直观。

14.3.1 正向运动学

正向运动学是一种最基础、最简单的，也是默认的操纵层级关系的运动学技术。要使用正向运动学技术，可以按照以下几个步骤进行。

（1）按照父层次到子层次的链接顺序进行层次链接。

（2）轴点位置定义了链接对象的连接关节。

（3）按照从父层次到子层次的顺序继承位置、旋转和缩放变换。

设置层次中对象动画的方法与设置其他动画的方法一致。启用【自动关键点】按钮在不同帧上变换层次中的对象。然而，需要了解设置层次动画的几个特殊问题。

1. "链接"和"轴"的工作原理

两个对象链接到一起后，子对象相对于父对象保持自己的位置、旋转和缩放变换。这些变换从父对象的轴到子对象的轴进行测量。

例如，考虑下图中的两个长方体。较大的长方体是较小长方体的父对象。轴和长方体之间的链接表明了链接是如何工作的。链接从父对象的轴延伸并连接到子对象的轴。可以将子对象的轴视为父对象和子对象之间的关节。父对象和子对象通过它们的轴点链接到一起，如图所示。

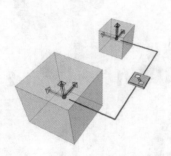

如下图所示，小正方体以它们的支点为基准被链接到大正方体之上。这样在旋转大正方体的时候，小正方体为了维持它与大正方体之间的相对位置关系，就会以大正方体的支点为轴心，同步地绕着大正方体做旋转运动。旋转父对象将影响子对象的位置和方向，如图所示。

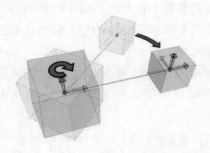

相反的情况如下图所示，当旋转小正方体的时候，由于正向运动学的层级链接关系是单向性的，因此作为父对象的大正方体则保持原来的空间位置不动。旋转子对象不影响父对象，如图所示。

链接作为一个单向的管道将父对象的变换传输到子对象。如果移动、旋转或缩放父对象，子对象将以相同的量移动、旋转或缩放。由于层次是单向的，移动、旋转或缩放子对象不会影响父对象。

总之，应用到子对象的变换同时也继承了其父对象的变换。

2. 设置父对象动画

从父对象传递到子对象的仅有变换。使用移动、旋转或缩放设置父对象动画的同时，也设置了附加到父对象上的子树动画。

父对象修改器或创建参数的动画不会影响其派生对象。移动根对象将移动整个层次，如图所示。

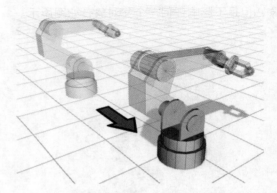

父对象的旋转传递到所有子对象，如图所示。

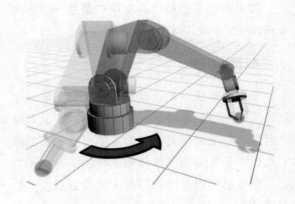

3. 设置子对象动画

使用正向运动学时，子对象到父对象的链接不约束子对象。可以独立于父对象单独移动、旋转和缩放子对象。

移动最后一个子对象不影响层次中位于前面的对象，如图所示。

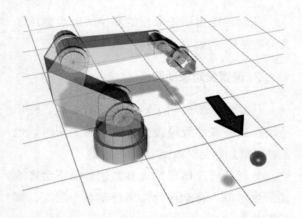

移动层次中间的子对象影响其所有派生对象，但是不影响任何一个父对象，如图所示。

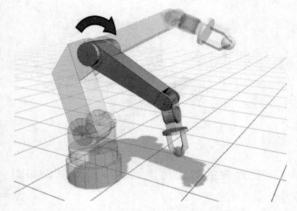

如果希望通过移动层次中的最后一个子对象来操纵父对象，请使用反向运动学。

4. 操纵层次

下图是操纵前向运动层级链接对象的一个具体实例。子对象继承父对象的变换，父对象沿着层次向上继承其祖先对象的变换，直到根节点。由于正向运动学使用这样的一种继承方式，所以必须以从上到下的方式设置层次的位置和动画。

为了将角色的脚部放置在足球上，我们需要首先旋转臀部关节，将大腿骨架摆放到恰当的位置，然后依次旋转膝关节和踝关节，即可得到所需要的踏球的动作。

从这个例子可以看出，在操纵一个前向运动层级链的时候，总是从层级链最顶层的父对象开始工作，将这个父对象摆放到实际动画中所需要的位置上，然后沿着层级的链接关系向下依次调整各级子对象的空间位置，直到最末端子对象为止。

考虑图中的链接人体模型。要将人体模型的右脚放到旁边的足球顶上，请执行以下步骤。

Step 01　🕐旋转右大腿使整条腿位于足球之上。

Step 02　🕐旋转右胫骨使脚位于足球顶部附近。

Step 03　🕐旋转右脚使其与球顶平行。

Step 04　重复 Step 01 到 Step 03，直到脚放置正确。

总是在运动影响的最高层级上开始变换对象，沿着层次向下处理直到最后一个子对象。

使用正向运动学可以很好地控制层次中每个对象的确切位置。然而，使用庞大而复杂的层次时，该过程可能会变得很麻烦。在这种情况下，可能需要使用反向运动学。

14.3.2 使用正向运动学设置动画

下面来详细讲解如何使用正向运动学设置动画。

1. 使用虚拟对象

虚拟辅助对象的主要用途是帮助我们创建复杂的运动和构建复杂的层次。由于在渲染时看不到虚拟对象，因此它们是偏移关节、对象之间的连接器，以及用于复杂层次的控制柄的理想选择。虚拟对象和点可作为 Null 对象，用于控制 IK 链的变换部分。

一般，将复杂运动划分为简单组件能使返回和编辑动画变得更容易。

考虑沿路径移动的反弹球。通过将其放在多个帧上可以设置球的动画，但很难返回并调整反弹高度或球的路径。必须在很多帧上编辑球的运动才能进行，即使是非常简单的更改。

使用虚拟对象将运动划分为简单的组件，即可解决这个问题。一个组件是球的上下弹跳。另一个是沿路径移动。

如图所示，将球的弹跳运动与虚拟对象的向前运动组合，即可得到移动的弹跳球。

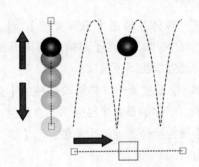

2. 设置链接动画

将链接约束指定给对象，从而设置从一个父对象到另一个父对象的链接动画。使用链接约束，而不使用工具栏上常规的【选择并连接】和【取消链接选择】按钮。

将球从一只手传递到另一只手就是一个应用链接约束的例子。假设在第 0 帧处，球位于第一只手中。手部动画设置为在第 50 帧处相遇，然后在第 100 帧处分开。

要创建球的链接动画，请执行以下操作。

Step 01 在 ◎【运动】面板上，将【链接】约束指定为球的【变换】控制器。可以从【动画】菜单中选择【约束】→【链接约束】，为球指定【链接】约束。

Step 02 ◄◄ 转至第 0 帧，然后在【运动】面板上单击【添加链接】，接着单击持球的手。球现在跟随这只手运动，就像链接到了手上。

Step 03 将时间滑块拖动到第 50 帧，在这一帧希望让第二只手持球，单击【添加链接】，然后单击第二只手。从这帧开始，球好像链接到了第二只手上。播放动画时，球跟随第一只手运动到第 50 帧，在这里添加了第二个链接，然后球传递给第二只手，跟随第二只手运动直到动画结束。

如图所示，机器人手臂将球从一只手传到另一只。

在【运动】面板上添加和删除链接。展开【链接参数】卷展栏，然后单击【添加链接】或【删除链接】。

- 单击【添加链接】后再单击要链接到的父对象。添加链接的帧便是控制传递的帧。可以用【开始时间】参数更改链接帧。
- 单击列表中一个父对象的名称，然后单击【删除链接】来移除链接。

"链接"限制的属性如下。

- "链接"约束参照应用于子对象的链接层次设置。
- 使用"链接"约束的对象并不是真正的子

对象。它不出现在任何链接父对象的子树中。

• 具有"链接"约束的对象不参与 IK 解决方案。

3. 调整对象变换

链接对象之后，可以在不变换派生对象的情况下对变换对象使用调整变换中的功能，并重置对象的变换。

（1）变换父对象

当链接了很多对象以后，有时希望移动、旋转或缩放父对象，但同时不希望影响其派生对象。可以在【层次】面板的【调整变换】卷展栏上单击【不影响子对象】，从而在变换父对象的同时不影响其派生对象。

（2）重置对象的方向和比例

在【重置】组中单击【变换】按钮旋转对象的轴，使其匹配父对象的局部坐标系。不会影响对象的派生对象。

（3）仅重置对象比例

单击【重置】组中的【比例】按钮，将当前的比例值设置为选定对象的基本比例值。所有后续的缩放变换均使用此基本比例值作为绝对局部缩放的 100% 大小。

考虑半径为 20 个单位的球体及其链接的子对象。

① 使用【均匀缩放】 图 将球体缩放为 200%。球体和它的子对象变为原来的两倍大。【缩放变换输入】报告【绝对局部缩放】为 200%，对象的创建参数报告半径为 20 个单位。球体的真正半径为 20 个单位的 200%（两倍），也就是 40 个单位。

② 选中球体并单击【重置缩放】 图。球体及其子对象保持相同的大小。此处发生以下情况。

• 球体将 200% 的比例吸收为其原始状态。球体的真实半径为 40 个单位，【创建参数】报告半径为 20 个单位，而【绝对局部缩放】

为 100%。

• 球体的子对象接受 200% 作为局部缩放，因此它的大小不发生变化。

• 重置对象的比例可能会引起混淆，因为对象的真实大小、绝对本地缩放和创建参数不再相互匹配。

（4）使用"重置变换工具"

也可以单击【工具】面板上的重置变换来重置对象的方向和比例。【重置变换】获取对象的方向和缩放变换，并将它们放入修改器堆栈的【变换】修改器中。

考虑一个半径为 20 个单位的球体及其链接的子对象。

• 使用【均匀缩放】 图 将球体缩放为 200%。球体和它的子对象变为原来的两倍大。【缩放变换输入】报告【绝对局部缩放】为 200%，创建参数报告半径为 20 个单位。球体的真正半径为 20 个单位的 200%（两倍），也就是 40 个单位。

• 选中球体并单击【重置变换】 图。球体保持同样的大小，但其子对象变回原有的大小和位置。此处发生以下情况：

200% 缩放放置于球体修改堆栈的【变换】修改器中。球体的真实半径为 40 个单位，【创建参数】报告半径为 20 个单位，而【绝对局部缩放】为 100%。

球体的子对象只看到 100% 的局部缩放，因此它恢复为原来的大小和位置。

4. 锁定对象变换

通过选择对象并设置【层次】面板锁定卷展栏上的选项，可以锁定对象围绕其任何局部轴移动、旋转或缩放的能力。

启用和禁用局部变换轴也可以称作设置对象的自由度（DoF）。如果启用轴，则对象可以沿着局部轴自由变换。

【锁定】卷展栏包含3个组：分别移动、旋转和缩放。每个组包含3个选项，分别是选定对象的x、y、z局部轴。

• 当启用此选项后，在直接使用其中一个变换工具时，对象不能沿着选定的局部轴变换。对象还可以通过其他手段如成为变换的父对象的子对象或成为反向运动学链的部分进行变换。

• 当禁用此选项后，对象可以沿着未选定的局部轴自由变换。

5. 设置附属对象的动画

指定附着约束会导致某个对象在另一个对象的曲面上保持一个位置。

附着约束不是分层链接，但具有将某个对象"链接"到另一个对象的曲面的效果，如下。

• 将某个"源"对象附加到"目标"对象的面上，使得该源对象的行为就像粘在目标对象上那样，不管目标对象的曲面如何变形。

• 设置附着参数的动画，使得源对象移过目标对象的曲面。

与只考虑对象变换的分层链接不同，使用附着约束的对象遵从另一个对象基于该对象的修改器和空间扭曲绑定进行的变形。

（1）设置附着参数

使用【运动】面板上的【附着参数】卷展栏中的功能，可以拾取目标对象并定位源对象。

• 单击【拾取对象】按钮，然后单击目标对象以执行附着。

• 单击【设置位置】按钮，然后单击目标对象的曲面或在目标对象的曲面上拖动，将源对象放置在该曲面上。 如果要沿面的法线移动源对象（在面的上方或下方移动），请单击【层次】面板中的【仅影响对象】，并利用【局部】变换坐标移动该对象。

• 如果要沿目标对象的曲面法线对齐源对象的世界坐标系z轴，请启用"对齐到曲面"。即使选择了"对齐到曲面"，仍始终可以相对于目标对象旋转源对象，按照您希望的方式调整其方向。如果要在不均匀的地形上对齐树，应该启用"对齐到曲面"，使得所有树垂直向上生长，而无论地形曲面的角度如何。

（2）设置附着位置动画

用户可以移至任意帧并单击【设置位置】，以设置跨目标对象的曲面移动的源对象的动画。您不必启用"自动关键点"按钮，因为您是在处理动画约束。

设置多个帧上的源目标的位置时，该目标与目标对象的附着点仅固定在每个关键帧上。关键点之间的帧相互交错，可能不匹配目标曲面。如果您需要对象保持在目标曲面上，请尝试使用"曲面约束"，而不要使用附着。

测试您的动画，然后调整关键点的值或添加中间关键点，以更好地匹配目标曲面。关键点太多会导致源对象的移动抖动，而关键点太少则可能会导致源对象缺少目标对象在某些帧上的曲面。

6. 更改链接继承

链接可将变换信息从父对象传输到子对象。在默认情况下，子对象继承其父对象的所有变换。要将对象设置为能够继承其父对象的移动、旋转和缩放变换，请使用【层次】面板中的【继承】卷展栏。使用其中的设置限制子对象的变换。

仅在已选择单个对象时，【继承】卷展栏才可用。如果选择多个对象，该卷展栏被禁用。

（1）设置链接继承选项

设置【继承】中的选项可为【移动】、【旋转】或【缩放】的任何世界坐标轴释放所选对象与其父对象之间的链接组件。

展开【继承】卷展栏时，所显示的选项由为所选对象指定的变换控制器决定。

【继承】卷展栏包含3个组，用于使用标准位置、旋转和缩放控制器的对象，分别为移动、旋转和缩放。每个组包含3个选项，每个选项分别对应x、y和z世界轴。

• 启用时，对于所选世界坐标轴，父对象的变换信息传递给子对象。

• 禁用时，子对象忽略所选坐标轴的变换信息。

假设要设置绕世界坐标系y轴旋转的大观览车动画。滚轮是父对象，而每辆车是其子对象。您希望车忽略滚轮的y轴旋转。否则，所有乘客都会掉出去。可使用"链接信息"，在【继承】卷展栏的【旋转】组中为每辆车禁用y轴选项。

（2）使用链接继承工具

链接继承工具的工作原理与【层次】面板上【链接信息】组中的【继承】卷展栏完全相同，不过您可以为选择集中的多个对象设置链接继承。

例如，在大观览车上可以选择所有车，并使用【链接继承】工具，一次为所有车禁用y轴旋转。

7. 链接继承（选定）工具

使用【链接继承】（选定）工具约束用于任何位置、旋转或缩放轴的选择集中的多个对象之间的链接。

此工具与在【层次】面板中的【链接信息】组框中的【继承】卷展栏运行的正确性相同，除了它可以调整选择集中的多个对象的链接继承之外，同时【层次】面板上的功能只在单个对象上运行。

要在层次中避免旋转x的继承，请执行以下操作：选择一个或多个对象，然后禁用【继承】卷展栏上的【旋转】组中的【X】。

XYZ：禁用【移动】、【旋转】或【缩放】组中的任何轴以避免继承。

当启用此框时，父对象的变换信息通过用于选定轴的选定对象。当禁用此框后，轴上的变换信息由选定对象忽略。

14.3.3 反向运动学

反向运动学是按照与层级链相反的方向操纵链中的对象，以形成动画场景的一种方法。与正向运动学从层级的根节点开始工作不同，它是从层级链末端的子节点开始工作的。

反向运动学使用的是一种被称为目标导向的方法。将一个目标对象放置在指定的位置上，3ds Max将计算层级链中其他对象的结束位置和定位指向。当所有的计算都完成后，层级链的最终位置被称为一个IK Solution（IK解算）。用户可以应用多种IK Solvers（IK解算器）到一个层级链上。

反向运动学和正向运动学一样，其工作原理是首先基于层级链接的设置和对象支点的摆放，此外还增加了下列原则。

（1）关节受特定的位置和旋转属性的约束。

（2）父对象的位置和方向由子对象的位置和方向确定。

因为添加了这些附加的原则，所以IK反向运动学需要用户对如何链接对象和支点位置的设置有更加明确而清晰的思路。

使用反向运动学通常比正向运动学更加容易，一旦正确地设置了对象之间的层级链接关系，就能很快地创建复杂的运动。如果需要在以后重新编辑这些动画，也更加容易一些。同时它也是一个在动画中模拟重量的最好方法。

　　这里以手臂的运动为例来说明。使用正向运动学创建一只手臂的动画，首先需将上臂旋转抬高远离肩膀，然后依次旋转前臂和手腕等，并且需要为每个子对象添加旋转的关键帧。而使用反向运动学创建手臂的动画，只需移动手腕所对应的目标对象到指定的位置上，反向运动学就会根据所设置的关节链接关系将上臂和胳膊自动地旋转到适当的位置上。也就是说，用户可以把主要精力放在关键对象的动画帧设置上，其他相关对象的动画设置工作都可以交给反向运动学来处理。

　　使用 IK 设置腿部动画效果如图所示。

　　用反向运动学可以快速地设置复杂的运动，并设置它的动画。基本的步骤包括以下几个任务。

　　• 构建模型。它可以是关节结构，也可以是许多个或单个的连续曲面。

　　• 将关节模型链接在一起并定义轴点，如层次中所述。为获得表面连续的模型，创建"骨骼"结构或使用 Biped 来动画角色的皮肤。

　　• 将 IK 解算器应用于关节层次。可能会在整个层次中创建几个 IK 链，而不是一个。也可能创建几个独立层次，而不是在一个大的层次中将所有东西都链接在一起。对于简单反向运动学动画，您可以使用交互IK，而无需应用任何 IK 解算器。

　　• 在轴点位置定义关节行为，根据所使用 IK 解算器的类型，设置限制或首选角度。在这里可以设置滑动关节或转动关节。用户可能还需要移动层次的根，可能要在此点上添加控制对象，比如虚拟对象或点。

　　• 设置目标（在 HI 解算器或 IK 肢体解算器情况下）或末端效应器（在 HD 解算器情况下）的动画。这将设置 IK 链所有组件的动画。可以将约束应用到目标或控制对象或链的根上。

　　3ds Max 2016提供了多种IK解算器，每一种IK解算器都有一套它自己的运动表现方式和工作流程。

Tips

　　由于IK解算器是以插件的方式工作的，因此可以通过安装附加插件的方式增强3ds Max 2016的反向运动学功能。

14.3.4 IK 解算器

　　IK 解算器可以创建反向运动学解决方案，用于旋转和定位链中的链接。它可以应用 IK 控制器来管理链接中子对象的变换。用户可以将 IK 解算器应用于对象的任何层次。使用"动画"菜单中的命令，可以将 IK 解算器应用于层次或层次的一部分。在层次中选中对象，并选择 IK 解算器，然后单击该层次中的其他对象，以便定义 IK 链的末端。应用 HI、IK 解算器的骨骼系统，如图所示。

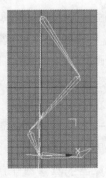

　　每种 IK 解算器都具有自身的行为和工作流，以及显示在【层次】和【运动】面板中的专用控件和工具。IK 解算器是插件，所以编程人员可以通过定制或编写自己的 IK 解算器扩展3ds Max 的 IK 功能。

　　3ds Max 附带4个不同的 IK 解算器。

1. IK解算器的工作方式

通常，IK解算器的工作方式如下：反向运动学链可以在部分层次中加以定义，即从角色的臀部到脚跟或者从肩部到手腕。IK链的末端是gizmo，即目标。随时重新定位目标或设置目标动画时可以采用各种方法。这些方法通常包括使用链接、参数关联或约束。无论目标如何移动，IK 解算器都尝试移动链中最后一个关节的枢轴（也称终端效应器），以便满足目标的要求。IK解算器可以对链的部分进行旋转，以便扩展和重新定位末端效应器，使其与目标相符。使用 IK 解算器设置手臂的动画，如图所示。

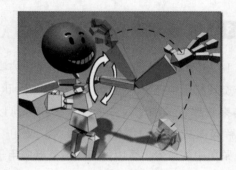

通常，末端效应器限于地平面。例如，在角色步行周期中，可以在脚跟抬起时"锁定"脚趾。然后，链中根的移动会使腿部从脚趾处抬起。

3ds Max 附带了4个 IK 解算器插件。

（1）HI（历史独立型）解算器

对角色动画和序列较长的任何 IK 动画而言，HI 解算器是首选的方法。使用 HI 解算器，可以在层次中设置多个链。例如，角色的腿部可能存在一个从臀部到脚踝的链，还存在另外一个从脚跟到脚趾的链。

因为该解算器的算法属于历史独立型，所以，无论涉及的动画帧有多少，都可以加快使用速度。它在第 2 000 帧的速度与在第 10 帧的速度相同。它在视口中稳定且无抖动。该解算器可以创建目标和末端效应器（虽然在默认情况下末端效应器的显示处于关闭状态）。它

使用旋转角度调整该解算器平面，以便定位肘部或膝盖。您可以将旋转角度操纵器显示为视口中的控制柄，然后对其进行调整。另外，HIIK 还可以使用首选角度定义旋转方向，使肘部或膝盖正常弯曲。

（2）HD（历史依赖型）解算器

HD 解算器是一种最适用于动画制作计算机的解算器，尤其适用于那些包含需要 IK 动画的滑动部分的计算机。使用该解算器，可以设置关节的限制和优先级。它具有与长序列有关的性能问题，因此，最好在短动画序列中使用。该解算器适用于设置动画的计算机，尤其适用于那些包含滑动部分的计算机。

因为该解算器的算法属于历史依赖型，所以，最适合在短动画序列中使用。在序列中求解的时间越迟，计算解决方案所需的时间就越长。该解算器使您可以将末端效应器绑定到后续对象，并使用优先级和阻尼系统定义关节参数。该解算器还允许将滑动关节限制与IK动画组合起来。与HIIK解算器不同的是，该解算器允许在使用 FK 移动时限制滑动关节。

（3）IK 分支解算器

IK 分支解算器只能对链中的两块骨骼进行操作。它是一种在视口中快速使用的分析型解算器，因此，可以设置角色手臂和腿部的动画。

使用 IK 分支解算器，可以导出到游戏引擎。

因为该解算器的算法属于历史独立型，所以，无论涉及的动画帧有多少，都可以加快使用速度。它在第 2 000 帧的速度与在第 10 帧的速度相同。它在视口中稳定且无抖动。该解算器可以创建目标和末端效应器（虽然在默认情况下末端效应器的显示处于关闭状态）。它使用旋转角度调整该解算器平面，以便定位肘部或膝盖。您可以将旋转角度锁定其他对象，以便对其进行旋转。另外，IK分支解算器还可以使用首选角度定义旋转方向，使肘部或膝盖正常弯曲。使用该解算器，还可以通过启用关键帧

IK 在 IK 和 FK 之间进行切换。该解算器具有特殊的 IK 设置 FK 姿态功能,使您可以使用IK设置FK关键点。

（4）样条线 IK 解算器

样条线 IK 解算器使用样条线确定一组骨骼或其他链接对象的曲率。

样条线 IK 样条线中的顶点称作节点。同顶点一样,可以移动节点,并对其设置动画,从而更改该样条线的曲率。

样条线节点数可能少于骨骼数。与分别设置每个骨骼的动画相比,这样便于使用几个节点设置长型多骨骼结构的姿势或动画。

样条线 IK 提供的动画系统比其他 IK 解算器的灵活性高。节点可以在 3D 空间中随意移动,因此,链接的结构可以进行复杂的变形。

分配样条线 IK 时,辅助对象将会自动位于每个节点中。每个节点都链接在相应的辅助对象上,因此,可以通过移动辅助对象移动节点。与 HI 解算器不同的是,样条线IK系统不会使用目标。节点在 3D 空间中的位置是决定链接结构形状的唯一因素。旋转或缩放节点时,不会对样条线或结构产生影响。

2. IK 与骨骼

虽然可以对对象的任何层次应用IK解算器,但是结合使用 IK 解算器的骨骼系统是一个设置角色动画的理想途径。

骨骼系统是一种通过关节连接的骨骼对象层次链接。骨骼可以用作链接对象的支架。如果使用"蒙皮"修改器,可以为骨骼对象制作"蒙皮",使骨骼动画可以变形用于建立角色模型的网格。如果使用通过关节连接的角色,可以使用链接或约束,使骨骼可以设置网格的动画。

使用蒙皮设置骨骼动画时,会使蒙皮伸缩,如图所示。

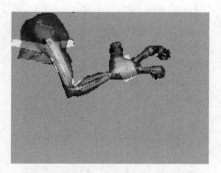

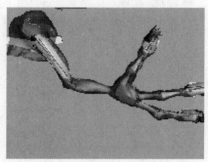

（1）将其他对象转变为骨骼

任何对象都能转变为骨骼对象。选择对象,然后选择【动画】→【骨骼工具】。在【对象属性】卷展栏上,启用【启用骨骼】。然后,可以选择【仅显示链接】,以便使用骨骼替换对象的显示。如果要设置动画的层次与几何体有关,这样可能是很有用的。如果几何体只在链接时隐藏和显示,将会大幅提高交互式视口的响应速度。

可以将任何对象都显示为骨骼对象。然后选择【动画】→【骨骼工具】。将会打开【骨骼工具】浮动框。在【对象属性】卷展栏上,启用【启用骨骼】。然后转到【显示】面板,并在【链接显示】卷展栏中启用【显示链接】和【链接替换对象】,以便显示骨骼,而不显示对象。如果要设置动画的层次与几何体有关,这样可能是很有用的。如果几何体只在链接时隐藏和显示,将会大幅提高交互式视口的响应速度。

如图所示,任何对象层次都能显示为骨骼。

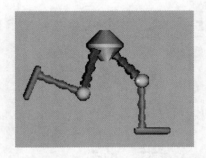

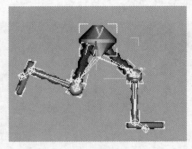

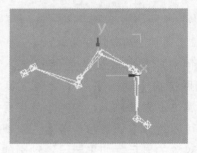

骨骼可以随时缩放、挤压和拉伸。

（2）链接显示

使用【显示链接】和【链接替换对象】，可以显示链接，而不显示对象。这些设置可以在【显示】面板的【链接显示】卷展栏中找到。如果要设置动画的层次与几何体有关，这样可能是很有用的。如果几何体只在链接时隐藏和显示，将会大幅提高交互式视口的响应速度。

（3）使用 IK 设置骨骼动画的优点

使用正向运动学技术，可以设置角色运动的动画，使每个肢体可以旋转到相应的位置处，无论是从肩膀到手指，还是从臀部到脚趾，都是如此。但是，使用反向运动学技术模拟与地面进行交互的足部时，可以大幅加快速度，使效果更加逼真。另外，如果需要对动画

加以更改，还更加便于进行控制。要更改整个链的动画，无需设置链中每个骨骼的关键帧，只需对一个节点进行更改即可。

另一个方面，对于动画设计人员来讲，将 IK 用于腿部，而将 FK 用于躯干和手臂是司空见惯的事。FK 提供了更多的控件，用于设置上身的姿势。对每种角色动画任务而言，无需使用 IK。使用 HI IK 解算器，可以在 FK 和 IK 之间来回轻松切换。

3. 如何应用 IK 解算器

创建骨骼系统时，可以应用 IK 解算器，或使用【动画】菜单。

• 创建骨骼。创建骨骼时，如果启用【指定给子级】选项，将会立即应用 IK 解算器。默认设置为禁用状态。

• 使用【动画】菜单→【K 解算器】，可以对骨骼的部分应用 IK 解算器。必须选择 IK 链要开始的位置处的节点，然后选择【动画】菜单→【IK 解算器】，并选择该解算器。此后，单击链要终止的位置处的节点。此时，将会在两个节点的轴点间创建链。如果使用的是IK分支解算器，将会从链中选定的最高节点开始在两个骨骼的下方放置IK目标。

4. IK解算器的调整位置

IK 解算器的设置可以在【运动】和【层次】面板中进行调整。

（1）【运动】面板

选中 IK 链中的目标后，【运动】面板将会为各个 IK 解算器显示相应的卷展栏。

• HI 解算器

【运动】面板参数可以调整解算器平面的旋转角度，以便指向肘部或膝盖。另外，使用【IK 解算器】卷展栏中的控件，可以通过【启用】和【IK】按钮混合 IK 和 FK（正向运动学）的时段。

• HD 解算器

【运动】面板参数可以对当前选定关节的末端效应器执行分配、删除和编辑操作。您可以使末端效应器成为其他对象的父对象，然后使骨骼恢复初始姿势。如果在【运动】面板中更改 IK 控制器参数，将会影响整个 HD IK 链，即便只选定一个骨骼，也是如此。

• 样条线 IK 解算器

使用【运动】面板参数，不仅可以激活/取消激活该解算器，而且可以调整分配给起始关节和结束关节的骨骼，还可以调整起始和结束扭曲角度，使扭曲控制柄可以显示设置。

（2）【层次】面板

• HI 解算器

选定骨骼后，【IK】面板将会显示相关控件，用于激活和限制转动关节，并设置关节的首选角度。借助所有关节的首选角度姿势，可以控制肢体的旋转方向。选定目标后，【IK】面板为空。

• HD 解算器

选择 HD IK 链的末端效应器。在【层次】面板中单击【IK】。显示的控件将会影响 HD 解算器。另外，您将会找到相关的工具，用于绑定到跟随对象，还可以设置优先级、关节限制、阻尼和弹性。

• HI 解算器

选定骨骼后，【IK】面板将会显示相关控件，用于激活和限制转动关节，并设置关节的首选角度。借助所有关节的首选角度姿势，可以控制肢体的旋转方向。选定目标后，【IK】面板为空。如果在应用 IK 解算器之前选择骨骼，将会显示不同的滑动和转动关节参数集，但是，应用 IK 解算器之后，将会替换这些参数。

• 样条线 IK 解算器

选择样条线 IK 链中的样条线。在【层次】面板中单击【IK】。显示的控件将会影响样条线 IK 解算器。另外，您将会找到相关的工具，用于绑定到跟随对象，还可以设置回优先级、关节限制、阻尼和弹性。【IK】面板中的控件与 HD 解算器中的控件相似。

14.3.5 关节控件

关节控制父对象的旋转和位置。

1. 设置关节参数

用户可以通过为每个对象在运动学链上设置关节参数，从而确定关节的行为方式为铰链、抽屉滑动，还是其他关节类型。关节控制父对象的旋转和位置。

任一对象最多具有两个关节类型卷展栏：一个卷展栏包含控制对象位置的设置，另一个包含控制对象旋转的设置。位置和转动关节可以有许多不同种类型。指定对象的 IK 解算器决定哪个关节参数可用。例如，"HI 解算器"由位于"转动关节"参数的首选角度设置控制。"HD 解算器"为弹回、优先级和阻尼提供了附加参数，这些参数并不位于"HI 解算器"中。

任一对象层次或者骨骼系统都可以定义其关节限制。选定所有对象，然后启用骨骼或链接显示。选定骨骼或链接，并打开【层次】面板→【IK】选项卡。向下滚动至【滑动关节】和【转动关节】。从中可激活轴，并设置单个限制。

Tips

不同的 IK 解算器使用不同的关节显示。当使用骨骼系统时，可以首先添加 IK 解算器，然后再设置关节限制。

（1）常用关节类型

最常用的关节类型是"转动"关节和"滑动"关节。其他常用的关节是"路径"关节和"曲面"关节。每种关节类型显示其自身的关节参数设置。

• 转动关节

使用很多标准旋转控制器来控制对象的旋

转。转动关节的参数设置对象围绕给定轴进行转动的能力。

对于大多数 IK 结构，请考虑使用 Euler XYZ 控制器。假如在启用 IK 之前，在转动关节限制以外移动对象，基于四元数的控制器则会倾向于冻结。

● 滑动关节

使用多数标准位置控制器来控制对象的位置。滑动关节的参数控制对象是否能沿着给定轴移动。

● 曲面关节

通过使用曲面约束来控制对象的位置。这些参数控制对象如何沿着其指定的曲面移动。

● 路径关节

通过使用路径约束来控制位置运动。路径关节参数控制对象沿指定路径移动的远近。

（2）设置关节参数

子对象相互之间的行为方式是由链下变换继承来控制的。在单个子对象上设置关节限制可以影响继承。假如使一排中的3个子对象的旋转轴处于非活动状态，它们将不能旋转，同时一条链将会因此僵硬。或者只要轴像滑动关节一样处于激活状态，组件便可以在空间中从链上分离。

当用 IK 链中的路径约束来使用对象时，可能需要路径像IK链的一部分那样出现。使用路径约束和路径将对象链接到同一个父对象上，以此方式可以获得这种效果。路径目标应该没有子对象，IK 链中的其他对象应该链接到使用路径约束的对象上。

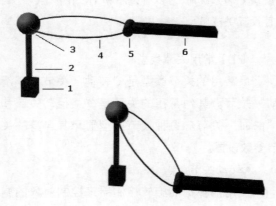

① 底座。

② 支柱。

③ 顶盖。

④ 环形。

⑤ 固定器。

⑥ 控制柄。

在该图中，"珠子"使用路径约束将其控制到环上。从父对象到子对象的IK链是"支柱→封口→珠子→控制柄"。环是封口的子对象，不是 IK 链的一部分。

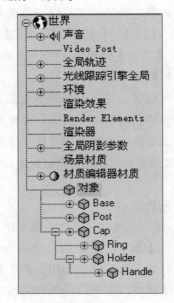

（3）复制并粘贴关节参数

可以在【层次】面板的【对象参数】卷展栏底部复制并粘贴从一个对象到另一个对象的整个关节参数组。

滑动关节和转动关节具有单独的复制和粘贴功能。每种关节类型都在单独剪贴板中保存复制的参数。

假如在粘贴时要镜像关节参数设置,请选择一个"镜像粘贴"选项。当从对象一面到另一面粘贴时,这个选项很有用,例如左臂关节到右臂关节。

还可以将关节设置从非 IK 控制器复制到 IK 复制器,但是不能从 IK 复制器复制到非 IK 控制器。

2. 激活关节轴

使用关节卷展栏上的【活动】复选框,可以指定某个对象是否可以围绕着给定的轴移动或旋转。关节最多可能有6根轴:3根旋转轴,3根位置轴。通过设置轴活动的轴,就可以限制关节的运动。

所有轴都处于活动状态的关节可以独立于它的父对象自由移动和旋转。

所有轴都处于非活动状态的关节锁定到它的父对象,不能独立移动。

IK 关节轴设置会覆盖【链接信息】卷展栏上的【继承】和【锁定】设置。

（1）了解关节轴方向

父对象局部轴定义了子对象的IK关节轴。这意味着如果激活了某个对象转动关节的x轴参数,那么该对象将围绕其父对象的x轴旋转,而不是围绕自身的x轴。

如果某个对象的本地坐标系从它的父坐标系偏转90°,那么在设置该对象的关节参数时可能会遇到问题。在这种情况下,围绕某个轴旋转的角度变得不确定。这是因为一个轴常常引起另外两个轴的旋转。

以下技术可以使设置关节参数更易于操作并容易获得成功。

• 组织 IK 层次,使对象沿着"世界"轴对齐。

• 可以考虑使用调整轴函数将对象的轴与"世界"轴或层次的根对象对齐。

• 设置关节参数时,将变换管理器设置为"父对象"坐标系并启用"使用轴点中心"。这样,通过在选定对象的轴点上显示父轴图标,可以帮助查看关节轴的方向。

• 激活关节轴后,将"从"微调器调高或调低。这可以使对象围绕激活的轴移动或旋转,从而可以快速检查是否选中正确的轴。

（2）激活转动关节

转动链接如图所示。

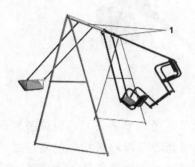

激活转动关节x、y、z三个轴中的一个轴后,对象可以围绕父坐标系中相应的轴旋转。

关节围绕多个轴旋转也是很普遍的情况。一个球关节（如肩部）便是一个激活了三个轴的转动关节。一个锁定关节（如肘部）是在单个轴上激活的转动关节。

（3）激活滑动关节

滑动关节如图所示。

激活滑动关节x、y、z三个轴中的一个轴后,对象可以沿着父坐标系中相应的轴移动。

大部分的滑动关节仅激活一个单独的轴。望远镜是仅有一个轴激活的滑动关节的例子。很少看到三个轴都激活的滑动关节。

如果滑动关节的三个轴均激活,它将独立于父对象移动。效果如同几乎没有关节连接。

需要同 IK 一起使用滑动关节时，请使用 HD IK 解算器。

（4）路径关节和曲面关节

圆形路径如图所示。

激活"路径关节"或"曲面关节"后，便设置了对象是否可以沿着指定的路径或曲面进行移动。环上的主关键点是激活路径关节的一个例子。

3. 限制关节运动

多数关节沿着活动轴所做的运动，有它们的限制范围。例如，铰链仅能打开到 120°；活塞只能在其圆柱体的长度内滑动。要限制在活动轴上允许的运动范围，启用"限制"并在【关节】卷展栏上设置"起点"和"终点"字段的值。

用户还可以在视口中查看关节限制，方法是在限制字段的"从"或"到"上，按住鼠标按钮。对象会移动或旋转到限制值，直到松开鼠标按钮。

（1）限制旋转关节

旋转关节的限制定义对象可绕其父对象的轴旋转多大角度。"起点"和"终点"字段中的值代表在父对象上，从 0° 开始测量的绕活动轴的旋转角度。

例如，肘关节相对于上臂旋转前臂。在图中，x 轴旋转限制从 0° 到 135°。y、z 轴未处于活动状态，因为肘关节绕一个轴旋转。

（2）限制滑动关节

滑动关节的限制定义关节可沿其父对象的轴移动多远。"起点"和"终点"字段中的值代表沿活动轴，所测量的从父对象的轴点到选定对象的轴点的移动距离。

例如，活塞上的滑动关节将活塞移入和移出圆柱体。在图中，将 z 轴的移动限制为从第 10 帧到第 90 帧。这样可防止活塞撞到底部或移动时超过圆柱体末端。

（3）限制路径和表面关节

路径和表面关节的限制定义对象可沿路径或表面移动多远。"起点"和"终点"字段中的值代表沿路径或表面测量的总距离的百分比。

例如，房间钥匙的路径关节沿钥匙环移动钥匙。将路径关节的限制设置为 5% 到 95% 可防止钥匙沿系表链的环移动。

14.3.6 实例：创建螺旋桨推进器效果 ▶

下面通过一个螺旋桨推进器的旋转实例来进一步介绍运动学知识，具体操作步骤如下。

Step 01 启动3ds Max 2016，单击【应用程序】按钮，从弹出的菜单中选择【重置】命令重置场景。

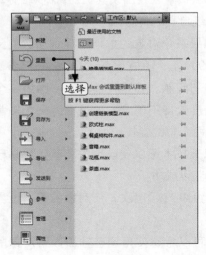

Step 02 打开随书光盘中的"素材\ch14\螺旋桨.max"模型文件,文件中包括了一个创建好的螺旋桨推进器模型。

Step 03 链接模型。单击主工具栏上的【选择并链接】按钮🔗,然后把每个子对象拖动到其父对象上。把螺旋桨与轴相连,把轴连到齿轮,把齿轮连到手柄。

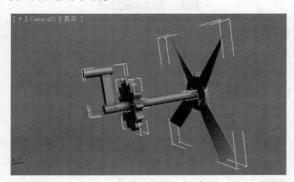

Step 04 打开【层次】面板并单击【IK】按钮,然后通过选定手柄对象来约束该部分的运动。禁用所有的滑动关节,只需要激活z轴的旋转关节即可。为手柄设置该选项后单击【转动关节】选项组中的【复制】按钮,然后将设置【粘贴】到齿轮、轴和螺旋桨上。

Step 05 设置动画效果。单击 自动关键点 按钮,将时间滑块拖动到第100帧,然后打开【层次】面板并

单击【IK】选项卡中【反向运动学】卷展栏中的【交互式IK】按钮,之后使用旋转工具在顶视图中沿z轴旋转手柄。设置完成后进行渲染即可。

14.3.7 实例：创建硬币散落效果

下面通过一个硬币散落效果实例来进一步介绍运动学知识，具体操作步骤如下。

Step 01 启动3ds Max 2016，单击【应用程序】按钮，从弹出的菜单中选择【重置】命令重置场景。

Step 02 打开随书光盘中的"素材\ch14\硬币.max"模型文件，文件中包括了创建好的一堆硬币模型。

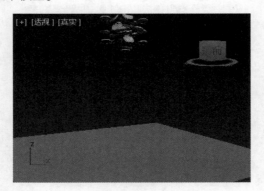

Step 03 在主工具栏的空白区域单击鼠标右键，在弹出的菜单中选择【MassFX工具栏】选项。

Step 04 选择创建的所有硬币，在打开的【MassFX工具栏】中单击【将选定项设置为动力学刚体】按钮，将硬币变为动力学刚体。

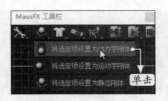

Step 05 进入【修改】面板，设置动力学刚体的参数，如图所示。

Step 06 选择创建的平面，在打开的工具栏中单击【将选定项设置为静态刚体】按钮，将平面变为静态刚体。

Step 07 进入【修改】面板，设置静态刚体的参数，如图所示。

Step 08 单击【MassFX工具栏】中的【模拟】按钮，观察硬币散落的效果。

Step 09 单击【MassFX工具栏】中的【模拟工具】按钮。

画效果，如图所示。

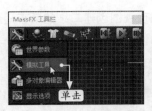

Step 10 在打开的【MassFX工具】面板中单击【烘焙所有】按钮来创建动画效果。

Step 11 创建完成后，拖动关键帧观看动画效果，如图所示。

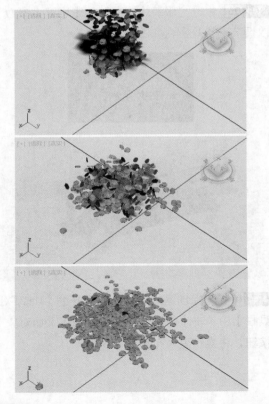

Step 12 为模型添加合适的材质和灯光，渲染动

14.3.8 实例：创建桌布效果

下面通过一个桌布效果实例来进一步介绍运动学知识，具体操作步骤如下。

Step 01 启动3ds Max 2016，单击【应用程序】按钮，从弹出的菜单中选择【重置】命令重置场景。

Step 02 打开随书光盘中的"素材\ch14\桌布.max"模型文件，文件中包括了一个创建好的桌子模型。

Step 03 在主工具栏的空白区域单击鼠标右键，在弹出的菜单中选择【MassFX工具栏】选项。

Step 04 在顶视图创建二维的桌布矩形，将矩形移动到桌面以上，如图所示。

Step 05 进入【修改】面板，在修改器列表中添加"服装生成器"，如图所示。

Step 06 修改"服装生成器"的【密度】参数可以调节网格疏密，如图所示。

Step 07 选择创建的矩形，在打开的【MassFX工具栏】中单击【将选定对象设置为mCloth对象】按钮，将桌布变为布料。

Step 08 选择创建的桌子，在打开的工具栏中单击【将选定项设置为静态刚体】按钮，将桌子变为静态刚体。

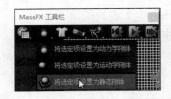

Step 09 单击【MassFX工具栏】中的【模拟】按钮，模拟桌布的效果。

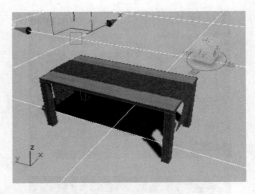

Step 10 最终渲染效果如图所示。

14.4 实战技巧

下面来介绍一些粒子系统和运动学中的实战技巧。

技巧1 如何实现粒子运动模糊

粒子运动模糊实际上是根据粒子速度改变粒子的不透明度和长度的结果。为了实现此效果，需要指定的材质与粒子系统中的设置相互协调。

请按照以下说明操作。

• 在为粒子指定的材质中使用粒子运动模糊贴图。为了获得最佳结果，应指定为不透明贴图。

• 确保"粒子阵列""粒子云"以及"超级喷射"或"喷射"粒子系统支持"粒子运动模糊"贴图。

• 选择【旋转和碰撞】卷展栏→【自旋轴控制】组→【运动方向/运动模糊】选项。

• 在同一个组中，将【拉伸】微调器设置为大于 0，根据粒子的"速度"设置将粒子拉伸为粒子长度的一定百分比。

• 使用正确的粒子类型。"运动模糊"适用于除"圆片"和"面片状"以外的所有粒子类型。

Tips

使用多维/子对象材质的实例化对象无法对图像应用运动模糊效果。

技巧2 对粒子阵列使用材质

有一些不同选项可用于对粒子系统应用材质。

粒子上出现的材质来自以下3个位置之一。

• 粒子系统本身。

• 为分布对象指定的材质（仅限粒子阵列）。

• 为实例对象指定的材质。

指定了各种材质的粒子效果如图所示。

可以在【粒子类型】卷展栏底部附近的【材质贴图和源】组中进行选择，如果选择"图标"，使用为粒子系统指定的材质，如果选择"拾取的发射器"，使用为分布对象指定的材质；如果选择"实例几何体"，使用为实例对象指定的材质。注意：只有当前的粒子类型为"实例几何体"（在【粒子类型】卷展栏顶部的【粒子类型】组中选择）时，第三个选项才可用。

Tips

"超级喷射"和"暴风雪"没有分布对象。"粒子云"有分布对象，但是无法从其获取材质。上述情况下，可以通过一个单选按钮使用实例几何体的材质。只有"粒子阵列"可以从分布对象获取材质。

无论做出什么选择，如果使用的材质不是贴图材质，无论使用哪个对象作为材质源，所有粒子将采用材质的曲面属性。

技巧3 正向运动学与反向运动学的差异

正向运动学使用自上而下的方法，它在定位和旋转父对象的地方开始，然后向下进行到定位和旋转每个子对象的层次。

正向运动学的基本原则如下。

• 按照父层次到子层次的链接顺序进行层次链接。

• 轴点在对象之间定义关节。

• 子对象继承父对象的变换。

这些原则相当的宽松。只要所有对象都链接在一起并且轴位于关节位置上，那么就可以成功地设置该结构的动画。

反向运动学（IK）使用目标导向方法，可以用来定位目标对象，并且可以计算链末端的位置和方向。在所有计算都完成后，层次的最终位置就称作 IK 解决方案。有许多 IK 解算器可以应用到层次上。

反向运动学开始于链接和轴点位置，并将它们作为地基，然后添加以下原则。

• 关节受特定的位置和旋转属性的约束。

• 父对象的位置和方向由子对象的位置和方向所确定。

由于添加了这些约束，IK 需要充分考虑链接对象和放置轴的方式。有许多不同的链接对象解决方案适用于正向运动学，对于给定的 IK 方法通常仅仅只有几个适合的方案。

反向运动学比正向运动学更易于使用，它可以快速创建复杂的运动。如果以后需要编辑这些运动，在使用 IK 时可以非常简单地反转该动画。这也是在动画中模拟权重最好的方法。

第 **15** 章

层级链接与空间扭曲

■■ **本章引言**

　　当完成一个动画作品并生成计算机动画时，最有用的工具之一是将对象链接在一起以形成链的功能，即本章中所要介绍的层级链接。空间扭曲是可以为场景中的其他对象提供各种"力场"效果的对象。

■■ **学习要点**

➤ 掌握层级链接的创建方法
➤ 掌握空间扭曲工具的创建方法
➤ 掌握空间扭曲工具各类动画的创建方法

15.1 层级链接

　　3ds Max 2016在计算机动画制作方面最有用的功能之一就是能将对象链接在一起形成一个层级关系。

　　如图所示，左后图为一个分解的机器人臂链接到某个层次。右前图为组合的机器人臂使用转动关节。

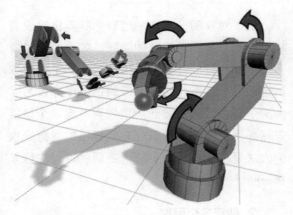

　　通过将一个对象链接到另一个对象上，可以创建父对象－子对象的层级关系。对父对象应用的空间变换也将被传递并运用到子对象上。通过把较多的对象和各级父、子对象链接在一起，可以创建复杂的层级关系。在背景中绘制的二足动物体形及其层次的一部分，如下

图所示。

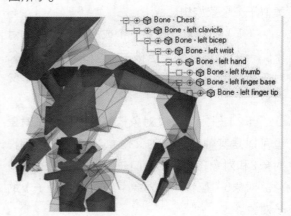

　　当将对象链接在一起时，可以使一个对象控制另一个或者更多的对象空间变换，这种链接控制关系是单向的，我们把这种链接关系称为层次链接。层次链接的运用范围十分广泛，主要包括以下几个方面。

　　（1）将一个有许多对象的集合和一个单独的父对象链接在一起，使它们可以通过对父对象的移动和旋转等操作来带动许多对象的集合的操作。

　　（2）将摄像机的目标点或灯光链接到一个对象上，使得它们可以在场景中跟踪该对象的

运动轨迹。

（3）将对象和虚拟（Dummy）对象链接在一起，从而将各个独立的简单运动结合在一起

创建出复杂的运动。

（4）将对象链接在一起模拟出有关链接关系的结构，以供反向运动学使用。

15.2 层级链接与运动学

运动学描述层级链接的运动方式，在设置动画的时候，这些层级关系将管理所有被链接的对象如何运动。

当操纵层级中的父对象并通过它的变换影响了与之链接的子对象时，我们称这种运动学层级关系为前向运动学。

当操作子对象而进一步影响父对象的时候，我们称这种运动学层级关系为反向运动学（Inverse Kinematics，IK）。

共同链接在一个层次中的对象之间的关系类似于一个家族树。

（1）父对象：控制一个或多个子对象的对象。一个父对象通常也被另一个更高级别的父对象所控制。如下图所示，对象1和对象2是父对象。

（2）子对象：父对象控制的对象。子对象也可以是其他子对象的父对象。如下图所示，对象2和对象3（支柱和门轴）是对象1的子对象。对象5（座位）是对象4（Ferris 轮子）的子对象。

（3）祖先对象：一个子对象的父对象以及该父对象的所有父对象。如下图所示，对象1和2是对象3的祖先对象。

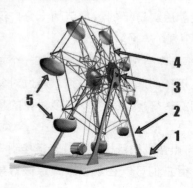

15.2.1 链接策略

在开始链接一些较为复杂的层次之前，应该需要几分钟时间计划一下链接策略。对层次根部和树干成长为叶对象的方法选择将对模型的可用性产生重要影响。

将对象链接入层次的背后策略可以归纳为两个主要的原则。

• 层次从父对象到子对象遵循一个逻辑的过程。

• 父对象的移动要比其子对象少。

通过这两条原则，对于链接对象的方法几乎有着无限的灵活性。如果对使用层次进行了计划并记住链接的用途，那么在实际中很少会遇到问题。

1. 从父对象到子对象的过程

从父对象到子对象的过程意味着链接没有从对象到对象间无规律的跳跃。如果两个对象彼此接触，它们可能是作为父对象和子对象进行链接的。甚至可以将躯干的链接顺序设为：大腿→脚→胫骨→腰部。稍候再考虑这个链接策略。计算出用这种奇怪方式链接的对象变换的方法是很困难的。更符合逻辑的过程应该是脚→胫骨→大腿→腰部。

2. 使用多个层次

不必从臀部到脚趾构建一条单独的骨骼链，可以从臀部到脚踝构建一条骨骼链，然后构建另一条从脚跟到脚趾的独立的骨骼链。然后就可以将这些骨骼链链接到一起组成一条完整的腿的集合。

因为腿和脚已经链接到一起，所以它们可以看作一条骨骼链。然而，将它们设置为动画的方式是对每条链分别处理，允许对部分进行完善的控制。

通过使用这种腿和脚的骨骼链的排列类型，当腿弯曲时却可以使脚保持站在地面上。此操作也允许独立控制脚在脚跟或脚趾轴上的旋转，这可以实现膝盖的弯曲。

3. 父对象的移动少于子对象

因为变换的的方式是子对象从父对象继承的，所以对父对象的微小调整可能会导致需要对它的所有子对象进行调整。链接的典型方法是选择根对象一类的对象，使它们移动得最少。与根对象相邻的对象应该移动得很少，而树叶对象应该移动得最多。

当链接机器人或机械装置之类的关节结构，或要使用反向运动学的层次时，这条原则尤其有用。

当把根对象作为控制柄时，此规则例外。根的所有子对象就像骑马一样跟随着父对象。设想一个装满了对象的盘子在运输带上移动。所有的对象都应该是盘子的子对象，但是盘子比所有的对象移动得都要多。

4. 选择层次的根对象

可以通过下面的问题来找到最好的层次候选根对象。

如果移动此对象，所有层次中其他的对象都要随之移动吗？

• 如果是这样 ，那么此对象可能就是所要找的根对象。这种对象的例子有躯干、灯座和树干。

• 如果答案不常是这样，那么可能选择的是子对象。这种对象的例子有手部、灯座和树叶。例如，如果移动角色的手部，其躯干将不移动。

一旦确定了一些根对象的候选，就可以更精确地检查它们。通过以下条件来为层次确定

好的根对象。

• 移动根对象通常会对层次中的其他对象产生很大影响。

• 反之，根对象基本上不受层次中其他对象移动的影响。

• 根对象很少设置为动画，其移动和旋转主要是为了将层次放置于场景中的正确位置。

• 根对象位于层次的虚拟重心上或在它的附近。

最适合这些条件的对象就是根对象。然后可以创建层次，其中包含的其他对象都作为根对象的子对象。

5. 链接反向运动学对象

反向运动学（IK）使用子对象作为动画的驱动力。IK 比较严谨并高度依赖于链接策略来执行计算。

在使用反向动力学链接层次时，需要考虑两个附加的原则。

• 链接和轴的位置模拟了真实世界中的连接位置。

• 选择结构重心或中心附近的一个对象作为层次的根对象。真实世界的重心是对象受到外力之后进行反作用的点。

如图所示，1 和 2 都代表了角色的根对象。两个结构都适合于正向运动学。右边的结构还适合大多数反向运动学。

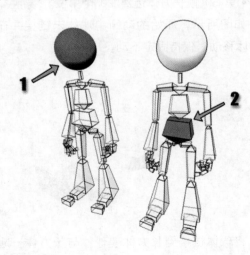

上面的图形显示了两种链接骨骼结构的方法。每种结构都适合处理正向运动学。然而,右边的结构更适合于反向运动学。

- 根对象的位置在躯干的重心附近。
- 此链接顺序更接近于模拟的真实躯干的链接。

左边的结构将手臂和躯干链接到颈部。右边的结构将手臂和颈部链接到躯干,这是更真实的方法。

Tips

避免对要使用 IK 设置动画的层次中的对象使用非均匀缩放。这样,用户就会看到拉伸和倾斜的过程。在子对象级别进行所有非均匀缩放也可避免此问题。如果有些对象显示了这种行为,那么要使用重置变换。

6. 在动画之后链接对象

当把一个对象与另一个对象相链接时,子对象和其父对象之间的链接关系决定于位置、旋转度、父对象和子对象在链接创建时的比例。

想象一下将一个固定的球体链接到一个动画长方体上。

- 第 0 帧长方体位于球体的旁边。
- 第 50 帧长方体远离 20 个单位。

如图所示,原始的动画中球体未链接并在长方体移动时保持固定不动。

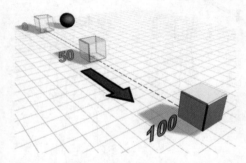

将球体链接到长方体使球体与长方体一起移动。在球体与长方体之间的距离取决于构建

链接的帧的位置。对不同的帧上的球体进行链接会有以下效果。

- 链接到第 0 帧,该球体在长方体移动时与之紧密相临。
- 链接到第 50 帧,该球体在长方体移动时与之保持相距 20 个单位。

如图所示,左侧:球体链接于第 0 帧,跟随长方体的移动并与之紧密相临。右侧:球体链接于第 50 帧,跟随长方体的移动并与之相距 20 个单位。

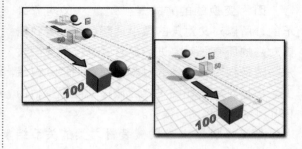

7. 在动画之后取消链接对象

当取消链接子对象时,它的第 0 帧会在移除链接的同时从其父对象在该帧的变换中移出。

想象一个链接到长方体的球体绕着钟面移动。该长方体在 12 点开始移动并绕着钟面行进超过 100 帧。图形显示一个长方体在沿着圆圈移动并有一个球体与之链接。

如图所示,原始的动画中球体链接到设置动画的长方体并跟随之移动。

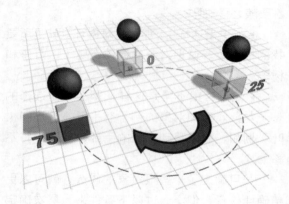

如果对球体取消链接会停止跟随长方体。球体的位置取决于它在链接移除的帧上的位置、旋转度或比例。在不同的帧上对球体取消链接会有以下效果。

• 在第 0 帧取消链接，该球体会在 12 点钟停止。

• 在第 25 帧取消链接，该球体会在 3 点钟停止。

• 在第 75 帧取消链接，该球体会在 9 点钟停止。

如图所示，从顶部起顺时针，分别在球体在第 0 帧、第 25 帧和第 75 帧的位置时取消链接。

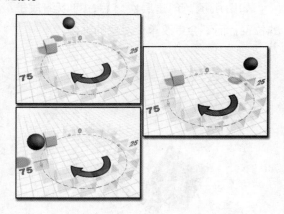

15.2.2 链接和取消链接对象

使用工具栏上的【选择并链接】按钮和【取消链接选择】按钮，可以创建和移除对象之间的链接。

1. 链接的对象

创建链接的常规过程是构建从子对象到父对象的层次。在工具栏上单击【选择并链接】按钮，选择一个或多个对象作为子对象，然后将链接光标从选择拖到单个父对象。选定对象成为父对象的子对象。

链接对象后，应用于父对象的所有变换都将同样应用于其子对象。例如，如果将父对象缩放到 150%，则其子对象以及子对象和父对象之间的距离也缩放为 150%。

2. 取消链接对象

单击【取消链接选择】按钮可移除从选定对象到它们的父对象的链接。不影响选定对象的任何子对象。

通过双击根对象以选择该对象及其全部子对象，然后单击【取消链接选择】，可迅速取消链接整个层次

3. 链接动画对象

应当在设置对象动画之前建立链接。无法设置使用【选择并链接】建立的对象间链接的动画；该链接仍然在整个动画中生效。

如果希望在一部分动画中链接对象，而在另一部分中不链接对象，可以链接约束以更改特定帧处的链接。

4. 显示链接

复杂网格层次可连同链接一起显示，甚至使用链接代替网格对象。要显示链接，请首先选择链接的对象。在【显示】面板 →【链接显示】卷展栏上，启用【显示链接】以显示链接。也可以启用【链接替换对象】以便仅显示链接，而不显示对象。

15.2.3 调整轴

用户可以将对象的轴点看作代表其局部中心和局部坐标系。

对象的轴点应用非常广泛，如下。

• 选中【轴点】变换中心时，它作为旋转和缩放的中心。

• 作为修改器中心的默认位置。

• 作为链接子对象的变换偏移。

• 作为 IK 的关节位置。

通过单击【层次】面板上的【轴】，然后使用【调整轴】卷展栏工具，可以调整轴点。

【调整轴】卷展栏上的功能不能进行动画。调整任意帧上的某个对象的轴将对整个动画更改该对象的轴。

1. 仅影响轴

打开【仅影响轴】之后，移动和旋转变换只适用于选定对象的轴。

• 移动或旋转轴并不影响对象或其子级。

• 缩放轴会使对象从轴中心开始缩放，但是其子级不受影响。

如图所示，使用【仅影响轴】无需移动对象即可变换轴。

2. 仅影响对象

启用【仅影响对象】之后，变换将只应用于选定对象。轴不受影响。

移动、旋转或缩放对象并不影响轴或其子级。

如图所示，使用【仅影响对象】无需移动轴即可变换对象。

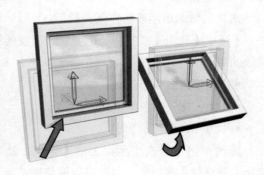

3. 仅影响层次

打开【仅影响层次】之后，旋转和缩放变换只适应于对象及其子对象之间的链接。

缩放或旋转对象影响其所有派生对象的链接偏移，而不会影响对象或其派生对象的几何体。由于缩放或旋转链接，派生对象将移动位置。

使用这种技术可以调整链接对象之间的偏移关系。

使用这种技术不仅可以调整链接对象之间的偏移关系，而且可用于调整骨骼，以与几何体匹配。

如图所示，创建层次之后，可以缩放子级的位置，而不会更改单个对象的维度。

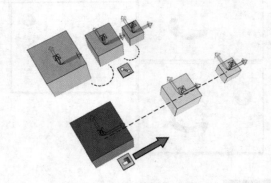

如图所示，旋转层次并不会影响单个对象的方向。

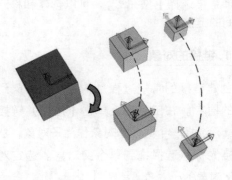

4. 对齐轴

使用【调整轴】卷展栏【对齐】组上的按

钮可以基于【仅影响对象】和【仅影响轴】的
状态更改名称。当【仅影响层次】处于活动状
态时，将禁用【对齐】。

（1）居中到对象/轴

移动对象或轴，以便轴位于对象的中心。

（2）对齐对象/轴

旋转对象或轴，以便将轴与对象的原始局
部坐标系对齐。

（3）对齐到世界

旋转对象或轴，以便与世界坐标系对齐。

5. 重置轴

单击【重置轴】可将选定对象的轴点返回
到对象初创时采用的位置和方向。

【重置轴】不会影响对象或其子级。【仅
影响对象】和【仅影响轴】的状态将被忽略。

15.2.4 查看和选择层次

用户可通过多种方法查看层次结构并在其
中选择对象。

1. 查看层次

用户可通过下列方法查看链接层次中的父
对象和子对象之间的关系。

• 只要使用按名称选择方法，例如选择【编
辑】菜单 →【选择方式】→【名称】，在主工
具栏上单击【按名称选择】或者按 H 键，就会
弹出【从场景选择】对话框。要按层次列出对
象，请在对话框上启用"显示子树"。这将在
父对象下方缩进其子对象。

• 层次列表位于轨迹视图窗口的左侧，显
示使用缩进表示层次的所有对象。子对象缩进
显示在其父对象下方。"轨迹视图"的另一个
优点是，可通过塌陷和展开层次分支来控制视
图。在控制器列表中显示层次，如图所示。

带加号的方形图标表示该对象下存在一个塌
陷分支，减号则表示已展开分支。单击加号图标
可展开分支，而单击减号图标可塌陷分支。

Tips

在复杂场景中，使用【曲线编辑器】在【轨迹
视图】中快速导航。只需在视口中选择对象，然
后用鼠标右键单击并选择"曲线编辑器"。就会
出现【轨迹视图 – 曲线编辑器】，选定对象位于
窗口顶部。

• 也可使用图解视图查看层次。除了显示结
构，【图解视图】还包含操纵层次的工具。

2. 选择层次成员：祖先和派生对象

在层次中选择一个或多个对象后，可使用
【PAGE UP】和【PAGE DOWN】键选择其直接祖
先或派生对象。

•【PAGE UP】取消选择该对象并选择该对
象的父对象。

•【PAGE DOWN】取消选择对象并选择其所有
直接的子对象，但并非所有子对象都位于链的
下方。

Tips

为反向运动学设置关节参数时，这些导航命
令特别有用。

要选择一个对象及其所有派生对象，可以
执行下列操作。

- 在视口中双击该对象。
- 在"轨迹视图"层次列表中双击该对象图标。

3. 选择层次成员：同级项

在"自定义用户界面"上可以找到"选择同级项 – 下一个"和"选择同级项 – 上一个"操作，它们出现在"主 UI"组和"所有命令"类别中。用户可以将它们指定为热键、工具栏按钮等。我们建议分别将它们指定给光标关键点"右箭头"和"左箭头"，默认情况下，不会将这些关键点指定给键盘组合键。

通过这些命令之一使用位于相同层级上的一个对象替换当前选择。更准确地说，在此上下文中将同级项定义为从选定对象最近的父对象相同距离的对象。符合此定义的所有对象为同级项，所以在不对称层次中，对象 A 可以是对象 B 的同级项，但是反过来不成立。

虚拟辅助对象的不对称层次如下图所示。

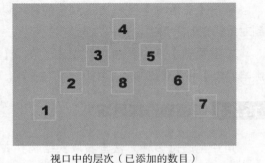

| 【从场景中选择】对话框中的层次 | 视口中的层次（已添加的数目） |

在视口图像中，虚拟对象 6、8 和 2 彼此之间似乎是同级项。不过，该设置在实际中更复杂，因为虚拟对象 2 和 8 是 Dummy003 的直接子对象，而 Dummy006 又是 Dummy005 的直接子对象，后者与 Dummy003 处在同一个层级。

- 选择 Dummy006 并激活"选择同级项 – 下一个"会使 Dummy008 被选定。
- 选择 Dummy006 并激活"选择同级项 – 上一个"会使 Dummy002 被选定。
- 选择 Dummy002 之后，激活其中一个"选择同级项"命令也将选定 Dummy008，如果随后使用每一个命令，则每个选择将交替进行。这是因为 3ds Max 只看到选定对象上的下一个分支，从而使 Dummy002 和 Dummy008 成为 Dummy006 的同级项，反之则不行。

采用此方法定义同级项具有实际的优势，例如，循环查看角色一侧所有手指的选择，而不用跳过其他手选择。但是，在选定胳膊对象之后循环查看同级项，通常会选定相反的胳膊对象。

使用这些命令时，无法选定隐藏和冻结对象，但是当决定同级项的含义和不是同级项时将它们视为层次的一部分。此外，如果选择过滤器处于活动状态，则无法选定不符合过滤器标准的同级项。在这种情况下，如果所有同级项存在，则忽略不合格的同级项，而选择未来的同级项。

4. 自定义四元菜单

用户可以自定义四元菜单，使其显示用于选择子对象和/或祖先的命令。选择自定义用户界面。在四元菜单选项卡上，从所有命令的列表中拖动"选择祖先对象"或"选择子对象"到四元菜单中。然后，通过右键单击和单击轻松选择子对象或父对象。

15.3 空间扭曲对象

空间扭曲是影响其他对象外观的不可渲染对象。空间扭曲能创建使其他对象变形的力场，从而创建出涟漪、波浪和风吹等效果。

空间扭曲的行为方式类似于修改器，只不过空间扭曲影响的是世界空间，而几何体修改器影响的是对象空间。

创建空间扭曲对象时，视口中会显示一个线框来表示它。可以像对其他3ds Max 2016对象那样改变空间扭曲。空间扭曲的位置、旋转和缩放会影响其作用。如图所示，是被空间扭曲变形的表面，左侧：爆炸，右侧：涟漪，后面：波浪。

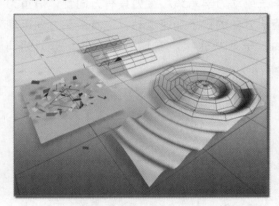

空间扭曲只会影响和它绑定在一起的对象。扭曲绑定显示在对象修改器堆栈的顶端。空间扭曲总是在所有变换或修改器之后应用。

当把多个对象和一个空间扭曲绑定在一起时，空间扭曲的参数会平等地影响所有对象。不过，每个对象距空间扭曲的距离或者它们相对于扭曲的空间方向可以改变扭曲的效果。由于该空间效果的存在，只要在扭曲空间中移动对象就可以改变扭曲的效果。

用户也可以在一个或多个对象上使用多个空间扭曲。多个空间扭曲会以您应用它们的顺序显示在对象的堆栈中。

15.3.1 空间扭曲工具

在【创建】面板中单击【空间扭曲】按钮 ≋ 即可打开【空间扭曲】面板。

空间扭曲工具在其面板的下拉列表中体现，包括力、导向器、几何/可变形、基于修改器、粒子和动力学5大类。创建空间扭曲的方法如下。

Step 01 单击【创建】面板中的【空间扭曲】次面板，在下拉列表中选择合适的类别，如这里选择【力】选项。

Step 02 选择要创建的空间扭曲工具按钮，这里单击【风】按钮。

15.3.2 力工具

在【创建】面板的【空间扭曲】次面板里选择下拉列表中的【力】选项，即可显示空间扭曲的【力】工具。

Step 03 在视图中拖动鼠标即可生成一个空间扭曲工具图标。

【力】工具用于粒子系统和动力学系统。全部工具都可以用于粒子系统，某些可以用于动力学系统，具体的可以查看该工具支持的类型。【力】工具中有马达、推力、漩涡、阻力、路径跟随、粒子爆炸、置换、重力和风等。

1. 重力

重力就是经常说的重力系统，【重力】工具用于模仿自然界的重力，可以作用于粒子系统或动力学系统。重力具有方向性，沿重力箭头方向的粒子加速运动，逆着箭头方向运动的粒子呈减速状。在球形重力下，运动朝向图标。

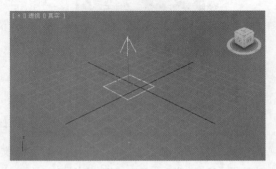

只有当物体与空间扭曲的符号绑定时，空间扭曲才对物体有作用力。空间绑定出现在物体修改堆栈的最上方，通常在做过其他的变形和修改之后才进行空间绑定。可以把多个物体绑定到同一个空间扭曲符号上，空间扭曲对绑定在其上的所有物体均有影响，但是它们与空间扭曲符号的距离、方向等会影响其作用的效果，所以简单地在空间扭曲中移动一个物体也会改变扭曲的作用效果。还可以把一个物体绑定到多个空间扭曲上，这样多个空间扭曲就会同时影响该物体，其作用效果会叠加起来，它们会按顺序出现在物体修改堆栈的上方。

使用空间扭曲的方法如下。

（1）创建一个空间扭曲对象。

（2）将物体绑定到空间扭曲对象上。

（3）调整扭曲的参数。

（4）对空间扭曲进行平移、旋转、比例缩放等调整，修改物体的变形部。

它的参数很简单，如下图所示。

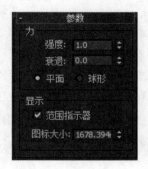

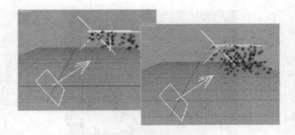

（1）在【力】选项组中，【强度】表示重力场的大小，数值越大对物体的影响越明显，负值将产生反方向的力场，值为0时则没有效果；【衰退】表示力场的衰退程度，值为0时整个空间充满相同大小的力作用，该值可以调节由物体与重力系统距离而受力的作用大小，使其随距离而减小；【平面】/【球形】用来选择力场的种类，平面力场将使粒子系统喷发的粒子或物体沿箭头方向运动，而球形力场将使粒子或物体向球形符号运动。

其【参数】卷展栏如下图所示。其中的大部分选项与重力系统相同，这里只介绍【风】选项组，这是风力系统特有的。

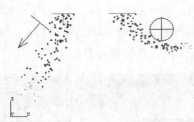

（2）在【显示】选项组中，当衰减值大于0时，【范围指示器】微调框用于指示力场衰减在什么位置衰减到原来的一半，对于平面力场则显示为两个平面；【图标大小】不影响重力的作用效果。

（1）【湍流】微调框：风吹粒子可以引起粒子的随机变化，产生紊乱的效果，以模拟真实的风，数值越大紊乱越明显。

（2）【频率】微调框：该微调框的值不为0时，粒子系统紊乱随时间而周期性地变化，不过它的效果不是很明显，除非粒子系统产生大量的粒子。

（3）【比例】微调框：缩放紊乱的效果，该微调框的值越小紊乱效果越平滑、越规则；该微调框的值越大，风会变得非常不规则，可以表现为狂风效果，比如暴风雪。

2. 风

【风】工具用于模拟风吹对粒子系统的影响，粒子在顺风的方向加速运动，在迎风的方向减速运动。风与重力系统非常相像。风增加了一些自然界中风的特点，比如气流的紊乱等。风力系统也可以作用于物体。

3. 推力

【推力】工具可以作用于粒子系统或动力学系统，但作用在这两种对象上时的效果稍有不同。对于粒子系统，产生的是一种具有一定作用范围的统一力的效果；对于动力学系统，产生的是一种点力效果。

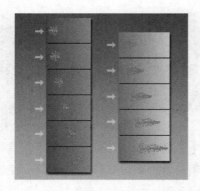

其【参数】卷展栏如下图所示。

（1）在【计时】选项组中，【开始时间】/【结束时间】微调框分别用于控制推力开始的时间和结束的时间。在【强度控制】选项组中，【基本力】微调框用来控制推力的大小，【牛顿】和【磅】单选钮是用来设置力的单位的，1磅大约是4.5牛顿。选中【启用反馈】复选框，推力将随物体间的相对速度而变化，取消选中时推力将保持不变。选中【可逆】复选框，如果物体的速度大于目标的速度，推力将会翻转。当目标运动速度大于【目标速度】值时，【启用反馈】复选框就会起作用。【增益】设置推力调节接近目标速度的快慢程度，设置为100，调节速度会很快，值小一点调节速度会慢下来。

（2）在【周期变化】选项组中，对基本推力引入

随机的变化值，可以通过两个波形产生噪声效果。选中【启用】复选框可以使变化起作用，【周期】、【幅度】和【相位】分别用于调节两个波形的周期、幅度和相位。

（3）【粒子效果范围】选项组用于将推力效果限制在一个特定的区域里，只对粒子系统有效。选中【启用】复选框可以使此选项有效，【范围】用于调解影响的范围。在【显示图标】选项组中，【图标大小】用于控制视图中图标显示的大小。

4. 马达

【马达】工具与【推力】相似，但是它对粒子系统或动力学物体施加扭矩，而不是直接力的作用。对于粒子系统，马达的位置和方向对粒子都有影响；对于动力学物体，只有图标的方向起作用，其位置没有影响。

其【参数】卷展栏如下图所示。

【强度控制】选项组：【基本扭矩】微调框用于控制扭矩的大小，【n-m/Lb-ft/Lb-in】(牛米/磅英尺/磅英寸)是扭矩的单位。【目标转速】微调框用来定义当力反馈起作用时物体的旋转速度，【RPH/RPM/RPS】(转每小时/转每分钟/转每秒)用于设置转速的单位。【增益】微调框用于控制转速调节的快慢。

5. 漩涡

【漩涡】工具应用于粒子系统，可以对粒子施加一个旋转的力，使它们形成一个漩涡，类似于龙卷风。使用此工具可以很方便地创建黑洞、漩涡或漏斗状的物体。

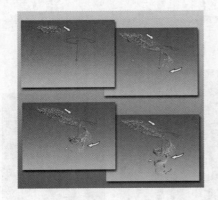

其【参数】卷展栏如下图所示。

① 【漩涡外形】选项组：用于控制漩涡的大小形状。其中的【锥化长度】微调框用于控制漩涡的长度，较小的值会使漩涡看起来比较紧，而大的值可以得到稀松的漩涡；【锥化曲线】微调框用于控制漩涡的外形，小的值漩涡开口比较宽大，大的值可以得到几乎垂直的入口。

② 【捕获和运动】选项组：该选项组包含一系列对漩涡的控制选项。选中【无限范围】复选框，漩涡将在无限范围内发挥作用；撤选此复选框，漩涡则会受到【范围】和【衰减】的限制。【轴向下拉】微调框用于控制粒子在漩涡内沿轴向下落的速度，【范围】微调框用于定义轴向阻尼具有完全作用的范围，【衰减】微调框用于定义在轴向阻尼的完全作用范围之外的分布范围，【阻尼】微调框用于定义轴向阻尼。【轨道速度】微调框用于控制粒子旋转的速度，【径向拉力】微调框用于控制粒子开始旋转时与轴的距离。CW/CCW(顺时针/逆时针)用于控制粒子旋转的方向。

③ 【显示】选项组：该选项组中的【图标大小】微调框用于控制视图中图标的显示大小。

6. 阻力

【阻力】工具其实就是一个粒子运动阻尼器，可以在指定的范围内以特定的方式减慢粒子的运动速度，可以是线性的、球状的或圆柱形的。使用它模拟风的阻力或粒子在水中的运动有很好的效果。

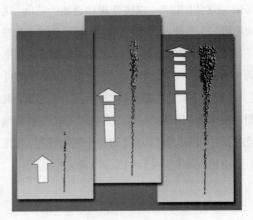

其【参数】卷展栏如下图所示。

参数解密

在【阻尼特性】选项组中可以选择不同的阻尼器形式，可以进行一系列的参数设置。选中【无限范围】复选框，制动效果将在无限的范围内以相同的大小作用。撤选【无限范围】复选框，【范围】微调框和【衰减】微调框就会起作用。选中【线性阻尼】单选钮，则可根据制动力工具的本身坐标定义一个XYZ矢量，每个粒子都要受垂直于这个矢量的平面的阻尼，阻尼平面的厚度由范围确定。【X轴/Y轴/Z轴】分别定义在制动工具的本身坐标方向上影响粒子的程度，也就是粒子在制动工具本身坐标轴方向上受到阻尼的程度。【范围】微调框用于定义阻尼平面的厚度，在此平面厚度内阻尼的作用是100%的。【衰减】微调框用于定义阻尼在范围以外，以线性规律衰减的范围。选中【球形阻尼】单选钮，阻尼器显示为两个同心的球，粒子的运动被分解为径向和切向，球形阻尼分别在这两个方向对粒子施加作用，作用范围由相应的【范围】和【衰减】确定。选中【柱形阻尼】单选钮，阻尼器图标显示为两个套在一起的圆柱，制动工具分别在【径向】、【切向】和【轴向】对粒子施加作用，作用范围分别由相应的【范围】和【衰减】确定。

Tips

其实3种阻尼器形式就是按照直角坐标、极坐标和圆柱坐标对粒子运动进行分解的，在各个方向上施加阻尼作用。

7. 路径跟随

【路径跟随】工具用于定义粒子运动的轨迹，使其符合一条曲线。

其【基本参数】卷展栏如下图所示。

参数解密

（1）【当前路径】选项组：用于显示当前路径名称或指定路径。单击【拾取图形对象】按钮可以在视图中选择一条曲线作为粒子运动的路径。撤选【无限范围】复选框，路径跟随的作用范围由粒子与路径之间的距离决定，与空间扭曲的图标无关。

（2）【运动计时】选项组：用于控制粒子受路径跟随影响的时间长度。【开始帧】微调框用于定义粒子从哪一帧开始受到影响。【通过时间】微调框用于控制粒子沿路径运动的时间。【上一帧】微调框用于定义粒子到哪一帧就不受影响了。

（3）【粒子运动】选项组：用于控制粒子的运动。选中【沿偏移样条线】单选钮，粒子系统与路径之间的距离会影响粒子的运动，如果样条曲线的第一个定点为粒子的发生地，粒子则会沿着该样条曲线运动；如果粒子的发生地与样条曲线之间有一定的距离，该距离就会影响粒子的运动。选中【沿平行样条线】单选钮，粒子会沿着一条与路径平行的曲线运动，粒子系统与路径的相对偏置不影响粒子的运动。选中【恒定速度】复选框，所有的粒子将保持匀速运动。【粒子流锥化】微调框可以使粒子在运动的路径上分散或聚集，或者既分散又聚集，由此产生一种辨析的效果。【变化】微调框用于控制【粒子流锥化】对粒子的影响程度。选中【会聚】单选钮，使粒子运动会聚在路径上；【发散】与【会聚】相反，粒子沿路径越来越分散；【二者】指粒子运动时产生两种效果。【漩涡流动】值会使粒子在路径上运动时产生旋转的效果。【变化】微调框用于控制【漩涡流动】对粒子运动的影响程度。【顺时针】、【逆时针】、【双向】单选钮用于控制粒子运动的方向。

（4）【唯一性】选项组：该选项组中的【种子】微调框可以为当前的路径跟随效果设置一个随机种子数。

8. 粒子爆炸

使用【粒子爆炸】工具可以产生一次冲击波使粒子系统发生爆炸。当Parray设置为对象碎片时，粒子爆炸与【粒子阵列】一起使用可以产生绝佳的效果。

其【基本参数】卷展栏如下图所示。

（1）【爆炸对称】选项组：用于控制爆炸的形状和样式。选中【球形】单选钮，从中心向每个方向都有冲击力。选中【柱形】单选钮，可以使冲击力的效果从圆柱形图标中心沿法向向外或沿轴向向外。选中【平面】单选钮，可以使冲击力的方向为平面的两个法向。通过【混乱度】微调框可以设置一种类似布朗运动的效果，每一帧粒子受到的力的大小和方向都不同。

（2）【爆炸参数】选项组：【开始时间】微调框用于设置冲击爆炸开始的时间；【持续时间】微调框用于设置冲击力持续的时间，一般取0~3；【强度】微调框用于控制冲击力的大小，影响粒子运动速度变化的快慢。选中【无限范围】单选钮可以使爆炸对整个场景中绑定的粒子都起作用；选中【线性】单选钮可以设置线性衰减到0；选中【指数】单选钮可以设置指数规律衰减到0。【范围】微调框用于控制冲击力从全部衰减到0的距离。

（3）【范围指示器】复选框：选中此复选框，在视图中可以用线框显示爆炸的作用范围。

9. 置换

使用【置换】工具可以模拟力场对物体表面的三维变形效果，它与【置换】修改器的作用效果类似。

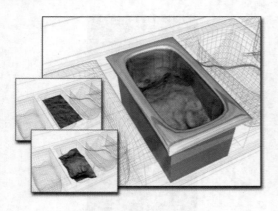

其【参数】卷展栏如下图所示。

参数解密

（1）【置换】选项组：用于控制其基本参数。其中【强度】微调框用于设置【置换】工具的作用效果，值为0时没有效果，值越大，效果越明显。默认的情况下，【置换】工具在整个空间都有作用，设置了【衰退】值之后，作用效果将在一定的距离内衰减到0。选中【亮度中心】复选框可以设置以哪一级灰度值作为亮度中心值，默认值是50%。

（2）【图像】选项组：单击【位图】区域的按钮可以指定一幅用于置换效果的图片，单击【移除位图】按钮可以去除该图片。【模糊】微调框用于对置换的效果进行模糊处理。

（3）【贴图】选项组：用于定义贴图的形式。【平面】、【柱形】、【球形】及【收缩包裹】单选钮可以控制将图片以何种方式映射为置换效果。【长度】、【宽度】及【高度】微调框用来控制空间扭曲工具的大小，【高度】并不影响平面贴图的效果。【U/V/W向平铺/翻转】微调框用来控制在UVW平面上平铺和翻转。

15.3.3 导向器工具

在【创建】面板的【空间扭曲】次面板里，选择下拉列表中的【导向器】选项即可打开空间扭曲的导向器工具。【导向器】用于使粒子系统或物体发生偏转，可用于粒子系统或物体。导向器工具包括导向板、导向球、全导向器、泛方向导向板、泛方向导向球和全泛方向导向6种。

1. 导向板

【导向板】工具用于模拟粒子系统撞在物体表面又被反弹的效果。可以模拟雨打在路面或瀑布冲击石头的情景。

其【参数】卷展栏如下图所示。

参数解密

（1）【反弹】微调框：用于控制粒子反弹后动能与反弹前的比值，值为1时保持反弹的速度不变。

（2）【变化】微调框：用于指定一个变化的范围，弹性数值不会超出这个范围。

（3）【混乱】微调框：用于控制反弹后方向的变化。

（4）【摩擦力】微调框：用于设置粒子在导向器表面受到的摩擦，0%表示不受摩擦，50%表示撞在导向器表面后速度减为50%，100%表示速度减为0。

（5）【继承速度】微调框：用于控制导向器的运动速度对粒子运动的影响。如果想模拟汽车在雨中前进，则可设置此项。

（6）【宽度】和【长度】微调框：用于控制导向器的大小。

2. 导向球

【导向球】对粒子系统可以产生一种球形的导向效果。其【参数】卷展栏与导向板大致相同，这里不再赘述。

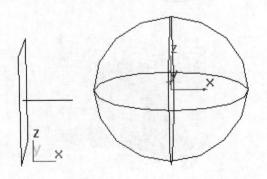

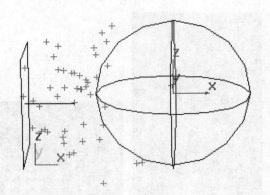

Tips

如果粒子发射器完全位于球形导向器内，那么粒子也会被局限在其内部，这样可以做出一些特殊的效果。

3. 全导向器

【全导向器】工具允许用户使用任何物体作为粒子导向器。

在其【参数】卷展栏中，单击【拾取对象】按钮可以在视图中选择一个物体作为导向器。【图标大小】微调框用于控制视图中的图标显示。

4. 泛方向导向板

【泛方向导向板】在原始导向器的基础上增加了折射和再生的功能。

参数解密

【折射】选项组用于设置粒子通过导向器时的折射行为。其中的【折射】微调框用来控制没有被反射的粒子中被折射的比例。若要50%反射和50%折射，则应设置【反射】为50%、【折射】为100%。【通过速度】微调框用来控制粒子穿过导向器后还保持多大的初始速度。【通过速度】微调框下的【变化】微调框用于设置通过速度的变化范围。【扭曲】微调框用来控制折射的角度，0表示无折射，50%表示折射后与导向器的表面平行，100%则反转方向。【扭曲】微调框下的【变化】微调框用来控制折射角的变化范围。【散射】微调框用来控制粒子被漫射的角度。【散射】微调框下的【变化】微调框用来控制散射角的变化范围。

5. 泛方向导向球

与【泛方向导向板】相似，【泛方向导向球】提供球面导向器。

6. 全泛方向导向

与【泛方向导向板】相似。单击其【参数】卷展栏中的【拾取对象】按钮可以选择任何物体作为导向器。

15.3.4 几何/可变形工具

在【创建】面板的【空间扭曲】次面板里选择下拉列表中的【几何/可变形】选项即可打开空间扭曲的【几何/可变形】工具。【几何/可变形】主要用于几何体的变形处理。几何变形工具包括FFD（长方体）、FFD（圆柱体）、波浪、涟漪、置换、一致和爆炸7种。

1. FFD（长方体）（自由变形）

【FFD（长方体）】（自由变形）工具提供了一种通过控制点相对于原始位置的偏移来变形物体的方法。FFD（长方体）是一个长方体形状的格子对象，很像FFD修改器。

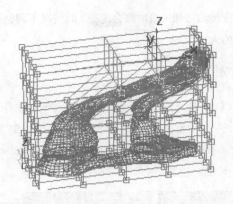

【FFD参数】卷展栏如下图所示，它与前面讲过的FFD修改器基本相同。

(1)【尺寸】选项组：用于控制格子体的【长度】、

【宽度】、【高度】以及每个方向上控制点的数目。

(2)【显示】选项组：选中【晶格】复选框则显示控制点之间的连线，否则隐藏连线。选中【源体积】复选框，则显示未变形之前的格子形状。

(3)【变形】选项组：选中【仅在体内】单选钮，只对处于原始体积内的部分物体实施变形处理；选中【所有顶点】单选钮，则对物体的全部顶点都实施变形处理。【衰减】微调框用于定义一个范围，在此范围之外变形效果为0，在此范围之内效果逐渐减少为0。【张力】/【连续性】微调框用于控制变形样条曲线的张力和连续性。虽然看不见，但样条曲线是存在的。

(4)【选择】选项组：【全部X】、【全部Y】和【全部Z】3个按钮用于选择与当前控制点X、Y和Z相同的所有控制点。

2. FFD（圆柱体）（自由变形）

与【FFD（长方体）】类似，它提供圆柱形的变形体。

其【参数】卷展栏与【FFD（长方体）】基本一样，其中的【半径】微调框用于控制变形体的半径。

3. 波浪

使用【波浪】工具可以创建一种线性的波形，它对几何体的作用和【波浪】修改器相同。使用空间扭曲工具可以对大量的物体运用相同的作用效果，或实现与其空间位置有关的效果。

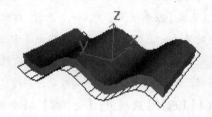

波浪【参数】卷展栏如下图所示。

参数解密

【振幅1】是x向的,【振幅2】是y向的,坐标系为物体的自身坐标系。对两个振幅设置不同的值可以得到交叉波。【波长】和【相位】微调框用来设置波长和相位。【衰退】值不为0时振幅会随距离减小。【边数】微调框用来设置对象x轴上边的段数,【分段】微调框用来设置对象y轴上边的段数。【尺寸】微调框用来在

不改变波浪效果(缩放则会改变)的情况下调整波浪图标的大小。

4. 涟漪

【涟漪】在世界坐标中产生一个同心波纹。它对绑定的几何体的作用效果与【涟漪】修改器相同,其作用效果同时要受到物体与涟漪之间相对位置的影响。

5. 置换(表面置换)

与【力】工具中的【置换】相同,此处不再赘述。

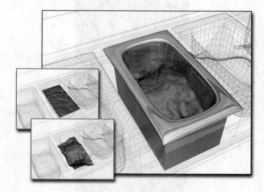

6. 一致

【一致】工具主要的用途是修改被绑定的物体,使其在空间扭曲图标矢量的方向上,直到它们接触到目标物体或物体的各个顶点都偏离原始位置一段距离,使被绑定物体的表面符合目标物体的表面。

其参数卷展栏如下图所示。

参数解密

单击【拾取对象】按钮可以选择一个目标，其表面形状用作被绑定物体的表面。【默认投影距离】微调框用来设置在没有与目标物体相交时，被绑定物体的顶点偏离原始位置的距离。【间隔距离】微调框用来设置被绑定物体顶点与目标表面之间保持的距离。选中【使用选定顶点】复选框，只有所选的顶点被处理。

7. 爆炸

使用【爆炸】工具能将物体分裂为组成物体的单独面。

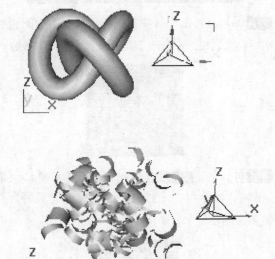

【爆炸参数】卷展栏如下图所示。

参数解密

【强度】微调框用来设置爆炸的强度，数值越大，粒子飞得越远。【自旋】微调框用来设置粒子旋转的速率。【衰退】微调框用来设置爆炸效果影响的范围，在该范围内爆炸效果衰减到0。选中【启用衰减】复选框即可使用【衰退】设置。衰减范围显示为一个黄色的、带有3个环箍的球体。【最小值】和【最大值】微调框用来定义碎片的尺寸。【重力】微调框用来调整重力加速度的大小。【混乱】微调框用来设置爆炸混乱的程度。【起爆时间】微调框用来指定爆炸开始的帧，在该时间之前绑定对象不受影响。【种子】微调框用来设置爆炸的随机种子数。

15.3.5 基于修改器工具

在【创建】面板的【空间扭曲】次面板里选择下拉列表中的【基于修改器】选项即可打开基于修改器的修改工具。

【基于修改器】工具有弯曲、噪波、倾斜、锥化、扭曲和拉伸等，它们与相对应的修改器的作用效果相同，参数卷展栏也基本相同，可以参考前面讲过的内容。不同的是空间

扭曲工具可以对大量的几何体同时进行修改处理，使它们具有相同的效果，而修改器只能作用于单个的物体。

15.3.6 实例：创建涟漪动画

下面来制作涟漪动画效果，主要利用【涟漪】空间扭曲命令，具体操作步骤如下。

Step 01 启动3ds Max 2016，单击【应用程序】按钮，从弹出的菜单中选择【重置】命令重置场景。

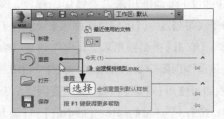

Step 02 打开随书光盘中的"素材\ch15\涟漪.max"文件。

Step 03 进入【创建】→【空间扭曲】面板，在下拉列表中选择【几何/可变形】选项，然后单击【涟漪】按钮。

Step 04 在顶视图中创建【涟漪】空间扭曲工具。

Step 05 选择创建的四边形面片，单击主工具栏中的【绑定到空间扭曲】按钮，从四边形面片到涟漪图标画出一条线。此时涟漪图标会闪一下，表示四边形面片已经被绑定到【涟漪】空间扭曲工具上。

Step 06 设置动画效果。选择【涟漪】空间扭曲图标，然后打开【修改】面板设置【涟漪】参数。

Step 07 单击自动关键点按钮，将时间滑块拖动到第100帧，然后打开【修改】面板设置涟漪参数，如下图所示。

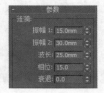

Step 08 设置完成动画效果就可以渲染动画了，渲染的最终效果，如下图所示。

15.3.7 实例：创建飘扬的旗子动画

下面来制作飘扬的旗子动画效果，主要利用【涟漪】空间扭曲命令，具体操作步骤如下。

思路解析：

首先使用平面和圆柱体创建旗子，然后添加空间扭曲力的重力和风，接着根据实际效果调整参数，最后渲染输出动画。

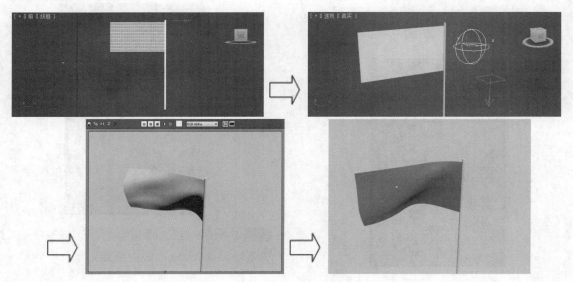

关键点1：创建旗子模型

Step 01 启动3ds Max 2016，单击【应用程序】按钮，从弹出的菜单中选择【重置】命令重置场景。

Step 02 按【Alt+W】组合键最大化前视图，然后在【创建】面板单击【平面】按钮，如图所示。

Step 03 在前视图中创建一个平面，将【参数】卷展栏展开，并进行下图所示的相关参数设置，尺寸不完全是重要的，但一定要得到一般的比例。

Step 04 最终结果如图所示。

Step 05 在【创建】面板中单击【圆柱体】按钮，如图所示。

Step 06 在顶视图中创建一个简单的圆柱体作为一个旗杆，将【参数】卷展栏展开，并进行相关参数设置，如图所示。

Step 07 最终结果如图所示。为了清楚起见，读者可以设置一个标准的材质给对象。

关键点2：创建重力和风

Step 01 在现实世界中的旗子是由重力和风力影响的，现在来模拟这种效果。单击【创建】命令面板 下的【空间扭曲】选项卡 ，然后单击【重力】按钮。

Step 02 在顶视口中的任何地方创建一个重力。它的位置并不重要，因为它是一个全球性的力量。

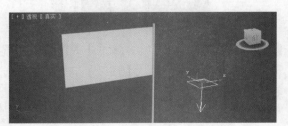

Step 03 单击【创建】命令面板 下的【空间扭曲】选项卡 ，然后单击【风】按钮。

Step 04 在左视图中创建一个风的空间扭曲对象，设置风的力量，进入修改面板，设置【强度】为25，【湍流】为15，并选择【球形】。

Step 05 风的空间扭曲对象必须放置在靠近旗子的位置，如图所示。

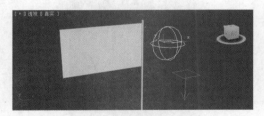

关键点3：创建Cloth模拟对象

Step 01 选择创建的平面，单击【修改】选项卡 ，然后为其添加一个【Cloth（布）】修改器。

Step 02 单击Cloth修改前的"+"号，选择组项目。选择第一行的顶点，然后单击"组"同组仍处于选中状态，如图所示。

Step 03 选择靠近柱子上的点，如图所示。

Step 04 单击【组】卷展栏下的【设定组】按钮，如图所示。

Step 05 系统将弹出【设定组】对话框，单击【确定】按钮。

Step 06 单击【组】卷展栏下的【节点】按钮，然后再次靠近柱子上的点，这样就创建了【布】修改器。

Step 07 单击Cloth对象，单击【对象】卷展栏下的【对象属性】按钮，如图所示。

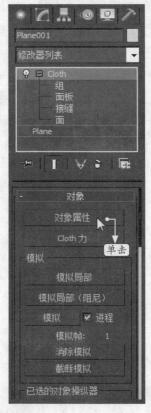

Step 08 系统将弹出【对象属性】对话框，选择【Plane001】平面，并从【预设】下拉菜单中选择【Cotton（棉）】选项，单击【确定】按钮。

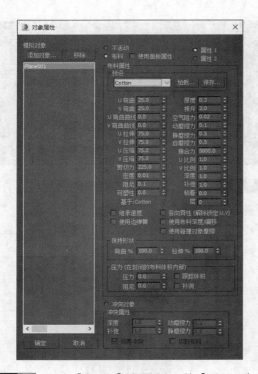

Step 09 单击【对象】卷展栏下的【Cloth力】按钮，如图所示。

Step 10 系统将弹出【力】对话框，将【场景中的力】添加到【模拟中的力】组中，然后单击【确定】按钮。

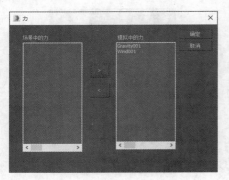

Step 11 单击【模拟局部】按钮可以模拟产生力后的效果，达到需要的效果时再次单击完成。根据用户的需要，也可能需要调整风和重力。

关键点4：创建动画并渲染

Step 01 对透视图进行渲染，效果如图所示。

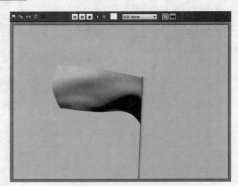

Step 02 单击【模拟】按钮可以模拟动画效果，等待计算完成即可。

Step 03 渲染动画的效果如图所示。

15.3.8 实例：创建文字被风吹散动画 ▶

下面来制作文字被风吹散的动画效果，主要利用【风】和【粒子阵列】命令，具体操作步骤如下。

Step 01 启动3ds Max 2016中文版软件。打开随书光盘中的"素材\ch15\文字.max"文件。

Step 02 在现实世界中，物体受阻力和风力的影响，现在来模拟这种效果。单击【创建】命令面板下的【空间扭曲】选项卡，然后单击【风】按钮。

Step 03 在左视图中创建一个风力，位置如图所示。

Step 04 单击【创建】命令面板下的【空间扭曲】选项卡，然后单击【阻力】按钮。

Step 05 在顶视口中的任何地方创建一个阻力。它的位置并不重要，因为它是一个全球性的力量。

Step 06 单击【创建】命令面板下的【几何体】下的【粒子系统】选项，然后单击【粒子阵列】按钮。

Step 07 在顶视口中的任何地方创建一个粒子阵列，它的位置并不重要。

Step 08 选择创建的粒子阵列，单击【修改】选项卡，单击【基本参数】卷展栏下的【拾取对象】按钮，然后选择文字W。

Step 09 接着修改粒子阵列的其他参数，这里将【发射开始】设置为10，让文字W在第10帧开始被吹散，将【寿命】设置为100，其他参数如图所示。

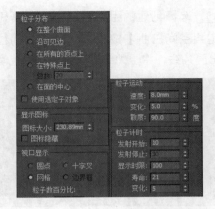

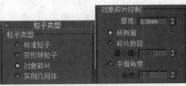

Step 10 接着将【材质贴图和来源】设置为【拾取的发射器】，然后单击【材质来源】按钮，让粒子的材质和文字的材质一致。其他参数设置如图所示。

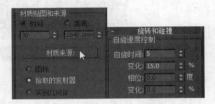

Step 11 选择创建的风，单击主工具栏中的【绑定到空间扭曲】按钮，从风到粒子阵列画出一条线，将风力绑定到粒子阵列上。

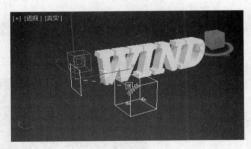

Step 12 选择创建的风，单击【修改】选项卡，设置风的参数，如图所示。

Step 13 选择创建的阻力，单击主工具栏中的【绑定到空间扭曲】按钮，从阻力到粒子阵列画出一条线，将阻力绑定到粒子阵列上。

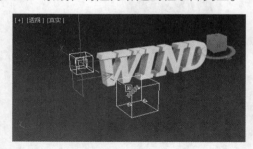

Step 15 接下来创建文字的消失效果，粒子从第10帧开始，文字就从第10帧隐藏。选择文字W，单击工具栏上的【曲线编辑器】按钮，如图所示。

Step 14 选择创建的阻力，单击【修改】选项卡，参数如图所示。

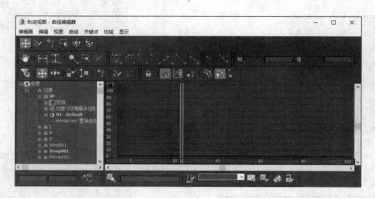

Step 16 单击【编辑】→【可见性轨迹】→【添加】按钮，为文字添加可见性轨迹，然后单击【添加关键点】按钮，在第9帧和第10帧添加关键点，并在左下角设置第10帧的值为0，如图所示。

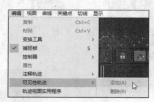

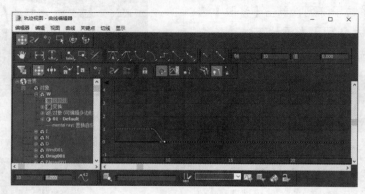

Step 17 拖动时间滑块观察文字W被风吹散的效果，如图所示。

Step 20 根据需要设置材质效果，渲染动画效果，如图所示。

Step 18 接下来，使用相同的方法为文字I、N、D创建粒子阵列效果，并且分别绑定风力和阻力。这里只是设置粒子阵列的【粒子计时】参数不一样，如图所示。

Step 19 同样为文字I、N、D创建消失的效果。文字I在第30帧消失，文字N在第50帧消失，文字D在第70帧消失，然后拖动时间滑块观察文字被风吹散的效果，如图所示。

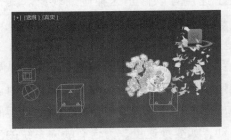

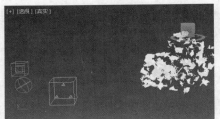

15.4 实战技巧

下面来介绍一些与空间扭曲相关的技巧和知识。

技巧1 空间扭曲支持哪些对象

一些类型的空间扭曲是专门用于可变形对象上的，如基本几何体、网格、面片和样条线。其他类型的空间扭曲用于粒子系统，如"喷射"和"雪"。

5种空间扭曲（重力、粒子爆炸、风、电动机和推力）可以作用于粒子系统。

在【创建】面板上，每个空间扭曲都有一个被标为【支持对象类型的】卷展栏。该卷展栏列出了可以和扭曲绑定在一起的对象类型。

技巧2 空间扭曲的基本用法

用户要使用空间扭曲，请遵循这些常规步骤：

（1）创建空间扭曲。

（2）把对象和空间扭曲绑定在一起。在主工具栏上，单击【绑定到空间扭曲】按钮，然后在空间扭曲和对象之间拖动。

空间扭曲不具有在场景上的可视效果，除非把它和对象、系统或选择集绑定在一起。

（3）调整空间扭曲的参数。

（4）使用"移动""旋转"或"缩放"变换空间扭曲。变换操作通常会直接影响绑定的对象。

用户可以使空间扭曲参数和变换动画化。还可以通过给绑定到扭曲上的对象制作变换操作动画，使空间扭曲效果动起来。

技巧3 粒子泄漏和导向器空间扭曲问题

导向器是一种在粒子系统中充当粒子障碍物的空间扭曲。在下列情况下，离群的粒子有时会从导向器泄漏。

- 当粒子恰巧在极靠近时间间隔的结束或起始点击中导向器，且解决方案中的数值错误没有报告击中时。

- 当粒子的击中点过于靠近全导向器参考的面的边缘，没有面发现该粒子时。

- 当粒子快速地移动并且第一次出现时靠导向器太近，以至于粒子系统内的首次更新循环在导向器还未看见它的情况下就把它处理为经过导向器的时候。

通常这不是一个问题，因为粒子会从实体对象上反弹，所以您看不见偏离正道的粒子。当它确实引发问题时，可以使用平面导向器而非全导向器，或使用平面集来模拟网格，或者用一个简单的网格来替换平面。解决方案有很多种，所以一种方法失灵的时候，其他方法可能会奏效。

如果粒子正在快速移动，且导向器处在一个特殊的位置上（例如，它可能离发射器太近），很多粒子就会从导向器中泄漏。有时候，通过改变粒子系统的"子帧采样"设置或者粒子速度可以修正这种泄漏现象。其他时候，必须把导向器重新放在离发射器更远的位置。

另外，处在气泡运动中的粒子也会从导向器中泄漏，尤其是在将其设置为高振幅时。要避免出现这种情况，请使用其他方法实现膨胀似运动，如变换速度、为含有喷射系统的流扩散设置更高的角度，或使用含有动画纹理贴图的更大粒子。

第 16 章

视频后期处理

■■ 本章引言

　　3ds Max 2016的【渲染】菜单中的【视频后期处理】像一个后期制作的梦工厂，可以让我们制作的动画、影视片头等显得生动而富有趣味。本章介绍关于视频后期处理的一些影视特效合成的知识。

■■ 学习要点

» 掌握视频后期处理简介及工具界面
» 掌握视频后期处理滤镜效果

16.1 视频后期处理简介及工具界面

　　本节介绍视频后期处理的基本概念以及工具界面等内容。

　　视频后期处理是3ds Max 2016中的一个强大的编辑、合成与特效处理的工具。使用视频后期处理可以将包括目前的场景图像和滤镜在内的各个要素结合在一起，从而生成一个综合结果输出。一个视频后期处理序列能包含所有的用来综合的元素，包括场景中的几何体、背景图像、效果和蒙版等。

16.1.1 视频后期处理简介

　　视频后期处理序列提供一个图像、场景和事件的层次列表。在视频后期处理中，列表项目在序列里被称为事件。事件出现在序列中的顺序就是它们被执行的顺序。在序列中至少有一个事件。序列通常是线性的，但是某些特殊的事件，例如图层合并事件则是合并其他事件并成为它们的母事件。

　　下图是一个运用视频后期处理的实例，上部为各个事件在视频后期处理序列中的层次关系，而下部则为最终的输出合成图像。

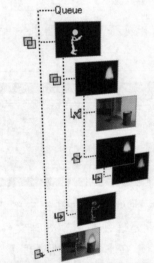

16.1.2 视频后期处理界面介绍

选择【渲染】→【视频后期处理】菜单命令，即可打开【视频后期处理】对话框。

打开的【视频后期处理】对话框如图所示。

【视频后期处理】对话框中的工具栏包含的工具用于处理视频后期处理文件（VPX文件）、管理显示在【视频后期处理】队列和事件轨迹区域中的单个事件。

【视频后期处理】对话框中的工具栏如下图所示。

参数解密

（1）【新建序列】按钮 ▯：可以创建新的视频后期处理序列。新建序列时，系统会提示确认删除当前队列中的所有条目。

（2）【打开序列】按钮 ▱：可以打开存储在磁盘上的视频后期处理序列。

（3）【保存序列】按钮 ▤：可将当前视频后期处理序列保存到磁盘。

（4）【编辑当前事件】按钮 ▣：单击该按钮会显示一个对话框，用于编辑选定事件的属性。该对话框取决于选定事件的类型。编辑对话框中的控件与用于添加事件类型的对话框中的控件相同。

（5）【删除当前事件】按钮 ✕：单击该按钮会删除视频后期处理队列中的选定事件。

（6）【交换事件】按钮 ↻：可切换队列中两个选定事件的位置。

（7）【执行序列】按钮 ✗：执行视频后期处理队列作为创建后期制作视频的最后一步。执行序列与渲染有所不同，因为渲染只用于场景，但是可以使用视频后期处理合成图像和动画，无需包括当前的3ds Max场景。

（8）【编辑范围栏】按钮 ▭：能够为显示在事件轨迹区域的范围栏提供编辑功能。

（9）【将选定项靠左对齐】按钮 ▤：单击该按钮可以将选定的两个或多个序列向左对齐选定范围栏。

（10）【将选定项靠右对齐】按钮 ▤：单击该按钮可以将选定的两个或多个序列向右对齐选定范围栏。

（11）【使选定项大小相同】按钮 ▦：单击该按钮能够使所有选定的事件与当前的事件大小相同。

（12）【关于选定项】按钮 ⁖：单击该按钮可以将选定的事件端对端连接，这样，一个事件结束时，下一个事件开始。

（13）【添加场景事件】按钮 ⛶：单击该按钮可以将选定摄影机视口中的场景添加至队列。

（14）【添加图像输入事件】按钮 ▸：单击该按钮可以将静止或移动的图像添加至场景。

（15）【添加图像过滤事件】按钮 ⬒：单击该按钮可以为提供图像和场景的图像添加视频后期处理滤镜效果。

（16）【添加图像层事件】按钮 ⬚：用来添加合成插件来分层队列中选定的图像。

（17）【添加图像输出事件】按钮 ▣：用来提供用于编辑输出图像事件的控件。

（18）【添加外部事件】按钮 ▣：外部事件通常是执行图像处理的程序，它还可以是希望在队列中特定点处运行的批处理文件或工具，也可以是从Windows剪贴板传输图像或将图像传输到Windows剪贴板的方法。

（19）【添加循环事件】按钮 ▣：单击该按钮可以导致其他事件随时间在视频输出中重复。它们控制排序，但是不执行图像处理。

事件的操作方法如下。

（1）把一个事件加入序列：单击任何一个添加事件按钮都将显示一个对话框，从中可以设置有关事件的细节。对话框依赖于事件的类型，有些事件还具有不同的子类型。大体上新的事件出现在序列的最后，但是某些事件需要最初在序列中选择一个或较多的事件。如果所选的事件不符合这些事件的相关条件，相应的事件按钮则会变成灰色而无法使用。

（2）在序列中删除事件：选择一个事件并单击【删除当前事件】按钮 ✕ 则可删除任何事件，无论是当前能用的还是被禁止的。

（3）在序列中调换两个事件的位置：选中这两个事件，然后单击【交换事件】按钮 ↺ 执行交换。有时交换事件这个操作可能不被允许。在最高层次的序列中几乎总能交换事件；在比较低的层次中，一个事件的输出必须是对它的母事件的合法输入。

16.2 视频后期处理滤镜效果

本节介绍视频后期处理中的镜头效果高光、镜头效果光晕和镜头效果光斑3种滤镜效果。

16.2.1 【镜头效果高光】滤镜

利用【镜头效果高光】滤镜可以制作明亮的、星形的高光区。可以在有光泽的材质对象上使用它。

举例来说，一个有光泽的金属把手将会在明亮的灯光照射下闪闪发光。另外，一个很好的例子是为灰尘创建高光。创建一个粒子系统并且让它按照一定的方向运动，然后对它应用高光，看起来会像闪烁的魔法一般。下面介绍一个【镜头效果高光】滤镜的应用实例。

用户可以选择在场景的哪一部分添加高光效果，也可以决定如何应用这些高光效果。首先来看一下【镜头效果高光】的参数设置。

Step 01 在【视频后期处理】对话框中的工具栏上单击【添加图像过滤事件】按钮 ▣，如图所示。

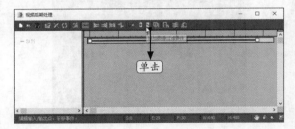

Step 02 将会弹出【添加图像过滤事件】对话框。

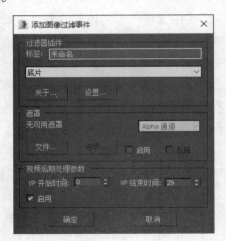

Step 03 从下拉列表中选择【镜头效果高光】滤镜，如图所示。

Step 04 单击【设置】按钮即可弹出【镜头效果高光】对话框。

Step 05 【镜头效果高光】对话框的上半区是预览区域，单击【预览】按钮可以实时地看到滤镜设置的效果。3ds Max 2016将使用默认的场景来表现滤镜的效果。按下【VP队列】按钮，在预览窗口中就会显示视频后期处理序列中当前图像的滤镜效果。

【镜头效果高光】对话框中的【属性】选项卡可以用来确定应用高光的场景部分以及应用高光的方式。

Tips

　　多数情况下，用户可能希望将不同的高光设置应用于不同的几何体或ID。要完成这项操作，应将附加的【镜头效果高光】条目添加到Video Post队列中，然后设置每个不同的【高光】条目，以实现不同的【效果ID】或【对象ID】，并继续工作。

 参数解密

　　【属性】选项卡可以分为两个部分：【源】选项组和【过滤】选项组。

　　1.【源】选项组

　　【源】部分可用于选择要应用高光的场景中的任何【G缓冲区】数据。【镜头效果高光】窗口通过从希望产生光晕的场景中找到源像素来开始此过程。

（1）【全部】复选框：选中此复选框可以将高光应用于整个场景，而不仅仅应用于几何体的特定部分。实际上，这样做可以使场景中的每个像素都成为一个潜在的高光源。应用高光的场景区域由对话框【过滤】部分的设置确定。

（2）【对象ID】复选框：选中该复选框可以将高光应用于场景中具有相应G缓冲区（或对象）ID的特定对象。【G缓冲区】是几何体缓冲区，用鼠标右键单击任意的3ds Max 2016对象，然后从菜单中选择【属性】菜单项即可定义G缓冲区。然后可以在【G缓冲区ID】控件下设置【对象通道ID】，并且可以对此参数设置动画。

（3）【效果ID】复选框：选中该复选框可以将高光应用于指定了特定的【效果ID】对象或其中的一部分。通过为材质指定8个可用材质效果通道之一，可以在材质编辑器中应用效果ID。此参数可以设置动画，然后高光将仅应用于几何体中具有该特定ID的几何体区域。

（4）【非钳制】复选框：超亮度颜色比纯白色（255，255，255）要亮。3ds Max 2016会跟踪这些【热】区域。如果场景中包含明亮金属高光或爆炸效果，就会出现此类区域。此微调器可用于确定高亮显示的最低像素值。纯白色的像素值为1。当此微调器设置为1时，任何值大于255的像素都将出现光晕。单击微调器右侧的【I】按钮可以反转此值。此参数可用于设置动画。

（5）【曲面法线】复选框：选中此复选框，可以根据曲面法线到摄影机的角度高亮显示对象的一部分。如果值为0则共面，即与屏幕平行；如果值为90则为法向，即与屏幕垂直；如果将【曲面法线】设置为45，则只有法线角度大于45°的曲面会产生光晕。单击微调器右侧的【I】按钮可以反转此值。此参数可用于设置动画。

（6）【遮罩】复选框：选中此复选框可以高亮显示图像的遮罩通道。此微调器值表示【遮罩】中出现的灰度级别。设置后，【遮罩】图像大于设置值的任一部分都将在最终图像中产生光晕。单击微调器右侧的【I】按钮可以反转此值。此参数可用于设置动画，范围为0～255。

（7）【Alpha】复选框：选中此复选框可以高亮显示图像的Alpha通道。Alpha通道的透明度的定义与【遮罩】通道透明度相反。值范围为0～255。单击微调器右侧的【I】按钮可以反转此参数，也可以对此参数设置动画。

（8）【Z高】和【Z低】微调框：根据对象到摄影机的距离（【Z缓冲区】距离）高亮显示对象。高值为最大距离，低值为最小距离。这两个Z缓冲区距离之间的任何对象均将高亮显示。此参数可用于设置动画。

2.【过滤】选项组

（1）【全部】复选框：选择场景中所有的源像素，并将高光应用到这些像素上。

（2）【边缘】复选框：选中此复选框，可以选择所有的沿边界的源像素，并对这些像素应用高光。沿对象边应用高光会在对象内、外边上生成柔和的光晕。

（3）【周界Alpha】复选框：选中此复选框，可以根据对象的Alpha通道将高光仅应用于此对象的周界。此时可以使对象的外部高亮显示，而内部没有任何变化。然而，按【边】高亮显示会在对象上生成斑点，而使用【周界Alpha】则可保证所有的边清洁，因为【周界Alpha】是利用场景的Alpha通道来实现其效果的。

（4）【周界】复选框：选中此复选框，则可根据【边】推论将高光效果仅应用于此对象的周界。这样虽然不像【周界Alpha】那样精确，但在Alpha通道不可用时，可能需要使用【周界】复选框。

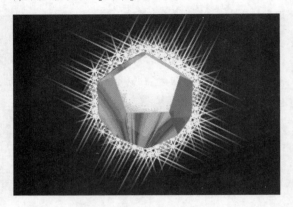

（5）【亮度】复选框：选中此复选框，可以根据源对象的亮度值过滤源对象，只选定亮度值高于微调器设置的对象并且高亮显示。单击微调器旁边的【I】按钮可以反转此选项。此参数可以设置动画。

（6）【色调】复选框：选中此复选框，则可按色调过滤源对象。单击微调器旁边的色样可以选择色调，可以选择0～255之间的色调值。【色调】色样旁边的微调器可用于输入变化级别，从而使光晕能够在与选定颜色相同的范围内找到几个不同的色调。此参数可用于设置动画。

16.2.2 实例：创建光闪耀眼的钻石效果

光闪耀眼的钻石效果是不是很眩目？我们可以通过【镜头效果高光】滤镜来实现这种钻石光照效果，具体的步骤如下。

Step 01 启动3ds Max 2016，单击【应用程序】按钮，从弹出的菜单中选择【重置】命令重置场景。

Step 02 打开随书光盘中的"素材\ch16\钻石.max"模型文件，文件中包括了一个钻石模型、一个目标摄影机和5盏灯光。

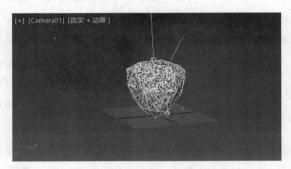

Step 03 选择【渲染】→【视频后期处理】菜单命令。

Step 04 系统将会打开【视频后期处理】对话框。

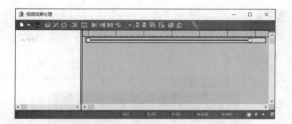

Step 05 单击【添加场景事件】按钮，打开【添加场景事件】对话框。

Step 06 在【视图】选项组的下拉列表中选择【Camera 01】选项，然后单击【确定】按钮。

Step 07 系统将返回【视频后期处理】对话框，如图所示。

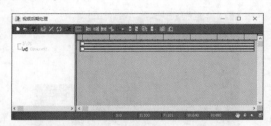

Step 08 在【视频后期处理】对话框中单击【添加图像过滤事件】按钮。

Step 09 在弹出的【添加图像过滤事件】对话框中的下拉列表中选择【镜头效果高光】选项，然后单击【确定】按钮。

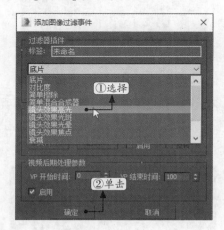

Step 10 在【视频后期处理】对话框中双击【镜头效果高光】选项，将会弹出【编辑过滤事件】对话框。单击【设置】按钮，将会弹出【镜头效果高光】对话框。

Step 11 在【属性】选项卡中对其进行参数设置，选中【效果ID】复选框并将其参数设置为1，这表明滤镜特效将作用于材质ID号为1的物体上。其他设置如下图所示。

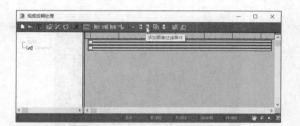

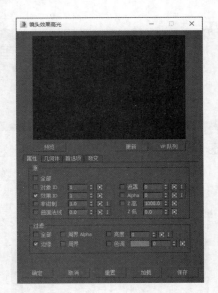

Step 12 设置【几何体】、【首选项】选项卡，具体设置如下图所示，设置完成后单击【确定】按钮。

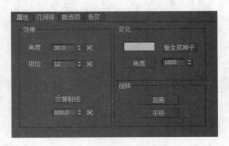

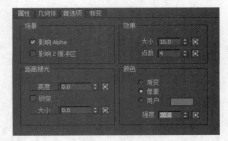

Step 13 单击视频后期处理工具栏上的【执行序列】按钮 。

Step 14 将会弹出【执行视频后期处理】对话框，在该对话框中设置相关的渲染选项，单击【渲染】按钮即可进行渲染。

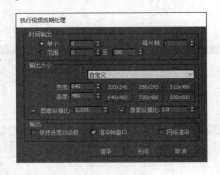

Step 15 最终效果如下图所示。

16.2.3 【镜头效果光晕】滤镜

使用【镜头效果光晕】滤镜可以在任何被选定的对象周围增加一个发光的晕圈。

举例来说，给一个爆炸粒子系统添加一个【镜头效果光晕】滤镜将使它们看起来更加明亮、炽热。在【视频后期处理】对话框中的工具栏上单击【添加图像过滤事件】按钮 ，在弹出的【添加图像过滤事件】对话框中选择【镜头效果光晕】菜单项即可。

【镜头效果光晕】滤镜的大部分参数设置的内容和含义与【镜头效果高光】滤镜完全一样，这里不再赘述。下面主要介绍【噪波】选项卡和【渐变】选项卡。

【噪波】选项卡通过在【镜头效果光晕】滤镜的【红\绿\蓝】色彩通道中添加随机噪声，可以创建诸如爆炸、火和烟雾等效果。【噪波】选项卡分为两个选项组：【设置】选项组和【参数】选项组。

1.【设置】选项组

（1）【气态】单选钮：一种松散和柔和的图案，通常用于云和烟雾。

（2）【炽热】单选钮：带有亮度、定义明确的区域的分形图案，通常用于火焰。

（3）【电弧】单选钮：较长的、定义明确的卷状图案，设置动画时可用于生成电弧。通过将图案【质量】调整到0，可以创建水波反射效果。

（4）【重生成种子】微调框：将此微调框设置为任意数值来创建不同的分形效果。按【重生成种子】按钮可以随机选择新的数。

（5）【运动】微调框：对噪波设置动画时，用于指定噪波图案在由【方向】微调框设置的方

向上的运动速度。例如，希望模拟烈火，则可使分形图案向上移动。此参数可用于设置动画。

（6）【方向】微调框：用于指定噪波效果运动的方向（以度为单位）。默认的情况下，0与12点钟的位置对齐，顺时针旋转。此参数可用于设置动画。

Tips

> 【运动】微调器和【方向】微调器控制分形图案在x和y方向的运动。可以使用【参数】选项组下的【速度】选项控制z方向。

（7）【质量】微调框：用于指定噪波效果中分形噪波图案的总体质量。值越大导致分形迭代的次数越多，效果越细化，渲染的时间也会有所延长。此参数可用于设置动画。

（8）【红\绿\蓝】复选框：选择用于【噪波】效果的颜色通道。

2.【参数】选项组

（1）【大小】微调框：用于指定分形图案的总体大小。较低的数值会生成较小的粒状分形，较高的数值会生成较大的图案。此选项可用于设置动画。

（2）【速度】微调框：用于在分形图案中设置动画时湍流的总体速度。较高的数值会在图案中生成更快的湍流。此参数可用于设置动画。

（3）【基准】微调框：用于指定噪波效果中的颜色亮度。较高的数值会生成较亮的颜色范围和较亮的噪波，较低的数值会产生较暗和较柔和的效果。【基准】微调器只影响【炽热】和【电弧】噪波类型。此参数可用于设置动画。

（4）【振幅】微调框：用于控制分形噪波图案每个部分的最大亮度。较高的数值会产生带有较亮颜色的分形图案，较低的数值会产生带有较柔和颜色的相同图案。此参数可用于设置动画。

（5）【偏移】微调框：用于将效果颜色移向颜色范围的一端或另一端。当设置为50时，

【偏移】不产生任何影响；高于50时，颜色较亮；低于50时，颜色会变得较暗和较柔和。此参数可用于设置动画。

（6）【边缘】微调框：用于控制分形图案的亮区域和暗区域之间的对比度。较高的数值会生成较高的对比度和更多定义明确的分形图案，较低的数值会产生较少定义和微小的效果。此参数可用于设置动画。

（7）【径向密度】：用于从效果中心到边缘以径向方式控制噪波效果的密度。无论何时，渐变为白色时只能看到噪波；渐变为黑色时，可以看到基本的光晕。如果将渐变右侧设置为黑色，将左侧设置为白色，并将【噪波】应用到光斑的【光晕】效果中，那么当光晕的中心仍可见时，噪波效果朝光晕的外边呈现。

下面介绍【渐变】梯度选项卡，在【镜头效果高光】滤镜中也有【渐变】梯度选项卡，只是因为结构的关系放在这里来说明。

渐变色梯度使用小的指示标记在渐变色梯度条上放置想要的颜色或亮度值。标记之间的颜色由平滑的线性过渡色组成。

【镜头效果】中有2种不同类型的渐变，即【径向】和【环绕】。2种类型之间几乎可以实现无限的效果。

（1）【径向】：径向渐变随渐变栏扫描从中心点向【镜头效果】特征的外边，以直线的方式从左到右更改颜色或亮度。渐变左侧边与效果的中心对齐，右侧边与效果的外边对齐。

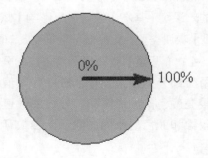

（2）【环绕】：以环绕方式更改颜色，围绕【镜头效果】特征顺时针旋转。如果在圆上标出【北】、【东】、【南】和【西】，这些点则分别代表渐变的0%、25%、50%和75%标记。

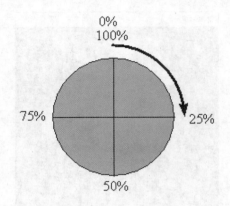

【渐变】选项卡一共有5条渐变梯度条，分别是【径向颜色】、【径向透明度】、【环绕颜色】、【环绕透明度】和【径向大小】。

要在渐变梯度条上增加一个标志块，只需要在梯度条上相应的位置双击就可以了，要编辑标志块的颜色也是在标志块上双击。左右拖动标志块可以调整颜色的位置。要删除一个标志块，只要将标志块拖动到梯度条的两端边缘处即可。

16.2.4 实例：创建星球的光晕效果

【镜头效果光晕】滤镜效果一般用来模拟一些镜头光晕或者一些特殊的光环效果，本实例运用【镜头效果光晕】滤镜来实现星球的光环和光斑效果，具体的步骤如下。

思路解析：

首先打开使用的素材，然后添加火效果，接着添加镜头效果光晕和镜头效果高光，最后渲染输出图像。

关键点1：打开素材文件

Step 01 启动3ds Max 2016，单击【应用程序】按钮 ，从弹出的菜单中选择【重置】命令重置场景。

Step 02 打开随书光盘中的 "素材\ch16\星球.max" 模型文件，文件中包括了一个星球的球体模型和一个球体的大气装置。

关键点2：创建火效果

Step 01 按8键打开【环境和效果】对话框，在【大气】卷展栏中单击【添加】按钮。

Step 02 在弹出的【添加大气效果】对话框中选择【火效果】选项，然后单击【确定】按钮。

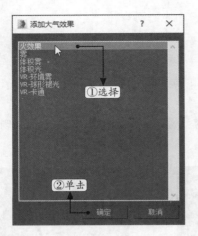

Step 03 在【火效果参数】卷展栏中单击【拾取Gizmo】按钮，选择视图中的球形辅助体，为其设置燃烧效果。

Step 04 按F9键进行快速渲染。

Step 05 在视图中选择球体对象，单击鼠标右键，在弹出的快捷菜单中选择【对象属性】命令，然后在【对象属性】对话框中将【对象ID】设置为2，单击【确定】按钮。

关键点3：创建镜头效果光晕和镜头效果高光

Step 01 选择【渲染】→【视频后期处理】菜单命令打开【视频后期处理】对话框。单击【添加场景事件】按钮 ![按钮]。

Step 02 将会打开【添加场景事件】对话框。在【视图】选项组中的下拉列表中选择【透视】选项，然后单击【确定】按钮。

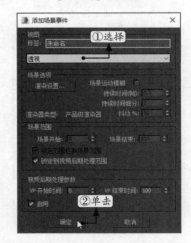

Step 03 系统返回【视频后期处理】对话框，如图所示。

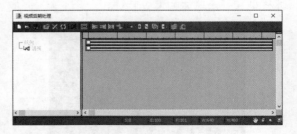

Step 04 为星球设置光晕效果。单击【视频后

期处理】对话框工具栏中的【添加图像过滤事件】按钮 。

中的【强度】设置为60。然后单击【预览】和【VP队列】按钮，预览场景效果。最后单击【确定】按钮。

Step 05 在弹出的【添加图像过滤事件】对话框的下拉列表中选择【镜头效果光晕】选项，然后单击【设置】按钮。

Step 08 单击【视频后期处理】对话框工具栏中的【添加图像过滤事件】按钮 ⬛。

Step 06 在弹出的对话框中设定【对象ID】为2，选中【效果ID】、【周界】复选框。

Step 09 在下拉列表中选择【镜头效果高光】选项。单击【设置】按钮。

Step 07 选择【首选项】选项卡，将【效果】选项组中的【大小】设置为10，【颜色】选项组

Step 10 在弹出的对话框中设定【对象ID】为2，选中【效果ID】、【全部】复选框。

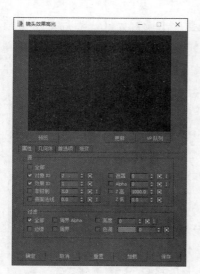

Step 11 打开【首选项】选项卡，将【效果】选项组中的【大小】设定为5，【颜色】选项组中的【强度】设置为5，然后单击【确定】按钮。

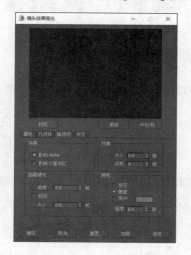

Step 12 单击视频后期处理工具栏上的【执行序列】按钮 。

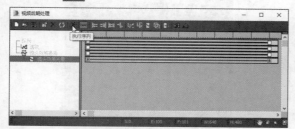

Step 13 将会弹出【执行视频后期处理】对话框，在该对话框中设置相关的渲染选项，单击【渲染】按钮即可进行渲染。

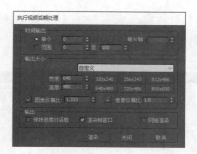

Step 14 最终效果如下图所示。

16.2.5 【镜头效果光斑】滤镜

【镜头效果光斑】滤镜可以为场景增加光线通过镜头透镜时闪耀的光斑效果。【镜头效果光斑】在一个场景中通常被应用到灯光上，在对象的周围产生透镜的闪光效果。用户可以通过【镜头效果光斑】对话框控制透镜的闪光效果。

【镜头效果光斑】对话框中的设置参数比较多，也比较复杂，下面将对话框分成若干个部分分别介绍。【镜头效果光斑】滤镜的全局参数包括两部分：【镜头光斑属性】和【镜头光斑效果】。在对话框中还包括【首选项】、【光晕】、【光环】等多个选项卡，下面分别介绍。

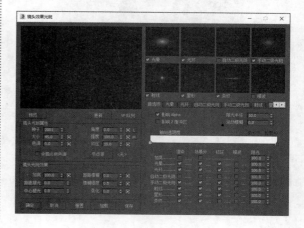

1. 镜头光斑属性

在【镜头效果光斑】滤镜全局属性区可以为【镜头效果光斑】滤镜设置全局的属性，例如镜头效果光斑闪耀的光源、尺寸大小、随机性和旋转等。

（1）【种子】微调框：用于给滤镜效果的随机数产生器生成一个不同的随机数种子，可以不变更任何设置而轻易地创建不同的透镜闪耀效果。举例来说，如果为透镜闪耀建立一道光线效果，则可在滤镜中通过调整随机数种子获得轻微不同的光线效果。

（2）【大小】微调框：该值影响透镜闪耀效果的全局大小。这个值是被渲染的帧的尺寸大小的百分比，默认为30。镜头光斑的其他部分，例如光晕、光环等，也有调整大小的问题。但是，此处的大小设置会影响整个镜头光斑，包括二级光斑。调整单个大小则不会影响此大小变量，反之亦然。此参数可用于设置动画。设置【大小】参数的动画会导致在设置动画的过程中，光斑在尺寸上变大或减小。

（3）【色调】微调框：如果选中【全局应用色调】复选框，这个数值则可控制对透镜闪耀效果应用光源像素的色调的比例。

（4）【全局应用色调】复选框：选中该复选框，则可应用光源像素的色调到全局的透镜闪耀效果中。

（5）【角度】微调框：该值影响光斑从默认位置开始旋转的量，例如光斑位置相对于摄影机改变的量。此参数可用于设置动画。使用【自动关键点】按钮右侧的锁定按钮（由于没有设置动画，因此在图中没有显示）可以锁定二级光斑，使它们旋转。禁用此按钮时，二级光斑将无法旋转。

Tips

除非启用【L】按钮，否则为【角度】参数设置动画不会为手动和自动二级光斑设置动画。默认行为会模仿摄影机，但光圈并不旋转。射线、星形和条纹都无法设置动画，除非启用其各自的【自动旋转】开关。

（6）【强度】微调框：用于控制光斑的总体亮度和不透明度。较高的值，产生的光斑较亮但较不透明；较低的值，产生的光斑较暗但透明。此参数可用于设置动画。

（7）【挤压】微调框：在水平方向或垂直方向挤压镜头光斑的大小，用于补偿不同的帧纵横比。【挤压】范围为−100～100。正值会水平拉伸光斑，而负值则会垂直拉伸光斑。此值是光斑大小的百分比。此参数可用于设置动画。

（8）【节点源】按钮：可以为镜头光斑效果选择源对象。镜头光斑源可以是场景中的任何对象，但通常为灯光，例如目标聚光灯或泛光灯。单击此按钮会显示【选择光斑对象】对话框，必须选择光斑的源才可以退出对话框。

2. 镜头光斑效果

用于为透镜闪耀设置特殊的全局效果，例如衰减、加亮和柔化处理等。

Tips

如果选择源对象并且为对象重命名，则必须重新选择此对象以确保镜头光斑的正确生成。

（1）【加亮】微调框：用于设定影响整个图像的全局亮度。当在场景中添加一个光线效果，例如一个透镜闪耀效果时，整个图像应该变得比较明亮。这个效果只有当【首选项】选项卡中【加壳】选项的【渲染】复选框被选中的时候才能起作用。

（2）【距离褪光】微调框：可以根据和摄像机的距离衰减透镜的闪耀效果，只有当

【距离褪光】按钮被激活的时候这个选项才起作用。

（3）【中心褪光】微调框：可以沿着透镜闪耀效果的主轴衰减次级闪光。这是一个在摄像机镜头的许多透镜闪耀效果中经常可以看到的现象。

（4）【距离模糊】微调框：可以根据和摄像机的距离模糊透镜的闪耀效果。

（5）【模糊强度】微调框：当模糊强度被应用的时候可以设置模糊的强度。

（6）【柔化】微调框：可以给透镜设置全局的柔化处理效果。

3.【首选项】选项卡

在【首选项】选项卡的后面有8个选项卡（单击 ◄|► 按钮可以调出另外3个选项卡），其中大部分选项卡内容和【镜头效果高光】滤镜和【镜头效果光晕】滤镜选项卡的内容相似。

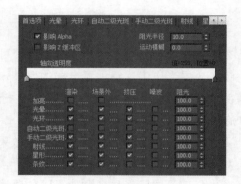

（1）【阻光半径】微调框：用于设定渲染闪耀效果从背后穿过一个遮挡住它的对象时，对象的边缘开始模糊的半径。

（2）【运动模糊】微调框：用于设定在渲染时是否对一个动画的透镜闪耀效果使用运动模糊。

（3）【轴向透明度】滑块：这个渐变色梯度条沿着次级闪耀效果的光轴设置它的透明度属性，这样可以使得次级闪光在光轴的一端比另一端更加明亮，使透镜闪耀效果看起来更加真实。

（4）【渲染】：设置透镜闪耀效果的每个组成部分在最后的图像中是否被渲染。

（5）【场景外】：设置当一个光源处于场景以外的时候，它们的透镜闪耀效果是否会影响图像。举例来说，如果一个透镜闪耀效果的光源刚好处在图像帧的边缘以外，那么它的次级闪光，甚至可能包括Star 和Ring仍然可以在屏幕上出现。不选择【场景外】选项时，这些透镜闪耀效果将不出现在画面中。可以为闪耀效果的每个部分打开或关闭这个选项。

（6）【挤压】：设定是否压缩透镜闪耀效果的某一个部分。

（7）【噪波】：设定噪波选项对透镜闪耀效果的每一个部分是否有效。

（8）【阻光】：当透镜闪耀效果被另外的一个对象遮挡的时候，用于定义闪耀效果显现出来的百分比。一个【100】的值将会使整个对象消失。比较低的值可以使透镜闪光将对象包围起来，并且使它褪色，但不完全消失。举例来说，如果在一个圆柱体的背后放置一个明亮的光源，光的闪耀效果将使圆柱体的边缘在最明亮的地方看起来似乎变得更加细和模糊一些。

在接下来的几个选项卡中有许多公共的参数，这里只介绍它们之间的不同之处。

4.【光晕】选项卡

【镜头效果光斑】滤镜的光晕发光效果被集中在光源对象的周围。【光晕】选项卡中的参数用于控制镜头效果光晕的每个方面。

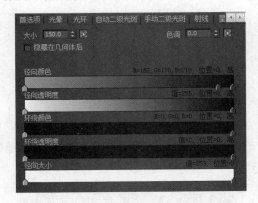

（1）【大小】微调框：用于设定镜头效果光晕的直径，以渲染帧画面大小的百分比计算。

（2）【色调】微调框：用于设置镜头效果光晕的颜色。

（3）【隐藏在几何体后】复选框：选中此复选框，可将镜头效果光晕置于几何体对象的背后。

5.【光环】选项卡

【光环】是一个包围光源对象中心的彩色圆环。

【厚度】微调框：用于指定环的厚度，以渲染帧画面大小的百分比计算。当环非常厚的时候，环的【大小】指的是到内半径的距离。【厚度】控制环从内半径到外半径的距离。

6.【自动二级光斑】选项卡

次级闪耀是一些在透镜闪耀效果中经常看到的小的光圈，它们沿一定的轴向分布。这些光圈是光在照相机镜头中被不同的透镜元件折射所产生的。

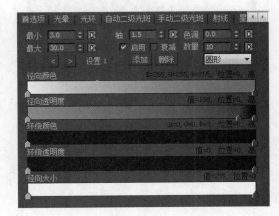

（1）【最小】微调框：用于控制目前的组中次级闪耀光圈的最小尺寸。

（2）【最大】微调框：用于控制目前的组中次级闪耀光圈的最大尺寸。

（3）【设置1】：可以选定用来渲染的次级闪耀效果组。可以设置任意多组效果。

（4）【轴】微调框：用于定义次级闪耀效果的光轴的长度。增大这个值，每个光圈的距离会增大，反之则距离减小，取值范围为0～5。

（5）【启用】复选框：可定义是否启用这一组自动次级闪耀效果。

（6）【衰减】复选框：可以选择是否启用轴向衰减。

（7）【数量】微调框：用于控制出现在当前次级闪耀效果中的光圈的数目。

（8）【形状】下拉列表：用于控制次级闪耀光圈的形状。默认值是【圆形】，在此下拉列表中可以选择3～8边的光圈效果。

7.【手动二级光斑】选项卡

人工次级闪耀效果可以手动添加透镜的次级闪耀光圈，可以用来增强或者完全取代自动次级闪耀效果。可以使用很多组的次级闪耀，而不是只有一组。在这个选项卡中许多参数都可以对每一个特定组进行设定。

该对话框中的【平面】微调框用于控制光源和人工次级闪耀效果之间的距离，正值在光源之前放置次级闪耀效果，而负值则把次级闪耀效果放在光源的背后。

Tips

在摄像机中，在光源之后通常有一个或两个次级闪耀光圈，因此同样应该按照这种情况设置参数。

8.【射线】选项卡

射线是从光源对象的中心放射出来的明亮的单像素光线，这样可以使对象比较明亮。

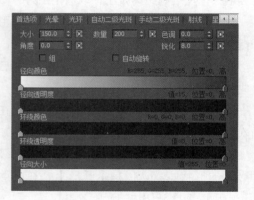

（1）【角度】微调框：可以为光线设置角度。可以使用正值或者负值，这样在设置动画的时候，光线将沿着顺时针或逆时针方向旋转。

（2）【组】复选框：选中此复选框，可以将光线分为8个距离和大小都相等的组。光线在一个组中被平均地分配。增加光线的数目将使每个组里的光线更加密集，因此也更加明亮。

（3）【自动旋转】复选框：选中此复选框可以自动地旋转光线的角度。

（4）【锐化】微调框：用于设置光线的尖锐程度。比较大的数目可以生成明亮清晰的光线，取值范围为0～10。

9.【星形】选项卡

一个星形效果比射线效果大且由6个或更多的芒角组成，而不是像射线那样有数百道的光线。

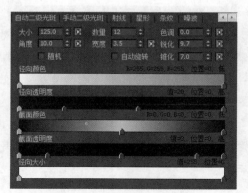

（1）【随机】复选框：选中该复选框，可以设置芒角在闪耀效果中心的角度间隔。

（2）【数量】微调框：用于设置星形效果中芒角的数目，默认值为6。

（3）【宽度】微调框：用于设置芒角的宽度。

（4）【锥化】微调框：用于控制星形效果中芒角的锥度，默认值为0。

10.【条纹】选项卡

条纹是一条经过光源对象中心的水平

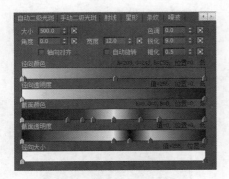

条纹。

选中【轴向对齐】复选框，可以强迫Streak和次级闪耀效果的光轴对齐。

11.【噪波】选项卡

【镜头效果光斑】滤镜的【噪波】选项卡的参数设置与【镜头效果高光】滤镜和【镜头效果光晕】滤镜的参数设置相同，这里不再赘述。

16.3 实例：创建星空效果

深邃的星空效果能不能在3d Max 2016中实现呢？答案是肯定的。本实例使用滤镜来创建这种效果，具体的操作步骤如下。

Step 01 启动3ds Max 2016，单击【应用程序】按钮，从弹出的菜单中选择【重置】命令重置场景。

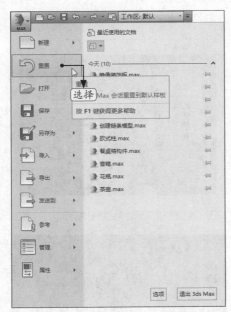

Step 02 打开随书光盘中的"素材\ch16\星空素材.max"模型文件，文件中包括了3个行星和一个目标摄影机。

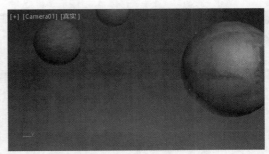

Step 03 选择【渲染】→【视频后期处理】菜单命令，打开【视频后期处理】对话框。

Step 04 单击视频后期处理工具栏上的【添加场景事件】按钮，将会弹出【添加场景事件】对话框。

Step 05 在【标签】文本框中输入"星空",然后选择摄影机Camera01,单击【确定】按钮。

Step 06 单击视频后期处理工具栏上的【添加图像过滤事件】按钮。

Step 07 将会弹出【添加图像过滤事件】对话框。在【标签】文本框中输入"星空",并在其下拉列表框中选择【星空】图像过滤事件,然后单击【设置】按钮设置星空效果参数。

Step 08 参数设置完成后单击【确定】按钮。

Step 09 单击视频后期处理工具栏上的【执行序列】按钮。

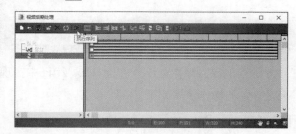

Step 10 将会弹出【执行视频后期处理】对话框,在该对话框中设置相关的渲染选项,单击【渲染】按钮即可进行渲染。

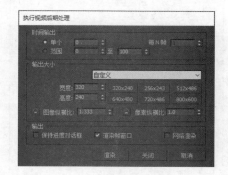

Step 11 最终的渲染效果如图所示。

16.4 实战技巧

虽然"视频后期处理"提供了许多有用的功能和创造性的效果，但用户总会设置一个看上去运转正常，甚至好像会正确渲染的队列，而仅用来为用户提供一个没有包括所需效果的动画。此处有一些疑难解答提示用作队列没有按照预期运作时的参考。

有两个关键事项会导致"视频后期处理"队列出现故障。第一个是队列中的事件排序和嵌套错误。第二个是范围栏的定位和/或重叠错误。

问题反复出现时，尤其是如果正在试图设置非常复杂的队列时，诊断问题的最佳方式是创建一个应仅导致故障效果的新队列。如果可以用简化队列工作，则可将其与故障队列的结构相比较，以查找导致故障的原因。

此处有两种看起来应当正常运行但最终无法给出预期结果的常见情况。这些示例均以简化状态显示，但却可以轻而易举地隐藏在较为复杂的队列下。

技巧1 视频后期处理对象仅是消失，而非淡出问题

第一个示例说明了以下问题：原本期望场景在淡出至黑色前渲染 15 个帧来完成动画。但是，在帧 16 处，场景突然变成黑色。

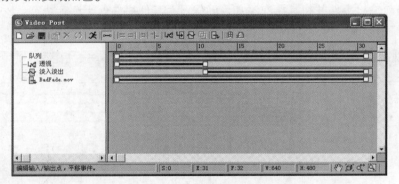

这个队列显示所有正确事件以适当的顺序排列在队列中。问题出在范围栏的定时和定位上。此问题最可能的原因是在无需"关于选定项"时却使用了该项。为使"淡出"事件运作正常，需要在希望淡出出现的时间内重叠动画。需要考虑场景实际淡出的帧数。

为了修正队列，必须确定淡出出现的确切帧数。假如希望在10个帧上淡出场景至黑色。需要将"透视"事件范围栏的右端向右拖动10个帧，以重叠"淡出"事件。

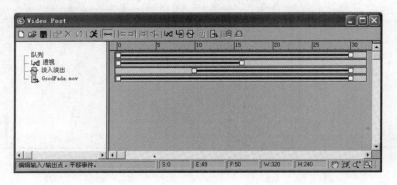

技巧2 对象在渲染期间而不是在动画中产生光晕

第二个示例比第一个示例更容易令人误解。这个棘手的问题是渲染场景时，场景中的对象显示出光晕效果。而播放生成的动画时，"光晕"效果却不出现。

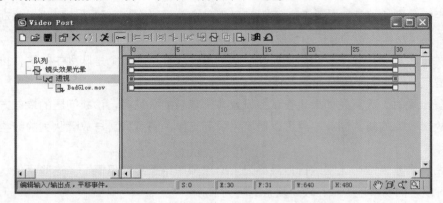

该队列再次显示所有正确的事件，但是此处的问题却出在队列中的事件顺序上。在添加其他事件的同时某个事件处于选定状态，此时会导致该问题出现。在本例中，选定"透视"事件的同时，正在添加"镜头效果光晕"事件和输出事件。

有两种方式可创建该队列以得出正确结果。可重新创建该队列并添加每个事件，如此其中没有嵌套，或移除当前输出事件并将其再次添加，确保没有其他事件处于选定状态。以下图像显示了设置该队列以成功显示光晕对象的两种方式。

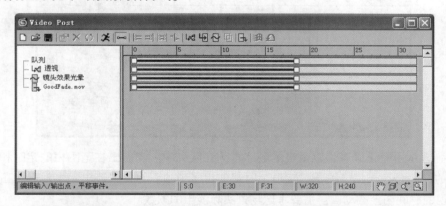

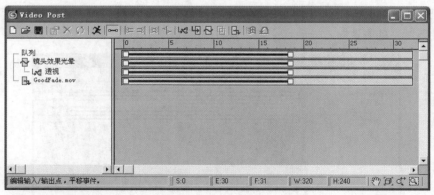

第6篇

经典案例

➥ 第17章　工业产品造型设计
➥ 第18章　法式家具造型设计
➥ 第19章　游戏动画设计
➥ 第20章　影视广告片头设计
➥ 第21章　室内装饰设计
➥ 第22章　建筑设计

导读

本篇主要讲解3ds Max 2016的经典案例。通过对工业产品、法式家具、游戏动画、影视广告、室内装饰以及建筑设计等方面知识的讲解，使读者在实例制作中弥补自己的缺点和不足，从而更加熟练地运用所学知识。

第 **17** 章

工业产品造型设计

本章引言

工业设计是运用美学的观念，增进产品的亲和力及可用性的一种应用艺术。

工业设计者的设计构思，包括产品的整体外型线条、各种细节特征的相关位置、颜色、材质、音效，还要考虑产品使用时的人机工程学。更进一步的工业设计构想，会考量到产品的生产流程、材料的选择以及在产品销售中展现产品的特色。工业设计者必须引导产品开发的过程，借由改善产品的可用性，来使产品更有价值、生产成本更低、具有更高的产品魅力。

3ds Max 2016软件可以完美地表达工业产品设计，本章学习使用3ds Max 2016中文版软件制作一个Ipod播放器设计模型。

学习要点

➤ 掌握工业产品造型设计的全过程
➤ 掌握NURBS建模的创建方法
➤ 掌握NURBS建模的编辑方法

17.1 创建Ipod播放器模型

若想创建Ipod播放器模型，必须先考虑好整个模型的建模顺序以及采用什么样的建模方法等，下面首先创建Ipod播放器模型。

17.1.1 创建轮廓样条线

Step 01 启动3ds Max 2016，单击【应用程序】按钮，从弹出的菜单中选择【重置】命令重置场景。

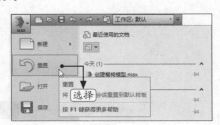

Step 02 单击【创建】面板中的【图形】按钮，将显示出【二维图形】面板，在面板中单击【矩形】按钮。

Step 03 创建矩形前要保证捕捉开关按钮已开启，如图所示。

Step 04 在前视图中创建一个矩形，【参数】卷展栏中的参数设置如下图所示。

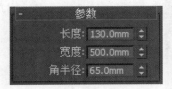

Step 05 创建好后将视图最大化显示以方便观察，创建的矩形效果如图所示。

Step 06 将这个圆角矩形转换为可编辑样条线，如图所示。

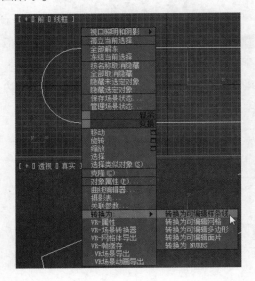

Step 07 进入【修改】面板，选择【顶点】子对象，如图所示。

Step 08 在前视图中用鼠标框选整个圆角矩形以选中它所有的顶点，如图所示。

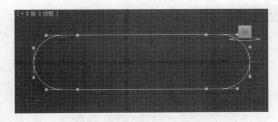

Step 09 进入【几何体】工具栏进行焊接操作，如图所示，单击一下就行。

Step 10 焊接后的图形如图所示。

Step 11 再次选中所有的顶点，在选中的顶点处单击鼠标右键，将顶点类型转换为Bezier，如图所示。

17.1.2 创建NURBS主体曲面

思路解析：

首先创建NURBS曲线，然后对NURBS曲线进行编辑，创建实体造型，并不断地调整细节创建出一半的造型，最后使用镜像工具创建另一半的造型并进行修整。

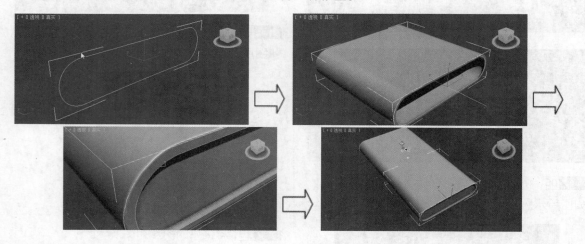

关键点1：创建NURBS曲线

Step 01 在【修改器】面板单击鼠标右键，将上面创建的圆角矩形转换为NURBS曲线，如图所示。

Step 02 选择之后会弹出【NURBS控制】面板，没有弹出的可在这里打开，前提是已经转换为了NURBS曲线，否则会看不到按钮，按钮在右边，如图所示，单击一下就可打开面板。

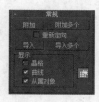

Step 03 已经打开的，按一下就可关掉面板，接下来会有很多工具用到这个面板，面板如图

所示。

Step 04 现在开始使用这个面板操作。首先使用【创建偏移曲线】工具 ，如图所示。

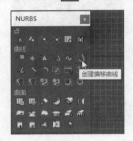

Step 05 单击就可使用，单击之后，在前视图中，用这个工具单击曲线之后按住鼠标左键进行拖动，慢慢调整到如图所示的样式。

关键点2：对NURBS曲线进行编辑创建实体

Step 01 这样就有两条曲线了，绿色的那条线是我们用工具偏移出来的线，比原来的曲线要小。接着，使用【创建U向放样曲面】在两条曲线之间创造曲面，如图所示。

Step 02 使用这个工具在透视图中，单击一条曲线之后按住鼠标左键不放拖动鼠标到另一个曲线上，再一次单击就可在两条曲线之间创造曲面，单击鼠标右键完成创建，如图所示。

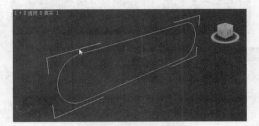

Step 03 创建完成后，接着使用【创建挤出曲面】工具，如图所示。

Step 04 在透视图中单击外面的那条曲线（不要单击里面的那条），按住鼠标左键不放进行拖动，同时在左边工具中会显示拖动的数值，在数值中输入-450，然后勾选【翻转法线】复选框，如图所示。

Step 05 此时已经创建好了一个基本的形体模型，如图所示。

Step 06 再一次使用【创建挤出曲面】工具,在透视图中单击里面那条曲线按住鼠标左键不放进行拖动,在数值中输入-10,如图所示。

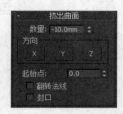

Step 07 接下来使用【创建封口曲面】工具进行封口,如图所示。

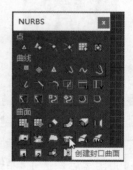

Step 08 单击工具之后,在透视图中,在图中所示的"十"字方形处单击创建封口。

Step 09 创建封口完成后,效果如图所示。

Step 10 接下来在两个曲面之间形成倒角,首先使用【创建圆角曲面】工具,如图所示。

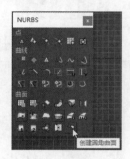

Step 11 单击后在图中所示的"十"字方形的地方单击。

Step 12 单击后不用按住鼠标左键不放都行,将鼠标往上移至图中所示的地方单击。

Step 13 这个过程就是要在两个曲面之间形成倒角,完成后效果如图所示。

Step 14 在右边的工具栏中的圆角曲面中输入数值为3,勾选【修剪曲面】复选框,如图所示。

Step 15 圆角后效果，如图所示

关键点3：镜像造型

Step 01 下面使用菜单栏的【镜像】工具，如图所示。

Step 02 单击【镜像】工具后，会出现一个对话框，具体的数值如图所示，修改之后单击【确定】按钮即可。

Step 03 单击【确定】按钮之后，得到的效果如图所示。

Step 04 选中下方的曲面，如图所示。

Step 05 在旁边的工具栏中单击【附加】按钮，在如图所示的地方单击即可。

Step 06 完成后如下图所示。

Step 07 切换为顶视图，将【修改器】面板的U向线数改为3，如图所示。

Step 08 完成修改后的效果如图所示。

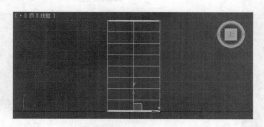

17.1.3 创建显示屏曲面

思路解析：

首先创建矩形和圆作为显示屏的曲线，然后用曲线对创建的NURBS造型进行修剪，修剪出孔洞后对边进行编辑，创建出显示屏曲面。

关键点1：创建矩形和圆

Step 01 单击【创建】面板中的【图形】按钮，将显示出【二维图形】面板，在面板中单击【圆】按钮。

Step 02 在如图所示的地方创建一个半径为180的圆，并调整其位置，移动时关掉捕捉开关。

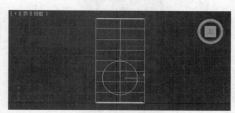

Step 03 单击【创建】面板中的【图形】按钮，将显示出【二维图形】面板，在面板中单击【矩形】按钮。

Step 04 打开捕捉开关，继续创建一个矩形，参数和矩形的位置如图所示。

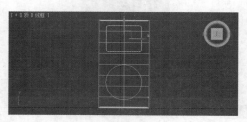

Step 05 将矩形转换为可编辑样条线，选中矩形所在的顶点，将它们的类型转换为Bezier，这个操作与前面有些类似。转换为Bezier之后，关闭可编辑样条线，选中矩形按住Ctrl键，把圆形也选在其中，然后切换为前视图，按W键将两个图形一起向上移动，如图所示。

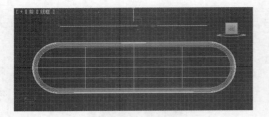

Step 06 同时查看透视图，检查是不是两个图形都在移动，以防漏选。移动好之后继续切换回顶视图，选中模型，在右边的常规工具栏中单击【附加】按钮，将矩形和圆形一起附加进来。

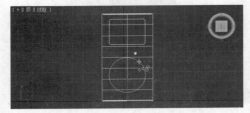

关键点2：对NURBS造型进行修剪

Step 01 在【NURBS控制】面板中，单击【创建向量投影曲线】工具，如图所示。

Step 02 单击后，在NURBS中，矩形、圆形和模型一样只是曲线，单击后将鼠标放到矩形的一边，也就是一条曲线，按下鼠标左键不放往右边拖动一小段距离，如图所示。

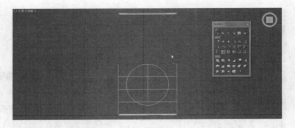

Step 03 拖到"十"字形的地方就可松开，成功后会显示一个小方形，如图所示。

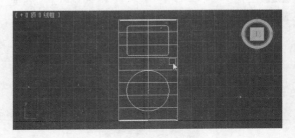

Step 04 在右边的工具栏里勾选【修剪】和【翻转修剪】复选框，如图所示。

Step 05 同样的操作用作圆形，投影成功后也会出现一个小方形，不同之处在于，打勾的地方只能勾选【修剪】复选项，这要视情况而定，有时候打了下面那个勾模型会消失。

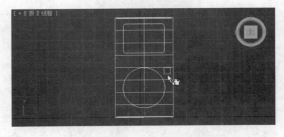

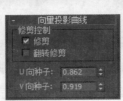

Step 06 修剪之后，切换到透视图，效果如图所示。

Step 07 在右边的【修改器】面板中，选择NURBS曲面中的曲线，如图所示。

Step 08 选中之后将透视图中上方的两个图形（矩形和图形）选中，选中其中一个按住Ctrl键再选中另外一个即可，在右边工具栏中找到【隐藏】按钮，单击即可。

关键点3：使用NURBS工具创建显示屏的曲面

Step 01 继续使用NURBS工具，使用【创建挤出曲面】工具，如图所示。

Step 02 在如图所示位置单击曲线并拖动。

Step 03 拖动的同时可在右边的工具栏中先单击【方向】组中的y轴方向，在【数量】中输入数值-15，如图所示。

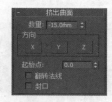

Step 04 创建的效果如图所示。

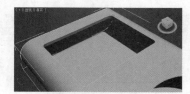

Step 05 使用【创建封口曲面】工具，如图所示。

Step 06 使用该工具在如图所示的地方进行封口。

Step 07 封口之后效果如图所示。

Step 08 相同的挤出曲面和封口操作运用于圆形，不同之处在于挤出的数值不同，矩形是-15，圆形是-30，封口之后效果如图所示。

17.1.4 创建按钮模型

Step 01 在【创建】面板中单击【管状体】按钮，如图所示。

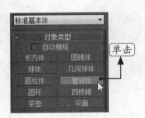

Step 02 切换到顶视图，选择【创建】面板在如图所示之处创建一个管状体，参数如图所示。

Step 03 创建的位置和效果如图所示。

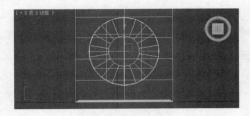

Step 04 在【创建】面板中单击【圆柱体】按钮，如图所示。

Step 05 在如图所示之处创建一个圆柱体，参数如图所示。

Step 06 创建的位置和效果如图所示。

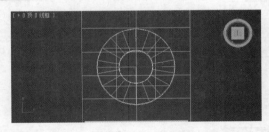

Step 07 切换至前视图，将刚创建的圆柱体和管状体移动与模型对齐，如图所示。

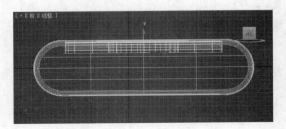

Step 08 继续切换至透视图，然后选中模型，在右边的工具栏中单击【附加】按钮，将圆柱体和管状体附加进来，成为整个Ipod的模型，如图所示。

Step 09 附加后的效果如图所示。

Step 10 下面给模型加上边面效果，在右边的

【修改器】面板或工具栏中找到【曲面近似】卷展栏，在细分预设中单击【中】按钮或者单击渲染器，然后再在细分预设中单击【中】按钮，如图所示。

Step 11 细分后的效果如图所示。

Step 12 使用【长方体】命令创建一个平面作为玻璃平面，效果如图所示。

17.2 设置材质和渲染效果

模型创建完成，然后在材质编辑器中给模型添加材质和贴图，最后对其进行渲染就可以了。

17.2.1 创建渲染场景环境

Step 01 将渲染器指定为V-Ray渲染器，在【渲染设置】对话框中选择【公用】选项卡，在该选项卡中单击【指定渲染器】卷展栏中【产品级】右侧的【选择渲染器】按钮，打开【选择渲染器】选项。

Step 02 在该选项中可以将V-Ray渲染器指定为产品级渲染器。

Step 03 根据以前学过的知识，启用和GI全局照明配合渲染，设置低质量的测试参数，首先设置【图像采样器（抗锯齿）】卷展栏，如图所示。

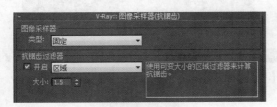

Step 04 设置【间接照明（全局照明）】卷展栏参数，如图所示。

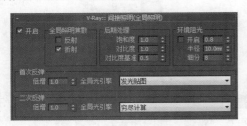

Step 05 设置【发光贴图】卷展栏参数，如图所示。

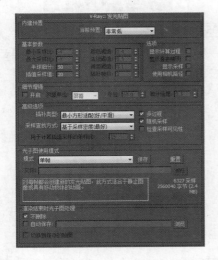

Step 06 设置【DMC采样器】卷展栏参数，如图所示。

Step 07 首先创建一个桌面，单击【创建】面板中的【图形】按钮，将会显示出【二维图形】面板，如下图所示。

Step 08 单击【线】按钮，在【创建方法】卷展栏中设置【初始类型】为"平滑"，【拖动类型】为"平滑"。

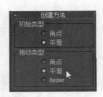

Step 09 在3ds Max 2016的左视图中单击鼠标左键确定线的起点，移动光标至适当位置再拖曳鼠标确定第二个节点，同时绘制一条曲线。

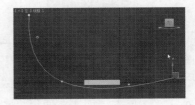

Step 10 为其添加一个【挤出】编辑修改器，如图所示。

Step 11 设置【挤出】的【数量】为3 000，如图所示。

Step 12 调整挤出面的位置，如图所示。

17.2.2 设置场景灯光效果

Step 01 选择【创建】面板中的【灯光】 ，然后选择【V-Ray】灯光类型，单击【灯光】面板中的【Vray_光源】灯光类型，在视口中拖动鼠标就可以创建所选的标准灯光——V-Ray灯光。

Step 02 V-Ray 灯光是一个面片，像画面片一样在顶视图上先画一个合适面积的面片（灯），大小要合适，面积越大，在同等亮度数值产生的强度就越大、越亮，创建后使用移动和旋转工具调整其位置，如图所示。

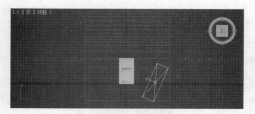

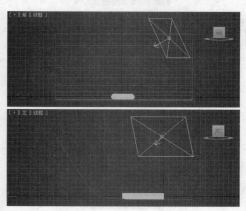

Step 03 进入【修改】面板，将【参数】卷展栏下的【亮度】组中的【倍增器】值设置为7，如图所示。

Step 04 下面使用菜单栏的【镜像】工具对灯光进行复制镜像，如图所示。

Step 05 单击【镜像】工具后，会出现一个对话框，具体的数值如图所示，修改之后单击【确定】按钮即可。

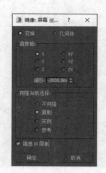

Step 06 单击【确定】按钮之后，得到的效果如图所示。

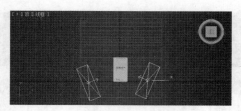

Step 07 进入【修改】面板，将【参数】卷展栏下的【亮度】组中的【倍增器】值设置为2，如图所示。

Step 09 测试渲染透视图，效果如图所示。

Step 08 调整复制后灯光的位置，如图所示。

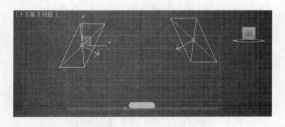

17.2.3 创建模型材质效果

思路解析：

首先创建一个桌面材质，然后设置播放器的主体材质，接着为屏幕创建材质，最后为播放按钮创建材质，至此就完成了播放器模型的材质效果的创建。

关键点1：创建桌面材质效果

Step 01 为桌面指定一个普通材质，单击主工具栏中的【材质编辑器】按钮 或按M键打开【材质编辑器】对话框，单击标准材质按钮 Standard ，如图所示。

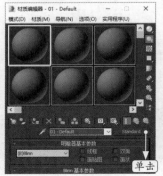

Step 02 系统弹出的【材质/贴图浏览器】对话框，V-Ray的材质就在下方，其中"VRayMtl"材质是其标准材质，如图所示。

Step 03 选择"VRayMtl"材质，单击【确定】按钮返回【材质编辑器】对话框。

Step 04 设置材质本身的【漫反射】颜色为225的浅灰色，如图所示。

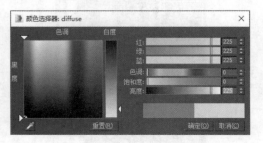

Step 05 增大反射值，如图所示。

Step 06 设置【细分】值为12，【反射光泽度】为0.85，如图所示。

Step 07 渲染透视图，效果如图所示。

关键点2：创建Ipod模型材质效果

Step 01 下面为Ipod模型设置材质，设置之前需要先将模型的材质ID分好，然后使用【多维/子材质】。选择模型，进入【修改】面板，进入【曲面】级别，如图所示。

Step 02 选择屏幕曲面，如图所示。

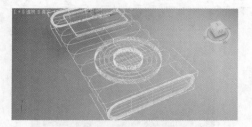

Step 03 进入【材质属性】卷展栏，设置【材质ID】的值为2，如图所示。

Step 04 使用相同的方法，选择按钮的曲面，设置材质ID为3，如图所示。

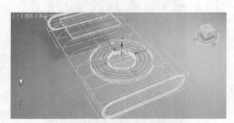

Step 05 使用相同的方法，选择中间按钮的曲面，设置材质ID为4，如图所示。

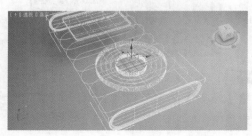

Step 06 单击主工具栏中的【材质编辑器】按钮或按M键打开【材质编辑器】对话框。选择任意一个未编辑的材质球，单击【标准材质】按钮 Standard 。

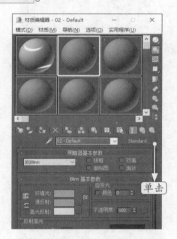

Step 07 将会弹出【材质/贴图浏览器】对话框。从中选择【多维/子对象】材质，单击【确定】按钮返回【材质编辑器】对话框。

Step 08 在【多维/子对象基本参数】卷展栏中

单击【设置数量】按钮。

Step 09 在弹出的【设置材质数量】对话框中设置数量为4。

Step 10 单击【确定】按钮返回，如图所示。

Step 11 单击材质ID 1右侧的按钮，进入子对象的设置，单击标准材质按钮 Standard ，如图所示。

Step 12 准备选择V-Ray材质。系统弹出的【材质

/贴图浏览器】对话框，V-Ray的材质就在下方，其中"VRayMtl"材质是其标准材质，如图所示。

Step 13 选择"VRayMtl"材质，单击【确定】按钮返回【材质编辑器】对话框。

Step 14 调节金属材质本身的【漫反射】颜色，如图所示。

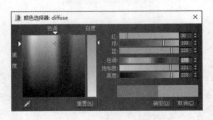

Step 15 增大反射值，铝制材料反射很强的，所以将【反射】的颜色级别调淡，越趋于白色，反射越强，如图所示。

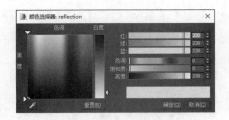

Step 16 设置其他参数，如图所示。

Step 17 将材质赋予播放器，渲染后效果如图所示。

关键点3：创建屏幕材质效果

Step 01 单击【转到父级】按钮，返回多维子材质界面，单击材质ID 2右侧的【无】按钮，打开【材质/贴图浏览器】对话框，在其中选择【标准】选项。

Step 02 单击【确定】按钮，进入子对象的设置，打开【贴图】卷展栏，单击【贴图】卷展栏中【漫反射颜色】后的【无】按钮。

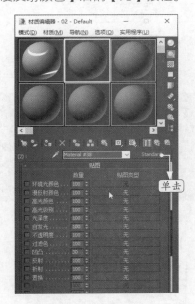

Step 03 系统弹出【材质/贴图浏览器】对话框。双击【材质/贴图浏览器】对话框中的【位图】选项。

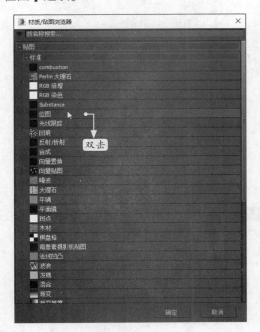

Step 04 在弹出的【选择位图图像文件】对话框中选择图片"2.jpg"，单击【打开】按钮返回【材质编辑器】对话框。

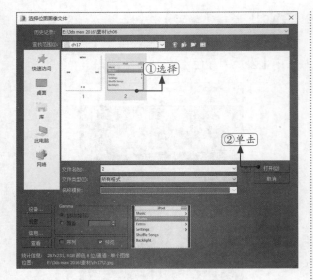

Step 05 单击【转到父级】按钮，然后将【自发光】下的数值设置为35，如图所示。

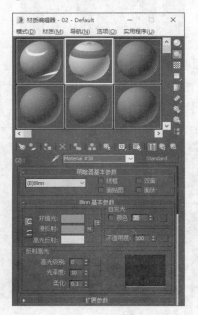

Step 06 这时从透视图可以看到贴图的坐标位置不正确，如图所示。

Step 07 单击【转到父级】按钮，将【坐标】卷展栏下的W角度设置为180，如图所示。

Step 08 这样贴图坐标就正确了，如图所示。

Step 09 单击2次【转到父级】按钮，返回多维子材质界面，单击材质ID 3右侧的【无】按钮，如图所示。

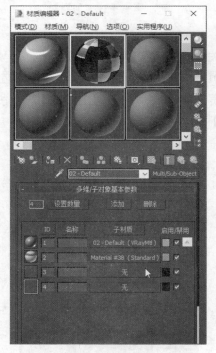

关键点4：创建iPod模型按钮材质效果

Step 01 打开【材质/贴图浏览器】对话框，选择下方的"VRayMtl"材质，如图所示。

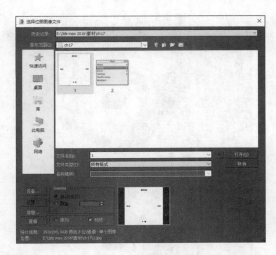

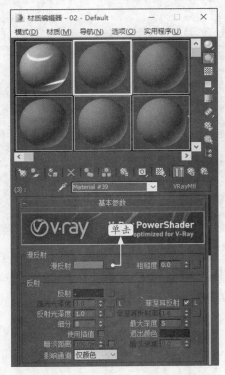

Step 02 选择最下方的"VRayMtl"材质，单击【确定】按钮返回【材质编辑器】对话框。

Step 03 单击【漫反射】颜色后面的■按钮，为其指定位图贴图"1.jpg"作为漫反射贴图，如图所示。

Step 04 这时从透视图可以看到贴图的坐标位置不正确，如图所示。

Step 05 选择模型，进入【修改】面板，进入【曲面】级别，如图所示。

Step 06 进入【材质属性】卷展栏下的【纹理曲面】组，选择【投影】单选项，然后单击【拾取源曲面】按钮，如图所示。

Step 07 在透视图中单击【按钮】曲面后贴图就

显示正确了，但是方向还是反的，如图所示。

Step 08 将【坐标】卷展栏下的W角度设置为180，如图所示。

Step 09 这样贴图坐标就正确了，如图所示。

Step 10 单击【转到父级】按钮，增大反射值，塑料制材料反射很强的，所以将【反射】的颜色级别调淡，越趋于白色，反射越强，如图所示。

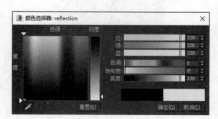

Step 11 设置其他参数，如图所示。

Step 12 单击【转到父级】按钮，返回多维子材质界面，单击材质ID 4右侧的【无】按钮，打开【材质/贴图浏览器】对话框，选择"VRayMtl"材质，如图所示。

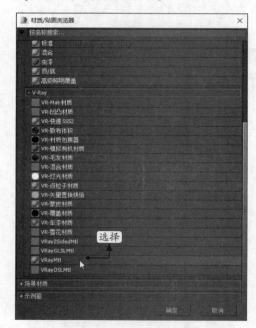

Step 13 单击【确定】按钮返回【材质编辑器】对话框，调节材质本身的【漫反射】颜色为白色，如图所示。

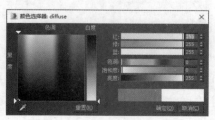

Step 14 调节反射值，将【反射】的颜色级别调淡，如图所示。

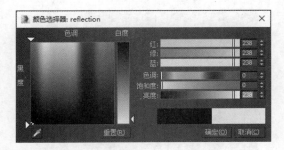

Step 15 设置其他参数，如图所示。

Step 16 最终材质球效果如图所示。

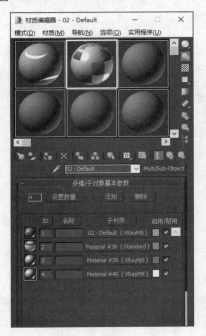

关键点5：创建玻璃材质效果

Step 01 最后设置屏幕玻璃材质，选择一个空的材质球，单击标准材质按钮 Standard ，如图所示。

Step 02 系统将会弹出【材质/贴图浏览器】对话框，选择"VRayMt1"材质，如图所示。

Step 03 单击【确定】按钮返回【材质编辑器】对话框，调节玻璃材质本身的【折射】颜色为白色，如图所示。

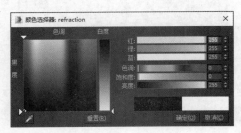

Step 04 设置其他参数，如图所示。

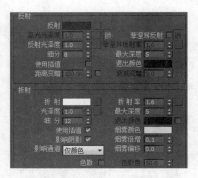

Step 05 经过多步的材质调节之后，对场景进行测试渲染，效果如图示。

17.2.4 创建产品级渲染效果

Step 01 根据以前学过的知识，设置高质量的产品级渲染参数，首先置【图像采样器（抗锯齿）】卷展栏，如图所示。

Step 02 设置【间接照明（全局照明）】卷展栏参数，如图所示。

Step 03 设置【发光贴图】卷展栏参数，如图所示。

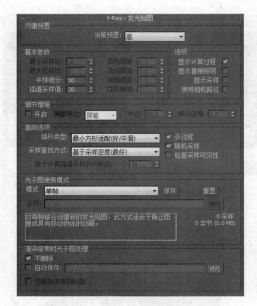

Step 04 设置【DMC采样器】卷展栏参数，如图所示。

Step 05 对透视图进行渲染，效果如图所示。

Step 06 还可以复制几个模型，改变材质颜色进行渲染，效果如图所示。

第 **18** 章

法式家具造型设计

■■ 本章引言

　　家具设计的原则是"以人为本"的，所有的设计都以给人提供一个舒适的环境为目的，家具设计主要包括家具的造型设计、结构设计和制造工艺，这三者是缺一不可，造型设计是指对家具的外观功能或者是有针对的个性设计；结构设计是指对家具的内部结构，如榫卯结合或是金属连接件结合等；制造工艺就是从生产的角度来看家具的合理性，比如说方便生产线的制造，因此不能太注重造型而忽视了结构和工艺方面的要求，这三者是相互联系、互不可分的，只有这样，才能设计出一款优秀的家具造型。

　　3ds Max 2016软件可以进行完美的家具造型设计，本章学习使用3ds Max 2016中文版软件制作一个法式的沙发椅模型。

■■ 学习要点

» 掌握家具造型设计的全过程
» 掌握多边形建模的创建方法
» 掌握多边形建模的编辑方法

18.1 创建法式沙发椅模型

　　在创建法式沙发椅模型之前，必须先考虑好整个模型的建模顺序以及采用什么样的建模方法等，下面首先创建法式沙发椅模型。

18.1.1 创建座椅框架模型

思路解析：

　　首先创建一个长方体作为一根座椅框架，然后转变为可编辑多边形进行造型，接着对点进行调整制作出弯曲的效果，最后进行复制和组合，并添加座垫造型。

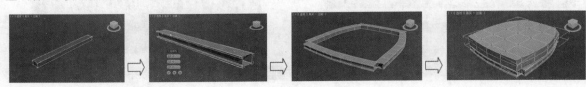

关键点1：创建长方体

Step 01 启动3ds Max 2016，单击【应用程序】按钮 ，从弹出的菜单中选择【重置】命令重置场景。

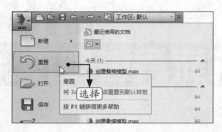

Step 02 在【创建】面板单击【长方体】按钮，如图所示。

Step 03 在透视图中的任意位置创建一个长方体，将【参数】卷展栏展开，并进行相关参数设置，如图所示。

Step 04 最终效果如图所示。

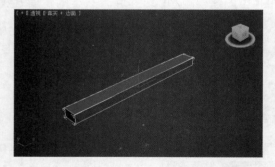

关键点2：转变为可编辑多边形进行编辑

Step 01 单击【修改】面板 ，用鼠标右键单击堆栈中的基础对象，然后选择【可编辑多边形】命令。

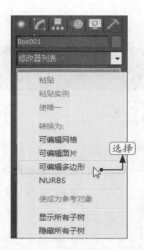

Step 02 单击【选择】卷展栏中的【边】按钮。

Step 03 选择如图所示的2条边，使用【连接】方法添加线。

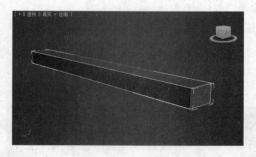

Step 04 在【修改】面板中的【编辑边】卷展栏中，单击【连接】按钮后的【设置】按钮，如图所示。

Step 05 在透视图中进行设置，如图所示。

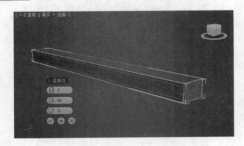

Step 06 单击【选择】卷展栏中的【多边形】按钮■。

Step 07 选择如图所示的面。

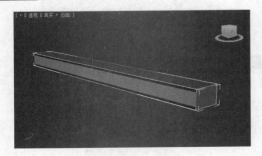

Step 08 在【修改】面板中的【编辑多边形】卷展栏中，单击【挤出】按钮后的【设置】按钮■，如图所示。

Step 09 在透视图中进行设置，如图所示。

Step 10 选择如图所示的面，将对称的两侧的面都选择，然后将其删除。

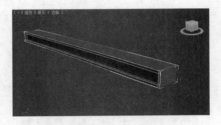

Step 11 删除后的结果如图所示。

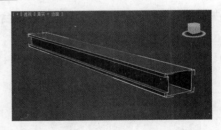

Step 12 进入【边】子对象，选择如图所示的边，使用【连接】方法添加线限制住面，为以后的涡轮平滑服务。

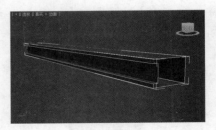

Step 13 在【修改】面板中的【编辑边】卷展栏中，单击【连接】按钮后的【设置】按钮■，

Step 14 在透视图中进行设置，如图所示。

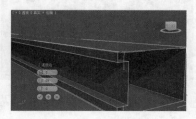

Step 15 使用相同的方法为其他边进行连接加线操作，如图所示。

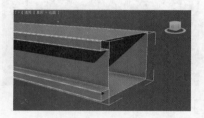

关键点3：创建弯曲的效果并复制组合
Step 01 选择如图所示的边。

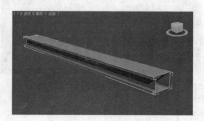

Step 02 在【修改】面板中的【编辑边】卷展栏中，单击【连接】按钮后的【设置】按钮，如图所示。

Step 03 在透视图中进行设置，如图所示。

Step 04 进入【顶点】的级别，在顶视图中对点进行调整，如图所示。

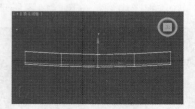

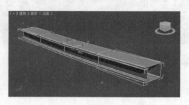

Step 05 使用旋转和移动工具对创建的长方体进行复制和调整，最终效果如图所示。

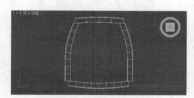

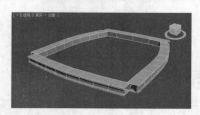

关键点4：创建座垫造型
Step 01 在顶视图中创建一个【长方体】作为椅子的垫子，参数设置如图所示。

Step 02 创建后的效果如图所示。

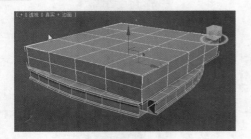

Step 03 单击【修改】面板 ，用鼠标右键单击堆栈中的基础对象，然后选择 【可编辑多边形】命令。

Step 04 单击【选择】卷展栏中的【顶点】按钮 。

Step 05 在顶视图中调整顶点位置，如图所示。

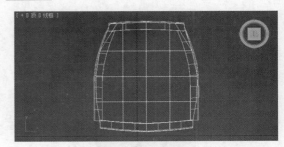

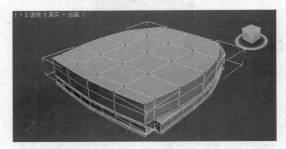

18.1.2 创建椅腿模型

思路解析：

首先创建一个圆柱体，这里需要设置好片段数，方便后面多边形编辑，然后将圆柱体转变为可编辑多边形，对点进行调整逐渐制作椅腿造型，接着使用类似的方法完成其他的椅腿造型，最后将椅腿和已创建的座垫框架组合起来。

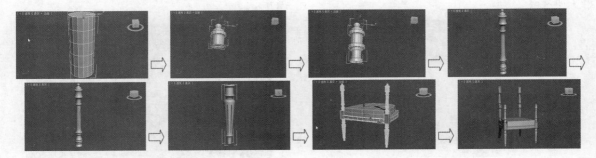

关键点1：创建圆柱体

Step 01 在【创建】面板中单击【圆柱体】按钮，如图所示。

Step 02 在顶视图中创建一个圆柱体，将【参数】卷展栏展开，并进行相关参数设置，如图所示。

Step 03 最终效果如图所示。

关键点2：将圆柱体转变为可编辑多边形

Step 01 单击【修改】面板 ，用鼠标右键单击堆栈中的基础对象，然后选择【可编辑多边形】命令。

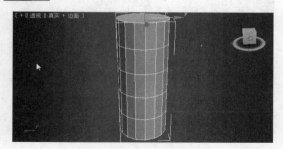

Step 02 单击【选择】卷展栏中的【顶点】按钮 。

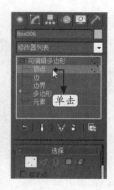

Step 03 在顶视图中调整顶点位置，如图所示。

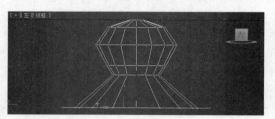

Step 04 进入【边】子对象，选择底面将面删除，然后选择边进行多次【挤出】操作，如图所示。

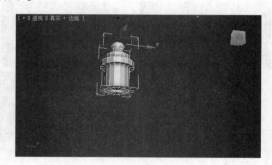

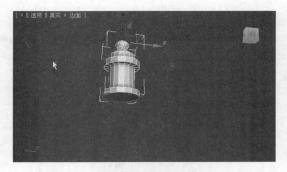

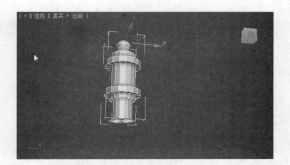

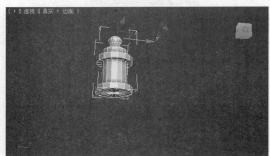

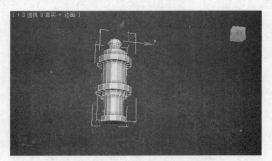

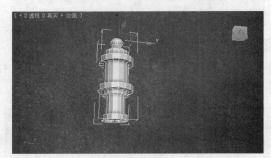

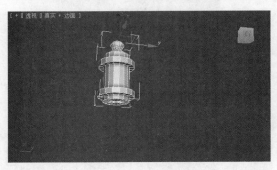

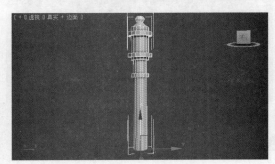

Step 05 继续以上操作，制作模型，如图所示。

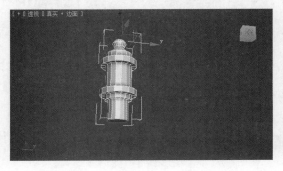

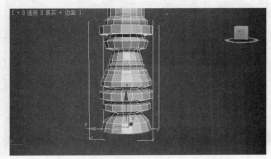

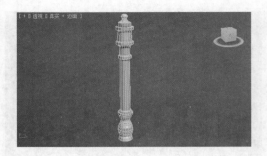

Step 06 为其添加【涡轮平滑】编辑修改器，效果如图所示。

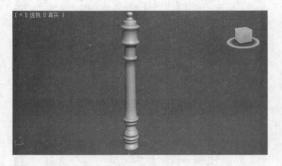

Step 07 删除【涡轮平滑】编辑修改器，继续修改模型，使用【连接】命令添加2条边，如图所示。

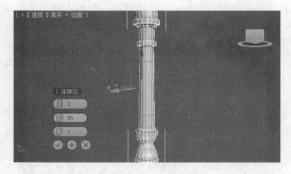

关键点3：创建椅腿上的凹槽造型

Step 01 进入【多边形】子对象，选择如图所示的面。

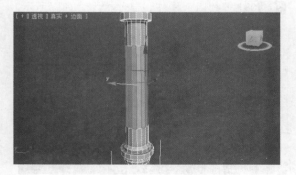

Step 02 单击【编辑多边形】卷展栏中的【插入】按钮后的【设置】按钮，如图所示。

Step 03 在透视图中进行设置，如图所示。

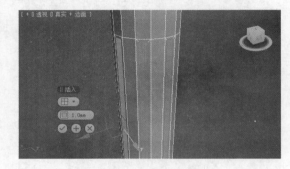

Step 04 单击【编辑多边形】卷展栏中的【挤出】按钮后的【设置】按钮，如图所示。

Step 05 在透视图中进行设置，如图所示。

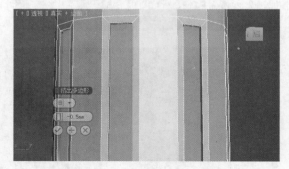

Step 06 连续挤出3次，如图所示。

Step 07 再次插入一个面，如图所示。

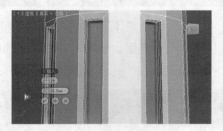

Step 08 选择如图所示的一条边。

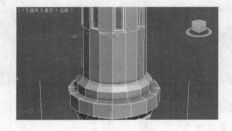

Step 09 单击【选择】卷展栏中的【环形】按钮，如图所示。

Step 10 这样就选中了一组边，如图所示。

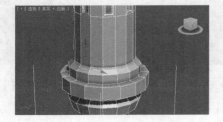

Step 11 单击【连接】按钮后的【设置】按钮

，如图所示。

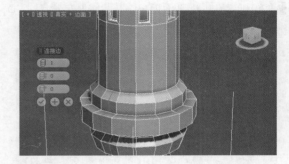

Step 12 在透视图中进行设置，如图所示。

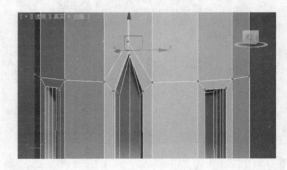

Step 13 进入【顶点】子对象，然后将创建的点分别向上和向下调整一些距离，如图所示。

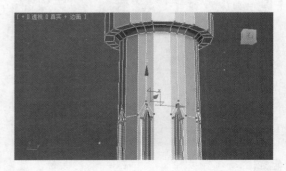

Step 14 使用相同的方法，使用【连接】命令创建线然后调整点的位置，如图所示。

Step 15 为其添加【涡轮平滑】编辑修改器，效果如图所示。

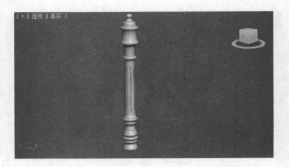

关键点4：创建沙发腿的下部分

Step 01 按照上面的方法创建出沙发腿的下部分，如图所示。

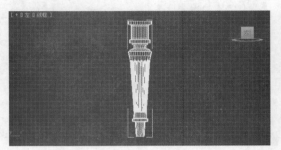

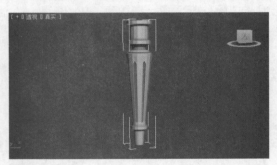

Step 02 为其添加【涡轮平滑】编辑修改器，效果如图所示。

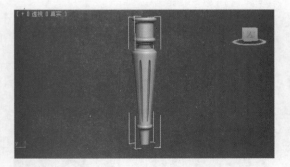

Step 03 创建连接件，创建一个长方体，如图所示。

Step 04 将其转换成【可编辑多边形】模式，进入【多边形】级别，选择前面的面，如图所示。

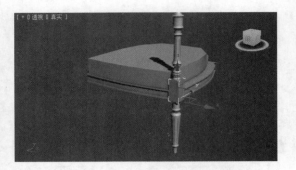

Step 05 单击【编辑多边形】卷展栏中的【插入】后的【设置】按钮，插入一个面，如图所示。

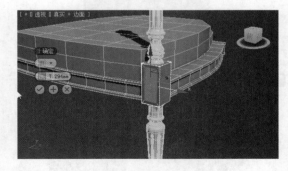

Step 06 单击【编辑多边形】卷展栏中的【挤出】后的【设置】按钮，挤出一个面，如图所示。

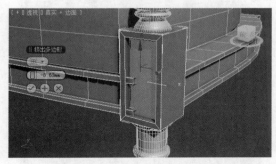

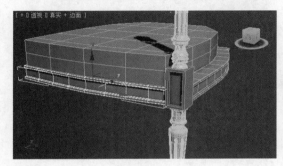

Step 07 复制创建的前腿到另一侧，效果如图所示。

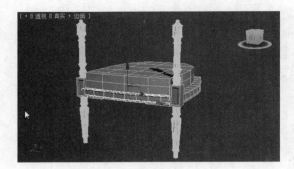

关键点5：创建后椅腿

Step 01 下面来创建后椅腿。首先使用【长方体】命令创建一个长方体，如图所示。

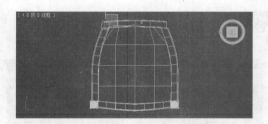

Step 02 为其添加一个【FFD 4x4x4】的编辑修改器，进入【控制点】级别，然后对其进行修改，如图所示。

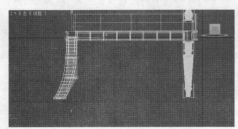

Step 03 调整好后对其进行镜像复制，效果如图所示。

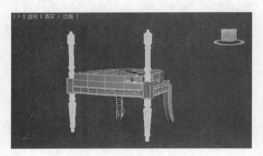

Step 04 下面继续创建后面上方的椅腿造型，创建方法和前面类似，效果如图所示。

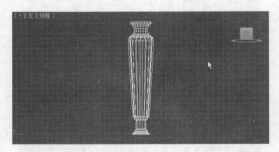

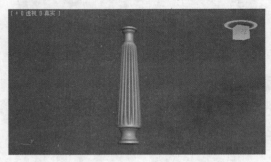

Step 05 将创建的造型进行组合，效果如图所示。

18.1.3 创建扶手模型

Step 01 首先在视图中创建2个长方体和1个半圆柱体，如图所示。

Step 02 将半圆柱体转换成【可编辑多边形】，然后进入【顶点】级别，对顶点进行缩放调整，调整为前面小，后面大的效果，如图所示。

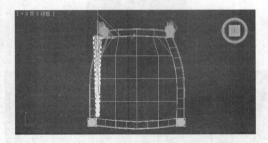

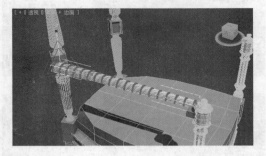

Step 03 按住Ctrl键选择图中所示的边。

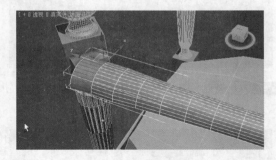

Step 04 按住Ctrl键单击【选择】卷展栏中的【循环】按钮，就可以选择一组边，如图所示。

Step 05 单击【编辑边】卷展栏中的【挤出】按钮后的【设置】按钮■，如图所示。

Step 06 进行如图所示的设置。

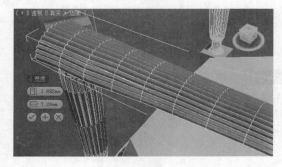

Step 07 为扶手添加一个【涡轮平滑】编辑修改器，效果如图所示。

Step 08 删除【涡轮平滑】编辑修改器，为扶手添加一个【FFD 3x3x3】的编辑修改器，进入【控制点】级别，然后对其进行修改，如图所示。

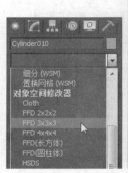

Step 09 调整后的效果如图所示。

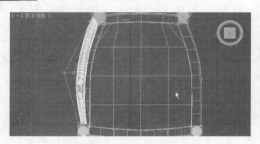

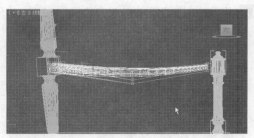

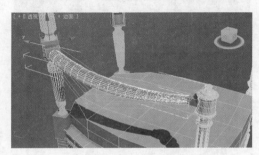

Step 10 对创建的扶手进行【镜像】复制，如图所示。

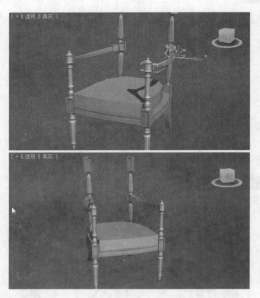

Step 11 下面来创建扶手下方的方孔造型。在左

视图中创建一个长方体，如图所示。

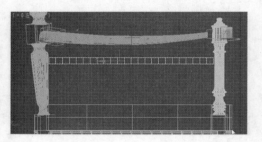

Step 12 选择移动工具对长方体进行复制，如图所示。

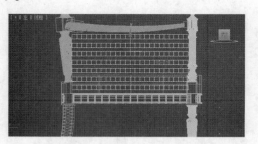

Step 13 再次创建一个长方体，和上面的长方体垂直，如图所示。

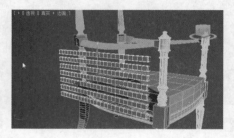

Step 14 再次进行复制，效果如图所示。

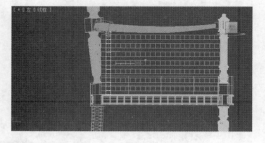

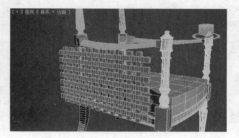

Step 15 选择一个长方体，然后单击【修改】面板 ，用鼠标右键单击堆栈中的基础对象，然后选择【可编辑多边形】命令。

Step 16 单击【编辑几何体】卷展栏中的【附加】按钮，如图所示。

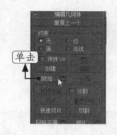

Step 17 将上面创建的所有长方体附加进来，如图所示。

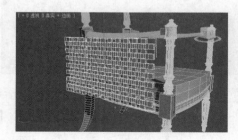

Step 18 为方孔造型添加一个【FFD 3x3x3】的编辑修改器，进入【控制点】级别，然后对其进行修改，如图所示。

Step 19 调整的效果如图所示。

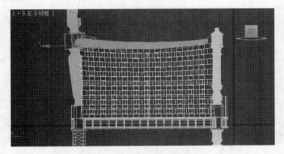

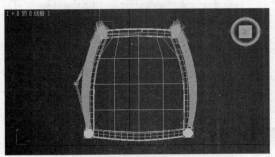

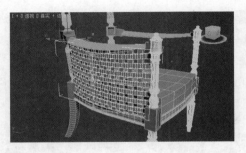

Step 20 使用镜像工具对其进行镜像复制操作，然后调整到如图所示的位置。

18.1.4 创建靠背模型

思路解析：

首先创建一个长方体，然后转变为可编辑多边形，调整成靠背的大致造型，然后继续细化制作各类造型，最后使用【FFD 3x3x3】的编辑修改器将靠背调整成弯曲的符合座椅的造型。

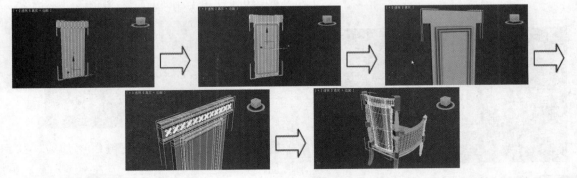

关键点1：创建靠背的大致造型

Step 01 下面来创建靠背造型。在前视图中创建一个长方体，如图所示。

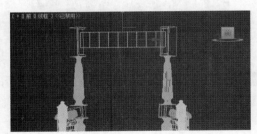

Step 02 单击【修改】面板，用鼠标右键单击堆栈中的基础对象，然后选择【可编辑多边形】命令。

Step 03 进入【多边形】级别，对底面的面进行挤出操作，具体方法和上面的操作类似，效果如图所示。

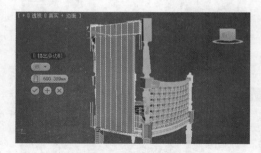

关键点2：创建靠背细节造型

Step 01 进入【顶点】级别，对顶点进行形状的调整，调整后的效果如图所示。

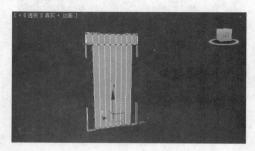

Step 02 进入【边】的级别，然后选择如图所示的线。

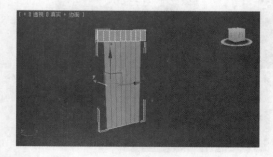

Step 03 单击【连接】按钮后的【设置】按钮，如图所示。

Step 04 进行如图所示的设置。

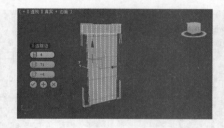

Step 05 然后调整线的位置，如图所示。

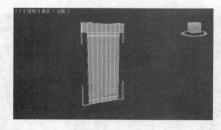

Step 06 选中如图所示的边。

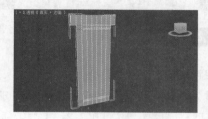

Step 07 使用【连接】命令添加线，如图所示。

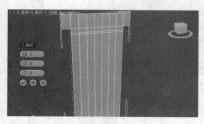

Step 08 使用相同的方法继续添加线，如图所示。

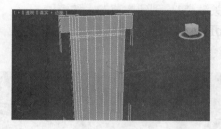

Step 09 进入【多边形】级别，选择如图所示的多边形面。

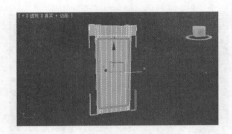

Step 10 单击【挤出】按钮后的【设置】按钮
，如图所示。

Step 11 进行如图所示的设置。

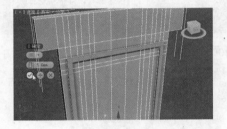

Step 12 单击【轮廓】按钮后的【设置】按钮
，如图所示。

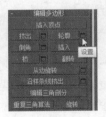

Step 13 进行如图所示的设置。

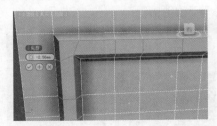

Step 14 下面为边线进行倒角。这样处理可以
为后来添加【涡轮平滑】编辑修改器提供好的
效果。进入【边】的级别，选择如图所示的2圈
边线。

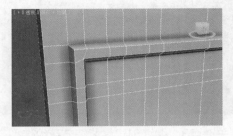

Step 15 单击【编辑边】卷展栏中【切角】按钮
后的【设置】按钮，如图所示。

Step 16 进行如图所示的设置。

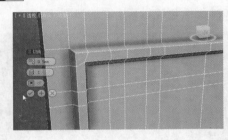

Step 17 同理，为其他的边进行切角处理，如图
所示。

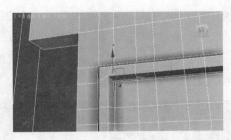

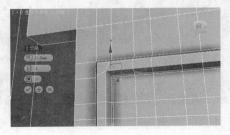

关键点3：继续创建靠背细节花纹造型

Step 01 使用相同的方法再创建内圈的造型，如图所示。

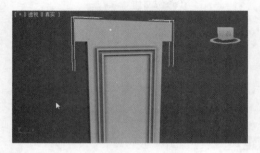

Step 02 继续创建靠背上面的造型。

Step 03 使用长方体命令创建如图所示的造型，长方体需要设置一些片段数，方便后边的变形，另外为长方体添加【涡轮平滑】编辑修改器，使其更圆滑一些，如图所示。

Step 04 使用移动工具进行复制操作，如图所示。

Step 05 选择靠背造型，然后进入【修改】面板，使用【附加】按钮将刚才创建的造型附加进来，如图所示。

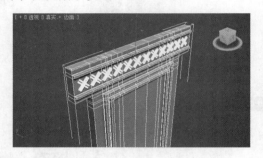

Step 06 下面为整个靠背造型的边进行切角处理，然后添加【涡轮平滑】编辑修改器，如图所示。

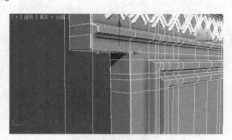

关键点4：创建靠背弯曲造型

Step 01 为靠背造型添加一个【FFD 3x3x3】的编辑修改器，进入【控制点】级别，然后对其进行修改，如图所示。

Step 02 调整的效果如图所示。

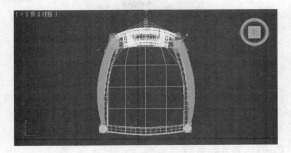

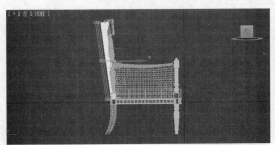

18.1.5 创建坐垫模型

Step 01 选择上面创建的坐垫造型，然后将其他物体先隐藏以来，单击鼠标右键，在弹出的菜单中选择【隐藏未选择对象】菜单命令即可。

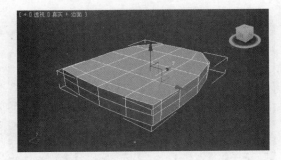

Step 02 进入【修改】面板，然后进入【边】模式，选择如图所示的边。

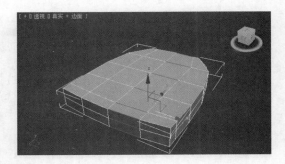

Step 03 单击【连接】按钮后的【设置】按钮 ，如图所示。

Step 04 进行如图所示的设置。

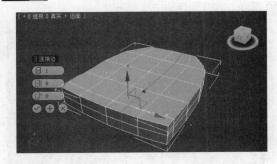

Step 05 进入【顶点】级别，对顶点进行调整，拉出坐垫的凹凸造型，如图所示。

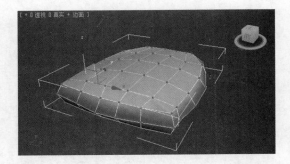

Step 06 再次进入【边】级别，选择上下两圈边线，如图所示。

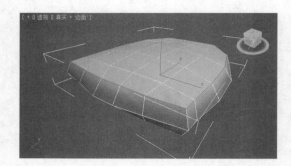

Step 07 单击【编辑边】卷展栏中【切角】按钮后的【设置】按钮，如图所示。

Step 08 进行如图所示的设置。

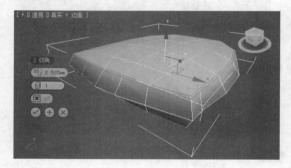

Step 09 进入【多边形】模式，选择如图所示的两圈面。

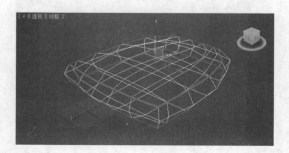

Step 10 单击【挤出】按钮后的【设置】按钮，如图所示。

Step 11 进行如图所示的设置。

Step 12 接下来使用相同的方法添加边线，然后调整点，做出凹凸褶皱细节，然后为其添加【涡轮平滑】编辑修改器，效果如图所示。

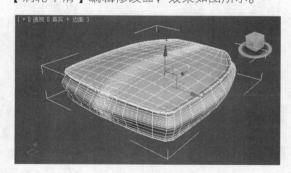

Step 13 取消隐藏，复制一个坐垫造型，如图所示。

Step 14 可以进入【修改】面板，对顶点进行调整，使上下两个坐垫造型不一样，如图所示。

Step 15 对透视图进行渲染，效果如图所示。

18.2 设置沙发椅材质和渲染

法式沙发椅的模型完成后，下面为其设置
材质，然后创建灯光进行渲染。

18.2.1 设置渲染环境

Step 01 将渲染器指定为V-Ray渲染器，在【渲
染设置】对话框中选择【公用】选项卡，在该
选项卡中单击【指定渲染器】卷展栏中【产品
级】右侧的【选择渲染器】按钮，打开【选择
渲染器】选项。

Step 02 在该选项中可以将V-Ray渲染器指定为
产品级渲染器。

Step 03 根据以前学过的知识，启用GI全局照明
配合渲染，设置低质量的测试参数，首先设置
【图像采样器（抗锯齿）】卷展栏，如图所示。

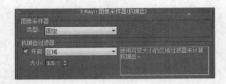

Step 04 设置【间接照明（全局照明）】卷展栏
参数，如图所示。

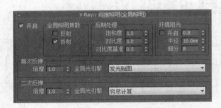

Step 05 设置【发光贴图】卷展栏参数，如图
所示。

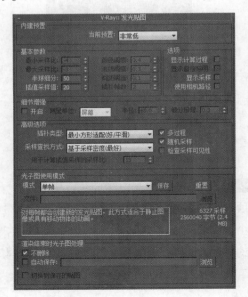

Step 06 设置【DMC采样器】卷展栏参数，如图所示。

Step 07 创建一个整体渲染环境，这里设置沙发椅放在墙边，还配有茶几，如图所示。创建方法就不详细讲解了。

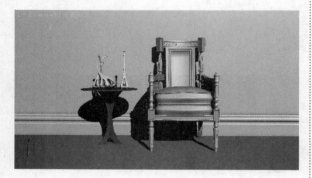

18.2.2 设置场景灯光效果

Step 01 选择【创建】面板中的【灯光】，然后选择【V-Ray】灯光类型，单击【灯光】面板中的【Vray_光源】灯光类型，在视口中拖动鼠标就可以创建所选的标准灯光V-Ray灯光。

Step 02 V-Ray 灯光是一个面片，像画面片一样在顶视图上先画一个合适面积的面片（灯），大小要合适，面积越大，在同等亮度数值，产生的强度就越大、越亮，创建后使用移动和旋转工具调整其位置，如图所示。

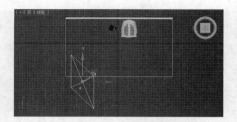
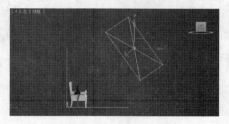
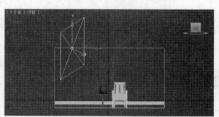

Step 03 进入【修改】面板，将【参数】卷展栏下的【亮度】组中的【倍增器】值设置为7，如图所示。

Step 04 下面使用菜单栏的【镜像】工具对灯光进行复制镜像，如图所示。

Step 05 单击【镜像】工具后，会出现一个对话框，具体的数值如图所示，修改之后单击【确

定】按钮即可。

Step 06 单击【确定】按钮之后，得到的效果如图所示。

Step 07 进入【修改】面板，将【参数】卷展栏下的【亮度】组中的【倍增器】值设置为2，如图所示。

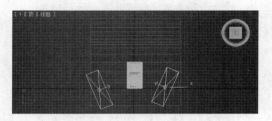

Step 08 调整复制后灯光的位置，如图所示。

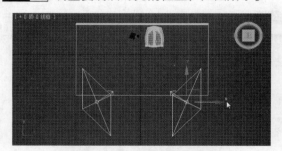

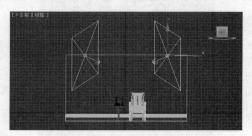

Step 09 测试渲染透视图，效果如图所示。

18.2.3 设置沙发椅材质效果

思路解析：

首先设置椅子上的白色烤漆材质，然后制作皮质沙发垫子的材质，接着制作沙发椅腿的木纹材质，最后渲染图像。

关键点1：设置椅子上的白色烤漆材质

Step 01 首先设置椅子上的白色烤漆材质。单击 M键打开【材质编辑器】对话框，单击标准材质 按钮 Standard ，如图所示。

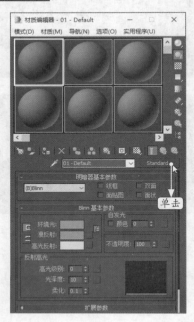

Step 02 准备选择V-Ray材质。系统弹出的【材质 /贴图浏览器】对话框， V-Ray的材质就在下方， 其中"VRayMtl"材质是其标准材质，如图所示。

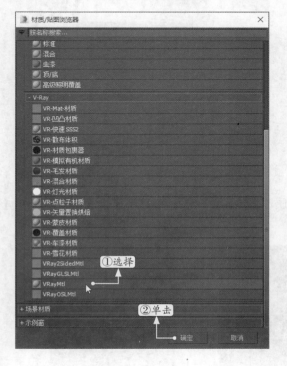

Step 03 选择"VRayMtl"材质，单击【确定】 按钮返回【材质编辑器】对话框。

Step 04 单击【漫反射】颜色块，调节白色烤漆 材质本身的【漫反射】颜色为白色，如图所示。

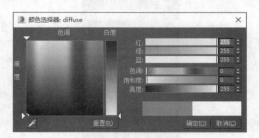

Step 05 增大反射值，烤漆材质反射很强的，所 以单击【反射】颜色块，将【反射】的颜色级别 调淡，越趋于白色，反射越强，如图所示。

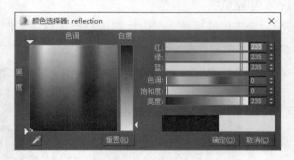

Step 06 设置其他参数，如图所示。

Step 07 单击【反射】颜色后面的方块按钮 ▪，如图所示。

Step 08 在弹出的【材质/贴图浏览器】对话框，选择其中的【衰减】材质，如图所示。

Step 09 单击【确定】按钮返回【材质编辑器】对话框，如图所示。

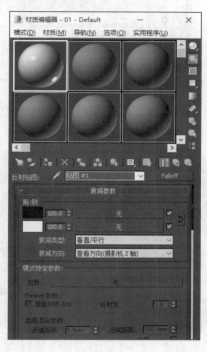

Step 10 设置【衰减参数】卷展栏下上面的颜色为127的灰色，如图所示。

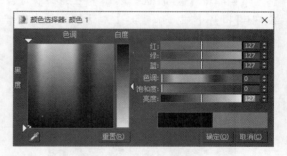

Step 11 设置【衰减参数】卷展栏下的颜色为235灰色，如图所示。

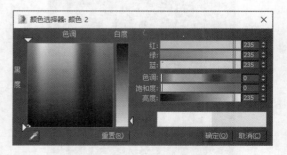

Step 12 设置【衰减类型】为Fresnel类型，如图所示。

Step 13 将材质赋予沙发椅,渲染后效果如图所示。

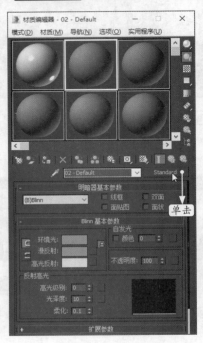

关键点2:制作皮质沙发垫子的材质

Step 01 下面来制作皮质沙发垫子的材质。在【材质编辑器】对话框中选一个空的材质球。单击M键打开【材质编辑器】对话框,单击标准材质按钮 Standard ,如图所示。

Step 02 在弹出的【材质/贴图浏览器】对话框中选择 "VRayMtl" 材质,如图所示。

Step 03 单击【确定】按钮返回【材质编辑器】对话框。

Step 04 首先调节皮革材质本身的【漫反射】贴图,单击【漫反射】颜色后的方块按钮 ,如图

所示。

Step 05 系统将会弹出【材质／贴图浏览器】对话框。双击【材质／贴图浏览器】对话框中的【位图】选项。

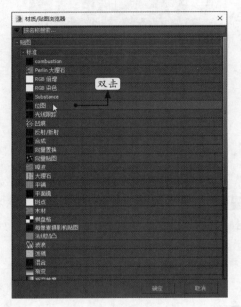

Step 06 在弹出的【选择位图图像文件】对话框中选择图片"pi.jpg"，单击【打开】按钮返回【材质编辑器】对话框。

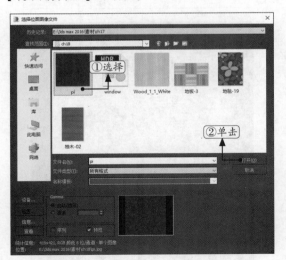

Step 07 单击【转到父级】按钮，接下来调节【反射】颜色来使其产生一定的光滑效果，但是很微弱，如图所示。

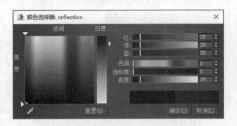

Step 08 将表面反射模糊【反射光泽度】值设置为0.5，打开【高光光泽度】锁定，并降低值为0.65，让它有很柔和散射的高光表现，如图所示。

Step 09 在【凹凸】贴图通道上贴了一张皮革表面的纹理贴图，并设置凹凸值为10，简易的皮革沙发材质就制作完毕了。

Step 10 将材质赋予沙发坐垫，渲染后效果如图所示。

关键点3：制作沙发椅下面腿的木纹材质

Step 01 下面来制作沙发椅下面腿的木纹材质。在【材质编辑器】对话框中选中一个空的材质球。按下M键打开【材质编辑器】对话框，单击标准材质按钮 Standard ，如图所示。

Step 02 在弹出的【材质/贴图浏览器】对话框中选择"VRayMtl"材质，如图所示。

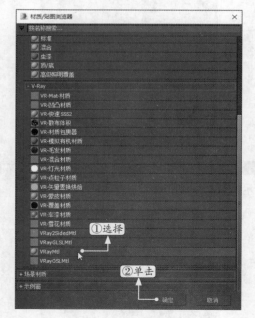

Step 03 单击【确定】按钮返回【材质编辑器】对话框。

Step 04 调节皮革材质本身的【漫反射】贴图，单击【漫反射】颜色后的方块按钮 ，如图所示。

Step 05 系统将会弹出【材质／贴图浏览器】对话框。双击【材质／贴图浏览器】对话框中的【位图】选项。

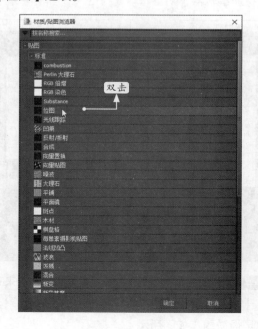

Step 06 在弹出的【选择位图图像文件】对话框中选择图片"柚木-02.jpg"，单击【打开】按钮返回【材质编辑器】对话框。

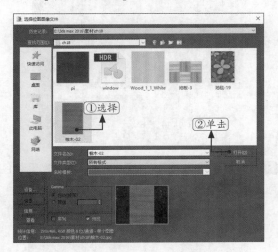

Step 07 单击【转到父级】按钮，接下来调节【反射】颜色来使其产生一定的光滑效果，但是很微弱，并调节其他参数，如图所示。

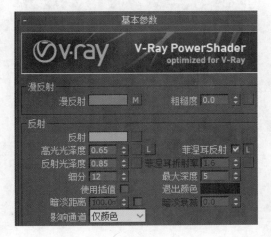

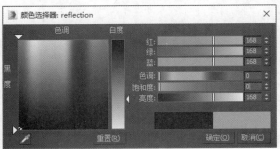

Step 08 将材质赋予沙发椅腿，渲染后效果如图所示。

18.2.4 创建产品级渲染效果

Step 01 根据以前学过的知识，设置高质量的产品级渲染参数。首先置【图像采样器（抗锯齿）】卷展栏，如图所示。

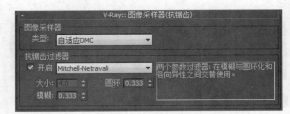

Step 02 设置【间接照明（全局照明）】卷展栏参数，如图所示。

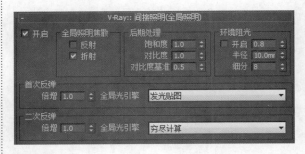

Step 03 设置【发光贴图】卷展栏参数，如图所示。

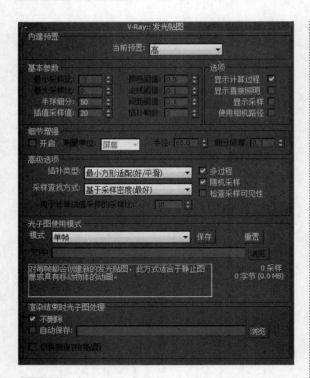

Step 04 设置【DMC采样器】卷展栏参数，如图所示。

Step 05 对透视图进行渲染，效果如图所示。

Step 06 还可以换个角度进行渲染，效果如图所示。

第 **19** 章

游戏动画设计

■■ **本章引言**

　　本章深刻剖析了游戏中动画制作的方法，让读者能够掌握游戏3D动画的制作流程和制作技巧。不但可以熟练操作3ds Max软件控制动画的各种命令，而且对每一种类型的动画运动规律有比较深入的了解。

■■ **学习要点**

» 掌握自动关键点动画的创建方法
» 掌握约束动画的创建方法
» 掌握摄像机动画的创建方法
» 掌握动画声音的添加方法

摄像机（一）动画如图所示。

摄像机（四）动画如图所示。

19.1　设置场景动画效果

　　整个动画设计的重点是场景动画的整个设计和把握，需要读者用心去体会。

19.1.1　制作螺旋桨动画

　　下面首先介绍在【自动关键点】模式下，使用【选择并旋转】工具按钮 ⟲ ，设置飞机螺旋桨的旋转关键帧，并使用【轨迹视图】窗口将螺旋桨的旋转效果设置为循环，完成螺旋桨动画部分的制作。

Step 01 启动3ds Max 2016，单击【应用程序】按钮 MAX ，从弹出的菜单中选择【重置】命令重置场景。

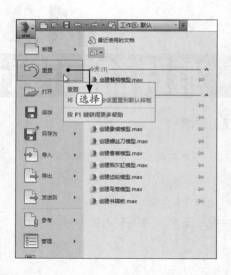

Step 02 在讲解飞机螺旋桨动画的制作之前，先打开本例的最终文件，预览一下螺旋桨的旋转效果，如图所示。

Step 03 按N键开启【自动关键点】动画模式，如图所示。

Step 04 在第0帧的位置选择飞机的螺旋桨，单击工具栏中的【选择并旋转】按钮 ↺，如图所示。

桨按顺时针方向旋转270°，将它的位置调整为如图所示的效果。

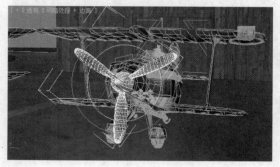

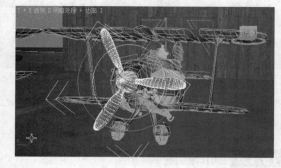

Step 05 将时间滑块移至第90帧处，如图所示。

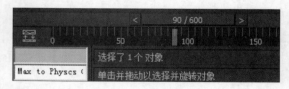

Step 07 将时间滑块移至第97帧处，如图所示。

Step 06 打开主工具栏上方的【角度捕捉切换】按钮，并设置参考坐标系为【局部】，将螺旋

Step 08 将螺旋桨对象按照顺时针方向再旋转一定的角度，位置效果如图所示。

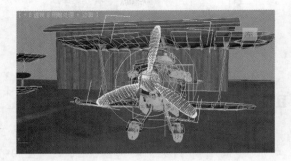

Step 09 将时间滑快移至第120帧处，如图所示。

Step 10 将螺旋桨沿着逆时针方向旋转300°，使它在第98帧~第120帧内逆时针旋转，如图所示。

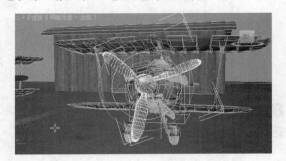

Step 11 选择螺旋桨对象，在工具栏中单击【曲线编辑器】按钮，如图所示。

Step 12 打开【轨迹视图】窗口，如图所示。

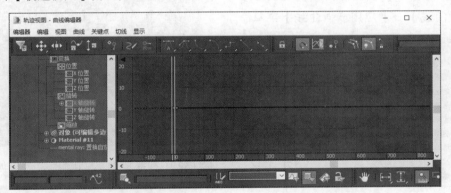

Step 13 在【旋转】层级下选择【X轴旋转】中的【增强曲线】对象，如图所示。

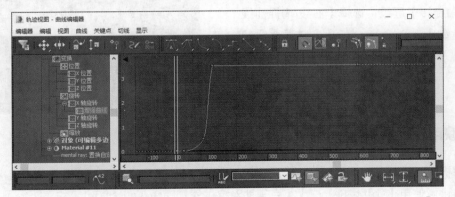

Step 14 在【轨迹视图】窗口选择【曲线】→【增强曲线超出范围类型】菜单命令，如图所示。

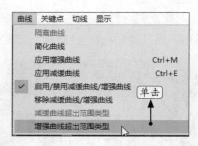

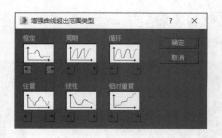

Step 15 在弹出的【增强曲线超出范围类型】对话框中选择曲线超出范围类型，如图所示。

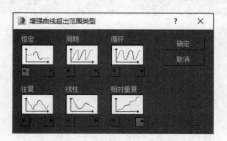

Step 16 在【轨迹视图】窗口中分别选择【Y轴旋转】和【Z轴旋转】层级，在【轨迹视图】窗口选择【曲线】→【应用增强曲线】菜单命令，如图所示。

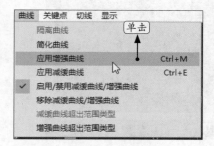

Step 17 在【旋转】层级下分别选择【Y轴旋转】和【Z轴旋转】层级，选择【曲线/增强曲线超出范围类型】菜单命令，打开【增强曲线超出范围类型】对话框，设置类型为【恒定】，如图所示。

Step 18 关闭【轨迹视图】窗口，在场景中拖动时间滑块可以预览飞机螺旋桨在第120帧以后的时间段里做相对重复旋转的效果，如图所示。

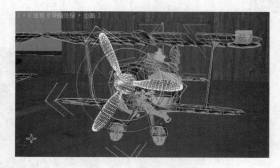

Step 19 在播放到第500帧时，效果如图所示。

19.1.2 使用路径约束制作飞行动画

思路解析：

下面将讲解使用【Point Helper】（点辅助对象）添加Path Constraint（约束路径），模拟出飞机的飞行路线和效果，然后使用【Select and Link】（选择并链接）工具按钮，将飞机对象链接在Point Helper（点辅助对象）上，完成飞机飞行动画部分的制作。

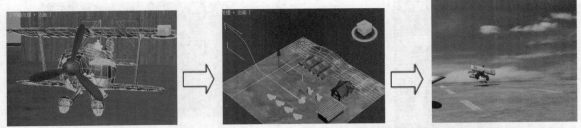

关键点1：创建点辅助对象和动画路径

Step 01 从本书光盘中打开场景的原始文件，该文件为上一个案例的最终文件，如图所示。下面就来讲解飞机飞行动画的设置方法。

Step 02 进入【辅助对象】对象面板 ⚙，单击【点】按钮，如图所示。

Step 03 在飞机的中央位置上创建一个点辅助对象，如图所示。

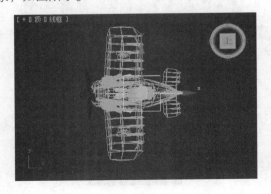

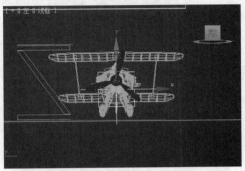

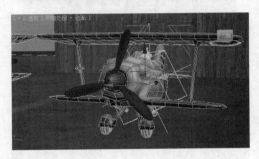

Step 04 选择点辅助对象，在其参数卷展栏中设置它的参数，如图所示。

Tips

　　【点】辅助对象提供3D空间的特定位置，在【显示】选项组中选择【长方体】复选框后，将在辅助对象的中心显示一个与轴对齐的小框。

Step 05 在【图形对象】面板中，单击【线】按钮，如图所示。

Step 06 在视图中绘制一条飞机飞行的路径样条线，如图所示。

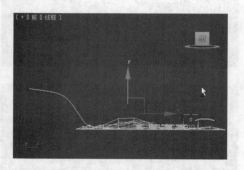

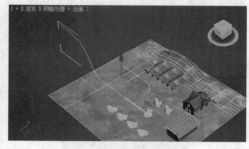

关键点2：创建路径约束动画

Step 01 选择【点】辅助对象，选择【动画】→【约束】→【路径约束】菜单命令，如图所示。

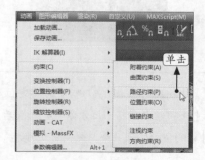

Step 02 在场景中拾取样条线对象，此时辅助对象将沿着样条线运动，如图所示。

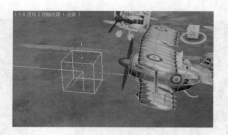

Step 03 按N键开启动画记录模式，将时间滑块移至第160帧处，如图所示。

Step 04 选择【点】辅助对象，进入【运动】命令面板，设置路径参数，如图所示。

Step 05 将时间滑块移至第400帧处，如图所示。

Step 06 将辅助对象的路径参数设置为如图所示的效果。

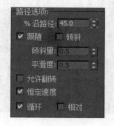

Step 07 将时间滑块移至第450帧处，如图所示。

Step 08 将【点】辅助对象的路径约束参数设置为如图所示的效果。

Step 09 将时间滑块移至第520帧处，如图所示。

Step 10 将【点】辅助对象的路径约束参数设置为如图所示的效果。

Step 11 将时间滑块移至第600帧处，如图所示。

Step 12 将【点】辅助对象的路径约束参数设置为如图所示的效果。

Tips

在设置辅助对象山坡和转弯处的关键点时，要使用旋转工具为其设置旋转关键点，使其模拟正常的倾斜效果。

关键点3：调整动画并渲染

Step 01 按N键退出动画记录模式，在场景中选择整个飞机模型，螺旋桨和飞行员对象，单击【选择并链接】工具按钮将它们链接到点辅助对象上，如图所示。

Step 02 在场景中拖动时间滑块可以预览飞机跟随样条线运动，如图所示。

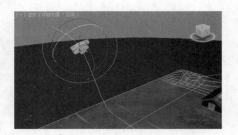

Step 04 飞机飞行动画参数设置完成后，按F9键快速渲染飞机的飞行效果，如图所示。

Step 03 在视图中拖动时间滑块预览飞机飞行动画，当飞机飞在上坡位置，开启动画记录模式，为飞机设置左右摇摆的关键帧，使它模拟真实的倾斜效果，如图所示。

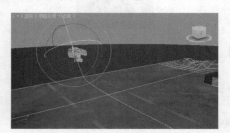

19.1.3 使用位置约束制作摄影机动画

思路解析：

下面将讲解使用摄影添加【Position Constraint】（位置约束）命令，制作飞机飞行动画的每个分镜头动画效果，以便更好地观察和查看整个飞机飞行动画效果，操作步骤讲解如下。

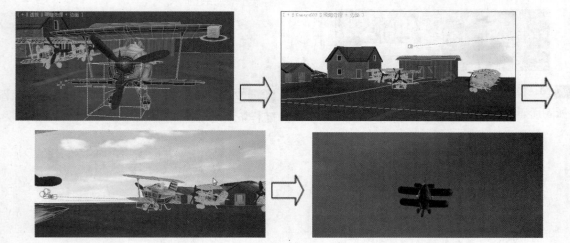

关键点1：制作飞机动画场景的摄像机动画

Step 01 从本书光盘中打开上一个案例的最终文件，如图所示。下面来制作飞机动画场景的摄影机动画。

Step 02 在【摄影机】对象面板中单击【目标】按钮，在视图中创建一个目标摄影机对象。

Step 03 它的位置关系如图所示。

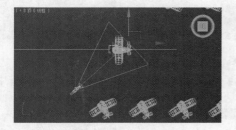

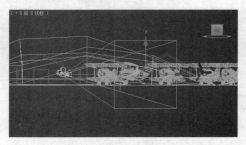

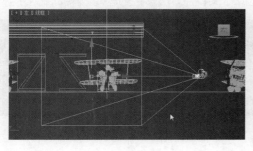

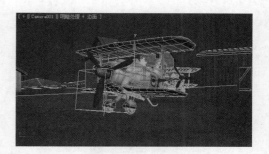

Step 04 选择摄影机对象的目标点对象，选择【动画】→【约束】→【位置约束】菜单命令，如图所示。

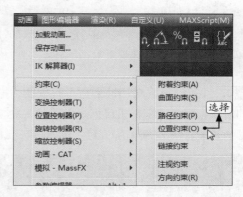

Tips

【位置约束】命令引起对象跟随一个对象的位置或者几个对象的权重平衡位置。为了激活，位置约束需要一个对象和一个目标对象。一旦将指定对象约束到目标对象位置。为目标的位置设置动画会引起受约束对象的跟随。

Step 05 在视图中拾取创建的【点】辅助对象，将摄影机目标约束在辅助对象上，如图所示。

Step 06 选择摄影机目标对象，在【运动】命令面板中可以访问位置约束的参数卷展栏，如图所示。

Tips

一旦指定"位置"约束，就可以访问【运动】命令面板中【位置约束】展卷栏上的属性。在这个展卷栏中可以添加或删除目标，指定权重，还可以为每个目标的权重设置动画。

Step 07 按C键将视图切换到摄影机视图，拖动时间滑块可以预览摄影机目标对象跟随飞机一起运动的效果。在第350帧的位置效果如图所示。

Step 08 继续拖动时间滑块预览摄影机运动，在第500帧的效果如图所示。

Step 09 再次在【摄影机】对象面板中单击【目标】按钮，在视图中创建第2个目标摄影机对象。

Step 10 它的位置关系如图所示。

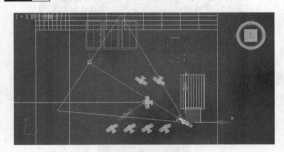

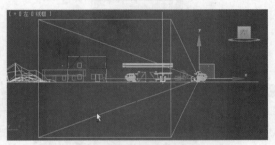

Step 11 将第2个摄影机在第160帧处设置第一个关键点，然后在第600帧处移动摄影机对象，设置为第2个关键点，摄影机的运动效果如图所示。

Step 12 继续创建第3个摄影机对象，它的位置如图所示。

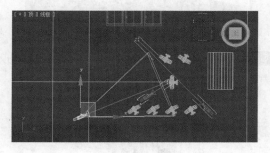

Step 13 将第3个摄影机对象，在第300帧处设置第1个关键点，此时的摄影机视图效果如图所示。

Step 14 将时间滑块移至第400帧处，移动调整摄影机对象，设置为第2个关键点，如图所示。

Step 15 在视图中快速创建第4个摄影机对象，将这个镜头制作为仰视镜头，如图所示。

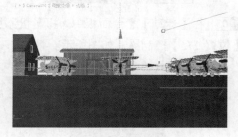

关键点2：制作约束动画效果

Step 01 选择第4个摄影机对象，选择【动画】→【约束】→【位置约束】菜单命令，将它约束到辅助对象上，如图所示。

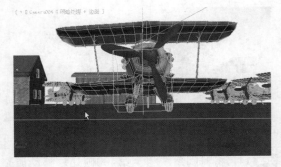

Step 02 选择【动画】→【位置控制器】→【XYZ】菜单命令，如图所示。

Step 03 在【运动】命令面板中为摄影机添加一个【位置 XYZ】控制器，如图所示。

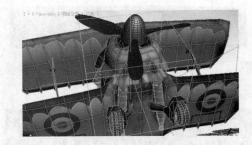

Tips

　　【位置 XYZ】控制器将X、Y和Z组件分为3个单独轨迹，在从"表达式"控制器引用时，这提供了对3个轨迹的单独控制。

Step 04 将【位置 XYZ】控制器的参数设置为x轴，如图所示。

Step 05 在视图中拖动时间滑块可以预览摄影机的运动效果，下图为摄影机在第420帧时的运动位置。

Step 06 继续拖动时间滑块预览摄影机的运动效果，在第500帧时的效果如图所示。

Step 07 按F9键快速渲染摄影机的位置效果，如图所示。

19.2 添加声音和渲染动画

动画设置完成后就需要对动画添加声音和进行动画渲染来完成游戏动画的设计，具体操作方法如下。

19.2.1 使用轨迹视图添加声音

首先讲解使用【轨迹视图】窗口为动画添加声音效果的方法，主要使用ProSound对话框来为场景添加音频文件，ProSound是适用于3ds Max的实时多轨迹音频解决方案，完全支持【轨迹视图】并集成在【轨迹视图】中。

Step 01 从本书光盘中打开场景文件，该文件是上一个案例的最终文件效果，如图所示。

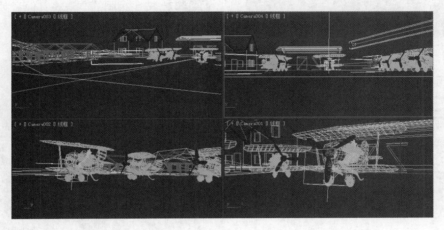

Step 02 选择【图形编辑器】→【轨迹视图-摄影表】菜单命令，如图所示。

Step 03 打开【轨迹视图-摄影表】窗口，如图所示。

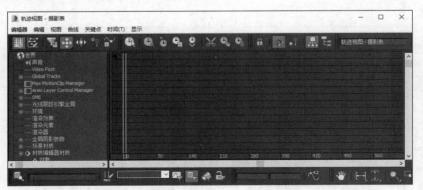

Step 04 在【轨迹视图】窗口的控制器窗口双击【声音】层级，将弹出【专业声音】对话框，如图所示。

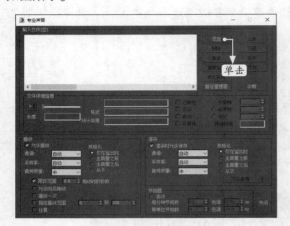

Step 05 单击【添加】按钮，从本书光盘中选择一个音频文件，如图所示。

Step 06 将选择的音频文件添加后，将显示在

【专业声音】对话框的音频列表框中，如图所示。

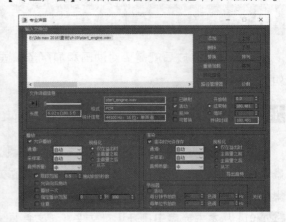

Step 07 按照相同的方法将其他音频文件添加进来，如图所示。

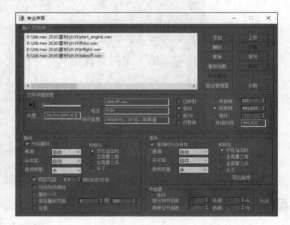

Tips

成功添加音频文件后，可以在【文件详细信息】选项组中单击【播放】按钮来播放音频文件，在【播放】选项组中可以设置所有音频输出的全局参数。

Step 08 在【专业声音】对话框中单击【关闭】按钮，关闭该面板，在【轨迹视图-摄影表】窗口中可以预览到添加的音频文件，如图所示。

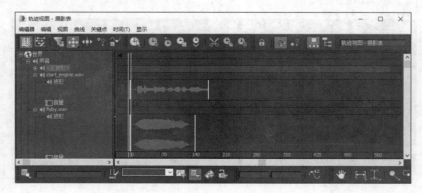

19.2.2 渲染动画效果

Step 01 此时拖动时间滑块就能听到动画中的声音了，按F10键打开【渲染设置】对话框，设置飞机动画的渲染参数，如图所示。

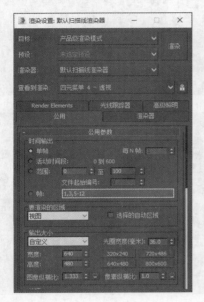

Step 02 在【指定渲染器】卷展栏中选择场景的渲染器为【Mental ray 渲染器】，如图所示。将参数设置完毕单击【渲染】按钮渲染动画，如图所示。

Step 03 对第1个摄像机的动画效果进行渲染，效果如图所示。

Step 04 对第4个摄像机的动画效果进行渲染，效果如图所示。

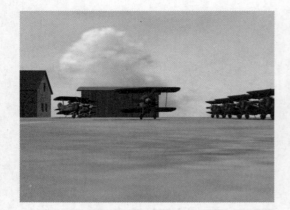

第 20 章

影视广告片头设计

■■ 本章引言

　　本章学习使用粒子系统来制作一段广告片头。通过本例，读者可以学习到粒子系统的实际应用和制作镜头光斑、发光效果的方法。

　　通过本章的学习，读者可以了解一段广告片头动画制作的全过程，这也是对前面所介绍的内容的一个复习和整合。对于广告片头动画设计而言，粒子系统和特效效果都是非常重要的，另外还需要考虑整体片头的颜色、转场和效果等。

■■ 学习要点

◈ 掌握广告片头动画制作的全过程
◈ 掌握粒子系统的创建方法
◈ 掌握特效效果的创建方法

20.1 创建广告片头动画场景

　　在动画制作的开始，必须先考虑好整个场景的设置、动画的转场等。下面首先创建广告片头动画场景。

20.1.1 创建暴风雪粒子系统

Step 01 启动3ds Max 2016，单击【应用程序】按钮 ，从弹出的菜单中选择【重置】命令重置场景。

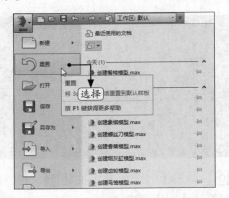

Step 02 进入【创建】→【几何体】面板，在下拉列表中选择【粒子系统】选项，然后单击【暴风雪】按钮。

Step 03 在左视图中创建一个暴风雪粒子系统。进入【修改】面板，在【基本参数】卷展栏中设置暴风雪的【宽度】为200，【长度】为140。

Step 04 创建的暴风雪粒子系统，效果如图所示。

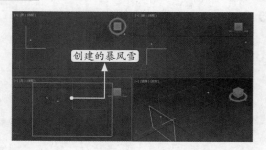

Step 05 在主工具栏中的【选择并移动】按钮 ✛ 上单击鼠标右键，在弹出的【移动变换输入】对话框中将暴风雪位置【X：】设置为-1680，【Y：】设置为72，【Z：】设置为3。

Step 06 保存此场景，并将其命名为"广告片头动画"。

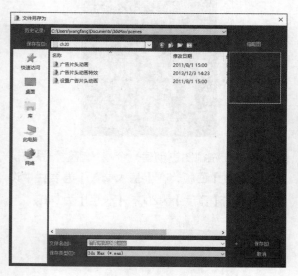

20.1.2 设置暴风雪发射粒子

Step 01 进入【创建】→【几何体】面板，在下拉列表中选择【扩展基本体】选项，然后单击【油罐】按钮。

Step 02 在顶视图中创建一个油罐体，具体参数设置如下图所示。

Step 03 创建的油罐体如图所示。

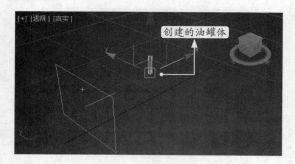

Step 04 单击【时间配置】按钮 🔃，在弹出的【时间配置】对话框中进行如下图所示的设置。

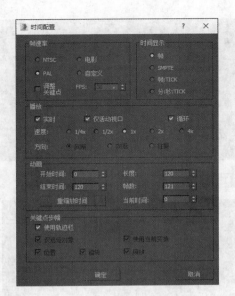

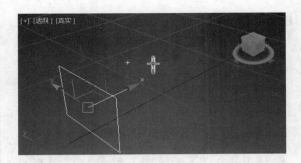

Step 05 选择已经创建好的暴风雪粒子系统，进入【修改】面板修改其属性。打开【粒子类型】卷展栏，选择【实例几何体】单选钮。

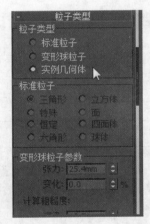

Step 06 单击【实例参数】选项组中的 拾取对象 按钮，选择场景中已创建的油罐体。选择完成后，在【拾取对象】按钮上面的【对象】中就会显示【Oil Tank001】。

Step 07 设置暴风雪的基本参数，如下图所示。

Step 08 设置暴风雪的旋转和碰撞参数，如下图所示。

Step 09 设置暴风雪的粒子生成参数，如下图所示。

因为粒子被发射的角度是随机的,【旋转和碰撞】卷展栏中的【自旋时间】可以使粒子在发射时固定一个角度。

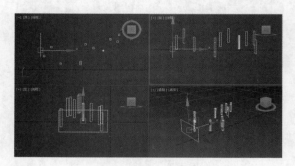

Step 10 选择油罐体,在【修改】面板 中的修改器列表中选择【X变换】修改器,如图所示。

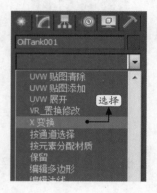

Step 11 在修改器堆栈中选择【X变换】的【Gizmo】选项,如图所示。

Step 12 将【Oil Tank001】油罐体旋转为水平方向。

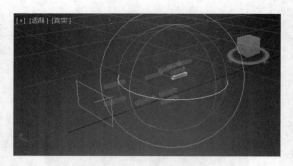

Step 13 参数设置完成后渲染透视图。

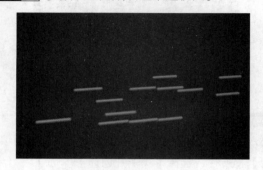

20.1.3 设置粒子材质及效果

Step 01 单击主工具栏中的【材质编辑器】按钮 或按M键打开【材质编辑器】对话框,选择一个未编辑的材质球并将其命名为"粒子"。

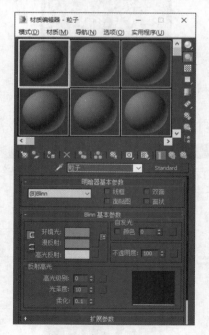

Step 02 设置【环境光】颜色为蓝色(0,175,255),其他参数设置如下图所示。

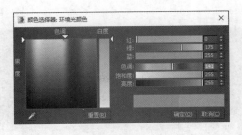

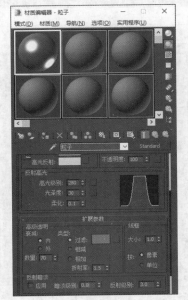

Step 03 单击【将材质指定给选定对象】按钮，将此材质指定给【暴风雪】粒子，然后渲染透视图。

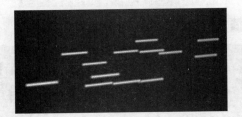

Step 04 制作一个背景。选择【渲染】→【环境】菜单命令。

Step 05 单击【公用参数】卷展栏下的【背景】栏中的【无】按钮，如图所示。

Step 06 将会弹出【材质/贴图浏览器】对话框。在贴图列表中选择【渐变坡度】贴图，然后单击【确定】按钮。

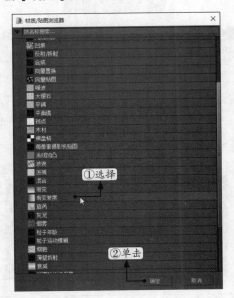

Step 07 单击主工具栏中的【材质编辑器】按钮或按M键打开【材质编辑器】对话框，然后按住鼠标左键将【环境和效果】对话框中创建的背景贴图拖至【材质编辑器】中的一个未编辑的材质球上。

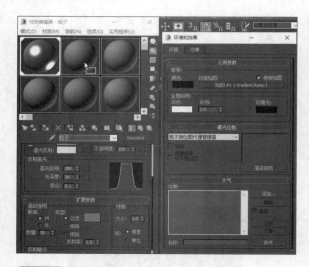

Step 08 释放鼠标左键，会弹出【实例（副本）贴图】对话框，选中【实例】单选钮，然后单击【确定】按钮。

Step 09 在【材质编辑器】窗口中编辑背景，并将材质球命名为"背景"。选择【渐变坡度参数】卷展栏中的颜色条，设置其颜色，位置0时为浅蓝色（0，246，255），位置60时为深蓝色（0，58，165），位置100时为黑色。其他参数设置如下图所示。

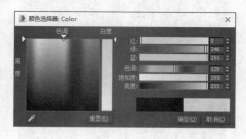

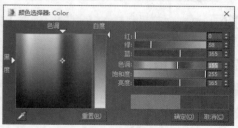

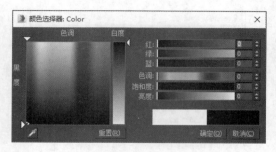

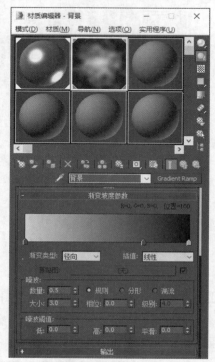

Step 10 设置完成后渲染透视图。

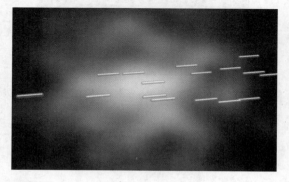

Step 11 为了表现出粒子迸发的速度感，需要为粒子设置运动模糊效果。选择暴风雪粒子系统，单击鼠标右键，在弹出的快捷菜单中选择【对象属性】命令，打开【对象属性】对话框。

Step 12 选中【运动模糊】选项组中的【图像】单选钮，设置【倍增】值为1，然后单击【确定】按钮。

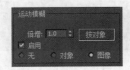

Step 13 渲染透视图，效果如图所示。

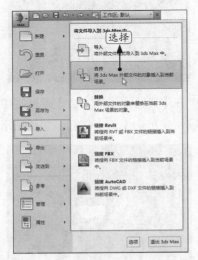

20.1.4 创建文字及材质

Step 01 单击![图标]图标，在弹出的菜单中选择【导入】→【合并】菜单命令。

Step 02 合并随书光盘中的"素材\ch20\文字.max"模型文件。

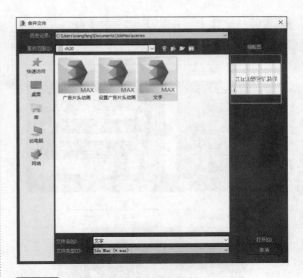

Step 03 调整文字的字体和大小。

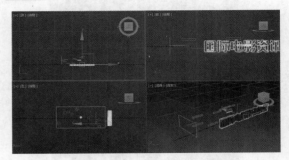

Step 04 单击主工具栏中的【材质编辑器】按钮![图标]或按M键打开【材质编辑器】对话框，从中选择一个未编辑的材质球，并将其命名为"文字"。

Step 05 设置【环境光】颜色为浅蓝色（200，255，255），其他的参数设置如下图所示。

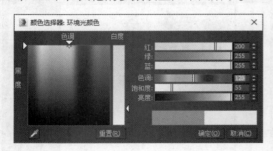

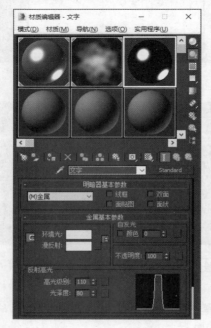

Step 06 打开【贴图】卷展栏，单击【折射】右侧的【None】按钮。

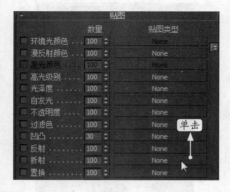

Step 07 在弹出的【材质/贴图浏览器】对话框中选择【光线跟踪】贴图，然后单击【确定】按钮。

Step 08 返回【材质编辑器】对话框，单击【返回父级】按钮，如图所示。

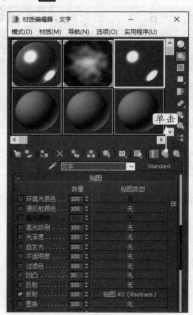

Step 09 在【光线跟踪器参数】卷展栏中的【背景】选项组中单击【无】按钮，如图所示。

Step 10 在弹出的【材质/贴图浏览器】对话框中选择【位图】贴图，单击【确定】按钮，在弹出的【选择位图图像文件】对话框中选择随书光盘中的"素材\ch20\QT-133.jpg"作为位图图片。

Step 11 返回【材质编辑器】对话框，如图所示。

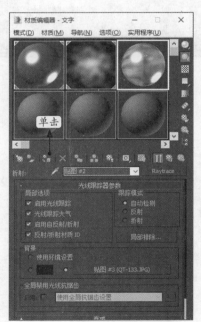

Step 12 单击【将材质指定给选定对象】按钮，将【文字】材质指定给场景中的文字，然后渲染透视图。

20.1.5 创建圆环及材质

Step 01 进入【创建】→【图形】面板，单击【圆环】按钮，如图所示。

Step 02 在左视图中建立一个圆环，其参数设置如下图所示。

Step 03 创建的圆环效果如下图所示。

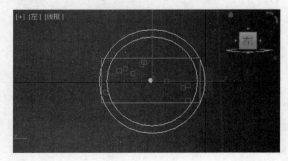

Step 04 进入【修改】面板，为圆环添加【倒角】修改器，如图所示。

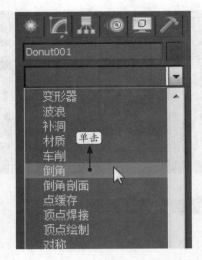

Step 05 【倒角】参数设置如下图所示。

Step 06 倒角后的效果如图所示。

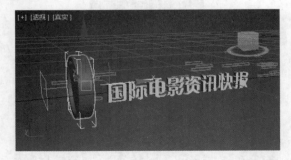

Step 07 单击主工具栏中的【材质编辑器】按钮 或按M键打开【材质编辑器】对话框，从中选择一个未编辑的材质球并将其命名为"圆环"。

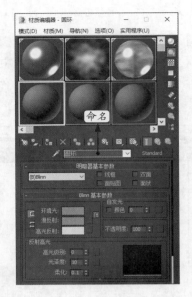

Step 08 设置【环境光】颜色为蓝色（0，165，255），其他参数设置如下图所示。

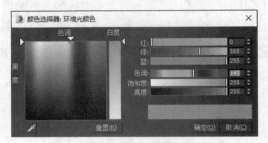

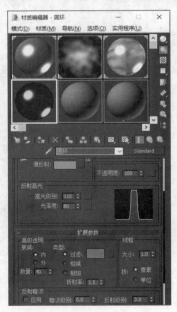

Step 09 打开【贴图】卷展栏，单击【折射】贴图右侧的【None】按钮。

Step 10 在弹出的【材质/贴图浏览器】对话框中选择【光线跟踪】贴图，然后单击【确定】按钮返回【材质编辑器】对话框。

Step 11 在【光线跟踪器参数】卷展栏中的【背景】选项组中单击【无】按钮，在弹出的【材质/贴图浏览器】对话框中选择【位图】贴图，单击【确定】按钮，在弹出的【选择位图图像文件】对话框中选择随书光盘中的"素材\ch20\QT-133.jpg"作为位图图片，设置【模糊偏移】为0.1。

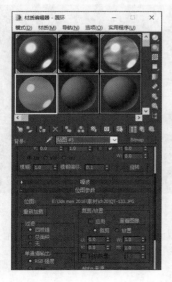

Step 12 单击【将材质指定给选定对象】按钮，将【圆环】材质指定给场景中的圆环，然后渲染透视图。

Step 13 设置圆环的位置，【X：】为-1420、【Y：】为72、【Z：】为4，如图所示。

Step 14 在顶视图中按住Shift键，使用移动工具向右拖动圆环并将其复制4个，适当调整文字的位置。

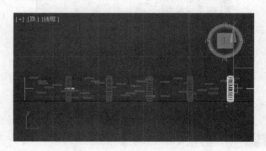

20.1.6 创建摄影机和灯光

Step 01 在场景中建立一架摄影机以确定视角。单击【创建】面板中的【摄影机】按钮，进入【摄影机】面板，单击 目标 按钮，在场景中建立一架摄影机。

Step 02 为了表现动画中的速度感，这里使用广角镜头20mm，如图所示。

Step 03 调整摄影机的位置，【X：】为0、【Y：】为-265、【Z：】为-4，调整目标点的位置，【X：】为0、【Y：】为75、【Z：】为-4。

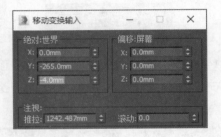

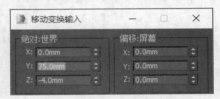

Step 04 移动文字到场景中建立的摄影机的适当位置，然后激活透视图，按C键切换为摄影机视图。

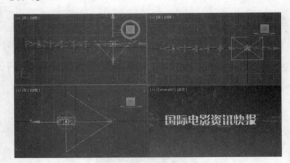

Step 05 进入【创建】→【灯光】面板，选择【标准】灯光面板中的 泛光 按钮，如图所示。

Step 06 在【X：】为-80、【Y：】为-100、【Z：】为15的位置创建一盏泛光灯，如图所示。

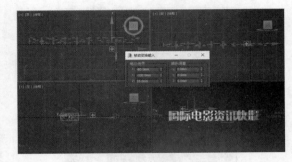

Step 07 设置灯光的【倍增】值为1。创建这盏灯的目的是让金属产生高光，使其产生真实的质感。

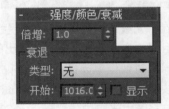

Step 08 渲染摄影机视图，效果如图所示。

Step 09 在【X：】为105、【Y：】为-100、【Z：】为-2的位置创建第2盏泛光灯，如图所示。

Step 10 设置灯光的【倍增】值为1，渲染摄影机视图。

Step 11 在【X：】为685、【Y：】为60、【Z：】为-40的位置创建第3盏泛光灯，如图所示。

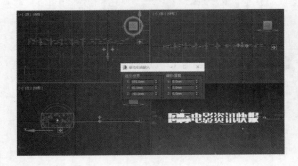

Step 12 设置灯光的【倍增】值为1，渲染摄影机视图。

Step 13 在【X：】为-1 830、【Y：】为70、【Z：】为85的位置创建第4盏泛光灯，如图所示。

Step 14 设置灯光的【倍增】值为1，渲染摄影机视图。

Step 15 在【X：】为50、【Y：】为40、【Z：】为5的位置创建一盏泛光灯，如图所示。

Step 16 设置灯光的【倍增】值为0.2，渲染摄影机视图。

20.2 设置广告片头动画

广告片头动画的场景创建完成后，接下来开始设置广告片头动画效果，这里主要是设置摄影机动画效果。

20.2.1 设置摄像机动画

Step 01 首先需要完成的是设置摄影机。将时间设置到第20帧，打开 自动关键点 按钮，如图所示。

Step 02 设置摄影机的位置，【X：】为-1 080、【Y：】为72、【Z：】为4，目标点的位置，【X：】为-1490、【Y：】为75、【Z：】为5，然后关闭 自动关键点 按钮。

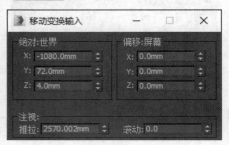

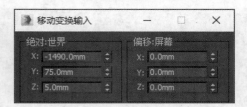

Step 03 设置摄影机位置后的效果如图所示。

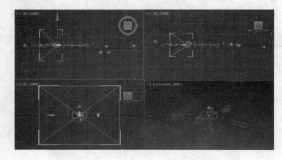

Step 04 选择摄影机。选择【图形编辑器】→【轨迹视图-摄影表】菜单命令。

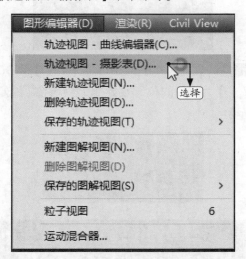

Step 05 在弹出的【轨迹视图-摄影表】对话框中单击【缩放选定对象】按钮 找到摄影机，选择【Camera01】选项，单击左侧的【＋】号，打开其树状结构。接着打开【变换】→【位置】树状结构，如图所示。

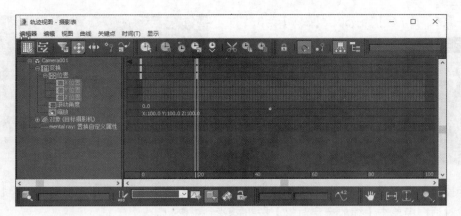

Step 06 将第0帧的3帧关键点拖动到第77帧。依照此方法操作,将【Camera01.Target】的第0帧的3帧关键点拖动到第77帧。

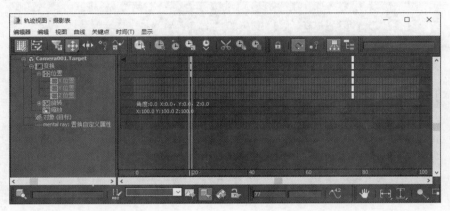

Step 07 设置摄影机开始的位置。将时间移动到第0帧,打开 自动关键点 按钮,设置摄影机的位置【X:】为−1250、【Y:】为270、【Z:】为4,然后先进来再从【圆环】中穿出去。

置,调整它在第40帧的位置。将时间移动到第40帧,打开 自动关键点 按钮,设置摄影机的位置【X:】为−540、【Y:】为50、【Z:】为4,然后关闭 自动关键点 按钮。

Step 08 为了使摄影机在运动中保持正确的位

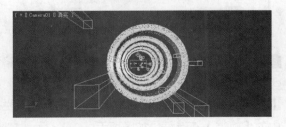

Step 09 调整它在第55帧的位置。将时间移动到第55帧,打开 自动关键点 按钮,设置摄影机的位置

【X：】为-185、【Y：】为-50、【Z：】为0，然后关闭 自动关键点 按钮。

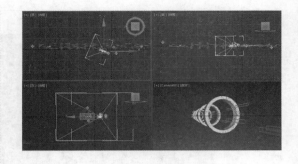

Step 10 选择摄影机，单击主工具栏中的【曲线编辑器（打开）】按钮，在弹出的【轨迹视图-曲线编辑器】对话框中单击【缩放选定对象】按钮找到摄影机。

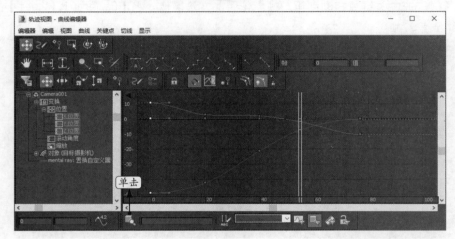

Step 11 选择【编辑】→【注释轨迹】→【添加】菜单命令打开摄影机的曲线，调整摄影机的曲线，保证摄影机运动流畅。

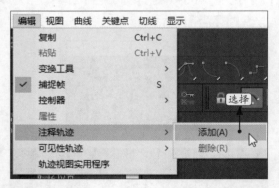

Step 12 也可以在视图中看到摄影机的运动路线。选择摄影机，单击【显示】按钮，进入【显示】面板，然后选中【显示属性】卷展栏中的【轨迹】复选框，如图所示。

Step 13 这样，在顶视图中就可以观察摄影机的运动路线。

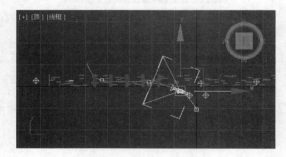

20.2.2 设置文字和背景动画

Step 01 文字并不是一开始就出现在场景中的，而是从第75帧到第78帧以从无到有的方式出现的。选择【Text 01】，选择【图形编辑器】→【轨迹视图-曲线编辑器】菜单命令，如图所示。

Step 02 在弹出的【轨迹视图-曲线编辑器】对话框中确认选择的是【Text 01】。选择【编辑】→【可见性轨迹】→【添加】菜单命令，如图所示。

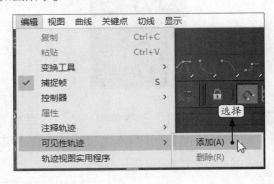

Step 03 单击【添加关键点】按钮，然后在【可见性】的第75帧和第78帧的位置添加关键点，设置75帧的值为0，78帧的值为1。曲线设置后的效果如下图所示。

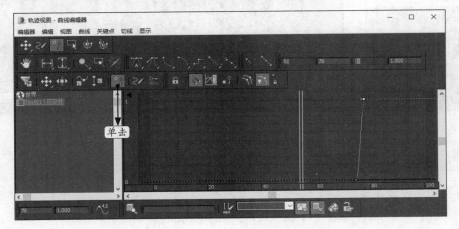

Step 04 在这段动画的后部应该让背景暗下来，以免看不清文字，并且应该在动画开始的时候让背景是全黑的，然后渐渐地显露出来。选择【图形编辑器】→【轨迹视图-摄影表】菜单命令，在弹出的【轨迹视图-摄影表】对话框中打开【世界】→【环境】→【环境纹理贴图】→【Gradient Ramp】→【标志 #1】→【颜色】树状结构，在线上0、10、60和100的位置添加关键点，如图所示。

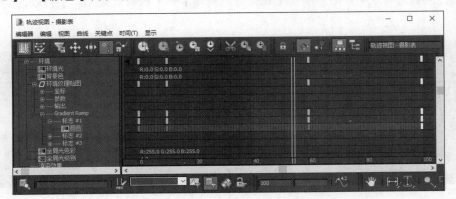

Step 05 将第0帧关键点的RGB值设为（0，0，0），如图所示。

Step 06 第100帧关键点的RGB值设为（0，106，255），如图所示。

Step 07 在动画的后部将背景中心的颜色由蓝色改为普蓝色，这样色调就暗下来了。然后选择【Gradient Ramp】→【标志 #3】→【颜色】树状结构，在线上0、10的位置添加关键点，将第0帧关键点的RGB值设置为（0，0，0）。

20.3 为广告片头动画添加特效

广告片头动画设置完成后，接下来可以为动画画龙点睛，也就是为广告片头动画添加特效，在这里主要是添加【镜头效果光晕】和【镜头效果光斑】效果。

20.3.1 制作文字特效动画

思路解析：

首先创建文字出场效果，然后添加【镜头效果光晕】和【镜头效果光斑】特效动画，最后渲染效果。

关键点1：创建文字出场效果

Step 01 在【文字】出场的时候，需要为其添加光的效果。选择文字并单击鼠标右键，在弹出的快捷菜单中选择【对象属性】命令，如图所示。

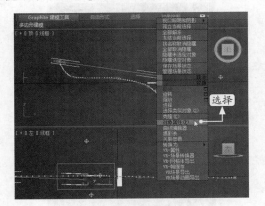

Step 02 系统弹出【对象属性】对话框，设置【对象ID】的值为1，单击【确定】按钮。

关键点2：添加镜头效果光晕特效动画

Step 01 选择【渲染】→【视频后期处理】菜单命令，如图所示。

Step 02 在弹出的【视频后期处理】对话框中单击【添加场景事件】按钮，如图所示。

Step 03 在【添加场景事件】下拉列表中选择【Camera 001】视图，然后单击【确定】按钮。

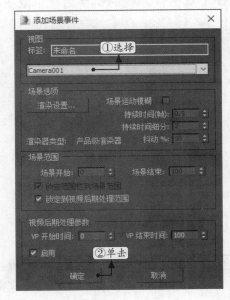

Step 04 在【视频后期处理】对话框中保持默认值，单击【添加图像过滤事件】按钮，如图所示。

Step 05 在弹出的【添加图像过滤事件】对话框中的【标签】文本框中输入名称"T Glow"，在其效果选项下拉菜单中选择【镜头效果光晕】效果，然后单击【确定】按钮。

Step 06 将时间设置到第120帧，在【视频后期处理】对话框左侧的树状结构中双击【T Glow】，将会弹出【编辑过滤事件】对话框，单击【设置】按钮，如图所示。

Step 07 将会弹出【镜头效果光晕】对话框。确认【对象ID】的值为1，也就是与上面【文字】设置的属性通道的值一致，然后单击【VP队列】和【预览】按钮，预览效果如下图所示。

Step 08 由于文字发光效果比较刺眼，可以选择【首选项】选项卡，将【效果】选项组中的【大小】值设置为4，然后单击【确定】按钮。

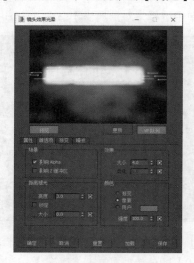

关键点3：添加镜头效果光斑特效动画

Step 01 在【视频后期处理】对话框中保持默认设置。单击【添加图像过滤事件】按钮，如图所示。

Step 02 在弹出的【添加图像过滤事件】对话框的【标签】文本框中输入名称"T Flare"，在其效果选项下拉菜单中选择【镜头效果光斑】效果，然后单击【确定】按钮，如图所示。

Step 03 在【视频后期处理】窗口左侧的树状结构中双击【T Flare】，在打开的【编辑过滤事件】对话框中单击【设置】按钮，

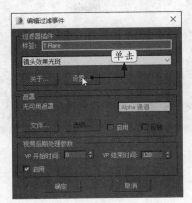

Step 04 打开【镜头效果光斑】对话框。单击【节点源】按钮，如图所示。

Step 05 将会弹出【选择光斑对象】对话框，在其对象下拉列表中选择【Camera01.Target】选项，单击【确定】按钮返回到【镜头效果光斑】对话框。

Step 06 设置【挤压】值为90，【强度】值为100，【射线值】为0，如图所示。

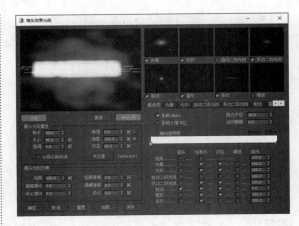

Step 07 单击【VP队列】按钮和【预览】按钮，效果如下图所示。

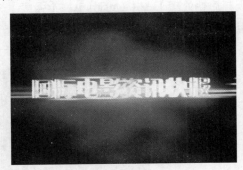

Step 08 选择【射线】选项卡，将【径向颜色】位置100处的颜色设置为黄褐色（96，91，30），【径向透明度】位置0处的颜色设置为白色，【环绕颜色】位置100处的颜色设置为灰色（100，100，100），其他参数设置如下图所示。

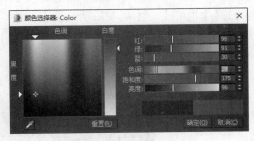

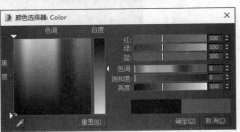

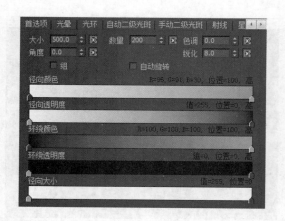

Step 09 单击【VP队列】按钮和【预览】按钮，预览效果如下图所示。

Step 10 光效并不是从头到尾都出现的，所以需要在轨迹视图中修改强度大小让其在该出现的时候出现。单击【曲线编辑器（打开）】按钮 ，在弹出的【轨迹视图-摄影表】对话框中打开【世界】→【视频后期处理】→【T Glow】→【强度】树状结构，然后在曲线上的第72、77和85帧处添加3个关键点，值分别为0、100和0。曲线的设置如下图所示。

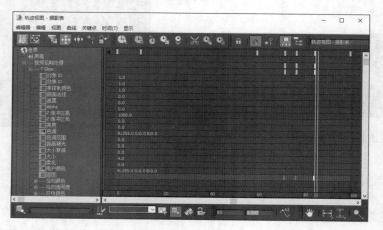

Step 11 【强度】设置完成之后，在其名称上单击鼠标右键，在弹出的快捷菜单中选择【复制】命令。打开【世界】→【视频后期处理】→【T Flare】→【强度】树状结构，在其强度的名称上单击鼠标右键，在弹出的快捷菜单中选择【粘贴】命令，弹出【粘贴】对话框，选择【复制】单选项，单击【确定】按钮。

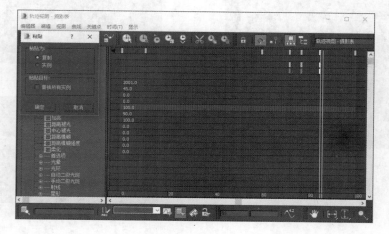

20.3.2 制作背景特效动画

Step 01 单击主工具栏中的【材质编辑器】按钮 或按M键打开【材质编辑器】对话框，选择【背景】材质球，如图所示。

Step 02 将时间设到第120帧，打开 自动关键点 按钮，将【相位】值设为3，然后关闭 自动关键点 按钮。

Step 03 动画设置完成后，按照需要的尺寸在【视频后期处理】对话框中进行渲染即可，单击【添加图像输出事件】按钮，然后进行输出设置。

Step 04 单击【执行序列】按钮，进行渲染，如图所示。

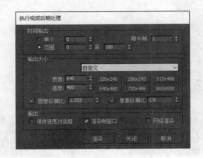

Step 05 渲染效果如图所示。

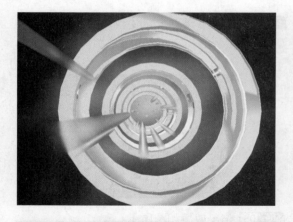

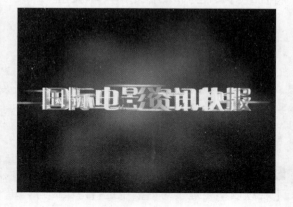

第**21**章
室内装饰设计

▓▓ 本章引言

　　在前面的章节中我们学习的大多数是理论上的知识，很少涉及和职业相关的作品设计，从本章开始我们就来讲解一些专业性的综合实例。本章的实例选择的是一个卧室，空间并不大，设计上采用的是简约主义手法，但是在家具及饰品的选择和创建上却十分讲究。色彩运用了白色调，配合其他灰色调，最终营造出了充满阳光、充满浪漫气息的卧室效果。希望读者在学习的过程中能够体会到3ds Max 2016在室内效果图设计中所带来的愉悦。

▓▓ 学习要点

» 掌握高精度室内模型的创建方法
» 掌握室内各种材质的创建方法
» 掌握灯光和摄像机的创建方法
» 掌握渲染参数的设置
» 掌握效果图后期处理的技巧

21.1 室内高精度建模

　　用3ds Max建模之前首先要掌握建模思路，简单地说，3ds Max中的室内框架建模最好是使用多边形建模方式，这样建模片面数最少，而且片面错误也会少很多，具体方法如下。

21.1.1 设置单位和导入CAD文件

　　在建模之前要先导入CAD 文件，这样做只是为了让图形更加标准化，这也是学习做效果图的好习惯。

Step 01 先要设置单位，这个很重要，它会影响整个模型的大小、影响最终的渲染效果。选择【自定义】→【单位设置】菜单命令，如图所示。

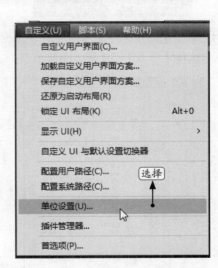

Step 02 系统会弹出【单位设置】对话框，设置【显示单位比例】组中的【公制】选项为【毫米】单位，如图所示。

Step 03 单击【系统单位设置】按钮,将会弹出【系统单位设置】对话框,设置【系统单位比例】的单位也为【毫米】,然后单击【确定】按钮完成单位设置,如图所示。

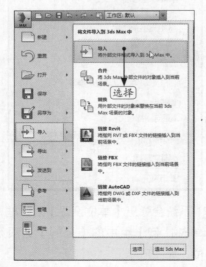

Step 04 单击【应用程序】按钮 ,在弹出的下拉菜单中选择【导入】→【导入】菜单命令。

Step 05 将会弹出【选择要导入的文件】对话框,选择"素材\ch21\ 三居室图.dwg"文件。

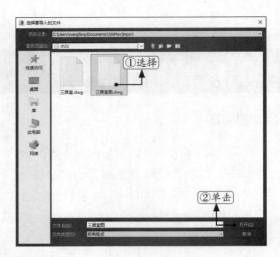

Step 06 单击【打开】按钮,在弹出的【AutoCAD DWG/DXF导入选项】对话框中勾选【重缩放】,在【传入文件单位】右侧下拉选项菜单中选择【毫米】,勾选【焊接附近顶点】复选框,单击【确定】按钮。

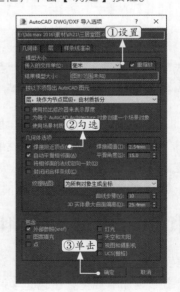

Step 07 此时,AutoCAD图纸即导入3ds Max 2016场景中,如图所示。

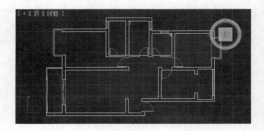

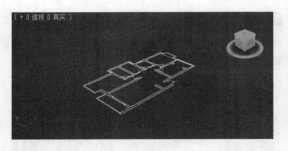

Step 08 为了便于后面的操作，一般将导入场景中的图形组群，并将其冻结，以免在复杂的场景中多选或少选。首先按【Ctrl+A】组合键全选CAD线框图形，然后选择【组】→【组】菜单命令，如图所示。

Step 09 系统将会弹出【组】对话框，输入【组名】后单击【确定】按钮即可。

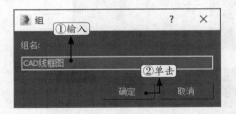

Step 10 下面将CAD线框图的位置设置到原点处，用鼠标右键单击主工具栏上的【选择并移动】工具，如图所示。

Step 11 系统将会弹出【移动变换输入】对话框，将【绝对：世界】中的XYZ坐标值都设置成0，如图所示。

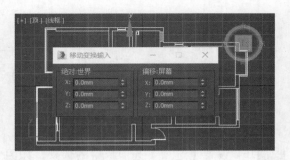

Step 12 关闭【移动变换输入】对话框后，在将CAD线框图上单击鼠标右键，在弹出的菜单中选择【冻结当前选择】菜单命令，如图所示。

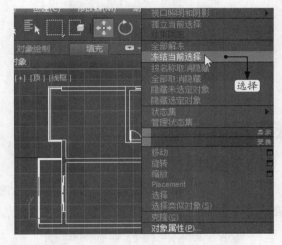

Step 13 这样就完成了设置和冻结，如图所示。

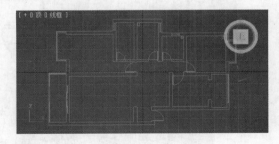

Step 14 用鼠标右键单击主工具栏上的【捕捉开关】按钮，如图所示。

Step 15 系统将弹出【栅格和捕捉设置】对话框，设置【捕捉】选项卡中的选项，如图所示。

Step 16 设置【选项】选项卡中的选项，如图所示。

Step 17 这样就完成了基本设置，下面就可以开始按照线框建模了，此处对一个主卧室进行建模，如图所示。

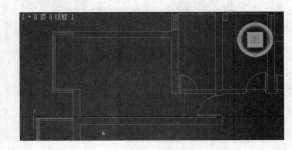

21.1.2 创建卧室框架模型

思路解析：

首先根据平面图纸绘制出室内空间平面轮廓线，然后挤出高度产生实体，接着将其转变成可编辑多边形，然后将看不见的面删除，添加摄像机产生室内卧室的透视空间效果。

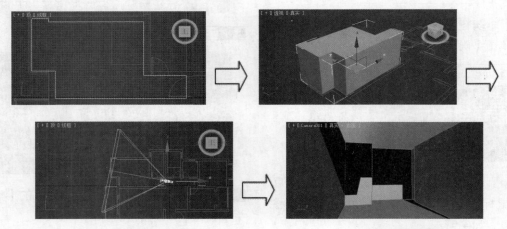

关键点1：绘制出室内空间平面轮廓线

Step 01 单击【创建】面板中的【图形】按钮，将显示出二维图形面板，单击【线】按钮，如图所示。

Step 02 将顶视图最大化，然后使用鼠标单击捕捉卧室内墙线上的一个顶点，如图所示。

Step 03 顺着线框图绘制图形，在捕捉的时候按一下 I 键可以代替鼠标的中键放大缩小，这样看得更清楚，如图所示。

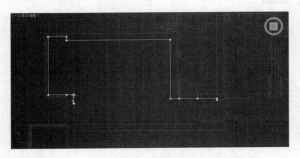

Step 04 绘制到首个顶点时单击弹出【样条线】对话框，询问是否闭合样条线，单击【是】按钮将其闭合，如图所示。

Step 05 绘制完成的图形如图所示。

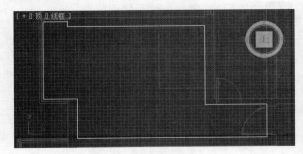

关键点2：创建室内空间实体

Step 01 进入【修改】面板，为绘制的样条线添加【挤出】编辑修改器，如图所示。

Step 02 设置【参数】卷展栏中的【数值】为2 800，因为楼房的层高为2 800mm，如图所示。

Step 03 挤出后的效果如图所示。

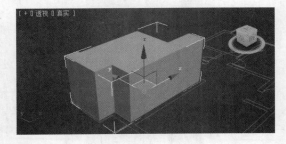

Step 04 选择挤出的模型，单击鼠标右键，在弹出菜单中选择【转换为】→【转换为可编辑多边形】菜单命令，如图所示。

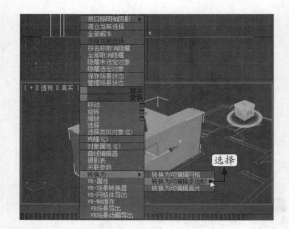

Step 05 转换后的效果如图所示。

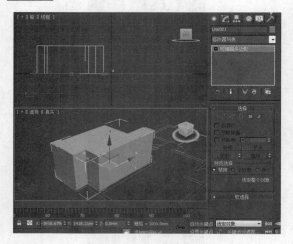

Step 06 单击【元素】按钮 ，进入【元素】级别，如图所示。

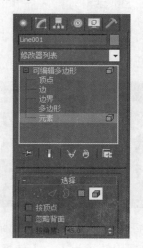

Step 07 单击模型进行选择，选择后的效果如图所示。

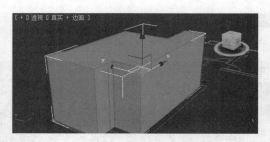

Step 08 进入【编辑元素】卷展栏，单击【翻转】按钮，如图所示。

Step 09 翻转后的效果如图所示。

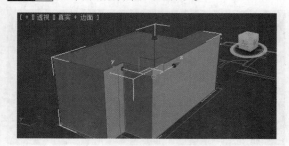

关键点3：创建摄像机

Step 01 下面来创建一架摄像机以观察卧室内部造型，在【摄影机】对象面板中单击【目标】按钮，在顶视图中创建一个目标摄影机对象。

Step 02 摄像机的位置关系如图所示。

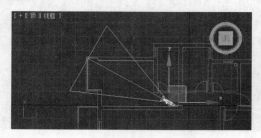

Step 03 下面将摄像机的位置设置到1500mm高度的位置，用鼠标右键单击主工具栏上的【选择并移动】工具，如图所示。

Step 04 系统将会弹出【移动变换输入】对话框，将【绝对：世界】中的Z坐标值都设置成1500，如图所示。

Step 05 选择摄像机目标点，然后用鼠标右键单击主工具栏上的【选择并移动】工具，在弹出【移动变换输入】对话框中将【绝对：世界】中的Z坐标值都设置成1600，如图所示。

Step 06 选择效果图中不需要表现的面后删除，如图所示。

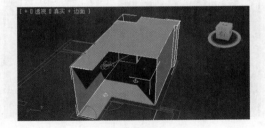

Step 07 将摄像机的【参数】卷展栏中的镜头设置成24mm镜头，如图所示。

Step 08 将透视图切换到摄像机视图，调整摄像机和摄像机目标点的X和Y轴的位置，如图所示。

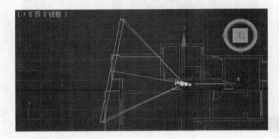

Step 09 最后调整好的效果如图所示。

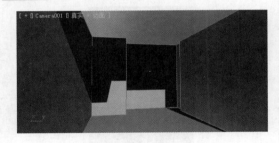

21.1.3 创建卧室墙面造型

思路解析：

首先将不同材质的面分离出来，方便后面赋予材质；然后创建窗户造型；接着创建墙面造型；最后创建出墙面凹槽的造型。创建的方法基本类似，使用多边形编辑模型进行编辑创建。

 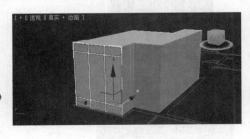

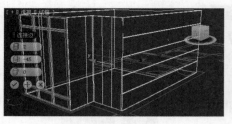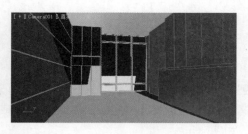

关键点1：分离出不同材质面

Step 01 因为每个面的材质不一样，所以首先将天花板、地面和窗户分离出来。进入【修改】面板，然后单击【多边形】按钮■进入多边形级别，选择地面的面，如图所示。

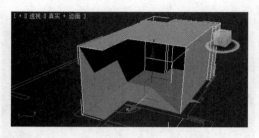

Step 02 单击【编辑几何体】卷展栏中的【分离】按钮，如图所示。

Step 03 在弹出的【分离】对话框中输入名称，然后单击【确定】按钮，如图所示。

Step 04 分离后的效果如图所示。

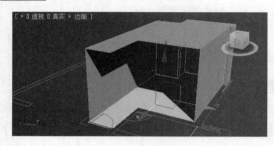

Step 05 使用相同的方法将天花的面也分离出来，如图所示。

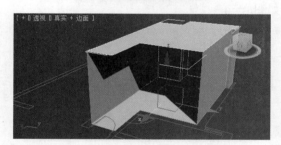

Step 06 使用相同的方法将窗户的面分离出来，如图所示。

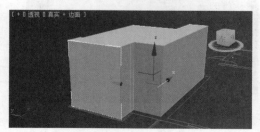

关键点2：创建窗户模型

Step 01 下面来创建窗户模型。选择窗户的面，然后进入【修改】面板，单击【边】按钮✍进入边级别，选择上下两条边，如图所示。

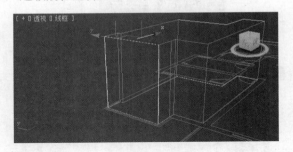

Step 02 在【修改】面板中的【编辑边】卷展栏中，单击【连接】按钮后的【设置】按钮■，如图 所示。

Step 03 在透视图中进行如图所示的设置。

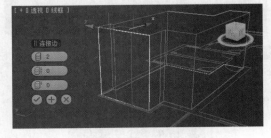

Step 04 选择左右的两条边，如图所示。

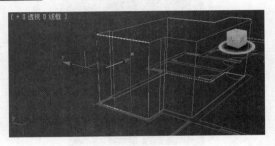

Step 05 在【修改】面板中的【编辑边】卷展栏中，单击【连接】按钮后的【设置】按钮■，如图所示。

Step 06 在透视图中进行如图所示的设置。

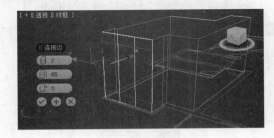

Step 07 单击【多边形】按钮■进入多边形级别，选择窗户所有的面，如图所示。

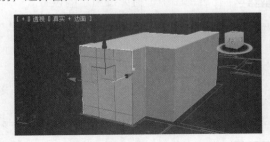

Step 08 单击【编辑多边形】卷展栏中的【插入】按钮后的【设置】按钮■，如图所示。

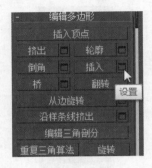

Step 09 按多边形模式插入，在透视图中进行如图所示的设置。

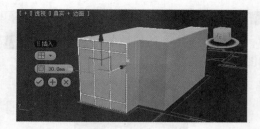

Step 10 选择插入后的面，如图所示。

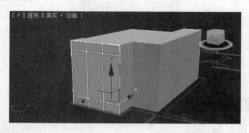

Step 11 单击【编辑多边形】卷展栏中的【挤出】按钮后的【设置】按钮■，如图所示。

Step 12 在透视图中进行如图所示的设置。

Step 13 单击【编辑几何体】卷展栏中的【分离】按钮，如图所示。

Step 14 在弹出的【分离】对话框中输入名称，然后单击【确定】按钮，如图所示。

Step 15 分离后的效果如图所示。

关键点3：创建电视背景墙造型

Step 01 下面来创建电视背景墙造型，单击【边】按钮◢进入边级别，选择左右两条边，如图所示。

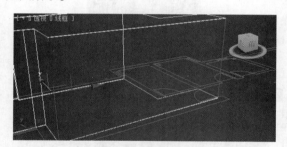

Step 02 在【修改】面板中的【编辑边】卷展栏中，单击【连接】按钮后的【设置】按钮■，如图所示。

Step 03 在透视图中进行如图所示的设置。

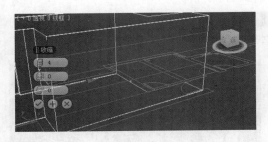

Step 04 单击【编辑边】卷展栏中【切角】按钮后的【设置】按钮，如图所示。

Step 05 进行如图所示的设置。

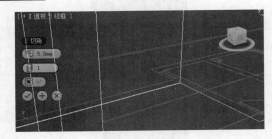

Step 06 进入【多边形】模式，选择如图所示的刚才挤出的面。

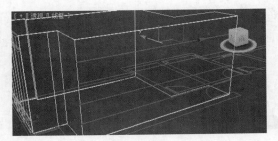

Step 07 单击【挤出】按钮后的【设置】按钮，如图所示。

Step 08 进行如图所示的设置，挤出墙面上的勾缝造型。

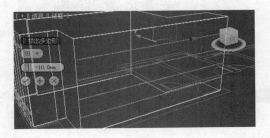

Step 09 制作另一面墙的造型，单击【边】按钮进入边级别，选择另一面墙的上下两条边，如图所示。

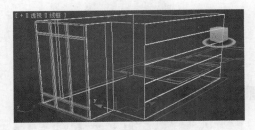

Step 10 在【修改】面板中的【编辑边】卷展栏中，单击【连接】按钮后的【设置】按钮，如图所示。

关键点4：创建墙面凹槽造型

Step 01 在透视图中进行如图所示的设置。

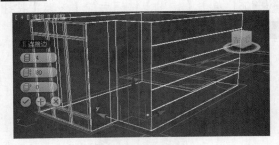

Step 02 选择左右的边，如图所示。

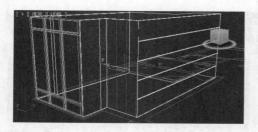

Step 03 在【修改】面板中的【编辑边】卷展栏中，单击【连接】按钮后的【设置】按钮■，如图所示。

Step 04 在透视图中进行如图所示的设置。

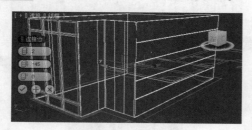

Step 05 进入【多边形】模式，选择如图所示的刚才挤出的面。

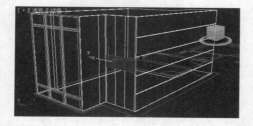

Step 06 单击【挤出】按钮后的【设置】按钮■，如图所示。

Step 07 进行如图所示的设置，挤出墙面上的凹陷造型。

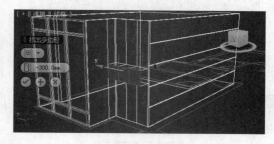

Step 08 单击【编辑几何体】卷展栏中的【分离】按钮，如图所示。

Step 09 在弹出的【分离】对话框中输入名称，然后单击【确定】按钮，如图所示。

Step 10 分离后的效果如图所示。

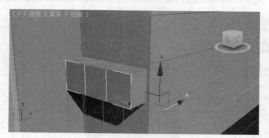

Step 11 选择墙体模型，单击【边】按钮◁进入边级别，选择如图所示的边。

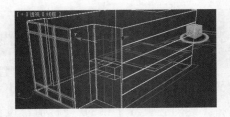

Step 12 单击【编辑边】卷展栏中【切角】按钮后的【设置】按钮 ▢ ，如图所示。

Step 13 进行如图所示的设置。

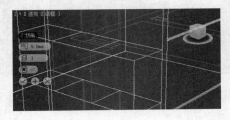

Step 14 进入【多边形】模式，选择如图所示的刚才挤出的面。

Step 15 单击【挤出】按钮后的【设置】按钮 ▢ ，如图所示。

Step 16 进行如图所示的设置，挤出墙面上的勾缝造型。

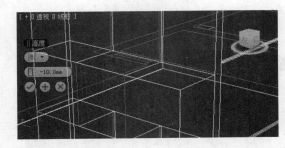

Step 17 使用相同的方法创建卧室床头背景墙的造型，效果如图所示。

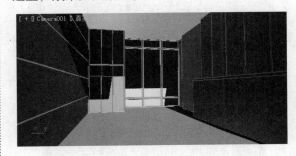

21.1.4 创建卧室天花造型

思路解析：

首先绘制出天花平面的基本轮廓线，然后转变成可编辑多边形，接着对其进行造型编辑，创建出天花的造型效果。

关键点1: 创建天花基本造型

Step 01 下面来创建天花造型。单击【创建】面板中的【图形】按钮 ⊙, 将会显示出二维图形面板, 单击【线】按钮, 如图所示。

Step 02 在顶视图中创建天花图形, 如图所示。

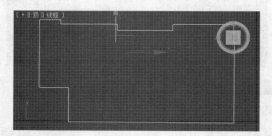

Step 03 单击鼠标右键, 在弹出的菜单中选择【转换为】→【转换为可编辑多边形】菜单命令, 如图所示。

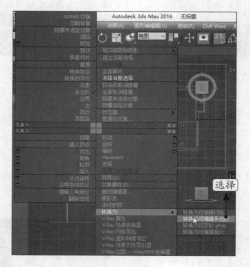

Step 04 将天花的位置设置到2700mm高度的位置, 用鼠标右键单击主工具栏上的【选择并移动】工具, 如图所示。

Step 05 系统将会弹出【移动变换输入】对话框, 将【绝对: 世界】中的z坐标值都设置成2 700, 如图所示。

Step 06 调整后的效果如图所示。

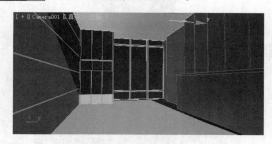

Step 07 单击【边】按钮 ⊘ 进入边级别, 选择如图所示的边。

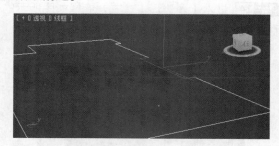

Step 08 单击【挤出】按钮后的【设置】按钮 ▣, 如图所示。

Step 09 进行如图所示的设置, 挤出造型。

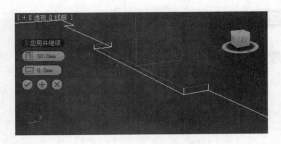

Step 10 再次使用【线】命令创建第二级的天花造型，如图所示。

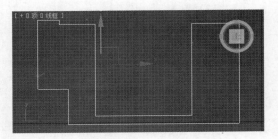

Step 11 单击鼠标右键，在弹出菜单中选择【转换为】→【转换为可编辑多边形】菜单命令，如图所示。

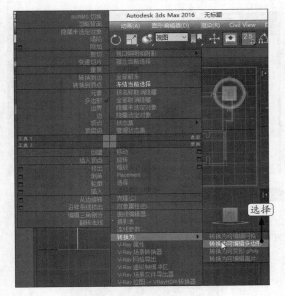

Step 12 将天花的位置设置到2 700mm高度的位置，用鼠标右键单击主工具栏上的【选择并移动】工具，如图所示。

Step 13 系统将会弹出【移动变换输入】对话框，将【绝对：世界】中的z坐标值都设置成2 500，如图所示。

Step 14 调整后的效果如图所示。

关键点2：创建天花上的细节造型

Step 01 单击【边】按钮☑进入边级别，选择如图所示的边。

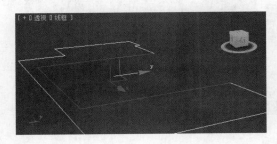

Step 02 单击【挤出】按钮后的【设置】按钮▣，如图所示。

Step 03 进行如图所示的设置，挤出造型。

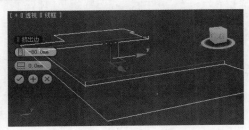

Step 04 继续挤出造型，选择如图所示的边。

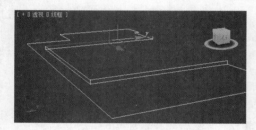

Step 05 对边进行挤出，效果如图所示。

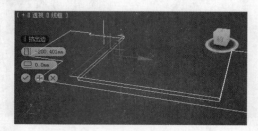

Step 06 再次进行挤出，效果如图所示。

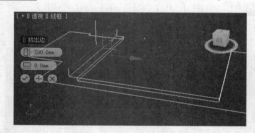

Step 07 使用相同的方法对其他的2条边进行挤出，造型如图所示。

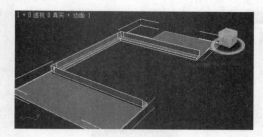

Step 08 这样，天花造型就完成了，卧室的基本模型就建完了，下面需要导入外部的家具模型。

21.1.5 合并家具模型

Step 01 单击【应用程序】按钮，在弹出的下拉菜单中选择【导入】→【合并】菜单命令。

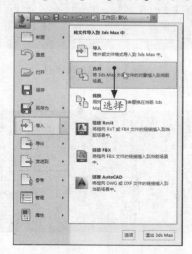

Step 02 系统将会弹出【合并文件】对话框，选择素材文件，然后单击【打开】按钮，如图所示。

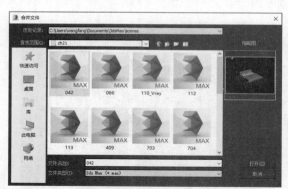

Step 03 系统将弹出【合并】对话框，单击【全部】按钮全选模型，然后单击【确定】按钮将其合并到场景文件中，如图所示。

Step 04 合并后的文件先将其成组，方便后面的修改选择。选择【组】→【组】菜单命令，如图所示。

Step 05 系统将会弹出【组】对话框，输入【组名】，然后单击【确定】按钮，如图所示。

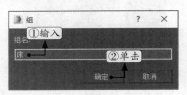

Step 06 合并后的文件，效果如图所示。

Step 07 使用相同的方法合并其他的家具模型，效果如图所示。

Step 08 最后合并一些装饰模型，如图所示。

21.2 设置室内模型材质

模型建立好之后，接下来的工作就是为模型赋予各种不同的材质效果，具体方法如下。

21.2.1 设置乳胶漆材质

Step 01 首先设置白色乳胶漆材质。单击M键打开【材质编辑器】对话框，单击标准材质按钮 Standard ，如图所示。

Step 02 准备选择V-Ray材质。系统弹出的【材

质/贴图浏览器】对话框，V-Ray的材质就在下方，其中"VRayMtl"材质是其标准材质，如图所示。

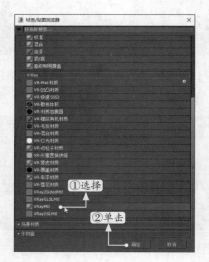

Step 03 选择"VRayMtl"材质，单击【确定】按钮返回【材质编辑器】对话框。

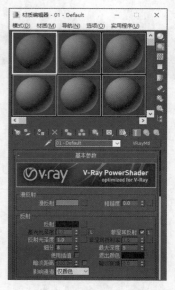

Step 04 调节白色乳胶漆材质本身的【漫反射】颜色为白色，如图所示，这样就调节好白色乳胶漆材质。

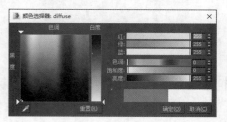

21.2.2 设置地板材质

Step 01 在【材质编辑器】对话框中选一个空的材质球。单击M键打开【材质编辑器】对话框，单击【标准材质】按钮 Standard ，如图所示。

Step 02 在弹出的【材质/贴图浏览器】对话框中选择"VRayMtl"材质，如图所示。

Step 03 单击【确定】按钮，返回【材质编辑器】对话框，首先调节材质本身的【漫反射】贴图，单击【漫反射】颜色后的方块按钮▇，如图所示。

Step 04 系统将会弹出【材质/贴图浏览器】对

话框。双击【材质／贴图浏览器】对话框中的
【位图】选项。

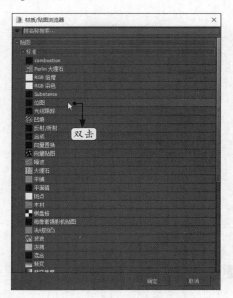

Step 05 在弹出的【选择位图图像文件】对话
框中选择图片【地板-9.jpg】，单击【打开】按
钮，返回【材质编辑器】对话框。

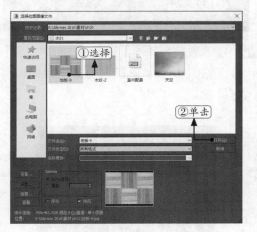

Tips

如果贴图大小不合适或者贴图不正确，可以
为地板添加一个【UVW贴图】编辑修改器，选择
【平面】类型，然后设置贴图大小即可。

Step 06 单击【转到父级】按钮 ，接下来调节
【反射】颜色来使其产生一定的光滑效果，但
是很微弱，并调节其他参数，如图所示。

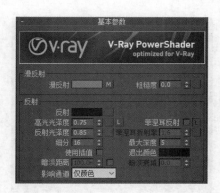

Step 07 单击【反射】颜色后的方块按钮 ，
系统将会弹出【材质／贴图浏览器】对话框，
双击【材质／贴图浏览器】对话框中的【衰
减】选项，如图所示。

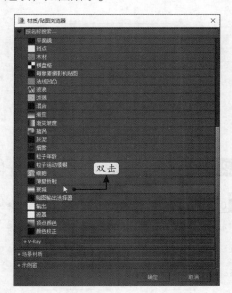

Step 08 设置【衰减参数】卷展栏中的【衰减类
型】为Fresnel类型，如图所示。

Step 09 单击【转到父级】按钮 ，进入【贴
图】卷展栏，将【漫反射贴图】拖到【凹凸】
贴图上，如图所示。

Step 10 系统将会弹出【实例（副本）贴图】对话框，选择【实例】方式，然后单击【确定】按钮，并将凹凸值设置为10，这样就调节好地板材质。

21.2.3 设置木纹材质

Step 01 在【材质编辑器】对话框中选择一个空的材质球。单击M键打开【材质编辑器】对话框，单击标准材质按钮 Standard ，如图所示。

Step 02 在弹出的【材质/贴图浏览器】对话框中选择"VRayMtl"材质，如图所示。

Step 03 单击【确定】按钮，返回【材质编辑器】对话框，首先调节材质本身的【漫反射】贴图，单击【漫反射】颜色后的方块按钮■，如图所示。

Step 04 系统将会弹出【材质／贴图浏览器】对话框。双击【材质／贴图浏览器】对话框中的【位图】选项。

Step 05 在弹出的【选择位图图像文件】对话框中选择图片【木纹-2.jpg】，单击【打开】按钮返回【材质编辑器】对话框。

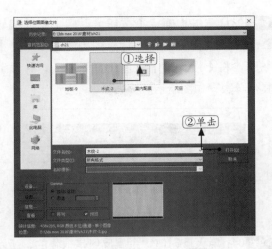

Step 06 单击【转到父级】按钮 ![icon]，接下来调节【反射】颜色来使其产生一定的光滑效果，但是很微弱，并调节其他参数，如图所示。

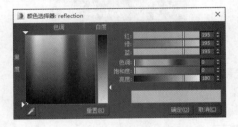

Step 07 单击【转到父级】按钮 ![icon]，进入【贴图】卷展栏，将【漫反射贴图】拖到【凹凸】贴图上，如图所示。

Step 08 系统将会弹出【实例（副本）贴图】对话框，选择【实例】方式，然后单击【确定】

按钮，并将【凹凸】值设置为1，这样就调节好木纹材质。

21.2.4 设置黑色镜子材质

Step 01 在【材质编辑器】对话框中选一个空的材质球。单击M键打开【材质编辑器】对话框，单击标准材质按钮 Standard ，如图所示。

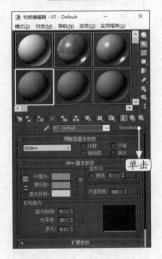

Step 02 在弹出的【材质/贴图浏览器】对话框中选择"VRayMtl"材质，如图所示。

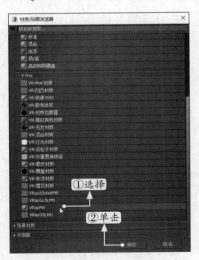

Step 03 单击【确定】按钮，返回【材质编辑

器】对话框，首先调节材质本身的【漫反射】贴图，将【漫反射】颜色设置为黑色，并调节其他参数，如图所示。

21.2.5 设置不锈钢金属材质

Step 01 在【材质编辑器】对话框中选择一个空的材质球。单击M键打开【材质编辑器】对话框，单击标准材质按钮 Standard ，如图所示。

Step 02 在弹出的【材质/贴图浏览器】对话框中选择"VRayMtl"材质，如图所示。

Step 03 单击【确定】按钮，返回【材质编辑器】对话框，首先调节材质本身的【漫反射】贴图，将【漫反射】颜色设置为灰色，并调节其他参数，如图所示。

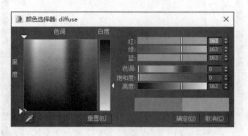

Step 04 增大反射值，金属反射是很强的，所以要将【反射】的颜色级别调淡，越趋于白色，反射越强，如图所示。

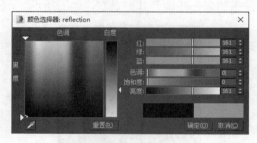

Step 05 设置【双向反射分布函数】卷展栏中的模式为【沃德】模式，并设置【各向异性】值为0.8，如图所示。

21.2.6 设置床单织物材质

Step 01 在【材质编辑器】对话框中选择一个空的材质球。

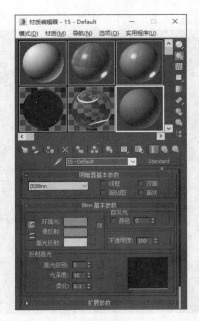

Step 02 设置【漫反射】颜色为RGB为247的白色，然后设置【明暗器类型】为(o)Oren-Nayar-Blinn类型，勾选【自发光】的【颜色】复选框，然后单击后方的方块按钮■，如图所示。

Step 04 在【遮罩参数】卷展栏中单击【贴图】后方的【None】按钮，如图所示。

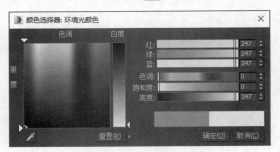

Step 05 在弹出的【材质/贴图浏览器】对话框中双击选择"衰减"材质，如图所示。

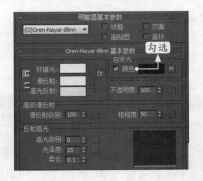

Step 03 在弹出的【材质/贴图浏览器】对话框中双击选择"遮罩"材质，如图所示。

Step 06 在【衰减参数】卷展栏中设置【衰减类型】为Fresnel类型，如图所示。

Step 07 单击【转到父级】按钮，然后在【遮罩参数】卷展栏中单击【遮罩】后方的【None】按钮，在弹出的【材质/贴图浏览器】对话框中双击选择"衰减"材质，在【衰减参数】卷展栏中设置【衰减类型】为【阴影/灯光】类型，如图所示。

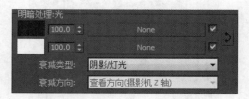

21.2.7 设置软包织物材质

Step 01 在【材质编辑器】对话框中选择一个空的材质球。单击M键打开【材质编辑器】对话框，单击标准材质按钮 Standard ，如图所示。

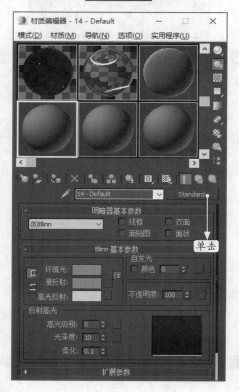

Step 02 在弹出的【材质/贴图浏览器】对话框中选择"VRayMtl"材质，如图所示。

Step 03 单击【确定】按钮，返回【材质编辑器】对话框，首先调节材质本身的【漫反射】贴图，将【漫反射】颜色设置为土黄色，并调节其他参数，如图所示。

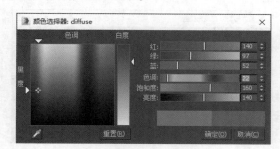

Step 04 增大反射值，织物的反射很弱，所以要将【反射】的颜色级别调深，越趋于黑色，设置其他参数，如图所示。

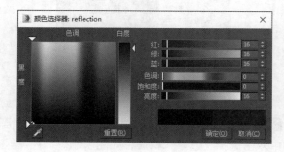

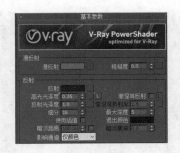

Step 05 单击【漫反射】颜色后的方块按钮 ，如图所示。

Step 06 系统将会弹出【材质/贴图浏览器】对话框。双击【材质/贴图浏览器】对话框中的【衰减】选项。

Step 07 在【衰减参数】卷展栏中设置【衰减类型】为Fresnel类型，并设置衰减颜色，如图所示。

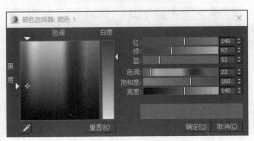

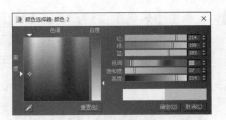

21.2.8 设置黑色烤漆材质

Step 01 在【材质编辑器】对话框中选择一个空的材质球。单击M键打开【材质编辑器】对话框，单击标准材质按钮 Standard ，如图所示。

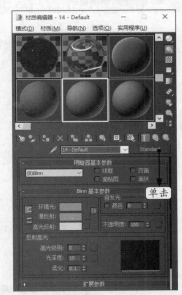

Step 02 在弹出的【材质/贴图浏览器】对话框中选择"VRayMtl"材质，如图所示。

Step 03 单击【确定】按钮，返回【材质编辑器】对话框，首先调节材质本身的【漫反射】贴图，将【漫反射】颜色设置为黑色，并调节其他参数，如图所示。

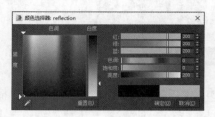

21.3 设置灯光和渲染

材质设置完成后，将材质分别赋予模型上，下面学习设置灯光和渲染参数，具体方法如下。

21.3.1 设置测试渲染参数

Step 01 将渲染器指定为V-Ray渲染器，在【渲染设置】对话框中选择【公用】选项卡，在该选项卡中单击【指定渲染器】卷展栏中【产品级】右侧的【选择渲染器】按钮☑，打开【选择渲染器】选项。

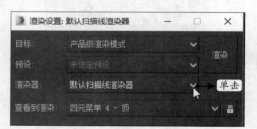

Step 02 在该选项中可以将V-Ray渲染器指定为产品级渲染器。

Step 03 根据以前学过的知识，启用和GI全局照明配合渲染，设置低质量的测试参数，首先设置【全局开关】卷展栏参数如图所示。

Step 04 设置【图像采样器（抗锯齿）】卷展栏，如图所示。

Step 05 设置【间接照明（全局照明）】卷展栏参数，如图所示。

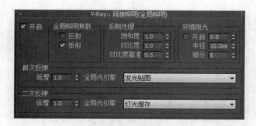

Step 06 设置【发光贴图】卷展栏参数，如图所示。

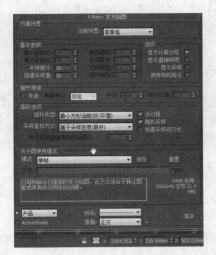

Step 07 设置【灯光缓存】卷展栏参数，如图所示。

21.3.2 设置灯光参数

Step 01 选择【创建】面板中的【灯光】，然后选择【VRay】灯光类型，单击【灯光】面板中的【VR_光源】灯光类型，在视口中拖动鼠标就可以创建所选的标准VRay灯光。

Step 02 VRay 灯光是一个面片，像画面片一样在顶视图上先画一个合适面积的面片（灯），大小要合适，面积越大，在同等亮度数值，产生的强度就越大、越亮，创建后使用移动和旋转工具调整其位置，如图所示。

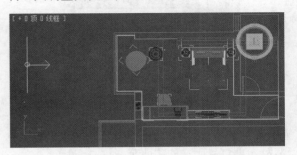

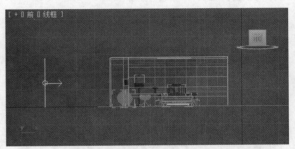

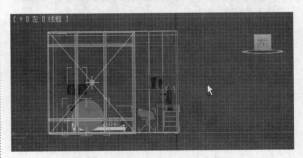

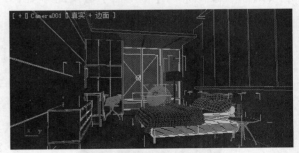

Step 03 进入【修改】面板，将【参数】卷展栏下的【亮度】组中的【倍增器】值设置为0.5，颜色偏一点蓝色，如图所示。

Step 04 下面使用菜单栏的【选择并移动】工具对灯光进行复制，如图所示。

Step 05 单击【选择并移动】工具后，复制灯光后的效果如图所示。

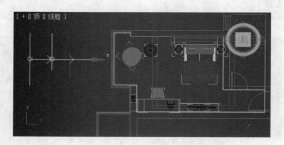

Step 06 进入【修改】面板，将【参数】卷展栏下的【亮度】组中的【倍增器】值设置为0.2，颜色偏黄色一点，如图所示。

Step 07 测试渲染透视图，效果如图所示。

Step 08 继续单击【灯光】面板中的【VR_光源】灯光类型，在顶视口中拖动鼠标创建天花灯槽的灯光，并调整其位置，如图所示。

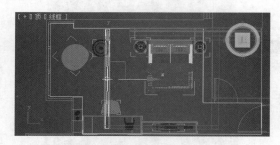

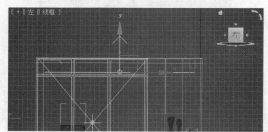

Step 09 进入【修改】面板，将【参数】卷展栏下的【亮度】组中的【倍增器】值设置为3，颜色偏黄色一点，如图所示。

Step 10 测试渲染透视图，效果如图所示。

Step 11 下面使用菜单栏的【选择并移动】工具对灯光进行复制，如图所示。

Step 12 单击【选择并移动】工具后，复制灯光后调整使之适合灯槽大小，效果如图所示。

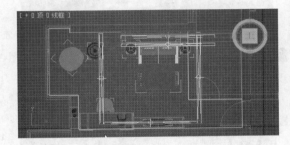

Step 13 继续单击【灯光】面板中的【VR_光源】灯光类型，在顶视口中拖动鼠标创建床头灯灯光，并调整其位置，如图所示。

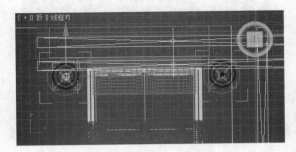

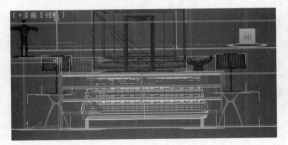

Step 14 进入【修改】面板，将【参数】卷展栏下的【亮度】组中的【倍增器】值设置为30，颜色偏黄色一点，如图所示。

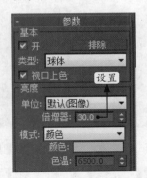

Step 15 测试渲染透视图，效果如图所示。

Step 16 下面使用菜单栏的【选择并移动】工具对灯光进行复制，如图所示。

Step 17 单击【选择并移动】工具后，复制灯光后测试渲染透视图，效果如图所示。

Step 18 将创建的第一盏灯镜像一个座位辅助灯光照亮暗部，如图所示。

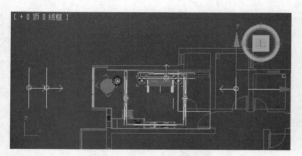

Step 19 测试渲染透视图，效果如图所示。

21.3.3 设置正式渲染参数

Step 01 根据以前学过的知识，设置高质量的产品级渲染参数，首先置【图像采样器（抗锯齿）】卷展栏，如图所示。

Step 02 设置【间接照明（全局照明）】卷展栏参数，如图所示。

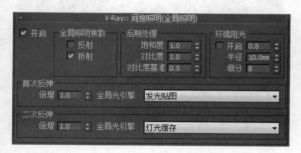

Step 03 设置【发光贴图】卷展栏参数，如图所示。

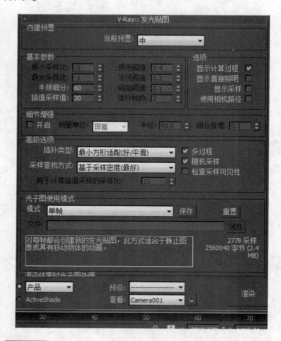

Step 04 设置【灯光缓存】卷展栏参数，如图所示。

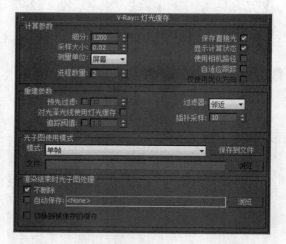

Step 05 设置【DMC采样器】卷展栏参数，如图所示。

Step 06 对透视图进行渲染，效果如图所示。

Step 07 还可以换个角度进行渲染，效果如图所示。

21.4 卧室效果图的后期处理

通常，效果图从3ds Max 2016中渲染完成后还需要使用Photoshop软件再处理一下。不管什么类型的效果图在渲染完成后都会有一个共同的处理要求，就是让画面更加清楚、色彩更加饱和以及画面更加漂亮。

Step 01 启动Photoshop CS6中文版，打开随书光盘中的"素材\ch21\室内效果图.jpg"效果图文件。

Step 02 选择【图像】→【调整】→【色阶】菜单命令和【自动对比度】菜单命令来调整卧室效果图的对比度和亮度，调整后的效果如下图

所示。

Step 03 整个图像在色调上稍微有点偏青色，为此可按【Ctrl+B】组合键打开【色彩平衡】对话框进行调整，参数设置及调整后的效果，如下图所示。

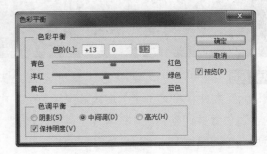

Step 04 添加室外的配景。使用【钢笔工具】和【魔棒工具】将窗户选中，使之形成选区。

Step 05 双击背景图层，在弹出的【新建图层】对话框中保持默认的设置，单击【确定】按钮，将背景图层转换为普通图层。然后选择【图层】→【新建】→【通过剪切的图层】菜单命令，将窗户的区域剪切到新的图层中，再调整该图层的【不透明度】为30%，调整后的效果如下图所示。

Step 06 打开随书光盘中的"素材\ch21\天空.jpg"文件，将其移至"室内效果图灯光"中的合适位置并调整其大小。复制室外素材图层，然后调整图层位置，得到的效果如下图所示。

Step 07 添加室内配景。打开随书光盘中的"素材\ch21\室内配景.psd"文件，将其移至室内效果灯光中，然后调整到合适的位置。

Step 08 选择【文件】→【存储为】菜单命令，在弹出的【存储为】对话框中将文件名设置为"卧室效果图后期处理"，将格式更改为【.JPEG】，单击【保存】按钮进行保存。